iOS 5 编程揭秘

——iPhone与iPad 应用开发入门

杨正洪　郑齐心　郭晨　编著

U0352080

清华大学出版社

北京

内 容 简 介

iOS 是苹果公司为 iPhone、iPad 等移动设备量身打造的轻量级操作系统。本书围绕苹果公司最新的开发平台 iOS SDK 5，使用最新的开发工具 Xcode，手把手地引导读者开发 iPhone 及 iPad 应用程序。

本书共 21 章，分别讲述了开发环境搭建、Objective-C 语言基础、Objective-C 类、继承和协议、内存管理和 ARC、iOS 开发模式、视图和绘图、视图控制器和模态视图、导航控制器和标签栏控制器、滚动视图和表视图、iPad 应用和拆分视图、视图上的控件、音频和视频编程、照片和网络编程、GPS/地图/日历/通讯录编程、图层、动画、触摸和手势编程、游戏和设备间通信、iOS 数据的存储和读取以及有关应用开发的高级内容等。

本书语言通俗易懂，内容由浅入深，不管是新手还是有经验的开发人员都能从本书中获益。读者在学习后能够独立开发、运行在 iPhone 和 iPad 上的应用程序。

图书在版编目（CIP）数据

iOS5 编程揭秘：iPhone 与 iPad 应用开发入门/杨正洪，郑齐心，郭晨编著.-北京：清华大学出版社，2012.7
ISBN 978-7-302-28797-1

I.①i… II.①杨… ②郑… ③郭… III.①面向对象语言－程序设计 IV.①TP312

中国版本图书馆 CIP 数据核字（2012）第 097945 号

责任编辑：夏非彼
封面设计：王　翔
责任校对：李金平
责任印制：王静怡

出版发行：清华大学出版社
　　　　　网　　址：http://www.tup.com.cn，http://www.wqbook.com
　　　　　地　　址：北京清华大学学研大厦 A 座　　　　邮　　编：100084
　　　　　社 总 机：010-62770175　　　　　　　　　　邮　　购：010-62786544
　　　　　投稿与读者服务：010-62776969，c-service@tup.tsinghua.edu.cn
　　　　　质 量 反 馈：010-62772015，zhiliang@tup.tsinghua.edu.cn
印 刷 者：北京富博印刷有限公司
装 订 者：北京市密云县京文制本装订厂
经　销：全国新华书店
开　本：190mm×260mm　　印　张：43.5　　字　数：1114 千字
版　次：2012 年 7 月第 1 版　　　　　　　　印　次：2012 年 11 月第 2 次印刷
印　数：4001～6000
定　价：89.00 元

产品编号：045701-01

前　言

智能手机无疑是现在一个非常热门的话题。智能手机的用户不再只是以青年人为主而是面向了全社会的广大人群，而作为智能手机的佼佼者，苹果手机不仅成了智能手机甚至成为时尚的象征。根据最新的统计数据来看，苹果手机在 2011 年第四季度的销量占据了 23.8% 的智能手机市场份额，超越了三星，成为了全球最大的智能手机的生产商。并且较往年而言，苹果手机的销量从 2009 年的 2510 万台上升到 2010 年的 4660 万台，在 2011 年又飙升至 9300 万台，从数据上来看每年都是以翻倍的速率在增长，苹果手机真可谓是"来势汹汹"。

苹果手机如此之火爆也不是偶然的，其成功的原因不仅仅是强大的硬件以及人性化的用户体验，更重要的是它有强大的应用商店 App Store。根据最新的数据显示，App Store 的软件下载量已经接近 100 亿次，大幅领先于同类应用商店 Android Market，套用苹果的广告词来说，你可以从 AppStore 中下载到任何你生活中所需要的应用。这些应用程序不仅给 iPhone 和 iPad 的用户带来了方便，更让众多这些应用的开发人员名利双收，创造很多的奇迹。大家所熟悉的游戏"愤怒的小鸟"，自推出以来下载量已经达到了 4 亿多次，使其开发商 Rovio 公司的市值达到了 10 亿美金，并计划于今年年中上市。一个小小的游戏有这么大的魔力，我想是我们之前怎么也想象不到的，既然前有古人，为什么我们作为来者不大胆地也去一试，放飞下一个"小鸟"，创造属于自己的奇迹呢？

当然，推动 iPhone 火爆的原因不仅仅是这些丰富多彩的应用，背后更大的一个推手就是移动互联网的发展，在短短的几年内，移动互联网从提供简单的网页浏览和图铃下载等功能到现在可以提供网页浏览、文件下载、位置服务、在线游戏、视频浏览等各式各样的应用，而 iPhone 作为目前处理速度最快的手机更是把这些应用诠释得淋漓尽致，不夸张地说，随着 Web 服务的日趋完善，基本上能在 PC 上完成的日常和网络打交道的工作都能在 iPhone 上完成。

企业级的移动应用是未来的一个趋势。我们已经为国内的很多家公司开发了基于 iPhone 的应用程序，我们最近为一家环保公司开发了多个地市的环境在线监控和移动执法的手机应用，也为一家做连锁平台的公司开发了 iPhone 的客户端。我们相信，在未来几年内，基本上在网页端开发出来的应用都会移植到手机上，iPhone 手机开发的前景可谓是一片光明。

iPhone 和 iPad 的脊骨是 iOS，这是苹果公司为这样的移动终端量身打造的轻量级操作系统。本书紧紧围绕苹果公司最新的开发平台 iOS SDK 5，使用最新的 Xcode 开发工具，手把手地引导读者开发 iPhone 和 iPad 应用程序。本书语言通俗易懂，内容由浅入深，不管是新手还是有经验的开发人员都能从本书中得到收获。相信读者在学习后便都能够独立开发运行在 iPhone 和 iPad 上的应用程序。

本书由杨正洪、郑齐心、郭晨主编，同参加本书编写的还有李祥、李进、李建国、刘剑雄、谢素婷、吴竞、杨帆、蔡超勋、孙延辉、薛文、李越、何进勇、姚博、胡钛等。杭州美云公司、武汉巨正环保公司、圣天网络科技有限公司的一些员工测试了本书的示例程序，苹果美国公司 Wayne Lee 和美国 eBay 公司的苏伟基同志也阅读了本书的初稿并提出了中肯的建议，北京图格新知公司夏毓彦老师为本书的出版和编辑做了大量的工作，在此深表谢意。

由于时间仓促，很多内容无法面面俱到，同时错误和不足之处也在所难免，希望读者批评指正，邮箱 booksaga@163.com。

本书源代码下载网址：ttp://www.word4s.com/iossamples.zip。

杨正洪

2012 年 3 月

目　录

第 1 章　初识 iOS 开发

iPhone 和 iPad 上的操作系统是 iOS，在 iOS 上运行的应用程序统称为 iOS 应用。开发人员往往在 Mac 机器上开发 iOS 应用，并使用模拟器来测试 iOS 应用。

1.1　iPhone/iPad 手机应用

苹果的应用商店 App Store 拥有 50 多万个 iPhone 应用软件和 14 万个专门为 iPad 开发的应用软件。这些应用软件涉及商务、教育、娱乐、游戏、生活、新闻、体育、旅游、运动、社交、儿童节目等各个范畴，而且每个分类中的应用软件数量都在日益增加。许多应用软件还是免费提供。

开发人员无须花费任何时间去销售 iPhone/iPad 上的手机应用程序：如图 1-1 所示，开发人员在开发并测试了 iPhone/iPad 应用程序后（第 1 和第 2 步骤），上载到苹果应用商店（苹果公司有一个审批手续）即可（第 3 步骤）。当一个手机用户在苹果应用商店购买了你的应用程序后，苹果公司自动将其中的 70%收入放到你的账号中。所以，开发人员只需要专注于开发即可。

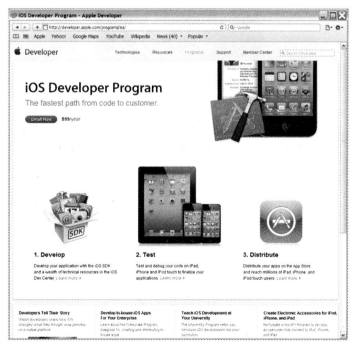

图 1-1　iOS 应用开发的三个步骤

1.2　iOS5 **操作系统**

苹果的 iPhone 和 iPad 都运行在名叫 iOS 的操作系统上，最新版本是 iOS5。整个 iOS 操作系统从底向上分成四层，如图 1-2 所示。

图 1-2　iOS 操作系统

- Core OS：操作系统内核，包括文件系统管理等。
- Core Services：核心服务，包括通讯录功能、网络服务等。
- Media：媒体功能，它处理声音、图像、视频等。
- Cocoa Touch：触摸功能，包括触摸事件、照相机管理等。

在 iOS 操作系统上开发应用的开发包是 iOS SDK，开发工具是 Xcode。

1.3　**安装** Xcode

下面安装开发工具 Xcode。这里使用的是 Mac Air Book，运行着 Lion 操作系统。对于开发 iOS 应用，并不需要 iPhone、iTouch 或者 iPad。这是因为可以在 Xcode 上运行 iPhone/iPad 模拟器（simulator）来测试 iPhone 应用程序。如果需要在苹果的应用商店销售 iPhone 应用程序，苹果会收取一年 99 美元的注册费用。

Xcode 本身是免费的，但是你必须先在苹果网站上注册，然后才能下载这个软件开发包。注册本身是免费的。注册地址为 http://developer.apple.com/devcenter/ios/。下面介绍安装 Xcode 的步骤。

01 启动 Lion 上的 App Store，找到 Xcode，如图 1-3 所示。

图 1-3　从 App Store 上找到 Xcode

02 单击 Free 按钮。再单击 Install App 按钮，系统提示输入苹果在网站上注册的用户名和密码，如图 1-4 所示。输入后，系统开始下载安装文件。

图 1-4　从 App Store 上下载 Xcode

03 双击应用程序中的 Install Xcode，开始安装 Xcode，如图 1-5 所示。

图 1-5　开始安装 Xcode

04 出现 Xcode 安装界面，单击 Install 按钮来安装 Xcode，如图 1-6 所示。

05 系统提示输入操作系统的用户名和密码，如图 1-7 所示。

图 1-6　Xcode 安装界面

图 1-7　输入用户名和密码

06 系统开始安装 Xcode，如图 1-8 所示。

图 1-8　Xcode 安装

07 安装完毕后，启动 Xcode。可以看到如图 1-9 所示的界面，表明安装成功。

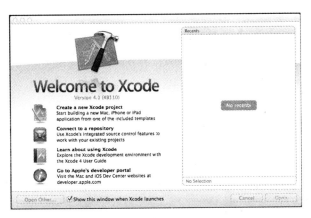

图 1-9　启动 Xcode

08 在 App Store 中单击 Updates 图标还可以安装 Xcode 的更新程序。

09 如果你使用的是 Snow Leopard 操作系统，也可以从浏览器上下载 Xcode，如图 1-10 所示。

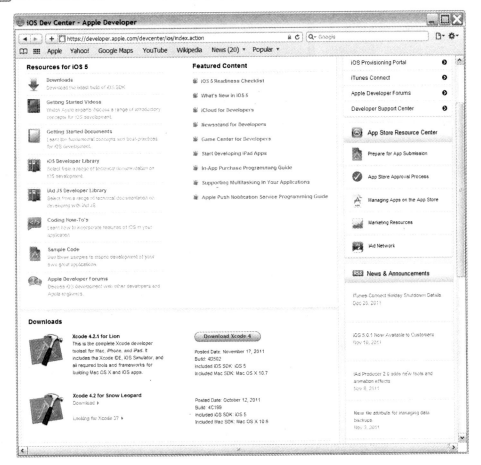

图 1-10　从浏览器上下载 Xcode

1.4　编写第一个 iOS 应用

下面我们开发如图 1-11 所示的 HelloShenba 应用。它显示一个窗口，左边是一个滑动条，右边是一行字"神八欢迎您"。这就是我们第一个 iOS 应用。

图 1-11　HelloShenba 应用

1.4.1　创建一个新 Xcode 项目

一个 iOS 应用的所有文件都在一个 Xcode 项目下。下面我们来创建一个新的项目。

01 启动 Xcode，出现如图 1-12 所示的窗口，选择 Create a new Xcode project 选项。

图 1-12　启动 Xcode

02 出现了 Choose a template for your new project 对话框，如图 1-13 所示。此时，在左边，选择 iOS 下面的 Application，然后在右边出现了多个模板，如主从应用（Master-Detail Application）、基于页面的应用（Page-Based Application）、单视图应用（Single View Application）等。选择 Single View Application，单击 Next 按钮来创建一个基于窗口的 iPhone 应用。

图 1-13　创建基于窗口的手机应用

03 在 Choose options for your new project 对话框中输入产品的名称（如 HelloShenba）、公司标识符（如 Juzheng），在 Device Family（设备家族）的下拉列表中选择 iPhone，如图 1-14 所示。然后单击 Next 按钮。

图 1-14　创建 iPhone 应用

在图 1-14 所示的对话框的 Device Family 下拉列表中，你可以选择 iPhone 或者 iPad。iPhone 和 iPad 是不同的。iPad 有更大的屏幕，而且有一些 iPhone 上没有的东西，如分割视图和弹出视图。因此，一个 iPad 项目的 nib 文件和 iPhone 项目是不同的。可以为项目选择以下几个目标设备。

● iPad: 应用程序只运行在 iPad 上。

● iPhone: 应用程序可以运行在 iPhone 或者 iPod Touch 上，也能运行在 iPad 上（作为一个兼容模式）。

- Universal：应用程序在 iPhone 和 iPad 两者上都能运行，是一个通用的程序。对于一个通用的应用程序，在不同的设备上会载入不同的资源文件。

04 弹出如图 1-15 所示的窗口，在这个窗口上设置项目的路径，选择好后，单击 Create 按钮。

图 1-15　新建项目文件的存储设置

一个项目生成了，如图 1-16 所示。

图 1-16　建立好的一个 iPhone 项目

1.4.2 在 iPhone 模拟器上运行第一个应用程序

在 Xcode 开发环境上可以开发、调试和运行应用程序。单击 Xcode 开发环境左上角的 ⊙ 按钮，就可以在 iPhone 模拟器上运行这个应用程序。这时会看到模拟器上显示一个空白的 iPhone 应用，如图 1-17 所示。

图 1-17　运行 iPhone 应用程序

iPhone 模拟器能够运行绝大多数应用程序（除了少数需要 iPhone 硬件的应用程序，如需要摄像头的应用程序）。与 iPhone 类似，单击下面口字形按钮（苹果把它叫做"主屏幕按钮"）可以返回到主屏幕，从而访问 iPhone 模拟器上的其他应用（如通讯录）。

在 iPhone 模拟器的菜单上，从"硬件"下面可以选择一些操作（如"向右旋转"）来模拟 iPhone 设备的操作。还有重要的一点，iPhone 模拟器使用的是计算机上的内存和 CPU，所以应用程序的性能测试应该在真正的 iPhone/iPad 设备上进行，毕竟 iPhone/iPad 上的硬件资源不如计算机上强大。在模拟器上，内存管理和速度方面的问题可能不会被暴露出来。还有，许多的手势只能在真实的设备上才能执行。并且，许多 iOS 设备上的一些功能（如访问音乐库）在模拟器上并不存在，所以当要测试这些功能时，必须要在真实的设备上进行。

如果需要让程序运行在设备上，那么你必须首先成为收费的苹果开发者（一年费用为 99 美元，参见 http://developer.apple.com/programs/ios）。在这之后，你可以从苹果网站上获得一个开发者证书，双击证书，系统就自动把它放到 keychain 下。另外，你也需要注册你的设备。

Organizer 管理证书、配置文件（Profile）和设备，如图 1-18 所示。在 LIBRARY（库）下面，选择 Developer Profile，你可以看到多个配置。在 DEVICES 下面，当你的设备连到电脑上时，旁边会出现绿色的点。单击设备的名称，就能看到设备的唯一的编号。在 Device Logs 下，还可以看到实时的设备的控制台日志。如果应用程序在设备上崩溃了，那么能在这里看到发生崩溃时的日志报告。另外，也可以在这里截取设备上的屏幕复制（Screenshots）。

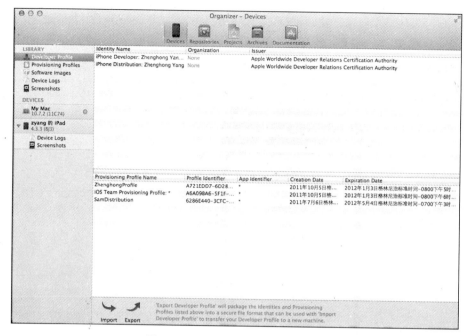

图 1-18　Organizer 管理证书和设备

1.5　熟悉 Xcode 界面

在 Xcode 上单击 AppDelegate.m，将窗口视图调整为如图 1-19 所示的窗口工作区。

图 1-19　iPhone 项目工程窗口

一个 Xcode 项目由许多文件组成，如代码文件、资源文件（图、声音等）、框架（framework）和设置文件等，Xcode 帮助你来管理这些文件。Xcode 的界面比较复杂，你需要逐步来熟悉这个开发工具。图 1-19 显示了一个项目窗口。

● 标记为①的是导航区域。通过选择 View → Navigators →Show/Hide Navigator 命令来显示和隐藏它，或者通过工具栏上的第一个按钮来显示或隐藏①区域。

● 标记为②和③的区域是编辑区域。一个项目的窗口上至少包含一个编辑区域。你可以打开两个编辑窗口，②区域显示源文件，③区域显示该源文件对应的头文件。编辑窗格能记住已经编辑的文件名。你可以使用上面的后退和前进图标（或者通过 Navigate→Go Back 和 Navigate→Go Forward），或者按 control-command-left 键和 control-command-right 键来选择曾经编辑过的文件（如果你使用非苹果键盘，command 键就是 Windows 键，即 ctrl 和 alt 之间的键）。最左边的按钮汇总了与当前文件相关的文件，例如它的超类。

● 标记为④的区域是工具区域，通过选择 View → Utilities →Show/Hide Utilities 命令来显示和隐藏它。在这个区域，编辑项目的一些设置信息，如文本编码等。

● 标记为⑤的区域是显示程序调试信息的窗口，通过选择 View→Debug Area→Show/Hide Debug Area 命令或者通过快捷键 shift-command-Y 来显示和隐藏它，或者通过工具栏上的第 5 个按钮来显示或隐藏。在我们编译运行的过程中，这个窗口将显示错误信息（如果有错误信息的话）。

下面我们详细介绍每个窗格。

1.5.1 导航窗格

导航窗格在窗口的左边，如图 1-20 所示。导航窗格显示整个项目的树状结构。根据自己的需求，可显示或隐藏导航窗格，也可以改变窗格的大小。

图 1-20 导航窗格

导航窗格自身可以显示 7 类不同的信息，因此，实际上有 7 个导航器。通过窗格顶部的 7 个图标（见图 1-21）可以在不同的导航器之间切换。7 个导航器分别是：项目导航器（command-1）、符号导航器（command-2）、搜索导航器（command-3）、问题导航器（command-4）、调试导航器（command-5）、断点导航器（command-6）和日志导航器（command-7）。

从图 1-21 看出，Xcode 自动生成了一些 iOS 应用相关的类。这些类其实是 iOS 应用的模板类。在导航窗格中，它是用文件夹的形式展现的各个文件和子文件夹。这个文件夹，Xcode 称为组（Group），这是因为这些文件夹可能在操作系统上并不存在，而是 Xcode 的逻辑文件夹。

右击项目，选择"Show in Finder"就可查看在文件系统上的部署，你会发现，系统上并没有一个叫作 Supporting Files 的文件夹。从菜单上选择 File→New→New Group 命令可以创建一个新组。一个组主要是把相关的文件组合在一起。再例如，Frameworks 组包含了本应用需要使用的框架（系统类库）。

在导航窗格的 ViewController.xib 是一个 nib 文件，它设置了应用程序的界面。你可以双击这个文件来体会一下。在 Supporting Files 文件夹下的 Info.plist 文件包含了应用的一些设置信息（如应用的图标），main.m 是整个应用程序的入口（类似 C 程序）。

在导航窗格的下面，有一个搜索栏（见图 1-19）。如果你知道一个文件的名字，你能在搜索栏上输入文件名（如 xib），就能很快地在导航窗格中找到它。

1.5.2　工具窗格

工具窗格分为上下两部分。上半部显示的内容，取决于当前编辑器正在编辑的文件类型。

- 当代码文件被编辑时，此窗格上半部分显示"文件查看器"或者"快速帮助"，如图 1-21（a）所示。可以通过上面的图标或者组合键（command-option-1、command-option-2）来选择。文件查看器很少使用，但是快速帮助很有用。
- 当 xib 文件被编辑时，上半部分还会显示标识查看器（command-option-3）、属性查看器（command-option-4）、尺寸查看器（command-option-5）和连接查看器（command-option-6），如图 1-21（b）所示。

（a）　　　　　　　　（b）

图 1-21　编辑代码和编辑 xib

下半部分的窗格会显示文件模板库（command-option-control-1）、代码片断库（command-option-control-2)、对象库（command-option-control-3）和媒体库（command-option-control-4）四个中的一个，如图 1-22 所示。可以通过单击上方的四个图标来切换到不同的库。

图 1-22　nib 对象库

1.5.3　编辑窗格

在编辑窗格中可以编写代码，或在 xib 文件中设计用户界面。在最顶端，有左右箭头和整个项目的层次显示。在开发一个项目的时候，有时你想同时编辑几个文件。这里有三种方式：Assistants、Tabs 和第二个窗口。

- Assistants：当单击窗口右上角的第二个按钮（Show the Assistant editor）后，Xcode 默认显示两个编辑窗口（后一个窗格叫做 Assistant 窗格）。这两个窗格上的内容一般都有关联。例如：左边是一个 .m 文件，右边是它的 .h 文件。如果需要三个或者更多个窗口的话，可以通过选择 View→Assistants Editor→Add Assistants Editor 命令来增加更多的编辑窗口，也可以使用图 1-19 所示标号为③的窗格右上角的"+"图标来增加窗格或者"×"图标来去掉一个窗格。对于多个窗格，可以设置显示的风格（左右显示或者上下显示）。
- Tabs：Tab 方式就是类似 Safari 的方式显示各个文件。通过选择 File→New→New Tab 命令或 command-T 来启用这个方式。你可以通过单击标签或者 command-shift-} 在不同窗格间切换。
- 第二个窗口：选择 File→New→New Window 命令（command-shift-T）来创建一个新窗口。这种方式和 Tab 类似，但是它是一个独立的窗口。

1.5.4　目标窗格

iOS 上有多个设备，如 iPhone、iPad 等。一个目标（target）窗格包含了项目的程序和配置，这些配置指定了如何来构建（build）程序代码，如图 1-23 所示。针对 iPhone 和 iPad，你可以创建两个目标，一个是针对 iPhone，一个是针对 iPad。

图 1-23　目标配置

在目标窗格的上方，可以选择 Summary、Info、Build Settings、Build Phases 和 Build Rules 等。Build 包含三个阶段：编译资源（Compile Sources）、链接二进制文件和库文件（Link Binary With Libraries）、复制绑定的资源（Copy Bundle Resources）。在编译阶段，程序代码被编译，被编译后的二进制文件被复制到应用程序中；在链接二进制文件和库文件阶段，某些库（通常是框架）被链接进编译后的代码；在复制绑定的资源时，某些文件被复制到应用程序中，如图文件。

在 Build Settings 上，可以设置 Base SDK，默认情况下是 Latest iOS（iOS 5.0）。在 Summary 下，可以设置 iOS 部署目标（Deployment Target），默认情况下是 5.0。部署目标一般应该同它的基础 SDK 一致。

1.6　Xcode 项目结构

同 Java/C++程序一样，一个 Xcode 项目包括了代码、界面、各类资源（见图 1-16）等。下面我们来看看 Xcode 的项目结构。

- HelloShenBa 类下面包含了应用程序的代码，如 AppDeleate.h 和 xib 文件。xib 是应用程序的界面，包括界面上的各个对象，对象和代码之间的触发关系，如 ViewController.xib。另外，你可以自己创建一个文件夹（如 WebServices 文件夹存放同 Web 服务相关的代码）。
- Supporting Files（支持文件）下包含各类资源：
  - ➢ 应用程序所使用的图、声音文件（如 mp3）、视频文件等。
  - ➢ Info.plist 文件：包含了应用的一些设置信息，如应用的图标。
- Framework（框架）下包含了系统类库。展开 Frameworks 文件夹，会看到系统已经自动添加了一些框架库，如 Foundation.framework 、UIKit.framework 等。Foundation.framework 包含了 NSString（字符串）、NSArray（数组）等类。UIKit.framework 提供了界面对象类（如按钮、滑动条等）。一个 framework 有一个头文件，这个头文件提供框架内的类的接口信息。编译器需要这些信息来成功编译代码。

回到 HelloShenBa 项目下，在左边的 HelloShenBa 类下面，Xcode 生成的类：

- AppDelegate.h 是一个头文件，其功能与 C 的头文件或者 Java 的接口类似（见图 1-24）。熟悉 Java 开发的读者可以把.h 比拟为 Java 的接口。
- AppDelegate.m 是上述头文件的实现类（见图 1-24）。可以把.m 比拟为 Java 上实现接口的类。

在编辑区域的上方有一栏，右边都是工具按钮。通过单击工作区右上角的图标，可以同时显示两个编辑窗口，也可以只显示一个编辑窗口。

在系统完成初始化之后，就会调用 AppDelegate.m 的 application didFinishLaunchingWithOptions 方法（本书源代码下载网址参看前言），如图 1-24 所示。该方法就是显示应用的窗口。

```
- (BOOL)application:(UIApplication*)application
didFinishLaunchingWithOptions:(NSDictionary *)launchOptions {
    ……//省略代码
    [self.window makeKeyAndVisible];
    return YES;
}
```

图 1-24   .h 文件（右边）和.m 文件（中间）

在 Supporting Files 文件夹下有其他一些资源文件（如图像、声音文件等）。类似 C 程序，main 方法是整个程序的入口（见图 1-25）。在 HelloShenba 下，有 ViewController.xib 文件。xib 是 XML Interface Builder（XML 界面创建器）的缩写。ViewController.xib 包含了这个项目的整个界面。在 1.7 节将会添加滑动条等到界面上。习惯上，xib 也叫做 nib，nib 是 NeXTStep Interface Builder 的缩

写。其实，在 build 期间，一个 xib 被编译为 nib。下面介绍 nib 文件的管理。

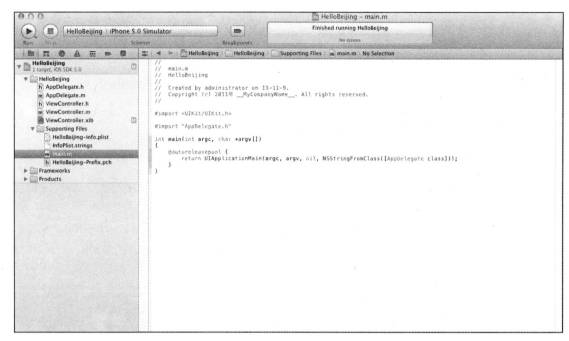

图 1-25　main.m 文件

1.7　nib 编辑界面

通过两种方式编写应用程序：写代码和画界面。画界面是另一种形式的编写代码。当应用程序运行，放在 nib 文件中的用户界面载入，它就被转换成指令来实例化和初始化 nib 文件中的对象。在讲述 nib 的创建之前，提醒那些熟悉 Xcode3.2 版本的读者：在 Xcode3.2 中，nib 的创建和修改是在界面创建器（一个单独的工具）上；而在 Xcode 版本 4 中，所有界面创建器的功能都已经包含在 Xcode 中了。

1.7.1　界面的组成

使用一个实际的 nib 文件来探索 Xcode 的 nib 编辑界面。在 1.4 节中，我们创建了一个项目 HelloShenba，它包含有一个 nib 文件。单击 nib 文件来编辑它，如图 1-26 所示。

图 1-26　nib 文件编辑窗格

如图 1-26 所示，在右边是工具窗格。在工具窗格里，可以看到标识检查器（右上）和对象库（右下）。这个 nib 界面由四部分组成。

01 编辑器的左边是 dock。在 dock 上，分为两个部分：代理对象（上面）和 nib 对象（下面）。代理对象区是用于连接代码和界面上的对象，用户不能自己创建或删除代理对象，这是系统自动产生的。代理对象区也叫占位（placeholders）区。nib 对象（Objects）区显示了这个 nib 文件的最高层对象。一个视图可以包含另一个视图。例如，滑动条包含在视图上，滑动条是视图的子视图。整个对象就组成了一个层次树。树的最高层就显示在 dock 上。通过单击左下角的小箭头，可以分层显示所有的 nib 对象。

02 编辑器剩下的空间是画布，是用来设计界面的地方。在界面上，将放置滑动条和文字等。

03 右上部分是工具窗格的检查器，在这里可以编辑当前选择的对象的属性。

04 右下部分是工具窗格的库，如果选择对象库（Objects），可以添加这些对象到 nib 文件中。如果选择媒体库（Media Library），可以添加媒体文件到 nib 文件中。这些媒体文件是预先加到项目上的。

当应用程序运行时，系统装载 nib 文件。如果我们的程序有两个界面，用户可能不常看第二个界面。那么，系统不需要立即载入第二个界面的 nib 文件。通过这种策略，只有在它的实例需要它的时候才被载入，从而内存的使用保持在最小。这是因为在移动设备中，内存是很稀缺的。而且，载入一个 nib 文件要花费时间，载入的 nib 文件越少，程序运行得越快。

当一个 nib 文件载入，一些已经存在的实例被指定为它的拥有者（File's Owner）。一个没有拥有者的 nib 文件，不能够被载入。而且在 nib 文件被载入前，拥有者必须存在。当一个 nib 文件被载入，它所包含的对象被实例化，这包括它的顶层对象和底层对象。

1.7.2　设计用户界面

下面在应用界面上添加两个控件：滑动条和文字信息。

01 单击 ViewController.xib 文件，就自动打开了界面编辑器（见图 1-27）。

图 1-27　界面编辑器

在 dock 中选中的就是 View。在界面可以看到 File's Owner 等对象。在后面的章节中会详细介绍。这个窗口目前是空白的。在它的右下边是对象库（在工具栏上单击 Show the Object library 图标），包括各个控制器（controller）和 UI 对象，如按钮、地图视图、滑动条、文本框、图像视图、文本、表视图、网页视图等。可以添加这些对象到窗口上。

如图 1-28 所示，在箭头 1 所指地方进行搜索，例如输入滑动条（slider），在右下角会显示出搜索结果，如箭头 2 所指。将箭头 2 所指的对象，用鼠标拖到箭头 3 所指的窗口上。

图 1-28　手机应用窗口

02 将 Label（标签）UI 对象也拖到窗口上（见图 1-29），可以随意调整这些对象的位置、大小。

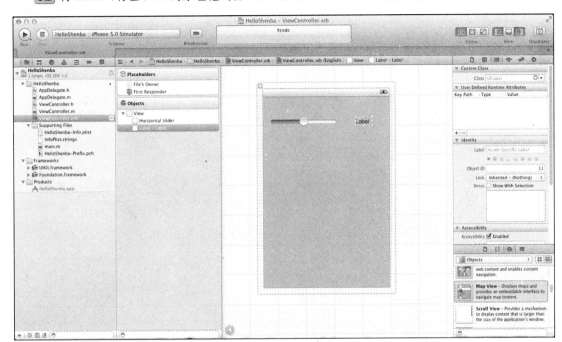

图 1-29　放置 UI 对象

在右上角（工具窗格），可以设置所选择对象的属性，例如添加了一个文本标签（Label）对象，可以设置上面文字的颜色、大小等。如果该对象有事件，也可以指定这个事件要关联的类和相应的方法。在工具窗格上面有几个图标：属性（Attributes）、连接（Connections）、大小/位置（Size）和标志（Identity），如图 1-29 右边窗格所示。单击这个 Attributes Inspector 图标就打开了属性窗口，设置对象的名称、文字字体等信息；在 Connections 部分，主要显示的是该对象的事件所关联的类和相应的方法；在 Size 部分，设置该对象的大小和位置信息，以及当转动手机时所做的相应改变；在 Identity 部分是该对象的类信息。

03 在 Attributes 窗口，修改 Label 文本信息为"神八欢迎您"，如图 1-30 所示。还可以设置文字的大小、颜色等。最后选择 File→Save 命令来保存这些修改。

04 单击 🔵 按钮，就会看到新添加的内容，如图 1-31 所示。

图 1-30　神八欢迎您

图 1-31　运行"神八欢迎您"应用程序

　　有时，需要重新编译和链接整个代码，并清除缓存，可以选择 Product → Clean。例如，假设你已经在应用程序中包含了一些资源，但是现在你又不需要了，那么你可以从 Copy Bundle Resources 中删除，可是你不能从构建好的应用程序中移除。这时候，只有 Clean 才能做到。为了清除得更完全，你可以选择 Product → Clean Build Folder 命令。

1.8 应用启动过程

下面我们分析一下，随着应用程序启动和 nib 文件载入发生了什么事。

01 在 Supporting 文件夹下，有一个文件叫做 main.m（见图 1-26）。这个文件相当于 Java 中的 main()方法，是整个应用执行的入口。随着程序启动，main 方法被调用。

02 在 main.m 中调用 UIApplicationMain，从而创建了 UIApplication 类的一个实例，这是一个共享的应用实例。

03 UIApplicationMain 创建了应用程序委托（AppDelegate 类）的实例。当系统完成了内部设置之后，AppDelegate 的实例的 application:didFinishLaunchingWithOptions:方法被调用。

04 在上述方法中，创建了一个 UIWindow 类的实例，即显示给用户的界面。在一个 iOS 应用程序中，这就是唯一的窗口实例。

05 当系统执行到[self.window makeKeyAndVisible]方法后，整个用户界面呈现出来，用户可以在界面上操作应用了。

1.9 Xcode 帮助文档

当你在 Xcode 中遇到不熟悉的类或者方法时，可以选中类或者方法的文本并且右击，选择 Jump to Definition（control-command-D），如图 1-32 所示。如果这个类或者方法在 Cocoa framework 被定义的话，系统会跳转到头文件（如图 1-33 所示）；如果这个类或者方法在代码中被定义，就跳转到类或者方法定义的地方。

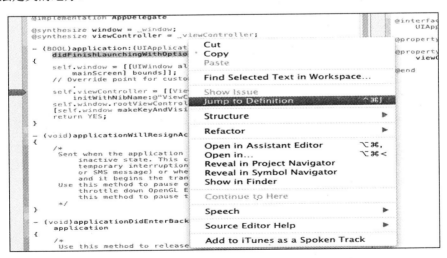

图 1-32 查看 didFinishLaunchingWithOptions 的定义

对于编程人员来说，iOS 文档是很重要的。它解释了类、方法和属性等内容，对于开发程序具有很好的指导意义。在 Xcode 环境下，选择 Help→Documentation and API Reference，如图 1-34 所示。

图 1-33　跳转到 didFinishLaunchingWithOptions 的定义　　　　图 1-34　Xcode 上的帮助中心

输入你想查询的条目，如 UIButton，就可以查到相关的文档。以 UIButton 为例，我们来看看类文档页面（见图 1-35）。

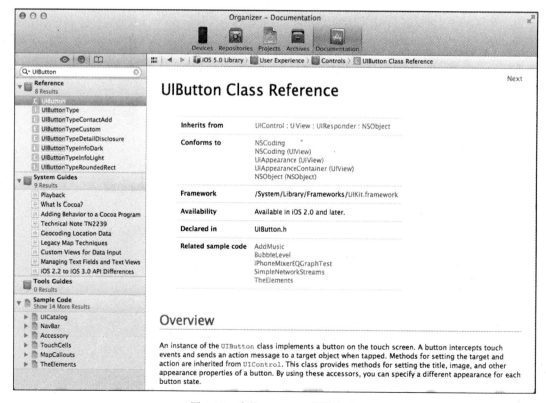

图 1-35　查找 UIButton 相关文档

- Inherits from（继承）

  整个类的集成链。一个类从它的超类继承，所以要查找的功能信息可能在它的超类里面。例如，从 UIButton 类中找不到 addTarget:action:forControlEvents:方法，因为那个方法在 UIControl 类中。从 UIButton 中也找不到 frame 属性，这个属性在 UIView 类中。

- Conforms to（遵守）

  协议是通过类来实现的（协议会在后面的章节中讨论到）。一个遵守协议的类通常会列出协议所需要的方法。

- Framework（框架）

  这个类的所属框架。为了使用这个类，代码必须链接到这个框架。

- Availability（可用性）

  这个类最早在哪一版本的操作系统中出现。例如，EKEventViewController（包括整个 EventKit framework）直到 iOS4.0 才出现。所以，如果你想在应用程序中使用这个功能，必须确保目标操作系统版本不低于 iOS4.0。

- Related sample code（相关样本代码）

  一个类文档页面可能链接到样本代码。

- Overview（概述）

  关于这个类的概要信息。

- Tasks

  这一部分是按照功能分类来列出属性和方法。

- Properties（属性）、Class Methods（类方法）、Instance Methods（实例方法）

  这些部分提供了这个类的所有属性和方法。

- Constants（常量）

  这个类相关的常量。例如，为了在代码中创建一个 UIButton 实例，调用 buttonWithType 类方法，它的参数是一个常量。

还有，可以在 http://developer.apple.com 上找到苹果的文档资料。已经注册的 iOS 开发者，有权访问 iTunes 视频和苹果开发者论坛（https://devforums.apple.com）。

第 2 章　Objective-C 语言基础

　　iOS 应用的编程语言是 Objective-C。Objective-C 是在 1986 年由 Brad Cox 和 Tom Love 创造，是为了在 C 的基础上能够达到像 Smalltalk 的语法和行为的一种语言。在 1988 年，NeXT 获得了 Objective-C 的版权，并成为其应用框架 API（即 NeXTStep）的基础。后来 NeXT 和苹果公司合并，NeXTStep 最后发展为 Cocoa。这也是为什么很多 Cocoa 类是以 NS 开头的原因。

　　Objective-C 是由 C 演进而来，在 Objective-C 代码中经常会用到 C 的结构和 C 函数，所以读者需要一些 C 语言的基础知识。例如：一个矩形是一个 CGRect 的实例，而 CGRect 是一个 C 结构。为了创建一个 CGRect，需要调用 CGRectMake，而 CGRectMake 本身是一个 C 函数。总之，Objective-C 也是 C。在本章和下一章中，我们阐述 Objective-C 的一些常用知识。

2.1　Objective-C 程序结构

　　我们结合 C 语言来阐述 Objective-C 的程序结构。在 C 语言中，一个程序包含两类文件：头文件（.h）和源文件（.c）。头文件一般包含函数的定义。在源文件中通过 "#include" 来包含头文件。

　　在 Objective-C 中，".c" 变为 ".m"。 Xcode 通过.m 扩展名来判断程序是 Objective-C 程序还是 C 程序。在 Objective-C 中，通过 "#import" 来包含头文件，而不是 "#include"。例如，一个 Objective-C 头文件：

```
#import <Foundation/Foundation.h>
@interface Test:NSObject {
    int intX;
    int intY;
}
@property int intX,intY;
-(void)print;

@end
```

2.1.1　接口和实现文件

　　Objective-C 是一个面向对象的语言，所以整个 Objective-C 程序是由一些类组成的。每个 Objective-C 类包含两大块代码，分别叫 "接口" 和 "实现"。例如：

```
@interface MyClass //接口部分
@end

@implementation MyClass //实现部分
```

```
@end
```

关键字@interface 和@implementation 告诉编译器，接口和实现两部分从哪里开始。在习惯上，类名（MyClass）的第一个字母大写。MyClass 类的方法是"实现"部分，例如 sayHello 方法：

```
@interface MyClass
@end

@implementation MyClass
-(NSString*) sayHello {
    return @"Hello!";
}
@end
```

上面这个类不能实例化。为了能够实例化，我们定义的类必须继承 NSObject 类，冒号指定了父类。例如：

```
@interface MyClass:NSObject
@end

@implementation MyClass
-(NSString*) sayHello {
    return @"Hello!";
}
@end
```

下面是一个标准的类定义格式：

```
@interface MyClass : NSObject { //接口开始
    //实例变量在这里声明
}
- (NSString*) sayHello;  //公开的方法定义在接口里声明
@end  //接口结束

@implementation MyClass  //实现开始
- (NSString*) sayHello{     //一个方法
    return @"Hello!";
}
@end  //实现结束
```

一个类的接口代码和实现代码可以放在同一个文件中，甚至多个类的代码可以放在同一个文件中，但是这不是规范的做法。通常的做法是用两个文件定义一个类：一个文件放接口部分，另一个文件放实现部分。例如，定义一个 MyClass 类，会有两个文件：MyClass.h 和 MyClass.m。接口部分包括类的声明、实例变量的声明和方法的声明，放在 MyClass.h 文件中；实现部分包括方法的实现，放在 MyClass.m 文件中。.h 文件称为头文件（也称接口文件），而.m 文件称为实现文件。.m 文件通过 import 导入头文件的内容。

下面举一个会员（Member）类的例子。在 Member 接口中，声明了两个属性和 4 个方法。int 是数据类型，age 是用于存放年龄的变量（属性）；NSString 是字符串类型，name 是用于存放姓名的变量。前两个方法分别返回变量值，后两个方法是设置变量值。与 Java 不同，Objective-C 取值方法不需要加 get 前缀。在下面的两个取值方法中，前一个返回值的数据类型是 NSString，后一个是 int。

```
//Member.h
#import  <Foundation/Foundation.h>

@interface Member : NSObject {
    NSString* name;
    int age;
}

-(NSString*) name;
-(int) age;
-(void) setName:(NSString*)input;
-(void) setAge:(int)input;

@end
```

下面是接口实现的代码，它实现了在接口中定义的四个方法。这些方法都是一些属性的设置和获取方法。

```
//Member.m
#import "Member.h"
@implementation Member
-(NSString*)name{
    return name;
}

-(int)age{
    return age;
}

-(void) setName:(NSString *)input{
    name = input;
}

-(void) setAge:(int)input{
    age = input;
}

@end
```

设置值的方法不需要返回任何值，所以我们把它的返回类型指定为 void。void 就是空的意思，表示不返回任何值。上面的方法各有一个输入参数。

接口定义了实例变量（参数），以及一些公开的方法。如果一个类的某一方法需要被其他类调用，那么可以把它放在接口中声明，其他类只要包含那个头文件就行了。实现部分包含了方法的实现代码，它还经常包含一些私有的方法。这些私有的方法对于子类是不可见的。

在定义了类并实现了类代码之后，应用程序就可以使用这些类来解决实际问题了。在实际项目中，接口代码、类实现代码和应用代码往往放在不同的文件中。应用程序的 main 方法是整个应用程序的入口。当你运行这个应用程序时，main 方法首先被调用。下面这个应用程序构造了一个 Member 的对象，并通过调用它的方法为两个属性赋值，最后通过 NSLog 方法将这两个值打印出来（在后面的章节，会讲述 NSLog 方法的用法）。使用@autoreleasepool 让系统自动管理内存，这是 iOS5 的一个新功能。

```
// main.m
```

```
#import <Foundation/Foundation.h>
#import "Member.h"
int main (int argc, const char * argv[]) {
    @autoreleasepool {
        Member* member = [[Member alloc]init];   //创建一个 Member 对象
        [member setName:@"sam"];
        [member setAge:36];
        NSLog(@"%@",[member name]);
        NSLog(@"%i",[member age]);
    }
    return 0;
}
```

程序的运行结果如下：

```
sam
36
```

一个类把所有的数据和访问数据的方法组合在一起。在应用程序中，首先创建一个对象（从而分配了内部数据结构），然后调用这个对象的一些方法。第二行是创建一个 Member 对象：

```
Member* member = [[Member alloc]init];
```

上述语句首先声明了一个名叫 member 的对象（变量）。它的数据类型是 Member。也就是说，member 就是一个 Member 类型的变量（对象）。一定要注意在数据类型的右边有一个星号。所有的 Objective-C 对象变量都是指针类型的。等号右边的语句是创建一个对象。这是一个嵌套的方法调用。第一个调用的是 Member 的 alloc 方法。这是一个相对比较底层的调用，因为该方法其实是为 member 变量申请一个内存空间。 第二个调用的是新创建对象的 init 方法。这个 init 方法是初始化变量值。init 实现了比较常用的设置，例如设置实例变量的初始值。

后面的两行语句是调用 member 的相关方法为 member 的两个属性设置值：

```
[member setName:@"sam"];
[member setAge:36];
```

紧接着的两行语句是打印 member 的属性值：

```
NSLog(@"%@",[member name]);
NSLog(@"%i",[member age]);
```

关于@autoreleasepool，将在后面章节中详细讲解。 其主要目的是让系统自动管理释放池，从而释放 member 对象的内存空间。

在本小节的最后总结一下对象声明的语法：

```
类名 *var1, *var2, …;
```

上述语句定义了 var1 和 var2 是指定类的对象。要注意的是，这只是定义了一个指针变量，尚未为它所包含的数据获得内存空间。在调用 alloc 方法之后，这些对象才获得（分配）空间。例如：

```
Member* member;
member = [Member alloc];
```

在术语上，上述例子中的 member 称为 Member 对象，或者称为 Member 类的一个实例。另外，除了分配空间，你还需要调用 init 方法来给这个对象设置初值。

2.1.2　编译器

Objective-C 是一个基于语句的语言，每一条语句都以分号结束。在 Objective-C 中，长的注释用"/*"和"*/"，短的注释用"//"。在运行 C 程序之前，需要编译 C 代码。编译器能帮我们找出程序中的错误，并对一些可能会引起错误的代码提出警告。在 Xcode 版本 4 开发工具中，可以使用 LLVM 编译器对 Objective-C 程序进行编译。旧版本的 Xcode 默认使用 GCC，在新版本的 Xcode 上，可以继续使用 GCC，或者使用 GCC-LLVM 混合编译器（GCC-LLVM 是新版本的默认设置）。LLVM 编译器更加智能，如图 2-1 所示。

图 2-1　编译器设置

2.2　面向对象的编程

Objective-C 是一个面向对象的语言。程序中的对象是基于现实世界中的对象的概念。它是一个可操作的东西，如汽车。在面向对象程序设计中，程序就是由很多对象组合而成。面向对象的三个基本特征：封装、继承和多态。

● 封装就是把客观事物封装成抽象的类。
● 继承就是从一般到特殊的过程。
● 多态提供了同一个接口名称，通过覆盖和重载实现不同的功能。

2.2.1　类和实例

就像现实世界中的对象一样，在面向对象编程的世界中，每一个对象都属于一个类型，这个类型称为类。类定义了现实世界中的一些事物的抽象特点。在 Objective-C 中，定义一个类的一般格式如下：

```
@interface  Member : NSObject {  //新类名称和父类名称
    NSString* name;  //属性变量定义
    int age;
}

-(NSString*) name;  //方法定义
-(int) age;
-(void) setName:(NSString*)input;
-(void) setAge:(int)input;

@end
```

像许多其他面向对象语言一样，Objective-C 也可以指定两个类的关系：子类或者超类。一个类可能有许多子类，但是一个类只能有一个直接的超类（一个超类可能也有自己的超类）。在上面的例子中，NSObject 是 Member 类的父类。建立类与子类的关系是为了让相关联的类能够共享功能。

每个类的实例就是一个对象，在下面的例子中，member 就是 Member 类的对象：

```
Member* member = [[Member alloc]init];
```

类是对象的模型，对象是类的一个实例。类是一种逻辑结构，而对象是真正存在的物理实体。面向对象的分析过程大致可分为：划分对象→抽象对象→将类组织成层次化结构（通过继承来完成）。面向对象的程序设计就是使用类与实例进行设计和实现程序。一个对象包含两个特性：功能封装和状态维护。

- 功能封装：一个对象只做自己的事，而不关心其他一切，对外界来说它就是透明的，只能通过向接口（方法）发送消息来使用对象。
- 状态维护：每个实例就是一组数据。这些数据是私有的，是被封装的。其他对象不知道这些数据是什么，也不知道是什么格式的数据。访问它的唯一途径是通过它的方法。

图 2-2 显示了 UIKit 框架上的一些类的继承关系。大括号右边的类是左边类的子类。NSObject 是所有类的根类。UIResponder 是 NSObject 的子类，是 UIView 的父类。UIView 本身是 UIControl 的父类，而 UIConctrol 是 UIButton 的父类。

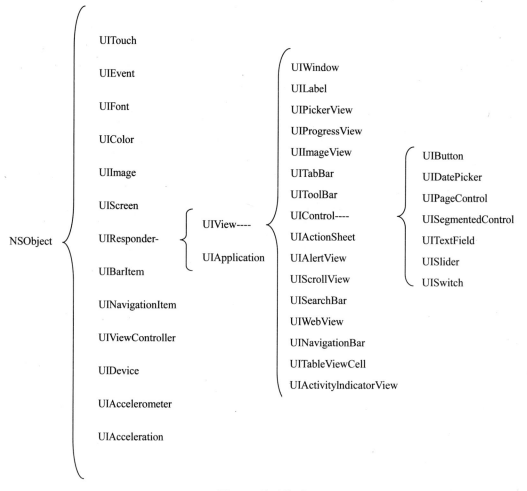

图 2-2　继承关系

2.2.2　消息和方法

在面向对象中，直接发给对象的一个命令称为"消息"，而被调用的代码称为方法。给一个对象发送一个消息和调用一个对象的方法基本是同一回事。下面是方法的声明例子：

```
-(int) age;
```

开头的负号通知编译器，该方法是一个实例方法，括号中的关键字表示该方法的返回值类型。如果开头的符号是正号（"+"），则表示这是一个类方法，可直接对类进行操作。

1. 方法的定义

在 Objective-C 中，一个方法是类的一部分。一个方法的声明格式为：

```
+或者-  (返回类型)  方法名:(参数类型) 参数名;
```

它包含如下三个方面的内容：

- 它是一个类方法还是一个实例方法？

  如果是类方法（"+"），通过发一个消息给类本身来调用；如果是实例方法（"-"），通过发一个消息给类的实例来调用。

- 它的参数和返回值

  和 C 类似，一个 Objective-C 方法也会包含一些参数，为每一个参数指定了数据类型；和 C 一样，也会有一个指定类型的返回值。如果方法没有返回值，它的返回类型为 void。

- 方法的名字

  一个 Objective-C 的方法名字可以包含很多冒号（冒号的个数等于它的参数的个数），每个冒号后面跟着参数的数据类型和名字。

例如：

```
- (void) setNumberator: (int) n;
```

2. 类方法和实例方法

在 Objective-C 上，有两种方法：类方法和实例方法。直接对类本身进行操作的方法称为类方法。例如：NSString 的方法+string 是一个类方法，这个类方法可以生成一个空的 NSString 实例。类方法和实例方法是通过方法定义的"+"或"-"来区分的，如下所示：

```
#import <Foundation/Foundation.h>
@interface Human : NSObject {
BOOL sex;
}
+(void) toString;
-(void) showSex;
@end

#import "Human.h"
@implementation Human
//实例方法
-(id) init{
    NSLog(@"init() in Human is called");
    sex = TRUE;
    return(self);
}
//类方法
+ (void)toString{
    NSLog(@"this is a class method of Human");
}

//实例方法
- (void)showSex{
    NSLog(@"my sex is %@",sex?@"MALE":@"FEMALE");
}
@end
```

我们写的大多数方法是实例方法。类方法一般用于两个目的：

- 工厂方法：它是给类分配实例的方法。例如，UIFont 类有一个类方法 fontWithName:Size:。你提供一个名字和一个字体大小，这个 UIFont 类就返回给你一个 UIFont 实例。

● 全局公用方法：一个类方法也可以是一个公用方法，这些公用方法可以被任何其他类来调用，而且不需要实例化。例如：UIFont 类的 familyNames 方法返回机器上所安装的字体信息。

3. 调用方法

在 Objective-C 中，对象的属性变量属于对象的内部数据，通常要访问这些数据只能通过对象的方法来实现，方法是作用于属性的函数。在 Objective-C 中，把"调用一个函数"称为"向一个对象发送一个消息"，或者称为"调用方法"。调用方法的简单格式是（假设没有输入参数）：

```
[实例 方法];
```

或者是：

```
[类名 方法名];
```

一个方法可以返回值，可以把返回的值放在变量上保存，例如：

```
变量 = [实例 方法];
```

在 Objective-C 上，调用一个类或实例的方法，也称为给这个类或实例发消息（message）。类或实例称为"接收方"。所以，调用方法的格式也可以理解为：

```
[接收方 消息];
```

在术语上，整个表达式也叫消息表达式。例如：

```
NSString* s2=[s uppercaseString];  //发送消息"uppercaseString"到s
```

如果一个消息是一个带有参数的方法（即在调用一个方法时，可能需要提供输入参数），那么每一个参数值跟在一个冒号后面，如下所示：

```
[member setAge:36]; //方法有一个参数
[someObject threeStrings:@"string1": @"string2": @"string3"];//方法有三个参数
```

完整的方法调用的格式为：

```
[接收方 名字1:参数1   名字2:参数2   名字3:参数3 …]
```

在术语上，方法的名称是"名字 1:名字 2:名字 3..."。另外，Objective-C 语言允许在一个方法调用中嵌套另一个方法调用，例如：

```
[NSString stringWithFormat:[test format]];
```

尽量避免在一行代码里面嵌套调用超过两个方法。因为这样的话，代码的可读性就不太好。还有一点，self 类似 Java 的 this，使用 self 可以调用本类中的方法。例如：

```
- (BOOL)isQualified{//年龄满足条件吗？
    return ([self age] > 18);
}
```

还有一个要指出的是，Objective-C 不支持下面形式的方法重载：方法名相同，参数个数相同，但是参数类型不同。对于熟悉 Java 语言的开发人员来说，要特别注意。

2.2.3　实例变量

一个类可以有多个实例（对象），如汽车类，有一个是奔驰汽车（实例），另一个是宝马汽车。实例变量属于一个对象。例如：汽车名称是一个实例变量。奔驰汽车对象和宝马汽车对象的汽车名称是不同的。我们来看一个例子：

```
//定义一个分数类
@interface Fraction:NSObject
{
    int numerator; //分子
    int denominator; //分母
}
-(void) print;
-(void) setNumerator: (int) n;
-(void) setDenominator: (int) d;

@end
```

上面的分数类 Fraction 有两个名为 numberator 和 denominator 的整型成员。这一部分声明的成员称为实例变量。正如我们上面所看到的，实例变量是定义类时声明的，这些声明放在类的接口部分的花括号中。每一个实例的实例变量值可能是不同的。

默认情况下，实例变量是被保护的，除了子类，其他类不能看到它们。实例方法总是可以直接访问它的实例变量，而类方法则不能，因为它只能处理类本身，并不处理类的任何实例。如果要从其他方法上访问这些实例变量怎么办呢？这就需要编写特定方法来获取实例变量的值。例如，上述分数类 Fraction 有两个实例变量（numerator 和 denominator），可以在接口中编写如下两个方法：

```
-(int) numerator;
-(int) denominator;
```

下面是实现代码：

```
-(int) numerator {
    return numerator;
}
-(int) denominator {
    return denominator;
}
```

从 Objective-C 2.0 开始，可以使用点“.”来调用一个实例变量。要获得实例 aFraction（Fraction 类的一个实例）中存储的一个实例变量 numerator 的值，可以使用以下表达式：

```
aFraction.numerator
```

来代替：

```
[aFraction numerator]
```

还可以使用类似的语法进行赋值：

```
aFraction.numerator=3
```

这等价于表达式：

```
[aFraction numerator:3]
```

在声明一个实例变量后，必须对它进行初始化，一般可以通过赋值来完成。例如：

```
NSString* s;
s=@"Hello, world!"z;
```

第一个语句只是声明一个变量，却没有初始化。如果直接使用这个变量，这会给程序带来不可预料的错误，甚至程序异常终止。如果不想在声明时赋给变量一个实际的值，一个好解决的办法是赋值为 nil（空）：

```
NSString* s=nil;
```

2.2.4 创建实例的三种方法

当运行程序时，类的实例被创建。每一个实例的生成都是向某一个类请求实例化自己。有三种方式完成实例的创建。

1. 间接创建实例

调用实例化代码来创建一个实例。请看下面的代码：

```
NSString* s2=[s uppercaseString];
```

发送一个 uppercaseString 消息给 NSString 实例，得到一个新创建的 NSString 实例。执行完代码后，s2 指向一个之前并不存在的 NSString 实例。通过 uppercaseString 方法产生的实例是一个新的 NSString 实例。上述代码并没有直接实例化一个类，它仅仅是发送一个 uppercaseString 消息。可以想象，在 NSString 类中肯定有相关的代码替我们完成了相应的实例化工作，虽然我们不需要关心这些细节，只要能获得一个完整的实例就可以了。

类似地，类工厂方法也可以实例化一个类。例如，NSString 类方法 stringWithContentsOfFile:encoding:error:读取一个文件，产生一个包含文件内容的 NSString 实例。又例如：

```
NSArray* name = [NSArray arrayWithObjects:@"zhenghong", @"yang", @"sam", nil];
```

并不是所有返回实例的方法都是返回一个新实例。例如，下面是返回一个数组中的最后一个元素：

```
id last=[myArry  lastObject];
```

数组 myArray 并没有创建一个实例,所返回的这个对象已经存在,myArray 一直拥有这个对象。

2. 直接创建实例

我们发送一个 alloc 方法给一个类,从而直接创建这个类的实例。alloc 类方法是在 NSObject 类上实现的,NSObject 类是根类,其他类都从它这里继承。在执行 alloc 之后,系统就为一个实例分配内存(实例指针指向内存)。

在调用 alloc 之后,必须立刻调用另一个初始化新实例的方法,从而我们能够发送消息给这个新实例。例如:

```
Member* member = [[Member alloc] init];
```

一个类可以有多个初始化方法,一些初始化方法可以带参数。例如,NSArray 类的初始化方法为:

```
- initWithArray:
- initWithArray:copyItems:
- initWithContentsOfFile:
- initWithContentsOfURL:
- initWithObjects:
- initWithObjects:count:
```

下面初始化一个包含多个姓名的数组:

```
NSArray* name = [[NSArray alloc] initWithObjects:@"zhenghong", @"yang",
@"sam", nil];
```

3. 通过 nib 文件创建和初始化实例

类的实例化和初始化的第三种方法是通过一个 nib 文件来完成。一个 nib 文件(它的扩展名可能是.nib 或者.xib)是一个描述用户界面的文件(有点"所见即所得"的意思)。大多数 Xcode 项目至少包含一个 nib 文件。nib 文件将会被打包进应用程序中,并且在程序运行时载入。从某种意义上来说,一个 nib 文件包含类名和如何实例化与初始化这些类的指令。当程序运行时,一个 nib 文件被载入,那些类被实例化和初始化。

例如,你创建了一个 nib 文件:在窗口的某个位置上放置了一个按钮,按钮上名字设置为"OK"。当应用执行时,系统相当于执行了下述代码,完成了 UIButton 类的实例化和初始化:

```
UIButton* b =[UIButton buttonWithType:UIButtonTypeRoundedRect]; // 实例化
[b setTitle:@"OK" forState:UIControlStateNormal]; // 设置名称
[b setFrame: CGRectMake(100,100,100,35)]; // 设置位置
[window addSubview:b]; // 把按钮放在窗口上
```

2.3　数　据　类　型

Objective-C 是一种强类型语言，在使用一个变量之前必须要对其声明，指定数据类型并初始化。

2.3.1　常见数据类型

常见的一些数据类型有：char（1 字节的字符）、int（4 字节的整数）、float 和 double（浮点数）、long（长整数）、unsigned short（短整数）等。Objective-C 支持使用枚举类型和强制类型转换，如：

```
int height=18;
fheight=(float)height;
```

当声明一个变量时，可以在一些数据类型之前加上特定的限定符，这样可以限制在这些变量上的操作，如 const（变量值不可修改）、static（静态变量）。

2.3.2　字符串

例如在 C 中的一个字符串常量"杨正洪"，在 Objective-C 中表示为@"杨正洪"。Objective-C 的这种表示方法与 C 不同，前面有一个符号"@"。也就是说，字符串常量是由@和一对双引号括起的字符序列。例如：@"China"、@"program"、@"$12.5" 等都是合法的字符串常量。

在 Objective-C 语言中的字符串不是作为字符的数组被实现。Objective-C 上的字符串类型是 NSString，不是一个简单数据类型，而是一个对象类型。这是与 C++ 语言不同的。在后面的章节中将详细介绍 NSString。下面是一个简单的 NSString 例子。

```
#import <Foundation/Foundation.h>

int main (int argc, const char * argv[]) {
   @autoreleasepool {
       NSLog(@"Programming is fun!");
   }
    return 0;
}
```

【程序结果】

```
Programming is fun!
```

这个简单的程序只是把"Programming is fun!"字符串打印到控制台上。

2.3.3　结构体

C 语言本身提供的简单数据类型很少，那么 C 语言是如何构造复杂的数据类型呢？有三种方式：结构体、指针和数组。结构体和指针在 iOS 编程中是至关重要的。在 Objective-C 中很少需要 C 的数组，因为 Objective-C 有它自己的 NSArray 类型。C 中的结构体是一个混合数据类型，在这个类型中包含了多种数据类型（也可以是另一个结构体），它能够作为单个的实体被传递。其中的元素能够通过点符号来访问。例如，一个 CGPoint 定义如下：

```
struct CGPoint{
    CGFloat x;
    CGFloat y;
};
typedef struct CGPoint CGPoint;
```

上面的 CGPoint 结构有两个 CGFloat 变量（x 和 y），可以定义一个结构体变量并对其赋值：

```
CGPoint myPoint;
myPoint.x = 5.8;
myPoint.y = 9.8;
```

NSRange 是一个很重要的结构体。它是由整型数据、位置和长度组成的。NSNotFound 是一个整型常量，表明无法找到数据。例如，如果在一个数组（NSArray）中寻找某个对象，但是这个对象并不在这个数组中，最后的结果就会返回一个 NSNotFond。这时候，不能返回 0，因为 0 代表数组中的第一个元素。返回的结果也不能为空（nil），因为空也是 0。

2.3.4 id 类型

id 数据类型可存储任何类型的对象。从某种意义上说，它是一般对象类型。例如，下面定义了一个 id 类型的变量 number：

```
id number;
```

下面声明返回一个 id 类型的方法：

```
-(id) newObject:(int) type;
```

上面这个程序行声明一个名为 newObject 的实例方法，它具有名为 type 的单个整型参数并有 id 类型的返回值。

id 数据类型是 Objective-C 中十分重要的特性，它是多态和动态绑定的基础。在 Objective-C 中，id 类型是一个独特的数据类型。在概念上，类似 Java 的 Object 类，可以被转换为任何数据类型。换句话说，id 类型的变量可以存放任何数据类型的对象。在内部处理上，这种类型被定义为指向对象的指针（实际是一个指向这种对象的实例变量的指针）。id 和 void *并非完全一样。下面是 id 在 objc.h 中的定义：

```
typedef  struct  objc object {
    Class isa;
} *id;
```

上面看出，id 是指向 struct objc_object 的一个指针。也就是说，id 是一个指向任何一个继承了 Object（或者 NSObject）类的对象。需要注意的是，id 是一个指针，所以在使用 id 的时候不需要加星号。例如：

```
id foo=nil;
```

上述语句定义了一个 nil 指针,这个指针指向 NSObject 的任意一个子类。而 "id *foo=nil;" 则定义了一个指针,这个指针指向另一个指针,被指向的这个指针指向 NSObject 的一个子类。

在 Objective-C 中,id 取代了 int 类型成为默认的数据类型(在 C 语言上的函数返回值,int 是默认的返回类型),关键字 nil 被定义为空对象,也就是值为 0 的对象。关于更多的 Objective-C 基本类型,读者可以参考 obj/objc.h 文件。

下面就举一个应用 id 类型的例子。我们定义了两个不同的类(一个是学生类 Student,一个是会员类 Member),这两个类拥有不同的成员变量和方法。

Student.h:

```
#import <Foundation/Foundation.h>

@interface Student : NSObject {
    int sid; //学号
    NSString *name;//姓名
}

@property int sid;
@property (nonatomic,retain) NSString *name;

-(void)print;//打印学号和姓名
-(void)setSid:(int)sid andName:(NSString*)name;//设置学号和姓名

@end
```

Student.m:

```
#import "Student.h"

@implementation Student
@synthesize sid,name;

-(void)print{
    NSLog(@"我的学号是%i, 我的名字是%@",sid,name);
}

-(void)setSid:(int)sid1 andName:(NSString*)name1{
    self.sid = sid1;
    self.name = name1;
}

@end
```

Member.h:

```
#import <Foundation/Foundation.h>

@interface Member : NSObject {
    NSString *name;
    int age;
}
@property (nonatomic,retain)NSString *name;
@property int age;

-(void)print;
```

```
-(void)setName:(NSString*)name1 andAge:(int)age1;
@end
```

Member.m：

```
#import "Member.h"

@implementation Member

@synthesize name,age;
-(void)print{
    NSLog(@"我的名字是%@，我的年龄是%i",name,age);
}

-(void)setName:(NSString*)name1 andAge:(int)age1{
    self.name = name1;
    self.age = age1;
}
@end
```

IdTest.m：

```
#import <Foundation/Foundation.h>
#import "Member.h"
#import "Student.h"

int main (int argc, const char * argv[]) {
    @autoreleasepool {
        Member *member1 = [[Member alloc]init];
        [member1 setName:@"Sam" andAge:36];
        id data;
        data = member1;
        [data print];

        Student *student1 = [[Student alloc]init];
        [student1 setSid:1122334455 andName:@"Lee"];
        data = student1;
        [data print];
    }
    return 0;
}
```

【程序结果】

```
我的名字是 Sam，我的年龄是 36
我的学号是 1122334455，我的名字是 Lee
```

为这两个类分别创建了对象 student1 和 member1，并利用各自的设置方法设置了各自的属性的值，然后创建了一个名为 data 的 id 类型对象，由于 id 类型的通用性质，将创建好的对象赋值给 data。

```
data = member1;
[data print];
...
data = student1;
[data print];
```

当上述第一条语句执行的时候，data 被转换成为了 Member 类型的对象 member1，转换完成后就可以调用 member1 的方法 print，通过程序结果证明这种转换是成功的。student1 的转换过程与 member1 类似。另外，上面例子中的@property 和@synthesize 会在后面章节中解释。

2.3.5 BOOL

在 objc.h 中，BOOL 被定义为：

```
typedef signed char    BOOL;
#define YES         (BOOL)1
#define NO          (BOOL)0
```

从上面的定义，可以发现布尔变量的值为 YES/NO 或 1/0。YES 或 1 代表真。例如，定义了一个布尔变量并设置了布尔值：

```
BOOL enabled = NO;
enabled = 0;
```

判断布尔值为 YES：

```
if (enabled == YES) …
```

YES 可以省略：

```
if (enabled) …
```

判断布尔值为 NO：

```
if (!enabled) …
```

或者：

```
if (enabled != YES)…
```

下面的示例实现生成 2~50 的所有质数：

```
#import <Foundation/Foundation.h>
int main (int argc, const char * argv[]) {
    @autoreleasepool {
        int p, d;
        BOOL isPrime;
      for ( p = 2; p <= 50; ++p ) {
        isPrime = YES;
        for ( d = 2; d < p; ++d )
            if ( p % d == 0 )
            isPrime = NO;

        if ( isPrime == YES )
            NSLog (@"%i ", p);
        }
    }
    return 0;
}
```

【程序结果】

```
2
3
5
7
11
13
17
19
23
29
31
37
41
43
47
```

首先定义了两个 int 类型的变量，在循环里面使用。另外需要了解一下质数的概念：在一个大于 1 的自然数中，除了 1 和此整数自身外，没法被其他自然数整除的数。首先假设定义的 p 是一个质数，所以有这样一段代码：

```
isPrime = YES;
```

然后定义另外一个 for 循环，整数 d 的循环范围是从 2 到正在判断的整数 p，只要在这个范围内的任意一个数能被 p 整除，就说明数 p 不是一个质数，这时候变量 isPrime 就会变成 NO。

```
if ( p % d == 0 )
    isPrime = NO;
```

最后将符合条件的数字打印出来（也就是将所有质数打印出来）。最终形成了程序输出的结果。

```
if ( isPrime == YES )
    NSLog (@"%i",p);
```

2.3.6 SEL

各种语言都有传递函数的方法：C 语言使用函数指针，C++中有函数引用，Objective-C 使用选择器 selector 和 block。由于 iOS SDK 中的大部分 API 都是 selector 的方式，所以这里只讲述 selector。在 Objective-C 上，SEL 是 selector 的一个类型。选择器就是指向方法的一个指针，读者可以简单理解为程序运行到这里就会执行指定的方法。可以这样定义一个选择器：

```
SEL action = [button action];
```

这样使用一个选择器，下面的选择器都叫做 action：

```
[Foo action]
[Bar action]
```

在 Target-Action 模式（详细见后面章节的讲解）上：Target 指定了一个类，Action 指定一个方法。在一个对象上设置 Action 就是通过选择器完成的：

```
-(void)setTarget:(id)target;
-(void)setAction:(SEL)action;
```

下述语句设置了一个 button 对象上的 Action 为 "@selector（start:）"，即它调用 start 方法：

```
[button setAction:@selector(start:)];
```

如果方法上有两个参数，例如：

```
-(void)setName:(NSString *)name age:(int)age;
```

那么，选择器应该这样书写：

```
SEL sel = @selector(setName:age:);
```

如果方法不存在的话，调用该方法的应用可能会异常中止。所以，使用 respondsToSelector 方法来判断该对象是否存在对应的方法，使用 performSelector:withObject 方法来调用选择器：

```
SEL sel = @selector(start:);                            // 指定 action
if ([obj respondsToSelector:sel]) {                     //判断该对象是否有相应的方法
    [obj performSelector:sel withObject:self];          //调用选择器方法
}
```

下面来看一个应用选择器的具体例子：

```
//选择器实例
#import <Foundation/Foundation.h>

@interface ClassA : NSObject {
}
-(void)print;
@end

@implementation ClassA
-(void)print{
    NSLog(@"I'm ClassA.");
}
@end

int main (int argc, const char * argv[]) {
    @autoreleasepool {
        SEL sel = @selector(print);
        ClassA *classA = [[ClassA alloc]init];
        [classA performSelector:sel withObject:nil];//调用选择器指定的方法
    }
    return 0;
}
```

【程序结果】

```
I'm ClassA.
```

下面来解释一下这段程序。首先创建了一个名字叫 ClassA 的类，其中只包含一个方法 print。在随后的实现文件中，实现了这个方法：

```
-(void)print{
    NSLog(@"I'm ClassA.");
}
```

不难看出，这个方法仅仅是将一句话打印到控制台上。接下来的 main 方法中定义了一个选择器 sel，它指向的是一个名叫 print 的方法。我们并不知道这个方法是属于哪个类的，因为具体的信息是在运行期间系统自动判断的。

```
SEL sel = @selector(print);
```

随后构建了一个对象，并且，调用这个对象 performSelector:withObject 的方法。

```
ClassA *classA = [[ClassA alloc]init];
[classA performSelector:sel withObject:nil];
```

这时候系统就会自动调用 classA 对象的 print 方法，所以最终达到了上述的结果。

和其他面向对象的语言不同，Objective-C 强调消息传递，而非方法调用。因此可以对一个对象传递任何消息，而不需要在编译期间声明这些消息的处理方法。很显然，既然编译期间并不能确定方法的地址，那么运行期间就需要自行定位了。Objective-C runtime 就是通过"id objc_msgSend(id theReceiver, SEL theSelector, ...)"这个函数来调用方法的。其中 theReceiver 是调用对象，theSelector 则是消息名，省略号就是 Objective-C 语言的不定参数（即参数的个数不确定，具体的参数以 nil 结束）。这里的消息名是 SEL 类型。

2.3.7 Class

与 Java 类似，可以使用 Class 类来获得一个对象所属的类。例如：

```
Class  theClass=[theObject  class];   //获得 theObject 对象的 class 信息
NSLog(@"类名是%@",[ theClass   className]);   //输出类的名字
```

Class 类有几个常用的方法，如判断某个对象是否为某个类（包括其子类）的对象：

```
if  ( [theObject isKindOfClass:[Member class]] )  {…}
```

如果不想包括子类，就可以使用：

```
if  ( [theObject isMemeberOfClass:[Member class]] )  {…}
```

在 objc.h 中，Class（类）被定义为一个指向 struct objc_class 的指针：

```
typedef struct objc_class *Class;
```

objc_class 在 objc/objc-class.h 中定义：

```
struct objc_class {
    struct objc_class *isa;
    struct objc_class *super_class;
    const char *name;
    long version;
    long info;
```

```
    long instance size;
    struct objc ivar list *ivars;
    struct objc method list **methodLists;
    struct objc cache *cache;
    struct objc protocol list *protocols;
};
```

下面来看一个具体的实例，只将上一节的例子稍稍更改。

```
//Class 实例
#import <Foundation/Foundation.h>

@interface ClassA : NSObject {
}
-(void)print;
@end

@implementation ClassA
-(void)print{
    NSLog(@"I'm ClassA.");
}
@end

int main (int argc, const char * argv[]) {
    @autoreleasepool {
        ClassA *classA = [[ClassA alloc]init];
        Class theClass = [classA class];
        NSLog(@"%@",[theClass className]);
    }
    return 0;
}
```

【程序结果】

```
ClassA
```

在上面例子中，构建了一个 ClassA 的对象 classA，这时候又构建一个 Class 类的对象 theClass 用于存储 classA 对象类的信息。通过调用 theClass 对象的 className 方法将这个对象的类名打印到控制台上。最终的结果显示，classA 对象的类是 ClassA，这和定义完全相符。

2.3.8　nil 和 Nil

nil 和 C 语言的 NULL 相同，在 objc/objc.h 中定义。nil 表示一个 Objctive-C 对象，这个对象的指针指向空（没有东西就是空）。具体定义如下：

```
#define nil 0  /* id of Nil instance */
```

首字母大写的 Nil 和 nil 有一点不一样，Nil 定义一个指向空的类（是 Class，而不是对象）。具体定义如下：

```
#define Nil 0  /* id of Nil class */
```

下面来看一个具体的实例：

```
#import <Foundation/Foundation.h>

@interface ClassA : NSObject {
}
-(void)print;
@end

@implementation ClassA
-(void)print{
    NSLog(@"I'm ClassA.");
}
@end

int main (int argc, const char * argv[]) {
    @autoreleasepool {
        ClassA *classA = [[ClassA alloc]init];
        classA = nil;

        if (classA == nil) {
        NSLog(@"classA is nil");
        }
    }
    return 0;
}
```

【程序结果】

```
classA is nil
```

　　创建了一个 ClassA 的对象 classA，并且正常初始化，这时候对象不为空。接着使用一条语句将它设置为空。然后判断该对象是否为 nil。如果这个对象为空，就会打印出一条语句到控制台上，所以得到了上述的结果。

　　在 Objective-C 里，nil 对象被设计来跟 NULL 空指针关联的。它们的区别就是，nil 是一个对象，而 NULL 只是一个值。而且对于 nil 调用方法，不会产生崩溃或者抛出异常。

　　框架（framework）就在多种不同的方式下使用这个技术。最主要的好处就是在调用方法之前根本无须检查这个对象是否是 nil。如果调用了 nil 对象的一个有返回值的方法，那么会得到一个nil 返回值。

　　还有一点，经常在 dealloc 方法上设置某些对象为 nil 对象：

```
- (void) dealloc {
    self.caption = nil;
    self.photographer = nil;
    [super dealloc];
}
```

　　之所以这么做是因为把 nil 对象设给了一个成员变量，setter 就会 retain 这个 nil 对象（当然，nil 对象不会做任何事情），然后 release 旧的对象。使用这个方式来释放对象其实更好，因为成员变量连指向随机数据的机会都没有。而通过别的方式，会不可避免地出现指向随机数据的情形。

　　在上面的例子中，使用 "self." 这样的语法，这表示正在用类的 setter（设置值的方法）来设置成员变量为 nil。

2.3.9 指针

指针是 C 语言扩展它的数据类型范围的另一种方式，指针是一个整数，它指向真实数据在内存中的位置。在 Objective-C 中，不需要知道系统如何分配或释放一块内存，只要知道如何使用指针即可。例如，定义一个整数 i：

```
int  i;
```

然后定义一个指向整数的指针（intptr 的数据类型是 int*）：

```
int* intptr;
```

在 C 语言上，使用*intptr 来表示这个整数。另外，也可以同时定义多个相同类型的指针：

```
int *intptr1,*intptr2,*intptr3;
```

Objective-C 大量使用指针。在 Objective-C 上，大多数变量引用一个对象。例如，NSString 是 Objective-C 的字符串数据类型，当定义一个 NSString 变量时，其实定义了一个指向 NSString 的指针。

```
NSString* name;
```

与标准 C 语言不同，不需要使用"*name"来表示一个值（在这里的例子中，是一个字符串），只使用 name 就可以了。但是，一定要记住，name 其实是一个指针，所以，如果写了下面的语句：

```
NSString* myName;
name = myName;
```

那么，name 和 myName 其实指向同一个东西。当更改 myName 的值时，name 的值也会被更改。

在 Objective-C 上，还可以定义一个指向 void（空）的指针，然后赋值为其他类型。

```
void* herName;
herName = myName;
```

一个实例变量是一个指针

在 C 中，每一个变量必须被声明为某一数据类型。C 语言包含很少的基本数据类型。为了能够使用更多的数据类型，Objective-C 充分利用了指针。在 Objective-C 中，如果一个变量是一个 MyClass 类的实例，那么这个变量是一个 MyClass*类型，即这个变量是一个指向 MyClass 的指针。在 Objective-C 中，有时可以忘记这是一个指针，而是直接使用那个变量名称。例如：

```
NSString* s=@"Hello,zhenghong!";
NSString* s2=[s uppercaseString];
```

s 是一个 NSString*类型的指针，但总是使用 s 来访问 NSString 类，而不是"*s"。在上面的例子中，变量 s 被声明为一个指向 NSString 的指针，这个 uppercaseString 消息就直接发给变量 s。执行完第二行代码后，s2 变成@"HELLO, ZHENGHONG!"。

定义一个类对象的变量的时候使用了指针，如：

```
Member *myMember;
```

事实上，这是定义了一个名为 myMember 的指针变量，这个变量只保存 Member 类型的数据，Member 是这个类的名称。使用 alloc 来创建 Member 对象的时候，是为 Member 对象 myMember 分配了内存。

```
myMember = [Member alloc];
```

下述语句将对象变量赋给另一个对象变量：

```
myMember2=myMember;
```

上面只是简单地复制了指针，这两个变量都是指向同一块内存，当更改了 myMember2 所指向内存的数据，也就更改了 myMember 所指向的内存的数据。

实例变量和赋值

实例变量是一个指针，那么将一个指针赋值给另一个指针，这样两个指针会指向同一个地方（内存上的一块区域）。例如，实现一个堆栈类：

```
Stack* myStack1=……//创建一个堆栈实例，并初始化 myStack1
Stack* myStack2=myStack1;
[myStack1 push:@"Hello"];
[myStack1 push:@ "Zhenghong"];
NSString* s=[myStack2 pop];
```

这里向 myStack1 中压入了两个字符串，从栈 myStack2 中弹出了一个字符串。在执行完最后一条语句后，s 是@"Zhenghong"，虽然并没有对 myStack2 做任何入栈的操作。同时 myStack1 中只剩下@"Hello"。在这个例子中，myStack1 就是 myStack2，它们指向同一个地方。赋值语句 myStack2=myStack1 执行后，并没有创造出一个新的实例，只是 myStack2 和 myStack1 指向同一个实例。

因为指针指向内存中的一个区域。在 Objective-C 中，经常需要考虑内存管理。

2.3.10 数组

在 C 语言中，数组是多个相同数据类型元素的集合。数组的定义格式以数据类型开始，后面是数组名和它的元素个数，例如：

```
int arry[4]; //包含四个整数元素的数组
```

为了引用一个数组的元素或对数组赋值，通常使用下标的方式来处理，如：

```
int arry[2];
arry[0]=11;
arry[1]=12;
```

在 Objective-C 中，很少用到 C 数组，因为 Objective-C 中有 NSArray 类。在 Objective-C 中用

NSArray 来操作定长数组，用 NSMutableArray 处理变长数组，NSMutableArray 是 NSArray 的子类。实际使用过程中需要包含相应的头文件。

2.4　操作符和控制语句

Objective-C 使用 C 语言中的运算符。

- 算术运算符：用于各类数值运算。包括加（+）、减（-）、乘（*）、除（/）、求余（或称模运算，%）、自增（++）、自减（--）共七种。
- 关系运算符：用于比较运算。包括大于（>）、小于（<）、等于（==）、大于等于（>=）、小于等于（<=）和不等于（!=）六种。
- 逻辑运算符：用于逻辑运算。包括与（&&）、或（||）、非（!）三种。
- 位操作运算符：参与运算的数值按二进制位进行运算。包括位与（&）、位或（|）、位非（~）、位异或（^）、左移（<<）、右移（>>）六种。
- 赋值运算符：用于赋值运算，分为简单赋值（=）、复合算术赋值（+=、-=、*=、/=、%=）和复合位运算赋值（&=、|=、^=、>>=、<<=）三类共十一种。
- 条件运算符：这是一个三目运算符，用于条件求值（?:）。
- 逗号运算符：使用","把若干表达式组合成一个表达式。
- 指针运算符：用于取内容（*）和取地址（&）两种运算。
- 求字节数运算符：用于计算数据类型所占的字节数（sizeof）。
- 特殊运算符：有括号（）、下标[]、成员（.）等几种。

Objecctive-C 使用 C 语言中的判断和循环控制语句。

- 判断语句：

```
if (条件) {
    语句;
else if (条件) {
    语句;
} else {
    语句;
}
switch(表达式) {

    case 常量或常量表达式1:
        语句1;
        break;
    case 常量或常量表达式2:
        语句2;
        break;
    …
    case 常量或常量表达式n:
        语句n;
      break;
    default:
```

```
        语句 n+1;
    }
```

● 循环语句:

```
while (条件) {
    语句;
}

for (初始值; 循环条件; 执行步) {
    语句;
}

do
    语句
while(表达式);
```

Objective-C 支持三种跳转语句: break、continue 和 return。这些语句把控制转移到程序的其他地方。

2.5　输入和输出数据

在 Objective-C 里, 可以使用 NSLog 在控制台上输出信息。NSLog 与 C 语言的 printf()几乎完全相同, 除了格式化标志不同, 如"%@"表示字符串、"%i"表示整数、"%f"表示浮点数。每当出现一个这样的符号, 就到后面找一个变量值来替换。如果有多个符号, 那么按照顺序到后面去找多个变量值替换。例如:

```
NSLog ( @"当前的日期和时间是: %@", [NSDate date] );
NSLog(@"a=%i,b=%i,c=%i",a,b,c);
```

当在一个对象上调用 NSLog 方法时, 其输出结果是该对象的 description 方法。NSLog 打印 description 方法返回的 NSString 值。可以在自己的类里重写 description 方法, 从而, 当 NSLog 方法调用时, 就可以返回一个自定义的字符串。

NSLog 方法是用于输出数据。与其相对应的一个方法是用来输入值, 那就是 scanf 函数。通过这个函数, 能让用户从键盘上输入一些值到程序中, 具体用法如下所示。

```
//输入值
#import <Foundation/Foundation.h>

int main (int argc, const char * argv[]) {
    @autoreleasepool {
        int n;
        NSLog(@"请输入一个整数: ");
        scanf("%i",&n);
        NSLog(@"%i",n);
    }
    return 0;
}
```

【程序结果】

```
请输入一个整数：
5（回车）
5
```

NSLog 通常打印一些调试信息。所以，推荐使用下面的方式：

```
#define MyLog if(0); else NSLog
```

当不需要打印调试信息时，可以将 0 改为 1。

2.6 block

block 是从 iOS4 开始引入的新东西。声明一个 block 就好比声明一个方法的指针。接下来的语句就是声明一个 block，这个 block 的返回值为空，它有两个参数：

```
void (^myBlock)(NSString *str1, int val);
```

为了声明一种类型的 block，可以这样写：

```
typedef void (^MyBlockType)(NSString *str1, int val);
```

可以用这种 block 的类型声明一个 block 变量：

```
MyBlockType myBlock;
```

也可以使用一段具体的代码来定义一个 block 变量：

```
Typedef BOOL (^MyBlock) (NSString*)
MyBlock myBlock = ^(NSString* v){
    if([v isEqualToString:@"v2"]){
        return NO;
    }
    return YES;
};
```

注意 block 是以^开头，}结尾。要触发一个 block，只需要这样写：

```
myBlock(@"v3");
```

也可以把 block 传递给一些方法：

```
- (NSString*) generate:(NSArray*)data
        withBlock:(BOOL (^)(NSString*))aBlock;{
    NSMutableString* str = [NSMutableString string];
    for(NSString *v in data){
    if(aBlock(v)){
        [str appendString:v];
    }
    }
```

```
    return str;
}
```

block 是可以访问本地变量的，例如就拿前面的例子来说，可以把@ "v2" 存储在本地变量 str 中，然后在 block 中访问 block。

```
String str= @"v2";
NSString *value = [Worker generate:data withBlock:^(NSString* v){
    if([v isEqualToString:str]{
        return NO;
    }
    return YES; }];
```

默认情况下，block 只能访问本地变量，而不能改变本地变量的值，如果想在 block 中改变本地变量的值，就必须在变量声明的时候加上__block 关键字：

```
__block int counter = 0;
```

这样就可以在 block 中执行如下代码了：

```
counter++;
```

第 3 章　Objective-C 类

在前一章中，主要学习了 Objective-C 的基本语法。本章将阐述 Objective-C 类的几个重要概念。

3.1　类的通用格式

在实际开发的时候，是以一个项目为单位来管理一个应用系统上的多个类。选择"Create a new Xcode project"，然后在 Mac OS X 下，选择 Application（应用）。在右边，选择 Command Line Tool（命令行工具）。单击 Next 按钮，输入项目名称并在 Type 上选择 Foundation。然后选择位置。这样就创建了一个新项目。

通常将类接口和类实现放在单独的文件中，并不会将它们混在一起。在 Objective-C 中，包含方法和属性声明的类接口文件命名为.h，而类实现的文件名为.m。下面来创建一个类。

01 如图 3-1 所示，选择 Xcode 下的 File 菜单中的 New File 选项。

02 如图 3-2 所示，选择需要的模板。此时需要的是 Objective-C class 模板。最后系统会创建两个同名文件：一个是接口文件（.h），一个是实现文件（.m）。然后单击右下角的 Next 按钮。

图 3-1　创建类

图 3-2　选择模板

03 如图 3-3 所示，输入需要创建的类的名字，这里输入的是 Test。然后单击 Next 按钮，创建结束。

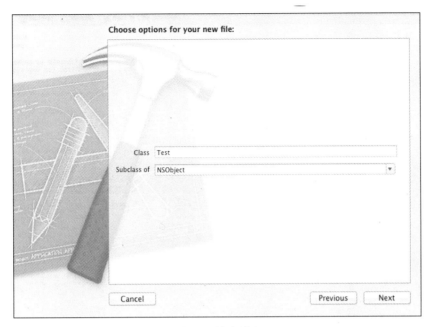

图 3-3 给出类名

通过 Xcode 创建的类文件就完成了，创建好的文件在左侧目录下，Xcode 已经初始化了一些代码（见图 3-4）。

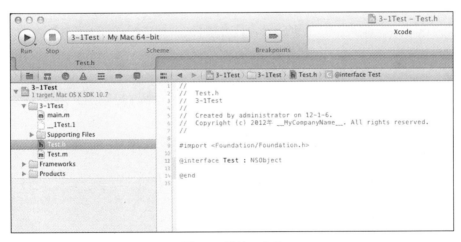

图 3-4 类接口文件

下面修改这个 Test 类。它是继承了 NSObject 类。这里声明了两个整型属性 intX 和 intY，并且定义了 5 个方法，它们分别是一个打印方法、属性的设置和获取的 4 个方法。

Test.h 的代码如下（见图 3-5）：

```
#import <Foundation/Foundation.h>

@interface Test : NSObject {
    int intX;
    int intY;
```

```
}
-(void) print;
-(void) setIntX:(int)n;
-(void) setIntY:(int)d;
-(int) intX;
-(int) intY;

@end
```

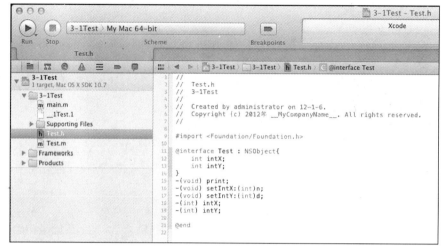

图 3-5　.h 代码

在 Test.m 中实现了接口中所声明的方法，代码如下（见图 3-6）：

```
#import "Test.h"

@implementation Test
-(void)print{
    NSLog(@"两个数相加的结果为：%i",intX+intY);
}

-(void) setIntX:(int)n{
    intX = n;
}

-(void) setIntY:(int)d{
    intY = d;
}

-(int) intX{
    return intX;
}

-(int) intY{
    return intY;
}

@end
```

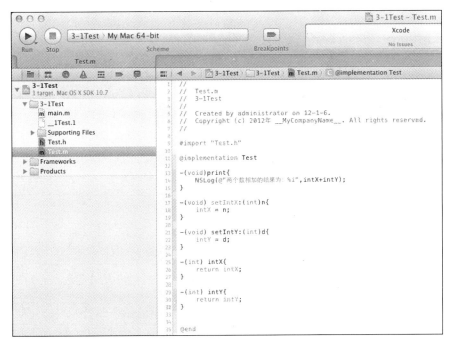

图 3-6　.m 代码

最后测试上述的代码是否正常工作。在 main 方法中，首先创建一个 Test 类的对象，并且初始化，然后调用该对象的 setIntX 方法和 setIntY 方法，为两个属性赋值，接着调用 test 对象的 print 方法。这里是通过@autoreleasepool 将定义的对象进行释放，代码如下（见图 3-7）：

```
#import <Foundation/Foundation.h>
#import "Test.h"

int main (int argc, const char * argv[]) {
@autoreleasepool {
    Test *test = [[Test alloc]init];
    [test setIntX:1];
    [test setIntY:1];
    [test print];
    }
  return 0;
}
```

运行程序，结果如图 3-8 所示。

【程序结果】

两个数相加的结果为：2

图 3-7　测试类代码

图 3-8　运行结果

3.2　声明对象和对象初始化

在前面的例子中使用了这样一句代码：

```
Test *test = [[Test alloc]init];
```

通过调用这两个方法，完成了对一个对象的声明和初始化，其中 alloc 是为对象申请了内存空间，init 则完成了对象的初始化。在完成了对象声明和初始化以后，就可以调用对象的方法：

```
[test setIntX:1];
```

包含很多属性的类通常有多个初始化方法，例如，NSArray 就包含了 6 个初始化方法：

```
initWithArray;
initWithArray:copyItems;
initWithContentsOfFile;
initWithContentsOfURL;
initWithObjects;
initWithObjects:count;
```

可以这样初始化一个数组（基于 array2 来创建一个新数组对象）：

```
array1 = [[NSArray alloc] initWithArray:array2];
```

在初始化的时候，一般的情况下都要先调用父类的初始化方法为其初始化：

```
-(Test *) initWith :(int) n:(int) d{
   self = [super init];
   if (self)
     [self setTo:n andSet:d];
   return self;
}
```

声明了一个初始化的方法的接口（Test2.h）：

```
#import <Foundation/Foundation.h>

@interface Test2 : NSObject {
    int intX;
}
@property int intX;
-(void) print;
-(Test2 *) initWith:(int)n;

@end
```

实现了这个初始化方法：先调用父类的初始化方法，它的父类是 NSObject。然后调用初始化方法。Test2.m 的代码如下：

```
#import "Test2.h"

@implementation Test2
@synthesize intX;
-(void)print{
    NSLog(@"%i",intX);
}

-(Test2 *)initWith:(int)n{
    self = [super init];
    if (self) {
        [self setIntX:n];
    }
    return self;
}

@end
```

在 main 方法上，创建一个 Test2 的对象，调用初始化方法，并把对象打印出来。代码如下：

```
#import <Foundation/Foundation.h>
#import "Test2.h"

int main (int argc, const char * argv[]) {
    @autoreleasepool {

        Test2 *test2 = [[Test2 alloc]initWith:21];
```

```
        [test2 print];
    }
    return 0;
}
```

【程序结果】

```
21
```

3.3 变 量

Objective-C 语言中的变量,按作用域范围可分为两种,即局部变量和全局变量。

3.3.1 局部变量、全局变量和实例变量

局部变量也称为内部变量。局部变量是在方法内作定义说明的。其作用域仅限于方法内, 离开该方法后再使用这种变量是非法的。关于局部变量的作用域还要说明以下几点:

01 main 方法中定义的变量也只能在 main 方法中使用,不能在其他方法中使用。同时,main 方法中也不能使用其他方法中定义的变量。因为 main 方法也是一个方法,它与其他方法是平行关系。

02 允许在不同的方法中使用相同的变量名,它们代表不同的对象,分配不同的内存单元,互不干扰,也不会发生混淆。

03 在复合语句中也可定义变量,其作用域只在复合语句范围内。

04 在一个方法中,方法上的输入参数也属于局部变量的范畴。

全局变量也称为外部变量,它是在方法外部定义的变量。它不属于哪一个方法,它属于一个源程序文件。其作用域是整个源程序。全局变量的说明符为 extern。例如:

```
extern int intX;
```

如果同一个源文件中的外部变量与局部变量同名,则在局部变量的作用范围内,外部变量被"屏蔽",即它不起作用。推荐读者尽量不使用 extern 变量。

在类中定义的实例变量,是可以在各个方法内使用的。在这些实例变量上,可以设置访问控制。

下面就举一个例子来演示局部变量和实例变量的区别。

```
// Test.h
#import <Foundation/Foundation.h>

@interface Test : NSObject {
    int intX;
    int intY;
}
-(void) print;
-(void) setIntX:(int)n;
-(void) setIntY:(int)d;
-(int) intX;
```

```
-(int) intY;

@end
```

```
// Test.m
#import "Test.h"
@implementation Test
-(void)print{
    int i = 1;
    NSLog(@"%i",i);
    NSLog(@"两个数相加的结果为：%i",intX+intY);
}

-(void) setIntX:(int)n{
    intX = n;
}

-(void) setIntY:(int)d{
    intY = d;
}

-(int) intX{
    return intX;
}

-(int) intY{
    return intY;
}

@end
```

```
// main.m
#import <Foundation/Foundation.h>
#import "Test.h"
int main (int argc, const char * argv[])
{
    @autoreleasepool {

        Test *test = [[Test alloc]init];
        [test setIntX:1];
        [test setIntY:1];
        [test print];
    }
    return 0;
}
```

【程序结果】

```
1
两个数相加的结果为：2
```

分析上面的例子，其中 intX 和 intY 就是实例变量，它是在此类中的各个方法均可以访问的，例如在方法 print 中：

```
-(void)print{
```

```
    int i = 1;
    NSLog(@"%i",i);
    NSLog(@"两个数相加的结果为：%i",intX+intY);
}
```

和方法 intX 中：

```
-(int) intX{
    return intX;
}
```

这里都使用了实例变量 intX。需要注意的是 print 方法，其中定义了一个变量 i，它的值是 1，并且将它的值打印到了控制台上，这就是在方法里面定义的变量，也就是局部变量，它的作用域仅限于 print 方法。如果超过这个方法范围之外访问变量 i，则系统会报错。

3.3.2 理解 static

方法内部定义的变量，在程序执行到它时，系统为它在栈上分配空间。方法在栈上分配的空间在此方法执行结束时会释放掉，这样就产生了一个问题：如果想将方法中此变量的值保存至下一次调用时，如何实现？最容易想到的方法是定义一个全局变量，但定义为一个全局变量有许多缺点，最明显的缺点是破坏了此变量的访问范围（使得在此方法中定义的变量，不仅仅受此方法控制）。使用 static 就可以解决此问题。被 static 修饰的变量称为静态变量。

从面向对象的角度出发，当需要一个数据对象为整个类而非某个对象服务，同时又力求不破坏类的封装性，既要求此成员隐藏在类的内部，又要求对外不可见的时候，就可以使用 static 关键字。

静态变量还有以下优点：可以节省内存，因为它是所有对象所公有的，所以对多个对象来说，静态变量只存储一处，供所有对象共用。静态变量的值对每个对象都是一样，但它的值是可以更新的。只要某一个对象对静态变量的值更新一次，所有对象都能访问更新后的值，这样可以提高时间效率。例如，下面定义了一个静态变量：

```
static int intY;
```

定义一个方法，这个方法是属于一个类的，不需要创建一个对象就能直接调用，称为类方法（类似 Java 的 static 方法），它是这样定义的：

```
+(int) staticIntY;
```

使用"+"来声明类方法。下面来演示静态变量和类方法的使用。

staticTest.h 代码：

```
#import <Foundation/Foundation.h>

@interface staticTest : NSObject {
}

+(int) staticIntY;

@end
```

staticTest.m 的代码（注意定义静态变量的位置。类方法返回的值为静态变量的值+1）：

```
#import "staticTest.h"

int intX =10;
static int intY = 10;
@implementation Test

+(int)staticIntY{
    intY+=1;
    return intY;
}

@end
```

下面是使用类方法来返回一个静态变量的值：

```
#import <Foundation/Foundation.h>
#import "staticTest.h"

int main (int argc, const char * argv[]) {

    NSLog(@"%i",[staticTest staticIntY]);
    NSLog(@"%i",[staticTest staticIntY]);

    return 0;
}
```

【程序结果】

```
11
12
```

从上面的例子看出，静态变量的值是可以更新的。只要对静态变量的值更新一次，任何访问该变量的对象都获得更新以后的值。上面的程序不难理解，在第一次访问时，intY 的值为 10，加 1 后为 11；第二次访问后 intY 的值为 12。除了类方法使用静态变量之外，实例方法也可以使用。

3.3.3　变量的存储类别

在前面的例子中，已经使用过一些变量存储类别的说明符，例如 extern 和 static，下面介绍另外三个变量存储类别的说明符。

1. auto

这是声明一个自动局部变量，是方法内部变量的声明方式，是默认设置。一般省略它。例如：

```
auto int intZ;
```

该语句为 intZ 声明一个自动的局部变量，也就是说，在方法调用时自动为它分配存储空间，并在方法退出的时候自动释放这个变量。因为它在方法中是默认添加的，所以在方法中，

```
int intZ;
```

和语句

```
auto int intZ;
```

是等效的。

自动变量没有默认的初始值，除非显式地给它赋值，否则它的值不是确定的。

2. const

编译器允许设置程序中的变量值为不可改变的值，这就是 const 修饰符的作用。它告诉编译器：
这个变量在程序的运行期间都有恒定的值，当变量初始化以后，如果尝试改变这个变量的值，编译
器就会发出警告。例如：

```
const double pi = 3.14;
```

这就声明了一个不可改变值的变量 pi。应该及时为它初始化。

3. volatile

这个修饰符刚好和 const 修饰符相反，它明确地告诉编译器，该变量的值会发生改变。它用来
修饰被不同线程访问和修改的变量。例如：

```
*char1 = 'a';
*char1 = 'b';
```

如果没有使用 volatile，那么当编译器遇到这两行代码的时候，因为这是对一个地址进行两次
连续的赋值，所以编译器就将第一个语句从程序中删除掉。为了防止这种情况，应该把 char1 声明
为一个 volatile 变量：

```
volatile char *char1;
```

下面用一个例子演示这三个标识符的用法。
Test.h 代码定义了一个 print 方法：

```
#import <Foundation/Foundation.h>

@interface Test : NSObject {
}

-(void)print;
@end
```

Test.m 代码，实现了 print 方法，并声明了三种类别的变量：

```
#import "Test.h"

@implementation Test
```

```
const double pi = 3.14;
volatile char char1 = 'a';

-(void)print{
    auto int i = 1;
    NSLog(@"%f",pi);
    NSLog(@"%i",i);
    NSLog(@"%c",char1);
}

@end
```

测试代码：

```
#import <Foundation/Foundation.h>
#import "Test.h"

int main (int argc, const char * argv[]) {
  @autoreleasepool {
    Test *test = [[Test alloc]init];
    [test print];

  }
  return 0;
}
```

【程序结果】

```
3.140000
1
a
```

根据定义，pi 是 double 类型的变量，并且是使用 const 修饰的，表示它的值是不可以被修改的，打印的结果是 3.140 000；而 i 是局部变量，并且默认是 auto 修饰的，打印出的结果是 1；使用 volatile 修饰的变量 char1 表示这个变量是随时可以发生改变的。

3.4　@property 和 @synthesize

假设要做 5 个数的加法运算（即有 5 个实例变量），那么是不是应该声明 10 个方法（即分别声明各个属性的设置和取得方法）。这样做岂不是很麻烦？幸好从 Objective-C 2.0 开始，就能让系统自动生成设置和获取变量值的方法。通过这个方便的功能，我们就能减少代码的行数，并将更多的精力放在程序的业务逻辑上。在 Objective-C 2.0 中，在接口文件（也就是扩展名为.h 的文件）中使用@property 来标识属性（一般是实例变量）；在实现文件（也就是扩展名为.m 的文件）中使用@synthesize 标识所声明的属性，让系统自动生成设置方法和获取方法。下面将 3.3.1 节的例子更改为使用@property 和@synthesize 的程序。

接口文件（Test.h）：

```
#import <Foundation/Foundation.h>
```

```
@interface Test : NSObject {
    int intX;
    int intY;
}
@property int intX,intY;

-(void) print;

@end
```

实现文件（Test.m）：

```
#import "Test.h"

@implementation Test
@synthesize intX,intY;
-(void)print{
    NSLog(@"两个数相加的结果为：%i",intX+intY);
}

@end
```

测试代码如下：

```
#import <Foundation/Foundation.h>
#import "Test.h"

int main (int argc, const char * argv[]) {
  @autoreleasepool {
    Test *test = [[Test alloc]init];
    [test setIntX:1];
    [test setIntY:1];
    [test print];

}
  return 0;
}
```

【程序结果】

两个数相加的结果为：2

读者可能发现了，在 Test.h 中添加了一行代码，并去掉了 4 个方法的声明。添加的代码为：

```
@property int intX,intY;
```

在 Test.m 中也添加一行代码，并且去掉了 4 个方法定义，添加的代码如下：

```
@synthesize intX,intY;
```

这次执行的结果和上次的结果是相同的，也就是说，新更改的程序可以达到和上个程序一样的结果。

在 Objective-C 2.0 里面，新增加了一个"."操作的语法。使用这个方法能非常简便地访问属性，例如要获得 intX 的值，会这样写：

```
[test intX]
```

这会向 test 对象发送调用 intX 方法的消息，从而返回所需要的值。现在可以使用点运算符来完成与其等价的表达式：

```
test.intX
```

还可以使用点运算符进行赋值：

```
test.intX = 2
```

上述语句的作用相当于：

```
[test setIntX: 2]
```

这两种方式都可以使用。但是在一个项目里面最好保持风格一致，只使用某一种。"." 操作只能够用在 setters 和 getters 中，而不能用在一般意义的方法上。

在声明属性变量的时候经常会用到 nonatomic，如果没有用这个关键字的话，那么在程序自动创建"设值方法"和"读值方法"的时候，就会把 self 作为一个 mutex，从而保证了原子性：

```
@synchronized(self) {
    …
}
```

它把代码包含在了@synchronize 中，并以 self 作为 mutex。这就意味着这段代码在执行的过程中，其他以 self 作为 mutex 的代码就无法执行了，这样就保证了数据的完整性。如果程序中只有一个 main thread，那么就可以把所有的成员变量都声明为 nonatomic。对于 UI 控件来说，最好也加上 nonatomic，因为它们也基本只会在主线程中更新。

3.5 多输入参数的方法

一个方法可能具有多个输入参数。在头文件里面，可以定义带有多个输入参数的方法：

```
-(void) setIntX:(int)n andSetIntY:(int)d
```

在系统里面，这个方法的真实名称是 setIntX:andSetIntY。可以理解为，在 Objective-C 里面的方法名可以被分割成几段。这样来调用它：

```
[test setIntX:1 andSetIntY:2]
```

下面声明了一个多参数的方法：

```
#import <Foundation/Foundation.h>

@interface Test : NSObject {
    int intX;
    int intY;
```

```
}
@property int intX,intY;

-(void) print;
-(void) setIntX:(int)n andSetIntY:(int)d;

@end
```

下面实现了一个多参数的方法：

```
#import "Test.h"

@implementation Test
@synthesize intX,intY;
-(void)print{
    NSLog(@"两个数相加的结果为：%i",intX+intY);
}
-(void)setIntX:(int)n andSetIntY:(int)d{
    intX = n;
    intY = d;
}

@end
```

下面的例子程序调用这个多参数的方法：

```
#import <Foundation/Foundation.h>
#import "Test.h"

int main (int argc, const char * argv[]) {
    @autoreleasepool {
        Test *test = [[Test alloc]init];
        [test setIntX:1 andSetIntY:2];
        [test print];
    }
    return 0;
}
```

【程序结果】

两个数相加的结果为：3

在调用多参数方法时，可以省略从第二个开始的方法名称。例如：

```
[test setIntX:1 :2];
```

建议总是加上各个名称，这样的代码比较容易让人理解和维护。下面总结多参数方法的定义语法：

+/- (返回类型) 名字 1 : (类型 1) 参数 1 名字 2 : (类型 2) 参数 2，...;

在上面的语法中，+表示类方法，-表示实例方法。两者必须选一。可以理解为"名字 1:名字 2:..."是方法的名称。返回类型与其他语言的做法相同。如果不返回任何值，可以使用 void。参数 1 的类型是类型 1，参数 2 的类型是类型 2，以此类推。在名字 1 后面的名字（如名字 2）可以省略，

但是必须要保留 ":"。再看一个例子：

```
@interface Person: NSObject {
    int age, height;
}
+(Person *) newPerson;
-(void) setTo: (int) a : (int) h;
-(void) setAge: (int) a andHeight: (int) h;
-(int) age;
-(int) height;
@end
```

上面的 Person 类有两个整型实例变量：age 和 height。有一个类方法 newPerson。这个类方法返回一个 Person 对象（类似 Java 中的构造方法）。它有 4 个实例方法，前两个是设置值，后两个是返回值。

3.6　异　常　处　理

在编写一些方法时，可能使用返回一个错误代码的方式来告诉调用者一些信息。在面向对象语言中，异常处理正在代替上述的返回错误代码的方式。异常处理具有很多优势。异常处理分离了接收和处理错误的代码。这个功能理清了编程者的思绪，也帮助代码增强了可读性，方便了维护者的阅读和理解。

异常处理（又称为错误处理）功能提供了处理程序运行时出现的任何意外或异常情况的方法。异常处理使用一些关键字来尝试可能未成功的操作，处理失败，以及在事后清理资源。异常处理也是为了防止未知错误产生所采取的处理措施。异常处理的好处是不用再绞尽脑汁去考虑各种错误，这为处理某一类错误提供了一个很有效的方法，使编程效率大大提高。除此之外，异常也可以是自己主动抛出的（即自己触发一个异常）。

Objective-C 中的异常处理机制使用了四个指令来控制异常：@try、@catch、@throw 和@finally。

- 将可能会抛出异常的代码块用@try 标记。
- @catch 指令标记的代码块，是用于捕捉@try 语句块中的抛出的错误，可以使用多个@catch 语句块来捕获各种各样类型的错误。
- @finally 语句块中包含的代码是不论程序是否抛出异常都会执行的代码。
- 可以使用@throw 自己抛出一个错误，这个错误一般是 NSException 类的对象。

异常具有以下特点。

01 在应用程序遇到异常情况（如被零除情况或内存不足警告）时，就会产生异常。

02 发生异常时，控制流立即跳转到关联的异常处理程序（如果存在的话）。

03 如果给定异常没有异常处理程序，则程序将停止执行，并显示一条错误信息。

04 可能导致异常的操作通过 @try 关键字来捕获。

05 异常处理程序是在异常发生时执行的代码块。@catch 关键字用于定义异常处理程序。

06 程序可以使用 @throw 关键字显式地引发异常。

07 异常对象包含有关错误的详细信息，其中包括调用堆栈的状态和有关错误的文本说明。

08 即使引发了异常，@finally 块中的代码也会执行，从而使程序可以释放资源。

异常处理的一般格式如下：

```
@try {
    ... //可能会发生异常的程序代码
}
@catch (NSException *exception) {
    ... //发生了异常之后的处理
}
@finally {
    ... //无论哪种情况发生都要执行的代码，如资源释放
}
```

捕获不同类型的异常的格式如下：

```
@try {
    ...
}
@catch (CustomException *exception1) {
    ... //发生了异常情况 1 之后的处理
}

@catch (NSException *exception2) {
    ... //发生了异常情况 2 之后的处理
}

@catch (id *exception3) {
    ... //发生了异常情况 3 之后的处理
}
@finally {
    ...
}
```

通过使用上述的格式，就可以捕获不同类型的异常，从而进行不同的异常处理。下面举一个自定义异常的例子。

```
NSException *exception = [NSException exceptionWithName:@"TestException"
reason:@"No Reason" userInfo:nil];
    @throw exception;
```

通过这样两条语句，就完成异常定义和抛出。当然，使用@catch 语句块就能捕获到抛出的异常。并不是只能使用 NSException 的对象来完成异常操作，其实 NSException 只是提供了一些方法来完成异常处理，可以通过继承 NSException 类来实现自定义的一些异常。

例如，调用一个没有定义的方法，或者是不小心写错了方法名，编辑器就会报错。下面这个例子就是故意将 release 方法写错为 release1，看看系统会报什么错误。

```
#import <Foundation/Foundation.h>
#import "Test.h"

int main (int argc, const char * argv[]) {
    NSAutoreleasePool * pool = [[NSAutoreleasePool alloc] init];
```

```
    Test *test = [[Test alloc]init];

    [test release1];
    [pool drain];
    return 0;
}
```

上面这个例子涉及 release。如果自己编写这个例子代码，那么需要将 ARC 设置为 NO。打开例子代码，不用再设置，可以直接运行的。

【程序结果】

```
*** Call stack at first throw:
(
    0    CoreFoundation           0x00007fff87375cc4    exceptionPreprocess +
180
    1    libobjc.A.dylib               0x00007fff87b350f3 objc exception throw +
45
    2    CoreFoundation           0x00007fff873cf140 +[NSObject(NSObject)
doesNotRecognizeSelector:] + 0
    3    CoreFoundation           0x00007fff87347cdf    forwarding    + 751
    4    CoreFoundation           0x00007fff87343e28   CF forwarding prep 0 +
232
    5    ClassTest                0x0000000100000dd2 main + 138
    6    ClassTest                0x0000000100000d40 start + 52
)
terminate called after throwing an instance of 'NSException'
```

不出意料，程序报了很多的错误，并且异常终止了。使用一些异常处理的语句来捕获异常：在 @try 中的语句，如果没有正常执行，就会立即跳到@catch 语句块中，在那里继续执行。在@catch 语句中处理异常，然后执行@finally 中的语句。值得注意的是，不管程序是否抛出异常，@finally 中的语句都会正常执行。针对上面的例子，添加了下面一些异常处理语句。

```
#import <Foundation/Foundation.h>
#import "Test.h"

int main (int argc, const char * argv[]) {
    NSAutoreleasePool * pool = [[NSAutoreleasePool alloc] init];

    Test *test = [[Test alloc]init];

    @try {
        [test release1];
    }
    @catch (NSException * e) {
        NSLog(@"Caught %@ %@",[e name],[e reason]);
    }
    @finally {
        [test release];
        NSLog(@"ok!");
    }

    [pool drain];
    return 0;
}
```

经过修改的代码就可以正常结束了，并且打印出一些比较易懂的错误。其中写在@finally 中的语句也正常运行了。

```
ClassTest[1182:a0f] -[Test release1]: unrecognized selector sent to instance
0x10010c710
ClassTest[1182:a0f] Caught NSInvalidArgumentException -[Test release1]:
unrecognized selector sent to instance 0x10010c710
ClassTest[1182:a0f] ok!
```

值得注意的是，@throw 指令可以抛出自己的异常。开发人员可以使用该指令抛出特定的异常。

3.7　线　程

每个程序至少都有一个线程，一个线程也就是一系列指令的集合，随着程序启动就开始执行的线程叫做 main thread，在这个主线程中维持了一个 run loop，用来处理用户的输入和更新 UI。

run loop 相当于 Win32 里面的消息循环机制，它可以根据事件/消息（鼠标消息、键盘消息、计时器消息等）来调度线程。系统会自动为应用程序的主线程生成一个与之对应的 run loop 来处理其消息循环。在触摸 UIView 时之所以能够激发 touchesBegan、touchesMoved 等事件所对应的方法，就是因为应用程序的主线程在 UIApplicationMain 里面有这样一个 run loop 在分发事件。

iOS 支持多个层次的多线程编程，层次越高的抽象程度越高，使用起来也越方便，也是苹果推荐使用的方法。下面根据抽象层次从低到高依次列出 iOS 所支持的多线程编程范式：Thread、Cocoaoperations、Grand Central Dispatch（GCD）。

下面简要说明这三种不同范式。

● Thread
  它是这三种范式里面相对轻量级的，需要自己管理 thread 的生命周期、线程之间的同步。线程共享同一应用程序的部分内存空间，它们拥有对数据相同的访问权限。需要协调多个线程对同一数据的访问，一般做法是在访问之前加锁，这会导致一定的性能开销。在 iOS 中可以使用多种形式的 thread。
  ➢ Cocoa threads: 使用 NSThread 或直接从 NSObject 的类方法 performSelectorInBackground:withObject 来创建一个线程。如果选择 thread 来实现多线程，那么 NSThread 就是官方推荐优先选用的方式。
  ➢ POSIX threads: 基于 C 语言的一个多线程库。
● Cocoa operations
  它是基于 Obective-C 实现的，NSOperation 类以面向对象的方式封装了用户需要执行的操作，我们只要聚焦于我们需要做的事情，而不必太操心线程的管理（如同步等事情），因为 NSOperation 已经为我们封装了这些事情。 NSOperation 是一个抽象基类，我们必须使用它的子类。iOS 提供了两种默认实现：NSInvocationOperation 和 NSBlockOperation。
● Grand Central Dispatch （GCD）

iOS4 才开始支持，它提供了一些新的特性以及运行库来支持多核并行编程，它在操作系统内核上进行，它的关注点更高（如何在多个 CPU 上提升效率）。GCD 是手工线程和 NSOperationQueue 的混合物。GCD 使用 Objective-C 块。

下面先来看看 NSThread 的使用，包括创建、启动、同步和通信等相关知识。这些与 Java 下的 thread 使用非常相似。关于 NSOperation 和 GCD，则在后面章节中介绍。

3.7.1　线程创建与启动

NSThread 的创建主要有两种直接方式：

```
[NSThread detachNewThreadSelector:@selector(myThreadMainMethod:)
toTarget:self withObject:nil];
```

和

```
NSThread* myThread = [[NSThread alloc] initWithTarget:self
        selector:@selector(myThreadMainMethod:)  object:nil];
[myThread start];
```

这两种方式的区别是：前一种一调用就会创建一个线程来做事情，而后一种虽然 alloc 了也 init 了，但是要直到手动调用 start 启动线程时才会真正去创建线程。这种延迟实现思想在很多与资源相关的地方都有用到。后一种方式还可以在启动线程之前，对线程进行配置，如设置 stack 大小、线程优先级。

还有一种间接的方式更加方便，甚至不需要显式编写 NSThread 相关代码，那就是利用 NSObject 的类方法 performSelectorInBackground:withObject 来创建一个线程。

```
[myObj performSelectorInBackground:@selector(myThreadMainMethod)
withObject:nil];
```

其效果与 NSThread 的 detachNewThreadSelector:toTarget:withObject 是一样的。

3.7.2　线程同步

线程的同步方法跟其他系统类似，可以用原子操作，也可以用 mutex、lock 等。iOS 的原子操作函数是以 OSAtomic 开头的，例如：OSAtomicAdd32, OSAtomicOr32 等。这些函数可以直接使用，因为它们是原子操作。

iOS 中的 mutex 对应的是 NSLock，它遵循 NSLooking 协议，可以使用 lock、tryLock、lockBeforeData 来加锁，用 unLock 来解锁。例如，在多线程系统中，有时需要使用锁来防止多个线程同时修改同一个数据。

```
- (void)init {
    myLock = [[NSLock alloc] init];
}
- (void)writeData {
    [myLock lock];
    // 写数据的代码。同一时间只允许一个线程来写
    [myLock unlock]
```

```
    }
```

可以使用指令 @synchronized 来简化 NSLock 的使用，这样就不必显式编写代码创建 NSLock，加锁并解锁相关代码。

```
- (void)myMethod:(id)anObj {
    @synchronized(anObj){
        // Everything between the braces is protected by the @synchronized
    }
}
```

还有其他的一些锁对象，如循环锁 NSRecursiveLock、条件锁 NSConditionLock、分布式锁 NSDistributedLock 等。

NSCodition 是一种特殊类型的锁，可以用它来同步操作执行的顺序。它与 mutex 的区别在于更加精准，等待某个 NSCondition 的线程一直被 lock，直到其他线程给那个 condition 发送了信号。下面来看使用示例。

某个线程等待着事情去做，而有没有事情做是由其他线程通知它的。

```
[cocoaCondition lock];
while (timeToDoWork <= 0)
    [cocoaCondition wait];

timeToDoWork--;
// Do real work here.
[cocoaCondition unlock];
```

其他线程发送信号通知上面的线程可以做事情了。

```
[cocoaCondition lock];
timeToDoWork++;
[cocoaCondition signal];
[cocoaCondition unlock];
```

3.7.3 线程间通信

在运行过程中，线程可能需要与其他线程进行通信，可以使用 NSObject 中的一些方法。
在应用程序主线程中做事情：

```
performSelectorOnMainThread:withObject:waitUntilDone:
performSelectorOnMainThread:withObject:waitUntilDone:modes:
```

在指定线程中做事情：

```
performSelector:onThread:withObject:waitUntilDone:
performSelector:onThread:withObject:waitUntilDone:modes:
```

在当前线程中做事情：

```
performSelector:withObject:afterDelay:
performSelector:withObject:afterDelay:inModes:
```

取消发送给当前线程的某个消息：

```
cancelPreviousPerformRequestsWithTarget:
cancelPreviousPerformRequestsWithTarget:selector:object:
```

例如，在某个线程中下载数据，下载完成之后要通知主线程更新界面等，可以使用如下接口：

```
- (void)myThreadMainMethod {
    // to do something in your thread job
    ...
    [self performSelectorOnMainThread:@selector(updateUI) withObject:nil
waitUntilDone:NO];
    ...
}
```

3.8　Singleton

　　Singleton（单例模式），也叫单子模式，是一种常用的软件设计模式。在应用这个模式时，单例对象的类必须保证只有一个实例存在。许多时候整个系统只需要拥有一个全局对象，这样有利于协调系统整体的行为。例如，在某个服务器程序中，该服务器的配置信息存放在一个文件中，这些配置数据由一个单例对象统一读取，然后服务进程中的其他对象再通过这个单例对象获取这些配置信息。这种方式简化了在复杂环境下的配置管理。

　　实现单例模式的思路是：一个类能返回对象一个实例（永远是同一个）和一个获得该实例的方法（必须是静态方法，通常使用 getInstance 这个名称）；当调用这个方法时，如果类持有的实例不为空，就返回这个实例；如果类保持的实例为空，就创建该类的实例并将实例赋予该类保持的实例，从而限制用户只有通过该类提供的静态方法来得到该类的唯一实例。

　　单例模式在多线程的应用场合下必须小心使用。当唯一实例尚未创建时，如果有两个线程同时调用创建方法，那么它们同时没有检测到唯一实例的存在，从而同时各自创建了一个实例，这样就有两个实例被构造出来，从而违反了单例模式中实例唯一的原则。解决这个问题的办法是为标记类是否已经实例化的变量提供一个互斥锁（虽然这样会降低效率）。

　　在 Objective-C 中创建一个单例的方法：

　　01 为单例类声明一个静态的实例变量，并且初始化它的值为 nil。

　　02 在获取实例的方法中（例如本例中的 getClassA），只有在静态实例为 nil 的时候，产生一个类的实例，这个实例通常称为共享的实例。

　　03 重写 allocWithZone 方法，用于确定：不能够使用其他的方法创建类的实例，限制用户只能通过获取实例的方法得到这个类的实例。所以，在 allocWithZone 方法中直接返回共享的类实例。

　　04 实现基本的协议方法 copyWithZone:、release、retain、retainCount 和 autorelease，用于保证单例具有一个正确的状态。（最后四种方法是用于内存管理代码，并不适用于垃圾收集代码。）

　　代码如下所示：

```
@implementation ClassA
```

```
static ClassA *classA = nil;            //静态的该类的实例

+(ClassA *)getClassA{
    if (classA == nil) {                //只有为空的时候构建实例
        classA = [[super allocWithZone:NULL]init];
    }
    return classA;
}

+(id)allocWithZone:(NSZone *)zone{
    return [[self getClassA] retain];   //返回单例
}

-(id)copyWithZone:(NSZone *)zone{
    return self;
}

-(id)retain{
    return self;
}

-(NSUInteger)retainCount{
    return NSUIntegerMax;
}

-(void)release{
    //不做处理
}

-(id)autorelease{
    return self;
}
```

3.9 基础框架类

苹果提供的 API 框架（framework）叫做 Cocoa。下面对经常使用的一些基础类进行讲解。

3.9.1 NSString

在 Cocoa 中，NSString 表示字符串类型。可以通过一系列类方法和构造方法去创建一个 NNString 对象。stringWithFormat:方法是按照格式组合一个字符串，可以将数字和字符串结合为一个新字符串。例如：

```
int x = 2;
NSString* s = @"cars";
NSString* s2 = [NSString stringWithFormat:@"You have %i %@.",x, s];
```

NSString 是一个基于 Unicode 的字符串，它的字符数就是它的长度。这不是字节数，因为一个 Unicode 字符根据编码不同可以是多字节。NSScanner 可以在一个字符串中寻找指定的内容，例如：找出一个字符串中的数字。搜索方法可以指定一个 NSRegularExpressionSearch，这是一个可以使用正则表达式搜索的方式。从 iOS4 开始，正则表达式成为一个独立的类（NSRegularExpression）。在下面这个例子中，通过 NSScanner 去定位数字：

```
NSString* s = …;
```

```
NSScanner* sc = [NSScanner scannerWithString:s];
int rows;
[sc scanInt:&rows];
```

下面使用正则表达式：

```
NSString* s = …;
NSRegularExpression* r = [NSRegularExpression
regularExpressionWithPattern:@"\\d"options:0 error:&err];
//假设有两个数字
int rows[2]; int*prowcol=rowcol;
for (NSTextCheckingResult* match in [r matchesInString:s  options:0
range:NSMakeRange(0, [s length])])
        *prowcol++ = [[s substringWithRange: [match range]] intValue];
```

上述的语法有点奇怪。使用 NSTextCheckingResult 把每个匹配的数字的位置信息转换出来，然后从最初的字符串中提取一个子串，最后变为一个整型。

不能改变 NSString 对象的字符串内容，但是可以用很多方法由一个字符串产生另一个字符串，例如在一个字符串后面附加新的子串，或者在一个字符串中截取子串。如果要改变这个字符串本身，需要使用 NSString 子类 NSMutableString。

一个 NSString 并没有携带字体和大小的信息。在 iOS 程序设计中，显示字符串的接口对象（如 UILable）拥有一个称为 UIFont 的字体属性，用来决定要显示的字体及其大小。另外，NSString 有时与 NSURL 结合使用来操作文件。

表 3-1 总结了 NSString 的常用方法。

表 3-1　NSString 的常用方法

方　　法	说　　明
+(id)stringWithContentsOfFile:path encoding:enc error err	创建一个新字符串并将其设置为 path 指定的文件的内容，使用字符编码 enc，在 err 上返回错误
+(id)stringWithContentsOfURL:url encoding :enc error:err	创建一个新字符串，并将其设置为 url 所指向的内容，使用字符编码 enc，在 err 上返回错误
+(id)string	创建一个新的空字符串
+(id)stringWithString:nsstring	创建一个新的字符串，并将其内容设置为 nsstring 内容
-(id)initWithString:nsstring	将新分配的字符串设置为 nsstring 内容
-(id)initWithContentsOfFile:path encoding :enc error:err	将字符串设置为 path 指定的文件的内容
-(id)initWithContentsOfURL:url encoding :enc error:err	将字符串设置为 url 所指向的内容，使用 enc 字符编码，在 err 上返回错误
-(UNSIgned int)length	返回字符串中的字符数目
-(unichar)characterAtIndex:i	返回索引 i 所在的 Unicode 字符
-(NSString *)substringFromIndex:i	返回从 i 开始到结尾的子字符串
-(NSString *)substringWithRange:range	根据指定范围返回子字符串

（续表）

方　法	说　明
-(NSString *)substringToIndex:i	返回从字符串开始位置到 i 的子字符串
-(NSComparator *)caseInsensitiveCompare:nsstring	比较两个字符串（忽略大小写）
-(NSComparator *)compare:nsstring	比较两个字符串
-(BOOL)hasPrefix:nsstring	测试字符串是否以 nsstring 开始
-(BOOL)hasSuffix:nsstring	测试字符串是否以 nsstring 结尾
-(BOOL)isEqualToString:nsstring	测试两个字符串是否相等
-(NSString *)capitalizedString	返回字符串，串中的每个单词的首字母大写，其余字母小写
-(NSString *)lowercaseString	返回转换为小写的字符串
-(NSString *)uppercaseString	返回转换为大写的字符串
-(const char *)UTF8String	返回 UTF8 编码格式的字符串
-(double)doubleValue	返回转换为 double 类型的字符串
-(float)floatValue	返回转换为 float 类型的字符串
-(NSInteger) integerValue	返回转换为 NSInteger 类型的字符串
-(int)intValue	返回转换为 int 的字符串

3.9.2　NSDate

　　NSDate 代表日期和时间，系统其实记录了从一个特定日期开始的秒数。调用[NSDate date]
就返回一个当前日期和时间的 NSDate 对象。经常使用字符串来表示一个日期，可以使用
NSDateFormatter 来创建和解析一个日期字符串，这类似于 NSString 的 StringWithFormat。一个
时间的字符串表示取决于用户的位置（locale）、语言、地区格式（region format）和日历设置。
例如：

```
NSDateFormatter *df = [[NSDateFormatter alloc] init];
[df setDateFormat:@"d MMMM yyyy 'at' h:mm a z"];
NSString* lastUpdated = [df stringFromDate: [NSDate date]];
```

　　执行上述代码（加一条输出语句），结果如下：

```
Date: 7 1月 2012 at 12:50 下午 格林尼治标准时间+0800
```

3.9.3　NSNumber

　　一个 NSNumber 是包含一个数值（包含 BOOL）的对象。因此，在一些需要对象的场合，可以
使用它来存储和传递一个数字。例如，可以调用 numberWithInt:从一个整数产生一个数字对象。

```
[[NSUserDefaults standardUserDefaults] registerDefaults:
    [NSDictionary dictionaryWithObjectsAndKeys:
        [NSNumber numberWithInt: 4],
        @"cardMatrixRows",
        [NSNumber numberWithInt: 3],
        @"cardMatrixColumns",
```

```
nil]];
```

一个 NSNumber 本身不是一个数字，所以不能在算术表达式中使用。为了使用它，必须从 NSNumber 对象中提取出数字。例如，如果一个 NSNumber 包含一个 int 数字，就调用 intValue 来提取出这个 int 数字。

```
NSUserDefaults* ud = [NSUserDefaults standardUserDefaults];
int therows = [[ud objectForKey:@"cardMatrixRows"] intValue];
int thecols = [[ud objectForKey:@"cardMatrixColumns"] intValue];
```

3.9.4 NSData

NSData 其实是一序列字节，它是不可修改的（它的子类 NSMutableData 是可修改的）。在实际中，NSData 主要用于以下几个地方。

- 从网上下载数据。NSURLConnection 类从互联网上获得数据，并以 NSData 对象返回。
- 把对象存储在文件中。
- 读取文件数据：一般先把数据读到缓冲区。当向文件写数据时，是把缓冲区的内容写到文件中去。在基础框架上，可以使用 NSData 类来设置缓冲区（换句话说，可以把 NSData 对象当做缓冲区）。下面来看一个操作文件数据的例子。

```
#import <Foundation/Foundation.h>

int main (int argc, const char * argv[]) {
    @autoreleasepool {
        NSFileManager *fm;
        NSData *fd;
        fm = [NSFileManager defaultManager];
        fd = [fm
contentsAtPath:@"/Users/administrator/Desktop/lj/3/3-10/3-10/readMe"];

        if (fd == nil) {
            NSLog(@"文件不能读取！");
            return 1;
        } else if ([fm createFileAtPath:@"readMe1" contents:fd attributes:nil]
== NO) {
            NSLog(@"文件不能创建!");
            return 1;
        }

        NSLog(@"复制后的文件内容为: ");
        NSLog(@"%@",[NSString stringWithContentsOfFile:@"readMe1"
encoding:NSUTF8StringEncoding error:nil]);

    }
    return 0;
}
```

程序结果如图 3-9 所示。

```
All Output ⇕                                          Clear  ☐ ☐ ☐
There is absolutely no warranty for GDB.  Type "show warranty" for details.
This GDB was configured as "x86_64-apple-darwin".tty /dev/ttys000
sharedlibrary apply-load-rules all
[Switching to process 331 thread 0x0]
2012-01-09 08:26:45.990 3-10[331:707] 拷贝后的文件内容为:
2012-01-09 08:26:45.993 3-10[331:707] 想认识"巨正云"么? 欢迎访问www.juzhengyun.com
Program ended with exit code: 0
```

图 3-9　程序结果

在运行程序之前，需要在指定的路径下创建一个文件（本例是：readMe），并且给文件加入一些内容（本例是：想认识"巨正云"么？欢迎访问 www.juzhengyun.com）。

在上述程序中，首先创建 NSData 的对象 fd，然后调用方法 contentsAtPath:来指定一个文件路径名，并将指定文件的内容读入 NSData 存储区中。如果创建成功，则返回 NSData 对象作为结果；如果失败就会返回 nil。在程序中返回 1 来表示程序异常结束，而返回 0 表示程序正常结束。然后使用方法 createFileAtPath:contents: attributes: 将 NSData 存储区的内容写入一个文件中，其中 contents:参数是一个 NSData 对象（即文件内容所在的 NSData 存储区），attributes:参数为 nil 表示使用默认的属性值。

最后使用前面章节中讲过的方法 stringWithContentsOfFile: encoding: error:将新创建的文件的内容读取出来并放到一个字符串中，再将字符串打印到控制台上。

3.9.5　NSArray 和 NSMutableArray

一个 NSArray 是一个数组（对象的有序集合）。它的长度是它的对象总数（count），一个特定的对象可以通过索引号来获得。第一个对象的索引号是 0，所以最后一个对象的索引是 count-1。可以通过很多方式来定义一个 NSArray。一个 NSArray 是不可变的。一旦定义了 NSArray，就不能从中移除一个对象、插入一个对象或者替换一个对象。如果需要一个可变的数组，可以使用 NSArray 的子类 NSMutableArray。例如：

```
NSMutableArray* marr = [NSMutableArray array];
for (id obj in myArray) {
    id result = [obj doSomething];
    [marr addObject: result];
}
```

3.9.6　NSSet

一个 NSSet 是一个无序的不同对象的集合。这意味着，如果两个对象用 isEqual:进行比较，不会返回 YES。可以使用 for 循环遍历一个集合。一个 NSSet 对象是不可变的。可以通过增加或删除一个集合的一些元素来获得一个新的 NSSet 对象，或者使用 NSSet 的子类 NSMutableSet。

3.9.7　NSDictionary 和 NSMutableDictionary

NSDictionary 是键值对的无序集合。键通常是一个 NSString。值可以是任何一个对象。一个 NSDictionary 是定长的，它的变长子类是 NSMutableDictionary。键值是唯一的。如果添加一个键值对到 NSMutableDictionary 对象上，那么：

● 如果该键不存在，则添加；

● 如果存在，则替换现有的值。

　　对于 NSDictionary，经常需要通过键获得所对应的值（使用 objectForkey 方法）。如果这个键不存在，则结果是空。所以这也是一种找出一个键是否存在的方法。一个字典是一个简单、灵活的数据存储设备，Cocoa 也使用字典类存取值，例如：application:didFinishLaunchingWithOptions 方法上的 options 参数就是一个字典对象。字典类上的值还可以是一个数组，从而一个键对应一个数组。

　　下面来看一个实际的例子。首先使用方法：

```
NSMutableDictionary *student = [NSMutableDictionary dictionary];
```

创建了一个空的可变的字典类，然后使用方法 setObject:forKey 方法将键-值对添加到字典中。接着使用 objectForKey 方法通过指定的键得到相关的值，然后将其打印出来。

　　可变的字典类例子：

```
#import <Foundation/Foundation.h>

int main (int argc, const char * argv[]) {
    @autoreleasepool {
        NSMutableDictionary *student = [NSMutableDictionary dictionary];

        [student setObject:@"历史上的曹操性格非常复杂，陈寿认为曹操在三国历史上"明略最优"，"揽申、商之法术，该韩、白之奇策，官方授材，各因其器，矫情任算，不念旧恶""
                forKey:@"曹操"];
        [student setObject:@"诸葛亮治国治军的才能，济世爱民、谦虚谨慎的品格为后世各种杰出的历史人物树立了榜样"
                forKey:@"诸葛亮"];
        [student setObject:@"陈寿对刘备的评价是："弘毅宽厚，知人待士，盖有高祖之风，英雄之器焉。及其举国托孤于诸葛亮，而心神无二，诚君臣之至公，古今之盛轨也。机权干略，不逮魏武，是以基宇亦狭""
                forKey:@"刘备"];

        NSLog(@"曹操:%@",[student objectForKey:@"曹操"]);
        NSLog(@"诸葛亮:%@",[student objectForKey:@"诸葛亮"]);
        NSLog(@"刘备:%@",[student objectForKey:@"刘备"]);
    }
    return 0;
}
```

【程序结果】

　　曹操：历史上的曹操性格非常复杂，陈寿认为曹操在三国历史上"明略最优"，"揽申、商之法术，该韩、白之奇策，官方授材，各因其器，矫情任算，不念旧恶"
　　诸葛亮：诸葛亮治国治军的才能，济世爱民、谦虚谨慎的品格为后世各种杰出的历史人物树立了榜样
　　刘备：陈寿对刘备的评价是："弘毅宽厚，知人待士，盖有高祖之风，英雄之器焉。及其举国托孤于诸葛亮，而心神无二，诚君臣之至公，古今之盛轨也。机权干略，不逮魏武，是以基宇亦狭"

　　表 3-2 总结了 NSDictionary 的常用方法。

表 3-2　NSDictionary 的常用方法

方　法	说　明
+(id)dictionaryWithObjectsAndKeys: obj1,key1,obj2,key2,...nil	顺序添加对象和键值来创建一个字典，注意结尾是 nil
-(id)initWithObjectsAndKeys: obj1,key1,obj2,key2,...nil	初始化一个新分配的字典，顺序添加对象和值，结尾是 nil 对象
-(unsigned int)count	返回字典中的记录数
-(NSEnumerator *)keyEnumerator	返回字典中所有的键到一个 NSEnumerator 对象
-(NSArray *)keysSortedByValueUsing Selector:(SEL)selector	将字典中的所有键按照 selector 指定的方法进行排序，并将排序的结果返回
-(NSEnumerator *)objectEnumerator	返回字典中所有的值到一个 NSEnumerator 类型对象
-(id)objectForKey:key	返回指定 key 值的对象

表 3-3 总结了 NSMutableDictionary 的常用方法。

表 3-3　NSMutableDictionary 的常用方法

方　法	说　明
+(id)dictionaryWithCapacity:size	创建一个 size 大小的可变字典
-(id)initWithCapacity:size	初始化一个 size 大小的可变字典
-(void)removeAllObjects	删除字典中的所有元素
-(void)removeObjectForKey:key	删除字典中 key 位置的元素
-(void)setObject:obj forKey:key	添加（key，obj）到字典中，若 key 已经存在，则替换值为 obj

3.9.8　属性列表

一个属性列表是用字符串（XML 格式）来表示数据，主要用处是存储数据为一个文件。例如：NSArray 和 NSDictionary 提供了方法 writeToFile:atomically:和 writeToURL:atomically:将数组和字典内容生成为一个属性列表文件，给定一个文件路径或文件 URL，这些方法就可以生成属性列表文件。基于属性列表文件，也可以初始化一个 NSArray 对象或者 NSDictionary 对象。

下面来看两个例子。第一个例子是写数组内容到文件上：

```
NSArray *array = [NSArray arrayWithObjects:@"Foo",
    [NSNumber numberWithBool:YES],[NSDate
dateWithTimeIntervalSinceNow:60],nil];
  [array writeToFile:@"MyArray.plist" atomically:YES];
```

生成的文件为：

```
<?xml version="1.0" encoding="UTF-8"?>
<!DOCTYPE plist PUBLIC "-//Apple//DTD PLIST 1.0//EN"
"http://www.apple.com/DTDs/PropertyList-1.0.dtd">
<plist version="1.0">
<array>
```

```
    <string>Foo</string>
    <true/>
    <date>2012-01-07T05:18:28Z</date>
</array>
</plist>
```

第二个例子是写字典内容到文件上:

```
NSDictionary *dict = [NSDictionary dictionaryWithObjectsAndKeys:
    @"Zhenghong", @"Name", [NSNumber numberWithInt:36], @"Age", nil];
[dict writeToFile:@"MyDict.plist" atomically:YES];
```

生成的文件为:

```
<?xml version="1.0" encoding="UTF-8"?>
<!DOCTYPE plist PUBLIC "-//Apple//DTD PLIST 1.0//EN"
"http://www.apple.com/DTDs/PropertyList-1.0.dtd">
<plist version="1.0">
<dict>
    <key>Age</key>
    <integer>36</integer>
    <key>Name</key>
    <string>Zhenghong</string>

</dict>
</plist>
```

3.9.9　NSObject 探究

每一个类都是从 NSObject 继承来的,下面来研究一下 NSObject。NSObject 定义一些类方法和实例方法,用于处理基本的实例化。它采用 NSObject 协议,它实现了与 NSCopying、NSMutableCopying 和 NSCoding 协议相关的方法。NSObject 的一些方法是用来获得一个对象的类和它的超类,例如 class(类)、superclass(超类)、isKindOfClass: 和 isMemberOfClass:。为了检查一个实例的类,使用 isKindOfClass:方法。一些方法是用来询问的:如果发送了一个特定的消息到一个对象,将会发生什么,例如 respondsToSelector:方法。用来比较对象的方法是 isEqual:。

3.10　存 取 器

存取器(accessor)是一个获取或设置实例变量值的方法。获取实例变量值的 accessor 称为 getter 方法。设置实例变量值的 accessor 称为 setter 方法。在习惯上,getter 方法名就是变量名,而 setter 方法名就是在变量名前面加上 set。

Cocoa 从一个实例变量的名字得到一个 accessor 的名字的途径是通过 key-value coding(KVC)机制。键值编码的基础是 NSKeyValueCoding 协议,这个协议是 NSObject 遵守的非正式协议。key-value 编码的基本方法是 valueForKey 和 setValue:forKey。当其中一个方法被一个对象调用时,首先寻找合适的存取器。如果不存在,直接访问实例变量。例如:

```
[myObject setValue:@"Hello" forKey:@"greeting"];
```

　　首先，在 myObject 中寻找 setGreeting 方法。如果存在，就调用，把@"Hello"作为参数传递给它。如果不存在，但是 myObject 有一个实例变量叫 greeting，值@"Hello"就直接赋给 myObject 实例变量 greeting。valueForKey 和 setValue:forKey 的参数都要求是一个对象。如果不是对象的话，那么 key-value 编码机制会转换。数字类型（包括 BOOL）用 NSNumber 来表达，其他类型（如 CGRect 和 CGPoint）用 NSValue 表达。

　　还有一个东西叫 key path，key path 允许把许多 key 放在同一个表达式中，可以通过调用 valueForKeyPath 和 setValue:forKeyPath 把这些 key 链接起来。一个 key 路径看起来像连续的 key 名字用（.）连接起来。例如，valueForKeyPath:@"key1.key2"在消息接收者上调用 valueForKey，把@"key1"作为 key，从那个调用返回对象，并且在那个对象上调用 valueForKey，把@"key2"也作为 key。

　　下面来看一个例子。假设对象 myObject 有一个实例变量 theData，theData 是一个字典数组，每一个字典有个名字 key 和一个描述 key。

```
(
    {
        description = "The one with glasses.";
        name = Manny;
    },
    {
        description = "a little gym.";
        name = Moe;
    },
    {
        description = "The one without a mustache.";
        name = Jack;
    }
)
```

　　通过 NSLog 显示 theData 的真实值。[myObject valueForKeyPath: @"theData.name"]返回一个由字符串@"Manny"、@"Moe"和@"Jack"组成的数组。

　　关于 key-value 编码的很多内容，可以通过 Key-Value Coding Programming Guide 来获取更多信息。

第 4 章　继承和协议

继承是面向对象编程技术的一块基石，因为它允许创建分等级层次的类。运用继承，能够创建一个通用类，它定义了一般特性。该类可以被更具体的类继承，每个具体的类都增加一些自己特有的东西。继承是使用已存在的类的定义作为基础建立新类的技术，新类的定义可以增加新的数据或新的功能，也可以用父类的功能。这种技术使得复用以前的代码非常容易，能够大大缩短开发周期，降低开发费用。本章将讲解继承。

在一个面向对象语言中，子类和超类有时不足以表达类与类之间的关系。例如，一个蜜蜂对象和一个鸟对象有一些共同的特征，如都能飞。蜜蜂类是从昆虫类那里继承来的，但是并不是每一只昆虫都能飞，那么蜜蜂如何通过某一种方式来获得飞行的能力？这就是协议的功能。协议是声明方法的列表，这些方法并没有实现。一个类可能正式声明它遵守一个协议。当试图发送一个相应的消息时，编译器就会检查协议声明。如果一个协议中声明了一个实例方法 myMethod，并且 MyClass 遵守这个协议，那么就可以向 MyClass 实例发送 myMethod 消息，编译器不会报错的。

4.1　继　承

类的定义通常是添加式的，一个新的类往往都基于另外一个类，而这个新类继承了原来类的方法和实例变量。新类通常简单地添加实例变量或者修改它所继承的方法，它不需要复制所继承的代码。继承将这些类连接成一个只有一个根的继承关系树。在基于 Objective-C 框架的代码上，这个根类通常是 NSObject，每个类（除了根类）都有一个超类，而每个类（包括根类）都可以成为任何数量子类的超类。

Objective-C 不支持多重继承，单继承使 Objective-C 的继承关系很简单，一个类只能有一个父类，易于管理程序。在面向对象程序设计中运用继承原则，就是在每个由一般类和特殊类形成的结构中，把一般类的对象实例（如车）和所有特殊类的对象实例（如货车）都共同具有的属性和操作一次性地在一般类（即车）中进行显式的定义，在特殊类中不再重复地定义一般类中已经定义的东西。但是在语义上，特殊类却自动地、隐含地拥有它的一般类（以及所有更上层的一般类）中定义的属性和操作。特殊类的对象拥有其一般类的全部或部分属性与方法,称为特殊类对一般类的继承。继承所表达的就是一种对象类之间的相交关系，它使得某类对象可以继承另外一类对象的数据成员和成员方法。若类 B 继承类 A，则属于 B 的对象便具有类 A 的全部或部分性质（数据属性）和功能（操作），称被继承的类 A 为基类、父类或超类，而称继承类 B 为 A 的派生类或子类。

继承避免了对一般类和特殊类之间共同特征进行的重复描述。同时，通过继承可以清晰地表达每一项共同特征所适应的概念范围——在一般类中定义的属性和操作适应于这个类本身及其以下的每一层特殊类的全部对象。运用继承原则使得系统模型比较简练和清晰。

继承的特征：

01 继承关系是传递的。若类 C 继承类 B，类 B 继承类 A，则类 C 既有从类 B 那里继承下来的属性与方法，也有从类 A 那里继承下来的属性与方法，还可以有自己新定义的属性和方法。继承来的属性和方法尽管是隐式的，但仍是类 C 的属性和方法。继承是在一些比较一般的类的基础上构造、建立和扩充新类的最有效的手段。

02 继承简化了人们对事物的认识和描述，能清晰体现相关类间的层次结构关系。

03 继承提供了软件复用功能。若类 B 继承类 A，那么建立类 B 时只需要再描述与基类（类 A）不同的少量特征（数据成员和成员方法）即可。这种做法能减小代码和数据的冗余度，大大增加程序的重用性。

04 继承通过增强一致性来减少模块间的接口和界面，大大增加了程序的易维护性。

05 提供多重继承机制。从理论上说，一个类可以是多个一般类的特殊类，它可以从多个一般类中继承属性与方法，这便是多重继承。Objective-C 出于安全性和可靠性的考虑，仅支持单重继承。

下面来看一个例子。例如，先定义一个类叫车类，车有以下属性：车体大小、颜色、方向盘、轮胎。而又由车这个类派生出小轿车和大卡车两个类，为小轿车添加一个小后备箱属性，而为大卡车添加一个大货箱属性。而又从小轿车类中派生出一个类叫奔驰小轿车类。具体如图 4-1 所示。

下面用一个实际例子演示一下继承的用法，类之间的关系如图 4-2 所示。

图 4-1　类的例子　　　　　图 4-2　继承

首先定义一个 ClassA，其中包含一个属性和一个方法，属性是一个整型变量 x，方法是用来给这个整型变量设置一个值。注意程序中 ClassA 是继承 NSObject 类的，也就是说 NSObject 是 ClassA 的父类，ClassA 是 NSObject 的子类。

ClassA.h 代码如下：

```
#import <Foundation/Foundation.h>

@interface ClassA : NSObject {
    int x;
}
-(void) setX;

@end
```

ClassA.m 代码如下：

```
#import "ClassA.h"

@implementation ClassA
-(void)setX{
    x = 10;
}

@end
```

然后定义了一个 ClassB 用于继承 ClassA，这样一来 ClassB 也就拥有了 ClassA 的方法和属性，并且在此处定义了一个新的方法叫做 printX，用于将 x 的值打印出来。

ClassB.h 代码如下：

```
#import <Foundation/Foundation.h>
#import "ClassA.h"

@interface ClassB :ClassA
-(void) printX;

@end
```

ClassB.m 代码如下：

```
#import "ClassB.h"

@implementation ClassB
-(void)printX{
    NSLog(@"%i",x);
}
@end
```

下面来测试程序是否正常。在这个 main 程序中，创建了一个 ClassB 的对象 classB，调用它的 setX 方法和 printX 方法。ClassB 并没有定义 setX 方法，那么是如何调用这个方法的呢？答案是，这个方法是从它的父类 ClassA 继承而来的。

```
#import "ClassA.h"
#import "ClassB.h"

int main (int argc, const char * argv[]) {
    @autoreleasepool {
        ClassB *classB = [[ClassB alloc]init];
        [classB setX];
        [classB printX];
    }
    return 0;
}
```

【程序结果】

10

4.2 方 法 重 写

在 Objective-C 中，子类可继承父类中的方法，而不需要重新编写相同的方法。但有时子类并不想原封不动地继承父类的方法，而是想作一定的修改，这就需要采用方法的重写。方法重写又称方法覆盖。若子类中的方法与父类中的某一方法具有相同的方法名、返回类型和参数表，则新方法将覆盖原有的方法。

下面给出一个例子来演示方法重写的使用，将上面继承例子的代码稍作修改，让其自己定义一个也叫 setX 的方法，并由自己实现。

ClassA.h 代码如下：

```
#import <Foundation/Foundation.h>
@interface ClassA : NSObject {
    int x;
}
-(void) setX;
@end
```

ClassA.m 代码如下：

```
#import "ClassA.h"
@implementation ClassA
-(void)setX{
    x = 10;
}
@end
```

在 ClassB.h 中定义一个方法也称 setX。

```
#import <Foundation/Foundation.h>
#import "ClassA.h"
@interface ClassB :ClassA
-(void) printX;
-(void) setX;

@end
```

在 ClassB.m 中添加这个方法的实现。

```
#import "ClassB.h"
@implementation ClassB
-(void)printX{
    NSLog(@"%i",x);
}
-(void)setX{
    x = 11;
}
@end
```

测试代码为：

```
#import "ClassA.h"
```

```
#import "ClassB.h"
int main (int argc, const char * argv[]) {
    @autoreleasepool {
        ClassB *classB = [[ClassB alloc]init];
        [classB setX];
        [classB printX];
     }
    return 0;
}
```

【程序结果】

```
11
```

从这个程序看出，ClassB 的实例没有调用从 ClassA 中继承而来的方法 setX，而是调用了自己定义的方法 setX，这就是方法重写的一个简单的例子。

4.3　方　法　重　载

方法重载是让类以统一的方式处理不同类型数据的一种手段。例如，Java 的重载方法，就是在类中可以创建多个方法，它们具有相同的名字，但具有不同的参数和不同的定义。调用方法时通过传递给它们的不同个数和类型的参数来决定具体使用哪个方法。在面向对象中的重载方法的具体规范是：

● 方法名一定要相同。
● 方法的参数表必须不同，包括参数的类型或个数，以此区分不同的方法体。
● 方法的返回类型、修饰符可以相同，也可以不同。

基于前面的例子，给 ClassB 类增加一个新方法来体会方法重载。

```
-(void) setX:(int)value;
```

方法重载实例如下。
ClassB.h 的代码：

```
#import <Foundation/Foundation.h>
#import "ClassA.h"
@interface ClassB :ClassA
-(void) printX;
-(void) setX;
-(void) setX:(int)value;
@end
```

ClassB.m 的代码：

```
#import "ClassB.h"
@implementation ClassB
-(void)printX{
    NSLog(@"%i",x);
```

```
}
-(void)setX{
    x = 11;
}
-(void)setX:(int)value{
    x = value;
}
@end
```

测试代码：

```
#import "ClassA.h"
#import "ClassB.h"
int main (int argc, const char * argv[]) {
  @autoreleasepool {
    ClassB *classB = [[ClassB alloc]init];
    [classB setX];
    [classB printX];
    [classB setX:100];
    [classB printX];
}
    return 0;
}
```

【程序结果】

```
11
100
```

可以看到 ClassB 中有两个 setX 方法，一个是重写 ClassA 方法的，另一个是自己定义的。在测试类中调用 setX 方法，编译器会根据是否输入一个参数，而动态地选择 setX 方法。

在使用 Objective-C 的过程中，发现 Objective-C 不能有两个方法：它们的名字相同，参数个数相同，参数类型不同，返回值类型不同。Xcode 会报一个错误（见图 4-3），说是不能定义相同的方法名。注释任何一个方法均可正常运行。

```
11  @interface OverLoad : NSObject{
12      id x;
13  }
14  -(void)setX:(int)intX;
16  -(int)setX:(double)doubleX;        ① Duplicate declaration of method 'setX:'
17
18  @end
19
```

图 4-3　错误

上述报错的代码如下。

OverLoad.h:

```
#import <Foundation/Foundation.h>
@interface OverLoad : NSObject {
    id x;
}
-(void)setX:(int)intX;
-(int)setX:(double)doubleX;
@end
```

OverLoad.m:

```
#import "OverLoad.h"
@implementation OverLoad
-(void)setX:(int)intX{
    x = intX;
    NSLog(@"%i",x);
}
-(int)setX:(double)doubleX{
    x = doubleX;
    NSLog(@"%f",x);
    return 0;
}
@end
```

本来想让程序根据输入的参数动态选择方法，结果编译出错。

4.4 多态和 super

下面先看一个例子。

```
UIButon* b=[UIButton buttonWithType:UIButtonTypeRoundedRect];
UIView* v=b;
```

UIButon 是 UIControl 的子类，UIControl 是 UIView 的子类。所以像上述的做法是可以的。变量 b 是一个 UIButon 的实例，但是这里把它赋值给一个声明为 UIView 的变量。这是合法的，因为 UIView 是 UIButon 的祖先（打个通俗的比喻，奔驰小轿车是汽车），一个 UIButon 是一个 UIView。当应用程序运行时，最重要的不是一个变量的声明类，而是变量所指向对象的实际上的类。即使把 b 赋值给 v，因为变量 v 指向的对象仍然是一个 UIButon，所以能发送 UIButon 的消息给它。例如：

```
[v setTitle:@"OK" forState:UIControlStateNormal];
```

因为 UIView 没有实现 setTitle:forState 这个方法，所以编译器会报警上面这段代码。通常需要使用如下的类型转换：

```
[(UIButton*)v setTitle:@"OK" forState:UIControlStateNormal];
```

在运行时，v 实际上就是一个 UIButton，所以可以给 v 发送 setTitle:forState 消息。

另外，通过继承，子类能够获得父类的一切功能。有时虽然子类没有定义某一个方法，但是父类有，仍然可以通过子类来调用此方法，因为此方法已经从父类继承过来了。例如：UIButton 类并没有 setFrame:方法，但是 UIButton 可以调用，这是因为它继承自 UIView，而 UIView 有这个方法。

```
UIButton* b = [UIButton buttonWithType:UIButtonTypeRoundedRect];
[b setFrame: CGRectMake(100,100,100,35)];
```

综上所述，当一个消息发送给一个对象时，决定因素不是这个对象声明时的类，而是这个对象实际指向的类。一个对象实际上是什么，取决于它的类，以及这个类从超类链的继承。上述内容是多态的基础。

关键字 self

一个类中的方法有时需要调用同一个类的另一个方法,该如何解决这个问题呢？那就是通过发送一个消息到同一个对象，同一个对象就是通过关键字 self 来表示。例如：

```
@implementation MyClass
- (NSString*) greeting {
    return @"How are you!";
}
- (NSString*) sayHowAreYou {
    return [self greeting];
}
@end
```

当 sayHowAreYou 消息被发送给一个 MyClass 实例时，sayHowAreYou 方法开始运行，它发送 greeting 消息给 self。结果是 greeting 实例方法被调用。它返回字符串：@ "How are you!"。然后，同样的字符串也从 sayHowAreYou 方法返回。

关键字 super

有时，虽然重载了一个继承的方法，但是仍然想调用重载的函数功能。这时就需要使用关键字 super。像 self 一样，向 super 发送一个消息。但是它不会对本实例发送消息，super 是给当前类的超类发送消息。例如，设想定义一个类 YourClass，是 MyClass 的子类，当调用 sayHowAreYou 时，它说 "How are you!" 两次。

```
@implementation YourClass : MyClass
- (NSString*) sayHowAreYou {
    return [NSString stringWithFormat: @"%@ %@", [super sayHowAreYou], [super
        sayHowAreYou]];
}
@end
```

上述代码两次调用 super 的 sayHowAreYou，它合成了两个字符串到一个字符串中，并返回。MyClass 的 sayHowAreYou 方法返回@ "How are you!"，YourClass 的 sayHowAreYou 方法返回@ "How are you! How are you!"。注意这里没有递归，YourClass 的 sayHowAreYou 方法永远不会调用它自己。

下面再看一个例子：

```
- (id) initWithNumber: (int) n {
    self = [super init];            //①②
    if (self) {
        self->number = n;       //③
    }
    return self;                //④
}
```

上述代码的含义说明如下：

①发送到 super 并且调用超类的初始化程序。

②把 super 的初始化结果赋值给 self。在某些情况下，调用 super 所返回的实例，可能不是一开始调用时的 self。

③如果 self 不为空，可以初始化实例变量了。

④返回 self。

super 关键字表示父类，可以使用 super 访问父类中被子类隐藏的或重写的方法。例如使用
"[super setX];"就是表明调用父类的 setX 方法。下面这个例子用来演示 super 的用法。

super 用法示例如下。

ClassA.h 代码如下：

```
#import <Foundation/Foundation.h>
@interface ClassA : NSObject {
    int x;
}
-(void) setX;
@end
```

ClassA.m 代码如下：

```
#import "ClassA.h"
@implementation ClassA
-(void)setX{
    x = 10;
}
@end
```

ClassB.h 代码如下：

```
#import <Foundation/Foundation.h>
#import "ClassA.h"
@interface ClassB :ClassA
-(void) printX;
-(void) setX;
@end
```

在 ClassB.m 中的代码有所改动：在 setX 这个方法中多添加了一行。这行代码是在将 x 的值变
成 11 之后执行的，执行的是父类的 setX 方法，根据父类的方法，x 的值又将被设置为 10。

```
#import "ClassB.h"
@implementation ClassB

-(void)printX{
    NSLog(@"%i",x);
}

-(void)setX{
    x = 11;
    [super setX];
}
```

```
@end
```

测试代码如下：

```
#import "ClassA.h"
#import "ClassB.h"

int main (int argc, const char * argv[]) {
    @autoreleasepool {
        ClassB *classB = [[ClassB alloc]init];
        [classB setX];
        [classB printX];
    }
    return 0;
}
```

【程序结果】

```
10
```

下面探讨一个更加基本的类继承话题：如果 ClassB 继承了 ClassA，而 ClassC 又继承了 ClassB，而且各个类都有自己的一些实例变量，那么，当初始化 ClassC 的对象时，其调用关系是什么呢？图 4-4 列出了它们之间的关系。这里有几条步骤用于实现初始化方法。

01 永远首先调用父类（super）的初始化方法。

02 检查调用父类初始化方法所产生的对象的结果。如果它为 nil，此时初始化方法就不能继续执行，应该返回一个 nil 的对象。

03 在初始化实例变量后，返回 self。

当创建一个子类的时候，应该查看从父类上继承来的初始化方法（见图 4-4）。通常情况下，父类的初始化方法是足够使用的，但是在另一些情况下，需要覆盖这些方法。如果没有覆盖，那么父类的初始化方法就会被调用。父类并不知道在子类中添加的新实例变量，所以父类的初始化方法可能没有正确地初始化这些新的实例变量。

图 4-4　继承类之间的初始化关系

4.5　抽 象 类

在面向对象的概念中，所有的对象都是通过类来描绘的，但是反过来却不是这样（并不是所有的类都是用来描绘对象的）。如果一个类中没有包含足够的信息来描绘一个具体的对象，这样的类就是抽象类。抽象类往往用来表征在对问题领域进行分析、设计中得出的抽象概念，是对一系列看上去不同但本质上相同的具体概念的抽象。例如：如果进行一个图形编辑软件的开发，就会发现问题领域存在着圆、三角形这样一些具体概念。它们是不同的，但是它们又都属于"形状"

这样一个概念。形状这个概念在问题领域是不存在的，它就是一个抽象概念。所以，抽象类定义的目的主要是为了别的类能从它们那里继承，这些抽象的方法和属性能够被很多不同的子类使用，从而保证子类继承一个相同的定义（因为抽象类肯定会拥有一个子类使它自己变得有用，有时候这些抽象类称为抽象父类）。抽象类对于它自己来说是不完整的，但是它能减少实现子类的负担。不同于别的语言，Objective-C 没有专门的语法去标记一个类是抽象类，而且它也不会阻止创建一个抽象类的实例。在基础框架中，NSObject 类是一个标准的抽象类例子。在应用程序中，从来没有使用过 NSObject 的实例，因为这样的实例没有什么特别的用处。在 Objective-C 上，NSNumber 是一个关于数字的抽象类，具体的数字有整数、长整数、浮点数等。读者可以参考下面的例子来体会。

抽象类例子：

```
#import <Foundation/NSObject.h>
#import <Foundation/NSAutoreleasePool.h>
#import <Foundation/NSValue.h>
#import <Foundation/NSString.h>
int main (int argc, char *argv[])
{
    @autoreleasepool {
        NSNumber *myNumber, *floatNumber, *intNumber;
        NSInteger myInt;
        // integer value
        intNumber = [NSNumber numberWithInteger: 238];
        myInt = [intNumber integerValue];
        NSLog (@"%li", (long) myInt);
        // long value
        myNumber = [NSNumber numberWithLong: 0xbadcef];
        NSLog (@"%lx", [myNumber longValue]);
        // float value
        floatNumber = [NSNumber numberWithFloat: 2.08];
        NSLog (@"%g", [floatNumber floatValue]);
    }
    return 0;
}
```

在上面的例子中，采用不同的 NSNumber 的不同初始化方法来初始化整型、长整型和浮点型数据。

Objective-C 语言没有特别的关键字来定义抽象类（如 Java 由 abstract 关键字来定义抽象类）。从这个层面上说，Objective-C 没有抽象类这个概念。很多 Objective-C 的使用者都认为 Objective-C 没有抽象类这个概念。

4.6 动态方法调用

超类的引用变量可以引用子类对象。Objective-C 就是使用这个原则来实现动态调用。在前面的章节中介绍了 id 数据类型，并指出这是一种通用的数据类型，也就是说它可以用来存储任何类的对象。也就是因为这个特性，在程序执行期间 id 的优势就展示了出来。下面定义了一个类，其中包含一个方法。该方法只打印出一行字。

动态方法调用示例。

Test1.h:

```
#import <Cocoa/Cocoa.h>

@interface Test1 : NSObject {

}
-(void) print;

@end
```

Test1.m:

```
#import "Test1.h"

@implementation Test1
-(void)print{
    NSLog(@"我是 test1");
}

@end
```

然后定义了另一个类,其中也包含了一个同名的方法,打印出来一行不同的句子(以示区分)。

Test.h:

```
#import <Foundation/Foundation.h>

@interface Test : NSObject {

}
-(void) print;

@end
```

Test.m:

```
#import "Test.h"

@implementation Test
-(void)print{
    NSLog(@"我是 test");
}

@end
```

在测试代码中,创造了 id 类型的对象 idTest,并且创建上述两个类的对象。注意创建 id 类型对象的方式,没有 "*"。先将 test 对象存储在 idTest 中,调用 idTest 的 print 方法。然后再将 test1 对象存储在 idTest 中,然后调用 test1 对象的 print 方法。最后释放所创建的对象。

```
#import <Foundation/Foundation.h>
#import "Test.h"
#import "Test1.h"
```

```
int main (int argc, const char * argv[]) {
    @autoreleasepool
        id idTest;
        Test *test = [[Test alloc]init];
        Test1 *test1 = [[Test1 alloc]init];

        idTest = test;
        [idTest print];

        idTest = test1;
        [idTest print];

    }
    return 0;
}
```

【程序结果】

```
我是 test
我是 test1
```

将 Test 的对象 test 存储到 idTest 中，这时候 idTest 就可以调用 Test 对象的任何方法，虽然 idTest 是 id 类型不是 Test 类型。那么，idTest 又怎么知道调用哪个 print 方法呢？Objective-C 总是跟踪对象所属的类，并因此确定运行时（而不是编译时）需要动态调用的方法。也就是说，当系统要调用 print 方法的时候，先检查 idTest 中存储的对象的类，然后根据这个类调用相应的 print 方法，也就显示了上面的结果。

4.7　访　问　控　制

在接口部分声明实例变量的时候，可以把下面的三个指令放在实例变量的前面，可以更加准确地控制作用域。

- @protected：用此指令修饰的实例变量可以被该类和任何子类定义的方法直接访问，这是默认的情况。
- @private：用此指令修饰的实例变量可被定义在该类的方法直接访问，但是不能被子类中定义的方法直接访问。
- @public：用此指令修饰的实例变量可以被该类中的方法直接访问，也可以被其他类定义的方法直接访问。应该避免使用这个作用域。其他类应该使用 getter/setter 方法来访问或设置其他类上的实例变量，否则面向对象的封装性就没有了。

下面这个例子演示了这些指令的用法：

```
#import <Foundation/Foundation.h>

@interface Test : NSObject {
    @public
    int i;
    int j;
```

```
    @protected
    float m;
    float n;

    @private
    double x;
    double y;
}

@end
```

下面来看一个实际的例子。首先定义三个类，第一个是父类 ClassA，在其中定义了三种不同类型的变量，也是三种不同访问权限的变量。第二个是 ClassA 的子类 ClassB，通过一个方法来访问父类@protected 权限的属性。最后定义了一个和这两个类没有任何关系的类 TestClass，用来访问 ClassA 的@public 属性和@private 属性，根据理论知识，@private 属性应该是不能访问的。通过下面的访问控制示例来看看编译器会有什么反馈错误。

ClassA.h 定义三个不同类型、不同访问权限的属性：

```
#import <Foundation/Foundation.h>

@interface ClassA : NSObject {
@public
int x;

@protected
float y;

@private
double z;
}

@end
```

ClassA.m 的代码：

```
#import "ClassA.h"

@implementation ClassA
@end
```

ClassB.h 为 ClassA 的子类：

```
#import <Foundation/Foundation.h>
#import "ClassA.h"

@interface ClassB :ClassA
-(void)print;
@end
```

ClassB.m 构建一个方法用来访问 ClassA 中的@protected 的属性：

```
#import "ClassB.h"
```

```
@implementation ClassB
-(void)print{
    y = 2.0f;
    NSLog(@"%f",y);
}
@end
```

测试代码用来测试上面的代码的正确性：

```
#import "ClassA.h"
#import "ClassB.h"

int main (int argc, const char * argv[]) {
    @autoreleasepool {
        ClassA *classA = [[ClassA alloc]init];
        ClassB *classB = [[ClassB alloc]init];

        classA->x = 1;
        NSLog(@"%i",classA->x);

        [classB print];

        classA->z = 3.0;
        NSLog(@"%e",classA->z);
    }
    return 0;
}
```

通过理论知识得知，@public 权限的属性，可以被其他类定义的方法直接访问。所以成功地设置了 x 的值并且取得了 x 的值，这里使用的是 "->" 方法（为什么没有使用 "." 方法？因为 "." 方法在 Objective-C 中有特殊的含义，等价于调用 getter 方法）。调用 ClassB 中的方法，将它在 ClassA 中设置的属性打印出来。不能直接访问@private 权限的属性，Xcode 给出了错误，如图 4-5 所示。

图 4-5　报错信息

4.8 类 别

类别（Categories）是 Objective-C 里最常用到的功能之一。Category 使得我们在不知道某个类的内部实现的情况下，为该类增加方法。也就是说，即使没有一个类的任何代码，这个特性允许为这个已经存在的类添加方法。Category 不像子类，不能定义新的实例变量。

定义一个类别就像定义一个类，需要一个接口部分和实现部分，并把它们分成标准的.h 文件和.m 文件。在接口部分和实现部分，在类名的地方，用圆括号增加一个类别名。例如，在应用程序中，增加了一个新方法，用于在一个字符串上添加"YANG"字符串。代码的结构如下所示：

```
// [StringCategories.h]
#import <Foundation/Foundation.h>
@interface NSString (MyStringCategories)
- (NSString*) yangName;
@end

// [StringCategories.m]
#import "StringCategories.h"
@implementation NSString (MyStringCategories)
- (NSString*) yangName {
        return [self stringByAppendingString:@"YANG"];
}
@end
```

这里已经扩展 NSString，添加了一个实例方法 yangName，所以可以直接把 yangName 消息传递给想转换的 NSString。

```
NSString* aName = [someString yangName];
```

从上面的例子看出，如果想增加某个框架（framework）中的类的方法，Category 就非常有效。例如，如果想在 NSString 上增加一个方法来判断它是否是一个 URL，那么就可以这么做：

```
#import …
@interface NSString (Utilities)
- (BOOL) isURL;
@end
```

这跟类的定义非常类似，区别就是 Category 没有父类，而且在括号里面要有 Category 的名字。名字可以随便取，但是名字应该让人明白 Category 里面有些什么功能的方法。下面这个例子添加了一个判断 URL 的方法。

```
 #import "NSStringUtilities.h"
@implementation NSString (Utilities)
- (BOOL) isURL
{
    if ( [self hasPrefix:@"http://"] )
        return YES;
    else
        return NO;
}
```

```
@end
```

现在可以在任何的 NSString 类对象上调用这个方法了。下面的代码在控制台上打印 "string1 is a URL"。

```
NSString* string1 = @"http://www.xinlaoshi.com/";
NSString* string2 = @"Pixar";
if ( [string1 isURL] )
    NSLog (@"string1 is a URL");
if ( [string2 isURL] )
    NSLog (@"string2 is a URL");
```

从上面的例子看出，通过类别所添加的新方法就成为了类的一部分。通过类别为 NSString 添加的方法也存在于它的方法列表中。在运行时，新添加的方法和已经存在的方法在使用上没有任何区别。通过类别为类所添加的方法和别的方法一样会被它的子类所继承。类别接口的定义看起来很像类接口定义，而不同的是类别名使用圆括号列出，它们位于类名后面。类别必须导入它所扩展的类的接口文件。标准的语法格式如下：

```
#import "类名.h"@interface 类名 ( 类别名 )// 新方法的声明
@end
```

和类一样，类别的实现也要导入它的接口文件。一个常用的命名约定是，类别的基本文件名是这个类别扩展的类的名字后面跟类别名。因此一个名字为 "类名" + "类别名" + ".m" 的实现文件看起来就像这样：

```
#import "类名类别名.h"@implementation 类名 ( 类别名 )// 新方法的实现
@end
```

注意，类别并不能为类声明新的实例变量，它只包含方法。然而，在类作用域中的所有实例变量，都能被这些类别方法所访问。它们包括为类声明的所有实例变量，甚至那些被@private 修饰的变量。可以为一个类添加多个类别，但每个类别名必须不同，而且每个类别都必须声明并实现一套不同的方法。

要记住的是，当通过 category 来修改一个类的时候，它对应用程序里的这个类的所有对象都起作用。还可以用 category 来重写类原先存在的方法（不推荐）。最后给出完整的 Categories 实例。

NSStringUtilities.h：

```
#import <Cocoa/Cocoa.h>

@interface NSString (Utilities)
-(BOOL)isURL;

@end
```

NSStringUtilities.m：

```
#import "NSStringUtilities.h"

@implementation NSString (Utilities)
-(BOOL)isURL{
```

```
    if ([self hasPrefix:@"http://"]) {
        return YES;
    }else {
        return NO;
    }
}

@end
```

测试代码:

```
#import <Foundation/Foundation.h>
#import "NSStringUtilities.h"
int main (int argc, const char * argv[]) {
    @autoreleasepool {
        NSString *string1 = @"http://www.juzhengyun.com/";
        NSString *string2 = @"Pixar";

        if ([string1 isURL]) {
            NSLog(@"string1 is a URL");
        }else {
            NSLog(@"string1 is not a URL");
        }

        if ([string2 isURL]) {
            NSLog(@"string2 is a URL");
        } else {
            NSLog(@"string2 is not a URL");
        }

    }
    return 0;
}
```

【程序结果】

```
string1 is a URL
string2 is not a URL
```

4.9 协 议

Objective-C 在 NeXT 时期曾经试图引入多重继承的概念,但由于协议(protocol)的出现而没有实现。协议的功能类似于 C++中对抽象基类的多重继承。协议是多个类共享方法的列表。协议中列出的方法在本类中并没有相应的实现,而是由别的类来实现这些方法。如果一个类要遵守一个协议,该类就必须实现特定协议的所有方法(可选方法除外)。

协议是一系列方法的列表。任何类都可以声明自身实现了某一个或一些协议。在 Objective-C 2.0 之前,一个类必须实现(它声明自己要符合的)协议中的所有方法,否则编译器会报告一个错误,表明这个类没有实现协议中的全部方法。Objective-C 2.0 版本允许标记协议中某些方法为可选的,这样编译器就不会强制实现这些可选的方法。定义一个协议需要使用@protocol 指令，紧跟着的是协议的名称，然后就可以声明一些方法，在指令@end 之前的所有方法的声明都是协议的一部分。通常把一个协议的定义放在头文件中。下面是在 NSObject.h 上所定义的 NSCopying 协议的代码（需要注意的是，上述协议只是放在一个头文件中定义，并不是说 NSObject 遵守 NSCopying 协议。实际上，NSObject 并不遵守这个协议）。

```
@protocol NSCopying
-(id) copyWithZone:(NSZone *) zone;
@end
```

这个 NSCopying 协议只声明了一个方法 copyWithZone:，这是一个必须要实现的方法。如果某类决定遵守 NSCopying 协议，则必须实现 copyWithZone:方法。通过在@interface 中的一对尖括号内列出协议的名称，告诉编译器该类正在遵守一个协议。例如：

```
@interface Test: NSObject <NSCopying>
```

这说明 Test 类的父类是 NSObject 并且遵守了 NSCopying 协议，这样编译器就知道 Test 类会实现 NSCopying 协议中定义的方法。所以编译器就会在类 Test 中寻找 copyWithZone:方法的实现部分。

如果想遵守多项协议，只需要在尖括号中列出多个协议，并且用","隔开。例如：

```
@interface Test: NSObject <NSCopying, NSCoding>
```

这样编译器就会知道 Test 类遵守了多项协议，Test 类中必须实现所有协议中定义的方法。可以定义自己的协议，例如：

```
@protocol Fly
-(void) go;
-(void) stop;
@optional
-(void) sleep;
@end
```

任何类都可以遵守上述协议，用@optional 标记的方法是可选的方法。也就是说，这个方法可以选择实现，也可以选择不实现。可以这样检查一个对象是否遵守某个协议：

```
if ([someObject conformsToProtocol:@protocol (Fly)] == YES) {
    //一些操作
}
```

通过在数据类型名称后面的尖括号中添加一些协议名称，可以利用编译器检查变量的一致性。

```
id <Fly> someObject;
```

这样就告诉编译器这个对象是遵守 Fly 协议的对象。

在定义一个新协议的时候，可以拓展现有协议的内容。

```
@protocol Fly1 <Fly>
```

这样就说明协议 Fly1 也采用了 Fly 协议，因此任何遵守 Fly1 协议的类必须实现此协议列出的方法和 Fly 协议定义的方法。

如何实现一个协议中所声明的方法，取决于遵守这个协议的类。一个协议中的方法可能是必须要实现的，也有可能是可选择性的。如果一个协议方法是必需的，并且某个类遵守那个协议，那么这个类就必须实现这个方法，不然编译器会报错。对于可选择的方法，可以实现也可以不实现，如果不实现，就不能使用这个方法。

对于可选的方法，实现这些方法可以使某个类的行为改变。例如，文本框类的协议中可能包含一个可选的、用于实现用户输入的自动完成的方法。若这个对象实现了这个方法，则文本框类就会在适当的时候调用这个方法，用于支持自动完成功能。

下面用一个例子来说明协议的使用方法，其中包括协议的定义，遵守协议，实现协议的方法，不实现协议的可选方法。

下面这个程序定义了一个协议，其中的 sleep 方法是可选的。

Fly.h：

```
#import <Foundation/Foundation.h>

@protocol Fly
-(void)go;
-(void)stop;
@optional
-(void)sleep;

@end
```

下面定义了一个类并且遵守 Fly 协议。

FlyTest.h：

```
#import <Foundation/Foundation.h>
#import "Fly.h"

@interface FlyTest : NSObject<Fly> {

}

@end
```

下面的测试类实现了协议中定义的非可选方法。需要注意的是，并没有实现可选的方法 sleep。

FlyTest.m：

```
#import "FlyTest.h"

@implementation FlyTest
-(void)go{
    NSLog(@"go");
}

-(void)stop{
    NSLog(@"stop");
}
```

```
@end
```

在测试代码中调用这些方法:

```
#import <Foundation/Foundation.h>
#import "FlyTest.h"

int main (int argc, const char * argv[]) {
    @autoreleasepool {
        FlyTest *flyTest = [[FlyTest alloc]init];

        [flyTest go];
        [flyTest stop];
    }
    return 0;
}
```

【程序结果】

```
go
stop
```

协议定义的标准语法格式为:

```
@protocol 协议名 <其他协议, ...>
    方法声明 1
@optional
    方法声明 2
@required
    方法声明 3
...
@end
```

@optional 表明符合该协议的类并不一定要实现方法声明 2 中的各个方法。@required 是必须要实现的方法。协议类似一个公共接口,它规定了多个类之间的接口。

还有一点,委托(delegate)是基于协议实现的。在前面章节的例子中:

```
@interface AppDelegate : UIResponder <UIApplicationDelegate>
```

关于委托,在后面章节中将详细讲解。

4.10　可选的方法

在本章中,列出了两种办法来声明一个可选方法(即不一定要实现该方法。如果没有实现的话,编译器也不会报错):

● 定义一个类别接口部分,没有对应的实现部分。
● 定义一个协议,这个协议中的某些方法是可选的。

那么,定义这样一个可选的方法是合理的吗?我们知道,如果一个消息被发送到一个对象,并且这个对象不能处理那个消息，那么一个异常会被抛出（并且应用程序会崩溃）。但是一个方法声明是一个约定，这个约定表明一个对象能够处理那个消息。如果声明一个可以实现也可以不实现的方法，这是否破坏了这个约定？答案是，Objective-C 不仅是动态的，而且是内省的。如果知道某个方法是可选方法的话，那么可以询问一个对象（不管它能不能处理）是否可以处理一个消息。这就保证了可选方法的安全性。例如：

```
MyClass* mc = [[MyClass alloc] init];
if ([mc respondsToSelector:@selector(otherMethodName)]) {
    [mc otherMethodName];
}
```

在上面的例子中，respondsToSelector:方法就是判断某一个方法是否已经实现。

第5章 内存管理和 ARC

在 iOS5 之前，内存管理是开发人员不得不面对的事。不正确的内存管理时常会引起程序崩溃或者内存泄漏，内存被应用占用得越来越多，最后可能一点也不剩下。这是因为对象本身是一个指针，指向一块内存区域。每个对象都有一个 retain 计数器，当计数器为 0 时，系统自动释放内存。

庆幸的是，从 iOS5 开始，开发人员可以使用 ARC 来让系统自动管理内存。

5.1 内存管理的基本原理

在 iOS5 之前，当使用 alloc 创建了一个对象时，需要在用完这个对象后释放（release）它。例如：

```
// string1 会自动释放内存
NSString* string1 = [NSString string];
// string2 需要手工释放
NSString* string2 = [[NSString alloc] init];
……
[string2 release];
```

当一个对象从内存上删除前，系统就自动调用 dealloc 方法。在 iOS5 之前的程序中，往往在 dealloc 方法中释放成员变量的内存。例如：

```
- (void) dealloc
{
    [name release];
    [address release];
    [super dealloc];
}
```

前两行调用 release 来释放两个成员变量所占用的内存。最后一行（[super dealloc];）让父类清除它自己。

整个 Objective-C 都使用对象引用，而且每个对象有一个引用计数器。当使用 alloc（或者 copy）方法创建一个对象时，其计数器的值为 1。调用 retain 方法就增加 1，调用 release 方法就减少 1。当计数器为 0 时，系统自动调用 dealloc 方法来释放在内存中的对象。例如，在 iOS 5 之前的程序中：

```
Member *member = [[Member alloc] init]; //执行后，计数器为 1
[member retain]; //执行后，计数器为 2
[member release]; //执行后，计数器为 1
[member release]; //执行后，计数器为 0；系统自动调用 dealloc 方法
//在释放之后，如果调用该对象的任何一个方法，应用就会异常中止
[member hasPoints];
```

Objective-C 的内存管理系统基于引用计数。在 iOS5 之前的程序中，需要跟踪引用，以及在运

行期内判断是否真的释放了内存。简单来说，每次调用了 alloc 或者 retain 之后，都必须调用 release。

5.2 ARC

ARC 是 Automatic Reference Counting（自动引用计数）的简称。ARC 是 iOS5 的新特征。在 iOS5 的代码中，不再需要通过 retain 和 release 的方式来控制一个对象的生命周期。所要做的就是构造一个指向一个对象的指针，只要有指针指向这个对象，那么这个对象就会保留在内存中，当这个指针指向别的物体或者说指针不复存在的时候，那么它之前所指向的这个对象也就不复存在了。

下面来看下面这个例子：

```
NSString* firstName = self.textField.text;
```

在这个例子中，firstName 就是这个 NSString 对象的指针，那么 firstName 也就是它的拥有者（owner），一个物体可以有多个拥有者（owner），如果用户没有改变 textField 中输入的值，那么 self.textField.text 也是这个@"曹操"的指针，如图 5-1 所示。

图 5-1　字符串指针

当用户改变了 textField 中的文字后，self.textField.text 就会指向新的文字（@"刘备"），但是 firstName 还是之前的文字（@"曹操"），所以之前的文字还是保存在内存中，如图 5-2 所示。

图 5-2　改变值之后

当 firstName 指向新的对象或者是程序执行到这个变量的范围之外：一个情况是，这个变量是一个本地变量，方法结束了；还有个情况就是，这个变量是一个对象的实例变量，这个对象被释放掉。那么这个字符变量就没有任何拥有者了，从而它的 retain count 就会减为 0，这个对象就被释放掉了，如图 5-3 所示。

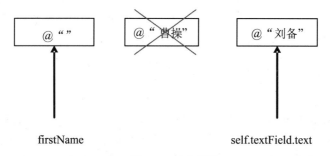

firstName   self.textField.text

图 5-3　对象释放

firstName 和 self.textField.text 这样的指针叫做强（strong）指针，因为它们能够左右一个对象的生命周期。默认的情况下，实例变量或者本地变量都是强指针（类似之前的 retain）。当然，相对应的也有弱（weak）指针，这一类的指针虽然指向对象，但是它们并不是这个对象的拥有者。下面声明一个弱指针：

```
_weak NSString* weakName = self.textField.text;
```

这个 weakName 和 self.textField.text 指向的是同一个字符串，但是由于它不是这个字符串的一个拥有者，所以当字符串的内容改变以后，它就不会有拥有者，那么就被释放掉了。当这种情况发生的时候，weakName 的值就会自动地变为 nil。这样就不会让这个 weak 指针指向一块已经被回收的内存。

在通常的情况下，不会经常使用弱指针，当两个对象存在一种类似于父子关系的时候，会用到它：parent 拥有一个 child 的强指针，但是反过来，child 却只有 parent 的一个弱指针。一个很典型的例子就是 delegate，view controller 通过一个强指针保存一个 UITableView 对象，那么这个 table view 的 delegate 和 data source 就会用一个弱指针指向这个 view controller，如图 5-4 所示（关于表视图和 delegate 的更多内容，请见后续章节）。

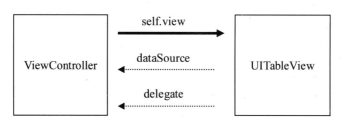

图 5-4　强弱指针例子

可以在 property 中声明一个对象的这个属性，如下所示：

```
@property (nonatomic, strong) NSString* firstName;
@property (nonatomic, weak) id<MyDelegate> delegate;
```

使用 ARC，不用考虑什么时候该 retain 或者 release 一个对象了。需要关心的只是各个对象之间创建时的关系，也就是谁拥有谁的问题。例如：

```
id obj = [array objectAtIndex];
[array removeObjectAtIndex:0];
```

```
NSLog(@"%@",obj);
```

在 iOS5 之前，在手动内存管理的机制下，如果把一个对象从一个 array 中移除的话，那么这个对象的内存也马上就会释放掉了，之后再将它 NSLog 出来一定会让程序崩溃。在 ARC 的机制下，上面的代码就没有问题了，因为让数组中的这个对象用 obj 这个 strong 类型的指针拥有了，即使从数组中移除了这个对象，还是保持住这个对象的内存没有被释放。

ARC 省下了很多的 retain 或者是 release 的工作，但是也不能完全忘记这个内存管理的规则。强指针会成为一个 object 的拥有者，会让一个对象保留在内存当中，但有的时候还是需要把它们手动设置为 nil，否则程序可能把内存用完了。如果对每一个创建的对象都保持有一个指针，那么 ARC 就没有机会来释放它们。所以当创建一个对象的时候，还是要考虑一下拥有关系和这个对象要存在多久。

ARC 是 iOS5 的一个特征。苹果公司当然是希望开发者都来使用这个新的机制开发应用。

原来写的一些代码可能就跟 ARC 有些不兼容。庆幸的是，可以在同一个工程中使用 ARC 风格的代码和非 ARC 风格的代码。ARC 同样也和 C++ 能够很好地结合在一起。程序员在代码中应该尽量使用 ARC。

第 6 章 iOS 开发模式

iOS 开发架构是基于面向对象的技术。开发人员应该采用 MVC（Model、View 和 Controller）模式。该模式将一个应用程序中的对象按照其扮演的角色分成 M、V 和 C 三种。在开发 iOS 应用程序时，开发人员也会同时采用另外三种模式：目标-操作模式、委托模式和通知模式。

6.1 MVC

这里来举一个例子说明 MVC 模式。假设小王来到北京王府井，想要喝豆浆。启动了一个"城市查询"的手机应用，选择"豆浆"。手机具有当前位置的信息，所以，手机应用知道小王在王府井，并知道小王在查询附近卖豆浆的饭馆。最后饭馆信息就显示在手机应用上。这个手机应用就包含了 MVC 三部分：

● M: 模型（Model）。应该是一个或多个类，存放了各个位置的各类饭馆信息。可以把 M 想象为数据的提供者。
● V: 显示界面，又称视图（View），即在手机上显示界面并作出响应。例如：显示查询的界面，从而用户可以选择各个类别（如烤鸭、鱼头、海鲜等）；显示查询的结果，如饭馆的具体位置、价格信息等。
● C: 控制器（Controller），即连接 M 和 V。当用户选择"豆浆"查询条件时，控制器就以"豆浆"为输入参数来调用模型，在获得模型的返回结果后，送给 V 来逐个显示。概括来说，当 M 发生更改时，更新 V；当用户操作 V 时，查询或更新 M。

图 6-1 显示了 M、V、C 之间的关系。由图可知，V 和 M 不会直接发生关系，完全通过 C 来完成。

图 6-1 MVC 模型

对于界面，苹果公司提供了很全的类。对于模型，那完全是开发人员开发和设计的，如饭店信息的保存和查询等。对于控制器，iOS 提供了一些控制器类，如导航控制器和工具栏控制器。开发人员还是需要大量开发自己的视图控制器。

图 6-2　控制器类和 UI 对象的关系

6.1.1　视图

MVC 的 "V" 在 nib（.xib）文件中。从手机用户的角度，整个界面是一个窗口。从 iPhone/iPad 程序的角度，整个界面的根也是窗口，是 UIWindow 类的实例（确切地说，一个应用是一个 UIApplication 实例，UIApplication 有一个窗口，是 UIWindow 实例）。在这个窗口中的对象（如文本信息、图片等）叫做视图（view），是在窗口之下。UIView 类定义了视图的基本属性和方法。这些视图主要包括两类：

- 显示数据的视图，如图像视图、文本视图等。图 6-2 所示的数字 55 和文字"神八欢迎您"都是 UILabel 类。
- 响应用户操作的视图，如按钮、工具栏、文本框、滑动条等。这个响应操作的视图有时也叫控件。图 6-2 所示的滑动条就是控件。它们都是 UIControl 的子类，而 UIControl 本身是 UIView 的子类。

有些视图具有上述两个功能，如表视图。如图 6-3 所示，它显示了杭州的一些照片（左边的图：在界面上显示了小照片和照片标题）。当单击某一行时，表视图响应并显示大的照片和描述信息（右边的图）。有人把这个具有两个功能的视图统称为容器视图。

图 6-3　表视图

　　另外，一个视图可以拥有子视图，从而形成一个分层的树状结构，即 UIApplication→UIWindows →UIView→UIView...。还有，视图部分不仅包括各个界面上的对象，还包括了控制器（C）和 V 的关联信息。

6.1.2　视图控制器

　　视图控制器也是一个类。如图 6-2 所示，类名为 ViewController，slider 和 number 是这个类的两个属性，分别代表手机窗口上的滑动条和数字。changeNumber 是类的方法，用于修改窗口上的数字（修改是通过上面的 number 属性完成）。在图 6-2 上，使用 UML 表示了这个控制类。当滑动滑动条时，滑动条上的相应事件就被触发，从而调用 changeNumber 方法。正如上面提到的，视图控制器类还经常需要访问数据模型类来获取数据，并更新视图上的显示信息。顾名思义，视图控制器是控制视图的。下面是 ViewController.m 代码。

```
#import "ViewController.h"
@implementation BeijingController
-(IBAction) changeNumber:(id)sender{
    int sliderValue = slider.value;
    number.text = [NSString stringWithFormat:@"%d",sliderValue]; //获取滑动条
的值，并设置
}
@end
```

　　视图控制器上的方法和视图的事件的关联，是通过 Target-Action 模式来完成的。一个控制器的工作是配置和管理一个视图。例如：UIViewController 和它的 UIView，前者有一个实例变量指向后者。

6.2 目标-操作模式

Cocoa 是基于事件的，即为某一个事件编写代码。当这个事件发生时，Cocoa 运行代码。例如：在视图上有一个按钮，为按钮被按下的事件编写一些代码。一些 Cocoa 类，如 UIViewController（视图控制器），它本身就有一些方法，如 viewWillAppear:（视图即将在屏幕上显示）和 viewDidDisappear:（视图在屏幕上消失）等。这些方法也类似事件。开发人员一般重载这些方法，放入一些自己的代码。

6.2.1 操作

一个操作（Action）就是一个 UIControl 子类的实例发出的一个消息（方法调用），通知一个重要的用户事件在那个控制器上发生了。UIControl 子类都是用户可直接交互的对象，例如按钮（UIButon）、开关（UISwitch）、分段控制器（UISegmentedControl）、滑动条（UISlider）和文本框（UITextField）。上述的用户事件主要分成三类：

- 触摸屏幕（如 Touch Down、Touch Drag Inside、Touch Up Inside 等），按钮就具有这些事件。
- 编辑文本（如 Editing Did Beginning、Editing Changed 等），文本框就具有这些事件。
- 值发生更改（如 Value Changed），分段控制器就具有这些事件。

系统有一个内部调度表，对于每个事件，可能有相应的目标-操作对。当一个事件发生时，系统给目标对象发操作消息。有两种方式设置上述的内部调度表：在 nib 文件上配置操作的连接信息或者编写代码。使用代码，给控制器发送一个 **addTarget:action:forControlEvents:**消息，在这里，target（目标）是一个对象，action 是一个方法选择器，ControlEvents 是由位掩码指定的事件。下面看一个例子：

```
[b addTarget:self  action:@selector(buttonPressed:)
     forControlEvents:UIControlEventTouchDown];
```

以后，无论什么时候用户单击按钮，buttonPressed:方法都会被调用：

```
- (void) buttonPressed: (id) sender {
  UIAlertView* av = [[UIAlertView alloc] initWithTitle:@"Howdy!"
                                  message:@"You tapped me."
                                  delegate:nil
                                  cancelButtonTitle:@"Cool"
                                  otherButtonTitles:nil];
  [av show];
}
```

上述的选择器可以采用以下两个参数：

- 控制器，通常是 id 类型。
- 生成控制事件的 UIEvent。上例中并没有这个参数。

图 6-4 描述了整个事件响应过程。

图 6-4　单击按钮事件的响应过程

6.2.2　应答器链

　　应答器是一个知道如何接收 UIEvents 的对象。它是 UIResponder 或 UIResponder 子类的一个实例。如果查看 Cocoa 的类继承层次图，会发现在屏幕上显示的对象的类都是一个应答器。一个 UIView 是一个应答器，一个 UIWindow 是一个应答器，一个 UIViewController 是一个应答器，甚至一个 UIApplication 也是一个应答器。UIResponder 类实现了四个方法来接收与触摸相关的 UIEvents 事件：touchesBegan:withEvent:、touchesMoved:withEvent:、touchesEnded:withEvent:以及 touchesCancelled:withEvent:。这些方法用于通知应答器有一个触摸事件。

　　应答器链是通过视图层次图把应答器连接起来。一个 UIView 可以在另一个 UIView 中，以此向上类推，直到到达 UIWindow。应答器链从下向上，就像下面这样：

01　从 UIView 开始，这个也称为 hit-test 视图。
02　如果该 UIView 存在 UIViewController 的话，则进入 UIViewController。
03　进入 UIView 的父视图和它的控制器，重复这一步，向上一个父视图移动，直到没有为止。
04　进入 UIWindow。
05　进入 UIApplication。

6.2.3 应用生命周期的事件

在应用程序的整个生命周期中，事件标记了某些重要的阶段。这些事件可以作为消息发送到应用委托或者作为通知给任何对象。从 iOS4 开始，一个应用可以运行在多任务环境下。Home 按钮不会终止你的应用，只是暂停它，它的进程仍然存在，但是不接收任何事件。下面来分析各个状态和它的消息：

● 应用刚刚启动，你的应用委托收到以下消息：
  application:didFinishLaunchingWithOptions:
  applicationDidBecomeActive:
● 用户单击 Home 按钮，应用会被暂停，并且你的应用委托收到下面的消息：
  applicationWillResignActive:
  applicationDidEnterBackground:
● 应用从暂停的状态回到运行状态，你的应用委托收到下面的消息：
  applicationWillEnterForeground:
  applicationDidBecomeActive:
● 用户双击 Home 键，用户能够在应用 switcher 中工作。如果你的应用在最前面，该应用委托收到下面的消息：
  applicationWillResignActive:
● 用户在应用 switcher 中单击了你的应用窗口，你的应用委托收到以下消息：
  applicationDidBecomeActive:
● 用户在应用 switcher 选择另一个应用，如果你的应用是最靠前的，你的应用委托收到下面的消息：
  applicationDidEnterBackground:
● 屏幕被锁，如果你的应用是最靠前的，你的应用委托收到下面的消息：
  applicationWillResignActive:
● 屏幕解锁，如果你的应用是最靠前的，你的应用委托收到下面的消息：
  applicationDidBecomeActive:

6.3 通 知

在介绍通知之前，先讲述一个生活上的例子。假设我是一个想要买房子的人。我跑到房地产管理部门的通知中心，注册了一个通知：当房子价格掉了 50%时，请通知我。到了某天，房子价格真掉了 50%，那么，通知中心以广播的方式通知所有注册该事件（房价掉 50%）的人员。我当然也就被通知到了。iOS 的通知基本采用这个模式。在一个应用程序上注册了某个通知，NSNotificationCenter（通知中心）管理通知（NSNotification）。一个通知包含三个部分的内容：通知名称（name，是一个系统常量）、与通知关联的对象（object）和用户信息（userInfo）。在应用程序中，通过类方法 defaultCenter 来访问通知中心。在后面章节中，将讲述一个电影播放程序。因为电影有长有短，所以启动电影播放的程序不知道电影什么时候结束。这个应用程序使用了通知来获知电影播放结束。部分代码如下：

```
- (void)viewDidLoad {//在视图装载时，就播放视频，并设置通知
    …
    //addObserver：注册自己来接收"电影播放结束"的通知
    //name 为通知名称，本例为 MPMoviePlayerPlaybackDidFinishNotification 通知
    //selector：通知发出后所调用的方法（callbackFunction）
    //object：发出通知的对象
    [[NSNotificationCenter defaultCenter] addObserver:self
    selector:@selector(callbackFunction:)
    name:MPMoviePlayerPlaybackDidFinishNotification object:mpcontrol];
    //接到通知后所调用的方法
    -(void)callbackFunction:(NSNotification*)notification{
        MPMoviePlayerController* video = [notification object];//也可以直接使用
mpcontrol
        //从通知中心注销自己
        [[NSNotificationCenter defaultCenter] removeObserver:self
            name:MPMoviePlayerPlaybackDidFinishNotification object:video];
    …
}
```

上面代码的相关解释如下。

- "addObserver:self"：指定接收通知的对象。self 就是指自己（所在的视图控制器）。
- "selector:@selector（callbackFunction:）"：指定了回调方法。也就是说，当通知到达后，应该调用对象的什么方法来处理这个通知。
- "name:MPMoviePlayerPlaybackDidFinishNotification"：指定了所注册要接收的具体通知。在这里，就是电影播放完毕的通知。还可以是其他通知，如 UIKeyboardWillShowNotification 就是键盘弹出的通知，等等。
- "object:mpcontrol"：指定了是哪个对象在发出通知。如果是 nil，就是接收所有同名的通知（也就是说，不关心具体的发出者）。
- 对于在什么时候从通知中心注销自己，要取决于具体的应用程序。在上述的电影播放应用程序中，在电影播放完毕后就可以注销自己了。在某些应用程序中，可能在视图显示期间都需要接收通知，直到视图消失为止。如果这样的话，可以在 viewWillDisappear 方法中注销自己。以上面的例子为基础，具体看看注销的方法：
  - "removeObserver:self"：指定不再需要接收通知的对象（self）。
  - "name:MPMoviePlayerPlaybackDidFinishNotification"：要注销的通知的名称。
  - "object:video"：发通知的对象。

最后，要指出的是，接收到的通知可能包含了其他信息。例如：接收到的是 UIKeyboardWillShowNotification 通知（键盘弹出），那么，通知传递过来一个 NSDictionary 值（userInfo）。在这个值中，有键盘的高度等信息。可以在程序中获得这些数据。例如：

```
- (void)keyboardWillShow:(NSNotification *)notif {
    NSDictionary* info = [notif userInfo];
    NSValue* aValue = [info objectForKey:UIKeyboardBoundsUserInfoKey];
    CGSize keyboardSize = [aValue CGRectValue].size; //获取键盘大小
```

```
    ....  //进一步处理
    }
```

6.4　委　托

委托是一种面向对象设计模式，描述了两个对象之间的关系，第一个对象的行为被第二个对象定制或实现。这第二个对象是第一个对象的委托。这里并不牵涉到子类化，事实上第一个对象对第二个对象的类来说是不可知的。一个类的委托方法通常列在一个协议中。Cocoa 使用了超过 70 个委托协议，大多数的委托方法是可选择的。下面是一个委托例子。

```
- (NSString*) pickerView:(UIPickerView*)pickerView
    titleForRow:(NSInteger)row
    forComponent:(NSInteger)component {
    NSArray* arr = [NSArray arrayWithObjects:
                    @"Sunday",
                    @"Monday",
                    @"Tuesday",
                    @"Wednesday",
                    @"Thursday",
                    @"Friday",
                    @"Saturday",
                    nil];
    return [arr objectAtIndex: row];
}
```

6.5　数　据　源

数据源像委托，除了它的方法为另一个对象提供数据源。只有 UITableView 类和 UIPickerView 类带有数据源。一个表视图用行来显示数据，数据源必须遵守带有必需方法的协议。使用数据源可以把数据显示的对象和数据管理的对象分开，从而数据管理对象根据它自己的需要来存储并读取到数据。在通常情况下，显示的数据只是总数据的一部分。

在下面例子中，实现了一个 UIPickerView 类，这个类允许用户通过名字来选择一周的一天。前两个方法是 UIPickerView 数据源方法，第三个是 UIPickerView 委托方法。

```
- (NSInteger) numberOfComponentsInPickerView: (UIPickerView*) pickerView {
    return 1;
}
- (NSInteger) pickerView: (UIPickerView*) pickerView
 numberOfRowsInComponent: (NSInteger) component {
    return 7;
}
- (NSString*) pickerView:(UIPickerView*)pickerView
    titleForRow:(NSInteger)row
    forComponent:(NSInteger)component {
    NSArray* arr = [NSArray arrayWithObjects:
                    @"Sunday",
                    @"Monday",
```

```
                @"Tuesday",
                @"Wednesday",
                @"Thursday",
                @"Friday",
                @"Saturday",
                nil];
    return [arr objectAtIndex: row];
}
```

6.6   Key-Value Observing

Key-Value Observing（KVO），是一个与 target-action 有点类似的机制。一个对象注册另一个对象上的某个变化，当变化发生时，前一个对象会被通知。"某个变化"指的是一个特定的值被改变了。KVO 分为三个阶段：

- Registration
  为了知道对象 A 的值被改变，对象 B 必须在对象 A 中注册。
- Change
  对象 A 的值发生改变，它必须以 KVO 兼容的方式发生。
- Notification
  对象 B 被通知：对象 A 中的值改变，并且期望 B 的回应。

下面是一个简单的例子，说明 KVO 机制。有一个类 MyClass1，是对象 A 的类。也有一个类 MyClass2，这个是对象 B 的类。最后，用代码创建一个 MyClass1 的实例称为 objectA，一个 MyClass2 的实例称为 objectB。让 objectB 监听 objectA 中实例变量 value 的值的变化。如果值改变了，objectB 会收到通知。

```
// MyClass1.h
@interface MyClass1 : NSObject {
    NSString* value;
}
@property (nonatomic, copy) NSString* value;
@end

// MyClass1.m
@implementation MyClass1
@synthesize value;
@end

// MyClass2.m
- (void) observeValueForKeyPath:(NSString *)keyPath
                    ofObject:(id)object
                    change:(NSDictionary *)change
                    context:(void *)context {
    NSLog(@"I heard about the change!");
}

MyClass1* objectA = [[MyClass1 alloc] init];
```

```
MyClass2* objectB = [[MyClass2 alloc] init];
// KVO 注册
[objectA  addObserver:objectB  forKeyPath:@"value" options:0 context:nil];①
//使用 KVO 方式来改变值
objectA.value = @"Hello, world!"; ②
//结果: objectB's observeValueForKeyPath:被调用
```

①我们调用 addObserver:forKeyPath:options:context:注册 objectB 能够监听到 objectA 中值的改变。

②改变 objectA 的值，使用 KVO 方式实现，也就是使用 setter。这是使用 accessors 的另一个原因：当改变一个值时，accessor 方式符合 KVO 方式。

当改变 objectA 的值时，第三个阶段自动发生：objectB 的 observeValueForKeyPath:被调用。在 MyClass2 中实现这个方法，这是为了接收通知。在这个简单例子中，只是说明实际上接收到了通知。在实际中，一个对象可能接收多个 KVO 通知，这时候，要使用输入参数来区分不同的通知。另外，给 options 设置不同的值，就可以在输入参数 object 或者 change 那里获得所改变的值。具体使用方法，可以参考苹果公司文档。

第 7 章　视图和绘图

　　视图就是应用程序的界面（如图 7-1 所示），是用户在屏幕上看到的对象，用户也通过触摸视图上的对象（如滑动条）与应用程序交换。视图（UIView 子类的对象）本身是界面上的矩形区域。视图可以用代码创建，也可以用 nib 来实现。可以拖动一个界面部件（如 UIButton）到窗口（窗口也是视图）。当应用程序运行时，按钮出现并正常工作。还有，可以通过代码在视图上添加对象、绘制图形、隐藏视图、移动视图、调整视图大小等。通过视图，也可以实现动画效果。

图 7-1　神八应用

　　一个视图也是一个响应器（UIView 是 UIResponder 的子类）。这意味着一个视图可以与用户交互，如点击和拖动。因此，视图不只是用户可看到的界面，也是可以和用户交互的界面。

7.1　视图的基本概念

　　一个视图里面可以有子视图，每个视图只有一个超视图，这就构成视图的树状层次结构。该层次结构允许视图一并出现和消失。如果一个视图从界面删除，那么其子视图也被移除；如果一个视图被隐藏，那么其子视图也被隐藏；如果一个视图被移动，那么其子视图也随着移动；一个视图的其他改变，其子视图也跟着改变。这种视图层次结构也基本体现了响应链。

　　UIView 类用于实现视图。图 7-2 显示了 Objective-C 上的类层次结构。按钮、滑动条等叫做控件（UIControl）。控件是 UIView 类的子类，如：UIButton 类用于实现按钮，UISlider 用于实现滑动条，UIScrollView 类用于实现滚动视图等。除了 UIControl，UIView 的子类还有表视图（UITableView）、工具栏（UIToolbar）、图像视图（UIImageView）、文本标签（UILabel）等。

图 7-2　类层次结构

　　UIView 提供了方法来添加和删除子视图。一个视图可以有多个子视图，这些子视图按照顺序放在父视图下。

```
- (void)addSubview:(UIView *)view; //添加子视图
- (void)removeFromSuperview;// 从父视图上删除子视图（自己）
- (void)insertSubview:(UIView *)view atIndex:(int)index;//按照顺序添加子视图
- (void)insertSubview:(UIView *)view belowSubview:(UIView *)view;
- (void)insertSubview:(UIView *)view aboveSubview:(UIView *)view;
-
(void)exchangeSubviewAtIndex:(int)indexwithSubviewAtIndex:(int)otherIndex;
```

　　从内存管理的角度，父视图总是保留（retain）它的子视图，所以子视图本身可以调用 release 方法来释放自己。当不希望一个视图在窗口上出现时，可以调用 UIView.hidden=YES 来实现。

　　既然视图是窗口上的一个区域，那么视图就有位置、大小信息。如图 7-3 所示，在 iPhone 窗口上，坐标起始点在左上方。x 轴在上方，y 轴在左侧。表 7-1 列出了视图相关结构的名称、属性和功能。

图 7-3　窗口坐标

表 7-1　视图相关结构的名称、属性和功能

结构名称	属　性	功　能
CGPoint	{x,y} 坐标信息	视图所在的坐标信息
CGSize	{width,height} 宽度和高度	视图所在的大小信息
CGRect	{origin,size} 上面两个结构的综合	视图所在的坐标和大小信息。坐标是指视图最左上的点的位置，如图 7-3 中的（50,50），宽度 200，高度 100

表 7-2 是上述结构相关的函数。

表 7-2　视图相关结构的函数

函数名称和参数	例　子

CGPointMake (x, y)
声明位置信息
	CGPoint point = CGPointMake (50.0, 50.0);
	point.x = 50.0;
	point.y = 50.0;

CGSizeMake (width, height)
声明大小信息
	CGSize size = CGSizeMake (200.0, 100.0);
	size.width = 200.0;
	size.height = 100.0;

CGRectMake (x, y,width, height)
声明位置和大小信息
	CGRect rect = CGRectMake (50.0, 50.0, 200.0, 100.0);
	rect.origin.x = 50.0;
	rect.size.width = 200.0;

视图的位置和大小可以用两种方式来表示。一种方式是 Frame（框架），即按照其父视图为起点，得出它自己的位置信息。另一种方式是 Bound（边界），即按照它自己为起点，得出其位置。

图 7-4　视图的位置和大小

图 7-4 显示了两个视图。视图 A 是深色部分，视图 B 是浅色部分。视图 A 包含着视图 B。表 7-3 列出了两种方式的位置和大小信息。

表 7-3　Frame 方式与 Bound 方式的位置和大小信息

视　图	Frame 方式	Bound 方式
视图 A	origin：0,0 size：300,200	origin：0,0 size：300,200
视图 B	origin：50,50 size：200,120	origin：0,0 size：200,120

其实，系统内部存放的是图的中心点位置和大小信息。Frame 方式的信息是按照中心点位置计算出来的。当创建一个视图时，往往采用 Frame 方式；当旋转一个视图或者处理视图事件时，大多采用 Bound 方式。

7.1.1　窗口

视图层次结构的最高层是应用程序窗口。窗口是 UIWindow 的一个实例，UIWindow 是 UIView 的子类。应用程序应该只有一个主窗口，它占据整个屏幕形成背景，并是所有可见视图的超视图（其他视图就是它的子视图）。

项目模板自动为应用程序生成窗口。窗口是项目的主 nib 文件中的一个顶层 nib 对象。在应用程序运行时，系统自动装载该 nib 文件，窗口被实例化。主 nib 文件中的另一个顶层的 nib 对象是应用程序的委托（delegate），它有一个 window 输出口（outlet）指向这个窗口。当程序运行时，系统生成该应用程序委托的一个实例，它的 window 属性指向窗口。应用程序实例向应用程序委托的实例发送 didFinishLaunchingWithOptions：消息。在这个方法中，应用程序委托的实例发送窗口实例一个 makeKeyAndVisible 消息，从而窗口显示在屏幕上了。

在应用程序委托类中，代码可以通过 self.window 来引用该窗口。在其他类上的代码，通过访问器引用应用程序的窗口。

```
UIWindow* theWindow = [[[UIApplication sharedApplication] delegate] window];
```

也可以使用应用程序的 keyWindow 属性。

```
UIWindow* theWindow = [[UIApplication sharedApplication] keyWindow];
```

尽管应用程序只能有一个主窗口，但也许会产生其他窗口。例如，如果设置一个警告视图（UIAlertView），并把它放在另一个窗口上，该窗口就在应用程序的主窗口之上。在显示警告时，警告窗口是应用程序的 keyWindow。

窗口的 backgroundColor 属性继承于 UIView，是窗口的背景色。在许多情况下，一个主子视图占据了整个窗口，那么用户也看不到窗口的背景颜色。这时，窗口的功能就仅作为应用程序的可见视图的容器。

7.1.2　子视图和超视图

在从前的版本中，一个视图（viewA）拥有其矩形区域。如果一个视图（viewB）不是这个视图(viewA)的子视图，那么，viewB 视图的任何部分都不能出现在 viewA 视图之内。这是因为当视图 viewA 重绘矩形框时，它将会删除其他视图（如 viewB）的重叠部分。viewA 视图的任何子视图的部分不能跨出 viewA 视图的矩形区域。从 Mac OS X10.5 开始，苹果推出一个全新的视图绘制架构，这完全取消了这些限制。iOS 视图绘制就是基于新的架构。因此，现在一个子视图的许多部分可以出现在超视图之外，并且一个视图可以重叠在另一个视图之上（另一个视图不必是其子视图）。

例如，图 7-5 显示了三个重叠视图。这三个视图都有一个背景色（三个有颜色的矩形代表这三个视图）。从屏幕上无法知道这些视图在视图层次结构中的关系。事实上，中间视图和左边视图是兄弟关系，右边的视图是中间视图的子视图。

当在 nib 中创建视图时，可以检查视图层次结构，从而得知它们之间的实际关系如图 7-6 所示。当视图通过代码方式创建时就会知道它们的层次结构关系，这是因为层次结构是你创建的。视图在层次结构中的位置会影响其绘制。最重要的是，视图在层次结构中的位置决定了绘制的顺序。兄弟视图有一个分层顺序，决定了哪个是更靠后面。如果视图不重叠，就不会看出来。由于靠后的子视图先绘制，所以如果存在重叠，它将出现在兄弟视图之后。同样，超视图在子视图后面，因为超视图最先被绘制。

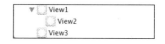

图 7-5　重叠视图　　　　图 7-6　在 nib 中展开视图结构

从图 7-5 可以得知，右边的视图是中间视图的子视图，并放置在中间视图之上；左边视图是中间视图的兄弟视图，是其弟弟，所以放置在中间视图之上并在右视图的最上面。左边的视图不可能出现在右边视图后面而在中间视图前面，因为子视图和超视图总是被一起绘制——要么出现在左边视图的前面，要么出现在左边视图的后面，这取决于兄弟视图的靠后顺序。可以在 nib 中调整分层顺序，对于一个视图，可以置前、置后、前置一层和后置一层等。也可以通过在树状显示界面上调整视图的排列顺序。程序代码中，有许多方法排列兄弟视图顺序。对于视图层次结构，以下是读者需要注意的地方：

- 如果视图从超视图中删除或在其中移动，它的子视图也会随着删除或者移动。
- 如果视图大小改变，其子视图大小会自动改变。
- 子视图继承父视图的透明度。

- 视图可以限制子视图的绘制：子视图中超出父视图的部分将不可见。这就是剪裁（clipping），可以在父视图的 clipsToBounds 属性上设置。
- 超视图拥有它的子视图（类似一个 NSArray 拥有它的元素）。在内存管理上，超视图 retain（保留）子视图，并当这些子视图不再是其子视图时（即从子视图集中删除）负责 relesae（释放）它们。

　　UIView 有一个 superview（超视图）属性和一个 subviews（子视图）属性。subviews 是一个 UIViews 的 NSArray，按照由后到前的顺序放置，这有助于你在代码中访问视图层次结构。其中的 isDescendantOfView 方法帮助你判断一个视图是否是另一个视图的子视图。如果需要引用一个特定的视图，那么可以设置一个实体变量，然后设置一个输出口（outlet）。另一个方法是，视图可以有一个标签（tag 属性，int 型），然后通过 viewWithTag:方法来引用这个视图。需要确保在层次结构中各个标签是唯一的。可以用代码操纵视图层次结构，如替换一个视图的所有子视图。可以直接使用 addSubview: 方法添加子视图，使用 removeFromSuperview 将子视图从超视图的层次结构中删除。在这两种情况下，如果超视图是可视界面的一部分，那么子视图将在界面上出现或消失。另外，子视图本身可能有自己的子视图。要记住的是，从超视图中删除一个子视图会释放该子视图。如果后面还打算用到该子视图，那么需要先保留（retain）它。

　　事件告知视图的动态改变。为了对这些事件作出响应，需要重载 didAddSubview:和 willRemoveSubview:、didMoveToSuperview: 和 willMoveToSuperview:、didMoveToWindow: 和 willMoveToWindow:方法。在调用 addSubview: 后，新视图就被设置为超视图的最后一个子视图，因此它最后被绘制，总是出现在最前面。视图的子视图放在一个数组中， 0 编号的视图是放置在最后面的视图。

- 在特定的位置上插入子视图：insertSubview:atIndex:方法。
- 插在后面：insertSubview:belowSubview:方法。
- 插在前面：insertSubview:aboveSubview:方法。
- 交换两个兄弟视图位置：exchangeSubviewAtIndex:withSubviewAtIndex:方法。
- 在兄弟视图中移动子视图到最前面：bringSubviewToFront:方法。
- 在兄弟视图中移动子视图到最后面：sendSubviewToBack:方法。
- 视图的子视图放在数组上。为了删除视图的所有子视图，需要做一个循环，一次删除一个视图。

```
for (UIView* v in view.subviews)
    [v removeFromSuperview];
```

7.1.3　框架

　　视图的框架（frame）属性是一个 CGRect。在超视图的坐标系统下，它是超视图里面的一个矩形区域。默认情况下，超视图坐标系统原点在左上角，横方向向右是 x 坐标轴，竖方向向下是 y 坐标轴。通过设置视图的框架为不同的 CGRect 值，重新定位视图或者调整其大小。如果视图是可见的，那么这个变化将反映在界面上。当视图不可见时，同样也可以设置视图的框架。例如，在代码中创建一个视图，描述了视图框架在指定的超视图里面的位置。UIView 类的 initWithFrame:方法初始化一个视图，参数是一个框架。

下面编程来生成视图，界面如图 7-5 所示。在 Xcode 4.2 中创建一个单视图窗口应用模板（Single View Application）的 iOS 应用程序项目（注：本章例子代码均采用 ARC 模式，编译器为 Apple LLVM compiler 3.0），在 ViewController.m 文件的 viewDidLoad 方法上，添加如下代码：

```
UIView* v1 = [[UIView alloc] initWithFrame:CGRectMake(113, 111, 132, 194)];
v1.backgroundColor = [UIColor colorWithRed:1 green:.4 blue:1 alpha:1];
UIView* v2 = [[UIView alloc] initWithFrame:CGRectMake(41, 56, 132, 194)];
v2.backgroundColor = [UIColor colorWithRed:.5 green:1 blue:0 alpha:1];
UIView* v3 = [[UIView alloc] initWithFrame:CGRectMake(43, 197, 160, 230)];
v3.backgroundColor = [UIColor colorWithRed:1 green:0 blue:0 alpha:1];
[self.view addSubview: v1];
[v1 addSubview: v2];
[self.view addSubview: v3];
```

在上述代码中，v1 是中间的视图，v3 是左边的视图。它们是窗口的同级子视图。用 addSubview: 方法把子视图插入到视图层次中，插入顺序也确定了它们的层次顺序。程序的运行结果如图 7-5 所示。

应用程序窗口可能被状态栏挡住一部分（状态栏实际上是系统提供的另一个窗口），这可能影响在窗口中绘图。窗口的中心位置是屏幕的中心位置。在窗口上的（0，0）点可能是不可见的，因为这个点可能被状态栏覆盖。可以用下面的方法获得没有被状态栏覆盖的矩形框：

```
CGRect f = [[UIScreen mainScreen] applicationFrame];
```

一般情况下，总是用一个视图来覆盖整个窗口，然后操纵视图本身。

7.1.4 边界和中心

假设想要给一个视图嵌入一个子视图，如图 7-7 所示。可以使用 CGRectInset 派生出一个矩形。那么，基于哪个矩形来派生呢？不能用超视图的框架，该框架描述视图在它的超视图上的位置，这是基于超视图坐标系的。要用视图自己的坐标系中描述的矩形。这就是视图边界（bounds）属性，它是一个 CGRect 结构。

图 7-7 一个视图嵌入一个子视图

与 7.1.3 节例子类似，在 ViewController.m 文件的 viewDidLoad 方法上，再编写如下代码：

```
UIView* v1 = [[UIView alloc] initWithFrame:CGRectMake(113, 111, 132, 194)];
v1.backgroundColor = [UIColor colorWithRed:1 green:.4 blue:1 alpha:1];
UIView* v2 = [[UIView alloc] initWithFrame:CGRectInset(v1.bounds, 10, 10)];
v2.backgroundColor = [UIColor colorWithRed:.5 green:1 blue:0 alpha:1];
[self.view addSubview: v1];
[v1 addSubview: v2];
```

运行，但是报错，是因为缺少一个 framework，单击项目名称，到图 7-8 所示的地方，在 Build Phases 下面选择"Link Binary With Libraries"，单击"+"图标选择"CoreGraphics.framework"。

图 7-8 添加所需的 framework

再次运行，没有问题了，运行结果如图 7-9 所示。

当需要使用坐标在视图内部绘图时，不管是手工绘图还是放置一个子视图，都需要使用视图的边界。

图 7-9 一个子视图完全覆盖其超视图

如果改变视图边界的尺寸（范围），就会改变它的框架。视图框架的改变是围绕它的中心发生，中心是保持不变的。例如：

```
UIView* v1 = [[UIView alloc] initWithFrame:CGRectMake(113, 111, 132, 194)];
v1.backgroundColor = [UIColor colorWithRed:1 green:.4 blue:1 alpha:1];
UIView* v2 = [[UIView alloc] initWithFrame:CGRectInset(v1.bounds, 10, 10)];
v2.backgroundColor = [UIColor colorWithRed:.5 green:1 blue:0 alpha:1];
[self.view addSubview: v1];
[v1 addSubview: v2];
CGRect f = v2.bounds;
f.size.height += 20;
f.size.width += 20;
v2.bounds = f;
```

这时只出现一个矩形：子视图完全覆盖它的超视图，它的框架和超视图的边界相吻合。CGRectInset 的调用是从超视图边界开始，分别在边界的左、右、顶部及底部向内削去 10 像素来设置子视图框架。然后分别给子视图边界的高和宽增加 20 个像素点，这也同样给子视图框架的高和宽增加了 20 个像素点。中心没有移动，因此子视图完全覆盖它的超视图。程序运行结果如图 7-10 所示。

当创建一个 UIView 时，它的边界坐标系的点（0,0）是在它的左上角。如果改变一个视图的边界原点，那就移动它的内部坐标系的原点。由于子视图是按照它的超视图坐标系在超视图中定位，因此上述移动将改变子视图相对于超视图的位置。为了解释这个功能，先将子视图放在它的超视图中，然后改变超视图的边界原点。

```
UIView* v1 = [[UIView alloc] initWithFrame:CGRectMake(113, 111, 132, 194)];
v1.backgroundColor = [UIColor colorWithRed:1 green:.4 blue:1 alpha:1];
UIView* v2 = [[UIView alloc] initWithFrame:CGRectInset(v1.bounds, 10, 10)];
v2.backgroundColor = [UIColor colorWithRed:.5 green:1 blue:0 alpha:1];
[self.view addSubview: v1];
[v1 addSubview: v2];
CGRect f = v1.bounds;
f.origin.x += 10;
f.origin.y += 10;
v1.bounds = f;
```

图 7-10　超视图的边界起点已转移

超视图的尺寸和位置没有发生任何变化，但是子视图向左上方移动了以至于它与超视图左上角对齐（见图 7-10）。从根本上说，我们所做的都是针对超视图而言，左上方的那个点不是点（0,0），而是点（10,10）。因为子视图框架原点本身在点（10,10）处，子视图现在挨着超视图左上角。改变一个视图边界原点的效果看上去是一个反向操作——向正方向增加了超视图原点的坐标，但是子视图向相反方向移动。

改变视图的边界尺寸影响它的框架尺寸，反之亦然（改变视图框架尺寸影响其边界尺寸）。不受视图边界尺寸改变影响的是视图的中心（center）属性值。这个属性类似框架属性，表示在超视图中的位置，是边界中心的位置。可以使用下面的代码从边界产生这个点：

```
CGPoint c = CGPointMake(CGRectGetMidX(theView.bounds),
            CGRectGetMidY(theView.bounds));
```

视图中心是一个点，该点确立视图边界和它的超视图边界之间的位置关系。改变一个视图的边界并不改变它的中心。当增加视图边界的尺寸，它的框架围绕固定中心扩张。另外，改变视图中心也不改变它的边界。因此，视图边界和中心是独立的，它们一起描述了视图的尺寸和在超视图中的位置。因此，视图框架是多余的。事实上，frame 属性是为了方便地表示中心和边界值。

当创建一个视图时，初始化方法是 initWithFrame:。当改变框架时，其边界尺寸和中心将会随之改变（与框架相匹配）。可以改变边界尺寸或者中心，框架将会随着改变。尽管如此，在它的超视图中设置一个视图的位置和尺寸的最可靠的方式是使用它的边界和中心，而不是它的框架。

每个视图有它自己的坐标系，由它的 bounds 表示，并且视图坐标系和它的超视图坐标系有明显的关联，由它的 center 表示。因此可以在同一窗口中任意两个视图的坐标系之间进行变换。对 CGPoint 和 CGRect，苹果公司提供了便利的方法来执行该变换：convertPoint:fromView:、convertPoint:toView:、convertRect:fromView:及 convertRect:toView:。如果第二个参数没有提供，那就假定是窗口。例如，如果 v2 是 v1 的子视图，而且把 v2 放在 v1 中间，那么可以这样表示：

```
v2.center = [v1 convertPoint:v1.center  fromView:v1.superview];
```

7.2 布　局

从前面的例子上看到，当一个父视图的边界起点改变时，它的子视图也会随着改变。那么，当父视图的边界大小改变时，子视图会改变吗？因为子视图的边界和中心都没有改变，超视图的边界起点也没有改变，所以子视图本身不会改变（子视图以超视图的左上角为基准，保持不变）。这个结果不是我们想要的。我们要的是：当父视图边界大小改变时，子视图被重新调整和定位。这称为布局（layout）。

布局的需要是显而易见的。在 Mac 操作系统上，用户可以调整窗口的大小。那么，用户可能希望一个"确定"按钮始终显示在屏幕右下角（随着窗口的变化而变化）。在 iOS 设备上，当用户旋转设备的时候，屏幕的宽度改变，视图和子视图的高度和宽度也作相应调整。

Layout 有以下两种实现方式。

（1）自动布局。子视图的自动调整大小取决于父视图的 autoresizesSubviews 属性。如果要关闭视图的自动调整大小，那么设置这个属性值为 NO。如果该属性值为 YES，子视图会随着父视图大小的改变而自动调整（子视图的 autoresizingMask 属性值确定调整的规则）。

（2）手动布局。当父视图的大小调整时，它会收到 layoutSubviews 消息，可以在自己的子类上重载 layoutSubviews 来手动调整大小。如果两种方法结合起来，那么，系统首先自动调整大小，然后调用 layoutSubview 方法。不能自己调用 layoutSubviews 方法。如果想触发布局，那么可以发送 setNeedsLayout 消息到视图，系统将在适当时刻完成布局过程。另外，如果需要马上触发布局，那么可以发送视图一个 layoutNeeded 消息（这种做法有一个缺点，会导致整个视图树的重新布局）。

在自动布局上，苹果公司使用了"springs"和"struts"概念。spring 就是可以拉伸，strut 就是固定不动。springs 和 struts 分内部和外部，使用内部的 springs 和 struts 调整视图大小，使用外部的 springs 和 struts 重新定位视图。当编辑一个 nib 文件时，可以在 Size inspector 的 Autosizing 区域上分配视图的 springs 和 struts，外部的实线代表一个 strut，内部实线代表一个 spring。在右边，Xcode 使用动画的方式显示父视图调整时子视图的位置效果，如图 7-11 所示。

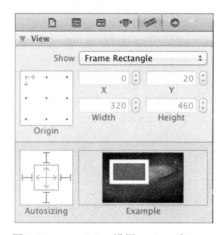

图 7-11　Autosizing 设置 springs 和 struts

在代码中，springs 和 struts 的设置是通过视图的 autoresizingMask 属性完成的。这是一个位掩码，可以使用逻辑或来合并多个选项，以"UIViewAutoresizingFlexible"开头的选项代表 springs，其他的情况都是 struts。默认的是 UIViewAutoresizingNone，即全部是 struts。

下面演示自动调整大小的功能。有一个视图和它的两个子视图（一个是在顶部拉长，另一个是固定在右下角），如图 7-12 所示。这是旋转手机后的常见调整方法。代码如下：

```
UIView* v1 = [[UIView alloc] initWithFrame:CGRectMake(100, 111, 132, 194)];
v1.backgroundColor = [UIColor colorWithRed:1 green:.4 blue:1 alpha:1];
UIView* v2 = [[UIView alloc] initWithFrame:CGRectMake(0, 0, 132, 10)];
v2.backgroundColor = [UIColor colorWithRed:.5 green:1 blue:0 alpha:1];
UIView* v3 = [[UIView alloc]
initWithFrame:CGRectMake(v1.bounds.size.width-20,
                 v1.bounds.size.height-20, 20, 20)];
v3.backgroundColor = [UIColor colorWithRed:1 green:0 blue:0 alpha:1];
[self.view addSubview: v1];
[v1 addSubview: v2];
[v1 addSubview: v3];
```

```
// ... insert autoresizing settings here ...
```

在这个例子中，插入一些代码，用于给这两个子视图设置 springs 和 struts（如一个子视图是文本字段，一个是 "确定"按钮）：

```
v2.autoresizingMask = UIViewAutoresizingFlexibleWidth;
v3.autoresizingMask=
    UIViewAutoresizingFlexibleTopMargin|UIViewAutoresizingFlexibleLeftMarg
in;
```

现在，调整父视图，从而触发自动调整。如图 7-13 所示，子视图仍然在父视图正确的相对位置上：

```
CGRect f = v1.bounds;
f.size.width += 40;
f.size.height -= 50;
v1.bounds = f;
```

图 7-12　自动调整之前　　　　　图 7-13　自动调整之后

7.3　变　换

视图的变换（transform）属性改变视图的绘制方式。例如，改变视图的感知大小和方向而不影响它的边界和中心。变换后的视图依然正确工作。例如，一个旋转的按钮，依然是按钮，还可以单击它。

变换值是一个 CGAffineTransform 结构，该结构表示一个 3×3 变换矩阵的 9 个值中的 6 个值（其他 3 个值是常量，因此不需要在结构中表示)。这些以 CGAffineTransformMake 开头命名的函数完成 3 种类型的变换：旋转、缩放和平移（即改变视图的位置）。第 4 种变换类型是斜移（skewing）或修剪（shearing）。

默认情况下，视图的变换矩阵是 CGAffineTransformIdentity，是一种恒等变换。它没有视觉上的效果。任何变换都是围绕视图中心发生，中心是保持不变的。下面的代码示例了如何使用变换。

```
UIView* v1 = [[UIView alloc] initWithFrame:CGRectMake(113, 111, 132, 194)];
v1.backgroundColor = [UIColor colorWithRed:1 green:.4 blue:1 alpha:1];
UIView* v2 = [[UIView alloc] initWithFrame:CGRectInset(v1.bounds, 10, 10)];
v2.backgroundColor = [UIColor colorWithRed:.5 green:1 blue:0 alpha:1];
[self.view addSubview: v1];
[v1 addSubview: v2];
v1.transform = CGAffineTransformMakeRotation(45 * M_PI/180.0);
```

在 v1 的 transform 属性上设置了旋转变换，结果是视图顺时针旋转了 45°，如图 7-14 所示。要注意的是，视图的 center 属性是不受影响的，旋转围绕视图中心发生。此外，视图的 bounds 属性没有受影响。视图的内部坐标系没有改变，因此子视图与它的超视图的相对位置不变。

下面调用 CGAffineTransformMakeScale 函数，而不是 CGAffineTransformMakeRotation：

```
v1.transform = CGAffineTransformMakeScale(1.8, 1);
```

视图 v1 的 bounds 属性没有改变，因此子视图和超视图的相对位置没变。这两个视图似乎是一起被水平拉伸，如图 7-15 所示。边界和中心都没有通过变换而受损。

图 7-14　旋转变换　　　　　　　　　图 7-15　尺度变换

可以把多个变换放在一个方法中调用，即连续从一个改变到另一个改变。产生的结果与变换的顺序相关。如果变换开始是将视图平移到右边，然后旋转 45°，旋转后的视图是在它的原来位置的右边；反过来，如果开始的变换是将视图旋转 45°，然后平移到右边，旋转后的视图在其原始位置右下方 45°。为了演示这个区别，先将子视图重叠在超视图之上。

```
UIView* v1 = [[UIView alloc] initWithFrame:CGRectMake(20, 111, 132, 194)];
v1.backgroundColor = [UIColor colorWithRed:1 green:.4 blue:1 alpha:1];
UIView* v2 = [[UIView alloc] initWithFrame:v1.bounds];
v2.backgroundColor = [UIColor colorWithRed:.5 green:1 blue:0 alpha:1];
[self.view addSubview: v1];
[v1 addSubview: v2];
```

然后将对子视图进行连续两次变换，通过超视图来显示子视图的初始状态。在这个例子中，先平移后旋转，如图 7-16 所示。

```
//case 1
v2.transform = CGAffineTransformMakeTranslation(100, 0);
v2.transform = CGAffineTransformRotate(v2.transform, 45 * M_PI/180.0);
```

在这个例子中，先旋转后平移 ，如图 7-17 所示。

```
//case 2
v2.transform = CGAffineTransformMakeRotation(45 * M_PI/180.0);
v2.transform = CGAffineTransformTranslate(v2.transform, 100, 0);
```

图 7-16　先平移后旋转　　　　图 7-17　先旋转后平移

CGAffineTransformConcat 函数将两变换矩阵连接起来。在方法上的顺序与实际顺序（即单独执行两个变换的顺序）相反。例如，下面的代码产生的结果与图 7-17 所示的一致。

```
//case 3
CGAffineTransform r = CGAffineTransformMakeRotation(45 * M_PI/180.0);
CGAffineTransform t = CGAffineTransformMakeTranslation(100, 0);
v2.transform = CGAffineTransformConcat(t,r); // not r,t
```

可以使用 CGAffineTransformInvert 函数来删除一系列变换中的某个变换。在下面这个例子中，旋转子视图并将其平移到右边，然后删除旋转变换，如图 7-18 所示。

```
//case 4
CGAffineTransform r = CGAffineTransformMakeRotation(45 * M_PI/180.0);
CGAffineTransform t = CGAffineTransformMakeTranslation(100, 0);
v2.transform = CGAffineTransformConcat(t,r);
v2.transform = CGAffineTransformConcat(CGAffineTransformInvert(r),v2.transform);
```

可以使用下面的函数来完成一个斜移变换（剪切），如图 7-19 所示。

```
//case 5
v1.transform = CGAffineTransformMake(1, 0, -0.2, 1, 0, 0);
```

图 7-18　旋转，平移，反旋转

图 7-19　偏移

变换可以实现动画效果。例如，为了引起用户对某个视图的注意，可以稍微拉伸视图，然后通过恒等变换恢复到它的原来大小，从而实现动态变化。

7.4　可见性和不透明度

可以设置一个视图的 hidden 属性为 YES（或 NO）使其不可见（或可见）。隐藏的视图通常不接受触摸事件，对用户来说，这相当于不存在。即使这样，它仍然可以参加布局，并可以用其他方式操纵它。

可以通过视图的 backgroundColor 属性设置背景颜色，一个颜色就是一个 UIColor 类。一个没有背景颜色（属性值为 nil）的视图，称它的背景为透明背景。这样的视图往往作为一个超视图，用来一起管理它的所有子视图。

可以通过视图的 alpha 属性设置透明度：1.0 表示不透明，0.0 表示完全透明，可以取任何 0.0 到 1.0 之间的一个数值。如果一个父视图的 alpha 值为 0.5，那么它的子视图的透明度不能超过 0.5。这是因为，无论子视图的 alpha 值是多少，子视图都是相对 0.5 而绘制。一个完全（或非常接近）透明的视图等价于视图的 hidden 属性值为 YES：它是不可见的，它的子视图通常不能被触摸。

视图的 opaque 属性并不影响视图的外观，这个属性对绘图系统是一种提示作用。如果一个视图用完全不透明的材料填充其边界，alpha 为 1.0，那么，这个视图就没有有效的透明度。这时，如果通过视图的 opaque 值为 YES 来告诉绘图系统上述信息，那么它就可以被更高效地绘制。否则，应该设置 opaque 为 NO。当设置 backgroundColor 或 alpha 的时候，opaque 是不会被改变的。opaque 的默认值为 YES。

7.5 绘图和图像

许多 UIView 的子类，如 UIButton 或 UITextField，它们的形状是系统固定的（也就是说，它们知道怎样在界面上画出形状）。有时，也需要绘制自己的图形。可以使用 UIImageView 类显示一个静态的图形，也可以通过代码动态地绘制一个图形。

绘图并不难，UIKit 提供了一些方便的方法，但是，完整的 API 是由 Core Graphics（核心图形）提供，通常称为 Quartz 或 Quartz 2D。Core Graphics 是 iOS 绘图的核心。UIKit 绘图功能是建立在它之上。Core Graphics 是由低层次的 C 函数组成。本章介绍绘图的基本原理，有关完整的信息可以参考苹果公司的 Quartz2D Programming Guide。

图形必须绘制在 graphics context（图形上下文）里。简单来说，graphics context 是一个可以绘制图形的地方，在某些情况下，graphics context 是预先提供好的，但在其他情况下，可能需要自己获取或创建它。Core Graphics 绘图功能需要指定一个上下文（context）去绘制，所以 graphics context 可能成为当前的上下文。UIKit 中的 Objective-C 绘图方法通常绘制在 current context 上。如果有一个 context，想在上面绘制图形，但它不是 current context，那么可以通过 UIGraphicsPushContext 把它设置成 current context（但完成后一定要通过 UIGraphicsPopContext 恢复回来）。

7.5.1 UIImage 和 UIImageView

通过使用 UIImage 类，可以在界面上显示各种格式的图片，如 TIFF、JPEG、GIF 和 PNG。在简单的情况下，应用程序包中的一个图形可通过 UIImage 类的 imageNamed 方法获得。这个方法寻找指定名称的一个图形文件，读取它，并生成一个 UIImage 实例。这种做法的好处是系统管理内存。图像数据可能缓存在内存中，如果在后面的程序中寻找相同的图像（即调用 imageNamed 方法），缓存的数据可以立即被访问。也可以用类方法 imageWithContentsOfFile，从而在应用程序包的任何位置上读取图像文件。还可以使用实例方法 initWithContentsOfFile。还有其他很多方式可以获得一个 UIImage。UIImage 提供了以下不同的方法来读取图像（从而创建图像对象）。

```
//从应用程序上读取图像，参数为文件名（文件已经复制在应用中）
+[UIImage imageNamed:(NSString *)name]
//从文件系统上读取图像，参数为完整文件名（包括路径信息）
-[UIImage initWithContentsOfFile:(NSString *)path]
-[UIImage initWithData:(NSData *)data] //从内存中读取图像数据
```

除了读取图像外，UIImage 还可以生成一个 bitmap 图像。例如，用户在某一个应用程序的窗口上画了一个图，然后应用程序可以将该图保存为一个 bitmap 图像。大概的步骤如下。

```
- (UIImage *) saveToImage:(CGSize)size {
    UIImage *result = nil;
    UIGraphicsBeginImageContext (size);
    // ...调用画图的代码
    result = UIGraphicsGetImageFromCurrentContext(); //捕获所画的图
    UIGraphicsEndImageContext();
    return result;
}
```

另外，也可以使用如下方法将图像转换为 PNG 或者 JPEG 格式。

```
NSData *UIImagePNGRepresentation (UIImage * image);
NSData *UIImageJPGRepresentation (UIImage * image);
```

UIImages 也提供了 drawRect 方法，所以，开发人员可以调用下述方法来画图：

```
- [UIImage drawAtPoint:(CGPoint)point]
- [UIImage drawInRect:(CGRect)rect]
- [UIImage drawAsPatternInRect:(CGRect)rect]
```

显示一个 UIImage 非常简单，只需把它交给 UIImageView 即可。如果是在 nib 中创建一个 UIImageView 实例（即拖动一个 Image View 到 nib 上），那么，不需要写任何代码，直接在 UIImageView 中指定该图像的文件名即可。一个 UIImageView 实际上有两个图像，一个是正常显示时的图形（在 image 属性上设置），一个是高亮选择之后的图形（在 highlightedImage 属性上设置）。后一个属性是可选的。一个没有背景颜色和指定图像的 UIImageView 是不可见的，所以可以创建一个空的 UIImageView，在代码中设置各种属性。

一个 UIImageView 如何绘制图形取决于它的 contentMode 属性（contentMode 属性继承自 UIView，在后面将会详细讲解）。例如：UIViewContentModeScaleToFill 是指将图像的高度和宽度设置为视图的高度和宽度，不管怎样改变图像的宽高比，总是完全填充整个视图。UIViewContentModeCenter 是指图像绘制在视图的中心，而不改变其大小。

当在代码中创建一个 UIImageView，可以使用 initWithImage:方法来设置图像。默认的 contentMode 属性是 UIViewContentModeScaleToFill。可能需要调整 UIImageView 的框架，使它在父视图中的位置是正确的。下面的例子中，将把一个照片放在窗口的中心。

```
//case1
UIImageView* iv =
    [[UIImageView alloc]initWithImage:[UIImage imageNamed:@"Mars.png"]];
[self.view addSubview: iv];
iv.center = self.view.center;
```

运行的结果如图 7-20 所示。

对于双分辨率屏幕的设备（如 iPhone 4 的 Retina 显示屏），还可以提供一个文件（其文件名后面有@2x）。在这种情况下，应用程序同时包含单分辨率和双分辨率的图像文件。在双分辨率的显示设备上，双分辨率图像被调用（大小与单分辨率图像相同），图像看起来更清晰。苹果文档说，如果一个 UIImageView 被指定了多个图像（正常显示下的图像和高亮显示的图像），那么它们必须有相同的 scale 属性值。

图 7-20　将照片放在窗口中心

7.5.2　UIImage 和图形上下文

UIGraphicsBeginImageContext 的功能是创建一个 grahpics context 来绘制图形，并使 grahpics context 成 为 current context（ 当 前 活 动 的 ， 可 以 绘 制 图 形 的 context ）。 调 用 UIGrapicsGetImageFromCurrentImageContext 可以使上下文（context）转化为一个 UIImage，然后调用 UIGraphicsEndImageContext 来释放 context。这时，就有可显示在 UIImageView 上的一个 UIImage ，或者在 graphics context 上面画这个 UIImage。

可以使用 UIImage 的一些方法把 UIImage 画到 current context 上。我们现在知道了如何获取一个图像 context，然后使它成为 current context。下面将并排显示（绘制）两个图片。

```
//case 2 并排显示（绘制）两个图片
UIImage* mars = [UIImage imageNamed:@"Mars.png"];
CGSize sz = [mars size];
UIGraphicsBeginImageContext(CGSizeMake(sz.width*2, sz.height));
[mars drawAtPoint:CGPointMake(0,0)];
[mars drawAtPoint:CGPointMake(sz.width,0)];
UIImage* im = UIGraphicsGetImageFromCurrentImageContext();
UIGraphicsEndImageContext();
```

如果现在把图片 im 传递给可见的 UIImageView，则图片会显示在屏幕上，如图 7-21 所示，代码如下（在代码中创建了 UIImageView）：

```
UIImageView* iv = [[UIImageView alloc] initWithImage:im];
[self.window addSubview: iv];
iv.center = self.window.center;
```

UIImage 的其他一些方法可以将图形扩展到所画的矩形区域，并可以指定两个图像的混合模式。为了说明这一点，将使用混合模式，把一个图像显示在另一个比它大两倍的图像上，如图 7-22 所示。

```
//case 3
UIImage* mars = [UIImage imageNamed:@"Mars.png"];
CGSize sz = [mars size];
UIGraphicsBeginImageContext(CGSizeMake(sz.width*2, sz.height*2));
```

```
[mars drawInRect:CGRectMake(0,0,sz.width*2,sz.height*2)];
[mars drawInRect:CGRectMake(sz.width/2.0, sz.height/2.0, sz.width, sz.height)
    blendMode:kCGBlendModeMultiply alpha:1.0];
UIImage* im = UIGraphicsGetImageFromCurrentImageContext();
UIGraphicsEndImageContext();
```

图 7-21　两张并排的火星图形　　图 7-22　两张不同大小的火星图形合成

　　没有一个 UIImage 方法可以在 UIImage 上面截取一个矩形块（也就是说提取原始图像上一个较小的区域）。可以通过指定一个较小的 graphics context，使所需的区域分开。例如，要获得火星图形的右半边，需要使 graphics context 只有火星图形一半的宽度，然后使火星图像左移，这样就只有右半部分在 graphics context 上。这样火星的左半边就没有画出来，如图 7-23 所示。

```
//case 4
UIImage* mars = [UIImage imageNamed:@"Mars.png"];
CGSize sz = [mars size];
UIGraphicsBeginImageContext(CGSizeMake(sz.width/2.0, sz.height));
[mars drawAtPoint:CGPointMake(-sz.width/2.0, 0)];
UIImage* im = UIGraphicsGetImageFromCurrentImageContext();
UIGraphicsEndImageContext();
```

图 7-23　火星图形的半边

在双分辨率的设备上，为了要显示一个双高分辨率的图像，必须调用 UIGraphicsBeginImage ContextWithOptions 而不是 UIGraphicsBeginImageContext。第三个参数是 scale。如果是 0.0，则为当前设备提供正确的 scale。此功能在 iOS4.0 中引入的，如果在早期的版本中运行，就需要测试它是否存在。

```
if (&UIGraphicsBeginImageContextWithOptions)
    UIGraphicsBeginImageContextWithOptions(sz, NO, 0.0);
else
    UIGraphicsBeginImageContext(sz);
```

7.5.3 CGImage

UIImage 类的 Core Graphics 版本是 CGImage（确切说是 CGImageRef），这两个类之间很容易进行转换，一个 UIImage 类有一个 CGImage 属性，该属性访问 Quartz 图像数据。可以调用 imageWithCGImage 或者 initWithCGImage 方法，从而从 CGImage 里生成一个 UIImage。

一个 CGImage 可以在一个图像的矩形区域里创建一个新的图像。下面将演示把火星图像分裂成两半，并分别绘制这两半部分，如图 7-24 所示。

```
//case 5 火星图像分裂成两半
UIImage* mars = [UIImage imageNamed:@"Mars.png"];
// extract each half as a CGImage
CGSize sz = [mars size];
CGImageRef marsLeft = CGImageCreateWithImageInRect([mars CGImage],
                CGRectMake(0,0,sz.width/2.0,sz.height));
CGImageRef marsRight = CGImageCreateWithImageInRect([mars CGImage],
                 CGRectMake(sz.width/2.0,0,sz.width/2.0,sz.height));
// draw each CGImage into an image context
UIGraphicsBeginImageContext(CGSizeMake(sz.width*1.5, sz.height));
CGContextRef con = UIGraphicsGetCurrentContext();
CGContextDrawImage(con, CGRectMake(0,0,sz.width/2.0,sz.height), marsLeft);
CGContextDrawImage(con, CGRectMake(sz.width,0,sz.width/2.0,sz.height),
marsRight);
UIImage* im = UIGraphicsGetImageFromCurrentImageContext();
UIGraphicsEndImageContext();
CGImageRelease(marsLeft); CGImageRelease(marsRight);
```

图 7-24　分成两半的火星图像

如前所述，Core Graphics 函数在一个 graphics context 里操作，这些函数要求指定这个 context。总是可以通过 UIGraphicsGetCurrentContext 来获得 current context。另外，也必须遵从 C 函数相应的内存管理规则，无论通过什么函数"创建"什么东西，之后也应调用相应的"释放"函数。

但是前面的例子中始终有一个问题：绘制的图形上下颠倒，也叫"翻转"。当你创建一个 CGImage，并用 CGContextDrawImage 绘制的时候就会产生这种现象，这是由于本地的源 contexts 的坐标系统与目标 contexts 不匹配的原因（根本原因是 Mac 操作系统和 iOS 的坐标原点不同，而 Core Graphics 来源于 Mac）。有很多方法弥补这种坐标系统之间不匹配的问题，一种方法就是将 CGImage 绘制成一个中间的 UIImage，然后从中提取另一个 CGImage，如下面的翻转画图工具代码。

```
//翻转画图工具
CGImageRef flip (CGImageRef im) {
    CGSize sz = CGSizeMake(CGImageGetWidth(im), CGImageGetHeight(im));
    UIGraphicsBeginImageContext(sz);
    CGContextDrawImage(
     UIGraphicsGetCurrentContext(), CGRectMake(0, 0, sz.width, sz.height),
im);
    CGImageRef result = [UIGraphicsGetImageFromCurrentImageContext()
CGImage];
    UIGraphicsEndImageContext();
    return result;
}
```

使用上面的工具，可以正确地画出半个火星图形，代码如下：

```
    CGContextDrawImage(con, CGRectMake(0,0,sz.width/2.0,sz.height),
flip(marsLeft));
    CGContextDrawImage(con, CGRectMake(sz.width,0,sz.width/2.0,sz.height),
flip(marsRight));
```

另一种解决方法是基于 UIImage 里面的 CGImage 相关的方法，然后用上文提到的 UIImage 的绘制方法。这样，上面两行画图代码被下面取代：

```
    [[UIImage imageWithCGImage:marsLeft] drawAtPoint:CGPointMake(0,0)];
    [[UIImage imageWithCGImage:marsRight] drawAtPoint:CGPointMake(sz.width,0)];
```

另一个 CGImage 的问题是，如果有一个高分辨率版本的图像文件，CGImage 代码会在高分辨率设备上绘制一个错误的图像。原因是 UIImage 有一个 scale 属性，而 CGImage 没有。当调用一个 UIImage 的 CGImage 方法的时候，不能想当然地认为 CGImage 与原来的 UIImage 大小一样，一个 UIImage 的大小属性与单分辨率图像和双分辨率图像的副本是一样的，但是 CGImage 的双分辨率图像大小是单分辨率的两倍。因此，在提取所需的 CGImage 部分时，要乘以一个相应的倍数值。修改源代码如下（这就可以在单分辨率或者双分辨率设备上正确地绘制图像）：

```
//case 6 flip方法实现图7-24所示的效果
UIImage* mars = [UIImage imageNamed:@"Mars.png"];
CGSize sz = [mars size];
// Derive CGImage and use its dimensions to extract its halves
CGImageRef marsCG = [mars CGImage];
CGSize szCG = CGSizeMake(CGImageGetWidth(marsCG), CGImageGetHeight(marsCG));
```

```
CGImageRef marsLeft = CGImageCreateWithImageInRect(marsCG,
CGRectMake(0,0,szCG.width/2.0,szCG.height));
CGImageRef marsRight = CGImageCreateWithImageInRect(marsCG,
CGRectMake(szCG.width/2.0,0,szCG.width/2.0,szCG.height));
// Use double-resolution graphics context if possible
UIGraphicsBeginImageContextWithOptions(
CGSizeMake(sz.width*1.5, sz.height), NO, 0.0);
// The rest is as before, calling flip() to compensate for flipping
CGContextRef con = UIGraphicsGetCurrentContext();
CGContextDrawImage(con, CGRectMake(0,0,sz.width/2.0,sz.height),
flip(marsLeft));
CGContextDrawImage(
con, CGRectMake(sz.width,0,sz.width/2.0,sz.height), flip(marsRight));
UIImage* im = UIGraphicsGetImageFromCurrentImageContext();
UIGraphicsEndImageContext();
CGImageRelease(marsLeft); CGImageRelease(marsRight);
```

如果涉及 scale，可以调用方法 imageWithCGImage:scale:orientation 来代替 imageWithCGImage，代码如下：

```
[[UIImage imageWithCGImage:marsLeft  scale:[mars scale]
    orientation:UIImageOrientationUp] drawAtPoint:CGPointMake(0,0)];
[[UIImage imageWithCGImage:marsRight  scale:[mars scale]
    orientation:UIImageOrientationUp]
drawAtPoint:CGPointMake(sz.width,0)];
```

7.5.4 drawRect 方法实现

对于画图，首先需要重载 drawRect 方法，然后调用 setNeedsDisplay 方法让系统画图：

```
- (void)drawRect:(CGRect)rect; //在 rect 指定的区域画图
- (void)setNeedsDisplay;//让系统调用 drawRect 画图
```

要注意的是，并不直接调用 drawRect 方法来画图，而是调用 setNeedsDisplay 方法。这时，系统自动会调用 drawRect。类似于在微软的 Word 软件中画框，可以指定框的填充色和框本身的颜色。UIKit 提供了如下的方法：

```
UIRectFill(CGRect rect);  //填充整个框
UIRectFrame(CGRect rect);  //指定框的颜色
```

下面这个例子画一个大绿框，再在其中画一个黄框：

```
-(void) drawRect:(CGRect)rect{
    CGRect bounds = [self bounds];
    [[UIColor greenColor] set];
    UIRectFill(bounds); // 将 view 的框设置为绿色
    CGRect square = CGRectMake(50, 50, 100, height);//一个框
    [[UIColor yellowColor] set];
    UIRectFill(square); //将内部的框设置为黄色
    [[UIColor blackColor] set]; //将边框设置为黑色
    UIRectFrame(square);
}
```

正如上面提到的，当需要绘制一个 UIView 时，系统就调用 drawRect:方法。可以重载该方法，

从而在界面上绘制自己的东西。当调用 drawRect:时，当前的图形上下文已经被设置为该视图。可以使用 Core Graphics 函数或者 UIKit 方法开始画图。不能自己调用 drawRect:方法。如果视图需要更新并且需要系统去调用 drawRect：方法，那么应该给视图发送 setNeedsDisplay 消息。系统会在下一个适当时刻调用 drawRect 方法。

下面将添加一个 UIView 的子类 MyView，该子类将用代码方式完成所有绘图工作。

```
MyView* mv = [[MyView alloc] initWithFrame:
CGRectMake(0, 0, self.view.bounds.size.width - 50, 150)];
mv.center = self.view.center;
[self.view addSubview: mv];
mv.opaque = NO;
```

在上面代码中，将 UIView 实例的 opaque 属性值设置为 NO。如果不这样做，视图背景将会是黑色。当然，如果视图所填充的矩形框是不透明的，那么可以也设置 UIView 的 opaque 值为 YES。

这些绘图操作都放在 MyView 中 drawRect:方法。当 drawRect 被调用时，当前的 Core Graphics 上下文已经是 MyView，使用 UIGraphicsGetCurrentContext 即可获得上下文，然后在上下文中绘图。例如，可以在视图的两边画火星的两半部分。

```
// drawRect 方法实现在视图两边画火星的两半部分
- (void)drawRect:(CGRect)rect {
    CGRect b = self.bounds;
    UIImage* mars = [UIImage imageNamed:@"Mars.png"];
    CGSize sz = [mars size];
    CGImageRef marsCG = [mars CGImage];
    CGSize szCG = CGSizeMake(CGImageGetWidth(marsCG),
CGImageGetHeight(marsCG));
    CGImageRef marsLeft = CGImageCreateWithImageInRect(marsCG,
            CGRectMake(0,0,szCG.width/2.0,szCG.height));
    CGImageRef marsRight = CGImageCreateWithImageInRect(marsCG,
            CGRectMake(szCG.width/2.0,0,szCG.width/2.0,szCG.height));
    CGContextRef con = UIGraphicsGetCurrentContext();
    CGContextDrawImage(con,
CGRectMake(0,0,sz.width/2.0,sz.height),flip(marsLeft));
    CGContextDrawImage(con,
        CGRectMake(b.size.width-sz.width/2.0, 0, sz.width/2.0,
sz.height),flip(marsRight));
    CGImageRelease(marsLeft); CGImageRelease(marsRight);
}
```

在上述代码中，没有必要调用父类中的 drawRect，因为这里的父类是 UIView，而 UIView 的 drawRect 方法不处理任何事情。

有些人担心绘图的效率。理论上来讲，可以把一个视图分区域，然后只是刷新需要的区域。例如：传递 rect 参数到 drawRect 中，从而指定需要刷新区域的边界。可以调用 setNeedsDisplayInRect 方法来完成。不需要太关注这个优化。iOS 绘图系统是高效的。一些看起来冗长的视图操作可能会迅速完成。系统知道在什么时候必须调用 drawRect：来刷新界面，而且视图的绘制操作会被暂时保存到缓冲区，因此系统可以重复使用而无须从头开始绘制。

另外，UIKit 提供了 UIColor 和 UIFont 类来设置颜色和字体。例如：

```
UIColor *redColor = [UIColor redColor];
```

```
[redColor set];//设置为红色
// 下面的画图将采用红色
//…
UIFont *font = [UIFont systemFontOfSize:14.0]; //获得系统字体
[myLabel setFont:font];//设置文本对象的字体
```

7.5.5　图形上下文的状态

当调用 CoreGraphics 函数在图形上下文中绘图时，首先设置图形上下文，然后绘图。例如，先要画红线再画蓝线，那么，首先设置上下文的线颜色为红色，然后画第一条线；然后设置线颜色为蓝色，再画第二条线。从表面上看，红线和蓝线似乎是两条线各自的属性，然而，事实上是，每次画线时，是对整个图形上下文设置的。因此，在每个时刻，图形上下文都有个状态，该状态是该时刻所有设置的汇总；在一个时刻执行的绘图操作是按照图形上下文的设置来完成的。为了操作所有的状态，图形上下文提供一个栈来保存状态。每当调用 CGContextSaveGState 函数，上下文保存完整的当前状态到栈中；每当调用 CGContextRestoreGState 函数，图形上下文就从栈顶取出状态（最近保存的状态）并设置为当前状态。

许多设置组成图形上下文状态，这决定在那一时刻的绘图的实现（外观和行为），类似于任何绘图应用程序。它们包括以下设置。

● 线条粗细和虚线样式：CGContextSetLineWidth、CGContextSetLineDash。
● 线端点风格和连接风格：CGContextSetLineCap、CGContextSetLineJoin、CGContextSetMiterLimit。
● 线条颜色和模式：CGContextSetRGBStrokeColor、CGContextSetGrayStrokeColor、CGContextSetStrokeColorWithColor、CGContextSetStrokePattern。
● 填充颜色和模式：CGContextSetRGBFillColor、CGContextSetGrayFillColor、CGContextSetFillColorWithColor、CGContextSetFillPattern。
● 阴影：CGContextSetShadow、CGContextSetShadowWithColor。
● 混合模式：CGContextSetBlendMode（这可以组合当前的绘图和原先的绘图）。
● 全局透明度：CGContextSetAlpha（单色同样有 alpha 元素）。
● 文本特性：CGContextSelectFont、CGContextSetFont、CGContextSetFontSize、CGContextSetTextDrawingMode、CGContextSetCharacterSpacing。
● 反走样和字体平滑是否有效：CGContextSetShouldAntialias、CGContextSetShouldSmoothFont。

上面这些设置将会在后面章节后中详细说明。

7.5.6　路径

就好像有一支虚拟画笔似的，在屏幕上一笔笔画出一个图形，这一笔笔就描绘出一条路径。但是，这仅仅是第一步。首先提供一条路径（想象为一条条虚线），然后再绘制（想象为按照路径填充颜色）。路径由点到点描绘形成。把绘图系统想象成手中的笔，然后应该首先告知系统着笔位置，设置当前点，随后，发出一系列指令告诉笔怎样勾勒出整个路径。每一条新的路径都开始于当前点，它的终点将成为另一个路径的新的起点。下面是一些你可能会用到的路径绘图指令。

- 放置当前点（起笔）：CGContextMoveToPoint。
- 描绘一条线：CGContextAddLineToPoint、CGContextAddLines。
- 描绘一个矩形框：CGContextAddRect、CGContextAddRects。
- 描绘一个椭圆或圆：CGContextAddEllipseInRect。
- 描绘一条圆弧：CGContextAddArcToPoint、CGContextAddArc。
- 用一个或两个控制点描绘一条贝塞尔曲线：CGContextAddQuadCurveToPoint、CGContextAddCurveToPoint。
- 闭合当前路径：CGContextClosePath。这将追加一条连接路径起点和终点的线段。如果打算填充路径，不需要此操作，系统会自动实现。
- 描边或填充路径（即把路径画出来）：CGContextStrokePath、CGContextFillPath、CGContextEOFillPath 或 CGContextDrawPath。如果要同时描边和填充路径，只需要使用 CGContextDrawPath 函数。如果仅仅用 CGContextStrokePath 函数首先描边，那么就不能再填充它。
- 清除矩形：CGContextClearRect。该函数擦除所有矩形框内的图形。当在一个视图的 drawRect 中调用时，它将擦除视图的背景色。如果该视图无背景色或背景色有透明度，结果将会是一个透明矩形；如果背景色不透明，结果会是黑色矩形。

下面的函数也只需一步简单的操作完成创建一个路径，并描边或填充路径：CGContextStrokeLineSegments 、 CGContextStrokeRect 、 CGContextStrokeRectWithWidth 、 CGContextFillRect、CGContextFillRects、CGContextStrokeEllipseInRect 和 CGContextFillEllipseInRect。如果担心已经有一个路径存在，那么，在开始画一条路径之前，可以调用 CGContextBeginPath 函数。许多苹果的例子都这样做。

路径可以复合，意味着它可由多个独立部分组成。例如，一条简单的路径也许由两个分开的闭合形状组成：一个矩形和一个圆。当在画路径时，你可以在中间调用 CGContextMoveToPoint 函数，就像拿起一个画笔，在画的时候，移动到一个新的位置，从而在同一个路径中开始一个独立的部分。下面来看一个例子，将画一个向上的箭头，如图 7-25 所示。

```
//case 1
// obtain the current graphics context
CGContextRef con = UIGraphicsGetCurrentContext();
// draw a black (by default) vertical line, the shaft of the arrow
CGContextMoveToPoint(con, 100, 100);
CGContextAddLineToPoint(con, 100, 19);
CGContextSetLineWidth(con, 20);
CGContextStrokePath(con);
// draw a red triangle, the point of the arrow
CGContextSetFillColorWithColor(con, [[UIColor redColor] CGColor]);
CGContextMoveToPoint(con, 80, 25);
CGContextAddLineToPoint(con, 100, 0);
CGContextAddLineToPoint(con, 120, 25);
CGContextFillPath(con);
// snip a triangle out of the shaft by drawing in Clear blend mode
CGContextMoveToPoint(con, 90, 101);
CGContextAddLineToPoint(con, 100, 90);
CGContextAddLineToPoint(con, 110, 101);
```

```
CGContextSetBlendMode(con, kCGBlendModeClear);
CGContextFillPath(con);
```

图 7-25　路径绘图

另外，可以使用 CGContextSaveGState 和 CGContextRestoreGState。如果一个路径需要重复使用，可以用 CGPath 结构保存（实际上是一个 CGPathRef 结构）。要么用 CGContextCopyPath 复制图形上下文，要么创建一个新的 CGMutablePathRef 结构（用各种 CGPath 函数组成该路径）。

UIBezierPath 类是基于 CGPath，它用于绘制某些形状的路径，以及描边、填充路径和访问当前图形上下文状态的某些设置。类似地，UIColor 类提供了设置图形上下文描边和填充色的方法。使用 UIBezierPath 类来重新画出上例中的箭头。

```
//case 2
UIBezierPath* p = [UIBezierPath bezierPath];
[p moveToPoint:CGPointMake(100,100)];
[p addLineToPoint:CGPointMake(100, 19)];
[p setLineWidth:20];
[p stroke];

[[UIColor redColor] set];
[p removeAllPoints];
[p moveToPoint:CGPointMake(80,25)];
[p addLineToPoint:CGPointMake(100, 0)];
[p addLineToPoint:CGPointMake(120, 25)];
[p fill];

[p removeAllPoints];
[p moveToPoint:CGPointMake(90,101)];
[p addLineToPoint:CGPointMake(100, 90)];
[p addLineToPoint:CGPointMake(110, 101)];
[p fillWithBlendMode:kCGBlendModeClear alpha:1.0];
```

在上面例子中，UIBezierPath 并没有少写一些代码。在一些情况下，它的确比 Core Graphics 函数方便。例如：只需要使用 bezierPathWithRoundedRect:cornerRadius:方法就能画出圆角的矩形。

7.5.7 颜色和模型

颜色（Colors）是 CGColor 结构（实际上是 CGColorRef 结构）。UIColor 的 colorWithCGColor: 方法就与 CGColor 相关。模型（Patterns）是一个 CGPattern 结构（实际上是 CGPatternRef 结构）。可以构造一个模型并且描边和填充它。在下面的例子中，将用红蓝相间条纹来替换箭头的红色三角形，如图 7-26 所示。为实现这点，删除这行：

```
CGContextSetFillColorWithColor(con, [[UIColor redColor] CGColor]);
```

在该处，添加以下几行：

```
CGColorSpaceRef sp2 = CGColorSpaceCreatePattern(NULL);
CGContextSetFillColorSpace (con, sp2);
CGColorSpaceRelease (sp2);
CGPatternCallbacks callback = {0, &drawStripes, NULL};
CGAffineTransform tr = CGAffineTransformIdentity;
CGPatternRef patt = CGPatternCreate(NULL,CGRectMake(0,0,4,4),
  tr,4,4,kCGPatternTilingConstantSpacingMinimalDistortion,true,&callback);
CGFloat alph = 1.0;
CGContextSetFillPattern(con, patt, &alph);
CGPatternRelease(patt);
```

图 7-26　图案填充

从后往前读这个代码。CGContextSetFillPattern:不是设置填充颜色，而是设置填充模型，以便填充路径（三角形箭头）时使用。CGContextSetFillPattern 的第三个参数是 CGFloat 指针，第二个参数是 CGPatternRef，需要在这一行代码的前面构建它们，并在稍后释放它。

下面来讨论 CGPatternCreate 的调用。模型是一个矩形框，指定框的大小（第二个参数）和原点之间的空间（第四个和第五个参数）。在此例中，矩形框是 4×4 的。第三个参数是 transform（变换）。在此例中，不作任何变换，因此使用 identity transform。这里提供一个平铺规则（第六个参数）。必须声明是否是颜色模型。使用颜色模型，因此第七个参数是 true。第八个参数是一个 callback 函数的指针，该函数用来将模型画到框中。使用了一个指向 CGPatternCallbacks 结构的指针，该结构由数字 0 和两个指针组成。这两个指针指向两个函数，一个用来将模型绘制到框中，另一个用来释放模型。后一个是用来管理内存。

在用颜色模型调用 CGContextSetFillPattern 之前，必须设置上下文填充颜色空间为模型颜色空间。因此，这里创建颜色空间，将它设置为上下文填充颜色空间并释放它。

正如上面提到的，需要一个实际绘制模型到框的函数。在代码中，&drawStripes 是该函数的指针。代码如下：

```
void drawStripes (void *info, CGContextRef con) {
    // assume 4 x 4 cell
    CGContextSetFillColorWithColor(con, [[UIColor redColor] CGColor]);
    CGContextFillRect(con, CGRectMake(0,0,4,4));
    CGContextSetFillColorWithColor(con, [[UIColor blueColor] CGColor]);
    CGContextFillRect(con, CGRectMake(0,0,4,2));
}
```

上例的框是 4×4 的，填充它为红色，然后下半部为蓝色。把这些框紧密地平铺在一起，就得到了图 7-26 所示的条纹。还有一点要注意，上面的代码是将填充颜色空间设置为模型颜色空间。如果稍后设置填充颜色为常规颜色，这会有问题。通常的解决方法是使用 CGContextSaveGState 和 CGContextRestoreGState 函数。

7.5.8　图形上下文变换

就好像 UIView 的变换一样，一个图形上下文也可以变换。在一个图形上下文上执行变换，本身不会对已经存在的绘图有影响，只会影响接下来的绘图，这会改变坐标被映射到图形上下文的方式。一个图形上下文变换称为它的 CTM（current transformation matrix）。应该充分利用图形上下文的 CTM。

当获得上下文时，基本的变换已经设置好了。这就是系统能够将上下文绘图坐标映射到屏幕坐标的原因。无论应用了什么变换函数到当前变换中，基本的变换总是有效的。通过调用 CGContextSaveGState 和 CGContextRestoreGState 函数，在应用自己的变换之后，总可以返回到基本的变换。

至此一直在用代码实现一个向上的箭头，而且只在一个地方放置箭头（矩形的左上角是 (80,0)）。这个代码很难被重复使用。下面将箭头画在 (0,0) 处，通过将代码中所有 x 值都减去 80，就可以在任何地方画箭头了（首先应用变换，然后将 (0,0) 映射到箭头左上角）。因此，为了画在 (80,0) 处，可以这样做：

```
CGContextTranslateCTM(con, 80, 0);
// now draw the arrow at (0,0)
```

旋转变换非常有用，允许按照旋转的方式绘制。然而，棘手的问题是，围绕的旋转点是原点。因此，需要先做平移变换，将原点放置到要围绕的点。但是，旋转后，需要进行平移的反变换。为了说明这个操作，在代码里重复画几个箭头（这几个箭头旋转到几个角度），绕其尾部旋转，如图 7-27 所示。首先将箭头绘图封装为一个 UIImage，然后重复调用 UIImage。

图 7-27   CTM 旋转画图

```
UIGraphicsBeginImageContextWithOptions(CGSizeMake(40,100), NO, 0.0);
CGContextRef con = UIGraphicsGetCurrentContext();
// draw the arrow into the image context
// draw it at (0,0)! adjust all x-values by subtracting 80
// … actual code omitted …
UIImage* im = UIGraphicsGetImageFromCurrentImageContext();
UIGraphicsEndImageContext();
con = UIGraphicsGetCurrentContext();
[im drawAtPoint:CGPointMake(0,0)];
for (int i=0; i<3; i++) {
  CGContextTranslateCTM(con, 20, 100);
  CGContextRotateCTM(con, 30 * M_PI/180.0);
  CGContextTranslateCTM(con, -20, -100);
  [im drawAtPoint:CGPointMake(0,0)];
}
```

之前在 CGContextDrawImage 上遇到的翻转问题，也可以使用变换来解决。不需要翻转绘图，可以翻转上下文。本质上说，将翻转变换运用到上下文坐标系上。将上下文顶部向下移动，然后改变 y 坐标轴方向（通过应用 scale（缩放）变换，该变换的 y 相乘系数是-1）。

```
CGContextTranslateCTM(con, 0, theHeight);
CGContextScaleCTM(con, 1.0, -1.0);
```

上下文顶部向下移多少由绘图决定。例如，之前运用 flip 函数绘制火星的两半：

```
CGContextDrawImage(con,CGRectMake(0,0,sz.width/2.0,sz.height),flip(marsLeft));
CGContextDrawImage(con,
     CGRectMake(b.size.width-sz.width/2.0, 0, sz.width/2.0,
sz.height),flip(marsRight));
```

对这两行，可以由下面这段替代：

```
CGContextTranslateCTM(con, 0, sz.height);
CGContextScaleCTM(con, 1.0, -1.0);
CGContextDrawImage(con,CGRectMake(0,0,sz.width/2.0,sz.height),marsLeft);
CGContextDrawImage(con,
```

```
        CGRectMake(b.size.width-sz.width/2.0, 0, sz.width/2.0,
sz.height),marsRight);
```

7.5.9　阴影

为了在绘图中添加阴影（Shadows），需要在绘图前给上下文设置阴影值。阴影位置由 CGSize 表示。正向 x 轴和 y 轴分别为向右和向下。模糊值是正值，实验证明 12 是比较模糊，99 是太模糊以至于走样。图 7-28 显示了图 7-27 所示的相同结果，在绘制箭头到实际上下文中之前，用下面这行代码给上下文设置了阴影。

```
CGContextSetShadow(con, CGSizeMake(7, 7), 12);
```

图 7-28　伴随影子的画图

7.6　点 和 像 素

点（Points）是由 x 轴坐标和 y 轴坐标表示。当在图形上下文中绘图时，指定点画在哪里，它与设备分辨率无关。Core Graphics 会将绘图很好地映射到物理输出设备上（使用基本的 CTM）。本章将注意力集中在图形上下文点，忽略它和屏幕像素的关系。

然而，像素确实存在。像素是一个物理的显示单元。可以获得 UIView 的 contentScaleFactor 属性值。该值要么是 1.0，要么是 2.0，因此可以除以该值来将像素变为点。最精确的绘制垂直线段或水平线段的方法不是描绘路径而是填充矩形。因此下面的代码将在设备上绘出一个完美的 1 像素宽的垂直线段。

```
CGContextFillRect(con, CGRectMake(100,0,1.0/self.contentScaleFactor,100));
```

7.7 内容模式

在视图上有绘图，而不是仅仅有一个背景色和子视图（如前面章节做的），这就称为视图上有内容。有一个 contentMode 属性与之对应。正如之前提到的，绘图系统将尽可能避免要求一个视图从头到尾重新绘制；相反，它将使用之前绘图操作的缓存结果。因此，如果改变了视图的大小，系统也许简单地伸展或收缩或者重新放置被缓存的绘图（如果 contentMode 设置指示它这样做）。

在下面的例子中，当程序启动时，首先创建 MyView 实例并且将它放在窗口中。然后，当窗口显示和界面初始化显示后，将使用延时操作来重新设置 MyView 实例的大小。

```
- (BOOL)application:(UIApplication *)application
didFinishLaunchingWithOptions:(NSDictionary *)launchOptions {
    MyView* mv = [[MyView alloc]
        initWithFrame: CGRectMake(0, 0, self.window.bounds.size.width - 50,
150)];
    mv.center = self.window.center;
    [self.window addSubview: mv];
    mv.opaque = NO;
    mv.tag = 111; // so I can get a reference to this view later
    [self.window makeKeyAndVisible];
    [self performSelector:@selector(resize:) withObject:nil afterDelay:0.1];
    return YES;
}
- (void) resize: (id) dummy {
    UIView* mv = [self.window viewWithTag:111];
    CGRect f = mv.bounds;
    f.size.height *= 2;
    mv.bounds = f;
}
```

将视图的高增加了两倍，但是并没有引起系统调用 drawRect。结果如图 7-29 所示。当然，drawRect:迟早会被调用，界面会被刷新。代码并没有根据视图边界高度绘制箭头高度，只是绘制一个固定的高度。因此，箭头不仅被拉长了，而且它之后将恢复为原始大小。

图 7-29　内容自动伸展

　　原则上讲，视图的 contentMode 属性应该与视图绘制一致。例如，drawRect：代码指出箭头的大小和位置是根据视图边界原点（它的左上角）而定，那么，可以设置 contentMode 为 UIViewContentModeTopLeft。另外，还可以进一步设置为 UIViewContentModeRedraw。这将导致系统不会自动缩放和重定位缓存内容，而是调用视图的 setNeedsDisplay 方法，最后会触发 drawRect: 方法的调用来重新绘制界面。

　　另外，如果一个视图需要短暂地改变大小（如一个动画），那么可能只想拉长一下图形。例如：将视图拉大，然后回到它的原始大小（目的也许是为了引起用户的注意），那么视图内容的拉大和收缩正是所要的功能。contentMode 默认值 UIViewContentModeScaleToFill 就是实现这个功能。记住，拉大和收缩的内容只是原先缓存的视图内容。

第8章 视图控制器和模态视图

在 Mac 机器上，应用程序的窗口大，也不止有一个窗口。每个窗口上可以有很多对象。因为 iPhone 可显示的界面非常小，iOS 的解决方法是用界面替换界面，因此整个屏幕需要显示不同界面（即视图）。视图控制器（UIViewController 的子类）就是管理这些界面。在 6.1 节讲述了 MVC 模式，并给出了如图 6-1 所示的模型。

如果从 iPhone/iPad 应用开发的角度看，图 6-1 所示模型等价于图 8-1 所示的模型。

图 8-1 视图/视图控制器/模型类模式

MVC 模式的好处很多。首先是可以避免写一个大的类来管理所有控制。在 MVC 中，C 往往只控制一个 V。应用程序可能有多个 V 和 C。这种方式也提高了代码的可重用性。例如：显示界面无须知道具体的数据模型，也无须知道数据存放的格式和位置。这些数据可能存放在文件系统上，也可能存放在数据库中。这些数据可能在本地，也可能存放在云计算平台上。所以，这个 V 就可以用在多个环境下。

从 iPhone/iPad 应用的角度，可能有多个 View。例如，其中一个 View 用于显示查询界面，另一个 View 用于显示结果。这时，需要一个或多个视图控制器来控制这些视图。在 iPhone 应用程序中，每个 View 经常有一个自己的视图控制器。例如：在本章中要实现的一个例子程序是关于多个城市的旅游指南，如图 8-2 所示。"旅游指南"是一个视图，用于显示多个城市名称，它有自己的视图控制器（cityViewController）。当单击"旅游指南"上的"北京"按钮，就触发了该 view Controller 上的一个操作（selectCity 方法），如图 8-3 所示。这个触发操作是通过 Target-Action 完成的。另外，selectCity 方法通过调用第二个视图控制器（CityDetailViewController）来显示第二个 View，从而用户看到了关于北京的更多信息。还有，视图控制器通过 IBOutlet 来操作视图上的各个对象（如第二个窗口上的文本对象（北京））。在实际应用中，关于北京的信息往往放在一个模型对象中，视图控制器从模型类上读取这些信息。

图 8-2　iPhone 例子

图 8-3　视图控制器属性和方法

还有一点要说明，在 nib 界面上，视图控制器的 File's Owner 本身代表视图控制器类。例如：图 8-4 中的 File's Owner 代表了 CityDetailViewController 类。顾名思义，视图控制器类本身是一个文件，那么该文件的属主就是视图控制器。

图 8-4　视图控制器

在本章中，除了讨论视图控制器之外，还将围绕视图控制器来阐述 iPhone 应用程序的模态视图。

8.1 应用界面结构

以 eBay 的手机应用程序为例，来说明应用的界面结构。eBay 提供了多个手机应用，从而方便手机用户在 iPhone 上购买商品，如图 8-5 所示。

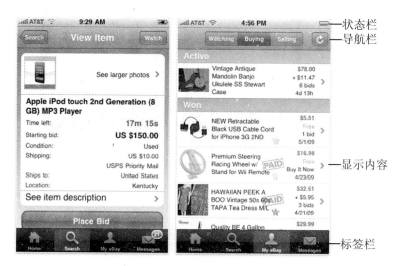

图 8-5 eBay 手机应用例子

eBay 手机应用界面的介绍如表 8-1 所示。

表 8-1 eBay 手机应用界面说明

层 次	功 能
第一栏	状态栏：电信运营商信息、信号强弱信息、时间、电池信息等。一般很少修改这一栏信息
第二栏	导航栏。例如：eBay 应用上的查看商品（View Item）一栏。单击左边的 Search 按钮，返回查询界面
当中部分	显示内容。在 iPhone 应用开发上，有时把它叫做 "content view（内容视图）"。这是应用程序的主要部分。例如：eBay 应用在这个部分显示某个商品信息，或者显示商品列表
最后一栏	标签栏用于切换到不同页。在 eBay 应用上，Search 是用于显示查询页面，My eBay 是用于显示用户的定制页面。标签栏类似于微软 Windows 操作系统上的任务栏（用于多窗口切换）。每个窗口具有一个不同的功能

因为 iPhone 可显示的界面比较小，所以，开发人员应该使用 master-detail（主细）方式。如图 8-6 所示的通讯录应用，在前一页上显示某一个总的目录信息（如我的联系人姓名列表），然后，当用户选择某一个项目时，再显示该项目的详细信息（如某一个联系人的具体信息）。当用户单击 "+" 按钮时，就添加新的联系人。导航栏就是完成目录/细节的切换。

图 8-6　通讯录应用

极大多数 iPhone 应用程序都采用类似的结构。在 iPhone 应用程序上，整个屏幕应该尽量显示用户所关心的数据，而不是一堆按钮。按钮往往在最下面或者最上面。

8.2　创建一个视图控制器

在实际工作中，当编写一个 iOS 应用程序，至少会用到一个视图控制器。当用户旋转设备时，也是由视图控制器控制界面的旋转。一个视图控制器管理一个视图（它可以有子视图），其 view 属性指向它所管理的视图。视图本身并没有指向视图控制器的对象，但是一个视图控制器是一个 UIResponder，并且处在应答器链中的视图之上，所以它是视图的下一个应答器（nextResponder）。视图上的对象（如文本框、文本标签）可以是视图控制器类上的 IBOutlet 属性，视图控制器通过这些 IBOutlet 属性来控制界面上的对象。另外，对象的事件也可以触发视图控制器上的方法。自己所创建的视图控制器都是 UIViewController 的子类。除了覆盖 UIViewController 上的一些方法（如 viewDidLoad 方法，该方法在视图被装载之前调用）外，一般都会定义自己的属性和方法。

UIViewController 类可以有子类。可以使用一个系统的 UIViewController 子类或者直接自己创建一个 UIViewController 的子类。下面是 UIViewController 具有的一些功能。

* 旋转
  当用户旋转设备时，可能期望用户界面也会旋转，一个视图的顶部能够移动到当前显示设备的顶部。一个 UIViewController 通过应用转换（transform）来对设备进行响应。

* 容器
  用一个界面替换另外一个，或者指定呈现什么界面，iOS 使用一个容器的体系结构。例如：UITabBarController、UINavigationController 和 UISplitViewController 是 UIViewController 子类，它们的主要目的就是包含和管理其他视图控制器。有些类型的界面对象可能需要一个视图控制器来决定显示什么视图。例如：由 UIPopoverController 显示的一个 popover 视

图，就是通过一个视图控制器来管理。

● 可定制性

一个视图控制器有一些属性和方法，当它的视图显示时，这些属性和方法用来定制界面和界面上的一些行为。

下面来区分 UIViewController 的两个应用根视图控制器和被包含的视图控制器。

根视图控制器就是管理界面的根视图的视图控制器，界面的根视图是窗口的唯一的直接子视图，这个子视图占有整个窗口。所写的任何应用都有一个根视图控制器。根视图包含用户界面的其他部分。

被包含的视图控制器是指一个视图控制器被另一个视图控制器包含和管理，或者被其他系统类型的对象所包含和管理（这些对象需要一个视图控制器）。根视图控制器其实也可以看作是一个被包含的视图控制器，这是因为主窗口通过 rootViewController 属性包含和管理它。

使用根视图控制器来说明一个视图控制器是如何创建的。界面最初被显示，是因为主 nib 被加载，makekeyAndVisible 方法被窗口调用。窗口有一个根视图，它完全占用窗口。这个视图是由一个视图控制器控制。要想弄清楚视图控制器是如何被创建的，要回答下面几个问题：

（1）视图控制器从哪来？

（2）它的视图从哪来？

（3）它的视图如何被加载到窗口？

视图控制器和视图都可以用代码手工创建，视图控制器或视图也都可以在 nib 里创建。可以从一个应用程序模板开始，在 nib 中创建视图控制器和视图，并且自动载入 nib 文件。

8.2.1 代码创建视图控制器和视图

下面用代码在程序中创建视图控制器和视图。在代码中创建一个视图比较烦琐，但是它能给予用户完全的控制权。开始创建一个基于窗口的 Empty Application 的项目，取名为 8-1：

● 创建一个视图控制器子类：File → New → New File，然后选择 Cocoa Touch UIViewController 子类，单击 Next 按钮。

● 确保这是一个 UIViewController 子类，取消选中那些复选框，单击 Next 按钮。

● 文件命名为 RootViewController，并保存。

现在有一个 RootViewController 类，接着编辑它的代码。一个视图控制器负责获得或创建它自己的视图。如果视图控制器手动创建它的视图，必须重载 UIViewController 类的 loadView 方法。在 RootViewController.m 文件中，会看到 UIViewController 子类模板已经提供了一个 loadView 方法，这个方法被注释掉了。去掉注释，并实现这个代码。下面给视图设置一个颜色，放一个"Hello,World！"的标签在这个视图中。

```
- (void) loadView {
    UIView* v = //①
        [[UIView alloc] initWithFrame: [[UIScreen mainScreen]
applicationFrame]];
    v.backgroundColor = [UIColor greenColor];
```

```
     UILabel* label = [[UILabel alloc] init];
     label.text = @"Hello, World!";
     [label sizeToFit];
     label.center = CGPointMake(CGRectGetMidX(v.bounds),
CGRectGetMidY(v.bounds));
     label.autoresizingMask = ( //②
                         UIViewAutoresizingFlexibleTopMargin |
                         UIViewAutoresizingFlexibleLeftMargin |
                         UIViewAutoresizingFlexibleBottomMargin |
                         UIViewAutoresizingFlexibleRightMargin
                         );
     [v addSubview:label];
     self.view = v; //③
}
```

① v 的框架就是整个屏幕，applicationFrame 是整个可见区域，不包括状态栏，如果没有状态栏，则填充整个可见屏幕。

② 使用自动调整来布局视图的子视图（在这个例子中，这个子视图是标签）。当旋转设备时，系统就根据这些设置来自动调整视图的大小。

③ 这一行设置 self.view 等于 v，这样视图控制器就可以管理这个视图了。如果实现了 loadView，那么就必须设置 self.view。

视图控制器已经准备好了，现在准备使用它。下面调整应用程序的委托类。第一个问题是视图控制器的生命周期。视图控制器必须像视图一样持续存在。因此在应用程序委托类的头文件中，使用了 strong 策略来声明一个属性。

```
@class RootViewController;
// ...
@property (nonatomic, strong) RootViewController* rvc;
```

在应用程序委托类的实现代码中，我们导入"RootViewController.h"，synthesize rvc（以获得它的访问器）。下面在应用程序委托的 application:didFinishLaunchingWithOptions 方法中创建新的视图控制器。

```
RootViewController* theRVC = [[RootViewController alloc] init];
self.rvc = theRVC;
```

不仅要创建视图控制器，还必须把视图放到界面中：

```
[self.window addSubview:self.rvc.view];
// and now we can display our initial interface
[self.window makeKeyAndVisible];
```

编译并运行应用程序，就能看到绿色背景上面显示了"Hello，World！"，如图 8-7 所示。

图 8-7　运行结果

这证明视图被成功创建了，但还不能证明是视图控制器在控制着视图。为了证明这一点，返回到视图控制器的代码，并且实现旋转的方法。去掉 shouldAutorotateToInterfaceOrientation:方法上的注释，并编写为：

```
- (BOOL)shouldAutorotateToInterfaceOrientation:
    (UIInterfaceOrientation)interfaceOrientation {
  // Return YES for supported orientations
  return YES;
}
```

上述代码表明支持任何设备的转向。如果用户旋转设备，界面会随着旋转。再次编译和运行应用程序，在模拟器中选择 Hardware→Rotate Left repeatedly。当旋转时，整个界面都会随着这设备旋转，标签仍然保持在中间，视图控制器在工作，如图 8-8 所示。

另外一种更加简单的方法是使用 UIWindow 的 rootViewController 属性。这样的话，不需要创建一个实例变量来保存视图控制器，也不需要把视图作为子视图添加到窗口上。当给 rootViewController 属性分配一个 UIViewController 实例时，它会自动获得 UIViewController 的视图，并使它成为窗口的唯一子视图。所以 didFinishLaunchingWithOptions:方法改为：

```
RootViewController* theRVC = [[RootViewController alloc] init];
self.window.rootViewController = theRVC;
[self.window makeKeyAndVisible];
```

现在可以删除头文件上的 rvc 属性和其相关的代码。根视图控制器和它的视图属于窗口，窗口的根视图控制器是全局可用的：

```
UIViewController* rvc =
    [[[UIApplication sharedApplication] keyWindow] rootViewController];
```

图 8-8　旋转效果

8.2.2　在 nib 中创建视图控制器

在 nib 文件中设计和维护一个复杂的用户界面比在代码中创建更方便、简单。在下面的例子中，注释掉 RootViewController 中的 loadView 方法，然后：

- 创建一个 nib，命名为 RV.xib。
- 编辑 RV.xib。更改 File's Owner 的类为 RootViewController。这将产生一个 view 输出口，并把它连到视图上。
- 在 RV.xib 中设计视图。例如：设置视图背景颜色，然后添加一个内容为 "Hello，World!" 的 label。

应用程序委托的 application:didFinishLauchingWithOptions 的代码和之前一样，只不过现在的视图控制器这样生成：

```
RootViewController* theRVC =
    [[RootViewController alloc] initWithNibName:@"RV" bundle:nil];
```

编译运行应用程序，得到预期的结果，如图 8-8 所示。

8.2.3　在 nib 中实例化视图控制器

一个 UIViewController（包括它的子类）可以在 nib 里实例化。根视图控制器将是最顶层的 nib 对象。为了清晰明了地演示该知识点，创建一个基于单视图模板的项目，会自动生成默认的控制器类和相应的.xib 文件，从 Object 库中拖一个 UIViewController 到 dock 上，并添加一个 View，使它成为最顶层对象，然后改变它的类为 ViewController，并从 File's Owner 连接到 View 输出口。当 nib 装载时，视图控制器被实例化了。编译运行，同样可以得到图 8-8 所示的运行结果。

当 UIViewController 是在 nib 中实例化的时候，如何指定一个 UIViewController 的视图呢？实际上有三种不同的方法：

- 通过指定另一个 nib

  使用 initWithNibName:bundle:方法或者在 nib 中选择 UIViewController 并且在属性查看器中指定 nib 的名称。对于后一个方法，在第二个 nib 中的文件拥有者的类必须正确地被设置（这样 nib 才知道它是一个 UIViewController），并且它的视图输出口必须连接到视图。

- 通过 view 输出口

  UIViewController 有一个 view 输出口，因此可以将其连接到相同 nib 中的一个视图上。

- 通过将 nib 中的 UIViewController 视为一个视图容器

  如果在画布中显示一个 UIViewController nib 对象，它就起着一种视图容器的作用。可以在这里放置和设计视图。如果要放置视图控制器和它的视图在相同的 nib 中，则没必要设置视图控制器的 view 输出口。

基于视图的应用程序模板就是使用上述的三种方法中的第一种，即"通过指定另一个 nib"。基于该模板一个项目的运行过程是：

➢ 根视图控制器在主 nib 中被实例化。

➢ 根视图控制器的视图是从第二个 nib 中加载；该 nib 的名称（和视图控制器类同名）在主 nib 中的根视图控制器的配置中被指定。

➢ 应用程序委托有 viewController 属性，它是一个输出口，因此应用程序委托也能够引用根视图控制器。

➢ 应用程序委托的 application:didFinishLaunchingWithOptions:方法将视图控制器实例传递给窗口的 rootViewController 属性，因此该视图控制器的视图将出现在窗口中：

```
self.window.rootViewController = self.viewController;
[self.window makeKeyAndVisible];
```

8.3 旋 转 视 图

视图控制器很大一部分工作是处理如何旋转视图。用户将会感觉是应用程序自己在旋转：应用程序的顶部会移动到设备显示的另一边，从而和用户保持一致。应用程序随着设备的方向而旋转，从而让应用程序出现在用户希望的位置。旋转的出现是因为屏幕不是正方形的。这意味着，如果旋转 90°，用户界面不再适合屏幕，所以必须改变界面。例如，在 iPad 上的 Mail 应用程序：在水平模式下，主窗格和细节窗格并排显示；但在竖立模式下，细节窗格消失了，必须使用一个按钮来弹出细节窗格。为了支持旋转，视图控制器要做的主要事情就是重载 shouldAutorotateToInterfaceOrientation:方法。输入参数是方位（Orientation）：

- UIInterfaceOrientationPortrait，Home 按钮在底部。
- UIInterfaceOrientationPortraitUpsideDown，Home 按钮在顶部。
- UIInterfaceOrientationLandscapeLeft，Home 按钮在左边。
- UIInterfaceOrientationLandscapeRight，Home 按钮在右边。

对于支持的方向，返回 YES，否则返回 NO。这四个方位与设备的四个方位匹配。对于水平方向旋转，设备和界面的方位是相反的。例如：UIInterfaceOrientationLandscapeLeft 和 UIDeviceOrientationLandscapeRight 是一样的，这是因为如果用户设备从最初的方位向左旋转设备 90°，用户界面必须向右旋转 90° 作为补偿。还有，设备具有更多的方位，如 UIDeviceOrientationFaceUp，但这不会触发界面的旋转。

8.3.1　初始化方位

当应用程序启动时，它的初始化方位是由 Info.plist 文件中的 Supported interface orientations 设置（UISupportedInterfaceOrientations）来决定。如果那里只有一个方位，应用就启动了。如果不止一个方位，系统所选择的方位就与设备的当前位置相关。下面来看一个例子，初始化方位是水平方向模式，按钮在右边。

（1）在 Info.plist 中设置 Supported interface orientations 或 Initial interface orientation 为 Landscape（right home button）。

（2）在根视图控制器的代码中重载 shouldAutorotateToInterfaceOrientation: 方法：

```
- (BOOL) shouldAutorotateToInterfaceOrientation:(UIInterfaceOrientation)io {
    return (io == UIDeviceOrientationLandscapeRight);
}
```

（3）如果需要在代码中对根视图界面作进一步的设置，那么，先让用户界面旋转到指定位置，然后再设置。这是因为，当根视图最初被放到窗口上，它的边界是窗口的边界。但是，在重绘时，视图按照初始化的方位重新设置大小。因此，如果过早地在根视图控制器的 viewDidLoad: 方法上设置界面的对象，视图边界的宽度和高度值可能是反的。例如，我们的根视图控制器的 viewDidLoad 代码如下所示：

```
- (void)viewDidLoad {
    [super viewDidLoad];
    UIView* square = [[UIView alloc] initWithFrame:CGRectMake(0,0,10,10)];
    square.backgroundColor = [UIColor blackColor];
    square.center = CGPointMake(CGRectGetMidX(self.view.bounds),5); // top center?
    [self.view addSubview:square];
}
```

应用程序启动，并处于水平方向。只有设备的 home 按钮在右边的位置，才能正确看到结果。但是，上面代码中要显示的小黑方块在哪里？它并不在屏幕的顶部中心位置，而是在屏幕的顶部的 1/3 位置，如图 8-9 所示。

图 8-9　存在偏差

这是因为过快地获得方块的 x 轴信息（CGRectGetMidX（self.view.bounds），那个时候，视图的 x 方向（它的宽方向）仍然是较短方向。一个解决方法是重载 didRotateFromInterfaceOrientation:

方法，并完成你的视图的设置。该方法是在初始化方位操作之后才被调用，因此根视图的方向是正确的。didRotateFromInterfaceOrientation:清楚地表明旋转已经发生。使用静态变量来防止didRotateFromInterfaceOrientation:被二次调用。

```
- (void) finishInitializingView {
    // static BOOL flag
    static BOOL done = NO;
    if (done)
        return;
    done = YES;
    // the static BOOL flag makes sure the following is performed exactly once
    UIView* square = [[UIView alloc] initWithFrame:CGRectMake(0,0,10,10)];
    square.backgroundColor = [UIColor blackColor];
    square.center = CGPointMake(CGRectGetMidX(self.view.bounds),5);
    [self.view addSubview:square];
}
- (void)didRotateFromInterfaceOrientation:
    (UIInterfaceOrientation)fromInterfaceOrientation {
    [self finishInitializingView];
}
```

运行结果如图 8-10 所示。

图 8-10 想要的结果

另一种方法是使用 willAnimateRotationToInterfaceOrientation:duration:来完成相同功能。

当在 nib 中设计界面时，如果界面将以横向模式显示，那么可以在横向模式下设计：选择窗口或根视图，并且在属性查看器（Attribute inspector）的模拟度量（Simulated Metrics）部分中的 Orientation（方位）弹出菜单中选择 Landscape。还可以使用自动大小设置，这样界面能够适合于正确的方位和尺寸。

8.3.2 旋转事件

90° 旋转时，根控制器视图的宽和高被交换。在简单的情况下，自动调整大小设置可能就足够了。但是，如果需要做一个复杂的调整，那么，在边界被改变之前，willRotateToInterfaceOrientation:duration:消息发送到根视图控制器；在边界被改变之后，willAnimateRotationToInterfaceOrientation:duration:和稍后的 didRotateFromInterfaceOrientation: 方法也被发送到根视图控制器。可以使用 UIViewController 的 interfaceOrientation 属性来获得当前的方位。

在下面这个例子中，在屏幕的左边显示了一个黑色的矩形（如果设备是横向模式），视图控制器使用了一个实例变量 blackRect。

```
- (void) prepareInterface {
    if (!self.blackRect) {
        CGRect f = self.view.bounds;
        f.size.width = f.size.width/3.0;
        UIView* br = [[UIView alloc] initWithFrame:f];
        br.backgroundColor = [UIColor blackColor];
        self.blackRect = br;
    }
}
- (void) willRotateToInterfaceOrientation:(UIInterfaceOrientation)io
                        duration:(NSTimeInterval)duration {
    if (UIInterfaceOrientationIsPortrait(io))
        [self.blackRect removeFromSuperview];
}
- (void) didRotateFromInterfaceOrientation:(UIInterfaceOrientation)io {
    [self prepareInterface];
    if (UIInterfaceOrientationIsLandscape(self.interfaceOrientation)
      && !self.blackRect.superview)
        [self.view addSubview:self.blackRect];
}
```

上面的例子是一个典型的事件驱动程序。prepareInterface 方法创建黑色矩形区域，如果它还没有被创建的话。当在横向模式并且黑色矩形区域尚未被添加到界面时，didRotateFromInterfaceOrientation:方法将黑色矩形区域放进界面，如图 8-11 所示。

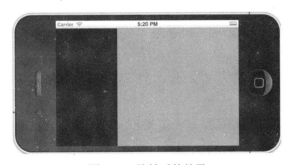

图 8-11　旋转后的结果

有时，创建两个不同的静态视图，一个是给横向模式的，另一个是给竖向模式的。这就需要使用视图控制器容器。

8.4　创建视图控制器实例

正如在上几节中提到的，视图控制器（UIViewController 类）是整个应用程序的中枢控制部件，每个视图都有一个视图控制器。下面来看一个具体的例子。

8.4.1　创建视图控制器

如图 8-13 所示，在 Xcode 中，可以从 File 菜单中选择 New File 命令来定义自己的视图控制器。例如，图 8-12 定义了 CityDetailViewController 视图控制器类。

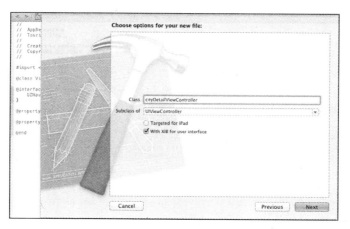

图 8-12　创建视图控制器

在创建完视图控制器类之后，可以手工添加各个属性和方法。下面是两个视图控制器类的头文件。CityDetailViewController.h 定义了一个用于显示城市名称的属性：

```
#import <UIKit/UIKit.h>
@interface CityDetailViewController : UIViewController {
    IBOutlet UILabel *cityName; //对应着视图上的城市名称 Label
        NSString *city; //城市名称属性
}
@property (copy) NSString *city;
@end
```

ViewController.h 定义了一个用于城市选择的方法：

```
#import <UIKit/UIKit.h>
@interface cityViewController : UIViewController {
}
- (IBAction) selectCity : (id) sender; //在选择某个城市后所调用的方法
@end
```

在代码中，使用 init 来声明一个视图控制器，例如：

```
ViewController *cityViewContrl = [[cityViewController alloc] init];
cityViewContrl.title = @"旅游指南"; //设置视图的标题
```

8.4.2　视图控制器中的视图

每个 UIViewController 都有一个 view 属性，也就是视图控制器控制的视图。当在 Xcode 中创建视图控制器类时，可以选择同时生成该视图控制器的 xib。这时，系统自动创建了与之相关的 view。在有些情况下，可能希望自己设置该视图控制器的 view。那么，可以在视图控制器类的 loadView 方法中来设置。系统自动调用 loadView（即不需要在任何代码中调用）。下面是一个 loadView 的例子。

```
- (void)loadView
{
    MyView *myView = [[MyView alloc] initWithFrame:frame];
    self.view = myView;
}
```

有时需要在代码中设置 View 上的一些对象的值。这时，应该修改 viewDidLoad 方法。例如：下面的代码设置了城市的名称。

```
#import "cityDetailViewController.h"
@implementation cityDetailViewController
@synthesize city;
…
- (void)viewDidLoad {
    cityName.text = city;
    [super viewDidLoad];
}
```

8.4.3　视图控制器生命周期

一个视图控制器具有一个生命周期，包括从初始化到视图显示。下面是视图控制器的一些重要的方法。

```
- (id)initWithNibName:(NSString *)nibName bundle:(NSBundle *)bundle;//初始化
- (void)viewDidLoad;//装载视图前
//下面是视图马上要出现前调用的方法。如果需要从云计算平台获取数据，或者
//显示一些"正在装载"的图标（在游戏程序中经常看到），就在这个方法内实现
- (void)viewWillAppear:(BOOL)animated;
//这是视图马上要从屏幕上消失时调用的方法。如果需要在用户退出前保存用户
//的状态信息，就应该使用这个方法
- (void)viewWillDisappear:(BOOL)animated;
```

可以将应用的状态信息保存在 NSUserDefaults 中，然后，在 viewWillAppear 方法中读取这些状态信息。例如，在下面的例子中，前一个方法读取了该用户的工资信息，后一个方法保存了工资信息。

```
- (void)viewWillAppear:(BOOL)animated{
    float theValue = [[NSUserDefaults standardUserDefaults] floatForKey:
@"salary"];
    }
- (void)viewWillDisappear:(BOOL)animated{
    //...获取想要保存的值
    //float   theValue =….
    //保存在 NSUserDefaults 下，例如保存一个浮点数
    [[NSUserDefaults standardUserDefaults] setFloat: theValue forKey:@
"salary"];
    }
```

另外需要说明的一点是，如果在 NSUserDefaults 里找不到数据，上述代码就返回 0。

8.4.4　支持旋转手机功能

UIViewController 类的 shouldAutorotateToInterfaceOrientation 方法返回"是否支持手机旋转功

能"。例如：下述方法设置了该手机应用只支持竖向。

```
    - (BOOL)shouldAutorotateToInterfaceOrientation:
(UIInterfaceOrientation)interfaceOrientation
    {
        return (interfaceOrientation == UIInterfaceOrientationPortrait);
    }
```

下述方法设置了：除了上下颠倒之外，其他方位都支持。

```
    - (BOOL)shouldAutorotateToInterfaceOrientation:
(UIInterfaceOrientation)interfaceOrientation
    {
        return
(interfaceOrientation !=UIInterfaceOrientationPortraitUpsideDown);
    }
```

当设置整个视图控制器可以旋转后，还需要考虑视图/子视图是否可以响应相应的旋转。如图 8-13 所示，在 Interface Builder 里可以设置 Autosizing（自动调整大小）。

图 8-13　指定旋转设置

另外，可以在程序中设置视图的自动调节大小参数。例如：

```
    view.autoresizingMask = UIViewAutoresizingFlexibleWidth |
UIViewAutoresizingFlexibleTopMargin;
```

上述代码的功能是，在旋转时，允许水平方向和上面自动伸缩。执行程序，结果如图 8-14 所示。

图 8-14　支持旋转设置

8.5 模 态 视 图

一个视图控制器用另一个视图控制器的视图取代它自己的视图。这就是模态（modal）视图。对于最终用户而言，这类似于弹出第二个视图。通过向第一个视图控制器发送 presentModalViewController:animated 消息，把第二个视图控制器传递给第一个视图控制器。这样一来，第一个视图控制器就包含第二个视图控制器。第二个视图控制器变成第一个的 modalViewController，第一个视图控制器是第二个视图控制器的 parentViewController。直到 dismissModalViewControllerAnimated 被调用，这种状态才会被解除。

第二个视图，也就是模态视图，通常被看作一个临时视图。第二个视图覆盖了父视图（类似弹出窗口的感觉），然后第二个视图等待被解除（被关闭），从而再次显现第一个视图。当然，一个模态视图也可以像父视图一样长期显示（即有可能从不关闭）。另外，一个模态视图的控制器可能是一个带有许多标签栏（tab bar）的 UITableBarController，它可能包含多个视图控制器。因此，模态视图机制可以作为一个简单的却又极其灵活的视图替换形式。苹果的一些应用就使用了后一个方式。

8.5.1 模态视图的配置

当一个模态视图出现和关闭时，一个动画会被执行。如果方法的最后一个变量是 YES，则动画的风格是由模态视图控制器的 modalTransitionStyle 属性来决定。有以下选择：

- UIModalTransitionStyleCoverVertical（默认值）
  模态视图从底部向上滑动来覆盖它的父视图。在解除时，则向下滑动来显示出它的父视图。

- UIModalTransitionStyleFlipHorizontal
  视图翻转（这好比两个视图在一张纸的正反面上）。

- UIModalTransitionStyleCrossDissolve
  视图保持静态，并且一个视图渐渐褪色到另一个视图上。

- UIModalTransitionStylePartialCurl
  第一个视图像笔记本翻页一样来暴露出第二个视图的大部分，但一直盖着第二个视图的左上角区域（这个区域没有任何重要的对象，用户也不会看到和触摸这些对象）。

随着 iPad 的出现，模态视图的呈现方式得到很大扩展，这和 iPad 的大屏幕和 popover 功能有关。这由模态视图控制器的 modalPresentationStyle 属性来指定。可以选择：

- UIModalPresentationFullScreen
  这是默认值，全屏显示。

- UIModalPresentationPageSheet
  在竖立方位上，这和全屏模式类似。但在横向情况下，模态视图采用竖立模式的宽度，因此在模态视图后面的父视图还部分可见。父视图是灰暗的并且用户不能和它交互。

- UIModalPresentationFormSheet
  和 UIModalPresentationPageSheet 类似，但模态视图更小。正如名字所暗示的，它允许用户填充一个表格。

- UIModalPresentationCurrentContext

  模态视图使用和它的父视图相同的呈现模式。

8.5.2 模态视图的呈现

显示一个模态视图的过程极其简单。

01 在代码中实例化模态视图控制器并且初始化它。

02 设置模态视图控制器的 modalTransitionStyle 和 modalPresentationStyle。

03 发送 presentModalViewController:animated:消息到父视图控制器（如果该代码是在父视图控制器中，则接收方将是 self)。

04 释放模态视图控制器。

下面这个例子看上去像是有正反面的视图。为了看到背面，用户单击正面的信息按钮；为了回到正面，用户单击背面的完成按钮。这是通过两个视图控制器来完成的。"正面"实际上是第一个视图控制器的视图，并且第一个视图控制器是应用程序的根视图控制器。当用户单击信息按钮时，这就是所发生的（在第一个视图控制器）：

```
FlipsideViewController *controller =
[[FlipsideViewController alloc] initWithNibName:@"FlipsideView" bundle:nil];
controller.delegate = self;
controller.modalTransitionStyle = UIModalTransitionStyleFlipHorizontal;
[self presentModalViewController:controller animated:YES];
```

上述的模态视图控制器有一个委托，该委托被设为 self。将在后面解释这个委托的作用。

运行程序，初始显示主视图，如图 8-15（a）所示，单击显示模态视图按钮"show modalView"结果如图 8-15（b）所示。

（a） （b）

图 8-15 主视图和模态视图

8.5.3 模态视图的关闭

父视图控制器必须接到 dismissModalViewControllerAnimated:消息，这个消息将会解除视图并释放模态视图控制器。然后，只有模态视图控制器才知道用户什么时候关闭（解除）模态视图，因此使模态视图控制器和父视图控制器之间以某种方式通信是很有必要的。这里有两个解决方法：

- 使用通知

  当父视图控制器创建模态视图控制器时，注册（监听）一个模态视图控制器将要发出的通知（notification）。当它收到那个通知后，它就解除注册，从通知的 userInfo 字典类中获得一些需要的数据，然后解除模态视图。

- 使用委托

  这是苹果推荐的解决方法。模态视图控制器有一个委托（delegate）属性，并定义了一个它的委托必须遵守的协议。当模态视图需要解除的时候，模态视图控制器给它的委托发送相应的消息，消息也包含一些其他数据。父视图遵循这个协议并且把自己设置成模态视图控制器的委托。

下面是一个使用委托解决方法的例子，FlipsideViewController 类的头文件为：

```
@protocol FlipsideViewControllerDelegate;
@interface FlipsideViewController : UIViewController {
}
@property (nonatomic, assign) id <ColorPickerDelegate> delegate;
-(IBAction)dismissModalView;
@end
@protocol FlipsideViewControllerDelegate
- (void) flipsideViewControllerDidFinish:(FlipsideViewController
*)controller;
@end
```

在模态视图上添加一个 Done 按钮，如图 8-16（a）所示，当用户单击 Done 按钮时，下面这个 dismissModalView 方法被触发，视图变回到原来的视图，如图 8-16（b）所示。

```
-(IBAction)dismissModalView {
    [self .delegate flipsideViewControllerDidFinish:self];
}
```

第一个视图控制器类 ViewController 采用了 FlipsideViewControllerDelegate 协议，创建 FlipsideViewController 实例，并且设置自己是它的委托，呈现模态视图。

```
FlipsideViewController* controller = [[FlipsideViewController alloc]
                initWithNibName:@"FlipsideViewController" bundle:nil];
controller.delegate=self;
controller.modalTransitionStyle=UIModalTransitionStyleFlipHorizontal;
[self presentModalViewController:controller  animated:YES];
```

ViewController 实现了 flipsideViewControllerDidFinish: controlle 方法，代码如下：

```
- (void) flipsideViewControllerDidFinish:(FlipsideViewController
```

```
*)controller {
    [self dismissModalViewControllerAnimated:YES];
}
```

(a)　　　　　　　　　　　　　　(b)

图 8-16　模态视图和解除模态视图后的状态

　　下面来看一个使用通知的例子。这里只列出父视图控制器的代码：对于模态视图控制器（IndexViewController），当它想要被解除时，就会发出一个 @"goPic" 通知，这个通知中还附加一个带有 @"pic" 键的 userInfo 字典（该键值是一个字符串，这个字符串表明换到哪幅图片）。

```
- (void) showIndex: (id) sender {
[[NSNotificationCenter defaultCenter] addObserver:self
      selector:@selector(goPic:) name:@"goPic" object:nil];
IndexViewController* ivc = [[IndexViewController alloc] initWithIndex:
self.ix];
[self presentModalViewController:ivc animated:YES];
}
- (void) goPic: (NSNotification*) n {
NSString* pic = [[n userInfo] objectForKey: @"pic"];
[[NSNotificationCenter defaultCenter] removeObserver:self name:@"goPic"
object:nil];
[self dismissModalViewControllerAnimated:NO];
// ... do other stuff with pic here ...
}
```

第 9 章 导航控制器和标签栏控制器

导航控制器（UINavigationController，UIViewController 的子类）是最强大的视图控制器子类，它是在 iPhone 小屏幕上显示多界面的最佳解决方法。很多 iPhone 应用程序都使用导航控制器，如通讯录应用。导航控制器（UINavigationController）是 UIViewController 的子类，由 UIKit 提供。从 iPhone/iPad 应用程序的角度，导航控制器就是控制一些视图控制器，从而控制整个应用的数据流和控制流。导航控制器所管理的视图控制器之间是分层关系（或者是主-细关系）。导航控制器使用堆栈的方式来管理多个视图控制器，如图 9-1 所示。

图 9-1　堆栈的方式

在通讯录应用中（见图 9-2），当用户选择一个人名（Zhenghong Yang）时，就把下一个视图控制器（用于显示该人的电话信息，标题为"简介"）推（push）到堆栈中，当回到上一个窗口（全部联系人）时，就把栈顶的视图控制器弹（pop）出来。除了管理多个视图控制器之外，导航控制器也负责导航栏的信息（如用于添加更多联系人的"+"按钮）。

图 9-2　导航控制器和视图

另外一个导航界面的例子是 Apple 的 Mail 应用程序，一个顶部带有导航栏的主细界面以及在底部显示附加选项和信息的 toolbar。

一个标签栏（一个 UITabBar 对象）是一个显示条目的水平栏，如图 9-3 所示。每个条目（UITabBarItem）由一个图像和一个名称组成。在任何时候，总有一个条目被选中。当用户单击一个条目时，这个条目就被选中。如果有太多的条目而造成一个标签栏放不下，那么，多余的条目会自动纳入到最后的 More 条目。当用户单击 More 条目时，其他条目将会出现，用户可以选择一个；用户也可以编辑标签栏，确定哪些条目在标签栏出现，哪些被纳入到 More 列表。

图 9-3　eBay 应用

本章讲解导航控制器和标签栏控制器。

9.1　导航控制器

UINavigationController 有很多属性。在术语上，把第一个视图控制器的视图（在上例中，"全部联系人"的当中部分，属性名为 view）叫做顶部视图。每个视图控制器可以有一个标题（属性名为 title），如"全部联系人"和"简介"。在"简介"视图控制器上，左上角有一个返回按钮，按钮的名字就是前一个视图控制器的标题。通常的方式是，当视图控制器要压入栈时，才创建这个视图控制器；当它从栈中弹出后就被释放。导航控制器是与根视图控制器一起创建的，根视图控制器代表第一个视图，它不能被弹出，但它可以被替换。

9.1.1　导航控制器的组成

一个导航控制器的界面有以下三部分。

1. 中间视图

一个导航控制器是一个包含各个视图控制器的容器，并负责显示这些视图控制器中的一个视图。"导航"就是决定由哪个视图控制器的视图显示。导航控制器在一个栈中包含它的视图控制器。当一个视图控制器被压进栈，它成为顶视图控制器，并且它的视图成为中心视图。当一个视图控制器出栈时，栈中的下一个视图控制器将成为顶视图控制器，并且它的视图成为中心视图。从用户的角度，这就是操作导航栏的结果。

2. 导航栏

一个导航栏（UINavigationBar）是一个矩形视图，它显示左条目、中条目和右条目。它出现在顶部。一般情况下，中条目是一个标题。一个导航栏实现一个内部的导航条目（UINavigationItem）的栈。它由一个导航条目开始，然后将另一个导航条目压进栈，然后可以让该导航条目出栈（从而从栈中删除它），或者再一次将另一个条目压进栈。因此，某个导航条目是栈中的顶条目（topItem）。除非顶条目是栈中的唯一条目，否则还有一个导航条目是 back 条目（backItem）。栈的状态反映在导航栏的界面中。导航栏的中心信息来自顶条目，它的左边信息来自 back 条目。因此，中心告诉用户当前是什么条目，左边一般有一个按钮，如果用户单击该按钮，就转到前一个条目（按钮上的信息表明前一个条目的信息）。苹果提供了一些动画效果。当一个导航条目被压进栈，导航条目从右边开始动画播放；当条目从栈中弹出，导航栏从左边开始动画播放。

一个导航栏自身不操作界面的任何部分（除它自身外）。导航栏的委托（遵守 UINavigationBarDelegate 协议）监听栈上的改变，并改变界面。在一个导航栏控制器界面中，导航栏控制器是导航栏的委托。它协调整体效果：导航控制器的栈和导航栏的栈相一致，并且中心视图的动画和导航栏的动画相一致。

3. 工具栏

一个工具栏（UIToolbar）是一个显示一行条目的矩形视图，用户可以单击任何部分，基本就像一个按钮。它是一个可选的部分。一个 UIToolbar 可以独立地使用（一般出现在 iPhone 的底部，或在 iPad 的顶部），但它可以是一个导航控制器界面的一部分，一般出现在底部。

导航控制器有很大的灵活性。一个视图控制器直到需要显示时才被压进栈。因此，实时决定下一个视图应该是什么。一个导航控制器经常被用于主细界面：用户看到一个列表，并单击一个来导航到该对象的详细视图。另外，可以通过许多方式来使用一个导航界面：它作为应用程序的根视图，作为一个模态视图，或者作为一个被标签栏控制器包含的视图。

9.1.2　配置一个导航界面

正如一个导航栏通过包含一些导航条目的栈来工作，一个导航控制器通过包含一些视图控制器的栈来工作。一个视图控制器包含一个导航条目（针对导航栏的栈）和一个视图（当该视图控制器的导航条目是导航栏的顶条目时）。该视图被显示在中心区域。这个视图控制器也可以为导航控制器的 toolbar 提供 toolbar 条目，从而 toolbar 条目随着被显示的视图而改变。

配置一个导航界面的最重要的部分是配置被包含的视图控制器。给一个视图控制器添加一个视图，然后配置一个视图控制器，这样它能提供一个导航条目和 toolbar 条目。例如：在 eBay 应用的导航栏上的 Watching、Buying 和 Selling 按钮（见图 9-3）。每个视图控制器都可以定义一个 UINavigationItem。UINavigationItem 类就是实现这些定制的功能。这个类包含了 leftBarButtonItem

（左边按钮）、rightBarButtonItem（右边按钮）和 titleView（当中部分，称为"标题视图"。在标题视图上，未必就是一个文本标题，也可以是一个或多个按钮）等属性。

当它所属的视图控制器在导航控制器所控制的堆栈的顶部时（即该视图控制器将要显示时），系统自动显示该视图控制器的 UINavigationItem。开发人员无须编写任何代码来调用 UINavigationItem。

下面来详细解释视图控制器的导航条目。视图控制器的导航条目主要通过它的 navigationItem 属性来配置。该属性是一个 UINavigationItem，它本身只读，但它的属性不是只读的。

- title 或 titleView

  决定将什么显示在导航栏的中间。标题是一个字符串。通常不设置它，而是设置视图控制器的标题（系统将设置 navigationItem.title）。titleView 可以是一个 UIView（来代替标题），例如一个分段的控制。应该总是一个视图控制器给一个标题，因为它将为后退按钮所用（当一个视图控制器被压入栈顶后，后退按钮上的名称就是视图控制器的标题）。例如：图 9-3 的后退按钮 Search 是前一个视图控制器的标题。另外，导航栏也可显示一个 titleView，该 titleView 可以是一幅图片。

- rightBarButtonItem

  一个显示在导航栏的右边的 UIBarButtonItem。这通常与导航无关，它是在界面中放入一个按钮的一种方式，如图 9-3 的 Watch 按钮。

- backBarButtonItem

  默认情况下，当一个视图控制器（假设为 A）被压入堆栈顶部时，这个视图控制器导航栏将在左边显示一个按钮，它的标题是原来在栈顶的该视图控制器（即前一个视图控制器，假设为 B）的标题。大多数情况下，这应该就是所想要的行为。当然，可以通过设置视图控制器 B 的 navigationItem.backBarButtonItem 来定制该按钮的标题。可以提供一个新的 UIBarButtonItem，其 target 和 action 为 nil。当一个视图控制器 A 被压入视图控制器 B 的顶部时，这将使用它来形成一个后退按钮。例如：

```
UIBarButtonItem* b = [[UIBarButtonItem alloc]
    initWithTitle:@"Go Back" style:0 target:nil action:nil];
self.navigationItem.backBarButtonItem = b;
```

- leftBarButtonItem

  出现在导航栏左边的一个 UIBarButtonItem。如果它出现，则代替一般的后退按钮。只需为根视图提供这个值，因为当根视图被显示的时候，不需要后退按钮。

应该在代码中的什么位置来配置一个视图控制器的导航条目？这些地方包括：

- 视图控制器的 viewDidLoad（或 loadView）
- 视图控制器的 awakeFromNib

  只有当视图控制器实例来自一个 nib 时，才选择这个地方。
- 视图控制器的指定的初始化方法

  如果视图控制器要初始化它自己的导航条目，这也许是最好的选择，
- 当用代码创建视图控制器时

  如果正在用代码创建视图控制器，也许用相同的代码来配置它。

UIBarButtonItem 类就是实现如图 9-3 所示的各个按钮。一个 UIToolbar 中的所有条目，以及在一个 UINavigationBar 中的右条目和左条目，都是 UIBarButtonItem 的实例（UIBarItem 的子类）。一个 UIBarButtonItem 是 从 UIBarItem 中继承一个 title 属性（按钮的文字）、一个 image 属性（图像）及一个 enabled 属性。image 属性（和后面的标签栏条目图像）都要求是一个透明掩码的图像，图像不大（20 像素×20 像素即可）。一般情况下，一个 UIBarButtonItem 要么有一个 title，要么有一个 image，但不会两者都有（如果两者都设置，title 就出现在 image 的下面）。一个 UIBarButtonItem 自己添加了 target 和 action 属性，当单击它时（类似按钮），可以触发一个方法（Target-Action 模式）。它还有一个 style 属性，可以选择：

- UIBarButtonItemStylePlain：标题或图片被显示。
- UIBarButtonItemStyleBordered：看起来像一个按钮，围绕图片（或标题）有一个圆角矩形边缘。
- UIBarButtonItemStyleDone：有边缘，并有蓝色填充。它很适合一个模态或临时视图上的 Done 按钮。

可以使用自己的标题或图片创建条目，在该情况下，必须提供一种样式。另外，也可以使用系统的条目（如编辑按钮）。还可以提供一个完整的 UIView 作为 UITabBarItem 的 customView（在该情况下，它没有 style 属性，也没有 action 和 target 属性。但是 UIView 本身可以实现按钮行为）。例如，customView 也许是一个 UISegmentedButton，UISegmentedButton 的 target 和 action 赋予按钮行为。对于 titleView 部分，可以使用 UISegmentedControl 来定义要添加到标题视图部分的控件。图 9-3 显示了一个三段的 UISegmentedControl。代码如下：

```
UISegmentedControl *segmentedControl = ...
self.navigationItem.titleView = segmentedControl;
```

下面通过几个例子来看看怎样定制导航栏的左右按钮。
UIBarButtonItem 有 4 个初始化的方法：

- initWithTitle:style:target:action:
- initWithImage:style:target:action:
- initWithBarButtonSystemItem:target:action:
- initWithCustomView:

在一个 toolbar 中的按钮条目的位置是系统自动放置的。如果想自己设置宽度，可以设置 width 值。另外，你可以将 UIBarButtonSystemItemFlexibleSpace 系统条目放在按钮之间来留出一些空白空间，使用 UIBarButtonSystemItemFixedSpace 来插入固定大小的间隔。配置一个导航条目的实际代码是极其简单明了的。以下的例子就是使用 awakeFromNib 方法配置导航条目。

```
- (void) awakeFromNib {
  [super awakeFromNib];
  self.title = @"Albums";
  UIBarButtonItem* b = [[UIBarButtonItem alloc] initWithTitle:@"Now"
              style:UIBarButtonItemStylePlain
              target:self action:@selector(showNow)];
```

```
       self.navigationItem.rightBarButtonItem = b;
       //…
   }
```

运行结果如图 9-4 所示。

下面这个例子（完整代码参见 NavgationItem）是用 viewDidLoad 方法配置导航条目的一个例子。

```
- (void)viewDidLoad {
    [super viewDidLoad];
    // 显示在导航栏中的图片
   UIImageView* imv = [[UIImageView alloc] initWithImage:
   [UIImage imageNamed:@"music.png"]];
   self.navigationItem.titleView = imv;
    // 从导航栏中重新加载按钮
   UIBarButtonItem* b = [[UIBarButtonItem alloc]
       initWithBarButtonSystemItem:UIBarButtonSystemItemRefresh
       target:self action:@selector(doRefresh:)];
   self.navigationItem.rightBarButtonItem = b;
}
```

运行程序，结果如 9-5 所示。

图 9-4　awakeFromNib 方法配置导航条目　　图 9-5　viewDidLoad 方法配置导航条目

每个压入导航控制器栈的视图控制器负责提供显示在导航界面 toolbar 中的条目（如果有的话）。这是通过设置视图控制器的 toolbarItems 属性为一个 UIBarButtonItem 实例数组来实现的。还可以动态改变工具栏条目（即当视图控制器的视图和当前 toolbarItems 正在显示时）。

一个视图控制器也可以隐藏导航界面上的工具栏，只要在视图加载前设置视图控制器的 hidesBottomBarWhenPushed 属性为 YES 即可。还可以调用 setToolbarHidden:animated:方法来实现相同功能。

9.1.3　配置导航视图控制器

当创建一个导航视图控制器时，需要做的最重要的事情是提供根视图控制器。可以使用一个初始化方法 initWithRootViewController，它将提供的视图控制器压入空栈并保存它。根视图控制器永远不能被弹出。只有当导航视图控制器本身释放时才被释放；然而，可以使用 setViewControllers:animated:方法替换整个栈，从而释放和替换根视图控制器。

可以使用 UINavigationController 的 pushViewController:animated:方法将后面的视图控制器压入栈，从而显示它的视图。给定的视图控制器成为顶视图。对于弹出一个视图控制器，其实不需要做什么。界面上有一个后退按钮，用户单击它，顶视图将自动地从栈中弹出。

当然，也可以使用下面这些方法从栈中弹出视图控制器。

- popViewControllerAnimated:
  弹出顶视图控制器，自动释放它。后一个视图成为顶视图。
- popToRootViewControllerAnimated:
  弹出除了根视图控制器之外的所有视图控制器，根视图控制器还在栈中并成为顶视图。弹出的所有视图控制器被放置在一个 NSArray 中。
- popToViewController:animated:
  弹出所有从栈顶到给定视图控制器（假设为 C）之间的所有视图控制器，最后 C 出现在顶部。弹出的所有视图控制器被放置在一个 NSArray 中。
- setViewControllers:animated:
  用给定视图控制器的数组替换整个栈。在数组中的部分或所有视图控制器可以是已经在栈中的视图控制器。因此，这也是重新设置栈或插入一个视图控制器到栈中的很好的方法。
  例如：

```
- (void)setViewControllers:(NSArray *)viewControllers
animated:(BOOL)animated;
```

总之，UINavigationController 提供了两个方法来管理堆栈。例如：当调用下一个视图控制器（即从一个页面切换到另一个页面，如用户选择了某个联系人名字）时，应该使用下面的方法将下一个视图控制器（从用户的角度，即下一页）推到堆栈中：

```
- (void)pushViewController:(UIViewController *)viewController
animated:(BOOL)animated;
```

当用户单击返回按钮来返回到上一个视图控制器时，popViewControllerAnimated 就会被调用。

```
- (UIViewController *)popViewControllerAnimated:(BOOL)animated;
```

每当选择一个联系人时，就将下一个视图控制器推到堆栈中。那么，第一个视图控制器在哪里被推到堆栈中呢？那是在应用代理类的 applicationDidFinishLaunching 方法中。例如：

```
- (BOOL)application:(UIApplication *)application
didFinishLaunchingWithOptions:(NSDictionary *)launchOptions {
    //创建一个导航控制器
    navController = [[UINavigationController alloc] init];
```

```
        //cityViewContrl 是第一个显示的视图控制器
        cityViewController *cityViewContrl = [[cityViewController alloc] init];
        cityViewContrl.title = @"旅游指南";  //设置第一个视图的标题
        //把第一个视图控制器推到堆栈中
        [navController pushViewController:cityViewContrl animated:NO];
        //把导航控制器的视图放到 window 下
        [window addSubview:navController.view];
        [window makeKeyAndVisible];
        return YES;
    }
```

当用户要看明细时，把下一个视图控制器推到堆栈中。例如：当用户单击"北京"按钮，系统就调用下面的操作来完成，该操作就把下一个视图控制器（用于显示北京的旅游信息）推入堆栈中。

```
    -(IBAction) selectCity : (id) sender{
        CityDetailViewController *cityDetailContrl
                = [[CityDetailViewController alloc] init]; //创建第二个视图控制器
        cityDetailContrl.title = @ "北京欢迎您"; //设置第二个视图控制器的标题
        //把第二个视图控制器推入堆栈中
        [self.navigationController pushViewController:cityDetailContrl animated:YES];
    }
```

当用户单击返回按钮时，系统自动调用 popViewControllerAnimated 来弹出当前的视图控制器。所以，开发人员无需自己调用 popViewControllerAnimated 方法。

在运行时，视图控制器应该发送给导航控制器这些 push/pop 方法。因此，一个被包含的视图控制器需要引用导航控制器。该引用就是它的 navigationController 属性（见上面例子）。导航控制器本身有个 viewControllers 属性，该属性是一个 NSArray，包含了栈上的条目。因此，根条目是数组的 objectAtIndex:0，顶条目也就是它的 lastObject。也可以使用 topViewController 属性得到顶条目。导航视图控制器也有一个 visibleViewController 属性。因为 topViewController 也许包含另一个视图控制器并显示它的视图，所以 visibleViewController 和 topViewController 可能不同。使用 setNavigationBarHidden:animated:方法，导航栏可以被隐藏和显示；使用 setToolbarHidden: animated: 方法，工具栏可以被隐藏和显示。此外，导航栏和工具栏都可以通过 UINavigationController 的以下属性被定制。例如：

- navigationBar.tintColor 或 toolbar.tintColor: 不同颜色。
- navigationBar.barStyle 或 toolbar.barStyle: 可以选择 UIBarStyleDefault 和 UIBarStyleBlack。

上述的例子是在代码中配置导航界面。也可以在 nib 中完成。在一个 nib 中，一个导航视图控制器有一个顶栏和底栏，可以配置它们的外观以及它们是否一开始可见。因此，可以给它添加一个导航栏和工具栏或标签栏，也可以指定根视图控制器。此外，根视图控制器（或任何在 nib 中的视图控制器）有一个 Navigation Item，在此可以指明它的标题、提示以及它的 back 按钮的文本。可以将 Bar Button Items 拖进导航栏来设置根视图控制器的 Navigation Item 的左按钮和右按钮。此外，该 Navigation Item 有输出口，允许设置它的 titleView 属性。另外，可以给根视图控制器的工具栏添加 Bar Button Items。

9.1.4　视图控制器的事件

一个导航控制器可以有一个委托（遵守 UINavigationControllerDelegate 协议）。当被包含的视图控制器的视图出现时（要么视图控制器被压进栈，要么栈弹出其他视图控制器，导致该视图控制器成为栈顶），该委托收到消息。此外，一个视图控制器收到四个事件，可以在子类中重载这些事件。

- viewWillAppear
- viewDidAppear
- viewWillDisappear
- viewDidDisappear

视图控制器都是关于视图的出现和消失。例如，由于一个导航控制器的栈被压入或弹出。在这种情况下，在屏幕上一个视图被另一个视图替代；如果第一个消失，则第二个出现。对于每个变换，可以得到这四个事件。

应该好好利用这四个事件。例如，在一个视图消失的时候，保存一些数据。还有，如果导航控制器中的某个视图需要工具栏，而其他视图不需要，最简单的方法就是当视图出现和消失时显示和隐藏工具栏。以下是这些事件的一些常见使用。

- iPhone 上的主细界面，主视图是一个导航控制器的根视图并且包含一个表；当用户单击表上某一行时，压入相应的细节视图。当用户稍后返回到主视图时，不希望被单击的行仍然是被选中的，因此在根视图的 viewDidDisappear 方法中取消选中标志。
- 在一个 iPhone 的主细界面中，当用户正在一个细节视图上工作时，由根视图显示的数据也许发生了改变。因此，在它的 viewWillAppear 方法中重新加载根视图的数据。
- 在导航控制器的栈中的某个视图是一个进程视图，该视图通过一个定时器被不断地更新，该定时器检查当前音乐库播放的状态。只有当该视图实际上对用户可见时，定时器才需要存在并运行。因此，在 viewWillAppear 中创建定时器并在 viewDidDisappear 中销毁定时器。
- 在一个主细界面中，细节是一个可滚动的长的文本。当用户返回到一个之前阅读的细节视图时，想要滚动它到之前的位置。因此，在它的 viewWillDisappear 方法中，将保存该细节视图滚动位置到用户默认的位置。

9.2　创建导航控制器实例

下面通过几个具体的例子来体会如何创建和配置导航控制器。

9.2.1　在两个页之间导航实例

下面开发一个实际的导航控制器程序来演示上一节中提到的内容。第一页（视图）显示了城市信息，选择一个城市后，就显示第二页（视图），即该城市的旅游信息。结果如图 9-6 所示。从 iPhone 程序的角度，就是两个视图控制器和其管理的 View。第一页是

cityViewController，第二页是 CityDetailViewController。导航控制器控制这两个视图控制器之间的切换。下面是开发步骤。

图 9-6　导航控制器应用程序实例

01 创建一个 Empty Application 项目，如图 9-7 所示。也可以选择"单视图的应用"，自动创建一个名叫 ViewController 的根视图控制器，并生成了一些代码。选择"基于窗口的应用"可以自己创建视图控制器。

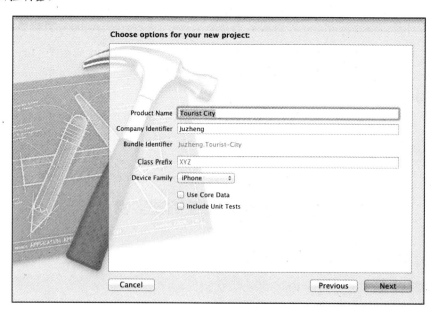

图 9-7　创建一个项目

02 创建第一个视图控制器，用于显示各个城市信息。从 File 菜单中选择 New File 命令。在如图 9-8 所示的窗口中，单击 Next 按钮。

图 9-8　创建视图控制器类

03 输入视图控制器名称。如图 9-9 所示，同时生成视图控制器类程序和界面 xib 文件。

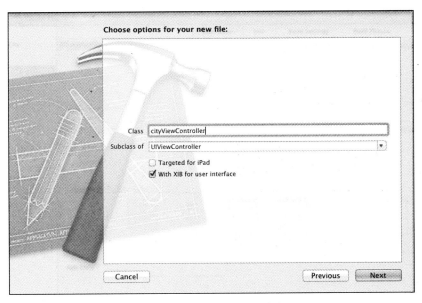

图 9-9　指定视图控制器类名

04 双击 cityViewController.xib 文件。如图 9-10 所示，系统创建了视图控制器（名叫 File's Owner 对象），类名为 cityViewController；系统也创建了视图 view。如图 9-11 所示，在视图控制器类上，系统也定义了 IBOutlet 变量 view。这个变量已经关联了视图 view。

图 9-10　在界面创建器中打开视图控制器

图 9-11　视图控制器的变量

05 为了演示方便，在视图上添加一个按钮来显示一个城市。修改按钮的标题为"北京"，如图 9-12 和图 9-13 所示。在实际应用中，应该使用表视图显示一系列城市。在后面章节将阐述表视图。

图 9-12　添加一个按钮

图 9-13　修改按钮的文本信息

06 保存项目。如图 9-14 所示，在 cityViewController.h 中添加一个方法 selectCity。

```
-(IBAction) selectCity : (id) sender;
```

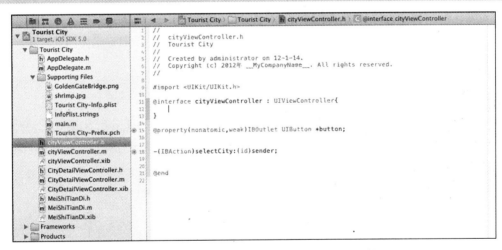

图 9-14　添加新方法和设置"北京"按钮的属性

07 当用户单击"北京"按钮时，就应该调用上述方法。如图 9-15 所示，从"北京"按钮那里关联到 File's Owner 的 selectCity 方法（事件）：按下 Ctrl 键，然后拖动光标到 File's Owner 那里，选择事件 selectCity。

08 如图 9-16 所示，在 File's Owner 的连接（Connections）上，就可以看到上述的连接信息。

图 9-15　关联按钮到 selectCity 事件

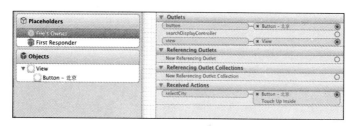

图 9-16　连接信息

09 创建第二个视图控制器，如图 9-17 所示。

10 在第二个视图控制器的视图上，添加一个 Label，修改文字为北京的介绍信息，如图 9-18 所示。在实际应用中，城市的介绍信息应该从模型类中读取。这些数据可能在本地的文件系统上，也可能在云计算平台上。

图 9-17　创建显示城市详细信息的视图控制器

图 9-18 添加一个显示文本信息的 Label

11 最后添加代码。如图 9-19 所示，在 AppDelegate.h 上，添加一个导航控制器 UINavigationController 对象。代码如下：

```
#import <UIKit/UIKit.h>
@interface AppDelegate : NSObject <UIApplicationDelegate> {
    UINavigationController *navController;
}
@property (nonatomic, strong ) UIWindow *window;
@end
```

```
//
// AppDelegate.h
// Tourist City
//
// Created by administrator on 12-1-14.
// Copyright (c) 2012年 __MyCompanyName__. All rights reserved.
//

#import <UIKit/UIKit.h>

@interface AppDelegate : UIResponder <UIApplicationDelegate>{

    UINavigationController *navController;
}

@property (strong, nonatomic) UIWindow *window;

@end
```

图 9-19 应用委托程序代码

12 如图 9-20 所示，在 AppDelegate.m 中，添加#import "cityViewController.h" 和导航控制器，代码如下：

```
#import "AppDelegate.h"
#import "cityViewController.h"
@implementation AppDelegate
@synthesize window;
- (BOOL)application:(UIApplication *)application
didFinishLaunchingWithOptions:(NSDictionary *)launchOptions {
    self.window = [[UIWindow alloc] initWithFrame:[[UIScreen mainScreen]
bounds]];
    self.window.backgroundColor = [UIColor whiteColor];
    navController = [[UINavigationController alloc] init]; //初始化导航控制器
    //cityViewContrl 是第一个显示的视图控制器
```

```
cityViewController *cityViewContrl = [[cityViewController alloc] init];
cityViewContrl.title = @"旅游指南";  //设置第一个视图控制器的标题
//把第一个视图控制器推到堆栈中
[navController pushViewController:cityViewContrl animated:NO];
[self.window addSubview:navController.view]; //把导航控制器放到window下
[self.window makeKeyAndVisible];
return YES;
}
```

图 9-20　导航器代码

13 当单击"北京"按钮后，就调用第二个视图控制器。所以，如图 9-21 所示，在第一个视图控制器的类上，添加调用第二个视图控制器（cityDetailContrl）的代码如下：

```
#import "cityViewController.h"
#import "CityDetailViewController.h"
@implementation cityViewController
-(IBAction) selectCity : (id) sender{
    CityDetailViewController *cityDetailContrl
        = [[CityDetailViewController alloc] init]; //声明第二个视图控制器
    cityDetailContrl.title = @ "北京欢迎您"; //设置第二个视图控制器的标题
    //把第二个视图控制器推入堆栈中
    [self.navigationController pushViewController:cityDetailContrl
animated:YES];
    }
```

图 9-21　调用第二个视图控制器代码

14 运行代码，就可以看到如图 9-22 所示的结果。当单击"北京"按钮，就切换到下一页来显示北京的详细信息。单击"旅游指南"按钮就返回前一页。

图 9-22   运行结果

另外，还可以修改返回按钮的文字信息。默认情况下，这是前一个视图控制器的标题。如果标题过长或者有其他要求，可以修改这个按钮的标题信息。例如，修改"旅游指南"为"所有城市"（将在 9.2.3 节中介绍）。

9.2.2   在两个页之间传递数据

经常需要在两个页之间传递数据。例如，在上述的例子中，旅游指南视图下可能包含多个城市信息，那么，当用户选择某一个城市（如北京）时，希望把所选择的城市信息传递给下一个视图，从而第二个视图可以根据传过来的城市信息显示该城市的详细旅游信息（如北京的旅游信息）。

一个常规的做法是在下一个视图控制器上声明所需要的属性。然后，当上一个视图控制器调用下一个视图控制器时，就可以设置这些属性值。从而，第二个视图控制器就获得了第一个视图控制器传递过来的参数。有人会问，如果想从第二个视图那里回传数据给第一个视图，那应该怎么办呢？这是委托类的功能。下面看一个例子来体会第一个视图控制器如何传递参数给第二个视图控制器。

01 双击 CityViewDetailViewController.xib，拖一个 Label 到 View 上。它用于显示从前一个页面传递过来的参数值。把这个 Label 的文字修改为"城市名称"（因为前一个页面要传递一个城市名称过来），如图 9-23 所示。在第二个页面上，可以根据城市名称来显示相应的介绍信息。

图 9-23　新加一个 Label

02 在 CityDetailViewController.h 中添加一个 outlet（cityName），用于关联 View 上刚刚创建的"城市名称"Label。另外，创建一个属性"city"用于接收前一个页面传递过来的城市名称。代码如下，如图 9-24 所示。

```objc
#import <UIKit/UIKit.h>
@interface CityDetailViewController : UIViewController {
    IBOutlet UILabel *cityName;
    NSString *city;
}
@property (copy) NSString *city;
@end
```

图 9-24　添加属性

03 如图 9-25 所示，设置 cityName 属性到视图上的"城市名称"标签的关联。结果如图 9-26 所示。

图 9-25　关联 Outlet 到视图上的 cityName 标签

图 9-26　连接信息

04 在第二个视图控制器类上，通过@synthesize 实现属性的设置和获取。然后在 viewDidLoad 方法上设置视图上的 "城市名称" 为 city 属性的值。

```
#import "CityDetailViewController.h"
@implementation CityDetailViewController
@synthesize city;
...
- (void)viewDidLoad {
    cityName.text = city;
    [super viewDidLoad];
}
...
```

05 如图 9-27 所示，在第一个视图控制器的 selectCity 方法上，设置要传递给第二个视图控制器的参数值。代码如下：

```
-(IBAction) selectCity : (id) sender{
    CityDetailViewController *cityDetailContrl = [[CityDetailViewController
alloc] init];
    cityDetailContrl.title = @ "北京欢迎您";
    cityDetailContrl.city = @"北京";//设置传递给下一个视图控制器的参数值
    [self.navigationController pushViewController:cityDetailContrl
animated:YES];
}
```

图 9-27　在两个视图控制器之间传递参数

06 运行这个程序。结果如图 9-28 所示,"北京"值被传递到第二页上。

图 9-28　运行结果

9.2.3　定制返回按钮

在默认的情况下,下一页上的返回按钮的文字是上一页的标题(如例子中的"旅游指南")。但是,也可以在程序中修改为其他文字(见图 9-29,"旅游指南"被修改为"所有城市")。要记住的是,返回按钮是放在上一页的视图控制器上。下面修改 didFinishLaunchingWithOptions 代码,并使用 UIBarButtonItem 来设置一个返回按钮(见图 9-30)。代码如下:

```
- (BOOL)application:(UIApplication *)application
didFinishLaunchingWithOptions:(NSDictionary *)launchOptions {
    self.window = [[UIWindow alloc] initWithFrame:[[UIScreen mainScreen]
bounds]];
    // Override point for customization after application launch.
    self.window.backgroundColor = [UIColor whiteColor];
    navController = [[UINavigationController alloc] init];
    //定义名称为"所有城市"的返回按钮。该按钮无需 target 和 action,
    //因为系统已实现了返回功能。style 是显示风格
    UIBarButtonItem *backButton =
        [[UIBarButtonItem alloc] initWithTitle:@"所有城市"
            style:UIBarButtonItemStyleBordered target:nil action:nil];
    cityViewController *cityViewContrl = [[cityViewController alloc] init];
    cityViewContrl.title = @"旅游指南";
    //设置返回按钮
    cityViewContrl.navigationItem.backBarButtonItem= backButton;
    [navController pushViewController:cityViewContrl animated:NO];
    [self.window addSubview:navController.view];

    [self.window makeKeyAndVisible];
    return YES;
}
```

执行应用程序,结果如图 9-29 所示,会发现,返回按钮上的文字变为"所有城市"。

图 9-29　返回按钮

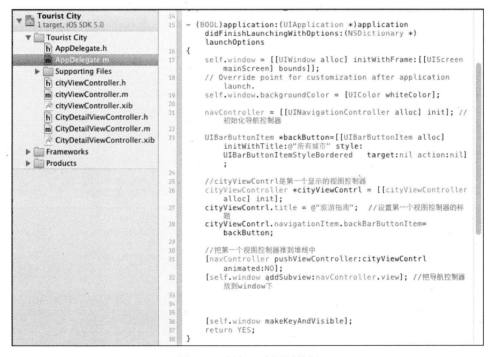

图 9-30　添加一个返回按钮

9.2.4　在导航控制栏上添加系统按钮和左右按钮

如图 9-31 所示，首先在第一页的导航栏上添加一个"折扣信息"按钮，然后在第二页的导航栏上添加一个系统按钮。该系统按钮实现添加功能（添加的方法留给读者去实现）。具体的代码如下。

图 9-31　添加系统按钮

● 添加系统按钮

如图 9-32 所示，修改 CityDetailViewController.m 的 viewDidLoad 方法如下。

```
- (void)viewDidLoad {
    cityName.text = city;
    //创建一个系统添加按钮；按下后，调用视图控制器上的 add 方法
    UIBarButtonItem *rightButton = [[UIBarButtonItem alloc]
        initWithBarButtonSystemItem:UIBarButtonSystemItemAdd
        target:self  action:@selector(add:)];
    //设置为导航控制条的右边按钮
    self.navigationItem.rightBarButtonItem = rightButton;
    [super viewDidLoad];
}
```

```
                        [super didReceiveMemoryWarning];

                        // Release any cached data, images, etc that aren't in use.
    }

    #pragma mark - View lifecycle

    - (void)viewDidLoad
    {
        [super viewDidLoad];
        // Do any additional setup after loading the view from its nib.
        cityName.text = city;
        //创建一个系统添加按钮；按下后，调用视图控制器上的 add 方法
        UIBarButtonItem *rightButton = [[UIBarButtonItem alloc]
                            initWithBarButtonSystemItem:UIBarButtonSystemItemAdd
                            target:self  action:@selector(add:)];
        //设置为导航控制条的右边按钮
        self.navigationItem.rightBarButtonItem = rightButton;
    }

    - (void)viewDidUnload
    {
        cityName.text=city;

        [super viewDidUnload];
        // Release any retained subviews of the main view.
        // e.g. self.myOutlet = nil;
    }
```

Tourist City
1 target, iOS SDK 5.0
▼ Tourist City
　h AppDelegate.h
　m AppDelegate.m
　▶ Supporting Files
　h cityViewController.h
　m cityViewController.m
　cityViewController.xib
　h CityDetailViewController.h
　m CityDetailViewController.m
　CityDetailViewController.xib
▶ Frameworks
▶ Products

图 9-32　添加系统按钮

● 添加左按钮

如图 9-33 所示，修改 cityViewController.m 的 viewDidLoad 方法来添加一个左按钮：

```
- (void)viewDidLoad {
    //创建一个有边框的文本按钮；按下后，调用视图控制器上的 discount 方法
    UIBarButtonItem *discountButton = [[UIBarButtonItem alloc]
        initWithTitle:@"折扣信息"   style:UIBarButtonItemStyleBordered
        target:self  action:@selector(discount:)];
    //设置为导航控制条的左边按钮
    self.navigationItem.leftBarButtonItem = discountButton;
    [super viewDidLoad];
}
```

图 9-33　添加左按钮

9.3　标签栏控制器

一个标签栏是一个独立的界面对象，它常常与一个视图控制器（UITabBarController 是 UIViewController 的子类）一起使用。一个标签栏条目应该和一个视图对应，当用户选择一个标签栏条目时，相应的视图会出现。因此，UITabBarController 是一个让用户在不同视图之间切换的方式。一个标签栏总是可见的，并高亮当前选中的条目。

标签栏界面的优势是它使用户的选择明确，它的缺点是占据一部分屏幕（从而减少了视图可用空间）。在另一方面，标签栏控制器可以呈现一个模态视图，从而占据整个屏幕。

例如，eBay 的 iPhone 应用有四个标签栏条目，如图 9-34 所示。

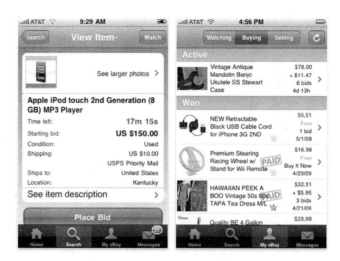

图 9-34　eBay 上的四个标签栏条目

当通过一个 UITabBarController 的方式使用一个标签栏界面，不用直接和标签栏交互；不必创建或配置标签栏。仅仅只和 UITabBarController 交互，当 UITabBarController 的视图被显示，标签栏和选择的条目的视图一同被显示。

9.3.1　标签栏条目的图像

一个标签栏条目是一个 UITabBarItem，它是 UIBarItem 的一个子类。UIBarItem 是一个抽象类，提供了一些重要的属性，如 title、image 和 enabled。对于标签栏控制器包含和显示的每个视图，都需要一个标签栏条目，它将出现在标签栏里。标签栏控制器容易配置，但是配置一个标签栏条目有时比较麻烦。如果使用系统的一个标签栏条目，它就没有任何工作。但是，如果自己创建，将需要一个具有以下特殊属性的图像。

- 图像必须是 PNG 格式，30×30 大小。如果提供一个更大的文件，它将自动缩减到需要的大小。
- 图像应该是一个透明罩（transparency mask）。也就是说，它应该包括透明的像素和不透明的像素（可能包含一些半透明的像素）。最重要的是每个像素的透明程度。系统将给图像上色并添加光泽效果。

问题是，如果用的是一个完美的图像，往往变成一个毫无意义的丑陋的标签栏条目，如图 9-35 所示。图 9-35 所示的问题是，它只是一个不透明像素的固体块，它的颜色的细节不出现在标签栏条目上。一种解决方法是使用图像编辑器，导出一个基于原始文件的透明罩，结果如图 9-36 所示。

图 9-35　差效果的图像

图 9-36　基于一个透明罩的标签栏条目

有两种方法制作一个标签栏条目:

（1）用 initWithTitle:image:tag 方法初始化自己提供的图像。

（2）用 initWithTabBarSystemItem:tag 方法初始化系统提供的图像。这种方法的麻烦是,必须借用整个标签栏条目,包括它的只读的标题（可以设置,但无效）。

9.3.2　配置一个标签栏控制器

一个视图控制器有一个 tabBarItem 属性,该属性只有在视图控制器包含在一个标签栏控制器中时才有意义。设置该属性为 UITabBarItem 的一个实例;或者设置 tabBarItem.image 属性为一个图像,并设置视图控制器的 title 属性为相关的文本。对所有包含在 UITabBarController 的视图控制器都需要完成这些工作。然后将这些视图控制器放到一个数组中,并设置 UITabBarController 的 viewControllers 属性为该数组。结果是这些视图控制器对应的标签栏条目出现在标签栏中,这些条目按照在数组中的顺序显示。还需要告知 UITabBarController 哪个标签栏条目应该在初始时被选中。可以通过设置 selectedViewController 属性,或者设置 selectedIndex（索引号）来完成。还可以设置 UITabBarController 的委托。当一个标签栏条目被选中时,或者当用户定制标签栏的 More 条目时,委托获得消息。

如果标签栏能够显示所有的条目,就不会出现一个 More 条目,标签栏也不允许被用户定制了。如果有一个 More 条目,那么可以设置 customizableViewControllers 属性（为一个数组）,从而指定可以定制的标签栏条目。如果设置该属性为 nil,则意味着用户可以看到 More 列表但不能定制条目（调整顺序）。如果要设置 customizableViewControllers 属性,在设置 viewControllers 属性后设置。如果允许用户定制条目,那么需要在委托中响应用户的定制,并在 NSUserDefaults 中保存新的设置,从而在程序下一次运行时使用它。通过比较 moreNavigationController 属性和 selectedViewController 属性,就得知用户当前是否查看 More 列表。

下面的例子(完整代码参见 TabBarController)是在一个应用程序委托的 applicationDidFinishLaunching: 方法中创建一个标签栏界面并显示它,如图 9-37 所示。

```
self.tbc = [[UITabBarController alloc] init];
// 创建标签
UIViewController* b = [[[GameBoardController alloc] init];
UINavigationController* n =
    [[[UINavigationController alloc] initWithRootViewController:s];
// 加载带标签的视图
[tbc setViewControllers:[NSArray arrayWithObjects: b, n, nil] animated:NO];
//显示它
[self.window addSubview: tbc.view];
[self.window makeKeyAndVisible];
```

这里没有配置被包含的视图控制器的标签栏条目。这是因为那些视图控制器自己会配置。例如:

```
// [GameBoardController.m]
- (id) init {
    self = [super init];
    if (self) {
        // 我们将被嵌入到一个标签视图,配置
        self.tabBarItem.image = [UIImage imageNamed:@"music.png"];
```

```
            self.title = @"music";
    }
    return self;
}
```

运行程序，结果如图 9-38 所示。

图 9-37　创建一个标签栏界面　　　　图 9-38　配置标签栏条目

也可以在一个 nib 中配置一个 UITabBarController。UITabBarController 所包含的视图控制器也可以在 nib 中正确地设置。此外，每个被包含的视图控制器包含一个 Tab Bar Item；可以在 nib 中选择它并设置它的标题和图像。UITabBarController 本身有个 delegate 输出口。一个包含于 UITabBarController 的视图控制器可以通过它自己的 tabBarController 属性访问这个 UITabBarController。

9.4　标签栏控制器实例

从 iPhone/iPad 应用程序的角度，标签栏控制器也是控制一些视图控制器。与导航控制器不同，标签栏控制器是用数组管理视图控制器。这些视图控制器既可以是导航控制器，又可以是一般的视图控制器。另外，这些视图控制器之间是平等关系，而不像导航控制器所管理的视图控制器之间的上下级关系。

在默认情况下，标签栏上显示的是各个视图的标题。当选择某一个视图控制器时，该视图控制器就执行。当选择另一个视图控制器时，当前视图控制器的状态被保留。非常类似于微软 Windows

操作系统中的多窗口的概念。

　　下面将创建一个标签栏控制器（见图9-39），它有两个标签"旅游指南"和"美食天地"。"旅游指南"就是9.2节中所创建的导航控制器，它管理着两个视图控制器。另一个视图控制器就是用于显示美食信息的视图控制器。其管理关系如下：

　　首先在.h中声明一个标签栏控制器：

```
UITabBarController *tabBarController;
```

　　然后在.m中初始化，并将所管理的导航控制器和视图控制器放到其viewControllers数组中。

```
tabBarController = [[UITabBarController alloc] init];
tabBarController.viewControllers = [NSArray arrayWithObjects:navController,
aViewController,nil];
//最后将标签栏控制器的视图放到window下
[window addSubview:tabBarController.view];
```

9.4.1　创建标签栏控制器

　　下面通过一个例子来讲解标签栏控制器的使用。如图9-39所示，有两个标签"旅游指南"和"美食天地"。下面先创建一个视图控制器来显示美食信息。

图9-39　标签栏控制器

　　01 创建另一个视图控制器，用于显示美食信息。如图9-40所示，创建了MeiShiTianDi视图控制器。

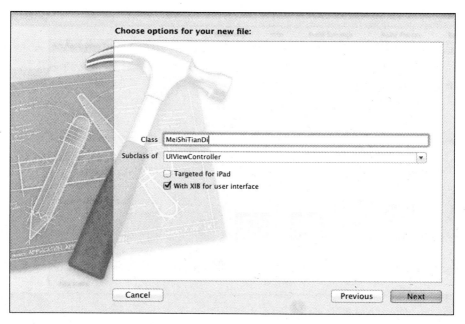

图 9-40　创建美食天地视图控制器

02 在新的视图控制器的视图上，添加一些按钮，如图 9-41 所示。

图 9-41　在新的视图控制器上添加多个按钮

03 如图 9-42，添加标签栏控制器属性到 AppDelegate.h 中。代码如下：

```
#import <UIKit/UIKit.h>
@interface AppDelegate : NSObject <UIApplicationDelegate> {
    UINavigationController *navController;
    UITabBarController *tabBarController;
}
@property (strong, nonatomic) UIWindow *window;

@end
```

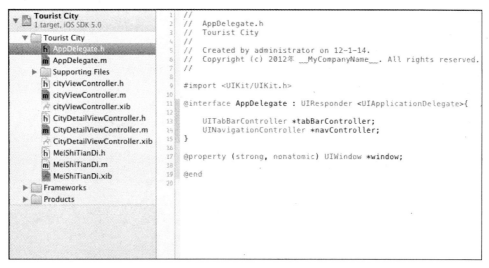

图 9-42　添加标签控制器变量

04 修改 didFinishLaunchingWithOptions 代码，创建一个标签栏控制器，并将导航控制器和视图控制器等放在标签栏控制器下，如图 9-43 所示。

```
#import "AppDelegate.h"
#import "cityViewController.h"
#import "MeiShiTianDi.h"
@implementation AppDelegate
@synthesize window;
- (BOOL)application:(UIApplication *)application
didFinishLaunchingWithOptions:(NSDictionary *)launchOptions {
    self.window = [[UIWindow alloc] initWithFrame:[[UIScreen mainScreen]
bounds]];
    self.window.backgroundColor = [UIColor whiteColor];

    tabBarController=[[UITabBarController alloc] init]; //创建一个标签栏控制器
    MeiShiTianDi*viewController=[[MeiShiTianDi alloc]init];//声明美食视图控制器
    viewController.title=@"美食天地"; //设置标题
    navController=[[UINavigationController alloc]init];//旧代码,声明导航控制器
    // 将上述的视图控制器和导航控制器放到标签栏控制器的 viewController 数组中
    tabBarController.viewControllers =
    [NSArray arrayWithObjects:navController, viewController,nil];
    UIBarButtonItem *backButton =
        [[UIBarButtonItem alloc] initWithTitle:@"所有城市"
            style:UIBarButtonItemStyleBordered   target:nil action:nil];
    cityViewController *cityViewContrl = [[cityViewController alloc] init];
    cityViewContrl.title = @"旅游指南";
    cityViewContrl.navigationItem.backBarButtonItem= backButton;
    [navController pushViewController:cityViewContrl animated:NO];
    //把标签栏控制器的 view 放在 window 下,而不是导航控制器的 view
    [window addSubview:navController.view];
    [window addSubview:tabBarController.view];
    [window makeKeyAndVisible];
    return YES;
}
...
```

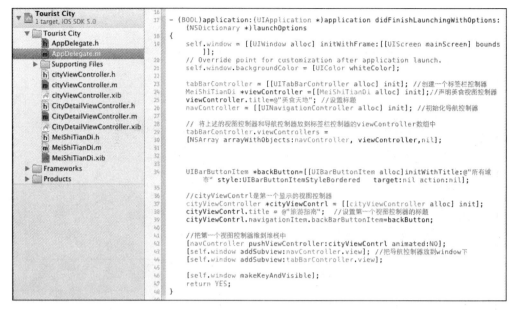

图 9-43　标签栏控制器代码

05 运行程序，就可以在两个标签下切换，每个标签都保持最近的一个运行状态。结果如图 9-44 所示。

图 9-44　演示标签栏功能

9.4.2　UITabBarItem

从 eBay 手机应用上看到（如图 9-45 所示），标签栏上不仅仅有文字，而且有图标，如 Home。其实，每个视图控制器类都有一个 UITabBarItem。通过这个类，可以设置视图控制器在标签栏上的标题和图像。标题和图像分为两类：一个是自己的图像和文字；另一个是系统的图像和文字（如

More 是用于显示更多标签的按钮）。iPhone/iPad 提供了如表 9-1 所示的系统图像。

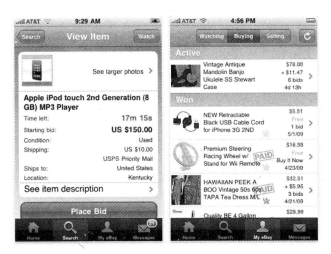

图 9-45　标签栏上使用自己的图标

表 9-1　iPhone/iPad 提供的系统图像

图像	文本信息	常量值
•••	More	UITabBarSystemItemMore
★	Favorites	UITabBarSystemItemFavorites
✂	Featured	UITabBarSystemItemFeatured
★	Top 25	UITabBarSystemItemTopRated
🕐	Recent	UITabBarSystemItemRecents
👤	Contacts	UITabBarSystemItemContacts
🕐	History	UITabBarSystemItemHistory
📖	Bookmarks	UITabBarSystemItemBookmarks
🔍	Search	UITabBarSystemItemSearch
⊕	Updates	UITabBarSystemItemDownloads
🏥	Most Recent	UITabBarSystemItemMostRecent
👪	Most Viewed	UITabBarSystemItemMostViewed

下面给 9.4.1 节中创建的各个标签添加一个图像。以下是执行步骤。

01 添加图像到项目中，如图 9-46 所示。

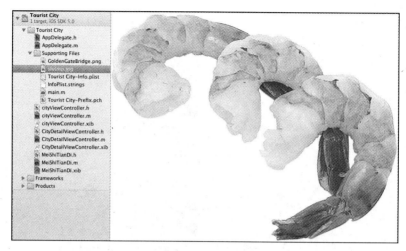

图 9-46　添加一个图像到项目上

02 如图 9-47 所示，添加 UITabBarItem 代码到 cityViewController.m 的 viewDidLoad 方法下：

```
- (void)viewDidLoad {
    UIBarButtonItem *discountButton = [[UIBarButtonItem alloc]
        initWithTitle:@"折扣信息" style:UIBarButtonItemStyleBordered
        target:self action:@selector(discount:)];
    self.navigationItem.leftBarButtonItem = discountButton;

    UITabBarItem *item = [[UITabBarItem alloc]
        initWithTitle:@"旅游指南"
//initWithTabBarSystemItem:UITabBarSystemItemBookmarks
        image:[UIImage imageNamed:@"GoldenGateBridge.png"]
        tag:0];
    self.tabBarItem = item;
    [super viewDidLoad];
}
```

图 9-47　cityViewController.m

03 如图 9-48 所示，添加 UITabBarItem 代码到 MeiShiTianDi.m 的 viewDidLoad 方法下：

```
- (void)viewDidLoad {
    UIImage *tabImage = [UIImage imageNamed:@"shrimp.jpg"];
```

```
        UITabBarItem *item = [[UITabBarItem alloc]
                initWithTitle:@"美食天地"
                    //initWithTabBarSystemItem:UITabBarSystemItemBookmarks
                image:tabImage
                tag:0];
        self.tabBarItem = item;
        [super viewDidLoad];
}
```

图 9-48　MeiShiTianDi.m

04 运行应用程序。结果如图 9-49（a）所示。在上面的代码中，注释了系统图像的代码。如果换成系统图像，结果如图 9-49（b）所示。

（a）　　　　　　　　　　　　（b）

图 9-49　添加图像到标签栏上

我们发现，放在标签栏上的图必须是 transparent image with alpha channel。在上述例子中，我们并没有转换这两个图形为 transparent image with alpha channel。有兴趣的读者可以使用 Photoshop 这样的工具来转化。

第 10 章　滚动视图和表视图

图像的滚动是通过滚动视图来实现的。滚动是 iPhone/iPad 的常见功能。因为屏幕不能显示所有的数据，所以用户可以向上或向下拖移来滚动屏幕，如图 10-1 所示。在某些屏幕（如网页）上还可以从一侧滚动至另一侧。滚动视图还可用于其他数据的显示。

图 10-1　滚动操作

10.1　滚动视图

在术语上，视图的内容比它的边界大的视图叫滚动视图（UIScrollView）。为了显示某个区域，用户可以通过拖动来滚动内容（或者在代码中重新定位）。滚动视图由两部分组成：

● 滚动视图（图 10-2）：滚动视图自身表现为一个窗口，它的边界大小就是窗口的大小。
● 内容视图（图 10-3）：内容视图是通过窗口（滚动视图）展现的场景，内容视图比滚动视图大，否则不会滚动。滚动内容视图，部分内容就出现在滚动视图中（从而被显示出来）。

UIScrollView 类能够完成滚动功能。如图 10-2 和图 10-3 所示，实际的图的大小可能超出 iPhone 手机的屏幕大小（图中的框）。UIScrollView 的 contentSize 属性是内容视图的大小。

图 10-2　iPhone 手机上的图像显示

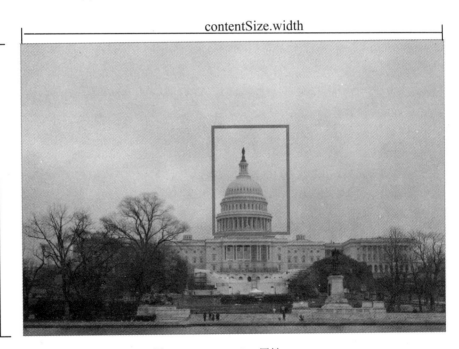

图 10-3　contentSize 属性

　　滚动视图并不是一个真的窗口，它仅仅是一个视图（其 clipsToBounds 属性通常为 YES）。内容视图并不是一个真的视图，它仅仅是为了放置滚动视图的子视图的一个参数集合（见图 10-2）。当滚动视图滚动时，真正改变的是边界原点，子视图参照边界原点被放置，因此它们随着它移动。

　　滚动视图具有以下功能：

● 它知道怎样根据用户的手势来移动原点。

- 它提供滚动指示器，指示器的尺寸和位置表明了内容视图的尺寸和位置。
- 支持缩放。

10.1.1 创建一个滚动视图

在创建视图时，可以设置 UIScrollView 的大小，也可以使用 frame 来设置视图的大小。例如：

```
CGRect frame = CGRectMake(0, 0, 200, 200);
scrollView = [[UIScrollView alloc] initWithFrame:frame];
```

针对前面的例子，首先创建图像视图，然后添加该图像视图到滚动视图下，最后设置滚动视图的大小为图像视图的大小。

```
frame = CGRectMake(0, 0, 500, 500);
myImageView = [[UIImageView alloc] initWithFrame:frame];
[scrollView addSubview:myImageView];
scrollView.contentSize = CGSizeMake(500, 500);
```

当用户滚动图像时，一些滚动事件触发（如发生了滚动）。在 iPhone/iPad 中，这是通过 UIScrollViewDelegate 来完成。下面是 UIScrollViewDelegate 的部分定义。

```
@protocol UIScrollViewDelegate<NSObject>
@optional
//发生了滚动
- (void)scrollViewDidScroll:(UIScrollView *)scrollView;
...
@end
```

除了滚动，UIScrollView 也支持放大和缩小。例如：

```
scrollView.maximumZoomScale = 2.0;//放大范围为 2 倍
scrollView.minimumZoomScale = scrollView.size.width /myImage.size.width;
```

在应用程序中，开发人员实现放大/缩小的代理方法，并返回将被放大/缩小的的视图。

```
- (UIView *)viewForZoomingInScrollView:(UIView *)view
{
return someViewThatWillBeScaled;
}
```

正如所看到的，在创建一个滚动视图时，只需要告诉它内容视图的大小（通过设置它的 contentSize 完成），并且把要显示的图像添加到滚动视图上（作为它的子视图）。有两种选择可提供子视图：在代码中直接提供（如上面的例子），或在 nib 文件中设计。

再来看一个例子（完整代码参见 ScrollView）。从 Single View Application 模板开始，从而可以得到一个根视图控制器。在视图控制器的 loadView 中，在代码中创建滚动视图并让它成为根视图。在这个视图上放置 30 个 UILabels，UILabels 的文本包含一系列的数值，这样当滚动时就知道滚动到哪里了。

```
UIScrollView* sv = [[UIScrollView alloc] initWithFrame:
                    [[UIScreen mainScreen] applicationFrame]];
```

```
sv.backgroundColor=[UIColor whiteColor];//设置滚动视图的背景色
self.view = sv;
CGFloat y = 10;
for (int i=0; i<30; i++) {
    UILabel* lab = [[UILabel alloc] init];
    lab.text = [NSString stringWithFormat:@"This is label %i", i+1];
    [lab sizeToFit];
    CGRect f = lab.frame;
    f.origin = CGPointMake(10,y);
    lab.frame = f;
    [sv addSubview:lab];
    y += lab.bounds.size.height + 10;
}
CGSize sz = sv.bounds.size;
sz.height = y;
sv.contentSize = sz; // 关键的一行
```

运行程序，结果如图 10-4 所示。

图 10-4　滚动视图

关键的一步是告诉滚动视图它的内容视图会是多大。如果遗漏了这一步，滚动视图就不能滚动了。是先设置 contentSize 还是先添加子视图，这个没有一定的规则。在这个例子中，是后设置 contentSize，这是因为不太容易预先计算总高度。程序运行时，还可以动态改变滚动视图的内容（即子视图）和 contentSize。

滚动视图的子视图需要设置好它的 autoresizing（自动尺寸）。例如，如果根视图控制器允许自动旋转，那么，滚动视图可能就要跟着旋转而改变大小。为了说明这些，增加下面几行代码：

```
lab.backgroundColor = [UIColor redColor]; // 使 label 边界可以被看见
lab.autoresizingMask = UIViewAutoresizingFlexibleWidth;
```

在实现 shouldAutorotateToInterfaceOrientation:方法返回 YES 之后，再运行应用程序，旋转设备。可以看到，这些 label 在横向模式上更宽，如图 10-5 所示，这是因为滚动视图本身更宽。

图 10-5　滚动视图旋转效果

在代码中创建一个滚动视图是常见的方式，这是因为滚动视图的内容直到运行时才确定。然而，如果只是使用一个滚动视图显示一个固定大小的视图（如显示一个大图片），在 nib 中设计会更简单。在 nib 文件中一个视图可以是 UIScrollView，并且可以是任意大小，当程序运行时，它的子视图将会是滚动视图的子视图，它将构成滚动视图的内容视图。滚动视图本身是一个视图控制器视图，当它放置在界面中时，会适当地自动调整大小。

唯一的问题是 nib 文件不提供设置滚动视图 contentSize 的方法，因此需要在代码中设置 contentSize，让它足够包含滚动视图的所有子视图。代码怎样知道尺寸多大呢？可以通过输出口解决该问题。当视图加载时，使用视图控制器的 viewDidLoad 方法得到子视图的 y 坐标，并设置内容视图大小（在底部空出额外空间）。

```
UIScrollView* sc = (UIScrollView*)self.view;
float width = sc.bounds.width;
// use lowest subview, "layout", as reference for content height
float height = self.layout.frame.origin.y + self.layout.frame.size.height +
20.0;
sc.contentSize = CGSizeMake(width, height);
```

一个更好的方法是把所有的视图放置在一个单独的容器视图中，该容器视图本身内嵌于滚动视图中。使用容器视图是为了显示滚动视图的 contentSize 是多大。这时候，不再需要输出口，因为已经知道容器视图是滚动视图的第一个子视图。

```
UIScrollView* sc = (UIScrollView*)self.view;
sc.contentSize = ((UIView*)[sc.subviews objectAtIndex:0]).bounds.size;
```

10.1.2　滚动视图的属性

滚动视图的目的是能够让用户滚动。很多属性影响着用户的体验。

● scrollEnabled

　如果是 NO，用户不能滚动，但是仍然可以在代码中滚动。

● scrollsToTop

　如果是 YES（默认），并且如果 scrollEnabled 是 YES，那么，用户可以轻击状态栏，这就可让内容滚动到顶部。

● bounces

　如果是 YES（默认），当用户滚动到最后时，用户还可以滚动到稍远一点（好像整个视图移上去的感觉，可以看到视图后面的背景）。当用户释放它时，视图迅速返回。如果没有这个效果，用户会突然感觉无法滚动这个视图。

● alwaysBounceVertical, alwaysBounceHorizontal

　如果是 YES，并且假定 bounces 也是 YES，即使给定的部分 contentSize 没有滚动视图大（其实不需要滚动），用户仍然可以滚动一些。当用户释放它时，视图迅速返回。

● directionalLockEnabled

　如果是 YES，并且在两个方向上都可以滚动，那么，当用户已经在一个方向上开始滚动时，在没有结束手势的情况下，用户就不能在另一个方向上重新开始。也就是说，用户只能在水平或垂直方向滚动，但是不能同时在两个方向滚动。

● decelerationRate（减速率）

　在轻弹（flick）手势后，滚动逐步慢下来。系统提供了 UIScrollViewDecelerationRateNormal（0.998）和 UIScrollViewDecelerationRateFast（0.99）标准的常量。低值意味着更快地减速。如果两个值都低于 0.5，用户就基本感觉不出区别来了。

● showsHorizontalScrollIndicator, showsVerticalScrollIndicator

　只有用户在滚动区域滚动时，滚动指示器才出现，并且既指示内容视图的大小，也指示用户所在的地方和滚动方向。默认是 YES。因为只有正在滚动时用户才能看见滚动指示器，否则没有滚动视图的任何指示。很多用户都喜欢让滚动指示器一直处于可视状态。苹果建议当滚动视图出现时，可调用 flashScrollIndicators 来让滚动指示器立刻可见。

● indicatorStyle

　可以选择的滚动指示器的风格如下：

　　➢ UIScrollViewIndicatorStyleDefault （黑，但是白边）

　　➢ UIScrollViewIndicatorStyleBlack （黑）

　　➢ UIScrollViewIndicatorStyleWhite （白）

● contentInset

　这是一个 UIEdgeInsets 结构，它指定了内容视图的边缘。它有 4 个 CGFloat，表明上、左、下和右的信息。一个典型的应用是滚动视图在用户界面（如一个半透明的状态栏、导航栏、工具栏）下面。即使滚动到这些区域下，也想显示视图的内容。例如，一个含有 30 个 label 的应用程序，它的 Info.plist 文件的 "Status bar style" 设置成 "Transparent black style"，并且滚动视图的视图控制器的 wantsFullScreenLayout 属性为 YES。那么，滚动视图就可以在状态栏下出现。有一个问题：在启动时，如果一直滚动到顶部，第一个 label 会被状态栏部分覆盖。可以通过提供一个 contentInset，它的顶部匹配状态栏的高度。这就可以解决这个问题。代码如下所示：

```
CGFloat top = [[UIApplication sharedApplication] statusBarFrame].size.height;
sv.contentInset = UIEdgeInsetsMake(top,0,0,0);
[sv scrollRectToVisible:CGRectMake(0,0,1,1) animated:NO];
```

- scrollIndicatorInsets

  这是一个 UIEdgeInsets 结构。它指定滚动指示器在位置上的移动。一个典型的应用是用来补偿 contentInset。例如，上面的例子中，当滚动到顶部时内容不再隐藏在状态栏下面，但是垂直滚动指示器的顶部可能隐藏在状态栏下。可以设置 scrollIndicatorInsets 属性为 contentInset 的值来解决这个问题。

还可以使用 contentOffset 和 scrollRectToVisible:animated:来指定内容视图的新位置。通过调用 setContentOffset:animated：方法，可以动画来设置 contentOffset。这个动画效果不会显示滚动指示器，它仅仅滚动内容到指定的位置。scrollRectToVisible:animated:调整内容视图，视图的指定 CGRect 就能位于滚动视图边界之内。这没有通过设置 contentOffset 精确，因为没有说明滚动最终位置在哪里。如果调用一个方法来动画地滚动，并且需要知道动画何时终止，可以实现滚动视图的 scrollViewDidEndScrollingAnimation: 委托方法。

10.1.3 分页显示

如果 pagingEnabled 属性是 YES，滚动视图不会让用户自由地滚动。整个滚动就是一块（一页）的滚动方式，用户只能每次滚动一个部分。例如，可以使用这个功能来显示图像。每一个图像视图是滚动视图的大小。一次滚动，用户能够看见下一张图像的全部内容或者之前的图像的全部内容。这是 pagingEnabled 的经典使用。

如果滚动指示器出现了，则是给用户一个信息：这个视图由多少"页"组成。另外，可以将 UIPageControl 和委托消息一起来使用。在下面的代码中，当用户滚动时，系统更新页控制器 pager：

```
- (void)scrollViewDidEndDecelerating:(UIScrollView *)scrollView {
    CGFloat x = scrollView.contentOffset.x;
    CGFloat w = scrollView.bounds.size.width;
    self.pager.currentPage = x/w;
}
```

下面的代码是，当用户轻击页控制器时，滚动那个 sv 滚动视图：

```
- (void) userDidPage: (id) sender {
    NSInteger p = self.pager.currentPage;
    CGFloat w = self.sv.bounds.size.width;
    [self.sv setContentOffset:CGPointMake(p*w,0) animated:YES];
}
```

有时可以使用滚动视图来显示动态的内容，而不是静态的内容。例如，有成百上千的照片，若想让户能够通过翻页的方式来查看各个照片，则滚动视图是一个很好的方式。问题是，一个由所有的照片组成的巨大的滚动视图对资源的消耗是巨大的。解决方案是让一个滚动视图只有3个照片：一个是用户正在看的，一个是刚刚看的，一个是下一个将要看的。先给三个照片位置编个号：前一个编号为1，正在看的为2，下一个将要看的为3。假设用户滚动把下一个照片放入视图，则需要把位置3显示出来。把位置3移动到位置2，位置2移动到位置1，让内容视图显示位置2的照片。这时位置3空了出来，然后通过委托方法把下一个照片移动到位置3。现在用户又可以像之前一样向左边移动或向右移动。

10.1.4　放大和缩小

为了实现滚动视图的内容的缩放，需要设置滚动视图的 minimumZoomScale 和 maximumZoomScale，确保它们中至少有一个不是1，这也是默认设置。也要在滚动视图的委托中实现 viewForZoomingInScrollView:方法，从而告诉滚动视图是哪一个子视图成为可滚动的视图。一般来说，希望滚动视图的全部内容都是可滚动的。

在前面的例子中创建了一个包含30个label的滚动视图。为了使这个滚动视图可以缩放，需要修改创建方式。目前，滚动视图的子视图只是30个labels。让它们成为一个可伸缩的视图的子视图，并且使该可伸缩的视图成为滚动视图的子视图（完整代码参见 Zoom）。

```
//Case 1:
UIScrollView* sv = [[UIScrollView alloc] initWithFrame:
                    [[UIScreen mainScreen] applicationFrame]];
sv.backgroundColor=[UIColor whiteColor];
self.view = sv;
UIView* v = [[UIView alloc] init]; // 滚动视图
CGFloat y = 10;
for (int i=0; i<30; i++) {
    UILabel* lab = [[UILabel alloc] init];
    lab.text = [NSString stringWithFormat:@"This is label %i", i+1];
    [lab sizeToFit];
    CGRect f = lab.frame;
    f.origin = CGPointMake(10,y);
    lab.frame = f;
    [v addSubview:lab]; // labels are subviews of scalable view
    y += lab.bounds.size.height + 10;
}
CGSize sz = sv.bounds.size;
sz.height = y;
sv.contentSize = sz;
v.frame = CGRectMake(0,0,sz.width,sz.height);
[sv addSubview:v];
```

到目前为止，滚动视图还不能缩放。为了使它可以缩放，用下面的代码替换最后两行代码。

```
v.tag = 999;
sv.minimumZoomScale = 1.0;
sv.maximumZoomScale = 2.0;
sv.delegate = self;
```

已经给滚动视图指定了一个标签，方便在后面找到它。已经为滚动视图设置了缩放限制，并且设置自己为滚动视图的委托。下面实现 viewForZoomingInScrollView:方法来返回可伸缩的视图。

```
- (UIView *)viewForZoomingInScrollView:(UIScrollView *)scrollView {
    return [scrollView viewWithTag:999];
}
```

现在就可以缩放滚动视图了（如使用捏合手势）。运行程序，结果如图 10-6 所示。

图 10-6   缩放滚动视图

视图的缩放可以暂时超出所设置的限制，当手势结束后，缩放返回到限制的值。如果想严格限制缩放为定义的数值，那么可以设置滚动视图的 bouncesZoom 为 NO。这时候，当用户的缩放达到极限时，缩放就停止了。

如果 minimumZoomScale 是小于 1，那么，当可伸缩视图变得比滚动视图小时，它会被定格在滚动视图的顶端左侧。如果不喜欢，那么也可以改变它：通过子类化 UIScrollView 并且重载 layoutSubviews 方法，或者通过实现滚动视图的 scrollViewDidZoom: 委托方法。下面的例子演示了一种方式：当伸缩视图变得比滚动视图小时，它保持伸缩视图居中。

```
//Case 2:
- (void) scrollViewDidZoom:(UIScrollView*)sv {
    CGFloat svw = sv.bounds.size.width;
    CGFloat svh = sv.bounds.size.height;
    UIView* v = [sv viewWithTag: 999]; // the scalable view
    CGFloat vw = v.frame.size.width;
    CGFloat vh = v.frame.size.height;
    CGPoint c = v.center;
    if (vw < svw)
        c.x = svw / 2.0;
    if (vh < svh)
        c.y = svh / 2.0;
    v.center = c;
}
```

运行程序，结果如图 10-7 所示。

图 10-7　保持伸缩视图居中

在程序中缩放，有两个选择：

● setZoomScale:animated:
　根据比例值来放大。系统自动调整 contentOffset 来保持当前的中心居中并且内容视图占据全部的滚动视图。
● zoomToRect:animated:
　放大，从而让内容视图的矩形尽可能占据滚动视图的边界。系统自动调整 contentOffset 来使得内容视图占据全部的滚动视图。

例如，想实现双击作为 zoom-and-center（放大并居中）手势。一个实现方式可能是双击意味着放大和缩小：如果放大中途抬起手指，它就会一直放大。否则会一直缩小。手势识别器能关联到可伸缩视图。它报告它的 locationInView，所以可以通过手势识别器来获得中心点。下面要做的是提供一个以那个点为中心的可伸缩的矩形。下面是双击操作 UITapGestureRecognizer 的处理程序。

```
- (void) tapped: (UIGestureRecognizer*) tap {
  UIScrollView* sv = (UIScrollView*)tap.view.superview;
  CGPoint loc = [tap locationInView: tap.view];
  CGFloat targetScale =
      (sv.zoomScale <= 1.5) ? sv.maximumZoomScale : sv.minimumZoomScale;
  CGRect f = sv.bounds;
  CGFloat w = f.size.width/targetScale;
  CGFloat h = f.size.height/targetScale;
  CGRect r = CGRectMake(loc.x - w/2.0, loc.y - h/2.0, w, h);
  [sv zoomToRect:r animated:YES];
}
```

这里建了一个基于视图的项目：tapped_Zoom_Centered。运行程序，结果如图 10-8 所示。

（a）初始图片　　　　　　（b）第一次双击后　　　　　（c）第二次双击后

图 10-8　双击效果

10.1.5　滚动视图的委托

滚动视图的委托（遵守 UIScrollViewDelegate 协议）接收许多信息，这些信息有助于追踪滚动视图。

- scrollViewDidScroll:
  如果在代码中滚动视图，并且没有动画，则会收到这个消息一次。如果用户拖曳或轻拂，或者用户滚动到顶部，或者在代码中滚动并伴有动画，则会在滚动期间重复收到这个消息，这包括在用户手指抬起后的滚动视图的减速期间。在滚动确实已经结束时，还会收到其他委托消息。

- scrollViewDidEndScrolliyngAnimation:
  如果在代码中滚动并伴有动画，当动画结束时，会收到这个消息。

- scrollViewWillBeginDragging:, scrollViewDidEndDragging:willDecelerate:
  如果用户拖曳或轻拂滚动，则会在用户手指移动的开始和结束时收到这些消息。如果用户在抬起手指之前视图已经滚动到头了，则 willDecelerate 是 NO，并且滚动结束。如果翻页开启并且用户还没有完全翻页，则 willDecelerate 是 YES 并且着手委托消息（该消息报告滚动的减速）。

- scrollViewWillBeginDecelerating:, scrollViewDidEndDecelerating:
  在每次 scrollViewDidEndDragging:willDecelerate:到达并且值为 YES 后，就发送一次。当 scrollViewDidEndDecelerating:消息到达时，滚动结束。

- scrollViewShouldScrollToTop:, scrollViewDidScrollToTop:
  如果 scrollsToTop 是 NO，就不会收到这两个消息中的任何一个，因为在那种情况下"滚动到顶"被关闭了。即使 scrollsToTop 是 YES,第一个消息也会阻止用户滚动到顶部。第二个消息告诉用户已经滚动到顶,并且滚动结束。

另外,滚动视图有下面的只读属性,用来报告它的状态。

- tracking
  用户已经触碰了滚动视图,但是滚动视图还没有决定这是一个滚动还是其他类型的轻击。
- dragging
  用户正在拖曳滚动。
- decelerating
  用户已经滚动完毕并且抬起手指,滚动还在继续。

如果想在一个滚动完全结束后做一些其他事,那么需要实现下面的委托方法。

- scrollViewDidEndDragging:willDecelerate: 用户拖曳并且停止 (willDecelerate 是 NO)。
- scrollViewDidEndDecelerating: 用户拖曳,之后继续滚动。
- scrollViewDidScrollToTop: 用户使用"滚动到顶端"功能。
- scrollViewDidEndScrollingAnimation: 在代码中滚动,并且带有动画。

当一个不带动画的滚动结束时,不需要委托方法通知。因此,如果在滚动结束之后还有工作要做,可以在代码的下一行来完成。下面是三个报告放大动作的委托消息。

- scrollViewWillBeginZooming:withView:
  如果用户放大(或在代码中放大),当放大开始时会收到这个消息。
- scrollViewDidZoom:
  如果在代码中放大(即使带有动画),就会收到这个消息一次(并且也有可能收到 scrollViewDidScroll:)。如果用户放大,随着放大的进行,就会重复收到这个消息(随着放大的进行,也可能重复收到 scrollViewDidScroll:)。
- scrollViewDidEndZooming:withView:atScale:
  如果用户放大或在代码中放大,在最后一次 scrollViewDidZoom:之后会收到这个消息。

另外,在放大期间,滚动视图由下面的只读属性来报告它的状态。

- zooming
  滚动视图正在放大。
- zoomBouncing
  当缩放超出了它的最大最小限制时,滚动视图自动返回。当滚动视图在这个状态时,只会得到一个 scrollViewDidZoom:消息。

10.1.6 滚动视图的触摸

滚动视图将拖(drag)或捏合(pinch)解释为一个滚动或放大的命令。任何其他的手势都作用到子视图上。甚至可以把一个滚动视图放进另外一个滚动视图中。例如,在苹果 WWDC2010 上的一个照片应用程序，其中一张照片填满整个屏幕：可以从一张照片滚动到下一张（翻页的方式），也可以用捏合手势放大当前照片。在这个程序中，外部滚动视图是在图像之间进行分页，内部滚动视图包含当前图像和支持缩放功能。

下面来看一个例子（完整代码参见 drag_InScrollView）：在滚动视图中有一个可拖动的对象，这通过一个手势识别器来实现。假设有一幅地图，比屏幕要大，并且希望用户能够通过正常的方式滚动它，从而可以看见地图的任何一部分；也想让用户能够拖一个旗帜到地图的不同位置上，如图 10-9 所示。在 viewDidLoad 中配置滚动视图，用一个带 dragging:方法的 UIPanGestureRecognizer。

```objc
- (void)viewDidLoad {
    [super viewDidLoad];
    UIScrollView* sv = (UIScrollView*)self.view;
    UIImageView* imv =
        [[UIImageView alloc] initWithImage: [UIImage imageNamed:@"map.jpg"]];
    [sv addSubview:imv];
    sv.contentSize = imv.bounds.size;
    UIImageView* flag =
        [[UIImageView alloc] initWithImage: [UIImage
imageNamed:@"redflag.png"]]
    [sv addSubview: flag];
    UIPanGestureRecognizer* pan =
    [[UIPanGestureRecognizer alloc] initWithTarget:self
                                        action:@selector(dragging:)];
    [flag addGestureRecognizer:pan];
    flag.userInteractionEnabled = YES;
}
```

图 10-9　拖动前后

现在用户可以拖动地图或旗帜。下面的代码实现自动滚动：当用户拖动旗帜接近它的边缘时，滚动视图自动滚动它自己，如图 10-10 所示。可以通过手势识别器来完成这个功能。这里直接增加自动滚动代码到 dragging:方法上。

```objc
- (void) dragging: (UIPanGestureRecognizer*) p {
    UIView* v = p.view;
    if (p.state == UIGestureRecognizerStateBegan ||
            p.state == UIGestureRecognizerStateChanged) {
        CGPoint delta = [p translationInView: v.superview];
        CGPoint c = v.center;
        c.x += delta.x; c.y += delta.y;
        v.center = c;
        [p setTranslation: CGPointZero inView: v.superview];
    }
    //为了实现自动滚动增加的部分
    if (p.state == UIGestureRecognizerStateChanged) {
        CGPoint loc = [p locationInView:self.view.superview];
        CGRect f = self.view.frame;
        UIScrollView* sv = (UIScrollView*)self.view;
        CGPoint off = sv.contentOffset;
        CGSize sz = sv.contentSize;
        CGPoint c = v.center;
        // 到右边
        if (loc.x > CGRectGetMaxX(f) - 30) {
            CGFloat margin = sz.width - CGRectGetMaxX(sv.bounds);
            if (margin > 6) {
                off.x += 5;
                sv.contentOffset = off;
                c.x += 5;
                v.center = c;
                [self performSelector:@selector(dragging:) withObject:p
afterDelay:0.2];
            }
        }
        //到左边
        if (loc.x < f.origin.x + 30) {
            CGFloat margin = off.x;
            if (margin > 6) {
                // ... omitted ...
            }
        }
        // 到底部
        if (loc.y > CGRectGetMaxY(f) - 30) {
            CGFloat margin = sz.height - CGRectGetMaxY(sv.bounds);
            if (margin > 6) {
                // ... omitted ...
            }
        }
        // 到顶部
        if (loc.y < f.origin.y + 30) {
            CGFloat margin = off.y;
            if (margin > 6) {
                // ... omitted ...
            }
        }
    }
}
```

图 10-10　实现自动滚动

10.2　滚动视图实例

下面开发一个显示图像，并能滚动和放大/缩小图像的应用程序。

01 创建一个项目，选择 Single View Application 类型。在如图 10-11 所示的对话框中输入项目的名称。

图 10-11　创建操作图像的项目

02 添加一个图像到这个项目中。可以从其他地方（如 Documents 目录下）拖一个图像到 Resources 目录下。系统会问是否复制该图像到这个项目下，建议选择"是"。如图 10-12 所示，所添加的图像名称为 IMG_1936.JPG。

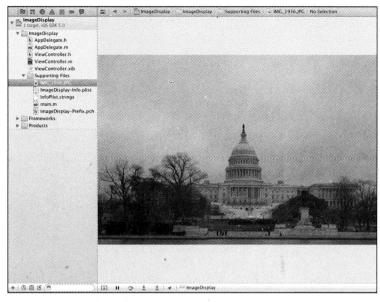

图 10-12　复制一个图像到本项目下

03 双击 ViewController.xib。如图 10-13 所示，将替换界面上的 View 为滚动视图。所以，先删除界面创建器上的 View（如图 10-14 所示），然后添加 Scroll View 到 ViewController.xib 上（如图 10-15 所示）。

图 10-13　编辑 nib

图 10-14　删除视图

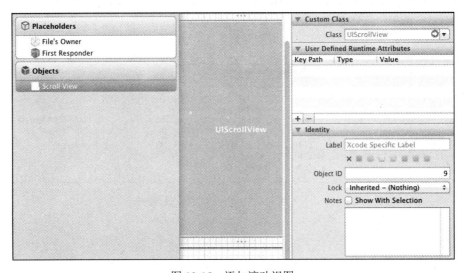

图 10-15　添加滚动视图

04 连接 ViewController 的 view 输出口参数到新加上的滚动视图。按下 ctrl 键，从 File's Owner 拖动光标到 Scroll View 上，在弹出窗口上选择 view，如图 10-16 所示。

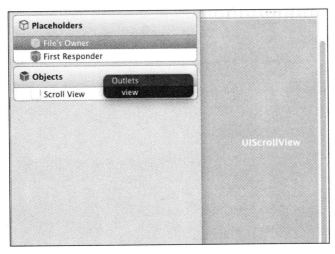

图 10-16　连接输出口变量到滚动视图上

05 按下 ctrl 键，从 View 那里拖光标到 File's Owner，如图 10-17 所示。选择 delegate。最后结果如图 10-18 所示。

图 10-17　delegate 输出口变量

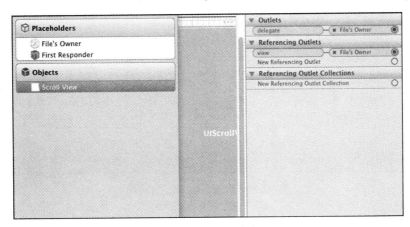

图 10-18　连接信息

06 添加代码。在 ViewController.h 下，添加 "UIImageView *imageView;" 代码来声明一个图像视图，如图 10-19 所示。

图 10-19　ViewController.h 代码

在 ViewController.m 下，编写代码如下：

```
- (void)viewDidLoad {
    UIImage *image = [UIImage imageNamed:@"IMG 1936.JPG"];//创建图像对象
    imageView = [[UIImageView alloc] initWithImage:image]; //创建图像视图
    [self.view addSubview:imageView]; //把图像视图放在滚动视图下
        //设置滚动视图大小为图像的大小
    [(UIScrollView*) self.view  setContentSize:[image size]];
    [(UIScrollView*) self.view  setMaximumZoomScale:2.0];//设置放大的比例为 2 倍
    [super viewDidLoad];
}
...
```

在 Xcode 上的代码如图 10-20 所示。

图 10-20　ViewController.m 代码

07 执行应用程序。结果如图 10-21 所示。可以滚动这个图像，并放大和缩小（按下 alt 键来模拟，这时出现两个白点）。

图 10-21　放大和缩小图像

　　除了 contentSize 属性，UIScrollView 还有其他一些属性。contentInset 就是放置导航控制栏和工具栏的位置。这两栏本身需要占用一定的屏幕空间。如图 10-22 所示，通过设置 contentInset.top 的大小就可以设置屏幕上的导航栏的空间位置，而通过设置 contentInset.bottom 的大小就可以设置屏幕上的工具栏的位置。另外，还有其他一些属性，如 scrollIndicatorInsets.top、contentOffset 等。有兴趣的读者可以参考苹果文档资料。

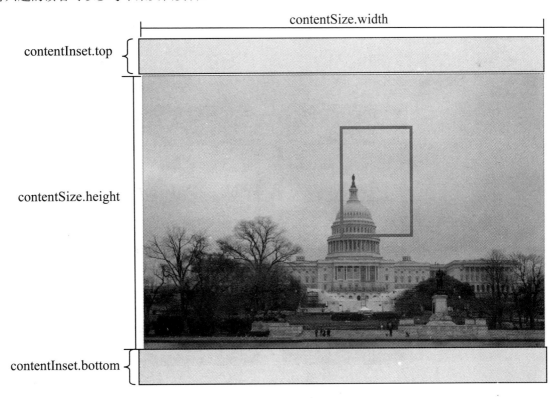

图 10-22　contentInset

10.3 表 视 图

经常需要显示大量数据，如通讯录。在 iPhone/iPad 上，可以使用表视图（UITableView）来显示它们。UITableView 是一个滚动界面，是一个垂直滚动的 UIScrollView 的子类。这用来呈现一列矩形单元（UITableViewCell），每个矩形单元称为表单元。

如图 10-23 所示，iPhone/iPad 上的表视图是 1 个列、多个行的表。用户可以上下滚动来查看更多的数据。另外，表视图还有类似书目录的功能。当单击通讯录上的某一个人时，通讯录会显示下一个视图来给出该人的详细联系信息，因此表视图还有若干导航的功能。简单来说，表视图主要有以下三个作用。

- 呈现信息：这些表单元一般包含文本内容，这些内容能提供给用户有用的信息。
- 挑选：表视图可以提供用户一系列的选择，用户通过轻击来选择某个表单元。当用户轻击一个单元后，应用程序对其做出反应。
- 导航：当用户选择一个单元后，一般的反应是导航到另一个界面。例如，通过一个模态视图或一个导航界面来实现。一个最通用的用法是主细界面，在此用法中，主视图是一个表视图（通常在一个导航界面的根上），用户轻击表中的一个单元来导航到细节上。细节视图包含完整的信息。

从用户的角度，创建一个表视图就是完成以下三个功能。

- 创建表视图。
- 为每一行提供文本或图像。
- 当用户选择某一行时，做出响应。

图 10-23　通讯录

10.3.1　表视图类型

除了它的一列单元格，一个表视图可以有：

● 表可以由一个页眉视图（在顶部）开始并以一个页脚视图（在底部）结束。
● 表视图可以分成几个块（区域）。每块有一个页眉和页脚。只要该块在屏幕上，页眉和页脚会一直可见，从而让用户知道目前在表视图中所在的位置。另外，表单元的右边还可以有索引。
● 表视图还可以是可编辑的，从而用户可以插入、删除和重新排序表单元。

表视图的显示风格分为两类：

● 如图 10-24 所示，不分组的显示。属性值为 UITableViewStylePlain。
● 如图 10-25 所示，分成几组的显示。属性值为 UITableViewStyleGrouped。

图 10-24　不分组显示　　　　图 10-25　分组显示

例如，下面的表视图是以组风格创建的（在一个视图控制器的 loadView 方法上）。

```
UITableView* tv = [[UITableView alloc] initWithFrame:CGRectMake(0,0,320,310)
                                     style:UITableViewStyleGrouped];
[v addSubview:tv];
tv.dataSource = self;
tv.delegate = self;
tv.scrollEnabled = NO;
self.tableView = tv;
```

对于分组的结构，每组叫做 section（把它翻译为"块"，也有人翻译为"分区"或"段"）。对于图 10-23 所示的联系人信息，B 开头的是一块，C 开头的是一块，以此类推。在块上的每一行叫做表单元（Table Cell）。每个块可能有块头和块尾。表和块的结构如下所示。

下面来看一个具体的例子，如图 10-26 所示。

图 10-26　分组实例

块的数目是从 numberOfSectionsInTableView:方法中返回的。对每一块，表视图都会查询数据源和委托来了解这个块是否有页眉或页脚，或都有，或都没有（默认）。可以通过以下两种方式来提供页眉和页脚。

- 页眉和页脚字符串
  实现数据源方法 tableView:titleForHeaderInSection: 或 tableView:titleForFooterInSection:或者两者都实现。返回值是 nil 表明给定的块没有页眉（或页脚）。返回一个字符串作为这一块的页眉（或页脚）。
- 页眉和页脚视图
  实现委托方法 tableView:viewForHeaderInSection:或 tableView:viewForFooterInSection:(或

者两者都实现）。提供的视图将是全部的页眉或页脚，并且会自动调整大小来适应表的宽度和块页眉或页脚的高度。如果提供的视图有子视图，确保该视图设置了合适的自动调整大小的行为（从而当视图自己被重新调整大小时，它们也会调整到合适的位置和尺寸）。

后一个功能更强大，虽然用字符串提供一个页眉或页脚是很简单的。对于后一个功能，还可以插入其他类型的对象（如一个按钮）。

无论通过什么方法来提供页眉或页脚，它的高度是由如下步骤决定的：默认高度来自表自身，该表有一个 sectionHeaderHeight 属性和一个 sectionFooterHeight 属性。但可以覆盖这个，这是通过采用委托方法 tableView:heightForHeaderInSection: 或 tableView:heightForFooterInSection:完成的。

10.3.2　UITableViewDataSource

一个表视图必须有一个数据源（表数据来自哪里），这是通过 UITableViewDataSource 协议完成的。另外，表视图通过 UITableViewDelegate 协议来实现表视图上的操作。一般而言，会创建一个 UITableViewController 的子类，然后在这个子类上实现数据源和表视图的操作。表视图是通过UITableView 完成的。如果有上百个联系人，那么 iPhone 应用程序应该怎样使用表视图显示这些联系人姓名呢？是一次性读入这上百个联系人还是显示几个读几个呢？显然，后一个方法比较节省资源。iPhone/iPad 使用 UITableViewDataSource 协议来提供后面的方法。表视图由表视图控制器提供数据，所以，表视图控制器实现（符合）UITableViewDataSource 协议（委托类）上的方法。UITableViewDataSource 提供了如下的获取块（section）和行（Row）的方法：

```
//获得表视图的块个数，默认返回 1。开发人员可以不实现该方法
- (NSInteger)numberOfSectionsInTableView:(UITableView *)table;
// 必须要实现的方法，返回指定块中的行数，如果每块有固定行数，可以使用
//switch 和 case 语句来返回各个块的行数
- (NSInteger)tableView:(UITableView *)tableView
numberOfRowsInSection:(NSInteger)section;
// 必须要实现的方法，返回某一行数据（即表单元）
- (UITableViewCell *)tableView:(UITableView *)tableView
cellForRowAtIndexPath:(NSIndexPath *)indexPath;
```

上面的 cellForRowAtIndexPath 方法中的 NSIndexPath 是块的编号（section）和行号（row）的组合。通过 NSIndexPath 就可以确定表单元（Table Cell）的位置。NSIndexPath 的定义如下：

```
@interface NSIndexPath (UITableView){
…
}
+ (NSIndexPath
*)indexPathForRow:(NSUInteger)rowinSection:(NSUInteger)section;
@property(nonatomic,readonly) NSUInteger section;//块
@property(nonatomic,readonly) NSUInteger row;//行
@end
```

表视图中的数据来自数据源，表视图的 dataSource（数据源）属性指向这个数据源对象，并且采用 UITableViewDataSource 协议。数据源是表视图的心脏，而且数据是动态获得的。下面是一些重要的特征和规则：

● 数据源不知道什么时候提供数据（也就是说，它也不知道这些方法什么时候被调用），所以它必须随时准备好。

● 表视图是动态请求数据的，所以必须保证性能。

在处理表视图的数据时，要回答如下问题：

● 表视图有多少块？

  表视图将调用 numberOfSectionsInTableView:方法，这会返回一个整数。默认的响应为 1。返回 0 表明表视图没有数据，这会阻止表视图的其他请求。

● 每一块有多少行？

  表视图将调用 tableView:numberOfRowsInSection:方法。表视图会提供一个块编号，第一个块的编号为 0。方法返回一个整数来响应。如果只有一个块，那么代码就没有必要检查输入参数（块号）。

● 在这个块上的指定行的内容是什么？

  表视图将调用 tableView:cellForRowAtIndexPath:。方法中的索引路径是一个 NSIndexPath 对象（块号和行号的组合）。该方法返回一个 UITableViewCell 对象。

图 10-27 为手机通讯录示例。

针对左边的例子：

numberOfSectionsInTableView = 5

块 0 中的行数 = 1

块 0 行 0 的表单元 = "Bill Gates"

块 1 中的行数 = 1

块 1 行 0 的表单元 = "Guo Chen"

…

图 10-27　通讯录

对于 tableView:cellForRowAtIndexPath:方法，你可以通过重用表单元来节省内存的使用。这是因为 iPhone 的窗口比较小，所以它一次只能显示几行数据。有时后面要显示的数据很多。如果为这么多数据创建等数量的表单元，那么，这将占用系统很多内存。一个处理方法是尽量重用表单元，以节省系统资源。也就是说，表单元的数量就是 iPhone 窗口能够显示的行数。当用户滚动上下屏幕时，使用 dequeueReusableCellWithIdentifier 方法获取一个可重用的表单元，然后把新数据放到这些表单元中。下面就是一个重用表单元的例子。

```
 - (UITableViewCell *)tableView:(UITableView *)tableView
cellForRowAtIndexPath:(NSIndexPath *)indexPath
```

```
{
        UITableViewCell *cell = [tableView
dequeueReusableCellWithIdentifier:@"MyIdentifier"];
        //获取一个可重用的表单元
        if (cell == nil) {//如果没有可重用的表单元
            cell = [[UITableViewCell alloc] initWithStyle:...
reuseIdentifier:@"MyIdenifier"];//创建一个
        }
        cell.text = [myStrings objectAtIndex:indexPath.row]//给表单元设置文本值
        return cell;
}

- (void)viewWillAppear:(BOOL)animated
{
        [super viewWillAppear:animated];
        [self.tableView reloadData];//重新装载数据,如当用户滚动表视图时
}
```

说明:

● 表视图维护一个可重用的表单元的缓冲区。因此,必须给每个缓冲区命名。这是通过给任何可重用的表单元附加一个单元标识字符串(@"MyIdentifier")完成。在大多数情况下,将只有一个缓冲区并且因此只有一个单元识别字符串,并且将希望每个单元都被重用,因此将附加该标识字符串给每个表单元。

● 为了获得表单元,给表视图发送dequeueReusableCellWithIdentifier:方法。这要求表视图从缓冲区中获得一个当前未被使用的单元名。这里有两种可能性:要么表视图返回一个单元(在此情况下,该单元是将返回的),要么表视图将返回空(因为在缓存中没有一个未用的表单元)。后一种情况下,将要自己创建单元。

● 如果dequeueReusableCellWithIdentifier:返回空,则创建一个新单元,使用initWithStyle:reuseIdentifier:初始化它。reuseIndentifier(重用标识)是表单元的重用标识。如果提供空值,则单元将不能重用。在已经刚刚初始化一个新的单元之后,还可以配置那个新单元。例如,可以添加子视图到单元的内容视图上。

● 在获得了一个单元之后(无论是刚刚创建它或者正在重用一个之前使用的单元),还可以配置单元。无论单元是新建的还是重用的,都应该配置那个单元。如果单元被重用过,这个单元的某些设置可能是从它的之前的使用继承下来的。

为了查看单元缓存的效率,看下面一个例子,它有一个块和100行。

```
- (UITableViewCell *)tableView:(UITableView *)tableView
        cellForRowAtIndexPath:(NSIndexPath *)indexPath {
    static NSString *CellIdentifier = @"Cell";
    UITableViewCell *cell =
        [tableView dequeueReusableCellWithIdentifier:CellIdentifier];
    if (cell == nil) {
        [[NSBundle mainBundle] loadNibNamed:@"MyCell" owner:self
options:nil];
        cell = self.tvc;
        NSLog(@"creating a new cell");
    }
    MyCell* theCell = (MyCell*)cell;
```

```
        UILabel* lab = theCell.theLabel;
        lab.text = [NSString stringWithFormat: @"This is row %i of section %i",
                indexPath.row, indexPath.section];
        return cell;
    }
```

当运行该代码并且滚动表视图，它显示了 100 个单元，如图 10-28 所示。但日志消息显示，实际上只有 11 个单元被创建，如图 10-29 所示。在实际的项目中，一般是从一个数据模块（M）中获得适合该行的数据。例如：

```
cell.textLabel.text = [titles objectAtIndex: [indexPath row]];
```

图 10-28   设置并显示 100 个单元

```
All Output ‡                                                    Clear  ▭▯ ▮▮▮ ▯▭
GNU gdb 6.3.50-20050815 (Apple version gdb-1706) (Tue Jul 19 23:33:12 UTC 2011)
Copyright 2004 Free Software Foundation, Inc.
GDB is free software, covered by the GNU General Public License, and you are
welcome to change it and/or distribute copies of it under certain conditions.
Type "show copying" to see the conditions.
There is absolutely no warranty for GDB.  Type "show warranty" for details.
This GDB was configured as "x86_64-apple-darwin".Attaching to process 1878.
2012-01-18 10:04:26.043 p516addCellSubviewsNibOutlets[1878:b903] creating a new cell
2012-01-18 10:04:26.089 p516addCellSubviewsNibOutlets[1878:b903] creating a new cell
2012-01-18 10:04:26.092 p516addCellSubviewsNibOutlets[1878:b903] creating a new cell
2012-01-18 10:04:26.094 p516addCellSubviewsNibOutlets[1878:b903] creating a new cell
2012-01-18 10:04:26.095 p516addCellSubviewsNibOutlets[1878:b903] creating a new cell
2012-01-18 10:04:26.097 p516addCellSubviewsNibOutlets[1878:b903] creating a new cell
2012-01-18 10:04:26.099 p516addCellSubviewsNibOutlets[1878:b903] creating a new cell
2012-01-18 10:04:26.100 p516addCellSubviewsNibOutlets[1878:b903] creating a new cell
2012-01-18 10:04:26.102 p516addCellSubviewsNibOutlets[1878:b903] creating a new cell
2012-01-18 10:04:26.104 p516addCellSubviewsNibOutlets[1878:b903] creating a new cell
2012-01-18 10:04:37.043 p516addCellSubviewsNibOutlets[1878:b903] creating a new cell
```

图 10-29   实际创建单元数目

10.3.3   表单元基础

每个表单元（Table Cell）是 UITableViewCell 对象，是表上的一行。表视图控制器的 cellForRowAtIndexPath 方法返回一个表单元。UITableView 组合各个表单元为整个表。另外，

UITableViewCell 继承了 UIView，所以表单元的（内容）视图还可以具有自己的子视图。一个表单元的结构如图 10-30 所示。

图 10-30　表单元的结构

如图 10-30 所示，从左到右，一个表单元可以有一个图像、一些文字信息和一个附属视图。它的初始化方法如下：

```
- (id)initWithStyle:(UITableViewCellStyle)style reuseIdentifier: (NSString
*) reuseIdentifier;
```

上面方法中的 reuseIdentifier 允许表单元被重用。UITableViewCellStyle 是表单元的类型。下面通过几个实例来解释不同的类型：

● UITableViewCellStyleDefault：只有一行文字（UILable，属性名为 textLabel），是默认设置。例如：

在左边还可以有一个可选的 UIImageView（它的 imageView）。如果没有图像，label 占据单元格的全部宽度。

● UITableViewCellStyleSubtitle：两行字（都是 UILable，它的 textLabel 和 detailTextLabel）。第二行字小一些。下面第一个表单元属于这个风格。

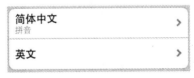

在左边还可以有一个可选的 UIImageView（它的 imageView）。

● UITableViewCellStyleValue1：下面两个表单元都属于该风格。

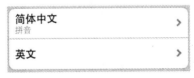

表单元有两个 UILable（textLabel 和它的 detailTextLabel），一边一个，并且在左边有一个可选的 UIImageView。第一个标签左对齐，第二个右对齐。如果第一个标签的文本太长，则第二个标签不会显示。

● UITableViewCellStyleValue2：下面的表单元属于这个风格。

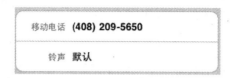

表格单元有两个 UILable，一边一个，第一个小一些。没有 UIImageView。标签的大小是固定的，并且标签的文本若太长会被截掉。

正如上面提到的，UITableViewCell 可以有一个图像视图和 1 个或 2 个文本标签，例如：

在代码中，可以设置文字和图片信息：

```
cell.imageView.image = [UIImage imageNamed:@"abc.png"];
cell.textLabel.text = @"大文字信息";
cell.detailTextLabel.text = @"下面的小文字信息";
```

表单元使用的是 UILable，下面是一些可以修改的 UILable 的属性：

● text：label 中显示的字符。

● textColor, highlightedTextColor：textColor 是 text 显示的颜色，highlightedTextColor 是当 text 被选中时显示的颜色，如果没有设置，当选中 text 时，lable 会自动显示一个不同于 textColor 的颜色。

● textAlignment：text 怎样对齐，可以选择 UITextAlignmentLeft、UITextAlignmentCenter 和 UITextAlignmentRight。

● numberOfLines：lable 中 text 显示的最多行数。文本信息可以在多行显示（一行显示不下时，可以换到下一行）。0 表示无最大限制。

● lineBreakMode：text 超出了 label 的宽度后的显示风格，默认是 UILineBreakModeTailTruncation（它表示：如果文本放不下，一个省略符号会出现在文本的最后）。

● font：label 里显示的字体。可以减少字体的大小来放更多的文本到标签中。字体名包括它的样式，因此可以改变加粗字体到不加粗，反之亦然。例如：

```
cell.textLabel.font = [UIFont fontWithName:@"Helvetica-Bold" size:12.0];
```

● minimumFontSize, adjustsFontSizeToFitWidth：如果 numberOfLines 是 1，可以通过设置这两个属性使字体大小自动收缩以适应 label 的宽度。

● shadowColor, shadowOffset：text 的阴影设置。添加一个小阴影能够使大文本更清晰。

对于左边的图像视图，可以通过提供一个更小的图像，并且设置图像视图的 contentMode 属性

为 UIViewContentModeCenter。例如:

```
UIImage* im = [UIImage imageNamed:@"pic.png"];
UIGraphicsBeginImageContextWithOptions(CGSizeMake(35,35), YES, 0.0);
[im drawInRect:CGRectMake(0,0,35,35)];
UIImage* im2 = UIGraphicsGetImageFromCurrentImageContext();
UIGraphicsEndImageContext();
cell.imageView.image = im2;
cell.imageView.contentMode = UIViewContentModeCenter;
```

表视图支持以下几种附属类型(accessoryType)和附属视图(accessoryView):

● UITableViewCellAccessoryDisclosureIndicator(右边带一个箭头)

例如:

```
cell.accessoryType = UITableViewCellAccessoryDisclosureIndicator;
```

● UITableViewCellAccessoryCheckmark(右边有一个对号)

● UITableViewCellAccessoryDetailDisclosureButton(在蓝色按钮中有一个白色箭头)

对于 accessoryView,可以指定一个 UIView,显示在表单元的右下角。例如:

```
UIButton* b = [UIButton buttonWithType:UIButtonTypeRoundedRect];
[b setTitle:@"Tap Me" forState:UIControlStateNormal];
[b sizeToFit];
// ... also assign button a target and action ...
cell.accessoryView = b;
```

下面是表单元的其他一些属性:

● indentationLevel, indentationWidth
这些属性给表单元在左边留下一些空间,主要用于显示层次结构。也可以在运行时设置一个表单元的 indentation level,这通过实现委托的 tableView:indentationLevelForRowAtIndexPath:方法来完成。

● selectionStyle
当表单元被选中时的背景设置。默认是蓝色渐变色(UITableViewCellSelectionStyleBlue),或者可以选择 UITableViewCellSelectionStyleGray(灰色渐变色)或者 UITableViewCellSelectionStyleNone。

● backgroundColor, backgroundView, selectedBackgroundView

可以在 tableView:willDisplayCell:forRowAtIndexPath:方法中设置背景色等。backgroundView 属性是允许使用一个 UIImageView。

下面是一些表视图自带的与表单元相关的属性：

- rowHeight

  表单元的高度。这是处理过长文本的另一种方式：除了减小字体大小之外，可以增加单元格的大小。可以在 nib 文件中改变该值（表视图的行宽是在 Size 指示器中修改）。单元格的子视图能够自动调整大小来适应表单元的高度。在委托的 tableView:heightForRowAtIndexPath:方法设置表单元的不同高度，从而动态设置一个表单元的高度。

- separatorColor, separatorStyle

  后者可以在 nib 中设置，可供选择的是 UITableViewCellSeparatorStyleNone 和 UITableViewCellSeparatorStyleSingleLine。

在下面这个例子中，它是一个 UITableViewCellStyleDefault 表单元，缩小图片并且将其放在图像视图的中心，并提供一个灰色渐变色作为单元格的背景，并且围绕单元格放置一个圆角矩形，如图 10-31 所示。

```objc
- (void)tableView:(UITableView *)tableView willDisplayCell:(UITableViewCell *)cell
                                  forRowAtIndexPath:(NSIndexPath *)indexPath {
    UIView* v = [[UIView alloc] initWithFrame:cell.frame];
    CAGradientLayer* lay = [CAGradientLayer layer];
    lay.colors = [NSArray arrayWithObjects:
    (id)[UIColor colorWithWhite:0.6 alpha:1].CGColor,
    [UIColor colorWithWhite:0.4 alpha:1].CGColor, nil];
    lay.frame = v.layer.bounds;
    [v.layer addSublayer:lay];
    lay.borderWidth = 1;
    lay.borderColor = [UIColor blackColor].CGColor;
    lay.cornerRadius = 5;
    cell.backgroundView = v;
    [cell.layer setValue:@"done" forKey:@"done"];
    cell.backgroundColor = [UIColor blackColor];
    cell.textLabel.backgroundColor = [UIColor clearColor];
}
```

图 10-31   设置圆角矩形单元格

下面的方法返回表视图上的某一行的附属类型：

```
- (UITableViewCellAccessoryType)tableView:(UITableView *)table
accessoryTypeForRowWithIndexPath:(NSIndexPath *)indexPath;
```

可以针对不同附属类型提供不同代码，如下面的代码只处理 UITableViewCellAccessoryDetail-DisclosureButton 的附属类型：

```
- (void)tableView:(UITableView *)tableView
accessoryButtonTappedForRowWithIndexPath:(NSIndexPath *)indexPath
{
    // Only for the blue disclosure button
    NSUInteger row = indexPath.row;
    ...
}
```

可以在右边给表单元增加一个索引，这样的话，用户可以轻击这个索引，从而可以跳转到一个块的开始部分。这对于很长的表视图是很有用的。为了生成索引，要实现数据源方法 sectionIndexTitlesForTableView:，这返回一个字符串 NSArray。即使块没有页眉，这也可以很好地工作。一般索引值很短（如 1 个字符），它会在表单元的右边缘。一般而言，索引值和块之间是一对一的关系。当用户轻击一个索引项，就跳转到对应块的开始。下面来看一个例子，有两个数组：

● sectionNames：一个是块的名称列表（各个字母）。

● sectionData：一个是数组的数组，所有以每一个字母开始的文字放在一个数组上。

下面就是为表视图提供页眉页脚和索引的代码：

```
- (NSInteger)tableView:(UITableView *)tableView
    numberOfRowsInSection:(NSInteger)section {
    return [[sectionData objectAtIndex: section] count];
}
```

```
- (NSString *)tableView:(UITableView *)tableView
     titleForHeaderInSection:(NSInteger)section {
   return [sectionNames objectAtIndex: section];
}
- (NSArray *)sectionIndexTitlesForTableView:(UITableView *)tableView {
   return sectionNames;
}
- (UITableViewCell *)tableView:(UITableView *)tableView
     cellForRowAtIndexPath:(NSIndexPath *)indexPath {
   // ... skipping the boilerplate ...
   NSDictionary* card =
       [[sectionData objectAtIndex: [indexPath section]]
                   objectAtIndex: [indexPath row]];
   cell.textLabel.text = [card valueForKey:@"latin"];
   // ...
   return cell;
}
```

以下是一些与表单元相关的 UITableView 方法:

● visibleCells
    显示在表的边界中的单元的数组。

● indexPathsForVisibleRows
    显示在表的边界中的行的数组。

● indexPathForCell:
    对于一个从表视图中得到的单元,返回它所在的行。

10.3.4 定制表单元

如果觉得表单元上只有一个图像和一些文字还不够的话,还可以在表单元内部加上另一个视图(颇像 HTML 语法中的 cell 内可放其他内容)。UITableViewCell 本身有一个 contentView 属性。下面这个例子就放了一个自定义的文本标签:

```
- (UITableViewCell *)tableView:(UITableView *)tableView
cellForRowAtIndexPath:(NSIndexPath *)indexPath
{
    UITableViewCell *cell =…;
    CGRect frame = cell.contentView.bounds;
    UILabel *myLabel = [[UILabel alloc] initWithFrame:frame];
    myLabel.text =…;
    [cell.contentView addSubview:myLabel];
}
```

简单来说,共有三种方式来定制表单元外观以及它包含的子视图:

● 提供一个 UITableViewCell 子类并重载 LayoutSubviews 方法改变内置子视图的框架。

● 在 tableView:cellForRowAtIndexPath:方法里,在创建表单元时,添加子视图到每个单元的 contentView。contentView 是单元子视图的超视图(除了 accessoryView)。

● 在 nib 中设计表单元,并且每次一个单元需要被创建时,就使用 tableView:cellForRow-AtIndexPath:方法加载该 nib。

下面将解释每种方式。

重载表单元的子视图布局

不能在 tableView:cellForRowAtIndexPath: 或 tableView:willDisplayCell:forRowAtIndexPath:方法中直接改变一个子视图的框架（系统表单元样式）。这是因为，在改变后，layoutSubviews 会重载它们。解决的办法是重写 layoutSubviews。例如，修改一个 UITableViewCellStyleDefault 单元，从而图像在右边对齐而不是在左边对齐。建立一个 UITableViewCell 子类 MyCell（当建立一个新的Objective-C 类文件时，在 Subclass of 弹出菜单中提供 UITableViewCell 作为默认类。下面是 MyCell的 layoutSubviews:

```
- (void) layoutSubviews {
    [super layoutSubviews];
    CGRect cvb = self.contentView.bounds;
    CGRect imf = self.imageView.frame;
    imf.origin.x = cvb.size.width - imf.size.width-5;
    self.imageView.frame = imf;
    CGRect tf = self.textLabel.frame;
    tf.origin.x = 0;
    self.textLabel.frame = tf;
}
```

现在，在表视图的数据源中，改变了创建新表单元的那一行，这是为了生成 MyCell 的实例:

```
cell = [[MyCell alloc]
        initWithStyle:UITableViewCellStyleDefault
        reuseIdentifier:CellIdentifier];
```

运行程序，结果如图 10-32 所示。

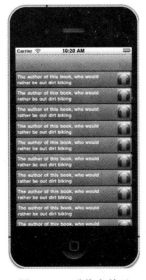

图 10-32　重载表单元

在代码中增加一个子视图

重写上面的例子，不需要 UITableViewCell 子类。不是去修改已经存在的 imageView 和 textLabel，而是给每一个 UITableView 的内容视图增加一个全新的 UIImageView 和 UILable，每一个都能赋值给一个运行时不会改变的框架。有一些需要注意的地方：

- 当实例化一个新表单元时，新的视图必须被添加进去，而不是在重用一个表单元时。
- 应该赋值新视图一个合适的 autoresizingMask，因为表单元的内容视图可能会被调整大小的。
- 每一个新的视图都应该指定一个标签，从而可以在别的地方引用它。
- 不能向表单元自身发送 addSubview 消息，只是对它的 contentView（或某个它的子视图）发送消息。

下面是一个使用 tableView:cellForRowAtIndexPath 实现的例子：

```
- (UITableViewCell *)tableView:(UITableView *)tableView
        cellForRowAtIndexPath:(NSIndexPath *)indexPath {
    static NSString *CellIdentifier = @"Cell";
    UITableViewCell *cell =
        [tableView dequeueReusableCellWithIdentifier:CellIdentifier];
    if (cell == nil) {
        cell = [[UITableViewCell alloc]
                    initWithStyle:UITableViewCellStyleDefault
                    reuseIdentifier:CellIdentifier];
        CGFloat side = cell.contentView.bounds.size.height;
        UIImageView* iv = [[UIImageView alloc] init];
        iv.frame =
            CGRectMake(cell.contentView.bounds.size.width - side, 0, side,
side);
        iv.tag = 1;
        iv.autoresizingMask = UIViewAutoresizingFlexibleHeight |
                            UIViewAutoresizingFlexibleLeftMargin;
        [cell.contentView addSubview:iv];

        UILabel* lab = [[UILabel alloc] init];
        lab.frame =
            CGRectMake(5, 0, cell.contentView.bounds.size.width - side - 10,
side);
        lab.tag = 2;
        lab.autoresizingMask = UIViewAutoresizingFlexibleHeight |
                            UIViewAutoresizingFlexibleRightMargin;
        [cell.contentView addSubview:lab];

    }
    UILabel* lab = (UILabel*)[cell viewWithTag: 2];
    // ... set up lab here ...
    UIImageView* iv = (UIImageView*)[cell viewWithTag: 1];
    // ... set up iv here ...
    return cell;
}
```

在上面的例子中，使用自己的单元子视图，而不是内置的单元样式子视图。这有一些明显的优势：可以设置子视图的框架，并且把它们放在所想要的位置。可以在 tableView:cellForRowAtIndexPath:中设置 clearColor 属性。使用代码的坏处是代码本身的冗长，这可以通过在 nib 中设置来避免。

在 nib 文件中设计一个表单元

为了在 nib 文件中设计一个单元，由创建一个 nib 文件开始，这个 nib 文件只包含这一个单元。在 Xcode 中用视图模板创建一个新的用户界面文件，命名为 MyCell.xib。在 nib 编辑器里，从 dock 中删除 UIView 并且用一个来自对象库中的表视图单元替换它。

表单元的设计窗口显示一个标准尺寸的单元格。使用属性指示器，可以添加一个附属视图（之后，内容视图会相应地缩小）。该单元为一个 UITableViewCellStyleDefault 属性类型，可以直接设置它的 textLabel 和 imageView。下面插入自己的子视图：一个单元左边的 UILabel 和右边的 UIImageView，最后结果如图 10-33 所示。

图 10-33　nib 中设计表单元

当用代码添加子视图时，设置了每个子视图的自动调整尺寸的行为并给每个子视图一个标签。在这个例子中，是在 nib 中做这两项任务（而不是用代码）。

01 添加一个 UITableViewCell 输出口。当 nib 加载时，将能够通过这个实变量访问单元格，如图 10-34 所示。

```
@property (nonatomic, assign) IBOutlet UITableViewCell* tvc;
```

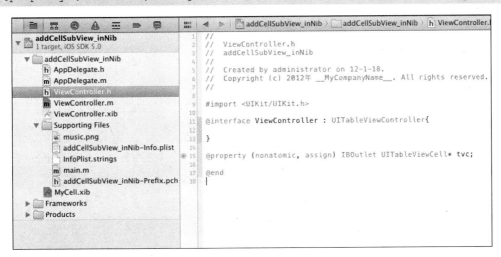

图 10-34　添加输出口

02 在 nib 中，赋予 tvc 输出口的类为文件的拥有者（File's Owner），并且将它的 tvc 输出口连上单元格，如图 10-35 所示。

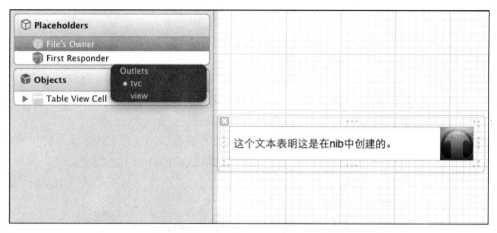

图 10-35　连接输出口到 File's Owner

03 在属性指示器中设置单元格相同的标识符字符串（即在代码中使用的标识符）。如果在 nib 中的单元的标识和代码中的标识字符串不匹配，单元格将不能被正确地重用,如图 10-36 所示。

```
static NSString* CellIdentifier = @"Cell";
```

图 10-36　设置单元标识符

下面修改 tableView:cellForRowAtIndexPath:方法。每当需要一个新单元时，就加载 nib（自己作为拥有者）。这意味着，一个新单元实例被设置到 tvc 实例变量中，因此可以使用 tvc 来引用单元格。

```
- (UITableViewCell *)tableView:(UITableView *)tableView
      cellForRowAtIndexPath:(NSIndexPath *)indexPath {
   static NSString *CellIdentifier = @"Cell";
   UITableViewCell *cell =
      [tableView dequeueReusableCellWithIdentifier:CellIdentifier];
   if (cell == nil) {
      [[NSBundle mainBundle] loadNibNamed:@" MyCell" owner:self
options:nil];
      cell = self.tvc;
   }
   UILabel* lab = (UILabel*)[cell viewWithTag: 2];
```

```
    // ... set up lab here ...
    UIImageView* iv = (UIImageView*)[cell viewWithTag: 1];
    // ... set up iv here ...
    return cell;
}
```

在上面的代码中，单元是由两行简单代码所创建。接下来配置它。不需要冗长的配置代码，这是因为该子视图可以在 nib 中配置。可以删除以下配置代码：

```
lab.numberOfLines = 2;
lab.textAlignment = UITextAlignmentLeft;
lab.adjustsFontSizeToFitWidth = YES;
lab.lineBreakMode = UILineBreakModeClip;
lab.minimumFontSize = 0.1;
lab.textColor = [UIColor whiteColor];
lab.highlightedTextColor = [UIColor blackColor];
lab.font = [UIFont fontWithName:@"Helvetica-Bold" size:12.0];
lab.text = @"This is a test";
```

如果不喜欢使用 viewWithTag:来引用单元的子视图，而是宁愿使用属性，那么可以提供一个 UITableViewCell 子类并在那里创建输出口。具体步骤如下。

01 以一个 UITableViewCell 子类开始，将其称为 MyCell。（如果仍然有先前的 MyCell 例子，可以使用它们，但确保删除 layoutSubview 的重载。）给该类两个输出口，并确保 synthesize 它们。

```
@property (nonatomic, assign) IBOutlet UILabel* theLabel;
@property (nonatomic, assign) IBOutlet UIImageView* theImageView;
```

02 在表单元 nib 中，改变表单元类为 ViewController，并且链接子视图和表单元的输出口。

现在，可以再次修改 tableView:cellForRowAtIndexPath:方法：

```
- (UITableViewCell *)tableView:(UITableView *)tableView
      cellForRowAtIndexPath:(NSIndexPath *)indexPath {
    static NSString *CellIdentifier = @"Cell";
    UITableViewCell *cell =
        [tableView dequeueReusableCellWithIdentifier:CellIdentifier];
    if (cell == nil) {
        [[NSBundle mainBundle] loadNibNamed:@"MyCell" owner:self
options:nil];
        cell = self.tvc;
    }
    MyCell* theCell = (MyCell*)cell; // cast as MyCell, use properties
    UILabel* lab = theCell.theLabel;
    // ... set up lab here ...
    UIImageView* iv = theCell.theImageView;
    // ... set up iv here ...
    return cell;
}
```

至此，所有例子都在使用 loadNibNamed:方法。运行程序，结果如图 10-37 所示。

图 10-37   nib 中设计表单元

另外，从 iOS4 开始，可以使用 UINib 类来代替此行：

```
[[NSBundle mainBundle] loadNibNamed:@"ViewController" owner:self
options:nil];
```

可以这样写：

```
UINib* theCellNib = [UINib nibWithNibName:@"ViewController" bundle:nil];
[theCellNib instantiateWithOwner:self options:nil];
```

上面的变换可以大大提高性能，这是因为 UINib 类可以缓存一个加载的 nib（当第一次调用 nibWithNibName:bundle:时）。随后的 nibWithNibName:bundle:调用（针对同一个 nib）不需要做任何工作，这是因为 nib 已经在内存中了。

10.3.5   选中某一行后的处理

在 iPhone/iPad 应用程序中，当用户在列表中选择某一行时（如：在通讯录应用中，选择某一个姓名），应用程序往往触发一个操作，从而显示下一个信息（如某人的详细信息）。这其实是通过 didSelectRowAtIndexPath 方法完成的。，例如：在下面这个例子中，当用户选择某一行时，就从数组中获取要显示的对象，并通过新创建的视图控制器显示出来。

```
- (void)tableView:(UITableView *)tableView
didSelectRowAtIndexPath:(NSIndexPath *)indexPath
{
    NSUInteger row = indexPath.row;//当前选择的行
    id objectToDisplay = [myObjects objectAtIndex:row];
    // 为下一个新视图创建一个视图控制器
    MyViewController *myViewController = ...;
    myViewController.object = objectToDisplay;
    //把新的视图控制器推到导航控制器的堆栈中，并显示新视图
```

```
        [self.navigationController  pushViewController:myViewController
animated:YES];
    }
```

如果不想让某些行被选中，那么，可以编程为：

```
- (NSIndexPath *)tableView:(UITableView *)tableView
willSelectRowAtIndexPath:(NSIndexPath *)indexPath
{
    // 不允许选择以下行
    if (indexPath.row ==…) {
        return nil;
    } else
    {
        return indexPath;
    }
}
```

一个表视图单元有一个正常的状态和一个选择的状态，依据它的 selected 属性。虽然可以直接改变一个表单元的 selected 属性，但是推荐尽可能通过表视图管理选择。表视图的首要作用之一就是能让用户选择一个表单元（只要没有设置表视图的 allowsSelection 属性为 NO）。用户轻击一个标准的表单元，表单元转换到它的选择状态。这通常意味着表单元重绘（蓝色或灰色背景）。

在代码中，可以通过 UITableView 实例方法来获取和管理选择：

● indexPathForSelectedRow
  报告当前选择的行，如果没有选择，则为 nil。

● selectRowAtIndexPath:animated:scrollPosition:
  包含动画。最后一个变量表明表视图是否应该（并且如何）滚动来显示新选择的行：

  ➢ UITableViewScrollPositionTop
  ➢ UITableViewScrollPositionMiddle
  ➢ UITableViewScrollPositionBottom
  ➢ UITableViewScrollPositionNone

对前三个来说，表视图滚动（如果第二个变量是 YES，则会带有动画），从而选中的行出现在指定的位置。对于 UITableViewScrollPositionNone，表视图不滚动，如果选中行还没出现，则将不可见。

● deselectRowAtIndexPath:animated:
  取消选中的行（如果它被选择了），可有一个动画效果。没有自动的滚动发生，这个方法很少需要。为了取消当前选择的行，可以调用 selectRowAtIndexPath:animated: scrollPosition:，并使用一个 nil 索引路径。

若一个表视图改变了一个表单元的 selected（选中）状态，它也可能改变它的 highlighted（高亮）状态。这会设置表单元的每个子视图的高亮属性。这就是为什么当表单元被选中的时候，其上的一个 UILabel 的 highlightedTextColor 将被采用。当表单元被选中时，一个 UIImageView 能够显示一个 highlightedImage。当表单元被选中时，一个 UIControl 使用它的 highlighted（高亮）状态。

正如上面的代码所展示的，对用户选择的回应是通过表视图的委托来实现的。对于 willSelectRowAtIndexPath 方法，如果返回 nil，则阻止选择发生。若返回传入的索引路径，则允许选择该行；若返回不同的索引路径，则引起不同的表单元被选中。类似的方法还有：

- tableView:willSelectRowAtIndexPath:
- tableView:didSelectRowAtIndexPath:
- tableView:willDeselectRowAtIndexPath:
- tableView:didDeselectRowAtIndexPath:

当用户轻击一个单元格时，tableView:willSelectRowAtIndexPath:方法会被调用，对于前面选择的表单元，则会调用 tableView:willDeselectRowAtIndexPath:方法。默认情况下，用户一次只能选择一个单元，如果用户选择了一个新单元，当前选中单元变为取消选定。然而，可以通过委托方法来改变该默认行为。如果 tableView:willDeselectRowAtIndexPath:方法返回 nil，则该单元在用户选择另一个单元时还会保持选中。问题是，如果实现多行选中，表视图通过 indexPathForSelectedRow 方法只返回一个选中的行。所以，不推荐使用。

对于用户选择的响应通常是导航。典型的结构是主细模式：表视图列出用户一些信息列表（如人名），轻击后，详细视图来替换表视图，从而显示详细信息（如该人的电话号码信息）。很多时候，表视图将是一个导航界面，对用户选择所做出的反应就是构建一个详细视图并把它放在导航控制堆栈中。例如，下面这个程序从文章列表导向实际用户单击的文章：

```
- (void)tableView:(UITableView *)tableView
      didSelectRowAtIndexPath:(NSIndexPath *)indexPath {
    id item = [self.parsedData.items objectAtIndex: [indexPath row]];
    UIViewController* svc = [[StoryViewController alloc] initWithItem: item];
    [self.navigationController pushViewController:svc animated:YES];
}
```

在某些情况下，也许使用一个模态视图来替代一个导航界面：当用户轻击一个单元时，模态视图显示详细内容。专门用于一个表视图的显示的类是 UITableViewController,。系统的基于导航的应用程序项目模板就使用它：UINavigationController 的根视图控制器是一个 UITableViewController,，因此，在运行时导航界面完全被一个表视图占据。如果使用一个 UITableViewController，那么：

- UITableViewController 的 initWithStyle:方法构造表视图。
- 视图控制器自动产生表视图的委托和数据源。
- 表视图就是控制器的 tableView。tableView 属性被设为一个 UITableView 类型，因此，可以发送表视图消息给它。
- 当表视图出现的时候，viewWillAppear 方法自动清除选中标志。

按照惯例，如果选择一个表单元就会导航到下一个地方，单元的 accessoryType 应该是一个 UITableViewCellAccessoryDisclosureIndicator。这会在单元的右边出现一个灰色右箭头。它仅仅是一个提示：如果用户轻击单元，则将"移到右边"。

另一个可选的 accessoryType 是 UITableViewCellAccessoryDetailDisclosureButton。它是一个按

钮。如果用户单击按钮,则调用表视图委托的 tableView:accessoryButtonTappedForRowWithIndexPath: 方法（对用户作出响应）。在这种情况下，单元选择和轻击按钮可以是两个不同的导航动作。

10.3.6　UITableViewController

在创建基于表视图的代码时，可以选择 UITableViewController 类。当选择这个类时，

● 系统自动创建了表视图。
● 这个控制器类是表视图的数据源和委托类。通过委托（回调）方法，响应用户在表视图上的操作（如选择某行）。同时，控制器类访问数据模型来提供表视图的数据。
● 自动调用了 reloadData 方法来装载初始数据。
● 当用户从下一级返回时，自动去掉行的选择。
● 滚动显示表视图。

下面来看看如何刷新表视图数据。当表视图的数据改变时，表视图是不知道的，需要通过下面几种方法告诉它。

● reloadData
  这个方法让表视图询问数据源。这还包括询问索引项和块的页眉页脚。表视图重新生成那些可见单元。
● reloadRowsAtIndexPaths:withRowAnimation:
  这个方法让表视图询问数据源。这还包括询问块的页眉页脚（不包含索引项）。表视图为指定的行重新生成表单元。第一个变量是索引路径数组（为了产生一个索引路径，可使用 NSIndexPath 类方法 indexPathForRow:inSection: ）。
● reloadSections:withRowAnimation:
  这个方法让表视图询问数据源。这还包括询问块的页眉页脚（不包含索引项）。表视图会重新生成任何可见的块页眉以及指定块的可见的表单元。第一个变量是一个 NSIndexSet。

上面的 withRowAnimation 参数是以下其一：

● UITableViewRowAnimationFade
  旧视图渐渐变为新视图。
● UITableViewRowAnimationRight
● UITableViewRowAnimationLeft
● UITableViewRowAnimationTop
● UITableViewRowAnimationBottom
  旧视图以指定的方向滑出，新视图从相反的方向替换进来。
● UITableViewRowAnimationNone
  无动画，该参数直到 iOS3.0 才能使用。
● UITableViewRowAnimationMiddle
  在 iOS3.2 中引进，不常用。

还可以访问并直接改变一个表单元，这比使用 reload 方法刷新整个表视图好。reload 方法要求表视图计算它的整个布局，包括所有块的页眉、页脚和单元的高度（即使只有一行的数据需要被刷新）。如果一行的数据发生了改变，就可以直接改变相应的表单元内容。

10.3.7　表视图的滚动和搜索

一个 UITableView 是一个 UIScrollView，所以，一切关于滚动视图的东西也是适合表视图的。另外，一个表视图提供了下面两个方便的滚动方法：

- scrollToRowAtIndexPath:atScrollPosition:animated:
- scrollToNearestSelectedRowAtScrollPosition:animated:

其中的 scrollPosition 参数是关于 selectRowAtIndexPath:的。

一个表视图是呈现一个搜索结果的常用方式。用户通过一个检索字段，完成搜索操作。这就是 UISearchDisplayController 类的功能。当用户搜索后，它就用表视图列出了搜索结果。UISearchDisplayController 需要下面的一些对象。

- 一个搜索栏

  在界面上的一个 UISearchBar。这将成为 UISearchDisplayController 的 searchBar。
- 一个视图控制器

  这个控制器管理显示搜索结果的界面视图。这就是 UISearchDisplayController 的 searchContentsController。UISearchDisplayController 将以模态的方式呈现结果。
- 表视图

  表视图是搜索结果呈现的地方。它是 UISearchDisplayController 的 searchResultsTableView。它可以是已经存在的，或者 UISearchDisplayController 创建它。
- 表视图的数据源和委托

  它们是 UISearchDisplayController 的 searchResultsDataSource 和 searchResultsDelegate。它们控制着搜索结果表的数据和结构。通常情况下，它们一般是同一个对象，而且它们是同一个视图控制器。
- 委托

  一个可选的对象，它遵守 UISearchDisplayDelegate 协议。它将会收到关于结果显示的事件通知。它一般也是视图控制器。

UISearchBar 自己也可能有一个委托，被搜索的东西常常会是一个表视图，所以，搜索域可以有效地过滤掉表视图的内容。单个对象可能扮演上面的多个角色。

为了实现一个有搜索功能的表视图，可以通过 UISearchBar 搜索并且在第二个表视图中显示搜索结果。这第二个表视图是由 UISearchDisplayController 管理。第一个问题是如何让搜索域伴随着表视图一起出现。苹果自己的应用 Contacts 就是把搜索域作为表视图的页眉视图。在 nib 中，当把 UISearchBar 拖到 UITableView 上，这个搜索域就成为表视图的页眉视图，而且系统自动创建 UISearchDisplayController，如图 10-38 所示。

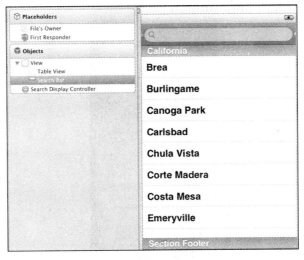

图 10-38　添加 UISearchBar

　　下面看一个实例。从一个由 UITableViewController 管理的表视图开始。在控制器的 viewDidLoad
上，创建搜索条并且把它放进表的页眉视图中。然后载入数据并且滚动页眉视图到视线之外。创建
UISearchDisplayController 并且把它绑到搜索条，并把委托、搜索表数据源、搜索表委托和
UISearchBar 委托为自己：

```
UISearchBar* b = [[UISearchBar alloc] init];
[b sizeToFit];
b.delegate = self;
[self.tableView setTableHeaderView:b];
[self.tableView reloadData];
[self.tableView
    scrollToRowAtIndexPath:[NSIndexPath indexPathForRow:0 inSection:0]
    atScrollPosition:UITableViewScrollPositionTop animated:NO];
UISearchDisplayController* c =
    [[UISearchDisplayController alloc] initWithSearchBar:b
                                contentsController:self];
self.sbc = c;
c.delegate = self;
c.searchResultsDataSource = self;
c.searchResultsDelegate = self;
```

　　当用户开始在搜索栏上轻击，UISearchDisplayController 自动变成活动状态：它抓住搜索栏和
视图控制器的视图，并且构建一个新的界面（带有动画效果）。这向用户表明搜索栏已经准备好接
收输入。当用户把字符输入到搜索栏中，UISearchDisplayController 已经准备好把它自己的搜索结
果表视图叠加到这个界面上面。UISearchBar 有一个取消按钮，用户可以通过轻击这个按钮来解除
UISearchDisplayController 创建的界面，如图 10-39 所示。

图 10-39　搜索栏

这里既是原先的表视图的数据源和委托，也是搜索结果表的数据源和委托。这意味着搜索结果表会自动有和原先表一样的数据源和结构。下面的任务是修改代码来检查表视图是否是搜索结果表视图，如果是，则只返回符合搜索栏上的文本的数据。另外，假设表视图显示 50 个州的名字（这些名字都从一个叫做 states 的字符串数组中获得）。代码如下：

```
- (NSInteger)numberOfSectionsInTableView:(UITableView *)tableView {
    return 1;
}
- (NSInteger)tableView:(UITableView *)tableView
        numberOfRowsInSection:(NSInteger)section {
    NSArray* model = self.states;
    return [model count];
}
// 自己定义表格视图单元的外面
- (UITableViewCell *)tableView:(UITableView *)tableView
        cellForRowAtIndexPath:(NSIndexPath *)indexPath {
    static NSString *CellIdentifier = @"Cell";
    UITableViewCell *cell =
        [tableView dequeueReusableCellWithIdentifier:CellIdentifier];
    if (cell == nil) {
        .cell = [[UITableViewCell alloc]
                initWithStyle:UITableViewCellStyleDefault
                reuseIdentifier:CellIdentifier];
    }
    NSArray* model = self.states;
    cell.textLabel.text = [model objectAtIndex: indexPath.row];
    return cell;
}
```

为了同 UISearchDisplayController 一起工作，唯一需改变的是那个 NSArray* model。必须决定是 self.states 还是被过滤过的 self.filteredStates。把下面的代码：

```
NSArray* model = self.states;
```

替换为：

```
NSArray* model =
(tableView == sbc.searchResultsTableView) ? self.filteredStates : self.states;
```

剩下的问题是 filteredStates 数组何时以及怎样产生。一种方法是仅当用户在键盘上轻击 Search 按钮时才生成过滤数组。这里是 UISearchBar 委托，因此能得知用户什么时候轻击 Search 按钮，这是 searchBarSearchButtonClicked: 方法。创建过滤的数组，并且重新加载 UISearchDisplayController 的搜索结果表视图：

```
- (void)searchBarSearchButtonClicked:(UISearchBar *)searchBar {
    NSPredicate* p = [NSPredicate predicateWithBlock:
        ^BOOL(id obj, NSDictionary *d) {
        NSString* s = obj;
        return ([s rangeOfString:searchBar.text
            options:NSCaseInsensitiveSearch].location != NSNotFound);
        }];
    self.filteredStates = [states filteredArrayUsingPredicate:p];
    [self.sbc.searchResultsTableView reloadData];
}
```

这就完成了所要求的功能。然而，一旦用户开始在搜索域敲字，结果表就是空的，并有一个写着"无结果"文字的背景。这是因为，当用户改变搜索域的内容时，结果表重新加载，并且发现它没有数据（因为 filteredStates 为 nil）。

一种解决方式是在搜索前设置 filteredStates 数组为 states 数组。能够知道它将搜索开始的时间，这是在 UISearchDisplayController 委托方法中：

```
- (void)searchDisplayControllerWillBeginSearch:(UISearchDisplayController
*)c {
    self.filteredStates = self.states;
}
```

另一个方法，每当用户在搜索域中打字时，总是产生一个新的搜索结果（即按照当前的搜索文字所产生的搜索结果）。这种方法也称"实时"搜索。如果数据集非常大，则不推荐采用这个方法。为了实现实时搜索，采用 searchBar:textDidChange:方法（而不实现 searchBarSearchButtonClicked 方法）。现在也没必要重新加载搜索结果表的数据，因为默认情况下，UISearchDisplayController 将自动那样做：

```
- (void)searchBar:(UISearchBar *)searchBar textDidChange:(NSString
*)searchText {
    NSPredicate* p = [NSPredicate predicateWithBlock:
        ^BOOL(id obj, NSDictionary *d) {
            NSString* s = obj;
            return ([s rangeOfString:searchText
            options:NSCaseInsensitiveSearch].location != NSNotFound);
        }];
    self.filteredStates = [states filteredArrayUsingPredicate:p];
}
```

一个 UISearchBar 还能够显示范围按钮，例如，有两个范围按钮，Starts With 和 Contains（见

图 10-40）：

```
UISearchBar* b = [[UISearchBar alloc] init];
[b sizeToFit];
b.scopeButtonTitles = [NSArray arrayWithObjects: @"Starts With", @"Contains",
nil];
// ...
```

图 10-40　添加搜索条件

过滤代码就必须考虑这两个范围按钮了。此外，当用户改变范围时，搜索结果表视图将重新加载，因此，如果正在执行一个实时搜索，就必须过滤数据。为了防止重复操作，将整个过滤代码放到一个单独的方法中：

```
- (void) filterData {
    NSPredicate* p = [NSPredicate predicateWithBlock:
        ^BOOL(id obj, NSDictionary *d) {
            NSString* s = obj;
            NSStringCompareOptions options = NSCaseInsensitiveSearch;
            if (sbc.searchBar.selectedScopeButtonIndex == 0)
                options |= NSAnchoredSearch;
            return ([s rangeOfString:sbc.searchBar.text
                options:options].location != NSNotFound);
        }];
    self.filteredStates = [states filteredArrayUsingPredicate:p];
}
- (void)searchBar:(UISearchBar *)searchBar textDidChange:(NSString
*)searchText {
    [self filterData];
}
- (void)searchBar:(UISearchBar *)searchBar
    selectedScopeButtonIndexDidChange:(NSInteger)selectedScope {
    [self filterData];
}
```

UISearchBar 有不同属性，可以通过这些属性来配置它。UISearchBar 和 UISearchDisplayController

都能给它们的委托发送大量的消息，这样就可以来定制它们的行为。

10.3.8　表视图的编辑功能

一个表视图单元有一个正常的状态和一个编辑状态，这是依据它的 editing（编辑）属性而定的。下面一个或多个对象能够表明当前状态是编辑状态。

- 编辑控件
  至少有一个编辑控件出现，例如：在左边出现一个减号按钮（用于删除功能）。
- 收缩
  单元内容经常被收缩以腾出空间给编辑控件，可以设置它的 shouldIndentWhileEditing 为 NO，或者使用表委托的 tableView:shouldIndentWhileEditingRowAtIndexPath:方法来组织收缩。
- 改变附属视图
  根据它的 editingAccessoryType 或者 editingAccessoryView，单元的附属视图将自动改变。如果两个都不设置，这样它们为 nil。在编辑模式中，单元的附属视图将消失。

虽然可以直接设置一个单元的 editing（编辑）属性，但是，一般都让表视图管理可编辑性。表视图编辑性是通过表的 editing 属性来控制，这通常通过发送给表视图 setEditing:animated:消息来设置。在接到消息后，表视图将表单元变成编辑模式。表视图是否进入编辑模式，这通常由用户决定，一个典型的做法是一个 Edit 按钮。在一个导航界面中，可以让视图控制器在导航栏的右边放置一个编辑按钮：

```
UIBarButtonItem* bbi =
        [[UIBarButtonItem alloc]
initWithBarButtonSystemItem:UIBarButtonSystemItemEdit
                             target:self action:@selector(doEdit:)];
    self.navigationItem.rightBarButtonItem = bbi;
```

上述的 doEdit 方法让表视图进入编辑模式，代码如下：

```
- (void) doEdit: (id) sender {
    [self.tableView setEditing:YES animated:YES];
}
```

那么，怎么跳出编辑模式呢？标准的解决方法是让 Done 按钮替换 Edit 按钮：

```
- (void) doEdit: (id) sender {
    int which;
    if (![self.tableView isEditing]) {
        [self.tableView setEditing:YES animated:YES];
        which = UIBarButtonSystemItemDone;
    } else {
        [self.tableView setEditing:NO animated:YES];
        which = UIBarButtonSystemItemEdit;
    }
    UIBarButtonItem* bbi = [[UIBarButtonItem alloc]
    initWithBarButtonSystemItem:which target:self
action:@selector(doEdit:)];
```

```
        self.navigationItem.rightBarButtonItem = bbi;

    }
```

其实，上面的代码完全没有必要。这是因为系统惯已预置好了。当轻击时，一个 UIViewController 提供一个 editButtonItem，它调用 UIViewController 的 setEditing:animated: 方法，基于 UIViewController 的 editing（编辑）属性跟踪是否在编辑模式，并且相应地改变它本身的标题。此外，一个 UITableViewController 的 setEditing:animated:方法是调用表视图上的相同方法。因此，如果正在使用一个 UITableViewController 的话，只需要放置 editButtonItem 到界面上即可，或编写如下一行代码：

```
    self.navigationItem.rightBarButtonItem = self.editButtonItem;
```

当表视图进入编辑模式时，它咨询数据源和委托来确定行的可编辑性：

- tableView:canEditRowAtIndexPath:（对于数据源）
  默认为 YES。如果数据源返回 NO，则阻止给定行进入编辑模式。
- tableView:editingStyleForRowAtIndexPath:（对于委托）
  每个标准的编辑风格对应于一个将出现在单元中的控件。可以选择：

  ➤ UITableViewCellEditingStyleNone：没有编辑控件出现。
  ➤ UITableViewCellEditingStyleDelete：该单元在它的左端显示一个 "-" 按钮，用户可以轻击它来转化为一个删除按钮，然后用户再次轻击以确认删除。这是默认动作。
  ➤ UITableViewCellEditingStyleInsert：

该单元在它左端显示一个 "+" 按钮。

如果用户轻击一个增加按钮或者删除按钮，数据源则接到 tableView:commitEditingStyle:furrowAtIndexPath:消息。在响应中，也许想要改变表结构，这可以通过以下的 UITableVIew 方法来完成：

- insertRowsAtIndexPaths:withRowAnimation:
- deleteRowsAtIndexPaths:withRowAnimation:
- insertSections:withRowAnimation:
- deleteSections:withRowAnimation:

上面的动画效果和之前有关刷新表数据的讨论相同，"左" 插入意味着从左边滑进，并且删除它意味着向左滑出等。

删除表条目

删除表中的项目是默认的，所以不需要做什么。如果视图控制器是一个 UITableViewController 并且已经显示了编辑按钮作为其导航条目的右按钮，所有的功能都是自动发生的（用户轻击编辑按钮，视图控制器的 setEditing:animated:被调用，表视图的 setEditing:animated:被调用），那么，所有表单元都在左边显示减号按钮。用户可以轻击一个减号按钮，一个删除按钮在单元格的右边出现。可以用表视图委托方法

tableView:titleForDeleteConfirmationButtonForRowAtIndexPath:来定制删除按钮的标题。

对删除按钮的响应不是自动的。需要实现 tableView:commitEditingStyle: forRowAtIndexPath:。一般情况下，将会从数据模型中删除相应的数据条目，并且会调用 deleteRowsAtIndexPaths:withRowAnimation: 或 deleteSections:withRowAnimation:来更新表视图的外观。

下面来看一个例子。假设底层模型是一个数组的数组，保存 sectionNames 和 sectionData（类似前面的例子），这些数组是可变的数组。这里有两个阶段：

● 处理模型数据。删除请求行，如果这清空了块数组，也删除块数组以及相应的块名字。
● 处理表视图外观。如果删除块数组，就调用 deleteSections:withRowAnimation:；否则，调用 deleteRowsAtIndexPaths:withRowAnimation:方法：

```
- (void)tableView:(UITableView *)tableView
     commitEditingStyle:(UITableViewCellEditingStyle)editingStyle
                forRowAtIndexPath:(NSIndexPath *)indexPath {
    [[self.sectionData objectAtIndex: indexPath.section]
     removeObjectAtIndex:indexPath.row];
    if ([[self.sectionData objectAtIndex: indexPath.section] count] == 0) {
        [self.sectionData removeObjectAtIndex: indexPath.section];
        [self.sectionNames removeObjectAtIndex: indexPath.section];
        [tableView deleteSections:[NSIndexSet indexSetWithIndex:
indexPath.sectio
                withRowAnimation:UITableViewRowAnimationLeft];
    } else {
        [tableView deleteRowsAtIndexPaths:[NSArray arrayWithObject:indexPath]
                withRowAnimation:UITableViewRowAnimationLeft];
    }
}
```

图 10-41 所示为一个删除表单元的例子。

图 10-41　原图、执行删除、删除后

一个表条目可能有用户可以直接编辑的内容，例如 UITextField。因为用户在视图中工作，所以需要一个方式来把用户在表视图上的修改反映到模型上。假设有一个带有文本框的表单元，当表单元在编辑模式下时，文本框是可以编辑的。这个应用维护一个名字和电话号码的列表。一个名字和电话号码作为一个分组样式表来显示，当用户轻击编辑按钮时，它们就变成可编辑的了。

如果 UITextField 的 enabled 是 YES，则它是可编辑的。下面实现一个定制的 UITableViewCell 类。将它命名为 MyCell，并且在 nib 文件中设计它，给它一个 UITextField。属性变量 testField 指向这个 UITextField。在 MyCell 代码中，重载 didTransitionToState:方法：

```
- (void) didTransitionToState:(UITableViewCellStateMask)state {
    [super didTransitionToState:state];
    if (state == UITableViewCellStateEditingMask) {
        self.textField.enabled = YES;
    }
    if (state == UITableViewCellStateDefaultMask) {
        self.textField.enabled = NO;
    }
}
```

在表视图的数据源中，当创建并且配置表单元时，使自己成为文本框的委托。例如，下面配置一个电话号码的表单元，数据模型是一个叫做 numbers 的数组：

```
- (UITableViewCell *)tableView:(UITableView *)tableView
        cellForRowAtIndexPath:(NSIndexPath *)indexPath {
    // ...
    MyCell* theCell = (MyCell*) cell;
    if (indexPath.section == 1) {
        theCell.textField.text = [self.numbers objectAtIndex: indexPath.row];
        theCell.textField.keyboardType = UIKeyboardTypeNumbersAndPunctuation;
        theCell.textField.delegate = self;
    }
    return cell;
}
```

这里是 UITextField 的委托，所以负责实现键盘的返回按钮（来解除键盘）：

```
- (BOOL)textFieldShouldReturn:(UITextField *)tf {
    [tf endEditing:YES];
    return YES;
}
```

当一个文本框停止编辑时，通过实现 textFieldDidEndEditing，我们可以知道是哪个表单元，并且相应地更新数据模型（因为我们是它的委托）：

```
- (void)textFieldDidEndEditing:(UITextField *)tf {
    // some cell's text field has finished editing; which cell?
    UIView* v = tf;
    do {
        v = v.superview;
    } while (![v isKindOfClass: [UITableViewCell class]]);
    MyCell* cell = (MyCell*)v;
    // update data model to match
    NSIndexPath* ip = [self.tableView indexPathForCell:cell];
    //...
```

```
        if (ip.section == 1)
            [self.numbers replaceObjectAtIndex:ip.row
withObject:cell.textField.text];
    }
```

图 10-42 所示是一个编辑表单元的例子。

图 10-42　编辑表单元

插入表条目

不可能给每一行增加一个按钮。实际上，当一个表视图处于编辑状态时，除了最后一行，每一行都有一个减号按钮，最后一行有一个加号按钮。这就是说，用户可以在表末尾插入一个新行。

在"姓名-电话号码"应用程序中，允许为一个人添加多个电话号码：

```
- (UITableViewCellEditingStyle)tableView:(UITableView *)tableView
    editingStyleForRowAtIndexPath:(NSIndexPath *)indexPath {
    if (indexPath.section == 1) {
    NSInteger ct =
        [self tableView:tableView
numberOfRowsInSection:indexPath.section];
        if (ct-1 == indexPath.row)
            return UITableViewCellEditingStyleInsert;
        return UITableViewCellEditingStyleDelete;
    }
    return UITableViewCellEditingStyleNone;
}
```

人名没有编辑控件（因为一个人只能有一个名字，所以阻止了编辑模式）：

```
- (BOOL)tableView:(UITableView *)tableView
    shouldIndentWhileEditingRowAtIndexPath:(NSIndexPath *)indexPath {
    if (indexPath.section == 1)
        return YES;
    return NO;
}
```

当用户轻击一个编辑控件时，我们必须响应。这个数据模型是一个可变长的字符串数组 numbers。新行将是空的，并且在表的末端，所以我们向 numbers 数组添加一个空字符串，然后我们向视图的最后插入一个相应的行。但是现在两个连续的行都有一个加号按钮，解决的办法是重新装入行。我们也会在新的一行显示出键盘和空的电话号码，从而用户可以立刻编辑它。直到动画结束，我们才能做那些，所以我们使用延时行为：

```
- (void) tableView:(UITableView *)tableView
      commitEditingStyle:(UITableViewCellEditingStyle)editingStyle
       forRowAtIndexPath:(NSIndexPath *)indexPath {
    if (editingStyle == UITableViewCellEditingStyleInsert) {
        [self.numbers addObject: @""];
        NSInteger ct = [self.numbers count];
        [tableView insertRowsAtIndexPaths:
        [NSArray arrayWithObject: [NSIndexPath indexPathForRow: ct-1 inSection:
                  withRowAnimation:UITableViewRowAnimationMiddle];
        [self performSelector:@selector(selectLast) withObject:nil
afterDelay:0.
    }
    if (editingStyle == UITableViewCellEditingStyleDelete) {
        [self.numbers removeObjectAtIndex:indexPath.row];
        [tableView deleteRowsAtIndexPaths:[NSArray arrayWithObject:
indexPath]
            withRowAnimation:UITableViewRowAnimationBottom];
    }
}
- (void) selectLast {
    NSInteger ct = [self.numbers count];
    [self.tableView reloadRowsAtIndexPaths: [NSArray arrayWithObject:
    [NSIndexPath indexPathForRow:ct-2 inSection:1]]
        withRowAnimation:UITableViewRowAnimationNone];
    UITableViewCell* cell = [self.tableView cellForRowAtIndexPath:
                       [NSIndexPath indexPathForRow:ct-1 inSection:1]];
    [((MyCell*)cell).textField becomeFirstResponder];
}
```

重新排序表项目

如果数据源实现了 tableView:moveRowAtIndexPath:toIndexPath:，那么，在编辑模式下，表视图在每一行的右边显示了一个重新排序的控件，并且用户可以拖动它来重新排列表项目。通过实现 tableView:canMoveRowAtIndexPath:方法，可以在单个表项目上阻止重排序。委托可以限制行被移动的地方，这是通过实现 tableView:targetIndexPathForMoveFromRowAtIndexPath:toProposedIndexPath: 方法来达到的。

下面来看一个例子。给我们的"姓名-电话号码"应用程序增加重新排序的功能（必须是多电话号码的排序）：

```
- (BOOL)tableView:(UITableView *)tableView
      canMoveRowAtIndexPath:(NSIndexPath *)indexPath {
    if (indexPath.section == 1 && [self.numbers count] > 1)
        return YES;
    return NO;
}
```

在我们的例子中，一个电话号码不能被移出它所在的块，所以，我们实现委托方法来阻止这发生。如果这时键盘正在显示，我们也利用这个时机来解除键盘。

```
- (NSIndexPath *)tableView:(UITableView *)tableView
        targetIndexPathForMoveFromRowAtIndexPath:(NSIndexPath
*)sourceIndexPath
              toProposedIndexPath:(NSIndexPath
*)proposedDestinationIndexPath {
    [tableView endEditing:YES];
    if (proposedDestinationIndexPath.section == 0)
        return [NSIndexPath indexPathForRow:0 inSection:1];
    return proposedDestinationIndexPath;
}
```

在用户移动一个表项目后，tableView:moveRowAtIndexPath:toIndexPath:方法被调用，我们也需要更新数据模型来匹配。最后我们通过重载表视图来修改编辑控件的问题：

```
- (void)tableView:(UITableView *)tableView
      moveRowAtIndexPath:(NSIndexPath *)fromIndexPath
          toIndexPath:(NSIndexPath *)toIndexPath {
    NSString* s = [self.numbers objectAtIndex: fromIndexPath.row];
    [self.numbers removeObjectAtIndex: fromIndexPath.row];
    [self.numbers insertObject:s atIndex: toIndexPath.row];
    [tableView reloadData];
}
```

10.4　表视图实例

下面我们来创建一个表视图。在这个例子中，我们从数组中读取城市信息，然后一一显示在表视图中。结果如图 10-43 所示。具体的开发步骤如下。

图 10-43　表视图例子

01 新建一个基于窗口的应用，如图 10-44 所示。

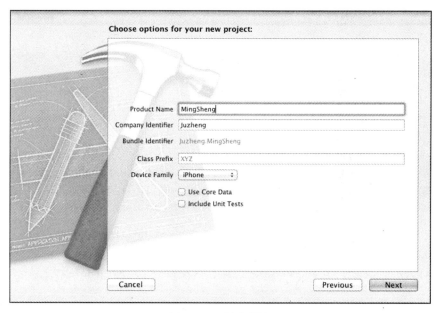

图 10-44　创建项目

02 选择 File→New File 选项，在弹出的对话框中选择 UIViewController subclass，并选中 UITableViewController subclass，单击 Next 按钮，如图 10-45 所示。

图 10-45　创建表视图控制器类

03 在弹出的对话框中输入表视图控制器类的名称，并选中 With XIB for user interrace 复选框，如图 10-46 所示。

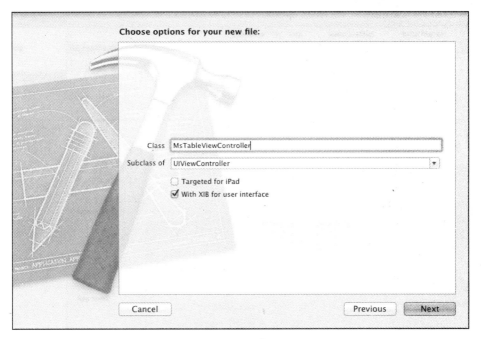

图 10-46　类名

04 双击 MsTableViewController.xib 文件，就可以看到一个表视图。在右边的属性窗口中，可以设置表视图类型 Plain（不分组）和 Grouped（分组），如图 10-47 所示。

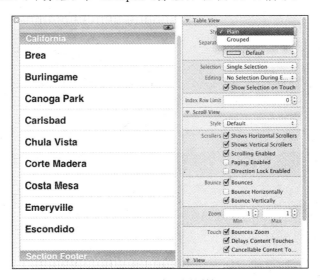

图 10-47　表视图属性

05 编写代码。

如图 10-48 所示，在 AppDelegate.h 中，加入了 msTableViewController 列表视图控制器属性。代码如下：

```
#import <UIKit/UIKit.h>
#import "MsTableViewController.h"
```

```
@interface  AppDelegate : UIResponder <UIApplicationDelegate>
{

    MsTableViewController *msTableViewController;
}
@property (nonatomic, strong) UIWindow *window;
@end
```

图 10-48   AppDelegate.h 代码

如图 10-49 所示，在 AppDelegate.m 中，创建列表视图控制器对象，把列表视图控制器上的视图放到窗口下。代码如下：

```
- (BOOL)application:(UIApplication *)application
didFinishLaunchingWithOptions:(NSDictionary *)launchOptions {
    //创建列表视图控制器对象
    msTableViewController = [[MsTableViewController  alloc]
initWithStyle:UITableViewStylePlain];
        //把列表视图控制器上的视图放到窗口下
    [self.window addSubview:msTableViewController.view];
    [self.window makeKeyAndVisible];
    return YES;
}
```

图 10-49   AppDelegate.m 代码

如图 10-50 所示，在 MsTableViewController.h 中，加入城市数组属性。

```
#import <UIKit/UIKit.h>
@interface MsTableViewController : UITableViewController {
    NSArray *city;
}
@end
```

```
 1  //
 2  //  MsTableViewController.h
 3  //  MingSheng
 4  //
 5  //  Created by administrator on 12-1-18.
 6  //  Copyright (c) 2012年 __MyCompanyName__. All rights reserved.
 7  //
 8
 9  #import <UIKit/UIKit.h>
10
11  @interface MsTableViewController : UITableViewController{
12      NSArray *city;
13  }
14
15  @end
16
```

图 10-50　MsTableViewController.h

UITableViewController 符 合 UITableViewDelegate 和 UITableViewDataSource 协 议 。 在
MsTableViewController.m 中，

● loadData 是装载数据的方法。在这个例子中，设置数组数据。在实际应用中，可能从文件
中读取数据，或者从云计算平台上获得数据。
● 视图控制器的初始化方法 initWithStyle 调用上述的 loadData 方法来获得初始数据。
● numberOfSectionsInTableView 方法返回块的个数。
● numberOfRowsInSection 返回指定块中的行数。

下面是具体的代码（见图 10-51）：

```
//装载数据
-(void) loadData
{
city = [NSArray arrayWithObjects:@"北京",@"上海",@"杭州",@"湖州",@"长春",@"西安",
nil]; //城市数组
}

//初始化方法
-(id) initWithStyle:(UITableViewStyle)style
{
    self = [super initWithStyle:style];
    if(self){
        [self loadData];//装载数据
    }
    return self;
}
```

```
    // 返回块的个数
    - (NSInteger)numberOfSectionsInTableView:(UITableView *)tableView {
        return 1;
    }

    // 返回块中的行数
    - (NSInteger)tableView:(UITableView *)tableView
numberOfRowsInSection:(NSInteger)section {
        return [city count];
    }

    // 返回指定块和行的表单元
    - (UITableViewCell *)tableView:(UITableView *)tableView
cellForRowAtIndexPath:(NSIndexPath *)indexPath {
        static NSString *CellIdentifier = @"Cell";
        //使用了重用机制
        UITableViewCell *cell = [tableView
dequeueReusableCellWithIdentifier:CellIdentifier];
        if (cell == nil) {//如果 cell 不存在，则创建新的表单元
            cell = [[UITableViewCell alloc]
initWithStyle:UITableViewCellStyleDefault reuseIdentifier:CellIdentifier];
        }
        //配置 cell，就是数组中存放的城市名称
    cell.textLabel.text = [city objectAtIndex:indexPath.row];
        return cell;
    }
```

图 10-51　MsTableViewController.m

06 运行程序，结果如图 10-52（a）所示。

（a）　　　　　　　　　　（b）

图 10-52　表视图例子

07 另外，可以修改表单元的显示类型。例如：使用 UITableViewCellStyleValue1 来显示一个详细信息。结果如图 10-52（b）所示。代码如下：

```
- (UITableViewCell *)tableView:(UITableView *)tableView
cellForRowAtIndexPath:(NSIndexPath *)indexPath {
    static NSString *CellIdentifier = @"Cell";
    UITableViewCell *cell = [tableView
dequeueReusableCellWithIdentifier:CellIdentifier];
    if (cell == nil) {
        cell = [[UITableViewCell alloc] initWithStyle:UITableViewCellStyleValue1
reuseIdentifier:CellIdentifier];//设置显示类型等
    }
    cell.textLabel.text = [city objectAtIndex:indexPath.row];
    cell.detailTextLabel.text=@"旅游信息";
    return cell;
}
```

一些开发人员设置表单元上的内容为一个 URL 链接。用户单击表单元，系统使用 UIWebView 装载 URL 所指向的内容。有兴趣的读者可以自己试试。

还可以设置附属类型，例如：

```
cell.textLabel.text = [city objectAtIndex:indexPath.row];
cell.accessoryType = UITableViewCellAccessoryDisclosureIndicator;
```

有兴趣的读者可以自己试一下。

下面这个例子是显示分组信息，如图 10-53 所示。数据源提供表视图的结构和内容。这个表视图有两个块。用户默认值保存着当前选择。

```
- (NSInteger)numberOfSectionsInTableView:(UITableView *)tableView {
```

```
            return 2;
    }
    - (NSString *)tableView:(UITableView *)tableView
            titleForHeaderInSection:(NSInteger)section {
        if (section == 0)
            return @"Size";
        return @"Style";
    }
    - (NSInteger)tableView:(UITableView *)tableView
            numberOfRowsInSection:(NSInteger)section {
        if (section == 0)
            return 3;
        return 2;
    }
    - (UITableViewCell *)tableView:(UITableView *)tv
            cellForRowAtIndexPath:(NSIndexPath *)indexPath {
        static NSString *CellIdentifier = @"Cell";
        UITableViewCell *cell = [tv
dequeueReusableCellWithIdentifier:CellIdentifier];
        if (cell == nil) {
            cell = [[UITableViewCell alloc]
                    initWithStyle:UITableViewCellStyleDefault
                    reuseIdentifier:CellIdentifier];
        }
        NSUInteger section = [indexPath section];
        NSUInteger row = [indexPath row];
        NSUserDefaults* ud = [NSUserDefaults standardUserDefaults];
        if (section == 0) {
          if (row == 0) {
            cell.textLabel.text = @"Easy";
          } else if (row == 1) {
            cell.textLabel.text = @"Normal";
          } else if (row == 2) {
            cell.textLabel.text = @"Hard";
          }
        } else if (section == 1) {
          if (row == 0) {
            cell.textLabel.text = @"Animals";
          } else if (row == 1) {
            cell.textLabel.text = @"Snacks";
          }
        }
        cell.accessoryType = UITableViewCellAccessoryNone;
        if ([[ud valueForKey:@"Style"] isEqualToString:cell.textLabel.text] ||
          [[ud valueForKey:@"Size"] isEqualToString:cell.textLabel.text])
          cell.accessoryType = UITableViewCellAccessoryCheckmark;
        return cell;
    }
```

当用户轻击一个单元时，委托方法被调用。在这个方法中，保存用户的选择到用户默认值下，并且重新加载表数据。它会取消当前的选择并且重新设定检查标识。

```
    - (void)tableView:(UITableView *)tv
            didSelectRowAtIndexPath:(NSIndexPath *)indexPath {
        NSUserDefaults* ud = [NSUserDefaults standardUserDefaults];
        NSString* setting = [tv cellForRowAtIndexPath:indexPath].textLabel.text;
        [ud setValue:setting forKey:
            [self tableView:tv titleForHeaderInSection:indexPath.section]];
```

```
    [self.tableView reloadData];
}
```

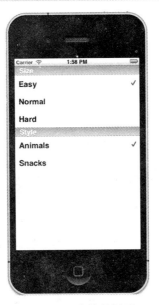

图 10-53　分块的例子

第 11 章　iPad 应用和拆分视图

由于屏幕大小限制，一个 iPhone 程序分为多个页面。例如：在为某团购网站所编写的 iPhone 应用上，第一页显示所有团购商品的目录（见图 11-1（a）），第二页显示团购商品的具体信息（见图 11-1（b））。用户需要在不同的页面上来回切换，从而选择不同的商品。

(a)　　　　　　　　　　(b)

图 11-1　iPhone 团购应用

因为 iPad 具有大的屏幕，所以 iPad 应用程序可以在一个屏幕上显示导航信息（也叫主信息，左边部分）和明细信息（右边部分）。如图 11-2 所示，在屏幕的左边是所有团购商品的名称，而在屏幕的右边是某一个被选中商品的内容，它们都显示在同一个界面上。在左边列表中选择某一个商品后，右边就显示该商品的详细信息。如果使用 iPhone 的术语，这就是将表视图（UITableView）和详细视图（UIView）放在同一个窗口上。在 iPad 上，这叫做拆分视图（split view）。左边的表视图的宽度固定为 320 个像素点（从而兼容 iPhone 的导航栏）。从程序开发的角度出发，正是因为 iPad 拥有足够大的屏幕来合并 iPhone 的多个页面，所以开发人员需要重新设计显示界面。

图 11-2　iPad 团购应用

Xcode 4.2 专门提供了一个新的项目模板 "Master-Detail Application" 来实现上述的拆分视图的应用。又专门为 iPad 提供了 UISplitViewController 控制器，用于完成上述的功能。

在 iPad 应用上，可以单击某个按钮，这时会弹出一个浮动菜单（popover），这个菜单并不充满整个屏幕，用户可以作出一些选择，如图 11-3 所示。在 iPad 上，popover 的功能随处可见。例如：从选项列表上选择不同的颜色、文字的字体大小或不同的 Web 页面（来加载到其他视图中）。需要注意的是，因为屏幕太小，iPhone 上并没有 popover 的功能。iPhone 总是使用导航控制器在整个屏幕上显示一个新视图或者使用模态视图。

图 11-3　浮动菜单

如图 11-3 所示，弹出的菜单（视图）并不充满整个屏幕，而是浮在其他视图上面。SDK 专门为 iPad 提供了一个控制器 UIPopoverController，用于完成上述的功能。UIPopoverController 对象像一个容器，它必须要同一个视图控制器关联。浮动菜单的内容来自这个视图控制器。有两种方法弹出浮动菜单。一个是使用 presentPopoverFromBarButtonItem 方法从按钮上弹出，一个是使用 presentPopoverFromRect 从其他控件（如图像）上弹出。

在 iPad 上，也可以使用模态视图来弹出一个视图。popover 和模态视图完成的功能相似，所以，开发人员有时侯要确定在什么情况下使用模态视图，在什么情况下应该使用 popover。这一章将阐述一些使用原则和 popover 的实现原理。最后要提醒读者的是，popover 和 split 视图只存在于 iPad 的界面上。

11.1　拆分视图控制器

正如在前面看到的，iPhone 应用程序经常使用表视图来完成主信息和详细信息的切换。用户首先选择表视图上的某一行（如某一个团购商品标题），然后，应用程序就切换到另一个页面来显示详细的信息（如商品的内容）。在 iPhone 应用程序上，后一个页面完全覆盖前一个页面。也就是说，不能同时看到两个页面。这是因为 iPhone 的窗口比较小。

在 iPad 应用上，使用基于 split view 的应用。当用户在左边选择表视图上的某一行，应用程序在右边显示该行所对应的内容。内容部分和表视图部分都显示在窗口上。这是通过 UISplitViewController 完成的。从功能上讲，UISplitViewController、UINavigationController 和 UITabBarController 都是实现把不同的视图组织起来的功能。

11.1.1　拆分视图例子

Xcode 4.2 有一个新的应用程序模板，这就是 Master-Detail Application（主从视图的应用程序）。当选择这个模板时，它会为你的程序创建一个主从接口的拆分视图界面：屏幕左侧是可以选择的项目清单，右侧是所选项目的详细信息。从技术的角度来说，拆分视图的左边是一个导航控制器，右面是一个详细视图控制器。当用户选择导航视图（左边）的一项时，详细视图（右边）添加信息并显示。当用户选择不同项时，详细视图随之变化，从而达到与用户的交互。为了了解拆分视图是怎样工作的，我们来创建一个基于拆分视图的应用程序。

01 如图 11-4 和图 11-5 所示，在 Xcode 上，新建一个 Master-Detail Application 项目，命名为 TestiPad。在 Device Family 的选项上，我们选择 iPad。

图 11-4　创建一个主从视图的应用程序

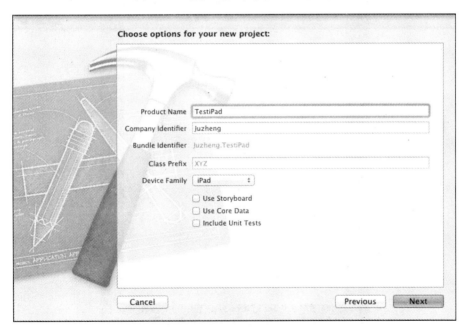

图 11-5　给定项目名称

02 观察项目的类和资源文件夹，会发现有两个视图控制器类（MasterViewController 和 DetailViewController），同样 xib 文件也有两个，如图 11-6 所示。

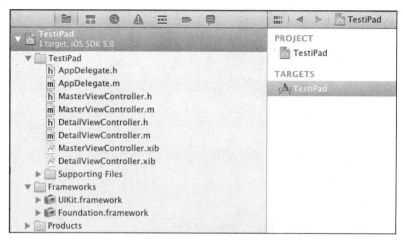

图 11-6　拆分视图项目的结构

03 在模拟器中运行程序，测试拆分视图的效果，如图 11-7 所示。

图 11-7　纵向模式

04 现在 iPad 为纵向模式，没有足够的空间一次显示两个窗格（目录和详细），图 11-7 仅显示了详细视图。那么，怎样显示目录部分呢？单击左上角的按钮，就显示了根目录信息。选择其中的一个项目，详细视图就会显示所选择目录的详细信息（见图 11-8）。这个弹出的新的浮动菜单称为 popover，我们将在 11.4 节详细介绍。

图 11-8　浮动菜单

05 旋转 iPad 进入横向模式，左边的目录视图和右边的详细视图都显示出来了（见图 11-9）。

图 11-9　横向模式

从上面看出，拆分视图的神奇之处在于：当设备旋转时，视图随之改变。在横向模式下，在左边显示的是一系列目录信息（导航信息）。在纵向模式下，目录信息则隐藏在 popover 视图里。要提醒读者的是，虽然左边部分是一个表视图，但是，可以添加一个导航栏控制器，从而在左边实现多层次的选择。例如：iPad 上的邮件系统就实现了这样的功能。

11.1.2　理解拆分视图代码

在本节，我们分析实现上述功能的代码。首先分析 AppDelegate.h 代码：

```
#import <UIKit/UIKit.h>@interface AppDelegate : UIResponder
<UIApplicationDelegate> @property (strong, nonatomic) UIWindow *window;@property
(strong , nonatomic) UISplitViewController *splitViewController;@end
```

上述代码包含了一个 UISplitViewController 视图控制器（splitViewController）。UISplitViewController 是一个视图控制器容器，它包含了两个视图控制器（rootViewController 和 detailViewController），实现一个主从接口。从代码上讲，UISplitViewController 的 viewControllers 属性就是一个数组，包含这几个视图控制器。可以在代码中配置，也可以在 nib 中设置。一个 UIViewController 的 splitViewController 属性指向 UISplitViewController。

下面我们分析 AppDelegate.m 代码：

```
#import "AppDelegate.h"#import "MasterViewController.h"#import
"DetailViewController.h"@implementation AppDelegate@synthesize window= window;
    @synthesize splitViewController= splitViewController;
    - (BOOL)application:(UIApplication *)application
didFinishLaunchingWithOptions:(NSDictionary *)launchOptions {
        self.window = [[UIWindow alloc] initWithFrame:[[UIScreen mainScreen]
bounds]];

    MasterViewController *masterViewController = [[MasterViewController
alloc] initWithNibName:@"MasterViewController" bundle:nil];
    UINavigationController *masterNavigationController =
[[UINavigationController alloc]
initWithRootViewController:masterViewController];

    DetailViewController *detailViewController = [[DetailViewController
alloc] initWithNibName:@"DetailViewController" bundle:nil];
    UINavigationController *detailNavigationController =
[[UINavigationController alloc]
initWithRootViewController:detailViewController];

    self.splitViewController = [[UISplitViewController alloc] init];
    self.splitViewController.delegate = detailViewController;
    self.splitViewController.viewControllers = [NSArray
arrayWithObjects:masterNavigationController, detailNavigationController, nil];
    self.window.rootViewController = self.splitViewController;
    [self.window makeKeyAndVisible];
     return YES;
    }
    - (void)applicationWillResignActive:(UIApplication *)application {    //save
data if appropriate
    }@end
```

上述代码为我们生成了主视图控制器和主导航控制器以及从视图控制器和从导航控制器。设置拆分视图控制器的委托和 viewControllers 为主从导航控制器，设置窗口的根视图控制器为拆分视图控制器。当应用程序加载时，splitViewController 包含的视图被添加到窗口。

单击 MasterViewController.xib，就会看到 MasterViewController.xib 包含一个 Table View，如图 11-10 所示。

图 11-10　MasterViewController.xib

单击 DetailViewController.xib，就会看到 DetailViewController 包含一个 View，如图 11-11 所示。

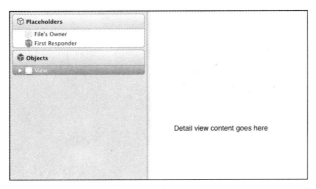

图 11-11　DetailViewController.xib

下面我们来看两个视图控制器：MasterViewController 和 DetailViewController。先是 MasterViewController.h：

```
#import <UIKit/UIKit.h>@class DetailViewController;@interface
MasterViewController : UITableViewController @property (strong, nonatomic)
DetailViewController *detailViewController;@end
```

注意：MasterViewController 继承自 UITableViewController 类，而不是 UIViewController 类。UITableViewController 类是表视图控制器，是 UIViewController 类的子类，用来显示一行一行的数据。

MasterViewController.m（参见其中的注释来理解这个程序）：

```
#import "MasterViewController.h"#import
"DetailViewController.h"@implementation MasterViewController@synthesize
detailViewController;
    - (id)initWithNibName:(NSString *)nibNameOrNil bundle:(NSBundle
*)nibBundleOrNil
    {
        self = [super initWithNibName:nibNameOrNil bundle:nibBundleOrNil];
        if (self) {
            self.title = NSLocalizedString(@"Master", @"Master");
            self.clearsSelectionOnViewWillAppear = NO;
            self.contentSizeForViewInPopover = CGSizeMake(320.0, 600.0);
```

```
        }
        return self;
    }
    - (void)didReceiveMemoryWarning
    {
        [super didReceiveMemoryWarning];
        // Release any cached data, images, etc that aren't in use.
    }

    #pragma mark - View lifecycle

    - (void)viewDidLoad
    {
        [super viewDidLoad];
        [self.tableView selectRowAtIndexPath:[NSIndexPath indexPathForRow:0
inSection:0] animated:NO scrollPosition:UITableViewScrollPositionMiddle];
    }
    - (void)viewDidUnload
    {
        [super viewDidUnload];
        // Release any retained subviews of the main view.
        // e.g. self.myOutlet = nil;
    }

    - (void)viewWillAppear:(BOOL)animated
    {
        [super viewWillAppear:animated];
    }

    - (void)viewDidAppear:(BOOL)animated
    {
        [super viewDidAppear:animated];
    }

    - (void)viewWillDisappear:(BOOL)animated
    {
        [super viewWillDisappear:animated];
    }

    - (void)viewDidDisappear:(BOOL)animated
    {
        [super viewDidDisappear:animated];
    }

    -
(BOOL)shouldAutorotateToInterfaceOrientation:(UIInterfaceOrientation)interface
Orientation
    {
        // Return YES for supported orientations
        return YES;
    }
    //表视图的块数
    - (NSInteger)numberOfSectionsInTableView:(UITableView *)tableView
    {
        return 1;
    }
    //表视图的行数，默认为 1 行，可以改成多行
    - (NSInteger)tableView:(UITableView *)tableView
numberOfRowsInSection:(NSInteger)section
```

```
{
    return 1;
}

//指定行的表单元
- (UITableViewCell *)tableView:(UITableView *)tableView
cellForRowAtIndexPath:(NSIndexPath *)indexPath
{
    static NSString *CellIdentifier = @"Cell";

    UITableViewCell *cell = [tableView
dequeueReusableCellWithIdentifier:CellIdentifier];
    if (cell == nil) {
        cell = [[UITableViewCell alloc]
initWithStyle:UITableViewCellStyleDefault reuseIdentifier:CellIdentifier];
    }

    // 设置表单元，默认显示为 Detail，可以自己来设置 Cell 显示内容
    cell.textLabel.text = NSLocalizedString(@"Detail", @"Detail");
    return cell;
}

//选中一行后的操作
-(void)tableView:(UITableView*)aTableView
didSelectRowAtIndexPath:(NSIndexPath *)indexPath {
    //默认不采取任何操作
}@end
```

正如我们所看到的，MasterViewController.m 包含很多有关表视图的方法，在这里列举一些重要的方法：

- numberOfSectionsInTableView: 表视图显示的块数。
- tableView: numberOfRowsInSection: 表视图显示的行数。
- tableView: cellForRowAtIndexPath: 表视图中某一行要显示的数据。
- tableView: didSelectRowAtIndexPath: 在用户选定某一行后所采取的操作。

下面我们阐述详细视图。

DetailViewController.h：

```
#import <UIKit/UIKit.h>@interface DetailViewController : UIViewController <
UISplitViewControllerDelegate> @property (nonatomic, strong) id
detailItem;@property (nonatomic, strong) IBOutlet UILabel
*detailDescriptionLabel;@end
```

在上面的代码中，详细视图控制器实现了 UISplitViewControllerDelegate。

```
DetailViewController.m：
#import "DetailViewController.h"@interface DetailViewController ()@property
(nonatomic, strong) UIPopoverController *popoverController;-
(void)configureView;@end@implementation DetailViewController@synthesize
toolbar, popoverController, detailItem, detailDescriptionLabel;
//设置详细项目（如具体的团购商品），关闭 popover 控制器
- (void)setDetailItem:(id)newDetailItem {
    if (detailItem != newDetailItem) {
```

```
            detailItem = newDetailItem;
            // 更新视图
            [self configureView];
        }
    if (self.popoverController != nil) {
        [self.popoverController dismissPopoverAnimated:YES];
        }
    }
- (void)configureView {
// 更新视图上的标签文字信息
self.detailDescriptionLabel.text = [self.detailItem description];
}
//当 iPad 切换到纵向模式时，隐藏左边的表视图，显示 PopoverView
- (void)splitViewController: (UISplitViewController*)svc
willHideViewController:(UIViewController *)aViewController
withBarButtonItem:(UIBarButtonItem*)barButtonItem forPopoverController:
(UIPopoverController*)pc {
    barButtonItem.title=NSLocalizedString(@"Master",@"Master");
    //左上角按钮是 "Master"
    [self.navigationItem setLeftBarButtonItem:barButtonItem animated:YES];
    self.popoverController = popoverController;
}
//当 iPad 切换到横向模式时，显示左边的表视图，隐藏 PopoverView
- (void)splitViewController: (UISplitViewController*)svc
willShowViewController:(UIViewController *)aViewController
 invalidatingBarButtonItem:(UIBarButtonItem *)barButtonItem {
    [self.navigationItem setLeftBarButtonItem:nil animated:YES];
    self.popoverController = nil;
}
// 支持旋转功能（即横向和纵向显示）
-
(BOOL)shouldAutorotateToInterfaceOrientation:(UIInterfaceOrientation)interface
Orientation {
    return YES;
}
- (void)viewDidUnload {
    [super viewDidUnload];
}@end
```

控制器里有两个重要的事件需要处理，这两个事件是定义在 UISplitViewControllerDelegate 协议里：

- spliteViewController:willHideViewController:withBarButtonItem:forPopoverController:
  当 iPad 切换到纵向模式时，其中的 PopoverView 要显示，而 TableView（第一个视图）要隐藏。拆分视图创建一个UIBarButtonItem，并作为第三个参数传给你。你把UIBarButtonItem放到界面上，通常在根视图的顶部工具栏。当然你也可以自由配置 UIBarButtonItem 的标题和图像。其他参数根据你的需求由你自己决定，它们都不是必需的参数。拆分视图都给你已经设置好了。如果你把UIBarButtonItem 放到界面上，那么当用户单击它，一个 popover 将被显示（它是通过给定的 popover 控制器（第四个参数）完成的，popover 控制器包含给定视图控制器（第二个参数）的视图）。一个常见做法是保持一个 popover 控制器的引用，通过这个引用，你可以稍后解除 popover。
- splitViewController:willShowViewController:invalidatingBarButtonItem:

这个方法同第一个方法相反。当 iPad 切换到横向模式时，PopoverView 将被隐藏，而表视图将被显示。你应该从界面上删除 UIBarButtonItem。

● splitViewController:popoverController:willPresentViewController:
用户已经单击了 UIBarButtonItem，并且 popover 即将被显示。一般情况下，你不需要实现这个方法。

一个带拆分视图界面的应用程序启动时，willHide 委托方法就会被调用。如果设备是被横向握着的，那么它会立即旋转到横向，并且 willShow 委托方法被调用。对于"把 UIBarButtonItem 放到界面上"和"从界面删除 UIBarButtonItem"，工具栏（UIToolbar）并没有方法删除单个栏按钮，你必须一次设置整个数组。例如，如果你要在工具栏的左端添加一个 UIBarButtonItem，那么，你将设置工具栏的 items 数组是由 UIBarButtonItem 和已经存在的数组内容组成的新数组。为了得到动画效果，你可以调用 setItems:animated:方法设置工具栏的条目数组，如 "[toolbar setItems:items animated:YES];"。从工具栏删除 UIBarButtonItem 是类似的。

正如我们所看到的，拆分视图应用程序项目模板为我们完成了大部分工作。我们只需很少的代码就演示了如何实现一个正常工作的拆分视图。拆分视图控制器是在主 nib 中配置而成。当应用程序启动的时候，整个拆分视图和它的两个子视图自动工作（拆分视图控制器从主 nib 中实例化，并且它的视图放在窗口上）。它的第一个视图控制器是一个 UINavigationController，UINavigationController 的根视图是一个 UITableViewController，它创建自己的表视图。它的第二个视图控制器是从第二个 nib 得到它的视图，这个视图在顶部有一个工具栏。

因此，在横向模式下，用户看到的是：在左边有一个主视图（表视图），它的顶部有一个导航栏；在右边有一个详细视图，它的顶部有一个工具栏。第一个视图上的导航栏和第二个视图上的工具栏有点难以区分，它们都具有相同的默认灰色和相同的默认高度，所以它们看起来就像同一个界面对象的两个部分。

在纵向模式下，主视图消失，详细视图和它的工具栏占据了整个屏幕。一个 UIBarButtonItem 出现在工具栏的左端末尾，单击它就在 popover 上调出了主视图。

为了实现上述功能，我们需要完成下面的代码：

● shouldAutorotateToInterfaceOrientation:方法返回 YES，主视图和详细视图允许旋转。否则，拆分视图自身将不会允许旋转。

● 详细视图的控制器是拆分视图控制器的委托（这在 nib 中配置），这是因为详细视图保留工具栏，UIBarButtonItem 将在工具栏上显示。详细视图的控制器实现了两个委托方法，用于在工具栏上添加和删除 UIBarButtonItem。

如果第一个视图被 UINavigationController 控制，那么，和 popover 控制器一起，拆分视图控制器需要负责其导航栏的风格。因此，当视图在拆分视图里时，导航栏显示为灰色；当视图在 popover 中时，导航栏显示为深色的。

11.2 团购应用实例

在上面几节中，已经了解了 Master Detail Application 的基本结构和原理，下面我们来完成一个实际的应用。如图 11-12 所示，左边显示新长安团购的商品信息列表，当商品被选中时，商品的价格、图片和折扣信息等将在详细信息视图上显示。

图 11-12　团购实例

实现步骤如下（前面步骤同 TestiPad 一样，我们命名项目为 TuanGouIPad）：

01 双击 DetailViewcontroller.xib 进入编辑界面。

02 添加 Toolbar、ImageView、Button、Label 等到视图窗口上。结果如图 11-13 所示。

图 11-13　添加控件到详细视图上

03 添加图片文件到资源文件夹下，并新建 Sale 类和 Sales 类。在这里遵循 MVC 模式。Sale 类和 Sales 类是 M。Sale 类是商品类，包括一个商品的各个属性。

Sale.h:

```
#import <Foundation/Foundation.h>@interface Sale : NSObject {
    NSString *dExpriation; //团购过期时间
    NSString *dWholeSalePrice; //批发价格
    NSString *dRetailPrice; //零售价格
    NSString *dMan; //描述信息
    NSString *dProductId; //产品 ID
    NSString *dProductName; //产品名称
    NSString *dImageURL; //产品图像的 URL
}
@property(nonatomic,strong)NSString *dExpriation;
@property(nonatomic,strong)NSString *dRetailPrice;
@property(nonatomic,strong)NSString *dWholeSalePrice;
@property(nonatomic,strong)NSString *dMan;
@property(nonatomic,strong)NSString *dProductId;
@property(nonatomic,strong)NSString *dProductName;
@property(nonatomic,strong)NSString *dImageURL;
//初始化方法
-(void)setMan:(NSString*)tempMan andExpriation:(NSString*)tempExpriation
andWholeSalePrice:(NSString *)tempWholeSalePrice
andRetailPrice:(NSString *)tempRetailPrice
andProductId:(NSString*)tempProductId
andImageURL:(NSString*)tempImageURL andProductName:(NSString *)
tempProductName;@end
```

Sale.m 的代码如下（设置团购商品的基本信息）：

```
#import "Sale.h"@implementation Sale@synthesize
dExpriation,dWholeSalePrice,dRetailPrice,dMan,dProductId,dProductName,dImageUR
L;
-(void)setMan:(NSString*)tempMan andExpriation:(NSString*)tempExpriation
    andWholeSalePrice:(NSString *)tempWholeSalePrice
andRetailPrice:(NSString *)tempRetailPrice
andProductId:(NSString*)tempProductId
andImageURL:(NSString*)tempImageURL andProductName:(NSString *)
tempProductName
    {
    [self setDMan:tempMan];
    [self setDExpriation:tempExpriation];
    [self setDWholeSalePrice:tempWholeSalePrice];
    [self setDRetailPrice:tempRetailPrice];
    [self setDProductId:tempProductId];
    [self setDProductName:tempProductName];
    [self setDImageURL:tempImageURL];
}@end
```

新建 Sales 类，在这个类上，我们获取新长安团购网的 xml 信息，解析 xml 数据并存入 allSales 数组里。allSales 数组存放各个团购商品的信息。

Sales.h:

```
#import <Foundation/Foundtion.h>
#import "Sale.h"
```

```
@interface Sales: NSObject{
    NSString *name;
    NSArray *allSales;//所有团购商品的信息
}
@property(nonatomic,strong)NSString *name;
@property(nonatomic,strong)NSArray *allSales;
-(void)setSale;
@end
```

Sales.m 代码如下（程序说明在注释中）：

```
#import "Sales.h"

@implementation Sales
@synthesize name,allSales;
NSMutableArray *Elements;
NSString *Element;

-(void)setSale{
    //从新长安团购网站获得团购商品信息的 URL
    NSString *urlString =
    [NSString stringWithFormat:
        @"http://www.xinchangan.com/xinCA/services/XCAService"];

    //URLRequest 对象
    NSMutableURLRequest *request = [[NSMutableURLRequest alloc]init];
    [request setURL:[NSURL URLWithString:urlString]];
    [request setHTTPMethod:@"POST"];

    //设置 headers 数据
    NSString *contentType = [NSString stringWithFormat:@"text/xml"];
    [request addValue:contentType forHTTPHeaderField:@"Content-Type"];

    //创建 body 数据
    NSMutableData *postBody = [NSMutableData data];
    [postBody appendData:
    [[NSString stringWithFormat:@"<XCA>"] dataUsingEncoding:NSUTF8StringEn
coding]];
    [postBody appendData:
    [[NSString stringWithFormat:@"<SITEID>1</SITEID>"] dataUsingEncoding:N
SUTF8StringEncoding]];
    [postBody appendData:
    [[NSString stringWithFormat:@"<SITETOKEN/>"] dataUsingEncoding:NSUTF8S
tringEncoding]];
    [postBody appendData:[[NSString stringWithFormat:@"<COMMAND>SHOWGROUPO
N</COMMAND>"] dataUsingEncoding:NSUTF8StringEncoding]];
    [postBody appendData:[[NSString stringWithFormat:@"<DATA/>"] dataUsing
Encoding:NSUTF8StringEncoding]];
    [postBody appendData:[[NSString stringWithFormat:@"</XCA>"] dataUsingE
ncoding:NSUTF8StringEncoding]];
    [request setHTTPBody:postBody];
    //发出请求，并获得新长安团购网站的 response 数据
    NSHTTPURLResponse* urlResponse = nil;
    NSError *error = [[NSError alloc] init];
    NSData *responseData = [NSURLConnection sendSynchronousRequest:request
 returningResponse:&urlResponse error:&error];
    NSString *result = [[NSString alloc]initWithData:responseData encoding:
NSUTF8StringEncoding];
```

```
NSLog(@"Response Code: %d",[urlResponse statusCode]);
if ([urlResponse statusCode]>=200 && [urlResponse statusCode]<300) {
    NSLog(@"Response: %@",result);
}
//解析所返回的 XML 数据，并放在 Elements 中
NSXMLParser *xmlTest = [[NSXMLParser alloc] initWithData:responseData];
[xmlTest setDelegate:self];
Elements = [NSMutableArray arrayWithCapacity:0];
BOOL success = [xmlTest parse];
NSLog(@"%i",success);

//存放各个属性值
NSMutableArray *AproductId = [[NSMutableArray alloc]init];
NSMutableArray *AproductName = [[NSMutableArray alloc]init];
NSMutableArray *AimageURL = [[NSMutableArray alloc]init];
NSMutableArray *AwholeSalePrice = [[NSMutableArray alloc]init];
NSMutableArray *AretailPrice = [[NSMutableArray alloc]init];
NSMutableArray *Aexpriation = [[NSMutableArray alloc]init];
NSMutableArray *Aman = [[NSMutableArray alloc]init];
//存放所有团购商品的数组的初始化
NSMutableArray *saleAll = [[NSMutableArray alloc]init];
NSString *iProductId;
NSString *iProductName;
NSString *iImageURL;
NSString *iWholeSalePrice;
NSString *iRetailPrice;
NSString *iExpriation;
NSString *iMan;


int j = 0;
//遍历 Elements 数组中的商品信息，生成一个 Sale 类对象，并放到 saleAll 数组内
j = (int)[Elements count]/13;
for (int i=0; i<j; i++) {
    iProductId = [Elements objectAtIndex:(i*13+2)];
    [AproductId addObject:iProductId];
    iProductName = [Elements objectAtIndex:(i*13+3)];
    [AproductName addObject:iProductName];
    iImageURL = [Elements objectAtIndex:(i*13+5)];
    [AimageURL addObject:iImageURL];
    iWholeSalePrice = [Elements objectAtIndex:(i*13+8)];
    [AwholeSalePrice addObject:iWholeSalePrice];
    iRetailPrice = [Elements objectAtIndex:(i*13+9)];
    [AretailPrice addObject:iRetailPrice];
    iExpriation = [Elements objectAtIndex:(i*13+10)];
    [Aexpriation addObject:iExpriation];
    iMan = [Elements objectAtIndex:(i*13+12)];
    [Aman addObject:iMan];
    //一个团购商品对象
    Sale *salei =[[Sale alloc]init];
    [salei setMan:[Aman objectAtIndex:i]
        andExpriation:[Aexpriation objectAtIndex:i]
        andWholeSalePrice:[AwholeSalePrice objectAtIndex:i]
          andRetailPrice:[AretailPrice objectAtIndex:i]
        andProductId:[AproductId objectAtIndex:i]
          andImageURL:[AimageURL objectAtIndex:i]
          andProductName:[AproductName objectAtIndex:i]];
    //所有团购商品数组
    [saleAll addObject:salei];
}
```

```
        [self setAllSales:saleAll];
    }

    -(void)parser:(NSXMLParser *)parser didStartElement:(NSString *)elementName
 namespaceURI:(NSString *)namespaceURI qualifiedName:(NSString *)qName attribu
tes:(NSDictionary *)attributeDict{
        Element = @"";
    }

    -(void)parser:(NSXMLParser *)parser foundCharacters:(NSString *)string{
        Element = [Element stringByAppendingString:string];
    }

    -(void)parser:(NSXMLParser *)parser didEndElement:(NSString *)elementName
 namespaceURI:(NSString *)namespaceURI qualifiedName:(NSString *)qName{
        [Elements addObject:Element];
    }

-(void)parserDidEndDocument:(NSXMLParser *)parser{
}

@end
```

将 DetailViewController.h 文件修改为：

```
    #import <UIKit/UIKit.h>
    #import "Sale.h"
    #import "Sales.h"
    #import "WebView.h"
    #import "MasterViewController.h"
    @interface DetailViewController : UIViewController
<UIPopoverControllerDelegate, UISplitViewControllerDelegate> {
        UIPopoverController *popoverController;
        id detailItem;
        Sale *aSale;
        Sales *saleList;
        WebView *webview;
      MasterViewController *mast;
    }@property (nonatomic, strong) id detailItem;
    @property (nonatomic, weak) IBOutlet UILabel *detailDescriptionLabel;
    @property(nonatomic, weak) IBOutlet UIImageView *imageView;
    @property(nonatomic, weak) IBOutlet UILabel *wholeSalePrice;
    @property(nonatomic, weak) IBOutlet UILabel *retailPrice;
    @property(nonatomic, weak) IBOutlet UILabel *expiration;
    @property(nonatomic, weak) IBOutlet UILabel *man;
    @property(nonatomic, weak) IBOutlet UILabel *productId;
    @property(nonatomic, weak) IBOutlet UILabel *productName;
    @property(nonatomic, weak) IBOutlet UILabel *discount;
    @property(nonatomic, weak) IBOutlet UILabel *saving;
    @property(nonatomic, strong) Sale *aSale;
    @property(nonatomic, strong) Sales *saleList;
    @property(nonatomic, strong) WebView *webview;
    @property (nonatomic, strong) MasterViewController* mast;
    -(IBAction)buttonPressed:(id)sender;
    -(IBAction)buttonPressedWebView:(id)sender;
    @end
```

从 File's Owner 拉线到各个控件并选择相应属性。

修改 MasterViewController.h 为：

```
#import <UIKit/UIKit.h>#import "Sale.h"#import "Sales.h"@class
DetailViewController;@interface MasterViewController : UITableViewController {
    DetailViewController *detailViewController;          //所有团购商品的信息
    Sales *saleList;      NSMutableArray *Elements;
NSString *Element; NSMutableArray *photoURL;
NSMutableArray *photoNames;NSString *str1;
NSString *str2;
}@property (nonatomic,strong)NSString *titleStr;
@property (nonatomic,strong)NSString *wholeSalePriceText;
@property (nonatomic,strong)NSString *productIdText;
@property (nonatomic,strong)NSString *productNameText;
@property (nonatomic,strong)NSString *expirationText;
@property (nonatomic,strong)NSString *retainPriceText;
@property (nonatomic,strong)NSString *manText;
@property (nonatomic,strong)NSString *discountText;
@property (nonatomic,strong)NSString *savingText;
@property (nonatomic,strong)UIImage *imageViewImage;
@property (nonatomic,strong)Sale *aSaleTemp;
@property (nonatomic, strong) DetailViewController *detailViewController;
@property (nonatomic,strong) Sales *saleList;
@property (nonatomic, strong) MasterViewController *mast;
@end
```

修改 MasterViewController.m 为（注释上有程序的说明）：

```
#import "MasterViewController.h"
#import "DetailViewController.h"
@implementation MasterViewController
@synthesize detailViewController;
@synthesize saleList;
@synthesize titleStr,wholeSalePriceText,productNameText,productIdText,
expirationText,
    retainPriceText,manText,discountText,savingText,imageViewImage,aSaleTemp;
@synthesize mast;
- (id)initWithNibName:(NSString *)nibNameOrNil bundle:(NSBundle
*)nibBundleOrNil
{
    self = [super initWithNibName:nibNameOrNil bundle:nibBundleOrNil];
    if (self) {
        self.title = NSLocalizedString(@"团购商品", @"Master");
        self.clearsSelectionOnViewWillAppear = NO;
        self.contentSizeForViewInPopover = CGSizeMake(320.0, 600.0);
    }
    return self;
}
- (void)viewDidLoad {
  if (saleList == nil) {
    saleList = [[Sales alloc]init]; //初始化团购商品列表
    [saleList setSale];
  }

    [super viewDidLoad];
    self.clearsSelectionOnViewWillAppear = NO;
    self.contentSizeForViewInPopover = CGSizeMake(320.0, 600.0);
}
```

```
    // 支持旋转
    - (BOOL)shouldAutorotateToInterfaceOrientation:(UIInterfaceOrientation)int
erfaceOrientation {
        return YES;
}

    - (NSInteger)numberOfSectionsInTableView:(UITableView *)aTableView {
        // Return the number of sections.
        return 1;
    }

    //要显示的行数为数组 allSales 里的元素（即团购商品）个数，是一个可变的数组
    - (NSInteger)tableView:(UITableView *)aTableView numberOfRowsInSection:(NS
Integer)section {
        // Return the number of rows in the section.
        return [[saleList allSales] count];

    }
    // 表单元一行的设置
    - (UITableViewCell *)tableView:(UITableView *)tableView cellForRowAtIndexPath:
(NSIndexPath *)indexPath {

        static NSString *CellIdentifier = @"CellIdentifier";
        // Dequeue or create a cell of the appropriate type.
        UITableViewCell *cell = [tableView dequeueReusableCellWithIdentifier:
CellIdentifier];
        if (cell == nil) {
            cell = [[UITableViewCell alloc] initWithStyle:UITableViewCellStyle
Default reuseIdentifier:CellIdentifier];
            cell.accessoryType = UITableViewCellAccessoryDisclosureIndicator;
        }
    //在一个表单元上设置商品图和名称
    NSInteger row =[indexPath row];
    Sale *tmpSale = [[saleList allSales]objectAtIndex:row];
    cell.textLabel.text = [tmpSale dProductName];
    NSString *urlString2 = [tmpSale dImageURL];
    NSString *urlString3 = [@"http://www.xinchangan.com" stringByAppendingString:
urlString2];
    NSURL *url = [NSURL URLWithString:[urlString3 stringByAddingPercentEscapes
UsingEncoding:NSUTF8StringEncoding]];
    NSData *imageData = [[NSData alloc]initWithContentsOfURL:url];
    UIImage *image = [[UIImage alloc]initWithData:imageData];
    cell.imageView.image = image;

    return cell;
    }
    //在左边选中一个商品后的操作
    - (void)tableView:(UITableView *)aTableView didSelectRowAtIndexPath:
(NSIndexPath *)indexPath {
    //获得所选商品信息
    NSInteger row = [indexPath row];
    Sale *tmpSale = [[saleList allSales]objectAtIndex:row];
    //在右边的详细视图上设置商品的详细信息
        self.titleStr=[tmpSale dProductName];
        self.wholeSalePriceText=[tmpSale dRetailPrice];
        self.productIdText=[tmpSale dProductId];
        self.productNameText= [tmpSale dProductName];
        self.expirationText= [tmpSale dExpriation];
```

```
    self.retainPriceText= [tmpSale dWholeSalePrice];
    self.manText= [tmpSale dMan];
// 计算折扣和节省金额
int Value1 = [[tmpSale dRetailPrice] intValue]-[[tmpSale dWholeSalePrice]
intValue];
int Value2 = 100 - (int)(([[tmpSale dWholeSalePrice]floatValue]/[[tmpSale
dRetailPrice]floatValue])*100);
NSLog(@"saving = %i",Value1);
NSLog(@"discount = %i",Value2);
NSString *iSaving=[NSString stringWithFormat:@"%d",Value1];
NSString *iDiscount=[NSString stringWithFormat:@"%d",Value2];

//在详细视图上显示折扣和节省金额
self.discountText = iDiscount;
self.savingText = iSaving;
NSLog(@"saving (String) = %@",iSaving);
NSLog(@"discount (string) = %@",iDiscount);

//显示商品的大图（左边视图上是一个小图）
NSString *urlString2 = [tmpSale dImageURL];
NSString *urlString3 = [@"http://www.xinchangan.com" stringByAppendingString:
urlString2];
NSURL *url = [NSURL URLWithString:[urlString3 stringByAddingPercentEscapes
UsingEncoding:NSUTF8StringEncoding]];
NSData *imageData = [[NSData alloc]initWithContentsOfURL:url];
UIImage *image = [[UIImage alloc]initWithData:imageData];
self.imageViewImage = image;
self.aSaleTemp = tmpSale;
detailViewController.mast=self;
[detailViewController update];
}
- (void)didReceiveMemoryWarning {
    [super didReceiveMemoryWarning];
}
- (void)viewDidUnload {
}
@end
```

在 tableView: cellForRowAtIndexPath: 方法上，我们实例化了 Sale 对象 tmpSale，并将 allSales 数组里的某一个数据赋给 tmpSale。使用 tmpSale 里的数据填充表视图的一个表单元。当表视图中的一行被选中时，tableView: didSelectRowAtIndexPath:方法设置详细视图控制器的各个属性，从而在详细视图上显示与被选中行相关联的商品详细信息。

修改 DetailViewController.m 为：

```
#import "DetailViewController.h"#import "MasterViewController.h"//……省略部分
代码@synthesize detailItem =  detailItem;
@synthesize detailDescriptionLabel =  detailDescriptionLabel;
@synthesize popoverController =  myPopoverController;
@synthesize aSale,saleList,webview;
@synthesize imageView;
@synthesize
wholeSalePrice,retailPrice,expiration,man,productId,productName,discount,saving;
@synthesize mast;//…省略部分代码
@end
```

在模拟器上测试应用程序。在纵向模式下，单击左上按钮，则出现一个列表，选择一项，右边显示详细信息，结果如图 11-14 所示。还可以切换到横向模式。

图 11-14　拆分视图

11.3　从导航控制器迁移到拆分视图

为了演示如何将 iPhone 应用程序转换为 iPad 应用程序，我们先创建一个简单的应用程序（名称为 MyNvgApp），它是一个典型的 iPhone 应用程序：从表视图上选择某一个项目（如某个省份），打开另一个表视图，从而在另一个表视图中查看上一个项目的详细信息（如该省份的城市信息）。图 11-15 显示了 MyNvgApp 基本流程（顶层视图和各层的细节），展现了应用的各层。通过这个例子，我们阐述如何转化 iPhone 程序为 iPad 程序。本节所讲述的转换方法适用于任何 iPhone 应用程序。

图 11-15　表视图

11.3.1 基于导航控制器的 iPhone 应用

在 Xcode 中创建一个新的项目，并选择 Empty Application 应用程序模板，项目名称为 MyNvgApp，在 Device Family 的选项上，我们选择 iPhone。自动生成的文件中只有 AppDelegate 一个类。打开 AppDelegate.h 文件，我们向其中添加一个导航控制器 UINavigation Controller 和第一个在窗口上显示的视图 FirstLevelViewController（FirstLevelViewController 是下面将要创建的控制器类）。在 AppDelegate.h 中添加如下语句：

```
#import <UIKit/UIKit.h>
#import "FirstLevelViewController.h"
@interface AppDelegate : UIResponder <UIApplicationDelegate>
@property (strong, nonatomic) UIWindow *window;
@property(nonatomic, strong)UINavigationController *navigationController;
@property(nonatomic, strong)FirstLevelViewController *firstViewController;
@end
```

在 AppDelegate.m 中添加如下语句：

```
@implementation AppDelegate
@synthesize window =  window;
@synthesize navigationController;
@synthesize firstViewController;
- (BOOL)application:(UIApplication *)application
didFinishLaunchingWithOptions:(NSDictionary *)launchOptions
{
    self.window = [[UIWindow alloc] initWithFrame:[[UIScreen mainScreen]
bounds]];
    self.window.backgroundColor = [UIColor whiteColor];

    navigationController=[[UINavigationController alloc]init];
    firstViewController=[[FirstLevelViewController alloc]
            initWithNibName:@"FirstLevelViewController" bundle:nil];
    [self.navigationController pushViewController:firstViewController
animated:YES];
    self.window.rootViewController=self.navigationController;

    [self.window makeKeyAndVisible];
    return YES;
}
…
```

然后再添加一个基于表视图控制器类和相应的 nib 文件，命名为 FirstLevelViewController。UINavigationViewController 的第一个视图就是 FirstLevelViewController。当用户选择一个项目时，系统将推下一个视图控制器到堆栈中。

下面我们将添加一个类，用来显示城市信息。当用户选中某一个城市时，就进入下一个视图，即另一个类，该类显示用户所选择的细节。

01 我们需要修改的是 FirstLevelViewController.h 的头文件，声明一个省份数组：

```
#import <UIKit/UIKit.h>
@interface FirstLevelViewController : UITableViewController {
    NSArray *states;
```

```
}
@property (strong, nonatomic) NSArray *states;
@end
```

02 修改 FirstLevelViewController.m 文件，将声明的数组进行赋值。另外，因为这是一个表视图控制器，所以我们需要设置表视图的行数。下面我们需要修改 viewDidLoad:方法，并添加 numberOfSectionsInTableView:方法和 numberOfRowsInSection:方法，代码如下：

```
@synthesize states;
- (void)viewDidLoad {
    states=[NSArray arrayWithObjects:@"陕西省",@"四川省",@"广东省",nil];
    [super viewDidLoad];
    self.navigationItem.title=@"省份";
}
- (NSInteger)numberOfSectionsInTableView:(UITableView *)tableView {
    return 1;
}
//省的个数
- (NSInteger)tableView:(UITableView *)tableView
numberOfRowsInSection:(NSInteger)section {
    return [states count];
}
```

03 添加 cellForRowAtIndexPath:方法，设置表单元的内容为省的名称：

```
- (UITableViewCell *)tableView:(UITableView *)tableView
cellForRowAtIndexPath:(NSIndexPath *)indexPath {
    static NSString *CellIdentifier = @"Cell";
    UITableViewCell *cell = [tableView
dequeueReusableCellWithIdentifier:CellIdentifier];
    if (cell == nil) {
        cell=[[UITableViewCell alloc]
initWithStyle:UITableViewCellStyleDefault reuseIdentifier:CellIdentifier] ;
    }
    cell.textLabel.text=[states objectAtIndex:indexPath.row];
    cell.accessoryType=UITableViewCellAccessoryDisclosureIndicator;
    return cell;
}
```

04 添加 didSelectRowAtIndexPath: 方法，当用户选择某一个省份后，把 SecondLevelViewController（尚未创建）推到堆栈中，从而显示该省的各个城市信息。

```
- (void)tableView:(UITableView *)tableView
didSelectRowAtIndexPath:(NSIndexPath *)indexPath {
    SecondLevelViewController*secondview=[[SecondLevelViewController
alloc]initWithStyle:UITableViewStylePlain];
    secondview.index=[NSString stringWithFormat:@"%d",indexPath.row];
    [self.navigationController pushViewController:secondview animated:NO];
}
```

这些就是我们需要修改的 FirstLevelViewController.m 类中的信息（编译时，步骤 4 添加的方法会报错，因为 SecondLevelViewController 的还没有创建，可以暂时注释掉步骤 4 添加的方法）。最后生成的页面就是如图 11-16 所示。

图 11-16 根视图

05 定义第二个层次视图控制器（SecondLevelViewController）。这是一个新的视图控制器类，命名为 SecondLevelViewController，它继承自 UITableViewController。类似根视图控制器类的处理方式，我们也需要对它进行修改。

06 修改 SecondLevelViewController.h 头文件如下：

```
#import <UIKit/UIKit.h>
@interface SecondLevelViewController : UITableViewController {
    NSString *index;//选择了哪一个省份
    NSMutableArray *city; //省份的城市数组
    NSInteger indx;
}
@property(copy)NSString *index;
@end
```

在上述代码中，我们首先定义一个属性，主要是用来存放第一页传过来的索引值。

07 在 SecondLevelViewController.m 上，修改如下：

```
#import "SecondLevelViewController.h"
#import "ThreeLevelViewController.h"    //导入的是第三个页面视图控制器（在后面创建）
@implementation SecondLevelViewController
@synthesize index;
static NSInteger ind;
- (void)viewDidLoad {
    self.navigationItem.title=@"城市";
    [super viewDidLoad];
    indx=[index intValue];
    city=[[NSMutableArray alloc]init];
    [city addObject:[NSArray arrayWithObjects:@"西安市",@"宝鸡市",@"临潼市",@"
咸阳市",nil]];
    [city addObject:[NSArray arrayWithObjects:@"成都市",@"绵阳市",@"自贡市",@"
宜宾市",nil]];
    [city addObject:[NSArray arrayWithObjects:@"广州市",@"深圳市",@"珠海市",@"
中山市",nil]];
```

```
    }
    - (NSInteger)numberOfSectionsInTableView:(UITableView *)tableView {
        return 1;
    }
    - (NSInteger)tableView:(UITableView *)tableView
numberOfRowsInSection:(NSInteger)section {
        return [[city objectAtIndex:indx]count];    //需要显示在页面的行数（指定省的城
市个数）
    }
    //设置表单元内容（即各个城市名称）
    - (UITableViewCell *)tableView:(UITableView *)tableView
cellForRowAtIndexPath:(NSIndexPath *)indexPath {
        static NSString *CellIdentifier = @"Cell";
        UITableViewCell *cell = [tableView
dequeueReusableCellWithIdentifier:CellIdentifier];
        if (cell == nil) {
            cell=[[UITableViewCell
alloc]initWithStyle:UITableViewCellStyleDefault
            reuseIdentifier:CellIdentifier];
        }
        NSString *d=[NSString stringWithFormat:@"%@",[[city objectAtIndex:indx]
        objectAtIndex:indexPath.row]];
        cell.textLabel.text=d;
        if(UI_USER_INTERFACE_IDIOM()!=UIUserInterfaceIdiomPad){
            cell.accessoryType=UITableViewCellAccessoryDisclosureIndicator;
        }
        return cell;
    }
    //当选中某一个城市后，所做的操作（把城市信息传递给第三层视图）
    - (void)tableView:(UITableView *)tableView
didSelectRowAtIndexPath:(NSIndexPath *)indexPath {
        //传递城市名称给第三层视图
        ThreeLevelViewController *threeview=[[ThreeLevelViewController
alloc]init];
        NSString *ctname=[[city
objectAtIndex:indx]objectAtIndex:indexPath.row];
        threeview.param=ctname;
        [self.navigationController pushViewController:threeview animated:NO];
    }
    @end
```

这些就是修改后的 SecondLevelViewController 类（先去掉在 FirstLevelViewController.m 中
didSelectRowAtIndexPath:方法的注释。类似地再把上面添加的 didSelectRowAtIndexPath:方法注释
掉）。我们可以通过单击第一个页面的内容进入到下一个页面，显示的信息就是对应的城市信息。
例如：单击第一个页面的陕西省，在第二层页面上就显示陕西省对应的城市，如图 11-17 所示。

图 11-17　城市信息

08 定义第三个层次视图控制器，命名为 ThreeLevelViewController。它是我们需要的最后一个页面类。在创建该类时，我们就不需要它继承 UITableViewController 了，只需要它继承 UIViewController 就可以了。这个类包含一个 xib 文件。

09 在这个类上，我们添加一个输出口 UILabel（我们还需要在界面上添加一个 label，让它和类中的输出口属性关联）和字符串属性。上一个视图控制器类传过来的参数就放在这个字符串属性上。通过输出口，我们在页面显示传递过来的参数值。对 ThreeLevelViewController.h 文件做如下修改：

```
#import <UIKit/UIKit.h>
@interface ThreeLevelViewController: UIViewController {
    NSString *param;//接收前一个视图传递过来的参数（即选中了哪个城市）
}
@property(nonatomic,weak)IBOutlet UILabel *labname;
@property(copy)NSString *param;
@end
```

10 双击 ThreeLevelViewController.xib，拖一个 label 的控件到视图上，并且将它与类中的输出口 labname 进行连接，保存。

11 在 ThreeLevelViewController.m 上，修改代码如下：

```
#import " ThreeLevelViewController.h"
@implementation ThreeLevelViewController
@synthesize param;
@synthesize labname;
- (void)viewDidLoad {
   [super viewDidLoad];

}
- (void)didReceiveMemoryWarning {
   [super didReceiveMemoryWarning];
}
```

```
- (void)viewDidUnload {
    [super viewDidUnload];
}
-(BOOL)shouldAutorotateToInterfaceOrientation:(UIInterfaceOrientation)o{
    return YES;
}
-(void)viewWillAppear:(BOOL)animated{
    [super viewWillAppear:animated];
    if (self.param) {
        self.navigationItem.title=self.param;
        self.labname.text=param;
    }
}
@end
```

12 编译和运行这个项目，选择"陕西"→"西安"，在第三个页面上，将看到"欢迎您来到：西安市"。如图 11-18 所示。

图 11-18　第三层视图

11.3.2　转化为 iPad 应用

我们可以将现有的 iPhone 项目升级支持 iPad，实现步骤：选择项目名称→TARGETS→Summary→Devices（选择 iPad），结果如图 11-19 所示。但本节我们要在代码中创建一个拆分视图控制器，从而使得应用程序在 iPhone 模拟器上运行时只使用导航控制器，在 iPad 上运行时选择的就是拆分视图控制器。

图 11-19　在 iPad 上运行

通过上面的方式升级的 iPad 应用，并不是我们真正想要的 iPad 程序。我们现在重新思考 MyNvgApp 在 iPad 上应该具有的图形用户界面。在 MyNvgApp 上的导航控制器无非是让用户一步一步作出选择，最终让 ThreeLevelViewController 来显示内容。对于这个应用程序的 iPad 版本，我们将该导航功能放在拆分视图的左侧，或者在浮动 popover 上（这取决于 iPad 是在横向或纵向模式下显示，类似在 iPad 上的邮件应用程序）。

接下来我们要对 AppDelegate 类进行修改。在创建项目的时候， Xcode 工具自动为它设置了导航界面，我们需要添加代码来判断是否在 iPad 上运行：如果是的话，就需要使用拆分视图。

01 打开 AppDelegate.h，并添加一个 UISplitViewController 输出口：

```
@interface AppDelegate : NSObject <UIApplicationDelegate> {
}
@property (nonatomic, strong) UIWindow *window;
@property (nonatomic, strong) UINavigationController *navController;
@property (nonatomic, weak) UISplitViewController *splitViewController;

@end
```

02 在 AppDelegate.m 上，修改代码如下：

```
#import "AppDelegate.h"
#import "FirstLevelViewController.h"
#import "ThreeLevelViewController.h"
@implementation AppDelegate
@synthesize window =  window;
@synthesize navigationController;
@synthesize splitViewController;

- (BOOL)application:(UIApplication *)application
didFinishLaunchingWithOptions:(NSDictionary *)launchOptions
{
    self.window = [[UIWindow alloc] initWithFrame:[[UIScreen mainScreen]
bounds]];
    self.window.backgroundColor = [UIColor whiteColor];

    FirstLevelViewController
*firstViewController=[[FirstLevelViewController alloc]
    initWithNibName:@"FirstLevelViewController" bundle:nil];
    if (UI_USER_INTERFACE_IDIOM()==UIUserInterfaceIdiomPad) {
        UINavigationController *firstNavigationController =
[[UINavigationController
            alloc] initWithRootViewController:firstViewController];
        ThreeLevelViewController
*threeViewController=[[ThreeLevelViewController
            alloc]initWithNibName:@"ThreeLevelViewController_iPad"
bundle:nil];

        self.splitViewController=[[UISplitViewController alloc]init];
        self.splitViewController.delegate = threeViewController;
        self.splitViewController.viewControllers = [NSArray arrayWithObjects:
                firstNavigationController, threeViewController, nil];
        self.window.rootViewController = self.splitViewController;
    } else {
        navigationController=[[UINavigationController alloc]init];
        [self.navigationController pushViewController:
        firstViewController animated:YES];
        self.window.rootViewController=self.navigationController;
    }

    [self.window makeKeyAndVisible];
    return YES;
}
```

我们上面使用了 UI_USER_INTERFACE_IDIOM 方法，用来确定应用程序是否运行在一个 iPad 上。如果是，我们将使用拆分视图。在 ThreeLevelViewController.h 文件中添加如下代码：

```
#import <UIKit/UIKit.h>
@interface ThreeLevelViewController : UIViewController{
    NSString *param;//接收前一个视图传递过来的参数（即选中了哪个城市）
}
@property(nonatomic,weak)IBOutlet UILabel *labname;
@property(copy)NSString *param;
@property(nonatomic,weak)IBOutlet UIToolbar *toolbar;
@end
```

03 创建基于 iPad 的 xib 文件：在 Xcode 中，通过选择 Add→new file→user interface→view XIB 创建该文件，命名为 ThreeLevelViewController_iPad.xib。

04 打开 ThreeLevelViewController_iPad.xib。我们选择 File's Owner 图标，打开标志检查器，并设置类为 ThreeLevelViewController。按照 ThreeLevelViewController.xib 上的所有控件重新排布在 ThreeLevelViewController_iPad.xib 中，并作出相应调整。

05 在 Library 上找到 UIToolbar，并将其拖动到新的 iPad 视图中，放置在顶部。工具栏上包含一个默认按钮，把它删除。最后设置连接：将 toolbar 属性与工具栏连接，将 view 属性与视图连接，将 labname 与视图上的 UILabel 控件连接。

06 在 Xcode 下，打开 ThreeLevelViewController.m 文件，新增两个 UISplitViewController 所需的方法和设置传递过来的参数的方法：

```
//切换到纵向模式
- (void)splitViewController:(UISplitViewController*)svc
willHideViewController:(UIViewController *)aViewController
withBarButtonItem:(UIBarButtonItem*)barButtonItem
forPopoverController:(UIPopoverController*)pc {
    NSArray *newItems = [toolbar.items arrayByAddingObject:barButtonItem];
    [toolbar setItems:newItems animated:YES]; //添加一个新按钮到工具栏上
    barButtonItem.title = @"城市";
}
//切换到横向模式
- (void)splitViewController:(UISplitViewController*)svc
willShowViewController:(UIViewController *)aViewController
invalidatingBarButtonItem:(UIBarButtonItem *)button {
    NSMutableArray *newItems = [toolbar.items mutableCopy];
    if ([newItems containsObject:button]) {
        [newItems removeObject:button];//删除按钮
        [toolbar setItems:newItems animated:YES];
    }
}
- (void)setParam:(NSString *)c {//在左边的导航视图上选择城市后，就会调用这个方法
    if (![c isEqual:param]) {
        param = [c copy];
        self.navigationItem.title = self.param;
        labname.text = param;//设置为新城市的名称
    }
}
```

上面的前两个代码处理纵向和横向之间的切换。当切换到纵向模式时，拆分视图控制器将调用第一个方法；而当切换到横向模式时，调用第二个方法。

07 在纵向模式下，工具栏上出现一个按钮。旋转到另一个方向时，换成拆分视图。在 FirstLevelViewController.m 和 ThreeLevelViewController.m 文件中，确保每一个 shouldAutorotate-ToInterfaceOrientation:方法的返回值设为 YES。

08 在 SecondLevelViewController.m 文件的 tableView: cellForRowAtIndexPath: 方法上，添加如下代码。从而，当在 iPad 下运行时，不显示右箭头：

```
if(UI USER INTERFACE IDIOM()!=UIUserInterfaceIdiomPad){
    cell.accessoryType=UITableViewCellAccessoryDisclosureIndicator;
}
```

09 在 SecondLevelViewController.m 文件的 tableView: didSelectRowAtIndexPath: 方法上，

我们获得用户的选择，并传递给第三层视图控制器（ThreeLevelViewController）：

```
    - (void)tableView:(UITableView *)tableView
didSelectRowAtIndexPath:(NSIndexPath *)indexPath {
        if (UI_USER_INTERFACE_IDIOM()==UIUserInterfaceIdiomPad) {//如果是 iPad
            AppDelegate *nvgapp=[[UIApplication sharedApplication]delegate];
            UISplitViewController *splitview=nvgapp.splitviewcontroller;
            ThreeLevelViewController *detailchoice=[splitview.viewControllers
objectAtIndex:1];
            NSString *ctname=[[city
objectAtIndex:ind]objectAtIndex:indexPath.row];
            detailchoice.param=ctname;//传递城市名称
        }else {//不是 iPad
            ThreeLevelViewController *threeview=[[ThreeLevelViewController
alloc]init];
            NSString *ctname=[[city
objectAtIndex:ind]objectAtIndex:indexPath.row];
            threeview.param=ctname;
            [self.navigationController pushViewController:threeview
animated:NO];//推入堆栈
        }
    }
```

10 运行项目。可以选择一个省份和一个城市，该选择将在右边的视图中显示，如图 11-20 和图 11-21 所示。

图 11-20　横向显示

图 11-21　纵向显示

11.4　popover

为了显示一个 popover，我们需要一个 UIPopoverController 和一个视图控制器。UIPopoverController 本身不是一个视图控制器。一个 popover 不会占据整个用户界面。视图控制器是 UIPopoverController 的 contentViewController，它是通过初始化器 initWithContentViewController:来设置的。

11.4.1　显示一个 popover

如图 11-22 所示，有一个 UIViewController 子类 NewGameController，NewGameController 的视图包含一个表，并且是它们的数据源和委托。实例化 NewGameController，并且使用这个实例作为一个 UINavigationController 的根视图控制器，给它的 navigationItem 一个 leftBarButtonItem（Done）和 rightBarButtonItem（Cancel）。UINavigationController 变成一个 UIPopoverController 的视图控制器。代码如下：

图 11-22　popover 例子

```
NewGameController* dlg = [[NewGameController alloc] init];
UIBarButtonItem* b = [[UIBarButtonItem alloc]
    InitWithBarButtonSystemItem: UIBarButtonSystemItemCancel
                    target: self
                    action: @selector(cancelNewGame:)]
dlg.navigationItem.rightBarButtonItem = b;
b = [[UIBarButtonItem alloc]
     initWithBarButtonSystemItem: UIBarButtonSystemItemDone
                    target: self
                    action:@selector(saveNewGame:)];
dlg.navigationItem.leftBarButtonItem = b;
UINavigationController* nav =
```

```
[[UINavigationController alloc] initWithRootViewController:dlg];
UIPopoverController* pop =
        [[UIPopoverController alloc] initWithContentViewController:nav];
```

popover 控制器也需要知道显示视图的大小，默认的 popover 尺寸是（320，1100），苹果希望使用 320 的宽度（iPhone 屏幕的宽度），但是最大允许的宽度是 600。如果没有足够的垂直空间，popover 的高度可能比要求的更短。有两种方式来提供 popover 大小：

● UIPopoverController 的 popoverContentSize 属性
  这个属性可以在 popover 出现之前设置，也可以在 popover 显示期间通过 setPopover-ContentSize:animated 方法被改变。
● UIViewController 的 contentSizeForViewInPopover 属性
  UIViewController 是 UIPopoverController 的 contentViewController（或者某个视图控制器所包含，就像在一个标签栏界面或导航界面上）。这个方法更好，因为一个 UIViewController 一般都知道自己视图的理想的大小。

在图 11-22 所示的情况中，NewGameController 设置它自己的 contentSizeForViewInPopover。它的视图只在 popover 中使用，所以它的 popover 大小就是它的视图大小：

```
self.contentSizeForViewInPopover = self.view.bounds.size;
```

popover 需要高一点，这是因为 NewGameController 是嵌入在 UINavigationController 中，UINavigationController 的导航条占据了额外的垂直空间。好在 UINavigationController 是自动管理那些的。它自己的 contentSizeForViewInPopover 给它的根视图控制器增加必要的高度。在 popover 被展示时，如果 UIPopoverController 和 UIViewController 对各自的属性有不同的设置，UIPopoverController 的设置生效。如果 popover 的 contenViewController 是一个 UINavigation-Controller，并且一个视图控制器入栈或出栈，那么，若当前视图控制器的 contentSizeForViewIn-Popover 不同于先前显示的视图控制器的，popover 的宽度将会改变来匹配新的宽度。

通过给 UIPopoverController 发送下面的消息之一，就可以让 popover 出现在屏幕上：

● presentPopoverFromRect:inView:permittedArrowDirections:animated
● presentPopoverFromBarButtonItem:permittedArrowDirections:animated

允许的箭头声明指定了箭头可以显示在 popover 的哪边，它是位掩码：

● UIPopoverArrowDirectionUp
● UIPopoverArrowDirectionDown
● UIPopoverArrowDirectionLeft
● UIPopoverArrowDirectionRight
● UIPopoverArrowDirectionAny

通常会指定 UIPopoverArrowDirectionAny，从而在运行时把箭头放在适当的一边。

11.4.2　关闭 popover

popover 实现了一个浮动菜单的功能。有两种解除 popover 的方式：用户轻击 popover 之外的界面部分，或者明确地解除 popover。为了明确地解除 popover，向 UIPopoverController 发送 dismissPopoverAnimated 消息。

下面两个属性影响着 popover 行为：

- UIViewController 的 modalInPopover 属性
  如果对 popover 控制器的视图控制器是 YES，那么，在它之外的任何地方轻击都将被忽视，就像一个轻击没有任何效果一样，当然也不解除 popover。默认是 NO。
- UIPopoverController 的 passThroughViews 属性
  这个东西只在 modalInPopover 是 NO 时才有用。它是 popover 后面的用户界面上的视图的数组，用户可以和这些视图交互，但是在 popover 之外的任何地方轻击都会解除 popover。如果 passThroughViews 是 nil，在 popover 之外的任何地方的轻击都会解除它。

popover 可以用两种不同的方式解除。当 popover 控制器的视图控制器的 modalInPopover 是 NO，并且用户在 popover 之外的视图上轻击（该视图不在 popover 控制器的 passThroughViews 上），UIPopoverController 的委托接到 popoverControllerShouldDismissPopover:消息。如果它不返回 NO，则 popover 被解除，并且委托接到 popoverControllerDidDismissPopover:消息。如果在界面上放了一个关闭按钮，那么，当用户轻击后，代码可以向 UIPopoverController 发送 dismissPopover Animated: 消息，从而解除 popover。

11.4.3　popover 和表视图实例

下面我们来实现如图 11-23 所示的用于显示不同字体的浮动菜单（本例是基于一个已经存在的例子）。当用户在字体浮动菜单中选择某一个字体后，TextTool 类就会使用这个新的字体。在这里，不同的字体可以放在一个 UITableView 上显示。我们下面定义一个表视图控制器来控制这个视图。步骤如下：

01 从 File 菜单下选择 New File 命令，在弹出的对话框中选择 UIViewController subclass，单击 Nestr 按钮，再在弹出的对话框中选择 Targeted for iPad 和 UITableViewController subclass。不选中 With XIB for user interface。给定名称为 FontListController。

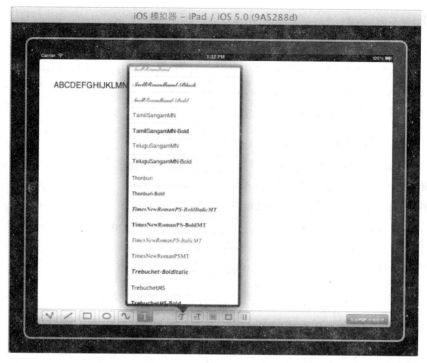

图 11-23　字体例子

02 编写 FontListController.h 如下。在这个头文件中，我们定义了一个 UIPopoverController 属性。这个 UIPopoverController 对象类似于 FontListController 对象的容器(即包含 FontListController 对象)。UIPopoverController 本身不是视图控制器，它拥有一个视图控制器（在这个例子中，FontListController ）。AnnotationToolViewController 使用这个属性来关闭浮动菜单（ AnnotationToolViewController 是例子上已经存在的视图控制器 ）。

```objc
#import <UIKit/UIKit.h>

// 定义一个用于通知的字符串常量
#define FontListControllerDidSelect @"FontListControllerDidSelect"

@interface FontListController : UITableViewController {
    NSArray *fonts;//字体集
    NSString *selectedFontName;//当前选中的字体
    UIPopoverController *container;
}

@property (strong, nonatomic) NSArray *fonts;
@property (copy, nonatomic) NSString *selectedFontName;
@property (assign, nonatomic) UIPopoverController *container;

@end
```

03 编写 FontListController.m 如下(见代码上的注释来理解这个代码)。整个 FontListController 的代码基本都是表视图控制器的代码。对于熟悉表视图的读者，应该很容易理解。

```objc
#import "FontListController.h"
```

```
@implementation FontListController
@synthesize fonts, selectedFontName, container;

- (void)viewDidLoad {
    [super viewDidLoad];
    //获得所有字体 family 的名称
    NSArray *familyNames = [UIFont familyNames];
    NSMutableArray *fontNames = [NSMutableArray array];
    for (NSString *family in familyNames) {//获取各个 family 的字体集
        [fontNames addObjectsFromArray:[UIFont
fontNamesForFamilyName:family]];
    }
    self.fonts = [fontNames sortedArrayUsingSelector:@selector(compare:)];
    //排序
    //fonts 中存放的是有序的字体集
}

//在表视图上显示当前所选择的字体，
- (void)viewWillAppear:(BOOL)animated {
    [super viewWillAppear:animated];
    //寻找当前字体在字体列表中的位置
    NSInteger fontIndex = [self.fonts indexOfObject:self.selectedFontName];
    if (fontIndex!=NSNotFound) {//当前字体在字体列表中（防止设置了一个错误的初始值）
        NSIndexPath *indexPath = [NSIndexPath indexPathForRow:fontIndex
inSection:0];
        //表视图上包含很多字体名字，下面语句滚动表视图，从而让当前字体在表视图上可见
        [self.tableView scrollToRowAtIndexPath:indexPath
        atScrollPosition:UITableViewScrollPositionMiddle animated:NO];
    }
}

- (BOOL)shouldAutorotateToInterfaceOrientation:(UIInterfaceOrientation)inte
rfaceOrientation {
    // Override to allow orientations other than the default portrait
orientation.
    return YES;
}

//UITableViewDatasource 协议中的方法：返回块数
- (NSInteger)numberOfSectionsInTableView:(UITableView *)tableView {
    return 1;
}

//返回行数，即字体集中的字体个数
- (NSInteger)tableView:(UITableView *)tableView
numberOfRowsInSection:(NSInteger)section {
    return [fonts count];
}

//表单元，即一个字体
- (UITableViewCell *)tableView:(UITableView *)tableView
 cellForRowAtIndexPath:(NSIndexPath *)indexPath {

    static NSString *CellIdentifier = @"Cell";
    //考虑了重用
    UITableViewCell *cell = [tableView
dequeueReusableCellWithIdentifier:CellIdentifier];
```

```
        if (cell == nil) {
            cell = [[UITableViewCell alloc]
initWithStyle:UITableViewCellStyleDefault
                reuseIdentifier:CellIdentifier];
        }
    //设置表单元上的信息
    NSString *fontName = [fonts objectAtIndex:indexPath.row];
    cell.textLabel.text = fontName;//字体名称
        //设置表单元上显示的文字的字体为当前的字体，这样用户就可以直接看到显示风格
    cell.textLabel.font = [UIFont fontWithName:fontName size:17.0];
    if ([self.selectedFontName isEqual:fontName]){//如果该字体正好是用户选中的字体
        cell.accessoryType = UITableViewCellAccessoryCheckmark;//则在边上加一个
//选择标志
    } else {
        cell.accessoryType = UITableViewCellAccessoryNone;
    }

    return cell;
}
//表视图委托方法，选中一行后的操作：去掉前一个字体的选中标志，在新选中的字体上加
//上标志
- (void)tableView:(UITableView *)tableView
didSelectRowAtIndexPath:(NSIndexPath *)indexPath {
        // 获得上一次选中的字体所在的行号
    NSInteger previousFontIndex = [self.fonts
indexOfObject:self.selectedFontName];
        // 如果用户选择了一个不同的字体（新换了一个字体），获得新的位置信息，并打上标志
    if (previousFontIndex != indexPath.row) {
        NSArray *indexPaths = nil;
        if (previousFontIndex!= NSNotFound) {
            NSIndexPath *previousHighlightedIndexPath = [NSIndexPath
indexPathForRow:previousFontIndex inSection:0];
            indexPaths = [NSArray arrayWithObjects:indexPath,
previousHighlightedIndexPath, nil];
        } else {
            indexPaths = [NSArray arrayWithObjects:indexPath, nil];
        }

        // 记录新的字体名称
        self.selectedFontName = [self.fonts objectAtIndex:indexPath.row];

        [self.tableView reloadRowsAtIndexPaths:indexPaths
        withRowAnimation:UITableViewRowAnimationFade];
        //把换字体的通知发出
        [[NSNotificationCenter defaultCenter]
postNotificationName:FontListControllerDidSelect object:self];
    }
}

- (void)didReceiveMemoryWarning {
    [super didReceiveMemoryWarning];
}

- (void)viewDidUnload {
    self.fonts = nil; // 清空字体集（节省资源）
}

@end
```

当用户在浮动菜单上选择不同的字体后，FontListController 就发出通知。因为 AnnotationTool-ViewController 注册了这个通知，所以它通过通知就获得了用户所选择的字体。AnnotationToolViewController 也负责关闭浮动菜单。

ViewController 使用上面定义的 popover 类 FontlistController。当用户在浮动菜单上作出一个选择后，ViewController 获得选择结果，并使用新的字体。

04 修改 ViewController.m 如下：

```objc
#import "ViewController.h"
#import "AnnotationView.h"
#import "PencilTool.h"
#import "TextTool.h"
#import "FontListController.h"

@implementation AnnotationToolViewController
@synthesize currentTool, fillColor, strokeColor,
strokeWidth,font,currentPopover;
//关闭浮动菜单。下面这个方法适用于任何一个浮动菜单（如：字体大小的浮动菜单）
-
(void)handleDismissedPopoverController:(UIPopoverController*)popoverController
{
        if ([popoverController.contentViewController
isMemberOfClass:[FontListController class]]) {
            // 如果是字体列表控制器，则获得新选择的字体
            FontListController *flc = (FontListController *)
                popoverController.contentViewController;
            self.font = [UIFont fontWithName:flc.selectedFontName
size:self.font.pointSize];
        }
        self.currentPopover = nil;
}

    - (void)popoverControllerDidDismissPopover:(UIPopoverController
*)popoverController {
        [self handleDismissedPopoverController:popoverController];
    }
//各个 popover 都通用的方法，用于设置 UIPopoverController 对象（包括它所关联的
//视图控制器）
    - (void)setupNewPopoverControllerForViewController:(UIViewController *)vc {
        if (self.currentPopover) {
            [self.currentPopover dismissPopoverAnimated:YES];
            [self handleDismissedPopoverController:self.currentPopover];
        }
        //初始化 UIPopoverController，指定它使用的视图控制器
        self.currentPopover = [[UIPopoverController alloc]
initWithContentViewController:vc];
        self.currentPopover.delegate = self;
    }

    //单击字体按钮后触发的操作
    - (IBAction)popoverFontName:(id)sender {
        //创建一个 FontListController 对象
        FontListController *flc = [[[FontListController alloc]
initWithStyle:UITableViewStylePlain] autorelease];

        flc.selectedFontName = self.font.fontName;//设置选中的字体名称
```

```
        //设置popover控制器，并关联上面的FontListController对象
        [self setupNewPopoverControllerForViewController:flc];
        flc.container = self.currentPopover;
        //-/设置通知。接到通知后，将触发fontListControllerDidSelect方法
        [[NSNotificationCenter defaultCenter] addObserver:self
            selector:@selector(fontListControllerDidSelect:)
            name:FontListControllerDidSelect object:flc];
        //显示浮动菜单
        [self.currentPopover presentPopoverFromBarButtonItem:sender
            permittedArrowDirections:UIPopoverArrowDirectionAny
animated:YES];
    }

    //...省略一些旧代码

    // (用户选中一个新字体的)通知会触发下面的操作
    - (void)fontListControllerDidSelect:(NSNotification *)notification {
        FontListController *flc = [notification object];
        //使用container属性来获得popover控制器，从而关闭浮动菜单
        UIPopoverController *popoverController = flc.container;
        [popoverController dismissPopoverAnimated:YES];
        [self handleDismissedPopoverController:popoverController];
        self.currentPopover = nil;
    }

    //...省略了部分代码


@end
```

05 执行程序。首先输入一些字母。然后选择不同字体（见图 11-24）。接着再输入一些字母。最后结果如图 11-25 所示。

图 11-24　字体浮动菜单

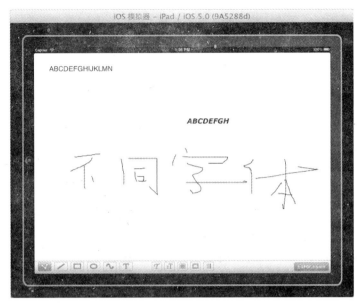

图 11-25　不同字体显示

11.4.4　基于样本数据和滑动条的 popover 实例

下面我们要加的 popover 是用于选择字体大小。如图 11-26 所示，与上一个 popover 不同，我们给用户一个滑动条来设置字体大小，当用户滑动滑动条时，字体大小发生改变。另外，为了给用户一个实际的感觉，我们在 popover 上放置了一个文本视图，视图上放置了一段文字。当用户滑动时，这些文字的字体大小随着更改。

图 11-26　选择字体大小

在上一个例子中，我们自己编写了代码来完成：当用户选择某一个字体后，浮动菜单自动消失。但是，浮动菜单的默认设置是，当你单击菜单外面时，系统才自动关闭浮动菜单。在设置字体大小的例子中，我们直接使用默认设置即可。步骤如下：

01 创建一个用于选择字体大小的视图和其控制器类：从 File 菜单下选择 New File 命令。在弹出的对话框中选择 UIViewController subClass，单击 Next 按钮，设备选择 iPad，命名为 FontSizeController。

02 编写 FontSizeController.h 如下：

```
#import <UIKit/UIKit.h>

@interface FontSizeController : UIViewController {
    IBOutlet UITextView *textView;//用于显示文本的文本视图
    IBOutlet UISlider *slider;//滑动条
    IBOutlet UILabel *label;//显示字体大小的标签
    UIFont *font;//当前选择的字体属性
}

@property (strong, nonatomic) UIFont *font;
//滑动滑动条后调用的操作
- (void)takeIntValueFrom:(id)sender;

@end
```

03 双击 FontSizeController.xib。系统给我们生成的视图太大，我们要改成一个小视图。另外，视图上面的黑条也不适合字体大小选择的浮动菜单。所以，我们选择 FontSizeController.xib 下的 View，把 Status Bar 的设置从 Black 改为 None（见图 11-27），把 size 改为 320×320（见图 11-28）。

图 11-27　调整后的视图

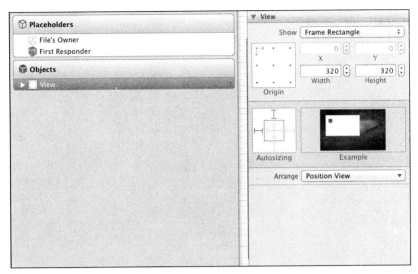

图 11-28　视图设置

04 从 Library 上拖动 UITextView、UISlider 和 UILabel 到视图上,并调整大小和位置如图 11-29 所示。

图 11-29　视图上的控件

05 如图 11-30 所示,设置滑动条的数值范围为 1~96。设置一个初始值为 5。

图 11-30　滑动条设置

06 设置连接信息：按下 control 键，单击 File's Owner，拖光标到视图的对象上，从弹出菜单上选择相应的 IBOutlet。针对视图上的三个对象，完成三次类似操作。按下 control 键，单击滑动条，拖光标到 File's Owner 上，从弹出菜单上选择 takeIntValueFrom 方法。最后的连接信息如图 11-31 所示。

图 11-31　设置连接信息

07 如图 11-32 所示，修改 UITextView 的一些属性：UITextView 上的文字是默认文字，可以修改为任何所需的文字。例如：这里放上了老子所说的一段话（翻译的，老子自己没写英文）和最近流行的春天里的部分歌词。取消选中 "Editable" 复选框（所以，用户不能输入文字）。最后，从 File 菜单中选择 Save 命令来保存修改。

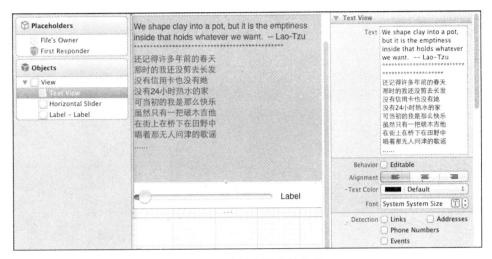

图 11-32　文本视图上的文字

08 编写 FontSizeController.m 如下。这个类的主要功能是：当用户滑动滑动条时，获取滑动条的值，设置为字体大小。另外，还将文本视图上的文字的字体大小修改为最新的大小。

```objc
#import "FontSizeController.h"
@implementation FontSizeController
@synthesize font;

- (void)viewDidLoad {
    [super viewDidLoad];
    textView.font = self.font;//设置文本视图上的字体
    NSInteger i = self.font.pointSize;
    label.text = [NSString stringWithFormat:@"%d", i];//在标签上设置当前的字体
大小

    slider.value = i;//在滑动条上设置字体大小的数值
}

-(BOOL)shouldAutorotateToInterfaceOrientation:(UIInterfaceOrientation)inte
rfaceOrientation {
    // Overriden to allow any orientation.
    return YES;
}
- (void)didReceiveMemoryWarning {
    [super didReceiveMemoryWarning];
}

- (void)viewDidUnload {
    [super viewDidUnload];
}


- (void)takeIntValueFrom:(id)sender {
    NSInteger i = ((UISlider *)sender).value;//获取滑动条上的值
    self.font = [self.font fontWithSize:i];//并设置为字体大小
    textView.font = self.font;//改变文本视图上的字体大小为新的大小
    label.text = [NSString stringWithFormat:@"%d",i];//设置标签值为滑动条上的值
}
```

```
@end
```

09 修改 ViewController.m 如下：

```objc
#import "AnnotationToolViewController.h"
#import "AnnotationView.h"
#import "PencilTool.h"
#import "TextTool.h"
#import "FontListController.h"
#import "FontSizeController.h"

@implementation ViewController
@synthesize currentTool, fillColor, strokeColor,
strokeWidth,font,currentPopover;

    -(void)handleDismissedPopoverController:(UIPopoverController*)popoverContr
oller {
        if ([popoverController.contentViewController
isMemberOfClass:[FontListController class]]) {
            // 选择不同字体的处理
            FontListController *flc = (FontListController *)
                    popoverController.contentViewController;
            self.font = [UIFont fontWithName:flc.selectedFontName
size:self.font.pointSize];
        }
        else if ([popoverController.contentViewController isMemberOfClass:
            [FontSizeController class]]) {//选择不同字体大小的处理
            //获得 popover 控制器所包含的视图控制器
            FontSizeController *fsc = (FontSizeController *)
                popoverController.contentViewController;
            self.font = fsc.font;//获得用户所选择的字体（包括大小）
        }
        self.currentPopover = nil;
    }
    //...省略部分旧代码

    //单击选择字体大小的工具按钮后所触发的方法
    - (IBAction)popoverFontSize:(id)sender {
        FontSizeController *fsc = [[FontSizeController alloc] initWithNibName:nil
bundle:nil];//创建 FontSizeController 对象
        fsc.font = self.font;//设置字体
        //设置 popover 控制器来使用上面新创建的 FontSizeController 对象
        [self setupNewPopoverControllerForViewController:fsc];
        self.currentPopover.popoverContentSize = fsc.view.frame.size;//设置浮动菜
单的界面大小
        //弹出浮动菜单
        [self.currentPopover presentPopoverFromBarButtonItem:sender
            permittedArrowDirections:UIPopoverArrowDirectionAny animated:YES];
    }
    //...省略部分旧代码
```

10 执行应用程序。如图 11-33 所示，在输入一部分字符后，单击字体大小按钮。选择一个小字体（见图 11-34），输入另外一些字符。最后再选择一个大字体（见图 11-35）。

图 11-33　选择字体 24 号

图 11-34　选择字体 13 号

图 11-35　选择字体 55 号

11.4.5　手势和 popover 的结合编程

在前面的 popover 例子里，我们都是在一个按钮上弹出一个浮动菜单。在实际应用中，并不总是从工具栏上轻击按钮来弹出浮动菜单，在有些应用中就是视图中的一些对象。例如：一件衣服可能有多种颜色选择，那么，轻击衣服就出现一个颜色选择菜单，从而显示不同颜色的衣服。下面我们要做的这个实际例子就是一个花的选择和显示的例子。

在下面这个项目上，单击当中的方框，就弹出一个菜单，可以选择不同的花来放置，如图 11-36所示。这是一个手势和 popover 结合的实际应用。

图 11-36　模态视图例子

01 创建一个名叫 ChooseColor1 项目。双击 ViewController.xib，在视图上放置一个蓝色背景的 UIImageView，就是图 11-36 中的方框。在视图上方放一个工具栏，并修改工具栏上的按钮名称为 "移动"。当用户单击这个按钮时，可以移动蓝色方框（或者是选中的花）。

02 创建一个带 xib 的视图控制器，类名为 colorChoosers。这是一个 UIViewController 子类。它的视图显示 6 种不同的花，就是图 11-36 上的浮动菜单的内容。

03 编写 colorChoosers.h 如下：

```
#import <UIKit/UIKit.h>

@interface colorChoosers : UIViewController {
    IBOutlet UIView *colorView;//指向主视图
   UIPopoverController *popoverController;
    UIImageView *imageView;
}
@property(nonatomic,strong) UIPopoverController *popoverController;
@property(nonatomic,strong) UIImageView *imageView;
-(IBAction) setContainerColor:(id)sender;//当选中某一花时，在主视图上设置这个花
@end
```

为了在 colorChoosers 类上操作 popover（如：在选择颜色后，让 popover 消失），我们添加了一个 UIPopoverController 属性，命名为 popoverController。

04 回到 colorChoosers.xib，我们在视图上添加 6 个按钮，设置它的背景为不同的花，然后分别设置 1~6 的 tag 值。连接每个按钮到 setContainerColor 操作。保存修改。

05 双击 ViewController.xib，把 colorChoosers 拖到 ViewControlle.xib 窗口里。连接 colorChoosers 的 colorView 到 View 上。

06 在 ViewController.h 上添加多个 IBOutlet 属性：

```
#import <UIKit/UIKit.h>
@class colorChoosers;
```

```
@interface ChooseColor1ViewController : UIViewController {
    IBOutlet UIView *colorView;//当中的框
    IBOutlet colorChoosers *colorChooser1;
}
@end
```

07 打开 ViewController.xib，连接 UIImageView（蓝色框）到 IBOutlet 属性 colorView 上；连接 colorChooser1 到 ChooseColor1ViewController.xib 上的 colorChoosers 对象。保存修改。

08 修改 ViewController 的 viewDidLoad 方法，把轻击手势添加到视图上，并声明手势操作为 BoxDidGetTapped 方法。当轻击蓝色方框时，这个方法被调用。

```
#import "ChooseColor1ViewController.h"
#import "colorChoosers.h"

@implementation ChooseColor1ViewController

- (void)viewDidLoad {
    [super viewDidLoad];
    [colorView addGestureRecognizer:
     [[UITapGestureRecognizer alloc]
        initWithTarget:self
        action:@selector(BoxDidGetTapped)]];
}

//当用户轻击方框时，弹出一个选择各类花的浮动菜单
-(void) BoxDidGetTapped {
    UIPopoverController *popover = [[UIPopoverController alloc]
        initWithContentViewController:colorChooser1];
    popover.popoverContentSize=colorChooser1.view.frame.size;//弹出窗口的大小
    colorChooser1.popoverController = popover;
colorChooser1.modalInPopover = YES;
//弹出浮动菜单
    [popover presentPopoverFromRect:colorView.bounds
        inView:colorView
        permittedArrowDirections:UIPopoverArrowDirectionLeft +
        UIPopoverArrowDirectionRight
        animated:YES];
}
//...省略部分代码
```

在 BoxDidGetTapped 代码中，我们首先创建一个 UIPopoverController 对象并初始化它。我们必须告诉它将使用哪个视图控制器的内容（即浮动菜单上显示谁的视图）。一个 popover 控制器本身不是一个视图控制器，它承载了一个视图控制器。popoverContentSize 属性是浮动菜单的大小信息，上述代码使得 popover 使用在 colorChoosers.xib 上的视图的大小。在最后一个语句中，我们通过 permittedArrowDirections 设置了浮动菜单边上的箭头方向。如果不想指定箭头的方向，可以设置为 UIPopoverArrowDirectionAny。

09 修改 colorChooser.m 如下：

```
#import "colorChoosers.h"

@implementation colorChoosers
```

```objc
@synthesize popoverController,imageView;
//选择某一个花之后的操作
-(IBAction) setContainerColor:(id)sender{
    UIImage *image1 = [UIImage imageNamed:@"1.jpg"];
    UIImage *image2 = [UIImage imageNamed:@"2.jpg"];
    UIImage *image3 = [UIImage imageNamed:@"3.jpg"];
    UIImage *image4 = [UIImage imageNamed:@"4.jpg"];
    UIImage *image5 = [UIImage imageNamed:@"5.jpg"];
    UIImage *image6 = [UIImage imageNamed:@"6.jpg"];

    switch ([sender tag]) {//根据选中的花，设置不同的花来显示
        case 1:
            imageView = [[UIImageView alloc]initWithImage:image1];
            [colorView addSubview:imageView];//把花放到主视图上
            break;
        case 2:
            imageView = [[UIImageView alloc]initWithImage:image2];
            [colorView addSubview:imageView];
            break;
        case 3:
            imageView = [[UIImageView alloc]initWithImage:image3];
            [colorView addSubview:imageView];
            break;
        case 4:
            imageView = [[UIImageView alloc]initWithImage:image4];
            [colorView addSubview:imageView];
            break;
        case 5:
            imageView = [[UIImageView alloc]initWithImage:image5];
            [colorView addSubview:imageView];
            break;
        case 6:
            imageView = [[UIImageView alloc]initWithImage:image6];
            [colorView addSubview:imageView];
            break;

        default:
            break;
    }
    [popoverController dismissPopoverAnimated:YES];//使浮动菜单消失
}

-(BOOL)shouldAutorotateToInterfaceOrientation:(UIInterfaceOrientation)interfaceOrientation {
    return YES;
}

- (void)didReceiveMemoryWarning {
    [super didReceiveMemoryWarning];
}

@end
```

10 编译和运行。会看到如图 11-36 所示的结果。

11.5　拆分视图和 popover

在拆分视图部分，当 iPad 屏幕由横向模式变为纵向模式时，拆分视图发生了变化，在详细视图的左上方出现了一个按钮，并增加了 popover。按下这个按钮，浮动菜单显示。其实，当 iPad 旋转为纵向模式时，下述的委托方法被调用，来完成上述功能：

```
//当 iPad2 切换到纵向模式时，隐藏左边的表视图，显示 PopoverView
 - (void)splitViewController: (UISplitViewController*)svc
willHideViewController:(UIViewController *)aViewController
withBarButtonItem:(UIBarButtonItem*)barButtonItem forPopoverController:
(UIPopoverController*)pc {
    barButtonItem.title = @"Root List";//左上角按钮的名称
    NSMutableArray *items = [[toolbar items] mutableCopy];
    [items insertObject:barButtonItem atIndex:0];
    [toolbar setItems:items animated:YES];//添加到工具栏上
    self.popoverController = pc;//设置本视图控制器的 UIPopoverController 对象
}
```

UIPopoverController 对象的内容是一个视图控制器（MasterViewController 对象）。当按钮被按下时，MasterViewController 内容就出现了。

11.6　模态视图和 popover

从用户的角度，模态视图就是弹出一个视图。从理论上讲，使用模态视图或 popovers 的核心技术是类似的。下面是它们的处理步骤：

01 监听事件：监听在一个按钮上的轻击事件。

02 创建一个视图控制器和视图。无论是模态或是 popover，这个视图就是要显示的内容。

03 当接收到事件后，显示模态视图或 popover。

04 对用户选择作出响应（控制器完成这部分功能），当用户完成操作后就关闭弹出的菜单。

基于前面的 TuanGouIPad 例子，我们来添加一个模态视图。我们在 TuanGouIPad 的 DetailViewController 上添加一个"更多信息"按钮，单击这个按钮就弹出一个模态视图。在模态视图上有一个 UIWebView，用于显示网页内容；下面工具栏有三个按钮，分别是"新长安网站"、"108 方平台"和"关闭"。单击"新长安网站"按钮，打开浏览器来显示新长安网站，单击"108 方平台"按钮打开的是 108 方平台，"关闭"按钮是用来关闭模态视图。下面我们来添加模态视图。

01 在项目里创建一个带 xib 的 UIViewController 类，名称为 ModalWebViewController。

02 修改 ModalWebViewController.h 文件代码为：

```
#import <UIKit/UIKit.h>
@protocol ModalWebViewControllerDelegate;
@interface ModalWebViewController : UIViewController {
    id <ModalWebViewControllerDelegate> delegate;//委托 DetailViewController
//来关闭视图
    UIWebView *webView;
}
@property (nonatomic, assign) id <ModalWebViewControllerDelegate> delegate;
@property (nonatomic, strong) IBOutlet UIWebView *webView;
- (IBAction)done;//关闭操作
- (IBAction)changanSite;//新长安网站
- (IBAction)pingtaiSite;
@end
@protocol ModalWebViewControllerDelegate
- (void)modalWebViewControllerDidFinish:(ModalWebViewController
*)controller;
@end
```

03 打开 ModalWebViewController.xib，将视图的 Status Bar 属性修改为 None，这样就去掉了标题栏，如图 11-37 所示。调整视图大小为宽 540、高 620。

04 添加 UIWebView。添加 UIToolbar 到视图底部，再添加两个 UIBarButtonItem 和一个 Flexible Space 到工具栏上。单击最右边的 UIBarButtonItem，将 Identifier 属性设置为 Done，如图 11-38 所示。修改 UIBarButtonItem 名称。最后结果如图 11-39 所示。

图 11-37　视图属性

图 11-38　按钮设置

图 11-39　新加 Web 视图

05 按下 control 键，从各个 UIBarButtonItem 拖动光标到 File's Owner，选择对应的方法：changanSite、pingtaiSite。再从 File's Owner 拖动光标到 UIWebView，并选择 webView。

06 修改 ModalWebViewController.m 代码为：

```
#import "ModalWebViewController.h"
@implementation ModalWebViewController
@synthesize delegate;
@synthesize webView;
- (void)viewDidLoad {
    NSString *path = [[NSBundle mainBundle] pathForResource:@"xinchangan"
ofType:@"html"];
    //设置加载的xinchangan.html 路径
    NSURL *url = [NSURL fileURLWithPath:path];
    NSURLRequest *request = [NSURLRequest requestWithURL:url];
    [self.webView loadRequest:request];
    //加载xinchagnan.html 文件到 UIWebView

    [super viewDidLoad];
}
// 关闭按钮调用的方法：关闭模态视图
-(IBAction)done{
    [self.delegate modalWebViewControllerDidFinish:self];
}

-(IBAction)changanSite{
    NSURL *url = [NSURL URLWithString:@"http://www.xinchangan.com"];
    //设置新长安网站的的网址
    [[UIApplication sharedApplication] openURL:url];
    //通过浏览器打开新长安网站

}

-(IBAction)pingtaiSite{
    NSURL *url = [NSURL URLWithString:@"http://www.108fang.com"];
    [[UIApplication sharedApplication] openURL:url];
    //打开108方平台网站

}
```

```
- (BOOL)shouldAutorotateToInterfaceOrientation:(UIInterfaceOrientation)int
erfaceOrientation {
    return YES;
}

- (void)didReceiveMemoryWarning {
    [super didReceiveMemoryWarning];
}

- (void)viewDidUnload {
    [super viewDidUnload];
}
@end
```

07 添加 xinchangan.html 所需的图片到资源文件夹下。再在资源文件夹上单击右键，在新建文件里选择 Other 项的 Empty File，输入名称 xinchangan.html，添加代码如下：

```
<!DOCTYPE html PUBLIC "-//W3C//DTD XHTML 1.0 Transitional//EN" "http://www
.w3.org/TR/xhtml1/DTD/xhtml1-transitional.dtd">
<html xmlns="http://www.w3.org/1999/xhtml">
<head>
<meta http-equiv="Content-Type" content="textml; charset=utf-8" />
<title>新长安</title>
</head>
<body>
<table width="900" border="0"  align="center">
  <tr>
    <td colspan="3"><a href="http://www.xinchangan.com"><img src="
net.jpg" width="275" height="65" border="0" /></a></td>
  </tr>
    <tr>
      <td colspan="2" rowspan="2"><a href="http://www.xinchangan.com"><img sr
c="net1.jpg" width="628" height="279" border="0" /></a></td>
    <td><a href="http://www.xinchangan.com/contact.html"><img src="
net2.jpg" width="297" height="142" border="0" /></a></td>
    </tr>
    <tr>
      <td height="139"><a href="http://www.xinchangan.com/cloud.html"><img src
=" net3.jpg" width="297" height="137" border="0" /></a></td>
    </tr>
  </table>

<table width="937" border="0" cellspacing="0" cellpadding="0" align="center">
    <tr>
      <td width="314" align="center"><a href="http://www.xinchangan.com/tobebet
ter.html"><img src=" net2.jpg" width="308" height="153" border="0" /></a></td>
      <td width="308" align="center"><a href="http://www.xinchangan.com/tobebet
ter.html"><img src=" net3.jpg" width="308" height="152" border="0" /></a></td>
      <td width="315" align="center"><a href="http://www.xinchangan.com/tobebet
ter.html"><img src=" net4.jpg" width="308" height="153" border="0" /></a></td>
    </tr>
  </table>

</body>
</html>
```

上述添加的图片和 html 文件就是在 UIWebView 里显示的内容。

08 在 DetailViewController.h 里添加头文件和一个新的 IBAction:

```
#import "ModalWebViewController.h"
…
-(IBAction)showAppInfo:(id)sender;//单击"更多信息"按钮后调用的方法
```

09 添加在 ModalWebViewController 里定义的协议:

```
@interface DetailViewController : UIViewController
<UIPopoverControllerDelegate, UISplitViewControllerDelegate,
ModalWebViewControllerDelegate>
```

10 添加"更多信息"按钮调用的方法:

```
-(IBAction)showAppInfo:(id)sender{
    //实例化 ModalWebViewController 为 controller
    ModalWebViewController *controller = [[ModalWebViewController alloc]
                initWithNibName:@"ModalWebViewController"
bundle:nil];
    controller.delegate = self;
    //UIModalPresentationFormSheet 风格
    controller.modalPresentationStyle = UIModalPresentationFormSheet;
    [self presentModalViewController:controller animated:YES];
    //弹出模态视图
}
```

模态视图的显示风格为:

- UIModalPresentationFormSheet 格式的模态视图是宽 540、高 620。它将显示在屏幕中央,这时父视图为灰色。
- UIModalPresentationPageSheet 格式的模态视图,其高和屏幕高度一致,宽为 768,显示在屏幕中央,这时父视图为灰色。
- UIModalPresentationFullScreen 格式的模态视图为全屏显示。
- UIModalPresentationCurrentContext 格式的模态视图是显示在当前上下文下(即与父视图的大小一致)。

11 实现以下委托方法来关闭模态视图。

```
-(void)modalWebViewControllerDidFinish:(ModalWebViewController
*)controller{
    [self dismissModalViewControllerAnimated:YES];
}
```

12 运行应用程序,单击"更多信息"按钮(见图 11-40),弹出一个模态视图(见图 11-41)。此时父视图为灰色,单击父视图没有作用。单击"108 方平台"按钮进入相应页面(见图 11-42)。

图 11-40　更多信息

图 11-41　模态视图

图 11-42　打开外部网站

　　还有一点，模态视图默认是从界面底部滑出并占据整个界面，直到用户完成某项操作。模态视图出现时，周围界面灰掉。用户必须在模态视图上执行一个操作，此时不能单击周围界面。除了让模态视图从屏幕的底部滑进滑出，还可以设置它以翻转方式出现。

从最终用户的角度，模态视图也是一个弹出视图。与 UIPopoverController 不同的是，用户必须响应弹出的模态视图（例如：输入某些信息，选择某个选项等）。在模态视图上一般都有一个关闭按钮。这是与 popover 之间的主要区别。模态视图必须提供一种方式来关闭自己。对于 popover，当用户单击 popover 以外的屏幕时，popover 就会消失。苹果公司的文档上明确规定，我们不应该在 popover 上包含一个按钮来关闭浮动菜单。

第 12 章　视图上的控件

视图上可以加载各种控件，下面我们解释各类控件。

12.1　文本控件

文本可以以下面各种方式显示：

- UILabel
  显示文本，也许由多行组成，只有一种字体和大小，有颜色（以及高亮颜色）、对齐设置以及换行和截断。
- UITextField
  显示一行可编辑文本，只有一种字体和大小，有颜色和对齐。可能有一个边框、一个背景图像。在它的右边和左边末尾处可能显示叠加的视图。一个 UITextField 是 UIControl 子类。
- UITextView
  显示可滚动的文本，多行可编辑，只有一种字体和大小，有颜色和对齐。
- UIWebView
  一个可以滚动的视图，显示 HTML 页面。因为 HTML 可以表达多种多样的文本，所以该方式可以有多种字体、大小、颜色、对齐方式等，还可包含图片和可单击的链接。 也能显示各种文档类型，例如 PDF、RTF 及.doc。
- 字符串
  有三种直接绘制字符串的方式：

  - Core Graphics
    绘制文本的底层方法。
  - NSString
    在 NSString 上的 UIStringDrawing 类别（category）赋予字符串绘制自身的能力。
  - Core Text
    在 iOS 中唯一可使用多种字体和样式来绘制字符串的方法。

开始于 iOS3.2，一个应用程序可在它的 bundle 中包含字体，这些将在运行时加载，如果应用程序在它的 Info.plist 中列出的话（在 "Fonts provided by application" 键之下）。通过这种方式，你的应用程序可以不仅仅使用设备上的默认字体。

12.1.1　UILabel

我们已经在前面多次使用 UILabel，如图 12-1 所示。给标签设定一个文本，还可以设置它的 font、textColor、textAlignment、shadowColor 和 shadowOffset 属性。标签的文本同样有一个可选的 highlightedTextColor，当它的 highlighted 属性为 YES 时就被使用（如表视图上的选中表单元）。

图 12-1　一个标签视图

如果一个 UILabel 仅仅由一行（numberOfLines=1）文本组成，那么可以设置 adjustsFontSizeToFitWidth 为 YES。如果希望标签通过字体大小缩小来尽可能多地显示文本，可设置 minimumFontSize 属性。一个 UILable 可以由多行文本组成，在那种情况下，adjustsFontSizeToFitWidth 属性被忽略，在 font 属性中设置字体大小将被采用，即使不是所有文本都合适。

如果 numberOfLines 为 1，任何文本中的换行符都被看做一个空格。lineBreakMode 决定它单行和多行标签上的换行处理和如何截断文本。可以选择：

- UILineBreakModeWordWrap: 所有行在词尾截断，这是默认的。
- UILineBreakModeClip: 多行在词尾截断，最后一行可以在一个单词中间截断。
- UILineBreakModeCharacterWrap: 所有行可以在一个单词中间截断。
- UILineBreakModeHeadTruncation 多行在词尾结束，如果文本太长，最后一行在开始处显示一个省略符号。
- UILineBreakModeMiddleTruncation 多行在词尾结束，如果文本太长，最后一行在中间处显示一个省略符号。
- UILineBreakModeTailTruncation: 多行在词尾结束，如果文本太长，最后一行在结尾处显示一个省略符号。

如果 numberOfLines 比实际需要的行数大，绘制的文本在标签正中间。可以缩小标签来适应这些文本。不能使用 sizeToFit 属性来实现这个功能，因为 sizeToFit 属性是让它的标签有合适的宽度，从而在一行中容纳所有文本。应该在子类中通过重载 UILabel 的 textRectForBounds:limitedToNumberOfLines: 方法来完成。NSString 的 sizeWithFont:constrainedToSize:lineBreakMode: 方法计算出一个给定文本的实际高度。在下面的代码中，我们创建一个 UILabel 子类，通过调整它自身的高度，从而在多行内容纳它的所有文本（无须改变它的宽度）。例如：

```
- (CGRect)textRectForBounds:(CGRect)bounds
    limitedToNumberOfLines:(NSInteger)numberOfLines {
    CGSize sz = [self.text sizeWithFont:self.font

constrainedToSize:CGSizeMake(self.bounds.size.width, 10000)
                        lineBreakMode:self.lineBreakMode];
    return (CGRect){bounds.origin, sz};
```

```
    }
```

在该例中，10000 仅仅是一个随意值，是我们假设标签的高度永远达不到的。

可以在子类中重载的另外一个 UIlabel 方法是 drawTextInRect:，它和 drawRect:方法等价，即修改标签的所有绘图。

12.1.2　UITextField

一个文本框和一个标签有很多相同属性，如图 12-2 所示。但一个文本框不能包含多行，它有一个 text、font、textColor 和 textAlignment 属性。它也有 adjustsFontSizeToFitWidth 和 minimumFontSize 属性。一个文本框不允许它的字体大小自动缩小。如果用户输入的文本太长，则文本水平滚动到插入点。当文本框不处于编辑状态时，在结尾处使用一个省略符号来表明后面有更多的文本。

图 12-2　一个文本框

一个文本框同样有一个 placeholder 属性。当文本框没有文本的时候，placeholder 属性的文本在文本框上灰色显示，这主要是来提示用户该文本框是用来干什么的（如"请输入用户名"）。如果它的 clearsOnBeginEditing 属性为 YES，当用户开始在其中输入文本时，文本框自动删除 placeholder 属性的文本。一个文本框的边框是由它的 borderStyle 属性决定，可以选择：

- UITextBorderStyleNone：没有边框。
- UITextBorderStyleLine：一个简单的矩形。
- UITextBorderStyleBezel：一个稍微 Bezel 的矩形，顶部和左边有非常轻微的阴影。
- UITextBorderStyleRoundedRect：一个圆角矩形，顶部和左边有一个重阴影，文本看上去就像凹进边框里面。

一个文本框可以有一个背景色或者一个背景图片（background 属性）。一个 UITextBorderStyleRoundedRect 文本框的文本背景总是白色的，它的背景图片被忽略。它的背景色在它的各个角和圆角边框之外可见。为了看上去美观，应该匹配文本框后面的颜色。一个文本框可包含多达两个附属的覆盖视图，即它的 leftView 和 rightView，并包含一个 Clear 按钮。它们的可见性由 leftViewMode、rightViewMode 和 clearViewMode 决定。视图模式值是：

- UITextFieldViewModeNever：视图从未出现。
- UITextFieldViewModeWhileEditing：如果文本框中已经有文本并且用户正在编辑，则一个 Clear 按钮出现；如果域中没有文本并且用户在编辑，一个左视图或者右视图出现。
- UITextFieldViewModeUnlessEditing：如果文本框中已经有文本并且用户没在编辑，则一个 Clear 按钮出现；如果域中没有文本并且用户在编辑，则一个左视图或者右视图出现；如果用户没在编辑，一个左视图或右视图出现。
- UITextFieldViewModeAlways：一个左视图或右视图出现。如果域中有文本，则一个 Clear 按钮出现。

可以重载下面的方法：

● drawTextInRect:方法
　　当文本改变了并且用户没有编辑或编辑完成时被调用。应该绘制文本或调用 super 来绘制它。如果什么都不做，那么文本将变成空白。
● drawPlaceholderInRect:方法
　　当占位符文本将出现时被调用。应该绘制占位符文本或者调用 super 来绘制它。如果两者都不做，占位符将变成空。

一个 UITextField 遵守 UITextInputTraits 协议。可以设置 UITextField 上的属性来决定键盘的外形，以及在文本框上的表现。例如，可以设置 keyboardType 属性为 UIKeyboardTypePhonePad，那么该文本框的键盘仅仅由数字组成。可以设置 returnKeyType 属性来决定回车键上的文本。可以关掉自动大写或自动纠正功能，还可以设置它为一个密码文本框。

文本框委托

当编辑开始后，并且在文本框上输入文本时，一系列的消息被发送给文本框委托，通过这些委托，可以在编辑期间定制文本框的行为：

● textFieldShouldBeginEditing:
　　返回 NO 来阻止文本框成为第一个响应器。
● textFieldDidBeginEditing （和 UITextFieldTextDidBeginEditingNotification）：
　　该文本框已经成为第一个响应器。
● textFieldShouldClear:
　　返回 NO 来阻止 Clear 按钮的操作和自动清除操作。
● textFieldShouldReturn:
　　用户已经在键盘上按 return 键，可以用来当做消除键盘的方法。
● textField:shouldChangeCharactersInRange:replacementString:
　　当用户通过打字、粘贴、删除或剪切来改变域中文本时被发送。返回 NO 来阻止可能的变化。通常的做法是采用这个委托方法得知文本被改变了。
● textFieldShouldEndEditing:
　　返回 NO 来阻止文本框放弃第一个响应器。例如，由于输入文本是无效的或者不可识别的。用户不知道为什么文本框拒绝结束编辑，因此通常是发出警告来说明该问题。
● textFieldDidEndEditing（和 UITextFieldTextDidEndEditingNotification）：
　　文本框已经放弃第一个响应器，可以使用 textFieldDidEndEditing:方法来获取文本框的当前文本，并保存它在一个数据模型中。

一个文本框也是一个控件。对于它报告的事件，可以附加一个目标-操作，从而当事件发生时就收到消息。例如：

● 用户可以触摸和拖动文本框，这会触发 Touch Down 和各种 Touch Drag 事件。

- 如果通过触摸方式让文本框进入编辑模式,那么 Editing Did Begin 和 Touch Cancel 事件被触发。
- 当用户编辑时,Editing Changed 事件被触发。在编辑模式下,如果用户轻击,那么 Touch Down 和 Touch Cancel 事件被触发。
- 最后当编辑结束时,Editing Did End 事件触发。如果用户按 return 键来停止编辑,Did End on Exit 事件被触发。

通常,更倾向于将一个文本框看做一个使用委托的文本框而不是一个控件(使用事件)。

当用户在文本框中双击或长按时,菜单出现。它包含诸如 Select、Select All、Paste、Copy、Cut 及 Replace 菜单项,具体是哪些菜单项出现,这由当时的情况而定。另外,也可以定制这个菜单。这种做法不常见,感兴趣的读者可以参考苹果文档。

12.1.3 UITextView

一个文本视图是可滚动的多行编辑器(支持多行的文本框),如图 12-3 所示。它是一个滚动视图子类,没有边界,也不是控件。它有 text、font、textColor 和 textAlignment 属性;它是否可编辑是由它的 editable 属性决定(可以显示多行的静态文本)。一个可编辑的文本视图就像一个文本框那样管理它的键盘:当它是第一个响应器时,它被编辑,同时显示键盘,并且它采用 UITextInput 协议且具有 inputView 和 inputAccessoryView 属性。

图 12-3 一个文本视图

一个文本视图的委托消息(UITextViewDelegate 协议)和通知与一个文本框的非常类似。主要的不同是,文本视图有一个 textViewDidChange:委托消息,而一个文本框有它的 Editing Changed 控制事件。当文本改变时,一个文本视图的 contentSize 由系统自动维护。可以在 textViewDidChange: 方法中跟踪内容大小的改变,但不应该改变它。可以实现一个自适应大小(*self-sizing*)的文本视图,即一个文本视图自动调整它的大小来适应它包含的文本内容。

```
- (void) adjust {
    CGSize sz = self->tv.contentSize;
    CGRect f = self->tv.frame;
    f.size = sz;
    self->tv.frame = f;
}
- (void)textViewDidChange:(UITextView *)textView {
    [self adjust];
}
```

12.2 键 盘 操 作

文本域的编辑状态和屏幕上模拟键盘的出现有紧密联系：

● 当一个文本域是第一个响应器时，它正被编辑，并且键盘出现。

● 一个文本域不再是第一个响应器时，它不再被编辑，并且如果没有其他文本域是第一个响应器，则键盘不出现。

可以用程序控制一个文本域的编辑状态。通过文本域的第一个响应器状态，也可以控制键盘的出现或离开。为了让插入点在文本域中出现并且引起键盘出现，发送 becomeFirstResponder 消息到该文本域；为了让一个文本域停止编辑并且引起键盘消失，发送 resignFirstResponder 到该文本域。从 iOS4.3 开始，UIViewController 子类可以重载 disablesAutomaticKeyboardDismissal 方法。

一般情况下，用户在文本域中单击，键盘出现，用户输入文本，用户消除键盘。但是，一个文本域并不总能同键盘一起很好工作。例如：键盘覆盖文本域，或者覆盖界面的其他部分（但是用户需要能看到或敲击那个部分）。可以注册四种键盘相关的通知：

● UIKeyboardWillShowNotification

● UIKeyboardDidShowNotification

● UIKeyboardWillHideNotification

● UIKeyboardDidHideNotification

userInfo 字典在下面这些键下包含关于键盘信息（它已实现的或将实现的事情）：

● UIKeyboardFrameBeginUserInfoKey

● UIKeyboardFrameEndUserInfoKey

● UIKeyboardAnimationDurationUserInfoKey

● UIKeyboardAnimationCurveUserInfoKey

所以，可以通过调整界面来对键盘出现作出响应，如让文本域可见。

有些时候，希望在键盘上有自己定制的键，如你的签名、一些快捷键信息等。通过使用 UITextView 和 UITextField 的 inputAccessoryView 属性，就可以完成这个功能。首先定义一个新视图，然后在视图上放置一些你自己的按钮、文本信息等对象。最后，把 UITextView 或 UITextField 的 inputAccessoryView 属性值设置为新视图。如图 12-4 所示，我们添加了四个快捷键，当按第二个键时，自动输入"很棒！"的文字。下面我们来看几个例子。

图 12-4　定制键盘

12.2.1　定制快捷键

本节我们创建几个快捷键并替换整个系统键盘。步骤如下：

01　创建一个 Single View Application 的基于 iPad 的项目。项目名称为 Feelings。添加一个文本视图 UITextView 到 ViewController 的 .xib 文件中。

02　为了感觉文本视图的效果，可以设置文本视图的背景颜色为黄色，设置字体为粗体的 288 像素的字体。编译和运行，输入 OK，如图 12-5 所示。

03　如图 12-6 所示，苹果给我们提供了多个类型的键盘，有为输入文字、数字、网址以及其他功能准备的键盘。

图 12-5　文本框

图 12-6　键盘类型

04　我们来创建自己的键盘：用户可以一键就输入多个文字。首先，我们需要一个新的视图，用来显示快捷键图形。右击 Supporting Files 文件夹，选择 new File，然后在左边选择 User interface，在右边选择 view，设备家族选择 iPad，文件命名为 MoodKeyboard。

05　对 .xib 文件上的页面进行设计。选择视图（view），并使用属性检查器设置状态栏(status bar)的值为 None。之后是更改该视图的尺寸大小为 768 像素宽和 95 像素高。设置视图的背景颜色是浅灰（类似现有的键盘的颜色）。更改 File's Owner 的 class 属性值为 ViewController。

06　把快捷键的图片添加到项目上。然后，添加四个按钮到视图中。设置按钮大小为 55×55，按钮之间的间隔均匀，并在视图中心位置上，如图 12-7 所示。

图 12-7　自定义键

07　既然做出了我们需要的键盘，那么如何来替换原来默认的键盘？我们来添加 outlet 属性到 ViewController.h 文件中。

```
#import <UIKit/UIKit.h>
```

```
@interface ViewController : UIViewController {
}
@property(nonatomic,weak) IBOutlet UIView *moodKeyboard;//新键盘
@property(nonatomic, weak) IBOutlet UITextView *textView;//文本框
@end
```

这个 ViewController.h 文件中有三个 IBOutlet（输出口）：moodKeyboard、TextView 及 view。view 已经连接到 ViewController.xib 上的视图了。我们接下来要做的就是将 textView 输出口和 ViewController.xib 中的文本视图进行连接，将 moodKeyboard 输出口同 MoodKeyboard.xib 中的视图进行连接。双击各个 xib 文件，完成上述连接。

08 我们通过代码来设置自定义键盘。添加 viewDidLoad 方法到 ViewController.m：

```
- (void)viewDidLoad {
    [super viewDidLoad];
    [[NSBundle mainBundle] loadNibNamed:@"MoodKeyboard"
     owner:self
     options:nil];
    self.textView.inputView = self.moodKeyboard;
}
```

上面的代码设置了文本框的 inputView 属性为自定义的键盘视图，下面就来实现那几个快捷键的功能。当它们被按下时，就把相应的多个文字放在文本框上。

09 给 FeelingsViewController.h 添加 IBAction（操作），然后将这些按钮与操作连接起来。FeelingsViewController 头文件上新添加的操作为：

```
-(IBAction) didoneKey;//第一个键
-(IBAction) didtwoKey;
-(IBAction) didthreeKey;
-(IBAction) didfourKey;
```

10 在实现类中实现上面的操作，从而可以对按钮进行响应。例如，当用户单击 按钮时，触发 didoneKey 方法，通过调用下面的 updateTextViewWithMood 方法，把字符串"OK！"传递给文本框。

```
-(void) updateTextViewWithMood:(NSString *) param {
    self.textView.text = param;
    [self.textView resignFirstResponder];
}
-(IBAction) didoneKey{
    [self updateTextViewWithMood: @"OK!" ];
}
```

11 运行项目，当单击文本视图，自定义键盘出现在我们的面前。单击第一个快捷键，那么相应的"OK！"文字就在文本视图中出现，如图 12-8 所示。

图 12-8　替换系统键盘

12.2.2　在标准键盘上添加自己的键

在大多数情况下，我们是希望在标准键盘上面多加几个快捷按钮，而不是彻底替换整个键盘，从而让我们创建的键可以和标准的键盘一起共同使用。这只需要改变一行代码就能实现这个功能：

```
- (void)viewDidLoad {
    [super viewDidLoad];
    [[NSBundle mainBundle] loadNibNamed:@"MoodKeyboard"
        owner:self
        options:nil];
    self.textView.inputAccessoryView = self.moodKeyboard;
}
```

现在，当单击文本框的时候，可以看到：在新打开的键盘中，我们所设计的键处于标准键盘的上面。在代码上，我们只是设置 inputAccessoryView 就实现了上述功能。

我们还需要做一些调整：设置视图的背景颜色为红色。更改文本视图字体的大小从 288 到 72，设置背景颜色为白色。另外，改变文本视图的大小，让它几乎覆盖了整个视图。我们还需要修改 updateTextViewWithMood 方法。当用户按我们自定义的键时，只是在原来文字后面添加内容，而不是替换整个内容。新的代码如下：

```
-(void) updateTextViewWithMood:(NSString *) param {
    self.textView.text = [NSString stringWithFormat:@"%@ %@ " ,
    self.textView.text, param];
}
```

编译和运行项目。可以看到类似图 12-9 所示的结果。

图 12-9　添加新键

　　上述应用有一个潜在的问题：键盘遮住了该文本视图的底部，如果继续打字，会发现所输入的最后几行字符是不可见的。我们有时需要向上提升整个文本视图，从而用户可以继续看到自己所输的文字。当键盘消失的时候，再把整个文本视图恢复原样。

12.2.3　键盘通知

　　当键盘出现或者隐藏时，系统会发送一条通知。我们可以在 viewDidLoad 中注册自己来监听这个通知。当键盘出现之前，系统发出 UIKeyboardWillShowNotification 通知，当键盘消失之前，系统将发出 UIKeyboardWillHideNotification 通知。在注册时，可以设置：当收到这些通知后，应该调用哪个方法来处理。例如：

```
- (void)viewDidLoad {
    [super viewDidLoad];
    [[NSNotificationCenter defaultCenter]
    addObserver:self
    selector:@selector(keyboardWillAppear:)
    name:UIKeyboardWillShowNotification
    object:nil];
    [[NSNotificationCenter defaultCenter]
    addObserver:self
    selector:@selector(keyboardWillDisappear:)
    name:UIKeyboardWillHideNotification
    object:nil];
    [[NSBundle mainBundle] loadNibNamed:@"MoodKeyboard"
    owner:self
    options:nil];
    self.textView.inputAccessoryView = self.moodKeyboard;
```

```
}
```

在上述代码中，我们向默认通知中心注册（默认通知中心发送通知），即当键盘出现时通知中心发出一条 UIKeyboardWillShowNotification 通知。我们指定了观察对象（observer）是 ViewController 实例（也就是自己），并规定 keyboardWillAppear: 消息将被发送。换言之，每当有 UIKeyboardWillShowNotification 通知时，默认通知中心将发送下面一条消息：

```
[myFeelingsViewController keyboardWillAppear:notification];
```

接下来，我们需要实现 keyboardWillAppear:和 keyboardWillDisappear:方法。感兴趣的读者可以在上述方法中输出相对应的通知信息，从而亲身感觉通知的格式。例如：

```
-(void)keyboardWillAppear:(NSNotification *)notification{
    NSLog(@"键盘出现:\n %@" , notification);
}

-(void)keyboardWillDisappear:(NSNotification *) notification {
    NSLog(@"键盘将消失:\n %@" , notification);
}
```

编译和运行项目，单击文本框，然后打开控制台查看 NSLog 输出的内容。在我的机器上，看到如下信息：

```
2012-01-31 15:32:56.811 Feelings[365:207] 键盘出现:
NSConcreteNotification 0x4b85810 {name = UIKeyboardWillShowNotification;
userInfo = {
    UIKeyboardAnimationCurveUserInfoKey = 0;
    UIKeyboardAnimationDurationUserInfoKey = "0.300000011920929";
    UIKeyboardBoundsUserInfoKey = "NSRect: {{0, 0}, {768, 413}}";
    UIKeyboardCenterBeginUserInfoKey = "NSPoint: {384, 1230.5}";
    UIKeyboardCenterEndUserInfoKey = "NSPoint: {384, 817.5}";
    UIKeyboardFrameBeginUserInfoKey = "NSRect: {{0, 1024}, {768, 413}}";
    UIKeyboardFrameEndUserInfoKey = "NSRect: {{0, 611}, {768, 413}}";
}}
```

当撤销键盘时，就看到了 UIKeyboardWillHideNotification 相应的信息：

```
2012-01-31 15:32:59.177 Feelings[365:207] 键盘将消失:
NSConcreteNotification 0x4be0e90 {name = UIKeyboardWillHideNotification;
userInfo = {
    UIKeyboardAnimationCurveUserInfoKey = 0;
    UIKeyboardAnimationDurationUserInfoKey = "0.300000011920929";
    UIKeyboardBoundsUserInfoKey = "NSRect: {{0, 0}, {768, 413}}";
    UIKeyboardCenterBeginUserInfoKey = "NSPoint: {384, 817.5}";
    UIKeyboardCenterEndUserInfoKey = "NSPoint: {384, 1230.5}";
    UIKeyboardFrameBeginUserInfoKey = "NSRect: {{0, 611}, {768, 413}}";
    UIKeyboardFrameEndUserInfoKey = "NSRect: {{0, 1024}, {768, 413}}";
}}
```

由上我们看出，通知是由通知名称和 userinfo 字典数据组成。userinfo 告诉我们：它显示键盘或者撤销键盘所需要的时间（以动画的形式来显示或者关闭屏幕键盘）；它还包含了键盘的几何信息（从而知道了键盘的尺寸信息）。

我们接下来就使用 userinfo 的字典数据来提升或者恢复文本视图，从而与键盘同步。我们首先有两件事要做：第一，我们要确保文本视图动画的持续时间与键盘出现的时间相同；第二，我们要确保我们使用与键盘相同的动画曲线，从而使我们的文本视图动画与键盘准确匹配。代码如下：

```
-(void) matchAnimationTo:(NSDictionary *) userInfo {
    [UIView setAnimationDuration:[
     [userInfo objectForKey:UIKeyboardAnimationDurationUserInfoKey]
     doubleValue] ];//时间

    [UIView setAnimationCurve:
     [[userInfo objectForKey:UIKeyboardAnimationCurveUserInfoKey]
     intValue]];//曲线
}
```

我们还需要基于键盘的高度来调整文本视图。首先，我们计算键盘的高度：

```
-(CGFloat) keyboardEndingFrameHeight:(NSDictionary *) userInfo {
    CGRect keyboardEndingUncorrectedFrame =
     [[ userInfo objectForKey:UIKeyboardFrameEndUserInfoKey]
     CGRectValue];
    CGRect keyboardEndingFrame =
     [self.view convertRect:keyboardEndingUncorrectedFrame
     fromView:nil];
    return keyboardEndingFrame.size.height;
}
```

在上述的代码中，我们从 UIKeyboardFrameEndUserInfoKey 那里得到的框架信息并未考虑到屏幕的方向（横向还是纵向），所以我们需要调用 convertRect:fromView: 方法来调换宽度和高度（如果设备在横向模式的话）。

在获得键盘的高度之后，我们可以计算出我们的文本框的新框架的大小。在键盘出现时，我们会把文本视图的高度减去键盘的高度；如果键盘正在消失，我们将增加文本视图的高度（增加的幅度是键盘的高度）。

```
-(CGRect) adjustFrameHeightBy:(CGFloat) change
multipliedBy:(NSInteger) direction{
    return CGRectMake(20,
      20,
      self.textView.frame.size.width,
      self.textView.frame.size.height + change * direction);
}
//键盘出现
-(void)keyboardWillAppear:(NSNotification *)notification {
    [UIView beginAnimations:nil context:NULL];
```

```
    [self matchAnimationTo:[notification userInfo]];
    self.textView.frame =
      [self adjustFrameHeightBy:[self keyboardEndingFrameHeight:
      [notification userInfo]]
      multipliedBy:-1];
    [UIView commitAnimations];
}
//键盘消失
-(void)keyboardWillDisappear:(NSNotification *) notification{
    [UIView beginAnimations:nil context:NULL];
    [self matchAnimationTo:[notification userInfo]];
    self.textView.frame=
      [self adjustFrameHeightBy:[self keyboardEndingFrameHeight:
      [notification userInfo]]
      multipliedBy:1];
    [UIView commitAnimations];
}
```

最后运行项目，会发现文本视图的大小可以随键盘自动调整。结果如图 12-10 所示。还可以旋转设备来查看键盘的变化。

图 12-10　运行结果

对于上面的例子，文本视图的大小可以随键盘自动调整。另一个方法是把界面嵌入到一个滚动视图上。滚动视图不需要用户滚动；它的目的仅仅是可以滚动界面。

12.3　核 心 文 本

核心文本（Core Text）允许字符串使用多字体和多风格来绘制。这是通过 Core Text 框架完成的。为了使用它，你的应用程序必须链接到 CoreText.framework，并且你的代码必须导入

<CoreText/CoreText.h>。它是 C 的东西，而不是 Objective-C。

一个简单的 Core Text 绘图操作由一个 attributed 字符串开始。它是一个 NSAttributedString，它具有一些字体、大小、风格等属性。每个属性被描述为一个键-值对。一般使用一个"键-值"对的字典来提供属性。

例如，假设我们有一个 UIView 子类称为 StyledText，该类有一个 text（文本）属性，该属性是一个 attributed 字符串。它的工作将是绘制该 attributed 字符串：

```
@interface StyledText : UIView {
}
@property (nonatomic, copy) NSAttributedString* text;
@end
```

下面是一个可变的属性字符串的例子：

```
NSString* s = @"Yo ho ho and a bottle of rum!";
NSMutableAttributedString* mas =[[NSMutableAttributedString alloc]
initWithString:s];
```

下面的例子是循环遍历字符串的每个单词。对于每个单词，将应用相同字体的但稍微大点的尺寸。我的基本字体是 Baskerville18。

```
  block CGFloat f = 18.0;
CTFontRef basefont = CTFontCreateWithName(@"Baskerville", f, NULL);
[s enumerateSubstringsInRange:NSMakeRange(0, [s length])
      options:NSStringEnumerationByWords
      usingBlock:
 ^(NSString *substring, NSRange substringRange, NSRange encRange, BOOL *stop)
{
    f += 3.5;
    CTFontRef font2 = CTFontCreateCopyWithAttributes(basefont, f, NULL, NULL);
    NSDictionary* d2 = [[NSDictionary alloc] initWithObjectsAndKeys:
        (id)font2, (NSString*)kCTFontAttributeName, nil];
    [mas addAttributes:d2 range:encRange];
    CFRelease(font2);
}];
```

最后，将把最后一个单词加粗。获得最后一个单词的范围的最简单的方式是向后循环遍历字符，并且在第一个字符的后面停止。粗体是一个字符的特性；必须获得初始字体的粗细 variant（变化）。开始的字体是 Baskerville,，它有这样一个 variant：

```
[s enumerateSubstringsInRange:NSMakeRange(0, [s length])
           options: (NSStringEnumerationByWords |
           NSStringEnumerationReverse)
           usingBlock:
 ^(NSString *substring, NSRange substringRange, NSRange encRange, BOOL *stop)
{
    CTFontRef font2 = CTFontCreateCopyWithSymbolicTraits (
    basefont, f, NULL, kCTFontBoldTrait, kCTFontBoldTrait);
    NSDictionary* d2 = [[NSDictionary alloc] initWithObjectsAndKeys:
        (id)font2, (NSString*)kCTFontAttributeName, nil];
    [mas addAttributes:d2 range:encRange];
    CFRelease(font2);
    *stop = YES; // do just once, last word
```

```
}];
```

也许会惊讶为什么要求获得粗细变化（kCTFontBoldTrait）两次。第一次（在 CTFontCreateCopyWithSymbolicTraits 调用的第四个参数）提供了一个位掩码。第二次（第五个参数）提供了另一个位掩码，该掩码表示第一个位掩码的哪些位有意义。

最后，我们把属性字符串放到界面上：

```
self.styler.text = mas;
[self.styler setNeedsDisplay];
CFRelease(basefont);
```

我们现在已经产生了一个 NSAttributedString，并把它交给了我们的 StyledText。StyledText 将怎样绘制它自己？有两个主要的方法：一个 CATextLayer 和直接使用 Core Text 绘图。

让我们先使用 CATextLayer。因为该 UIView 子类将从一个 nib 中实例化，将在 awakeFromNib 中给它一个 CATextLayer，通过一个实例变量 textLayer 保持对它的引用。实现了 layoutSublayersOfLayer:方法，这样 CATextLayer 始终具有视图的边界：

```
(void) awakeFromNib {
    CATextLayer* lay = [[CATextLayer alloc] init];
    lay.frame = self.layer.bounds;
    [self.layer addSublayer:lay];
    self.textLayer = lay;
}
- (void) layoutSublayersOfLayer:(CALayer *)layer {
    [[layer.sublayers objectAtIndex:0] setFrame:layer.bounds];
}
```

在 drawRect:方法上，我们仅仅设置 CATextLayer 的 string（字符串）属性为我们的属性字符串：

```
- (void)drawRect:(CGRect)rect {
    if (!self.text)
        return;
    self.textLayer.string = self.text;
}
```

执行后，我们的属性字符串就被绘制了，如图 12-11 所示。给 UIView 一个背景色来显示 CATextLayer 在默认情况下怎样放置字符串。

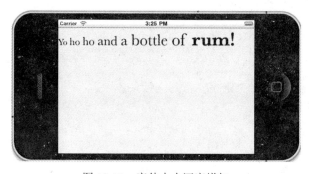

图 12-11　字体大小逐字增加

CATextLayer 有一些其他有用的属性。如果图层的宽度不够用来显示整个字符串，我们可以使用 truncationMode 属性来得到截断行为。如果 wrapped 属性为 YES，字符串将换行显示，如图 12-12 所示。alignmentMode 属性用来设置对齐。

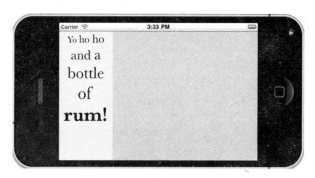

图 12-12　文本被换行并居中

另一种显示一个属性字符串的方法是使用 Core Text 直接将它绘制到一个图形上下文中。该文本将被颠倒绘制，除非我们翻转图形上下文的坐标系。如果字符串只有一行，我们可以直接使用一个 CTLineRef 将它绘制到图形上下文中。下面代码的执行结果看起来类似图 12-12：

```
- (void)drawRect:(CGRect)rect {
    if (!self.text)
        return;
    CGContextRef ctx = UIGraphicsGetCurrentContext();
    // 翻转上下文
    CGContextSaveGState(ctx);
    CGContextTranslateCTM(ctx, 0, self.bounds.size.height);
    CGContextScaleCTM(ctx, 1.0, -1.0);
    CTLineRef line =
        CTLineCreateWithAttributedString((CFAttributedStringRef)self.text);
    CGContextSetTextPosition(ctx, 1, 3);
    CTLineDraw(line, ctx);
    CFRelease(line);
    CGContextRestoreGState(ctx);
}
```

如果需要字符串换行显示，我们必须使用一个 CTFramesetter。framesetter（框架设置）需要一个框架，然后将文本绘在框架中。它是一个 CGPath：

```
- (void)drawRect:(CGRect)rect {
    if (!self.text)
        return;
    CGContextRef ctx = UIGraphicsGetCurrentContext();
    // 翻转上下文
    CGContextSaveGState(ctx);
    CGContextTranslateCTM(ctx, 0, self.bounds.size.height);
    CGContextScaleCTM(ctx, 1.0, -1.0);
    CTFramesetterRef fs =
CTFramesetterCreateWithAttributedString((CFAttributedStringRef)self.text);
    CGMutablePathRef path = CGPathCreateMutable();
    CGPathAddRect(path, NULL, rect);
    //范围 (0,0) 表示"整个字符串"
```

```
        CTFrameRef f = CTFramesetterCreateFrame(fs, CFRangeMake(0, 0), path, NULL);
        CTFrameDraw(f, ctx);
        CGPathRelease(path);
        CFRelease(f);
        CFRelease(fs);
        CGContextRestoreGState(ctx);
    }
```

使用 CTFramesetter，就能把诸如对齐和截断的绘图行为放在属性字符串中（应用一个 CTParagraphStyle）。段落样式也能包含首行缩进、制表符设置、行间距、空格等。在下面这个例子中，我们添加居中对齐功能（类似图 12-12 的功能）：

```
    CTTextAlignment centerValue = kCTCenterTextAlignment;
    CTParagraphStyleSetting center =
        {kCTParagraphStyleSpecifierAlignment, sizeof(centerValue),
&centerValue};
    CTParagraphStyleSetting pss[1] = {center};
    CTParagraphStyleRef ps = CTParagraphStyleCreate(pss, 1);
    [mas addAttribute:(NSString*)kCTParagraphStyleAttributeName
                value:(id)ps
                range:NSMakeRange(0, [s length])];
    CFRelease(ps);
```

12.4 网 页 视 图

iPhone/iPad 开发人员可以使用 UIWebView 视图来显示 HTML 内容，如某个网站的网页，或者一段 HTML 内容。除了 HTML 内容，UIWebView 也可以显示本地的数据，如 PDF、RTF、.doc、.xls、.ppt 和 iWork 数据。

UIWebView 视图给用户的感觉就是一个浏览器。如果用户在 Web 视图里单击一个 URL 链接，在默认情况下，Web 视图会自动获取内容并展示它。实际上，一个 Web 视图是一个 WebKit 的前端，Safari 也使用 WebKit。Web 视图可以显示非 HTML 文件格式，如 PDF、RTF 等，这正是因为 WebKit 可以显示它们。用户单击 URL 链接，并显示网页，Web 视图保留向前和向后的列表，就像一个 Web 浏览器。可以通过两个属性 canGoBack 与 canGoForward 和两个方法 goBack 与 goForward，与此访问列表交互。界面上可以包含 Back 和 Forward 按钮，就像一个小型的 Web 浏览器。

12.4.1 UIWebView

Web 视图是可以滚动的，但 UIWebView 不是 UIScrollView 的子类。Web 视图是可缩放的，如果其 scalesToFit 属性是 YES。在这种情况下，它首先缩放其内容以适应整个屏幕，然后用户也可以放大或缩小内容（类似在 Safari 上的手势）。Web 视图的最重要的任务是呈现 HTML 内容，像任何一个浏览器，Web 视图理解 HTML、CSS 和 JavaScript。UIWebView 本身是 UIView 子类。下面是一些常用方法：

● 装载 URL 所指定的网页

```
- (void)loadHTMLString:(NSString *)string baseURL:(NSURL *)baseURL;
```

```
- (void)loadData:(NSData *)data MIMEType:(NSString *)MIMEType
textEncodingName:(NSString *)encodingName  baseURL:(NSURL *)baseURL;
```

● 装载 URL 请求

```
- (void)loadRequest:(NSURLRequest *)request;
```

可以构建一个 NSURLRequest 并调用 loadRequest:方法。一个 NSURLRequest 可能是一个磁盘上的文件的 URL，Web 视图将根据文件的扩展名获得它的类型。它也可能是互联网上的资源的 URL。

可以使用上面的任何一种方法来加载一个内容，例如，显示一个在应用程序绑定中的 PDF 文件：

```
NSString *thePath = [[NSBundle mainBundle] pathForResource:@"MyPDF"
ofType:@"pdf"];
NSData *pdfData = [NSData dataWithContentsOfFile:thePath];
[self.wv loadData:pdfData MIMEType:@"application/pdf"
            textEncodingName:@"utf-8" baseURL:nil];
```

同样的事情也可以用一个文件 URL 和 loadRequest:方法来做：

```
NSURL* url = [[NSBundle mainBundle] URLForResource:@"MyPDF"
withExtension:@"pdf"];
NSURLRequest* req = [[NSURLRequest alloc] initWithURL:url];
[self.wv loadRequest:req];
```

下面是一个装载 HTML 内容的例子：

```
NSString* path = [[NSBundle mainBundle] pathForResource:@"help"
ofType:@"html"];
NSURL* url = [NSURL fileURLWithPath:path];
NSError* err = nil;
NSString* s = [NSString stringWithContentsOfURL:url
encoding:NSUTF8StringEncoding error:&err];
// error-checking omitted
[view loadHTMLString:s baseURL:url];
```

或者：

```
NSString* path = [[NSBundle mainBundle] pathForResource:@"help"
ofType:@"html"];
NSURL* url = [NSURL fileURLWithPath:path];
NSURLRequest* req = [[NSURLRequest alloc] initWithURL:url];
[view loadRequest: req];
```

Web 视图的内容是通过异步方式加载的（有它自己的线程），这是因为考虑到从互联网上加载一个资源需要时间。当内容被加载的时候，仍然可以访问和操作应用界面，这就是"异步"的意思。

同网页相关的方法有：

```
- (void)reload; //重新装载
- (void)stopLoading; //停止装载（Web 视图的 loading 属性=YES，就表明还在加载）
- (void)goBack; //返回到前一个网页
```

```
- (void)goForward;//前进到下一个网页（如果存在的话）
```

另外，UIWebView 提供了很多属性。以下是一些常用的属性：

```
@property BOOL loading; //是否正在装载
@property BOOL canGoBack; //是否可以返回到前一个
@property BOOL canGoForward; //是否可以前进到下一个
@property BOOL scalesPageToFit; //是否自动调整网页到 UIWebView 所在的屏幕
//是否侦测网页上的电话号码。如果是，当用户单击该号码时，就可以使用 iPhone
//拨打这个电话
@property BOOL detectsPhoneNumbers;
```

下面是 Delegate（委托）类提供的一些回调方法：

```
//在装载网页之前调用。例如：设置一个"正在装载"的状态图
- (void)webViewDidStartLoad:(UIWebView *)webView;
//在装载完网页之后调用。例如：去掉上述的"正在装载"的状态图
- (void)webViewDidFinishLoad:(UIWebView *)webView;
//处理装载网页失败的方法
- (void)webView:(UIWebView *)webView didFailLoadWithError:(NSError *)error;
//控制导航的方法，例如：用户单击网页上的链接时，该方法可以决定是否让用
//户导航到该链接。navigationType 是指：单击链接、重新装载网页、提交内容、
//返回到前一个网页、前进到下一个网页等
- (BOOL)webView:(UIWebView *)webView
shouldStartLoadWithRequest:(NSURLRequest *)request
navigationType:(UIWebViewNavigationType)navigationType;
```

下面来看一个例子。当内容加载的时候，我们在 Web 视图中间显示一个活动指示器（一个 UIActivityIndicatorView，属性 activity 指向它）：

```
- (void)webViewDidStartLoad:(UIWebView *)wv {
    self.activity.center =
      CGPointMake(CGRectGetMidX(wv.bounds), CGRectGetMidY(wv.bounds));
    [self.activity startAnimating];
}
- (void)webViewDidFinishLoad:(UIWebView *)wv {
    [self.activity stopAnimating];
}
- (void)webView:(UIWebView *)wv didFailLoadWithError:(NSError *)error {
    [self.activity stopAnimating];
}
```

一个 Web 视图可以显示任何有效的 HTML，但 WebKit 具有一定的局限性。例如， WebKit 不支持插件程序，如 Flash（但是它支持 JavaScript 等）。可以访问苹果的 Safari Web Content Guide 网站（〈http://developer.apple.com/ibrary/safari/ docu mentation/ AppleApplications/ Reference/SafariWebContent）来获得更多信息。例如：Safari HTML5 Audio and Video Guide （http://developer.apple.com/library/safari/documentation/AudioVideo/Conceptual/Using_HTML5_Audio_Video），它描述了 WebKit 的音频和视频播放器支持哪些格式。另外，我们建议读者设置 viewport。例如：

```
<meta name="viewport" content="initial-scale=1.0" />
```

没有这行，有时不能正确显示 HTML 字符串。当设备旋转时，Web 视图也跟着旋转，所以它

的宽度会改变。在一个方向上，Web 视图可能会变得很宽，用户需要水平滚动来读全内容。苹果文档解释了原因：如果没有指定 viewport，当应用程序旋转时，viewport 可能改变。设定 initial-scale 后，就会让 viewport 在两个方向上选取正确的大小值。

当一个 Web 视图被要求加载内容的时候，尤其是用户单击了它里面的链接后，Web 视图的委托收到 webView:shouldStartLoadWithRequest:navigationType: 消息，可以在这个方法中改变 Web 视图的加载行为。它传递过来一个 NSURLRequest，可以分析 NSURLRequest 的 URL 属性（它是一个 NSURL）。还收到一个描述导航类型的常量，这个常量的值是下面中的一个：

- UIWebViewNavigationTypeLinkClicked
- UIWebViewNavigationTypeFormSubmitted
- UIWebViewNavigationTypeBackForward
- UIWebViewNavigationTypeReload
- UIWebViewNavigationTypeFormResubmitted
- UIWebViewNavigationTypeOther

12.4.2　网页视图实例

下面我们通过一个实际例子来看看 UIWebView 的使用：

01 如图 12-13 所示，创建一个基于单视图的项目。

02 双击视图控制器的 xib 文件（如 ViewController.xib），结果如图 12-14 所示。

03 如图 12-15 所示，在视图上添加一个 Web View，一个工具条（Toolbar），并在工具条上添加两个 Bar Button Item 按钮和一个文本框（Text Field）。修改为中文名称。结果如图 12-16 所示。

图 12-13　创建新项目

图 12-14　ViewController.xib

图 12-15　添加对象到视图上

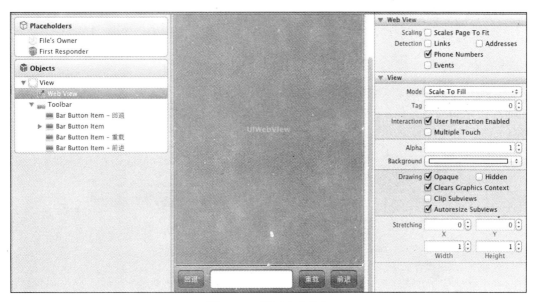

图 12-16　设置中文信息

04 如图 12-17 所示，设置 UIWebView。例如，选择 "Scales Page To Fit"：让整个网页调整大小，以适应窗口的大小。默认情况下，自动检测电话（Detection：Phone Number）已经被选中。还可以选择其他选项。

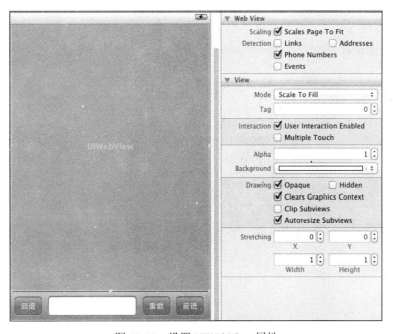

图 12-17　设置 UIWebView 属性

05 修改 ViewController.h 代码为：

```
#import <UIKit/UIKit.h>
//UITextFieldDelegate 是用于响应在输入框上的操作
```

```
@interface ViewController : UIViewController <UITextFieldDelegate>{
    IBOutlet UIWebView *webView;//指向网页视图
}
@end
```

06 如图 12-18 所示，在控制器类和视图之间建立关联。按下 ctrl 键，从 "File's Owner" 拖一个光标到 UIWebView,选择 webView。然后,按下 ctrl 键,从文本框那里拖一个光标到"File's Owner",选择 delegate。

图 12-18　设置连接信息

07 如图 12-19 所示，对各个按钮，按下 ctrl 键，拖动光标到 UIWebView。选择相应的方法。例如：回退选择 goBack 方法，重载选择 reload 方法，前进选择 goForward 方法。

图 12-19　设置各个按钮的触发操作

08 最后的连接设置如图 12-20 所示。编写 ViewController.m 代码如下：

```
#import "ViewController.h"
```

```
@implementation ViewController
-(BOOL) textFieldShouldReturn:(UITextField *)textField{
    //这个方法是一个回调方法。当用户在输入框上完成输入后调用
    NSURL *url = [NSURL URLWithString:textField.text];//获取用户输入的 URL
    NSURLRequest *request = [NSURLRequest requestWithURL:url];//一个请求
    [webView loadRequest:request];//装载 URL 所指向的内容
    return YES;
}
```

图 12-20　最终的连接设置

09　执行应用程序。如图 12-21 所示，输入各个 URL 来查看各个网站。使用回退、前进按钮来测试相应功能。可以看到，UIWebView 为我们预先提供了很多功能，基本不用编写任何代码就可以实现一个浏览器的功能。

当 safari 浏览器正在装载网页时，状态栏上有一个转圈的小图标。这表明系统正在装载网页内容。在 ViewController.m 上，可以完成的类似的功能：

```
-(void) webViewDidStartLoad:(UIWebView *) webView{
…
networkActivityIndicatorVisible=YES;//装载网页时显示
}
-(void) webViewDidFinishLoad:(UIWebView *) webView{
…
networkActivityIndicatorVisible=NO; //装载后，停止显示
}
```

图 12-21　应用程序执行结果

有一点要说明的是，上述应用程序启动后，键盘会遮住文本框。这就产生了一个问题：用户看不见自己所输入的文字。我们可以使用通知和移动工具栏来改正这个问题。在 viewWillAppear 方法上，我们可以注册"键盘出现"的通知。例如：

```
- (void)viewWillAppear:(BOOL)animated {
    [[NSNotificationCenter defaultCenter] addObserver:self
    selector:@selector(keyboardWillShow:)
    name:UIKeyboardWillShowNotification
    object:self.view.window];
    [super viewWillAppear:animated];
}
```

当 keyboardWillShow 通知到达后，就会返回一个 NSDictionary，它包含了键盘的高度。在 keyboardWillShow 方法上，可以把工具栏往上移动一些大小，从而使得用户可以看到工具栏。当然，输入结束后，还需要调整工具栏的位置为原来的位置。感兴趣的读者可以自己实施这个功能。

12.4.3　loadHTMLString 方法

loadHTMLString 方法有两个参数，第一个参数是 HTML 格式的字符串，第二个参数是一个 NSURL 对象。NSURL 对象可以是指向一个 Web 站点或者一个本地文件。loadHTMLString 的定义如下：

```
- (void)loadHTMLString:(NSString *)string baseURL:(NSURL *)baseURL;
```

除了装载外部站点上的网页，这个方法还可以装载自己的 HTML 内容到网页视图上，如图 12-22 所示。下面在 WebContentViewController 的 viewDidLoad 方法上添加下面的代码。其作用是在网页视图上显示一些 HTML 内容。在 viewDidLoad 方法中，声明一个字符串来存放 HTML 数据，最后调用 loadHTMLString 来显示 HTML 内容：

```
- (void)viewDidLoad {
    NSString *htmlContent = @"<div style=\"font-family:Helvetica, Arial,
      sans-serif;font-size:48pt;\" align=\"center\">";
    NSMutableString *htmlPage =[NSMutableString  new];
    [htmlPage appendString:htmlContent];
      [ htmlPage appendString:@"欢迎使用手机网页"]; //HTML 内容
    [ htmlPage appendString: @"</ span>"];
    [webView loadHTMLString:htmlPage baseURL:nil];//装载
      [super viewDidLoad];
}
```

图 12-22　显示 HTML 内容

12.5　其他控件和视图

本节讨论由 UIKit 提供的 UIView 子类。其他框架也提供了 UIView 子类。例如，Map Kit 框架提供 MKMapView。又例如，MessageUI 框架提供 MFMailComposeViewController，在界面上让用户编写和发送信息。

12.5.1　UIActivityIndicatorView

UIActivityIndicatorView 是活动指示器，如图 12-23 所示，看上去好像一个转动的小车轮。调用 startAnimating 来启动活动指示器（轮辐开始旋转），给用户一个感觉：某个耗时的操作正在进行。使用 stopAnimating 来停止旋转。如果活动指示器的 hidesWhenStopped 为 YES（默认值），那么，只有当旋转的时候可见（即停止后就消失了）。

活动指示器的 activityIndicatorViewStyle 属性是指示器的样式。如果指示器由代码创建，将调用 initWithActivityIndicatorStyle:方法设置它的样式。可以选择：

- UIActivityIndicatorViewStyleWhiteLarge
- UIActivityIndicatorViewStyleWhite
- UIActivityIndicatorViewStyleGray

图 12-23　一个大的 activity indicator

下面的代码摘自一个 UITableViewCell 应用程序。在用户单击表单元来选中它以后，需要花费一些时间来构建下一个视图并且导航到该视图。所以，当表单元被选中后，我们在中间展示一个旋转的活动指示器：

```
- (void)setSelected:(BOOL)selected animated:(BOOL)animated {
    if (selected) {
        UIActivityIndicatorView* v =
          [[UIActivityIndicatorView alloc]
          initWithActivityIndicatorStyle:UIActivityIndicatorViewStyleWhiteL
arge];
        v.center =
          CGPointMake(self.bounds.size.width/2.0,
self.bounds.size.height/2.0);
        v.tag = 1001;
        [self.contentView addSubview:v];
        [v startAnimating];
    } else {
        [[self.contentView viewWithTag:1001] removeFromSuperview];

    }
    [super setSelected:selected animated:animated];
}
```

如果应用程序访问互联网，可以设置 UIApplication 的 networkActivityIndicatorVisible 为 YES。

它在状态栏中显示一个小的旋转的活动指示器。当活动结束后，需要把它设为 NO。

12.5.2　UIProgressView

一个进度视图（UIProgressView）类似一个"温度计"，生动地显示一个百分比。它通常用来代表一个耗时的处理，完成的百分比是可计算的。例如，在一个应用程序中，使用一个进度视图来显示歌曲的播放进度（位置），如图 12-21 所示。

图 12-24　一个进度视图

进度视图的 progressViewStyle 就是显示的样式。如果进度视图由代码创建，那么可使用 initWithProgressViewStyle:来设置它的样式。可以选择：

- UIProgressViewStyleDefault
- UIProgressViewStyleBar

后者被用在一个 UIBarButtonItem 中，作为一个导航项的标题视图等。

进程视图的 progress 属性就是具体的进度，该值在 0 和 1 之间。需要做些计算来将实际值映射到 0~1 的某个值。图 12-24 是一个标准的进度视图。可以定制自己的进度视图，这时需要一个定制的 UIView 子类，该子类绘制类似进度条的东西。图 12-25 显示一个简单的定制进度视图。它有一个 value 属性，设置它为 0~1，然后调用 setNeedsDisplay 来使视图重绘它自己。下面是 drawRect: 代码：

```
- (void)drawRect:(CGRect)rect {
CGContextRef c = UIGraphicsGetCurrentContext();
[[UIColor whiteColor] set];
CGFloat ins = 2.0;
CGRect r = CGRectInset(self.bounds, ins, ins);
CGFloat radius = r.size.height / 2.0;
CGMutablePathRef path = CGPathCreateMutable();
CGPathMoveToPoint(path, NULL, CGRectGetMaxX(r) - radius, ins);
CGPathAddArc(path, NULL,
radius+ins, radius+ins, radius, -M PI/2.0, M PI/2.0, true);
CGPathAddArc(path, NULL,
CGRectGetMaxX(r) - radius, radius+ins, radius, M PI/2.0, -M PI/2.0, true);
CGPathCloseSubpath(path);
CGContextAddPath(c, path);
CGContextSetLineWidth(c, 2);
CGContextStrokePath(c);
CGContextAddPath(c, path);
CGContextClip(c);
CGContextFillRect(c, CGRectMake(
r.origin.x, r.origin.y, r.size.width * self.value, r.size.height));
}
```

图 12-25　一个定制的进度视图

12.5.3　UIPickerView

UIPickerView 显示可选择的选项（见图 12-26），用户可以选择一个选项。每列叫做一个 component。在数据源（UIPickerViewDataSource）和委托（UIPickerViewDelegate）上配置 UIPickerView 的显示内容。数据源和委托必须回答类似 UITableView 提出的问题：

- numberOfComponentsInPickerView:（数据源）
  该选择器视图有多少组件（列）？
- pickerView:numberOfRowsInComponent:（数据源）
  该组件有多少行？第一个组件被编号为 0。
- pickerView:titleForRow:forComponent:　（委托）
- pickerView:viewForRow:forComponent:reusingView:（委托）

该组件的该行应该显示什么？第一行被编号为 0。可以提供一个简单的字符串，也可以提供一个视图（如 UILabel）。有一个要求：必须以相同的方式提供给每个组件的每行。这是因为如果 viewForRow 方法被实现，那么 titleForRow 不被调用。reusingView 参数（如果不为空）是为了重用（正如在一个表视图中的单元重用）。

下面这个例子是用 UIPickerView 显示来自一个文本文件的 50 个美国州名。我们实现了 pickerView:viewForRow:forComponent:reusingView:方法。在我们的视图上，我们使用 UILabel 来显示州名。州名存放在一个类型为 NSArray 的 states 属性中，标签位于选择器视图的中心（见图 12-26）：

```
- (NSInteger)numberOfComponentsInPickerView:(UIPickerView *)pickerView {
    return 1;
}
- (NSInteger)pickerView:(UIPickerView *)pickerView
    numberOfRowsInComponent:(NSInteger)component {
```

```
        return 50;
}
- (UIView *)pickerView:(UIPickerView *)pickerView viewForRow:(NSInteger)row
forComponent:(NSInteger)component reusingView:(UIView *)view {
    UILabel* lab;
    if (view)
        lab = (UILabel*)view;
    else
        lab = [[UILabel alloc] init] ;
        lab.text = [self.states objectAtIndex:row];
        lab.backgroundColor = [UIColor clearColor];
        [lab sizeToFit];
        return lab;
}
```

图 12-26 选择器视图

可以使用委托的以下方法来进一步配置 UIPickerView 的外观:

- pickerView:rowHeightForComponent:
- pickerView:widthForComponent:

当用户每次旋转到一个新位置时,委托的 pickerView:didSelectRow:inComponent:方法可被调用。也可以发送 selectedRowInComponent: 消息来直接询问选择器视图。还可以使用 selectRow:inComponent:animated:方法来设置转向的位置。下面的一些选择器视图方法实现数据重新加载功能,通过它的属性可以获得选择器视图的内容:

- reloadComponent:
- reloadAllComponents
- numberOfComponents
- numberOfRowsInComponent:
- viewForRow:forComponent:

通过实现 pickerView:didSelectRow:inComponent:方法，并使用 reloadComponent:方法，可以使一个 component 基于另一个 component 中的选中选项来显示。例如，我们假设选择州和州里的城市。当用户在第一个 component 中转到另一个州，第二个 component 上就出现不同的城市集合。

12.5.4　UISearchBar

一个搜索栏（UISearchBar)）显示一个包含放大器图形的圆角矩形，用户可以输入文本，如图 12-27 所示。其实它自己不做任何搜索或显示搜索的结果；通常是用一个表视图来显示搜索结果。UISearchBar 一般同一个控制器类 UISearchDisplayController 一起使用。

图 12-27　一个有搜索结果按钮的搜索栏

一个搜索栏的当前文本是它的 text 属性。它有一个 placeholder 属性，当没有文本的时候就出现 placeholder 属性值。一个 prompt 能够被显示在搜索栏上，来解释它的用途。委托方法（UISearchBarDelegate）通知以下编辑事件：

- searchBarShouldBeginEditing:
- searchBarTextDidBeginEditing:
- searchBar:textDidChange:
- searchBar:shouldChangeTextInRange:replacementText:
- searchBarShouldEndEditing:
- searchBarTextDidEndEditing:

一个搜索栏有一个 barStyle。类似一个工具栏或导航栏，可以选择 UIBarStyleDefault 或 UIBarStyleBlack。搜索栏也可以有一个 tintColor（如果它被设置，barStyle 被忽略）。一个搜索栏一般放在屏幕的顶部。如果搜索栏中有文本，一个搜索栏自动显示一个内部的 Cancel 按钮（在圆圈中有一个叉号）。在右端，一个搜索栏也许显示一个搜索结果按钮（showsSearchResultsButton），这取决于 searchResultsButtonSelected 属性，也可能显示一个书签按钮（showsBookmarkButton）。这些按钮覆盖 Cancel 按钮。当用户在搜索栏上输入文本时，它就消失。用户也可以选择在外部显示一个 Cancel 按钮（showsCancelButton）。当按钮被单击时，下面的委托方法就被调用：

- searchBarResultsListButtonClicked:
- searchBarBookmarkButtonClicked:
- searchBarCancelButtonClicked:

一个搜索栏也许会显示一个范围按钮。可以设置 showsScopeBar 属性来让范围按钮显示。该按钮标题是 scopeButtonTitles 属性值，selectedScopeButtonIndex 属性标识了当前被选择的范围按钮。当用户单击一个不同的范围按钮时，下面的委托方法被调用：

- searchBar:selectedScopeButtonIndexDidChange:

搜索栏的文本框属性配置它的键盘和输入行为，如 keyboardType、autocapitalizationType 和 autocorrectionType。当用户在键盘中按 search 键时，下面的委托方法被调用，然后由你来关闭键盘以及执行搜索操作：

  ➢ searchBarSearchButtonClicked:

此外，由 UISearchDisplayController 管理的工具栏中的搜索栏将自动在 popover 视图里面显示搜索结果，这就省时省力了。我们可以在搜索栏上包含一个结果列表按钮，当单击时调出 popover，并且在那种情况下，popover 包含一个 Clear 按钮，该按钮清空搜索栏并关闭该 popover。所有这些操作都是搜索显示控制器帮助我们完成的。

12.5.5　UIControl

UIControl 是 UIView 的子类，并且是那些用户可以交互的控件类（如按钮）的超类。UIControl 描述了这些类的共同行为。所有控件的共同特点是，它们自动跟踪和分析触摸事件，并发送控制事件（消息）给相应的对象。在 nib 或代码中，使用目标-操作模式来处理每个控制事件。对于一个给定的控件，每个控制事件和它的目标-操作对形成一个调度表。下面的方法允许你来操作和查询调度表：

- addTarget:action:forControlEvents:
- removeTarget:action:forControlEvents:
- actionsForTarget:forControlEvent:
- allTargets
- allControlEvents　（控制事件的位掩码）

当一个控件需要发送一个操作消息（即报告控制事件），它调用 sendAction:to:forEvent:方法，这就调用共享的应用程序实例的 sendAction:to:from:forEvent:方法，这实际上是调用指定目标的指定方法。为了强迫一个控件报告一个特定的控制事件消息，需要调用它的 sendActionsForControlEvents:方法。例如，假设在代码中把一个 UISwitch 从 OFF 变为 ON（见图 12-28），这不会引起 UISwitch 报告控制事件。因此，需要调用 sendActionsForControlEvents:方法，类似下面的做法：

```
[switch setOn: YES animated: YES];
[switch sendActionsForControlEvents:UIControlEventValueChanged];
```

图 12-28　一个开关

也可以用 sendActionsForControlEvents:方法在子类中定义在什么情况下一个控件会报告控制事件。控件有 enabled、selected 和 highlighted 属性。一个未启用的控件不响应用户的交互操作。一个控件有 contentHorizontalAlignment 和 contentVerticalAlignment 属性。这些属性只有在控件有内容要对齐时才可能被用到。一个文本域（UITextField）是一个控件，我们已经在前面章节中讲过。本章后面的内容会讲解其余的控件。

12.5.6　UISwitch 和 UIPageControl

一个 UISwitch 描绘了一个 BOOL 值：它看起来像一个滑动的电器开关，其位置标记有 ON 和 OFF，并且它的 on 属性为 YES 或者 NO（见图 12-28）。用户可以滑动或单击切换 switch 的位置。当用户改变 switch 的位置，switch 报告一个 Value Changed 控制事件。可以调用 setOn:animated:方法来改变 on 属性值。我们不能自定义 ON 和 OFF 标签。

一个 UIPageControl 是一行点，每个点被称为一页。点的数目是页面控件的 numberOfPages。当前页就是它的 currentPage。当前页是一个实心点，其他点略透明，如图 12-29 所示。用户可以单击（当前页的）点的任何一边，这就递增或递减当前页。页控制器就报告一个 Value Changed 控制事件。如果一个页面控件的 hidesForSinglePage 属性为 YES，那么，当 numberOfPages 为 1 时，页面控件变为不可见。

图 12-29　页控制器视图

12.5.7　UIDatePicker

UIDatePicker 看起来像 UIPickerView，但它不是 UIPickerView 的子类。其目的是为了选择日期和时间。当用户改变其设置时（即选择了一个新日期），日期选择器会报告一个 Value Changed 控制事件。UIDataPicker 有以下四种模式：

- UIDatePickerModeTime
  日期选择器显示一个时间。例如，它有小时部分和分钟部分。
- UIDatePickerModeDate
  日期选择器显示一个日期。例如，它有月部分、日部分和年部分。
- UIDatePickerModeDateAndTime
  日期选择器显示一个日期和时间。例如，它由星期、月、日、小时和分钟这几部分组成。
- UIDatePickerModeCountDownTimer
  日期选择器显示小时和分钟的数字。例如，它有小时部分和分钟部分。

日期选择器如图 12-30 所示。究竟是什么组成一个日期选择器的显示，以及它们所包含的值是什么，这取决于区域设置。例如，美国时间显示小时（1~12）、分钟以及 AM 或 PM（见图 12-30），但英国时间显示小时（1~24）和分钟。一个日期选择器有 locale、calendar 和 timeZone 属性，分别为 NSLocale、NSCalendar 和 NSTimeZone。默认值都是 nil。日期选择器响应用户的系统设置。例如，你的应用程序包含日期选择器显示的时间，如果用户从美国时区改变到英国时区，日期选择器的显示会立即改变。

如果有一个分钟的部分，默认显示每分钟，但可以用 minuteInterval 属性改变它。最大值改变为 30，在这种情况下，分钟的值为 0 和 30。日期选择器的最大值和最小值是由它的 maximumDate 和 minimumDate 属性决定。

日期选择器代表的日期是其 date 属性，它是一个 NSDate。默认的日期为日期选择器实例化的时间。对于一个 UIDatePickerModeDate 日期选择器，默认时间是本地时间 12AM；对于一个 UIDatePickerModeTime 日期选择器，默认日期是今天。

由 UIDatePickerModeCountDownTimer 日期选择器代表的值是它的 countDownDuration。日期选择器实际上并没有做任何倒计数；苹果 Clock 应用程序的 Timer 选项卡显示了一个典型的界面。用户配置日期选择器时，首先初始化设置 countDownDuration。然后，一旦计数开始，日期选择器就隐藏，一个标签（label）显示剩余时间。countDownDuration 是一个 NSTimeInterval（这是一个 double，表示秒数）。例如：

```
NSTimeInterval t = [datePicker countDownDuration];
NSDate* d = [NSDate dateWithTimeIntervalSinceReferenceDate:t];
NSCalendar* c = [[NSCalendar alloc]
initWithCalendarIdentifier:NSGregorianCalendar];
[c setTimeZone: [NSTimeZone timeZoneForSecondsFromGMT:0]]; // normalize
NSUInteger units = NSHourCalendarUnit | NSMinuteCalendarUnit;
NSDateComponents* dc = [c components:units fromDate:d];
NSLog(@"%i hr, %i min", [dc hour], [dc minute]);
```

如果需要在一个 NSDate 和字符串之间的转换，那么需要一个 NSDateFormatter：

```
NSDate* d = [datePicker date];
NSDateFormatter* df = [[NSDateFormatter alloc] init];
[df setTimeStyle:kCFDateFormatterFullStyle];
[df setDateStyle:kCFDateFormatterFullStyle];
NSLog(@"%@", [df stringFromDate:d]);
// "12 月 12 日，星期三，Pacific Daylight Time2011 年上午 3:16:25"
```

图 12-30　日期选择器

12.5.8　UISlider 和 UISegmentedControl

如图 12-31（a）所示，一个滑动条就是 UISlider，它可以让用户选择在最大值（maximumValue）和最小值（minmumValue）之间的值（最大值和最小值默认为 1 和 0）。当用户滑动位置时，滑动条报告一个 Value Changed 控制事件。可以在滑动条两边放上图像，那是 UISlider 的 minimumValueImage 和 maximumValueImage（它们默认是 nil）。

如图 12-31（b）所示，一个分段控件（UISegmentedControl）是一行可以单击的片段，每段非常像一个按钮。这为用户提供了一个方法来选择几个相关的选项。默认情况下（momentary 为 NO），最近被单击的片段保持被选中状态。当 momentary 是 YES 时，被单击的片段显示瞬间被选择的状态，但随后没有片段是被选择的状态。可以通过 selectedSegmentIndex 属性来获得选中的片段；也可以通过设置 selectedSegmentIndex 属性让某个片段被选定。如果 selectedSegmentIndex 属性值是 UISegmentedControlNoSegment（-1）的话，则表示没有片段被选中。当用户单击一个未选定的片段时，分段控件就报告一个 Value Changed 事件。

（a）　　　　　　　（b）

图12-31　滑动条和分段控件

一个片段有一个标题或图像（当一个被设置，另一个就变为 nil）。设置和获取片段的标题和图像的方法是：

- setTitle:forSegmentAtIndex:
- setImage:forSegmentAtIndex:
- titleForSegmentAtIndex:
- imageForSegmentAtIndex:

在改变现有片段的标题和图像后，可能需要调用 sizeToFit 来自动调整片段。

当创建片段时，可以设置标题和图像，如果是在代码中创建分段控件，那么可以在代码中用 initWithItems:方法做这些事情，这需要一个数组，其中每一项是一个字符串或一幅图像。动态管理分段的方法是：

- insertSegmentWithTitle:atIndex:animated:
- insertSegmentWithImage:atIndex:animated:
- removeSegmentAtIndex:animated:
- removeAllSegments

只读属性 numberOfSegments 记录了片段的个数。另外，分段控件有下面的样式（segmentedControlStyle 属性）：

- UISegmentedControlStylePlain
  大高度（44 像素）和大标题。取消选定的片段是灰色的，选定的片段是蓝色的。

- UISegmentedControlStyleBordered
  就像 UISegmentedControlStylePlain，但有深色的边框（强调分段控件的轮廓）。
- UISegmentedControlStyleBar
  小高度（30 像素）和小标题。所有片段都是蓝色的，但可以通过设置 tintColor 来改变颜色。选中的片段颜色稍微深一点。
- UISegmentedControlStyleBezeled（在 iOS4.0 中引进的）
  大高度（40 像素）和小标题。与 UISegmentedControlStyleBar 相似。所有片段都是蓝色的，但可以通过设置 tintColor 来改变颜色。选中的片段更明亮。

12.5.9　UIButton

UIButton 是最基本的可单击的控件。在代码中创建的方法是一个类方法（buttonWithType:），其中的类型是：

- UIButtonTypeCustom
  如果 backgroundColor 是 clearColor，则完全看不见（没有标题和其他内容）。如果提供了 backgroundColor，则出现一个矩形边框。
- UIButtonTypeDetailDisclosure
- UIButtonTypeContactAdd
- UIButtonTypeInfoLight
- UIButtonTypeInfoDark

上面这些按钮的图片被自动设置为标准按钮图像。例如：UIButtonTypeContactAdd 是一个加号，UIButtonTypeInfoLight 是一个浅色的字符"i"，UIButtonTypeInfoDark 是一个深色的字母"i"。

- UIButtonTypeRoundedRect
  一个圆角矩形按钮，是白色背景和灰色边框。

按钮有一个标题、一个标题颜色、一个标题阴影颜色、一张图片及一个背景图片。如果图片足够小，按钮可以既有一个标题也有一张图片。在这种情况下，图像默认显示在标题左侧。标题是一个 UILabel，可以通过按钮的 titleLabel 访问。例如：可以设置标题的 font、lineBreakMode 和 shadowOffset。如果 shadowOffset 不是（0,0），那么该标题有一个阴影。使按钮的标题由多行组成的一个简单的方法是设置按钮的 titleLabel.lineBreakMode 为 UILineBreakModeWordWrap，并且把换行符（\n）放到按钮的标题里，如@"This is a line\nand this is a line"。按钮的图像是一个 UIImageView，可以通过按钮的 imageView 访问。例如，可以改变图像的 alpha 值，使其更加透明。整个图像和标题的位置是由按钮的 contentVerticalAlignment 和 contentHorizontalAlignment 来配置。通过设置按钮的 contentEdgeInsets、titleEdgeInsets 和 imageEdgeInsets，还可以调整图像和标题的位置。下面这四个方法也提供了访问按钮的元素的位置：

- titleRectForContentRect
- imageRectForContentRect

- contentRectForBounds
- backgroundRectForBounds

当按钮被重绘时（包括每次改变状态的时候），这些方法都会被调用。内容矩形是标题和图像被放置的区域（见图12-32）。默认情况下，contentRectForBounds:和 backgroundRectForBounds: 产生相同的结果。可以在子类中重载这些方法以改变按钮的放置方式。在下面这个例子中，当高亮按钮时，我们稍微缩小按钮：

```
- (CGRect)backgroundRectForBounds:(CGRect)bounds {
    CGRect result = [super backgroundRectForBounds:bounds];
    if (self.highlighted)
        result = CGRectInset(result, 3, 3);
    return result;
}
```

图12-32　带有拉伸背景图像的按钮

12.5.10　导航栏、工具栏和标签栏

在 iOS 上，有三种栏样式，即导航栏（UINavigationBar）、工具栏（UIToolbar）及标签栏（UITabBar），通常与一个专用的视图控制器结合使用。UINavigationBar 可以与 UINavigationController 一起使用（它经常出现在视图的顶部）。UIToolbar 可以与 UINavigationController 一起使用（它经常出现在视图的底部）。UITabBar 可以与 UITabBarController 一起使用（它经常出现在视图的底部）。一个 UINavigationBar 的用途是让用户在不同视图间操作。为了设置一个 UINavigationBar，需要一个 UINavigationItem。它是 UIViewController 的 navigationItem，并且 UINavigationController 管理两者之间的联系，这包括 UIViewController 的视图的显示。类似地，一个 UITabBar 是一种让用户在多条目之间选择的方式。那些条目通常对应着整个视图，全部的管理由 UITabBarController 完成。UIToolbar 也可以在界面上独立存在（不与

UINavigationController 一起），特别在 iPad 上。它通常在顶栏出现，类似一个菜单栏的作用。

1. UINavigationBar

一个 UINavigationBar 由 UINavigationItems 组成。UINavigationBar 维护一个栈，UINavigationItems 被压入和弹出该栈。当前栈顶（UINavigationBar 的 topItem）的 UINavigationItem，和栈中第二个 UINavigationItem（UINavigationBar 的 backItem），决定了在导航栏上出现的内容：

- topItem 的 title（string）或 titleView（UIView）出现在导航栏的中间。
- topItem 的 prompt（string）出现在导航栏的顶部。
- rightBarButtonItem 和 leftBarButtonItem 出现在导航栏的右端和左端。它们是 UIBarButtonItems。一个 UIBarButtonItem 可以是一个系统按钮、一个带标题的按钮、一个图片按钮或是一个 UIView 容器（一个 UIBarButtonItem 本身不是一个 UIView）。
- backItem 的 backBarButtonItem 出现在导航栏的左端，它一般指向左边。当单击时，topItem 弹出栈。如果 backItem 没有 backBarButtonItem，那么在导航栏的左端仍然有一个回退（back）按钮，标题是 backItem 的 title。然后，如果 topItem 有一个 leftBarButtonItem，或者如果 topItem 的 hidesBackButton 为 YES，则回退按钮被禁用。

可以使用 UINavigationBar 的 barStyle、translucent 及 tintColor 属性来设置样式。UINavigationController 是导航栏（UINavigationBar）的委托。这些委托方法是：

- navigationBar:shouldPushItem:
- navigationBar:didPushItem:
- navigationBar:shouldPopItem:
- navigationBar:didPopItem:

下面这个例子只是使用 UINavigationBar（而没有 UINavigationController），结果如图 12-33 所示。

```objc
- (void)viewDidLoad {
    [super viewDidLoad];
    UINavigationItem* ni = [[UINavigationItem alloc]
initWithTitle:@"Tinker"];
    UIBarButtonItem* b = [[UIBarButtonItem alloc] initWithTitle:@"Evers"
        style:UIBarButtonItemStyleBordered
        target:self action:@selector(pushNext:)];
    ni.rightBarButtonItem = b;
    nav.items = [NSArray arrayWithObject: ni]; // nav is the UINavigationBar
}
- (void) pushNext: (id) sender {
    UIBarButtonItem* oldb = sender;
    NSString* s = oldb.title;
    UINavigationItem* ni = [[UINavigationItem alloc] initWithTitle:s];
    if ([s isEqualToString: @"Evers"]) {
        UIBarButtonItem* b = [[UIBarButtonItem alloc] initWithTitle:@"Chance"
                style:UIBarButtonItemStyleBordered
                target:self action:@selector(pushNext:)];
        ni.rightBarButtonItem = b;
    }
    [nav pushNavigationItem:ni animated:YES];
```

```
}
```

图 12-33　导航示意图

2. UIToolbar

一个 UIToolbar 显示一行 UIBarButtonItems，它们是 UIToolbar 的 items。按照它们在 items 数组中的顺序，这些条目从左到右显示。可以使用系统栏按钮条目 UIBarButtonSystemItemFlexibleSpace 和 UIBarButtonSystemItemFixedSpace，连上 UIBarButtonItem 的 width 属性一起，在工具栏中放置这些条目。

3. UITabBar

一个 UITabBar 显示 UITabBarItems（它的 items），每个由一幅图片和一个名称组成。它的 selectedItem 是一个 UITabBarItem，是当前所选择的条目。为了获得选择的改变，应该在委托（UITabBarDelegate）中实现 tabBar:didSelectItem:方法。为了以动画的形式改变条目，可调用 setItems:animated:方法。

用户可以定制标签栏的内容。可调用 beginCustomizingItems:方法，并传递一个 UITabBarItems 的数组。一个带有 Done 按钮的模态视图显示可定制的条目，然后用户可以拖动一个条目到标签栏，替换一个已经存在的条目。为了得知模态视图的出现和消失，实现下列委托方法：

- tabBar:willBeginCustomizingItems:
- tabBar:didBeginCustomizingItems:
- tabBar:willEndCustomizingItems:changed:
- tabBar:didEndCustomizingItems:changed:

在下面这个例子中，我们使用四个系统标签栏条目和一个 More 条目来设置一个 UITabBar。我们在一个实变量数组中存放这四个系统标签栏条目，并加上另外四个。当用户单击 More 条目时，我们显示一个包含八个标签栏条目的界面。结果如图 12-34 所示。

```
- (void)viewDidLoad {
    [super viewDidLoad];
    NSMutableArray* arr = [NSMutableArray array];
    for (int ix = 1; ix < 8; ix++) {
        UITabBarItem* tbi =
            [[UITabBarItem alloc] initWithTabBarSystemItem:ix tag:ix];
        [arr addObject: tbi];
    }
    self.items = arr; // 复制方法
    [arr removeAllObjects];
    [arr addObjectsFromArray: [self.items
subarrayWithRange:NSMakeRange(0,4)]];
    UITabBarItem* tbi = [[UITabBarItem alloc] initWithTabBarSystemItem:0
tag:0];
    [arr addObject: tbi]; // More 按钮
    tb.items = arr; // tb 是 UITabBar
}
- (void)tabBar:(UITabBar *)tabBar didSelectItem:(UITabBarItem *)item {
    NSLog(@"did select item with tag %i", item.tag);
    if (item.tag == 0) {
        // More 按钮
        tabBar.selectedItem = nil;
        [tabBar beginCustomizingItems:self.items];
    }
}
```

当同一个 UITabBarController 一起使用时，系统自动提供界面。如果有很多条目，自动出现一个 More 条目，这可用来访问一个表视图中的余下条目。在这里，用户可以选择额外条目（并导航到相应的视图）。或者，用户可以通过单击 Edit 按钮来切换到客户化界面。图 12-34 显示一个不使用代码自动产生条目的例子，该标签栏完全在 nib 中被创建和被配置。More 条目对应着 UINavigationController 的根视图控制器（UIViewController），该根视图控制器的 view（视图）是一个 UITableView。因此，当用户单击 More 按钮时，这个 UITableView 就出现在导航界面上。当用户在表中选择一个条目，相应的 UIViewController 被压入 UINavigationController 的栈中。可以访问 UINavigationController，它是 UITabBarController 的 moreNavigationController。通过它，可以访问根视图控制器，它是 UINavigationController 的 viewControllers 数组的第一个条目。并且通过它，可以访问表视图，它是根视图控制器的 view（视图）。这说明，当用户单击 More 按钮时，可以定制出现的内容。例如，让我们设置导航栏为 black，并从它的标题中删除 More 单词：

```
UINavigationController* more =
self.tabBarController.moreNavigationController;
UIViewController* list = [more.viewControllers objectAtIndex:0];
list.title = @"";
UIBarButtonItem* b = [[UIBarButtonItem alloc] init];
b.title = @"Back";
list.navigationItem.backBarButtonItem = b; // 因此用户可以设回导航
more.navigationBar.barStyle = UIBarStyleBlack;
```

图 12-34　自动产生的 More 列表

我们也可以使用一个自己的数据源：使用自己的 MyDataSource 实例替换表视图数据源，在实例变量 MyDataSource 上保存一个原数据源对象的引用。

```
UITableView* tv = (UITableView*)list.view;
MyDataSource* mds = [[MyDataSource alloc] init];
self.myDataSource = mds;
self.myDataSource.originalDataSource = tv.dataSource;
tv.dataSource = self.myDataSource;
```

接下来，将使用 Objective-C 的消息自动转发机制，MyDataSource 充当 originalDataSource 的前端，MyDataSource 将响应任何 originalDataSource 响应的消息，并且任何 MyDataSource 不能处理的消息将被转发给 originalDataSource。通过这种方式，MyDataSource 的介入并不会破坏原数据源的行为：

```
- (id)forwardingTargetForSelector:(SEL)aSelector {
    if ([self.originalDataSource respondsToSelector: aSelector])
        return self.originalDataSource;
    return [super forwardingTargetForSelector:aSelector];
}
```

最后，我们将实现 UITableViewDataSource 协议。首先传递消息给 originalDataSource（有点类似于访问 super），然后添加我们自己的定制。在这里，我们将每个单元的右边标志去掉，并改变它的文本字体。结果显示在图 12-35 中。

图 12-35　定制 More 列表

```
- (NSInteger)tableView:(UITableView *)tv
numberOfRowsInSection:(NSInteger)sec {
    // 这仅仅是为了不让编译器报错
    return [self.originalDataSource tableView:tv numberOfRowsInSection:sec];
}
- (UITableViewCell *)tableView:(UITableView *)tv
        cellForRowAtIndexPath:(NSIndexPath *)ip {
    UITableViewCell* cell =
        [self.originalDataSource tableView:tv cellForRowAtIndexPath:ip];
    cell.accessoryType = UITableViewCellAccessoryNone;
    cell.textLabel.font = [UIFont systemFontOfSize:14];
    return cell;
}
```

12.6　模态对话框

当一个模态对话框出现时，用户除了可以关闭一个对话框之外什么也不能做。这是为了给用户一些提示信息或要求用户是否继续。模态对话框是 UIView 子类。下面是两个最常用的模态对话框：

● UIAlertView

一个 UIAlertView 弹出一个警告窗口，其主要目的是引人注意。一个警告窗口显示在屏幕中心：它包含一个标题、一条消息以及一些按钮（其中一个可能是取消按钮），如图 12-36 所示。取消按钮一般显示在最后，稍微和其他按钮分开。警告窗口也可能只有一个取消按钮，它的主要目的是向用户显示消息。如果有其他按钮，那可能是用来给用户选择下一步（如保存和取消）。

● UIActionSheet

一个 UIActionSheet 相当于一个 Mac 操作系统上的菜单。在 iPhone 上，它是从屏幕底部向上滑动；在 iPad 上，它通常显示在一个 popover 上。它包含一些按钮，最后一个可能是取消按钮。一个 UIActionSheet 通常提供多种选项，如图 12-37 所示。

图 12-36　警告视图

图 12-37　iPhone 上的操作单

12.6.1　警告视图

构造一个警告视图（UIAlertView）的基本方法是 initWithTitle:message:delegate:cancelButtonTitle:otherButtonTitles:。让警告视图显示在屏幕上的方法是 show。例如，下面的代码实现图 12-36 所示的结果：

```
UIAlertView* alert = [[UIAlertView alloc] initWithTitle:@"Not So Fast!"
    message:@"Do you really want to do this tremendously destructive thing?"
    delegate:self cancelButtonTitle:@"Yes" otherButtonTitles:@"No", @"Maybe",
nil];
    [alert show];
```

otherButtonTitles 参数是不确定长度的，因此，它必须是由 nil 结尾的一系列字符串。取消按钮比其他按钮暗，并在一系列按钮中的最后一个。用户单击任何一个按钮，警告视图都会被立即关闭。如果想在用户关闭（解除）警告视图的时候作出回应，或者如果有几个按钮，想知道用户单击了哪个按钮来解除警告，那么，需要至少实现这些委托方法（UIAlertViewDelegate）之一：

● alertView:clickedButtonAtIndex:

● alertView:willDismissWithButtonIndex:

● alertView:didDismissWithButtonIndex:

取消按钮的索引通常是 0，其余按钮的索引是按照它们定义的顺序增加的。如果需要按钮的标题，可以调用 buttonTitleAtIndex:方法。可以使用下面的一些属性来获得按钮信息：

- cancelButtonIndex（如果没有，那就是-1）
- firstOtherButtonIndex（如果没有，那就是-1）
- numberOfButtons（包括取消按钮）

也可以在程序中使用 dismissWithClickedButtonIndex:animated:方法来关闭（解除）一个警告视图。当一个警告视图在代码中被解除时，委托方法 alertView:clickedButtonAtIndex:并不被调用，这是因为用户没有单击任何按钮。另外，当警告开始显示时，下面两个委托方法就被调用：

- willPresentAlertView
- didPresentAlertView

12.6.2　操作单

构造一个操作单（UIActionSheet）的基本方法是 initWithTitle:delegate:cancelButtonTitle: destructiveButtonTitle:otherButtonTitles:。以下方法是用于在 iPhone，操作单通常从屏幕的底部出现：

- showInView:
  在 iPhone 上，这显然是最常用的方法。通常会指定根视图控制器的视图，如标签栏控制器的视图或导航控制器的视图。例如，我们有一个标签栏（tab bar）界面，视图控制器弹出一个操作单（见图 12-37）：

```
[sheet showInView: self.tabBarController.view];
```

- showFromTabBar:, showFromToolbar:
  在 iPhone 上，操作单就从屏幕底部弹出，正如 showInView:方法一样。这是因为标签栏或工具栏在屏幕底部。

在 iPad 上，需要使用下列方法之一。这些方法的做法类似呈现一个 popover 的方法。它们实际上以 popover 的方式呈现该操作单，并带有一个箭头（见图 12-38）：

- showFromRect:inView:animated
- showFromBarButtonItem:animated

图 12-38　以 popover 形式呈现的一个 action sheet

在 iPad 上，通常没有取消按钮：如果操作单作为一个 popover 显示，则将不出现取消按钮。当用户单击 popover 以外的区域时，popover 自动解除，这就相当于取消它。

一个操作单也有一个风格，在它的 actionSheetStyle 属性上设置：

- UIActionSheetStyleAutomatic
- UIActionSheetStyleDefault
- UIActionSheetStyleBlackTranslucent
- UIActionSheetStyleBlackOpaque

当操作单的一个按钮被单击，则该操作单自动关闭。可以使用下面的委托方法（UIActionSheetDelegate）来了解哪个按钮被单击：

- actionSheet:clickedButtonAtIndex
- actionSheet:willDismissWithButtonIndex
- actionSheet:didDismissWithButtonIndex

如果操作单是作为一个 popover 显示在 iPad 上，那么，当用户单击 popover 以外的区域使该 popover 被关闭，则该按钮的索引是-1。

可以在代码中使用 dismissWithClickedButtonIndex:animated:方法来解除一个操作单。在这种情况下，actionSheet:clickedButtonAtIndex:方法不会被调用。当操作单开始显示时，下面两个委托方法将被调用：

- willPresentActionSheet:
- didPresentActionSheet:

下面的代码是呈现如图 12-37 所示的操作单，也包含了关闭操作单的代码：

```
- (void) chooseLayout: (id) sender {
    UIActionSheet* sheet =
        [[UIActionSheet alloc] initWithTitle:@"Choose New Layout" delegate:self
        cancelButtonTitle:(NSString *)@"Cancel" destructiveButtonTitle:nil
        otherButtonTitles:@"3 by 3", @"4 by 3", @"4 by 4", @"5 by 4", @"5 by 5",
        nil];
    [sheet showInView: self.tabBarController.view];
}
- (void)actionSheet:(UIActionSheet *)as clickedButtonAtIndex:(NSInteger)ix {
    if (ix == as.cancelButtonIndex)
        return;
    NSString* s = [as buttonTitleAtIndex:ix];
    // …
}
```

对于操作单，其实也可以使用模态视图来实现。相比较而言，操作单只需几行代码即可完成。

12.6.3 本地通知

对于用户来说，一个本地通知（local notification）是一个 alert。即使你的应用程序没有运行它也可以出现。无论那一刻用户在做什么，它作为一个对话框出现在顶部。实际上，你的应用程序并没有显示这个本地通知，进一步说，你的应用程序不能自己显示一个本地通知。而是，你的应用程序传递一个本地通知到系统，这包括一个关于什么时候本地通知应该启动的说明。当指定时间到了的时候，如果你的应用程序不是最前面，系统代表你显示该通知。

本地通知可以包含一个操作按钮。如果用户单击它，你的应用程序将被带到前面。如果它在后台处于暂停状态，则系统就启动它。

为了创建一个本地通知，配置一个 UILocalNotification 对象，并通过 UIApplication 的 scheduleLocalNotification:方法传递给系统。UILocalNotification 对象有一些属性，这些属性描述了对话框的外观和行为以及在什么时候显示：

- alertBody, alertAction
  通知显示的信息和操作按钮的文本信息。如果没有设置 alertAction，并且没有设置 hasAction 为 NO，那么，仍然会有一个操作按钮，其文本信息是"View"。

- soundName
  在你的应用程序包中的声音文件的名称。当通知出现时就播放。这是一个未压缩的声音文件（AIFF 或 WAV 格式）。也可以指定默认的声音 UILocalNotificationDefaultSoundName。如果没有设置这个属性，将不会播放声音。

- userInfo
  一个可选的 NSDictionary，其内容由自己决定。

- fireDate, timeZone
  本地通知发出的时间。fireDate 是一个 NSDate。如果没有包含一个 timeZone，日期是对照国际标准时间；如果设置了 timeZone，日期是对照用户当地的时间。

- repeatInterval, repeatCalendar
  如果设置了这两个属性，local notification 将循环发送。

通过 UIApplication 的 scheduleLocalNotification:方法传递一个配置了的本地通知到系统上。还可以使用 UIApplication 的其他方法来管理已经安排好的本地通知列表。可以取消一个本地通知（cancelLocalNotification）或所有通知（cancelAllLocalNotification）。从 iOS4.2 开始，可以使用 UIApplication 的 scheduledLocalNotifications（一个 NSArray 属性）来直接设置列表。

图 12-39 显示了一个本地通知发送后的报警。下面这个例子创建和调度本地通知，从而出现报警：

```
UILocalNotification* ln = [[UILocalNotification alloc] init];
ln.alertBody = @"Time for another cup of coffee!";
ln.fireDate = [NSDate dateWithTimeIntervalSinceNow:15];
ln.soundName = UILocalNotificationDefaultSoundName;
[[UIApplication sharedApplication] scheduleLocalNotification:ln];
```

图 12-39 当一个本地通知启动时由系统发出的 alert

当一个设定的本地通知发出后，发生了什么？根据你的应用程序的当时状态，总共有三种可能性：

● 你的应用程序是在后台暂停

报警出现了（并且有声音播放）。如果用户单击操作按钮，你的应用程序就被带到前台。你的应用程序委托将接收到 application:didReceiveLocalNotification:消息，其中第二个参数是 UILocalNotification，并且你的应用程序的 applicationState 将是 UIApplicationStateInactive。

● 你的应用程序在前台

这不会有报警（也没有声音）。你的应用程序委托将接收到 application: didReceiveLocalNotification:消息，其中第二个参数是 UILocalNotification，并且你的应用程序的 applicationState 将是 UIApplicationStateActive。如果想让用户知道报警发生了，那么可以在应用程序中做些处理。

● 你的应用程序没有运行

报警出现了（有声音播放）。如果用户单击操作按钮，你的应用程序会启动。你的应用程序委托将不会接收到 application:didReceiveLocalNotification:消息。相反，它会接收到 application:didFinishLaunchingWithOptions:消息，该方法带一个 NSDictionary 参数，它包含 UIApplicationLaunchOptionsLocalNotificationKey，其值是 UILocalNotification。

因此，应该实现 application:didReceiveLocalNotification: 方法来检查 UIApplication 的 applicationState，并且应该实现 application:didFinishLaunchingWithOptions:方法来检查它的第二个参数，看看应用程序是否因为本地事件而启动了。这样的话，将能够区分三种不同的可能性，然后做出适当的反应。

第 13 章　音频和视频编程

iPhone/iPad 可以与电脑上的 iTunes 同步，从而获得在 iTunes 的资料库（如图 13-1 所示）中收集的歌曲、视频和其他内容。只有以 iPhone/iPad 支持的编码格式制作的歌曲和视频才会被传输至 iPhone 和 iPad 上。另外，在 iPhone/iPad 文件系统上，也可以自己存放音频和视频文件。在本章，我们讲解如何处理音频和视频。

图 13-1　iTunes 的资料库

13.1　音频 API

iOS SDK 的 CoreAudio 提供了不同类型的 API 来处理音频。

13.1.1　系统声音 API

最简单的声音是系统声音，它类似于电脑上的"beep"。这是通过系统声音服务实现的。在代码中，需要导入<AudioToolbox/AudioToolbox.h>和链接到 AudioToolbox.framework，然后调用下面两个 C 函数中的一个：

- AudioServicesPlayAlertSound

  在 iPhone 上，播放声音，也可能使设备振动（取决于用户的设置）。

- AudioServicesPlaySystemSound

  播放一个你所选择的很短的声音。在 iPhone 上，不会附带振动，但可以明确地选定这个"声音"为设备振动。

上面的系统声音 API 适用于长度较短的音频（少于 5s），这个 API 不提供回放功能，也不提供音量控制等功能。一旦调用，就直接播放声音（当中不能暂停）。另外，这类 API 也只限制于 PCM、IMA4、.caf、.aif、wav 等格式的声音文件。虽然系统声音 API 支持的文件格式有限，但是它提供了一个转化工具。从而，可以使用这个转化工具来转化其他格式的声音到所支持的格式。例如，转化 mp3 为 aif 格式：/usr/bin/afconvert -f aiff -d BEI16 hongloumen.mp3 output.aif。

调用代码比较简单，例如：

```
NSURL *fileURL = ... // 声音文件的 URL
SystemSoundID myID;
// 注册声音来获取声音 ID
AudioServicesCreateSystemSoundID ((CFURLRef)fileURL, &myID);
// 播放声音
AudioServicesPlaySystemSound (myID);
//从系统上去掉声音
AudioServicesDisposeSystemSoundID (myID);
//播放系统声音，如振动（一种系统声音）
AudioServicesPlaySystemSound (kSystemSoundID_Vibrate);
```

播放声音需要未压缩的 AIFF 或 WAV 格式的文件（或封装它们的 CAF 文件）。在传递这些声音到函数之前，需要一个 SystemSoundID，通过调用 AudioServicesCreateSystemSoundID 方法（带有一个 CFURLRef（或 NSURL）参数，该参数指向一个声音文件）来获得。在下面例子中，声音文件在我们的应用程序包中：

```
NSURL*sndurl=[[NSBundle mainBundle]
URLForResource:@"test"withExtension:@"aif"];
SystemSoundID snd;
AudioServicesCreateSystemSoundID ((CFURLRef)sndurl, &snd);
AudioServicesPlaySystemSound(snd);
```

在播放之后，需要调用 AudioServicesDisposeSystemSoundID 方法释放我们的 SystemSoundID。因为 AudioServicesPlaySystemSound 是异步执行，所以最佳的方法是调用一个声音完成方法 AudioServicesAddSystemSoundCompletion。当声音播放完的时候才调用该方法。因此，最佳的声音播放程序是：

```
NSURL*sndurl=[[NSBundle mainBundle]
URLForResource:@"test"withExtension:@"aif"];
SystemSoundID snd;
AudioServicesCreateSystemSoundID((CFURLRef)sndurl, &snd);
AudioServicesAddSystemSoundCompletion(snd, NULL, NULL, &SoundFinished, NULL);
AudioServicesPlaySystemSound(snd);
```

上面 SoundFinished 方法是：

```
void SoundFinished (SystemSoundID snd, void* context) {
    AudioServicesRemoveSystemSoundCompletion(snd);
    AudioServicesDisposeSystemSoundID(snd);
}
```

13.1.2　声音会话

如果应用程序使用音频播放器播放声音，那么，我们最好指定一个关于声音的策略。这一策略将解答这样的问题：当屏幕被锁定时，声音是否应该停止？声音是否应该中断现有的声音？你的策略是在 audio session 里声明，这是一个 AVAudioSession 实例。当你的应用程序启动时，AVAudioSession 单实例被自动创建。可以在启动时配置这个 AVAudioSession 实例，或在应用程序运行时动态改变它的配置。可以在 Objective-C 或 C 程序中使用 AVAudioSession 实例。

为了使用 Objective-C 语言的 API，需要链接到 AVFoundation.framework，并导入 <AVFoundation/AVFoundation.h>。你将使用类方法 sharedInstance 来引用 AVAudioSession。为了使用 C 语言的 API，需要链接到 AudioToolbox.framework，并导入<Audio-Toolbox/AudioToolbox.h>。AudioSession...函数不需要一个 audio session 的引用。在你使用 C 的 API 之前，必须使用 AudioSessionInitialize 方法初始化 audio session。

音频回放的基本策略是：

- Ambient
  即使 iPod 音乐或其他背景音乐正在播放，你的应用程序的音频也会播放，通过 Silent 开关和屏幕锁定使其静音。
- Solo Ambient
  你的应用程序停止播放 iPod 音乐或其他背景音乐，通过 Silent 开关和屏幕锁定（默认）使其静音。
- Playback
  你的应用程序停止播放 iPod 音乐或其他背景音乐，但不能通过 Silent 开关和屏幕锁定使其静音。

此外，可以使用 C API 的 AudioSessionSetProperty 函数修改这些策略，例如：

- 可以重载 Playback 策略，从而允许 iPod 音乐或其他背景音乐播放（kAudioSessionProperty_OverrideCategoryMixWithOthers）。
- 可以重载 策略，从而允许 iPod 音乐或背景音乐播放，因此减小背景音乐（kAudioSession Property_OtherMixableAudioShouldDuck）音量。重写策略启动后，它就开始产生作用，一直到 audio session 停用为止。

audio session 策略在激活后才是有效的。默认情况下，它并没有被激活。因此，你的 audio session 策略的完成是配置 audio session 和激活 audio session。考虑到 iOS 是多任务模式，每次应用程序被激活的时候，可激活 audio session。

下面是配置 audio session 策略的主要方法。

● setCategory:error:

如何配置 audio session 策略。也可以用 C API 的 AudioSessionSetProperty 做同样的事情。

● setActive:error:

如何使 audio session 策略生效。需要在 audio session 已经停止的时候调用这个方法。至少在 applicationDidBecomeActive:上调用它，从而在 iOS 的多任务环境下保持 audio session 策略有效。

下面是一个应用程序的例子。当应用程序运行时，这个应用程序的背景音乐（如 iPod/Music 音乐）持续播放。我们在 applicationDidFinishLaunching:方法中使用 Ambient 策略来配置我们的 audio session，代码如下：

```
[[AVAudioSession sharedInstance] setCategory:
  AVAudioSessionCategoryAmbient error: NULL];
```

或者使用 C API：

```
AudioSessionInitialize (NULL, NULL, NULL, NULL);
UInt32 ambi = kAudioSessionCategory AmbientSound;
AudioSessionSetProperty(kAudioSessionProperty AudioCategory, sizeof(ambi),
&ambi);
```

每当应用程序激活时，我们在 applicationDidBecomeActive:方法里激活 audio session，代码如下：

```
[[AVAudioSession sharedInstance] setActive: YES error: NULL];
```

或使用 C API：

```
AudioSessionSetActive(true);
```

这一切都需要设置和执行你的应用程序的整体 audio session 策略。

13.1.3　声音播放器

AVAudioPlayer 是 Objective-C API，对音频的长度没有限制，所支持的格式也比系统声音 API 多，并且提供了暂停等功能。我们先看一个例子：

```
AVAudioPlayer *player;
//声音文件
NSString *path = [[NSBundle mainBundle] pathForResource...];
NSURL *url = [NSURL fileURLWithPath:path];
player = [[AVAudioPlayer alloc] initWithContentsOfURL:url];//初始化播放器
…
if (!player.playing) { //如果尚未播放
    [player play];//播放
} else {//否则
    [player pause]; //暂停
}
```

AVAudioPlayer 类本身提供了播放、暂停、快进、后退等方法。另外，它还提供了回调方法（AVAudioPlayerDelegate）。例如，当声音播放完毕后进行其他处理。在后面章节中，我们将使用这个播放器播放一个 MP3 文件。

正如我们上面所看到的，音频播放器是 AVAudioPlayer 类的一个实例。这是最简单的播放任何声音的方法。它支持多种声音类型，包括 MP3、AAC 和 ALAC，以及 AIFF 和 WAV。可以设置一个声音的音量和立体声平移功能，循环播放一个声音，同时同步播放多个声音，并设置在一个声音的中间某处开始重放。一个音频播放器应该同 audio session 一起使用。

一个音频播放器只可以播放一个声音，但可以同时使用多个音频播放器播放。使用本地声音文件的 URL 或 NSData，就可以初始化音频播放器。要播放声音，首先告诉音频播放器 prepareToPlay，使其加载音乐内容到缓冲区并初始化硬件，然后告诉音频播放器开始播放（play 方法）。当声音完成播放时，音频播放器的委托被通知。其他有用的方法是 pause 和 stop。它们之间的主要区别是，pause 不会释放缓冲区内的声音内容，但 stop 会（所以在重新开始播放前，要再次调用 prepareToPlay）。

例如，我们创建了一个 Player 类，并实现了一个 play: 方法，它的参数是应用程序包的一个声音文件的路径。此方法创建一个新的音频播放器，以实例变量的方式存储它，并告诉它开始播放声音文件；它还设置自己为音频播放器的委托，并且当声音完成播放时发出一个通知。这样，通过维持一个 Player 实例，可以连续播放不同的声音。

```
- (void) play: (NSString*) path {
  NSURL *fileURL = [[NSURL alloc] initFileURLWithPath: path];
  NSError* err = nil;
  AVAudioPlayer *newPlayer =
      [[AVAudioPlayer alloc] initWithContentsOfURL: fileURL error: &err];
  // 省略错误检查
  self.player = newPlayer;
  [self.player prepareToPlay];
  [self.player setDelegate: self];
  [self.player play];
}
- (void)audioPlayerDidFinishPlaying:(AVAudioPlayer *)player // 委托方法
                    successfully:(BOOL)flag {
  [[NSNotificationCenter defaultCenter]
     postNotificationName:@"soundFinished" object:nil];
}
```

以下是一些有用的音频播放器属性：

- pan, volume
  分别是立体声定位和音量。
- numberOfLoops
  声音重复播放的次数。0 是默认值，意味着没有重复。负值会导致声音无限重复（直到告诉它停止为止）。
- duration
  声音的长度。
- currentTime
  声音里播放头的位置。

从 iOS4.0 开始，playAtTime：方法允许决定在某一时刻开始播放。音频播放器的 deviceCurrentTime 指定了这个时间。

一个音频播放器会自动处理声音中断。当中断结束后，audio session 会重新激活。可以实现委托方法 audioPlayerBeginInterruption:和 audioPlayerEndInterruption:（或 audioPlayerEndInterruption:withFlags:）来增加新功能。例如：更新界面作出响应，或者可能想当中断结束时恢复播放（通过调用 play）。

13.1.4　录音

AVAudioRecorder 提供了录音的功能。所录制的声音可以放在一个文件上。代码比较简单，例如：

```
//存放声音的文件
NSString *path = [[NSBundle mainBundle] pathForResource...];
NSURL *url = [NSURL fileURLWithPath:path];
AVAudioRecorder *recorder;
NSError *error = nil;
//初始化录音器
recorder = [[AVAudioRecorder alloc] initWithURL:url settings:nil
error:&error];
if (!recorder.recording) {//尚未录音
    [recorder record];//录音
} else {
    [recorder pause];//暂停
}
```

开发人员在自己的类上使用 AVAudioRecorderDelegate，从而实现回调操作，如当录音结束后的处理。

图 13-2　iPod 功能

13.1.5　访问资料库中的音乐

如图 13-2 所示，iPhone/iPad 本身具有 iPod 的功能，能够播放资料库中的音乐。在音乐库里的所有东西都是一个 MPMediaEntity。这是一个抽象类，通过 properties 的键-值对来描述。例如，媒体项有一个标题、一个专辑标题、曲目编号、艺术家、作曲家等；播放列表有一个标题、一个标志表明它是否是一个 "smart" 播放列表等。属性键有名字，如 MPMediaItemPropertyTitle。要取得一个属性的值，调用 valueForProperty:方法。也可以用 enumerateValuesForProperties:usingBlock:方法获取多个属性。

在音乐库中的单个项目是一个 MPMediaItem，它是 MPMediaEntity 子类。它有一个类型。依据它的 MPMediaItemPropertyMediaType 属性的值，它可能是音乐、一个播客（podcast）或者一个有声读物（audiobook）。不同类型的项目具有不同的属性。例如，一个播客多了一个播客标题。一个项目的插图图像是一个 MPMediaItemArtwork 类的实例，从中可以获得缩放到指定大小的图像。

播放列表是一个 MPMediaPlaylist。它有 items（项目）和 count（项目的数目）。它从它的超类 MPMediaItemCollection 继承这些属性，它的超类 MPMediaItemCollection 是 MPMediaEntity 子类。

从音乐库中获取实际的信息需要一个查询 MPMediaQuery。首先需要创建一个查询，这有以下两种主要的方法。

● 用一个构造函数

　　MPMediaQuery 提供了几个类方法，从而创建一个查询来访问音乐库中的所有的歌曲或所有的播客等。下面是完整的列表：

> songsQuery
> podcastsQuery
> audiobooksQuery
> playlistsQuery
> albumsQuery
> artistsQuery
> composersQuery
> genresQuery
> compilationsQuery

● 通过过滤谓词

　　可以在查询上附属一个或多个 MPMediaPropertyPredicate 实例，形成一个谓词集合（NSSet），它们是 AND 关系。这些谓词依据指定的条件过滤音乐库。一个谓词有两个或三个方面：

> 一个属性：属性的键。并不是每一个属性都能用在一个谓词过滤中，可以使用 MPMediaEntity 类方法 canFilterByProperty 来判断该属性是否可以。
> 一个值：指定的属性值。
> 一个比较类型：为了通过过滤器，一个媒体项目的属性值要么匹配所提供的值（（MPMediaPredicateComparisonEqualTo，默认值），要么包含所提供的值（MPMediaPredicate ComparisonContains）。

一个查询也将其结果分组。依据它的 groupingType，可以选择：

- MPMediaGroupingTitle
- MPMediaGroupingAlbum
- MPMediaGroupingArtist
- MPMediaGroupingAlbumArtist
- MPMediaGroupingComposer
- MPMediaGroupingGenre
- MPMediaGroupingPlaylist
- MPMediaGroupingPodcastTitle

一个查询的结果是一个集合的集合，每一个都是一个 MPMediaItemCollection。这个类是 MPMediaPlaylist 的超类，并且是一个 MPMediaEntity 子类。因此，一个集合有一些属性：items（项目）和 count（数目）。它也有一个 representativeItem 属性，该属性仅仅提供集合中的一个项目。需要这个属性的原因是集合的属性往往体现在它的项目上，而不是集合本身。例如：一个专辑没有标题；相反，它的项目有专辑标题，而且都是一样的。因此，要了解专辑的标题，可以寻找一个有代表性的项目的专辑标题。

在创建查询后，就执行查询。对于查询的结果，可以寻找它的 collections（集合）或它的 items（项目）。下面的例子将显示所有专辑的标题：

```
MPMediaQuery* query = [MPMediaQuery albumsQuery];
NSArray* result = [query collections];
// prove we've performed the query, by logging the album titles
for (MPMediaItemCollection* album in result)
    NSLog(@"%@", [[album representativeItem]
            valueForProperty:MPMediaItemPropertyAlbumTitle]);
```

下面的查询是获得名字包含 Bach 的专辑的标题。我们实际做的就是寻找所有专辑标题包含 Bach 的歌曲，并按专辑分组：

```
MPMediaQuery* query = [MPMediaQuery albumsQuery];
MPMediaPropertyPredicate* hasBach =
    [MPMediaPropertyPredicate predicateWithValue:@"Bach"
    forProperty:MPMediaItemPropertyAlbumTitle
    comparisonType:MPMediaPredicateComparisonContains];
[query addFilterPredicate:hasBach];
NSArray* result = [query collections];
for (MPMediaItemCollection* album in result)
    NSLog(@"%@", [[album representativeItem]
            valueForProperty:MPMediaItemPropertyAlbumTitle]);
```

由于查询的结果实际上是歌曲（**MPMediaItems**），我们马上就可以访问任何专辑中的歌曲，并打印返回的第一个专辑的所有歌曲的标题。我们不需要改变我们的查询，所以我们在执行之后开始：

```
// ... same as before ...
NSArray* result = [query collections];
MPMediaItemCollection* album = [result objectAtIndex: 0];
for (MPMediaItem* song in album.items)
```

```
NSLog(@"%@", [song valueForProperty:MPMediaItemPropertyTitle]);
```

MPMediaEntity 的一个属性是它的 persistent ID （（MPMediaItemPropertyPersistentID 和 MPMediaPlaylistPropertyPersistentID），它唯一识别该歌曲或播放列表。没有其他方法保证唯一性。例如，两个歌曲或两个播放列表可以有相同的标题。使用持久 ID，可以在稍后再次检索之前检索过的同一首歌曲或播放列表。

当获得一个搜索的结果之后，音乐库中的内容可能改变了。例如，用户可能将设备连接到计算机，并添加或删除音乐。这可能使搜索结果过时。出于这个原因，MPMediaLibrary 类提供了音乐库的修改状态。调用类方法 defaultMediaLibrary 获得实际库实例，然后就可以获得它的 lastModifiedDate。当音乐库被修改的时候，可以登记接收一个 MPMediaLibraryDidChangeNotification 通知。为了让系统发这个通知，先发送给库一个 beginGeneratingLibraryChangeNotifications 消息，然后应该用 endGeneratingLibraryChangeNotifications 来结束。

音乐播放器

播放一个 MPMediaItem 的媒体播放器框架类是 MPMusicPlayerController。它有两种形式（这取决于使用哪个类方法得到一个实例）：

● applicationMusicPlayer

在你的应用程序中播放音乐库中的一个 MPMediaItem。由 applicationMusicPlayer 播放的歌曲与 iPod/Music 应用程序当前的歌曲不同。当你的应用程序不在前台时，这个播放器停止播放。

● iPodMusicPlayer

全局音乐播放器（iPod/Music 应用程序就是使用这个播放器）。在你的应用程序运行的任何时刻，这个播放器可能正播放一个项目或暂停当前项目，你可以了解这是什么项目，并且用这个播放器播放音乐。独立于你的应用程序状态之外，它继续播放。用户可以在任何时间改变这个播放器正在做的事情。

音乐播放器不仅仅播放一个项目，还可以从一个项目队列中播放。这种行为和 iTunes 以及 iPod/Music 应用程序很像。例如，在 iTunes 里，当切换到一个播放列表和双击第一首歌曲开始播放，当这首歌结束时，它继续播放播放列表中的下一首歌。所以在那一刻，播放列表中的全部歌曲是它的队列。音乐播放器采用相同的方式：当一首歌结束时，继续播放播放列表中的下一首歌曲。除了 play、pause 和 stop 命令，还有 skipToNextItem 和 skipToPreviousItem 命令。例如，还可以设置一个音乐播放器的 repeatMode 和 shuffleMode，就像在 iTunes 上。可以通过下面两种方式来使用音乐播放器（和它的队列）：

● 与一个查询一起使用

传递给音乐播放器一个 MPMediaQuery。查询的 items 是队列的项目。

● 与一个集合一起使用

传递给音乐播放器一个 MPMediaItemCollection。这集合可以是从所执行的查询获得，但你也可以以自己的方式创建自己的 MPMediaItems 的集合，把 MPMediaItems 放到一个数组中，并调用 collectionWithItems: 或 initWithItems:方法。

在这个例子中，我们把音乐库中短于30s的歌曲放到一个队列上，使用应用程序内部的音乐播放器，随机播放音乐：

```
MPMediaQuery* query = [MPMediaQuery songsQuery];
NSMutableArray* marr = [NSMutableArray array];
MPMediaItemCollection* queue = nil;
for (MPMediaItem* song in query.items) {
    CGFloat dur =
        [[song valueForProperty:MPMediaItemPropertyPlaybackDuration]
floatValue];
    if (dur < 30)
        [marr addObject: song];
}
if ([marr count] == 0)
    NSLog(@"No songs that short!");
else
    queue = [MPMediaItemCollection collectionWithItems:marr];
if (queue) {
    MPMusicPlayerController* player =
        [MPMusicPlayerController applicationMusicPlayer];
    [player setQueueWithItemCollection:queue];
    player.shuffleMode = MPMusicShuffleModeSongs;
    [player play];
}
```

如果一个音乐播放器当前正在播放，设置它的队列就会让它停止播放；如果需要的话，在代码中让它重新开始播放。一个音乐播放器有一个playbackState，可以查询以了解它在做什么（如正在播放、暂停或停止等）。它也发出通知，这样就可以获得其状态的变化：

- MPMusicPlayerControllerPlaybackStateDidChangeNotification
- MPMusicPlayerControllerNowPlayingItemDidChangeNotification
- MPMusicPlayerControllerVolumeDidChangeNotification

除非调用音乐播放器的 begineneratingPlaybackNotifications，否则这些通知不会被发出。最后应该用 endGeneratingPlaybackNotifications 来结束。为了说明这一点，我们将扩展先前的例子，当每次不同的歌曲开始播放的时候，在我们的界面设置一个 UILabel。在我们让播放器播放之前，我们插入这些代码来生成通知：

```
[player beginGeneratingPlaybackNotifications];
[[NSNotificationCenter defaultCenter] addObserver:self
    selector:@selector(changed:)
    name:MPMusicPlayerControllerNowPlayingItemDidChangeNotification
    object:nil];
```

下面是我们如何响应这些通知：

```
- (void) changed: (NSNotification*) n {
    MPMusicPlayerController* player =
        [MPMusicPlayerController applicationMusicPlayer];
    if ([n object] == player) { // just playing safe
        NSString* title =
            [player.nowPlayingItem
```

```
valueForProperty:MPMediaItemPropertyTitle];
        [self->label setText: title];
    }
}
```

MPMusicPlayerController 没有用户界面。如果你想要你的应用程序为用户提供歌曲播放和停止的控制，你必须自己提供这些控件。iPodMusicPlayer 有自己的界面，这就是 iPod/Music 应用程序和远程重放控制。Media Player 框架体提供了一个 MPVolumeView，它包含一个滑动条（用来设置声音）和一个 AirPlay 按钮。

从 iOS4.0 开始，一个 MPMediaItem 有一个 MPMediaItemPropertyAssetURL 键，其值是一个 URL（用于形成一个 AVAsset）。因此，另一种播放一个 MPMediaItem 的方式是通过 AVFoundation。它能把歌曲的重放功能放到你的应用程序的 audio session 上，并允许你根据远程控制事件来控制它，并当你的应用程序在后台时播放它。在下面这个例子中，我们以一个 MPMediaItems 数组开始，并在一个 AVQueuePlayer 中开始播放这些项目：

```
NSArray* arr = // array of MPMediaItem;
NSMutableArray* assets = [NSMutableArray array];
for (MPMediaItem* item in arr) {
    AVPlayerItem* pi = [[AVPlayerItem alloc] initWithURL:
        [item valueForProperty:MPMediaItemPropertyAssetURL]];
    [assets addObject:pi];
}
self.qp = [AVQueuePlayer queuePlayerWithItems:assets];
[self.qp play];
```

音乐选择器

在 iPhone/iPad 应用程序中，MPMediaPickerController 类可以帮助我们选择 iPhone/iPad 上的音乐库中的某一个音乐。这是通过 Media Player 框架提供的。需要链接 MediaPlayer.framework 和导入<MediaPlayer/MediaPlayer.h>。使用模态视图方式（presentModalViewController），你可以使用 MPMediaPickerController 来获取某一个音乐。MPMediaPickerController 提供了下面的属性和方法：

```
- (id)init;// 初始化
//指定媒体类型，可以是 Music、Podcasts、AudioBooks、Any
- (id)initWithMediaTypes:(MPMediaType)mediaTypes;
@property (BOOL) allowsPickingMultipleItems;// 是否允许选择多个音乐
@property (MPMediaType) mediaTypes;//媒体类型
@property (NSString *)prompt;
```

MPMediaItemCollection 类是一组 MPMediaItem。一个播放列表（Playlists）、专辑（Albums）等都是 MPMediaItemCollection。它的属性有：

```
@property (NSArray *) items;//包含的音乐（如12首歌曲）
@property (NSUInteger) count;//音乐的个数
@property (MPMediaType) mediaTypes;//媒体类型：音乐、Popcast 等
```

MPMediaItem 代表了一首歌曲，有很多属性：Title（歌名）、Artist（表演者）等。

音乐选择器（MPMediaPickerController）是一个视图控制器（UIViewController），它的视图是一个导航界面，用户可以从中选择一个媒体项目。这个界面看起来很像 iPod/Music 应用程序。你

要做的就是模态地呈现视图控制器。

可以通过 initWithMediaTypes:方法创建控制器,从而限制显示的媒体项目的类型。你可以让一个提示(prompt)出现在导航栏的顶部。而且,你可以通过 allowsPickingMultipleItems 属性来设置用户是否可以选择多个媒体项目或只能选择一个。当视图显示的时候,你可以通过下面两个委托方法(MPMediaPickerController)了解用户正在做什么:

```
mediaPicker: didPickMediaItems://当选择一个或多个音乐后调用
mediaPickerDidCancel://当取消选择后调用
```

至于你使用哪个方法,这取决于控制器的 allowsPickingMultipleItems 属性值:

- 控制器的 allowsPickingMultipleItems 为 NO(默认)
  每次用户单击一个媒体项目时,你的 mediaPicker:didPickMediaItems:方法被调用,传递给你一个 MPMediaItemCollection,这包含目前用户单击(Plus 按钮)过的所有项目(可能包括同一个项目多次,如果用户单击多次的话)。当用户单击 Cancel 按钮,你的 mediaPickerDidCancel:方法被调用。
- 控制器的 allowsPickingMultipleItems 为 YES
  在界面上,在每个媒体项目的右边有 Plus 按钮,类似 iPod/Music 应用程序的创建一个播放列表的界面。当用户单击 Done 按钮,mediaPicker:didPickMediaItems:方法被调用,传递给你一个 MPMediaItemCollection,这包含用户单击过 Plus 按钮的所有项目(可能包括同一个项目多次,如果用户多次单击 Plus 按钮的话)。你的 mediaPickerDidCancel:方法从不被调用。

你需要关闭模态视图控制器。一般来说,只要你获得委托消息,你就解除模态视图控制器。在下面这个例子中,我们提供音乐选择器,允许用户选择一个媒体项目,然后我们用应用程序的音乐播放器播放媒体项目:

```objc
- (void) presentPicker {
    MPMediaPickerController* picker = [[MPMediaPickerController alloc] init];
    picker.delegate = self;
    [self presentModalViewController:picker animated:YES];
}
- (void) mediaPicker: (MPMediaPickerController*) mediaPicker
        didPickMediaItems: (MPMediaItemCollection*) mediaItemCollection {
    MPMusicPlayerController* player =
        [MPMusicPlayerController applicationMusicPlayer];
    [player setQueueWithItemCollection:mediaItemCollection];
    [player play];
    [self dismissModalViewControllerAnimated:YES];
}
- (void) mediaPickerDidCancel: (MPMediaPickerController*) mediaPicker {
    [self dismissModalViewControllerAnimated:YES];
}
```

在 iPad 上,音乐选择器是通过 popover 显示出来的。在 iPad 上,popover 没有 Cancel 按钮,但这没有关系,因为用户可以单击 popover 之外的区域解除它。下面我们重写上面的代码,以便在 iPhone 上显示模态选择器,但在 iPad 上通过 popover 显示选择器。presentPicker 方法是按钮的控制事件的操作,因此我们可以把 popover 的箭头指向按钮。我们通过 UI_USER_INTERFACE_IDIOM

来区分两个设备。如果是一个 iPad，我们创建一个 popover，并设置实例变量。解除选择器的方法取决于它是如何被显示的。

```
- (void) presentPicker: (id) sender {
    MPMediaPickerController* picker =
        [[[MPMediaPickerController alloc] init] autorelease];
    picker.delegate = self;
    if (UI_USER_INTERFACE_IDIOM() == UIUserInterfaceIdiomPhone)
        [self presentModalViewController:picker animated:YES];
    else {
        UIPopoverController* pop =
            [[UIPopoverController alloc]
initWithContentViewController:picker];
        self.currentPop = pop;
        [pop presentPopoverFromRect:[sender bounds] inView:sender
            permittedArrowDirections:UIPopoverArrowDirectionAny
animated:YES];
    }
}
- (void) dismissPicker: (MPMediaPickerController*) mediaPicker {
    if (self.currentPop && self.currentPop.popoverVisible) {
        [self.currentPop dismissPopoverAnimated:YES];
    } else {
        [self dismissModalViewControllerAnimated:YES];
    }
}
- (void)mediaPicker: (MPMediaPickerController *)mediaPicker
        didPickMediaItems:(MPMediaItemCollection *)mediaItemCollection {
    MPMusicPlayerController* player = [MPMusicPlayerController
applicationMusicPlayer];
    [player setQueueWithItemCollection:mediaItemCollection];
    [player play];
    [self dismissPicker: mediaPicker];
}
- (void)mediaPickerDidCancel:(MPMediaPickerController *)mediaPicker {
    [self dismissPicker: mediaPicker];
}
```

13.1.6 其他 API

iOS SDK 上还有一些底层的 API 用来处理音频，开发人员可以使用这些 API 来进行更细的控制，如 Audio Toolbox。它提供了声音队列服务（把声音文件放在队列上，然后逐个处理它们）、回放等功能。它还支持流播放。在下一节的实例中会使用 Audio Toolbox 播放网上音频文件。除了 Audio Toolbox，底层的 API 还有 Audio Units（处理音频）和 OpenAL 等。另外，还有流播放音频的 API。

13.2 音频操作实例

www.langspeech.com 是一个提供中文文字到英文声音的同声翻译。当你输入一段中文文字，该网络能够说出相对应的英文。这个网站提供了 Web 服务，如文字到声音的转化服务。调用这个网站的 Web 服务的返回数据是一个 XML 内容。这个 XML 内容其实是返回了一个获取声音文件（MP3

格式）的 URL。应用程序可以直接播放这个 URL 所指定的 MP3 文件来播放文字所对应的声音。我们在本节将完成这个文本到声音的转换工具。以下是开发步骤：

01 创建一个基于单视图的项目，并双击 xib 文件，添加一个文本框（Text Field）、一个名叫"说英语"的按钮和一个工具栏（Toolbar）。在这个工具栏上添加多个按钮（后退、"听听红楼梦"、暂停、前进和"短音测试"）。结果如图 13-3 所示。

图 13-3　界面

02 回到 Xcode 下面，添加 AudioToolbox 和 AVFoundation framework 到这个项目下。另外，还添加两个声音文件（hongloumeng.mp3 和 damn.caff）到项目下。要使用 AudioToolbox 来播放音乐。当用户单击"听听红楼梦"按钮就播放 hongloumeng.mp3，当用户单击"短音测试"按钮就播放 damn.caff 文件。

03 如图 13-4 所示，编写 ViewController.h 如下：

```
#import <UIKit/UIKit.h>
#import <AudioToolbox/AudioToolbox.h>
#import <AVFoundation/AVFoundation.h>
@interface ViewController : UIViewController
<NSXMLParserDelegate,AVAudioPlayerDelegate> {
    IBOutlet UITextField *tf;//文本框
    SystemSoundID soundID;//系统声音 ID
    AVAudioPlayer *player;//音频播放器
}
@property (strong) UITextField *tf; //文本框
@property (nonatomic, strong) AVAudioPlayer *player; //播放器
- (IBAction)playShortSound; //播放红楼梦，是一个长的音频
- (IBAction)playLongSound; //短音播放
- (IBAction) pause; //暂停
- (IBAction)skipForward;//前进
- (IBAction)skipBack;//后退
-(IBAction)speak;//说英语
//解析 XML 数据
```

```
-(void)parser:(NSXMLParser*)parser foundCharacters:(NSString*)string;
@end
```

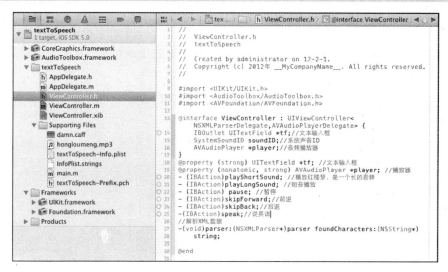

图 13-4　ViewController.h

04 关联 Outlet 变量和控件，关联控件和所调用的方法。结果如图 13-5 所示：界面上的文本框和 IBOutlet tf 的连接，分别连接后退、"听听红楼梦"、暂停、快进和"短音测试"按钮到 skipBack、playLongSound、pause、skipForward 和 playShortSound 方法。连接"说英语"按钮到 speak 方法。

图 13-5　连接信息

05 编写 ViewController.m 代码如下：

```
#import "ViewController.h"
#import <AVFoundation/AVFoundation.h>
@implementation ViewController
@synthesize player;
@synthesize tf;
-(IBAction)speak{//中文文本到英语的转化，并播放英语 MP3 文件（在网上）
    //合成 Web 服务调用的 URL
    NSString *loc=
```

```
[@"http://www.langspeech.com/voiceproxy.php?url=tts4all&langvoc=mdfe01rs&text=
" stringByAppendingString:[tf.text
stringByAddingPercentEscapesUsingEncoding:NSASCIIStringEncoding]];
        NSURL *url=[NSURL URLWithString:loc];
        //初始化 NSXMLParser
        NSXMLParser *p = [[NSXMLParser alloc] initWithContentsOfURL:url];
        [p setDelegate:self]; //设置回调
        [p parse]; //解析 XML 数据, 并播放 MP3 文件
    }
    //解析 XML 数据, 并播放 MP3 文件
    -(void)parser:(NSXMLParser*)parser foundCharacters:(NSString*)string{
        if ([string hasPrefix:@"http"]) { //查找 http 开头的 URL (一个字符串)
            //设置播放器
            AVPlayer *player2 = [AVPlayer playerWithURL:[NSURL
URLWithString:string]];
            [player2   play];//播放网上的 MP3 文件
        }
    }
    //播放短音
    - (IBAction)playShortSound {
        if (soundID == 0) {
            NSString *path = [[NSBundle mainBundle] pathForResource:@"damn"
ofType:@"caff"];//声音文件
            NSURL *url = [NSURL fileURLWithPath:path];
            AudioServicesCreateSystemSoundID ((CFURLRef)url, &soundID);//声音 ID
        }
        AudioServicesPlaySystemSound(soundID);//播放
    }
    //暂停
    - (void)pause {
        [player pause];
    }
    //播放
    - (void)play {
        [player play];
    }
    //使用播放器播放声音
    - (IBAction)playLongSound {
        if (!player) {
            NSError *error = nil;
            //红楼梦文件
            NSString *path = [[NSBundle mainBundle]
pathForResource:@"hongloumeng" ofType:@"mp3"];
            NSURL *url = [NSURL fileURLWithPath:path];
            //初始化播放器
            player = [[AVAudioPlayer alloc] initWithContentsOfURL:url
error:&error];
            player.delegate = self;
        }
        if (player.playing) {//正在播放?
            //[self pause];
        } else if (player) {
            [self play];//播放
        }
    }
    //快进 30 秒
    - (IBAction)skipForward {
        player.currentTime = player.currentTime + 30.0;
    }
```

```
//后退30秒
- (IBAction)skipBack {
    player.currentTime = player.currentTime - 30.0;
}
//回调方法：在播放被中断之前调用（如：来一个电话）
- (void)audioPlayerBeginInterruption:(AVAudioPlayer *)thePlayer{
    if (thePlayer == player) {
        [self pause];//暂停
    }
}
//回调方法：在中断的播放继续之前调用（如：电话结束）
- (void)audioPlayerEndInterruption:(AVAudioPlayer *)thePlayer{
    if (thePlayer == player) {
        [self play];
    }
}
- (void)disposeSound {//从系统上删除声音
    if (soundID) {
        AudioServicesDisposeSystemSoundID(soundID);
        soundID = 0;
    }
    player = nil;
}
- (void)didReceiveMemoryWarning {
    [self disposeSound];
    [super didReceiveMemoryWarning];
}
@end
```

06 执行应用程序。结果如图 13-6 所示。当用户输入一段文字，单击"说英语"按钮，应用程序调用 Web 服务，并播放出来。另外，用户还可以单击"听听红楼梦"按钮来听一段红楼梦，并通过单击相应按钮进行前进、后退或者暂停操作。"短音测试"用来播放一个短音。

图 13-6　根据文字说出英语

13.3　视　频

iPhone/iPad 应用程序有时需要播放一些视频。这些视频可能来自网上，也可能来自设备上的文件系统。iOS 提供了 MediaPlayer.framework 来帮助实现这个功能。你的代码需要导入 <MediaPlayer/MediaPlayer.h>。目前支持的视频格式为.mov、.mp4、.m4v 和.3gp。在 MediaPlayer 框架下，MPMoviePlayerController 就是用于播放视频的控制器类，它提供和控制一个播放影像的视图（view 属性指向这个视图）。它包含的方法有：

```
- (id)initWithContentURL:(NSURL *)url;//初始化播放器，URL 是视频文件的位置
- (void)play;//播放
- (void)stop;//停止
```

它包含的属性有：

- contentURL：使用 URL 表示视频内容的位置。它可以是一个本地文件 URL，因此，播放器可以播放一个应用程序包中的文件，或是用户的照片库中的影像；或者是一个 Internet 上的资源（也许是流播放的形式，在这种情况下，一旦 MPMoviePlayerController 有一个 contentURL，MPMoviePlayerController 就开始下载视频）。
- view：播放影像的视图，你可以设置它的 frame 属性、autoresizingMask 属性等。
- controlStyle：控制播放的工具条设置，包括 MPMovieControlStyleNone（不显示控制条）、MPMovieControlStyleFullscreen（默认设置，显示整个控制条）等。
- fullscreen：布尔值，表示播放器是否处于全屏模式。
- scalingMode：缩放模式。这个设置有点像我们买的 16：9 的电视。当电视不是按照 16：9 播放时，你就选择某一个方式来缩放图像。缩放模式包括：

  - MPMovieScalingModeNone：不缩放。
  - MPMovieScalingModeAspectFit：把整个电影放在视图内，如果电影的尺寸太大，缩小一点；如果电影的尺寸小，放大一点。在放大时，到达一边即停止放大。
  - MPMovieScalingModeFill：缩放直到两边都有图像。

装载电影到系统上可能需要一些时间。即使是一个本地影像文件，在 MPMoviePlayer 开始播放之前，它需要加载部分内容。如果是远程资源的话，需要的时候更长。一个视频文件可以是一个标准的视频格式，如.mov 或.mp4，但它也可以是一个音频文件。一个 MPMoviePlayerController 也能很好地播放音频，包括一个实时的从 Internet 获取的音频。MPMoviePlayerController 带有暂停和移动播放头的标准控件。在下面这个例子中，我们创建一个 MPMoviePlayerController，并引用应用程序包中的一个视频文件，并且将它的视图放入我们的界面上：

```
    NSURL* m = [[NSBundle mainBundle] URLForResource:@"Movie"
withExtension:@"m4v"];
    MPMoviePlayerController* mp = [[MPMoviePlayerController alloc]
initWithContentURL:m];
    self.mpc = mp;
    self.mpc.shouldAutoplay = NO;
```

```
self.mpc.view.frame = CGRectMake(10, 10, 300, 230);
[self.view addSubview:self.mpc.view];
```

控件（controlStyle 是 MPMovieControlStyleEmbedded）包括一个播放/停止按钮、一个用来改变当前视频帧的滑动条和一个全屏按钮；如果在网络上发现一个合适的设备，也许还有一个 AirPlay route 按钮，如图 13-7 所示。用户可以单击视图来显示或隐藏底部的控件；控件也许在播放开始后自动消失，如图 13-8 所示。如果用户单击全屏按钮，则进入全屏模式。在顶部的控件（controlStyle 是 MPMovieControlStyleFullscreen）包括一个 Done 按钮、一个滑动条和一个增强的全屏按钮；在底部出现的控件集是一个播放/暂停按钮、倒放和快进按钮，也许还加上一个音量滑动条和一个 AirPlay route 按钮。用户可以单击来隐藏或显示控件，可以双击来切换到全屏模式，还可以单击 Done 按钮来停止播放和退出全屏模式（见图 13-9）。

图 13-7　一个带有控件的视频播放器

图 13-8　没有控件的视频播放器

图 13-9　有控件的全屏模式的视频播放器

如果视频实际上是一个音频文件，则有不同的界面：有一个开始/暂停按钮、一个滑动条，也许还有一个 AirPlay route 按钮，如图 13-10 所示。

按照 MPMoviePlayerController 的 scalingMode 设置，系统缩放视频来填满视图。scalingMode 的默认值是 MPMovieScalingModeAspectFit（保持正确的长宽比，缩放到合适的位置），并用 MPMoviePlayerController 的 backgroundView 的颜色来填充视图上未被填充的部分。也许你想知道视频的实际尺寸和长宽比，这可以从 MPMoviePlayerController 的 naturalSize 上得到。

图 13-10　当视频是一个音频文件时的一个视频播放器

你可以用 setFullscreen:animated:方法实现全屏和非全屏之间的切换。也可以用程序切换一个音频文件的视图到全屏模式，尽管它没有一个用户可以单击的全屏控件，如图 13-11 所示。

图 13-11　当视频是一个音频文件时的一个全屏视频播放器

视频可以被设置为自动循环播放（repeatMode），你可以获得视频的持续时间（duration）。你可以得到和设置 currentPlaybackTime 属性来定位播放头。你同样可以设置 currentPlaybackRate 属性，让视频的播放比正常要慢或快。

在电影结束后，我们需要在某个方法中指定后续的动作。另外，当用户改变缩放的模式时，电影播放也需要做相应调整。MPMoviePlayerController 没有一个委托，所有这些都必须通过 NSNotificationCenter 完成。在应用程序中，你通过注册来获得上述通知（如电影结束播放）。当相关事件（如电影结束播放）发生时，你的应用程序接收到通知并触发回调方法。

例如，在设置一个内容 URL 之后，我们通过这些通知得知何时去访问视图的属性是安全的，如它的 naturalSize 和 duration 属性。在下面这个例子中，一旦知道了 naturalSize，我就按正确的长宽比把视频视图内嵌到界面中：

```
- (void) setUpMPC {
    NSURL* m = [[NSBundle mainBundle] URLForResource:@"Movie"
withExtension:@"m4v"];
    // …余下的和之前一样；不要添加到视图
    // [self.view addSubview:self.mpc.view];
    [[NSNotificationCenter defaultCenter] addObserver:self
        selector:@selector(finishSetup:)
        name:MPMovieNaturalSizeAvailableNotification
        object:self.mpc];
}
- (void) finishSetup: (id) n {
    CGRect f = self.mpc.view.bounds;
    f.size = self.mpc.naturalSize;
    //设置宽度为 300，保持比例
    CGFloat ratio = 300/f.size.width;
    f.size.width *= ratio;
    f.size.height *= ratio;
    self.mpc.view.bounds = f;
    [self.view addSubview:self.mpc.view];
}
```

其他的通知还有：进入和退出全屏模式，以及视频完成播放等。最重要的通知是 MPMoviePlayerPlaybackStateDidChangeNotification。为了得知实际的播放状态，你可以查询 MPMoviePlayerController 的 playbackState，它将是下面之一：

- MPMoviePlaybackStateStopped
- MPMoviePlaybackStatePlaying
- MPMoviePlaybackStatePaused
- MPMoviePlaybackStateInterrupted
- MPMoviePlaybackStateSeekingForward
- MPMoviePlaybackStateSeekingBackward

如果内容来自 Internet，这有可能出现错误。例如：Internet 可能变慢或完全失去连接，获取的资源可能不存在了。你需要注册通知，从而获得播放的状态。在下面的例子中，我们已经注册了 MPMoviePlayerPlaybackDidFinishNotification。通过查看通知的 userInfo 字典，有两种检测错误的方法：检查 key 为 MPMoviePlayerPlaybackDidFinishReasonUserInfoKey 的值，该值是 MPMovieFinishReasonPlaybackError；或者我们可以查看它是否有一个被称为@"error"的 key，该 key 将是一个 NSError。例如：

```
- (void) didFinish: (NSNotification*) n {
    //第一种方式
    NSNumber* num =
        [[n userInfo]
objectForKey:MPMoviePlayerPlaybackDidFinishReasonUserInfoKey];
    int reason = [num intValue];
    if (reason == MPMovieFinishReasonPlaybackError)
        NSLog(@"there was an error of some sort!");
    //第二种方式
    NSError* err = [[n userInfo] objectForKey: @"error"];
    if (err)
        NSLog(@"%@", [err localizedDescription]);
```

```
}
```

然而，如果视频开始下载和播放，但下载稍后被截断，则通知 MPMoviePlayerPlayback-
DidFinishNotification 将不被发送。为了发现这个问题，我们注册 MPMoviePlayerLoadStateDidChange-
Notification 并检查 MPMoviePlayerController 的 loadState（一个位掩码）是否已经设置了 MPMovie-
LoadStateStalled 位。要是这样，播放不会自动停止，MPMoviePlayerController 将一直试图获得数据。
如果我们想要阻止它，我们必须手动停止它，代码如下：

```
- (void) loadStateChanged: (id) n {
    int ls = self.mpc.loadState;
    if (ls & MPMovieLoadStateStalled) {
        [self.mpc stop];
        NSLog(@"The download seems to have stalled out.");
    }
}
```

13.4　UIVideoEditorController

除了播放，SDK 还提供了视频编辑功能，如 UIVideoEditorController。UIVideoEditorController
是一个视图控制器，是为剪辑视频呈现了一个界面。你可以模态地显示视图控制器的视图，并通过
它的委托来响应。

因为不是每个视频格式都是可编辑的，并且不是每个设备都支持视频编辑，所以，在使用一个
UIVideoEditorController 之前，一定要调用它的类方法 canEditVideoAtPath:。如果该方法返回 NO，
则你不能使用该类的实例。在模态呈现它之前，你同样必须设置 UIVideoEditorController 实例的委
托以及 videoPath：

```
NSString* path = [[NSBundle mainBundle] pathForResource:@"movie"
ofType:@"mov"];
    BOOL can = [UIVideoEditorController canEditVideoAtPath:path];
    if (!can) {
        NSLog(@"can't edit this video");
        return;
    }
    UIVideoEditorController* vc = [[UIVideoEditorController alloc] init];
    vc.delegate = self;
    vc.videoPath = path;
    [self presentModalViewController:vc animated:YES];
```

该视图的界面包含一个 Cancel 和 Save 按钮，一个剪辑框（显示视频的各个缩略图），一个
Play/Pause 按钮，以及视频本身。用户滑动剪辑框的两端来设置所保存的视频的开头和结尾。Cancel
和 Save 按钮并不关闭模态视图，所以你必须在委托方法上完成。总共有三种委托方法，你应该全
部实现这三种方法并在它们中关闭模态视图：

- videoEditorController:didSaveEditedVideoToPath:
- videoEditorControllerDidCancel:
- videoEditorController:didFailWithError:

在 videoEditorController:didSaveEditedVideoToPath:方法被调用时，视频已经被保存到你的应用程序临时目录（NSTemporaryDirectory 返回的目录）下的一个文件中。一般你应该将在临时目录下的视频文件复制到其他地方：

```
- (void) videoEditorController: (UIVideoEditorController*) editor
    didSaveEditedVideoToPath: (NSString*) editedVideoPath {
    if (UIVideoAtPathIsCompatibleWithSavedPhotosAlbum(editedVideoPath))
        UISaveVideoAtPathToSavedPhotosAlbum(editedVideoPath, nil, nil,
NULL);
    else
        NSLog(@"need to think of something else to do with it");
    [self dismissModalViewControllerAnimated:YES];
}
```

13.5 视 频 实 例

下面你使用 MPMoviePlayerController 类来播放一个本地电影文件。这个电影文件来自苹果的技术支持网站（http://support.apple.com/kb/HT1425），名称叫 sample_iTunes.mov。文件不大，大概 2.8MB。在下载后，你可以使用 Quicktime 来测试一下，看看能否播放。开发步骤如下：

01 创建一个基于单视图的应用项目。添加 MediaPlayer.framework 到项目上。另外，添加 sample_iTunes.mov 电影文件到项目上。结果如图 13-12 所示。

图 13-12 视频实例的程序结构

02 为了让电影全屏显示，隐藏状态栏，在 video-Info.plist 上，添加了一行：key 为 Status bar is initially hidden，值为 true。另外，为了横向显示，右击 video-Info.plist 文件，选择 Open As 和 Source Code File，如图 13-13 所示。添加以下键/值：

```
<key>UIInterfaceOrientation</key>
<string>UIInterfaceOrientationLandscapeRight</string>
```

在 Info.plist 上设置 initial interface orientation 为 Landscape（right home button）应该也可以实现相同的功能。

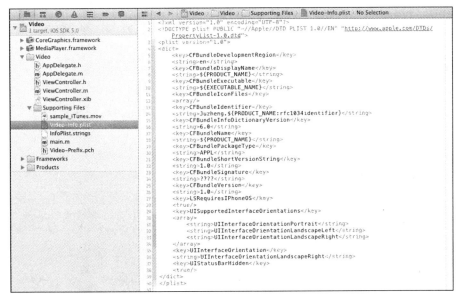

图 13-13 编辑 Info.plist

03 你可以设置视图的属性，如水平（横向）显示，如图 13-14 所示。

图 13-14 设置视频播放视图的属性

04 在头文件上，导入视频播放器的头文件，并添加播放器控制器属性：

```
#import <UIKit/UIKit.h>
#import <MediaPlayer/MediaPlayer.h>
@interface ViewController : UIViewController {
    MPMoviePlayerController *mpcontroller;// 播放器
}
@property (nonatomic, strong) MPMoviePlayerController *mpcontroller;
@end
```

05 编写视频播放程序（见下面代码中的注释）：

```
#import "ViewController.h"
@implementation ViewController
@synthesize mpcontroller;
```

```
//在视图装载时，就播放视频
- (void)viewDidLoad {
    NSString *loc = [[NSBundle mainBundle] pathForResource:@"sample_iTunes"
    ofType:@"mov"];//电影文件的位置
    NSURL *url=[NSURL fileURLWithPath:loc];
        //初始化播放器
    mpcontroller = [[MPMoviePlayerController alloc] initWithContentURL:url];
        //把播放器的视图添加到当前视图下（作为子视图）
    [self.view addSubview:mpcontroller.view];
        //设置 frame,让它显示在屏幕上，分别是 X, Y, 宽度和高度。你可以再调整
    mpcontroller.view.frame = CGRectMake(-80, 80, 480, 300);
    [mpcontroller.view
setTransform:CGAffineTransformMakeRotation(90.0f*(M_PI/180.0f))];
        //设置电影结束后的回调方法（方法名为 callbackFunction）。注册自己为 observer
        //当 MPMoviePlayerPlaybackDidFinishNotification 事件发生时，就调用指定的方法
    [[NSNotificationCenter defaultCenter] addObserver:self
        selector:@selector(callbackFunction:)
        name:MPMoviePlayerPlaybackDidFinishNotification
object:mpcontroller];
        //设置播放器的一些属性
    mpcontroller.fullscreen = YES;//全屏
    mpcontroller.scalingMode = MPMovieScalingModeFill;
    //mpcontroller.controlStyle = MPMovieControlStyleNone;
    //播放电影
    [mpcontroller play];
    [super viewDidLoad];
}

    //电影结束后的回调方法
-(void)callbackFunction:(NSNotification*)notification{
    MPMoviePlayerController* video = [notification object];//也可以直接使用
mpcontrol
        //从通知中心注销自己
    [[NSNotificationCenter defaultCenter] removeObserver:self
        name:MPMoviePlayerPlaybackDidFinishNotification object:video];
        video = nil;
}

    // 设置横向播放
-(BOOL)shouldAutorotateToInterfaceOrientation:(UIInterfaceOrientation)inte
rfaceOrientation
{
    return (interfaceOrientation == UIInterfaceOrientationLandscapeRight);
}
@end
```

06 执行应用程序，结果如图 13-15 所示。

图 13-15 播放视频

13.6 播放列表和多视频播放

上节的例子只是播放一个本地文件，如果要播放多个视频文件，就要使用到播放列表。我们将播放列表内容放入一个类中封装。这个例子中，我们使用表视图来显示播放列表，将表视图添加到主视图上，位于播放器的下方。当我们单击列表项时，播放器就播放与列表项对应的视频。我们给了一个基于 iPad 的项目 XinLaoShiLocal。

01 添加多个视频到资源文件夹下。

02 新建一个名为 PlaylistController 类，它是表视图控制器的子类。修改 PlaylistController.h 的代码如下：

```
#import <UIKit/UIKit.h>
#import <MediaPlayer/MPMoviePlayerController.h>
@interface PlaylistController: UITableViewController
{
NSArray *items;//一个包含字典数据的数组。每个字典数据包含视频名称和文件
ViewController *playerController;
}
-(id)initWithPlayer:(ViewController *)thePlayer;
-(void) playerPlaybackDidFinish:(NSNotification*)notification;
@end
```

03 修改 PlaylistController.m 文件代码如下：

```
#import "PlaylistController.h"
#import "ViewController.h"

@implementation PlaylistController

//设置 ViewController 引用
-(id)initWithPlayer:(XinLaoShiLocalViewController *)thePlayer {
    self = [super init];
    if (self) {
        playerController = thePlayer;
    }
    return self;
```

```objc
    }

- (void)viewDidLoad {
    [super viewDidLoad];
    //设置播放列表项，使用字典
    items = [NSArray arrayWithObjects:
            [NSDictionary dictionaryWithObjectsAndKeys:
             @"sample_iTunes1", @"title",   //视频标题
             [playerController
              movieURL:@"sample_iTunes1"
              withFiletype:@"mov"], @"URL",//视频 URL
             nil],
             [NSDictionary dictionaryWithObjectsAndKeys:
             @"sample_iTunes2", @"title",
             [playerController
              movieURL:@"sample_iTunes2"
              withFiletype:@"mov"], @"URL",
             nil],
             [NSDictionary dictionaryWithObjectsAndKeys:
             @"sample_iTunes3", @"title",
             [playerController
              movieURL:@"sample_iTunes3"
              withFiletype:@"mov"], @"URL",
             nil],
             nil];
    //设置表视图的显示属性，即在播放器下面添加一个基于表视图的播放列表
    UITableView *table = self.tableView;
    [table setOpaque:NO];
    [table setRowHeight:30];
    [table setBackgroundColor:[UIColor clearColor]];
    [table setSeparatorStyle:UITableViewCellSeparatorStyleNone];
    [table setIndicatorStyle:UIScrollViewIndicatorStyleWhite];
    //注册通知：当MPMoviePlayerplaybackDidFinishNotification事件发生时，
    //就调用指定的方法。换句话说，视频播放结束，就调用playerPlaybackDidFinish
    //在playerPlaybackDidFinish中，我们可以依次播放列表上的下一个视频
    [[NSNotificationCenter defaultCenter]
     addObserver:self
     selector:@selector(playerPlaybackDidFinish:)
     name:MPMoviePlayerPlaybackDidFinishNotification
     object:nil];

}

- (void)viewDidDisappear:(BOOL)animated {
    [super viewDidDisappear:animated];
}


- (BOOL)shouldAutorotateToInterfaceOrientation:(UIInterfaceOrientation)interfaceOrientation {
    // Override to allow orientations other than the default portrait
orientation.
    return YES;
}
```

```
    - (NSInteger)numberOfSectionsInTableView:
    (UITableView *)tableView {
        return 1;
    }
    - (NSInteger)tableView:(UITableView *)tableView
numberOfRowsInSection:(NSInteger)section {
        // 返回表视图上的数据项行数（即播放列表上的视频个数）
        return [items count];}}//表视图单元：视频名称
    - (UITableViewCell *)tableView:(UITableView *)tableView
cellForRowAtIndexPath:(NSIndexPath *)indexPath {
        static NSString *CellIdentifier = @"Cell";
        UITableViewCell *cell = [tableView
dequeueReusableCellWithIdentifier:CellIdentifier];
        if (cell == nil) {
        cell = [[UITableViewCell alloc] initWithStyle:UITableViewCellStyleDefault
reuseIdentifier:CellIdentifier];
        }
    //设置 textLabel 的字体颜色为白色
    [[cell textLabel]setTextColor:[UIColor whiteColor]];
    //设置 textLabel 内容为前面定义的字典中 title 对应的值
    [cell textLabel].text = [[items objectAtIndex:indexPath.row]
objectForKey:@"title"];
    //设置 textLabel 的字体大小为 24
    [[cell textLabel] setFont:[UIFont systemFontOfSize:24.0]];//设置被选中的 cell
的背景色
        cell.selectedBackgroundView = [[UIImageView alloc] initWithImage:[UIImage
imageNamed:@"background.png"]];
        return cell;
    }
    //当选择视频列表中的某一个视频时，播放选中的视频
    - (void)tableView:(UITableView *)tableView
didSelectRowAtIndexPath:(NSIndexPath *)indexPath {
    //获取选中的视频文件的 URL（即字典中 URL 对应的值）
    NSURL *url = [[items objectAtIndex:indexPath.row]
                objectForKey:@"URL"];

    playerController.player.contentURL = url;
    //播放电影
    [playerController.player play];
    }

    - (void)didReceiveMemoryWarning {
        [super didReceiveMemoryWarning];
    }

    - (void)viewDidUnload {
        // Relinquish ownership of anything that can be recreated in viewDidLoad
or on demand.
        // For example: self.myOutlet = nil;
    }
    //视频播放结束后回调的方法，在这个方法中，播放列表上的下一个视频
    - (void) playerPlaybackDidFinish:(NSNotification*)notification {
        UITableViewController *tv = self;
```

```
            int rows = [tv.tableView numberOfRowsInSection:0];
            int selectedRow = [self.tableView indexPathForSelectedRow].row;//当前播放
完的视频
        //判断列表上是否有下一个，如果有，则播放下一个；否则，已经到结尾，不播放了
        if ((selectedRow + 1) < rows) {
            NSIndexPath *path =
            [NSIndexPath indexPathForRow:selectedRow+1
                           inSection:0];
            [self.tableView selectRowAtIndexPath:path
                                 animated:YES
                              scrollPosition:YES];//显示下一行
            //播放下一个视频
            playerController.player.contentURL =
            [[items objectAtIndex:selectedRow+1]
             objectForKey:@"URL"];
            [playerController.player play];
        }
    }

@end
```

04 在 ViewController.h 中添加代码，如导入 PlaylistController.h 到头文件。

```
#import <UIKit/UIKit.h>
#import <MediaPlayer/MPMoviePlayerController.h>
#import "PlaylistController.h"

@interface XinLaoShiLocalViewController : UIViewController {
    MPMoviePlayerController *player;
}

@property (nonatomic, weak) IBOutlet UIView *viewForMovie;
@property (nonatomic, strong) MPMoviePlayerController *player;

- (NSURL *)movieURL;
//给定要播放的视频的文件名，从而生成视频文件的 URL
-(NSURL *)movieURL:(NSString *)filename withFiletype:(NSString *)type;
@end
```

05 在 ViewController.m 里添加如下代码:

```
#import "ViewController.h"

@implementation ViewController
@synthesize player;
@synthesize viewForMovie;

- (void)viewDidLoad {
    [super viewDidLoad];

self.player = [[MPMoviePlayerController alloc] init];
self.player.contentURL = [self movieURL];
```

```
    self.player.view.frame = self.viewForMovie.bounds;
    self.player.view.autoresizingMask = UIViewAutoresizingFlexibleWidth |
    UIViewAutoresizingFlexibleHeight;
    //初始化播放列表
    PlaylistController *playlist = [[PlaylistController alloc]
initWithPlayer:self];
    //设置播放列表的 frame 属性，即显示在屏幕上的位置和大小
    CGRect rect2 = CGRectMake(64, 60, 640, 350);
    playlist.view.frame = rect2;
    [self.view addSubview:playlist.view];       //将播放列表添加到主视图上
    [self.viewForMovie addSubview:player.view];


}


-(NSURL *)movieURL {
    NSBundle *bundle = [NSBundle mainBundle];
    NSString *moviePath =
    [bundle
     pathForResource:@"sample_iTunes1"
     ofType:@"mov"];
    if (moviePath) {
        return [NSURL fileURLWithPath:moviePath];
      } else {
        return nil;
      }
}
//基于要播放的视频的文件名，生成视频文件的 URL
-(NSURL *)movieURL:(NSString *)filename withFiletype:(NSString *)type{
    NSBundle *bundle = [NSBundle mainBundle];
        NSString *moviePath = [bundle  pathForResource:filename
ofType:type];

    if (moviePath) {
        return [NSURL fileURLWithPath:moviePath];
      } else {
        return nil;
      }
    }

 -(BOOL)shouldAutorotateToInterfaceOrientation:(UIInterfaceOrientation)inte
rfaceOrientation {
    return YES;
}
- (void)didReceiveMemoryWarning {
    [super didReceiveMemoryWarning];
}

@end
```

06 运行程序，结果如图 13-16 所示。你可以选择某一个视频来播放，也可以等着系统依次播放。

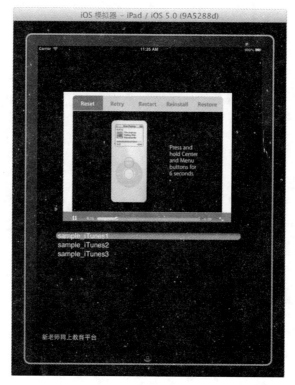

图 13-16 播放列表

13.7 流 播 放

在前面的章节中，我们已经介绍了如何播放本地视频。本地视频的效果比较好，我们也不用担忧网络问题，如网络连接带宽、服务器性能等。但是对于大多数应用程序来说，它们仍然需要从网上播放视频。例如：校园云网站是一个教育网站，它的视频就需要通过网络传递到 iPhone 或 iPad 上。在本节中，我们讨论如何在 iPad 上以流的形式播放视频，它与本地视频播放有什么不同等内容。

13.7.1 两种网络播放模式

我们有两种方式来实现网络播放。一种是将视频放在 Web 服务器上，然后客户端通过 HTTP 协议来获取视频。使用这种方法，媒体播放器基本上是下载部分内容，并放入它自己的缓冲区中（通常是一个本地缓存文件），然后播放在缓冲区中的内容。这种方式的优点是简单，你将视频文件放在 Web 服务器上即可实现视频播放。它的缺点是我们无法根据用户的网速来调整视频播放的比特率。此外，苹果做了些限制：如果视频时间超过 10 分钟或者视频在 5 分钟之内而数据超过 5MB，这时你必须使用视频流的播放模式。它能根据用户的网络条件调整播放比特率。下面我们来看看苹果公司的基于 HTTP 的流播放协议。

基于 HTTP 的流播放协议（HTTP Live Streaming，HLS）是苹果公司创建的一个开放协议。因为是基于 HTTP，所以你可以将视频内容放在各类 Web 服务器上，并通过流的方式把视频内容送到 iPhone/iPad 上。这些视频内容可以是预先录制的视频，也可以是一个现场直播的视频（如体育赛事）。如果你确定要使用 HLS 方式来进行流播放，那么，你需要将视频分成许多小片段，然后把它们放到 Web 服务器上。客户端的视频播放器使用 HTTP 协议来请求和接收这些片段，然后再把它们合并在一起，最后以一个完整的方式来播放视频。正是因为一个视频被分割成多个片段，所以，我们可以根据不同的网络速度来提供不同比特率的片段，从而适应不同的网络带宽。

13.7.2　HLS 原理

下面我们简单介绍 HLS 的原理，我们先看看流播放所需要的步骤：视频采集→编码器→流分割→普通 Web 服务（索引文件和视频文件）→客户端。

把视频分成许多小片段需要用到视频分割工具（segmenter tool）。如图 13-17 所示，它把你的视频分割成小块（建议切成 10s 一个的文件，每个文件以.ts 为后缀）。除了.ts 文件，分割工具还会生成一个指向这些.ts 文件的清单文件（后缀是.m3u8）。清单文件采用扩展的 M3U 播放列表格式，其实就是一个文本文件。最后，把这些切分了的一系列小.ts 文件和清单文件放到 Web 服务器上就行了。客户端请求这些文件会使用标准的 HTTP 协议。

图 13-17　客户端怎样从 Web 服务器获得视频

分割技术将视频切割成一系列.ts 文件的同时也生成一个清单文件（作用同"播放列表"类似）。HLS 的这个清单文件又称为 M3U8 文件（索引文件）。例如：

```
#EXTM3U
#EXT-X-TARGETDURATION:10
#EXT-X-MEDIA-SEQUENCE:0
#EXTINF:10, no desc
fileSequence0.ts
#EXTINF:10, no desc
fileSequence1.ts
#EXTINF:10, no desc
fileSequence2.ts
#EXTINF:10, no desc
fileSequence3.ts
…
```

```
#EXTINF:1, no desc
fileSequence180.ts
#EXT-X-ENDLIST
```

清单文件的主要任务是描述一个给定的视频被分割后的视频片段。在上面的清单文件中，第一行是表示文件的类型，下一行是视频播放的时间（在这里每个视频片段长为 10s）。第三行提供了一个序列号给直播应用程序。接下来，每个分割视频片段有序排列，每个片段都包括了时间长度、描述信息和视频片段文件名。当客户端播放这个视频时，基于这个"播放清单"，播放器首先下载 fileSequence0.ts，接下来是 fileSequence1.ts，以此类推。

另外，你还可以根据不同网络带宽来给出不同的清单文件。例如：

```
#EXTM3U
#EXT-X-STREAM-INF:PROGRAM-ID=1, BANDWIDTH=200000
video1/prog index.m3u8
#EXT-X-STREAM-INF:PROGRAM-ID=1, BANDWIDTH=311111
video2/prog index.m3u8
#EXT-X-STREAM-INF:PROGRAM-ID=1, BANDWIDTH=484444
video3/prog index.m3u8
#EXT-X-STREAM-INF:PROGRAM-ID=1, BANDWIDTH=737777
video4/prog_index.m3u8
```

这个 M3U8 文件列出 4 个资源，一个是使用 200kbps 的编码，清单文件是 video1/prog_index.m3u8；另一个是使用 311kbps 的编码，清单文件是 video2/prog_index.m3u8，以此类推。当播放器播放这个视频时（即访问上述文件），播放器将解析这个文件以确定每个可用的比特率，这样它可以基于当前的带宽来决定使用哪个资源。要提醒读者的是，当你的播放器第一次播放内容时，它总是从第一个"清单列表"文件开始，后面才是基于网络宽带来决定使用哪个资源。总之，客户端会根据清单来下载文件，当下载了至少两段后开始播放。无论是直播还是点播， HLS 都能做到近似实时的方式来进行流播放。理论的最小时延是每个切片的时长。

13.7.3　流播放实例

我们把上一节中的本地播放程序改为播放网络上的电影资源。为了读者理解的方便，我们新建了一个项目，命名为 XinLaoShiNet。步骤如下：

01 打开 ViewController.xib 文件，拖动一个 UIACtivityIndicatorView 到视图上，并将它的 Style 设置为 LargeWhite，选择 Hide when stopped 选项。这是一个状态视图。

02 在 ViewController.h 中添加一个 IBOutlet 属性，用于操作这个状态视图。

```objc
#import <UIKit/UIKit.h>
#import <MediaPlayer/MPMoviePlayerController.h>

@interface ViewController : UIViewController {
    MPMoviePlayerController *player;
    IBOutlet UIActivityIndicatorView *activityView;
}

@property (nonatomic, weak) IBOutlet UIView *viewForMovie;
@property (nonatomic, strong) MPMoviePlayerController *player;
```

```
- (NSURL *)movieURL;

@end
```

03 关联 activityView 属性和视图上的 UIACtivityIndicatorView 控件。

04 在 ViewController.m 中添加网上电影的网址。这个地址指向 m3u8 文件。

```
-(NSURL *)movieURL{
    return [NSURL URLWithString:@"http://devimages.apple.com/iphone/sample
s/bipbop/bipbopall.m3u8"];
}
```

05 在 viewDidLoad 方法上注册通知 MPMoviePlayerLoadStateDidChangeNotification。当装载状态发生更改时（如装载了网上视频后），调用 handleLoadStateDidChange 方法：

```
[[NSNotificationCenter defaultCenter]
addObserver:self
selector:@selector(handleLoadStateDidChange:)
name:MPMoviePlayerLoadStateDidChangeNotification
object:nil];
```

其实，视频的装载状态分为以下几种：

- MPMovieLoadStateUnkown：状态未知。
- MPMovieLoadStatePlayable：可以播放视频，但是缓冲区可能不够。
- MPMovieLoadStatePlaythroughOK：可以播放视频，缓冲区也没有问题。
- MPMovieLoadStateStalled：播放器处于停止状态。

06 添加通知对应的 handleLoadStateDidChange 方法。当视频可以播放时，去掉状态视图。当视频不能播放时，显示状态视图。

```
- (void) handleLoadStateDidChange:(NSNotification*)notification {
    MPMovieLoadState state = [player loadState];
    if (state & MPMovieLoadStateStalled) {//如果停止了
        [activityView startAnimating]; //则显示状态图，表明系统正在下载视频
    } else if (state & MPMovieLoadStatePlaythroughOK) { //如果可以播放了
        [activityView stopAnimating]; //则去掉状态图
    }
```

07 执行程序。结果如图 13-18 所示。

图 13-18　流播放

13.8　在视频上叠加自己的内容

通过前面两节的介绍，我们现已知道怎样控制一个播放器，从中获得状态信息，当状态改变时获得通知。在这节中，我们将进一步在播放器上增加互动性功能：基于一个或多个时间，我们在播放的视频上叠加一些内容。这个功能非常常见。例如：在校园云网上教育平台上运行的某一个课程的视频，这个平台在开始和当中叠加上校园云的标志。

MPMoviePlayerController 的视图不仅仅是播放影片内容，你还可以添加自己的子视图，也就是说，我们可以在视频上叠加一些内容。在本节实现的功能是：我们能够在视频播放的特定时间显示一个标注。我们将创建 XinLaoShiEdit 项目，里面有一个 CommentView 类，用来显示一个气泡图形，再把图形和文字叠加到播放器上，如图 13-19 所示。

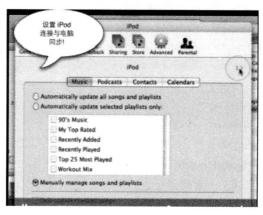

图 13-19　在视频上标注

这个例子的主要功能是添加一个子视图到视频上。下面是创建步骤：

01 新建基于单视图的 iPad 项目 XinLaoShiEdit。

02 添加资源文件到资源文件夹下，包括影片和图形文件。

03 添加框架 MediaPlayer.framework。

04 修改 ViewController.h 文件代码如下：

```
#import <UIKit/UIKit.h>
#import <MediaPlayer/MPMoviePlayerController.h>
#import "CommentView.h"

@interface ViewController : UIViewController {
    MPMoviePlayerController *player;      //播放器
    NSArray *shoutOutTexts; //存储标注文字的数组
    NSArray *shoutOutTimes; //存储何时显示标注的时间数组
    int position; //记录下一个要显示的标注在上述数组中的位置
}
@property (nonatomic,weak) IBOutlet UIView *viewForMovie;
@property (nonatomic, strong) MPMoviePlayerController *player;
- (NSURL *)movieURL;
- (void)checkShoutouts:(NSTimer*)theTimer;
```

```
- (void)removeView:(NSTimer*)theTimer;
- (BOOL)isTimeForNextShoutout;
@end
```

05 打开 ViewController.xib 文件，添加 UIView 到 view 上。从 File's Owner 拖动鼠标到 UIView 上，选择 viewForMovie，如图 13-20 所示。设置背景色为黑色。

图 13-20　视图关联

06 修改 ViewController.m 文件代码如下：

```
#import "ViewController.h"@implementation ViewController@synthesize
player;@synthesize viewForMovie;- (void)viewDidLoad { [super viewDidLoad];

shoutOutTexts = [NSArray  arrayWithObjects:@"这是视频\n 播放器的高级\n 功能展示",
    @"设置 iPod\n 连接与电脑\n 同步!", nil] ;
    //设置标注图形显示的内容
    shoutOutTimes = [NSArray    arrayWithObjects: [[NSNumber alloc]
initWithInt: 2],
        [[NSNumber alloc] initWithInt: 60], nil];//标注图形在何时显示，即在第2//
秒和第 60 秒
    position = 0;
    //定时器，每秒执行一次 checkShoutouts 方法（目的是判断是否到时间要显示标注了）
    [NSTimer    scheduledTimerWithTimeInterval:1.0f    target:self
selector:@selector(checkShoutouts:)
        userInfo:nil    repeats:YES];
    self.player = [[MPMoviePlayerController alloc] init];
    //初始化播放器
    self.player.contentURL = [self movieURL];
    self.player.view.frame = self.viewForMovie.bounds;
    self.player.view.autoresizingMask = UIViewAutoresizingFlexibleWidth |
UIViewAutoresizingFlexibleHeight;
    [self.viewForMovie addSubview:player.view];
```

```
        [self.player play];//播放
    }
    -(NSURL *)movieURL{//设置视频的地址
        NSBundle *bundle = [NSBundle mainBundle];
        NSString *moviePath = [bundle pathForResource:@"sample_iTunes"
ofType:@"mov"];
        if (moviePath) {
            return [NSURL fileURLWithPath:moviePath];
        } else {
            return nil;
        }
    }
    -(BOOL)shouldAutorotateToInterfaceOrientation:(UIInterfaceOrientation)inte
rfaceOrientation {
        return YES;
    }
    - (void)didReceiveMemoryWarning {
        [super didReceiveMemoryWarning];
    }
    - (void)viewDidUnload {}
//显示下一个标注
    - (void)checkShoutouts:(NSTimer*)theTimer {
        if ([self isTimeForNextShoutout]) {//到时间要显示下一个标注了?
            //初始化 commentView，指定要显示的标签内容
            CommentView *commentView = [[CommentView alloc]    initWithText:
              [shoutOutTexts objectAtIndex:position++]];        //添加 commentView
到播放器视图上
            [self.player.view addSubview:commentView];
            //显示时长为 4 秒。再次定义一个计时器，在 4 秒后，调用 removeView 方法来
            //删除标注视图。userInfo 是传递到 removeView 的参数，现在为 commentView
        [NSTimer scheduledTimerWithTimeInterval:4.0f
          target:self selector:@selector(removeView:)  userInfo:commentView
    repeats:NO];
        }
    }
    //判断是否到时间要显示标注了
    -(BOOL)isTimeForNextShoutout {
        int count = [shoutOutTimes count];//统计 shoutOutTimes 数组里的元素个数
        if (position<count){//判断 position 的值是否小于 count，即是否还有未显示的标注
            int timecode = [[shoutOutTimes objectAtIndex:position] intValue];//
下一个显示时间
            //比较下一个显示时间和当前时间，如果已经到了，就返回 YES 来播放
            if (self.player.currentPlaybackTime >= timecode) {
                return YES;//如果播放器的当前时间大于等于 timecode，返回 YES
```

```
        }
    }
    return NO;
}
//删除标注视图：从 userInfo 参数中获得标注视图的引用，并从父视图中删除
- (void)removeView:(NSTimer*)theTimer {
    UIView *view = [theTimer userInfo];
    [view removeFromSuperview];
}
@end
```

我们总结上面的代码功能。为了存储标注信息，在 ViewDidLoad 里我们使用到两个数组：一个是保存标注要显示的文字内容（shoutOutTexts），一个是保存标注显示的时间（shoutOutTimes）。这表示了在影片播放到第几秒时应该显示什么文字信息。在这个项目里，我们设置了两个时间：第 2 秒和第 60 秒。显示的文字也是两个，与前面的时间相对应，从前到后。我们还添加了一个 position 变量，初始值为 0，以记录下一个要播放的标志在数组中的位置。

我们使用 NSTimer 类来完成一个定时器的功能。每隔一个固定时间间隔，就调用某一个方法。在上述程序中，我们使用 NSTimer 完成了：每隔一秒钟，系统就调用一个方法。被调用的方法也在 NSTimer 类上指定，如我们的 checkShoutouts 方法。

```
[NSTimer        scheduledTimerWithTimeInterval:1.0f    target:self
selector:@selector(checkShoutouts:)       userInfo:nil    repeats:YES];
```

checkShoutouts 方法是由定时器调用。这是如何工作的？我们有一个变量 position，指向下一个要显示的标注。每次定时器调用 checkShoutouts 方法，我们就要使用下一个标注时间来比较播放器的当前时间（属性为 currentPlaybackTime），如果播放器的 currentPlaybackTime 等于或者大于下一个标注时间，我们就知道要显示标注了。position 变量本身会自加，从而记录下一个标注的位置。isTimeForNextShoutout 方法就是完成上述的判断功能。

```
-(BOOL)isTimeForNextShoutout {
    int count = [shoutOutTimes count];
    if (position < count) {
        int timecode = [[shoutOutTimes
        objectAtIndex:position] intValue];
        if (self.player.currentPlaybackTime >= timecode) {
            return YES;
        }
    }
    return NO;
}
```

在 checkShoutouts 方法里，我们首先判断是否到时间来显示下一个标注，这个判断是通过调用 isTimerForNextShoutout 方法完成的。如果到时间了，我们就实例化 commentView，将 commentView 添加到播放器视图上，持续 4 秒后删除掉。

07 创建 CommentView 类，这是叠加到视频上的视图类，如图 13-21 所示。

图 13-21　新建标注类

08 修改 CommentView.h 代码如下：

```
#import <UIKit/UIKit.h>@interface CommentView : UIView {}
- (id)initWithFrame:(CGRect)frame andText:(NSString *) text;//要显示的标注文字
- (id)initWithText:(NSString *) text;
@end
```

09 修改 ComentView.m 代码如下：

```
#import "CommentView.h"@implementation CommentView
- (id)initWithFrame:(CGRect)frame andText:(NSString *) text {
    if ((self = [super initWithFrame:frame])) {
        //在 commentView 上添加一个 UIImageview，图片为 comment.png
    UIImage *image = [UIImage imageNamed:@"comment.png"];
        UIImageView *imageView = [[UIImageView alloc] initWithImage:image];

        [self addSubview:imageView];

    CGRect rect = CGRectMake(20, 20, 200.0f, 90.0f);//叠加文字的位置
        UILabel *label = [[UILabel alloc] initWithFrame:rect];
        label.text = text;
        label.numberOfLines = 3;//标签中的文字行数为 3 /
        label.adjustsFontSizeToFitWidth = YES;
        label.textAlignment = UITextAlignmentCenter;
        label.backgroundColor = [UIColor clearColor];
        [self addSubview:label];//将标签添加到 commentView 视图上
    }
    return self;
}//同上面方法类似，就是设置标注文字
- (id)initWithText:(NSString *) text {
    if ((self = [super init])) {
```

```
        UIImage *image = [UIImage imageNamed:@"comment.png"];
        UIImageView *imageView = [[UIImageView alloc] initWithImage:image];

        [self addSubview:imageView];
        CGRect rect = CGRectMake(20, 20, 200.0f, 90.0f);
        UILabel *label = [[UILabel alloc] initWithFrame:rect];
        label.text = text;
        label.numberOfLines = 3;
        label.adjustsFontSizeToFitWidth = YES;
        label.textAlignment = UITextAlignmentCenter;
        label.backgroundColor = [UIColor clearColor];
        [self addSubview:label];
    }
    return self;
}
@end
```

10 保存并运行程序。在影片播放到第 2 秒和第 60 秒时，会出现标注。图 13-22 是应用程序运行到第 2 秒的时候出现的标注。

图 13-22　标注实例

第 14 章　照片和网络编程

　　iPhone/iPad 可让你随身携带照片和视频。你可以从电脑同步照片和视频、查看使用内置摄像头拍摄的照片和视频、将照片用做墙纸，以及给联系人指定照片以便在他们呼叫时识别他们。你还可以用电子邮件发送照片和视频、用彩信发送照片和视频，以及将照片和视频上传到其他网站。

　　网络程序一向是很复杂的。我们通过网络请求资源，当中有很多的情况都可能会发生。例如：资源找不到（可能服务器关闭了），或者是我们请求的数据要很久才能到达，又或者永远也无法到达，在数据到达一半的时候也有可能网络因为某些原因瘫痪了。值得庆幸的是，iOS 却让网络相关的编程变得相对容易方便。

　　本章讲解照片编程和网络编程。

14.1　照　片　编　程

　　用户通过 Photos 应用程序访问的静态照片和视频组成了照片库（photo library）。你的应用程序可以通过 UIImagePickerController 类访问照片库的照片。你也可以使用这个类拍照片和视频。你可以使用 Assets Library framework 在你的应用程序中访问照片库和它的内容。

　　通过调用 UIImageWriteToSavedPhotosAlbum 方法，你可以保存图片文件到 Camera Roll / Saved Photos album 中。某些视频文件类型也可以被保存到 Camera Roll / Saved Photos album 中。调用 UIVideoAtPathIsCompatibleWithSavedPhotosAlbum 来检查某一视频文件是否可保存，并通过调用 UISaveVideoAtPathToSavedPhotosAlbum 方法保存视频文件。为了使用如 kUTTypeImage 的常量，你的应用程序必须链接到 MobileCoreServices.framework，并导入 <MobileCoreServices/MobileCoreServices.h>。

　　iOS SDK 提供了 UIGetScreenImage() 让你直接从照相机上获取照片。一些增强现实的应用就是基于这个 API 来完成的。在本章，我们讲述如何在一个 iPhone/iPad 应用程序中操作相册上的照片。

14.1.1　复制照片到 iPhone 模拟器

　　为了测试照片应用程序，你需要在 iPhone 模拟器（Simulator）上有一些照片。以下是把照片复制到 iPhone 模拟器的步骤：

　　01 在 Mac 机器上打开照片所在的文件夹，放在窗口的右边。

　　02 打开 iPhone 模拟器，放在窗口的左边。

　　03 拖动右边的照片到左边的 iPhone 模拟器上。这时 iPhone 模拟器打开 Safari 浏览器，并在浏览器上显示了照片。

04 长按该照片，这时出现如图 14-1 所示的窗口。单击 Save Image 按钮。

图 14-1　复制图像到 iPhone 模拟器

05 使用类似的方法复制其他照片到 iPhone 模拟器上。

06 打开 iPhone 模拟器上的相册，就能看到复制过来的照片，如图 14-2 所示。

图 14-2　复制到相册的照片

14.1.2　从相册中读取照片

UIImagePickerController 是 UINavigationController 的子类。通过使用 UIImagePickerController 就可以完成从相册中读取照片。UIImagePickerController 的视图提供一个导航界面，用户可以从照片库中选择一项。另外，它也提供一个用来拍一个视频或静态图片的界面。一般以模态呈现视图控制器（或者，在 iPad 上以 popover 方式）。

你的应用程序需要符合 UIImagePickerControllerDelegate 协议。它包含两个主要的委托方法（你的应用程序需要实现这两个方法）来处理选择/取消后的操作：

● 当用户选择了某一个照片后，就调用 didFinishPickingImage 方法：

```
- (void)imagePickerController:(UIImagePickerController*)picker
didFinishPickingImage:(UIImage*)image
editingInfo:(NSDictionary*)editingInfo;
```

上述的 image 就是所选择的照片。

● 当用户取消照片选择时，就调用 imagePickerControllerDidCancel 方法：

```
- (void)imagePickerControllerDidCancel: (UIImagePickerController*)picker;
```

为了让用户从照片库中选择一项，实例化 UIImagePickerController 并设置它的 sourceType 为这些值中的一个：

● UIImagePickerControllerSourceTypeSavedPhotosAlbum
● UIImagePickerControllerSourceTypePhotoLibrary

你应该预先调用 isSourceTypeAvailable: 类方法，如果它不返回 YES，则不要使用该源类型。你也许指定你感兴趣的一个 mediaTypes 数组。该数组通常包含 kUTTypeImage、kUTTypeMovie，或两者兼有。或者，你可以通过调用类方法 availableMediaTypesForSourceType:指定所有可用类型。

在做完这些之后，提供一个委托，并显示视图控制器：

```
UIImagePickerControllerSourceType type =
    UIImagePickerControllerSourceTypePhotoLibrary;
BOOL ok = [UIImagePickerController isSourceTypeAvailable:type];
if (!ok) {
    NSLog(@"alas");
    return;
}
UIImagePickerController* picker = [[UIImagePickerController alloc] init];
picker.sourceType = type;
picker.mediaTypes =
    [UIImagePickerController availableMediaTypesForSourceType:type];
picker.delegate = self;
[self presentModalViewController:picker animated:YES];
```

委托（UIImagePickerControllerDelegate）将收到这些消息中的一条：

● imagePickerController:didFinishPickingMediaWithInfo:
● imagePickerControllerDidCancel:

如果没有实现委托方法，视图控制器自动关闭。你应该实现这两个委托方法，并自己关闭视图控制器。didFinish...方法接到一个字典对象，它包含选中项的信息。在字典对象中的 key 取决于媒体类型。

● 如果是一个图片，则 key 是：

- UIImagePickerControllerMediaType：它是一个 UTI，也许是 @ "public.image"，和 kUTTypeImage 一样。
- UIImagePickerControllerOriginalImage：它是一个 UIImage。
- UIImagePickerControllerReferenceURL：它是一个 ALAsset URL。

● 如果是一个视频，则 key 是：

- UIImagePickerControllerMediaType：它是一个 UTI，也许是@ "public.movie"，和 kUTTypeMovie 一样。
- UIImagePickerControllerMediaURL：它是一个文件的 URL，是保存在临时目录中的视频。它适用于使用一个 MPMoviePlayerController 来显示视频。
- UIImagePickerControllerReferenceURL：它是一个 ALAsset URL。

你还可以设置视图控制器的 allowsEditing 为 YES。字典对象还包含另外两个 key：

● UIImagePickerControllerCropRect：封装 CGRect 的一个 NSValue。
● UIImagePickerControllerEditedImage：一个 UIImage。

如果是一个视频，则用户可以编辑视频（正如 UIVideoEditorController 一样）。字典的 key 和之前一样，但文件 URL 指向在临时目录中的裁剪副本。

下面我们通过一个实际的例子来讲述如何从相册中读取照片，并显示在视图上。以下是开发步骤。

01 如图 14-3 所示，创建基于单视图的新项目。

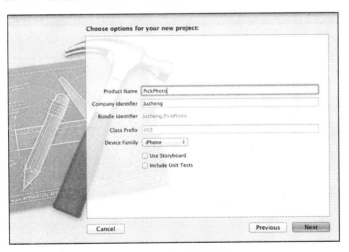

图 14-3　创建新项目

02 双击 ViewController.xib，拖两个按钮、一个 ImageView 和一个 Label 到视图上，并修改文字信息，如图 14-4 所示。上面的左边按钮是"从相册中选择照片"，作用是打开相册，并从中选择照片；上面的右边按钮是"输入照片描述文字"，作用是打开另一个视图，让用户输入文字信息；当中的 UIImageView 就是显示所选择的照片；下面的"照片描述信息"就是显示用户所输入的文字信息。

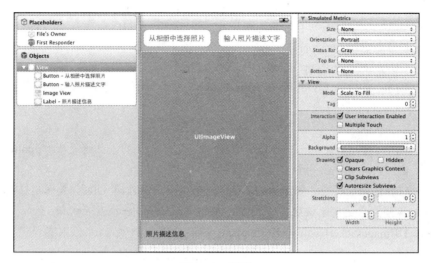

图 14-4　视图

03 创建一个新的视图控制器用于输入文字信息。从 File 菜单中选择 New File 命令，打开一个窗口。在这个窗口上，选择 UIViewController subclass，单击 Next 按钮。在弹出的对话框中输入视图控制器的名称，并选中 With XIB for user interface 复选框，如图 14-5 所示。最后保存设置。

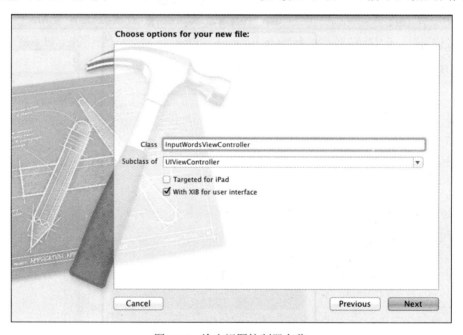

图 14-5　给出视图控制器名称

04 双击 InputWordsViewController.xib，拖动文本框和一个按钮到视图上，并修改相应的设置，如图 14-6 所示：修改按钮标题为"输入完毕"，修改文本框的提示信息为"请输入照片描述信息"。

图 14-6　输入文本的视图

05 编写 InputWordsViewController.h 如下：

```
#import <UIKit/UIKit.h>
@protocol InputWordsViewControllerDelegate;//协议
@interface InputWordsViewController : UIViewController {
    id<InputWordsViewControllerDelegate>  delegate;    //委托程序
}
@property (weak) IBOutlet UITextField *textField;
@property (assign) id<InputWordsViewControllerDelegate>  delegate;
- (IBAction)doneInput:(id)sender;//单击"输入完毕"按钮后调用该方法
@end
@protocol InputWordsViewControllerDelegate <NSObject>//协议定义
@optional
    - (void)inputWordsViewController:(InputWordsViewController *)controller
didInputWords:(NSString *)text;
    //协议所定义的方法，在输入完毕后回调
    @end
```

06 设置界面上的关联信息，如图 14-7 所示：按钮的 Touch Up Inside 事件和 doneInput 方法的连接，textField 输入口变量同界面上文本框的连接。

图 14-7　关联设置

07 编写 InputWordsViewController.m 代码如下：

```
#import "InputWordsViewController.h"
@implementation InputWordsViewController
@synthesize textField;
@synthesize delegate;
- (IBAction)doneInput:(id)sender//单击"输入完毕"按钮后所调用的方法
{//调用回调方法
    if ([self.delegate
respondsToSelector:@selector(inputWordsViewController:didInputWords:)]) {
        [self.delegate inputWordsViewController:self
didInputWords:textField.text];
    }
}
...
```

08 在 ViewController.h 上添加如下代码：

```
#import <UIKit/UIKit.h>
#import "InputWordsViewController.h"
//上面的 InputWordsViewController 是给用户输入文字的视图控制器
@interface ViewController : UIViewController
<UIImagePickerControllerDelegate, UINavigationControllerDelegate,
InputWordsViewControllerDelegate>
//符合 InputWordsViewControllerDelegate 协议
{
}
@property (weak) IBOutlet UIImageView *imageView; //当中的照片
@property (weak) IBOutlet UILabel *wordsLabel; //照片下面的描述信息
- (IBAction)showImagePicker:(id)sender; //单击"从相册中选择照片"按钮后调用
- (IBAction)inputWords:(id)sender; //按下"输入照片描述文字"后调用
@end
```

09 关联 Outlet 和界面上的图像视图与 Lable，并设置按钮的 Touch Up Inside 事件来调用相应的方法。最后结果如图 14-8 所示。

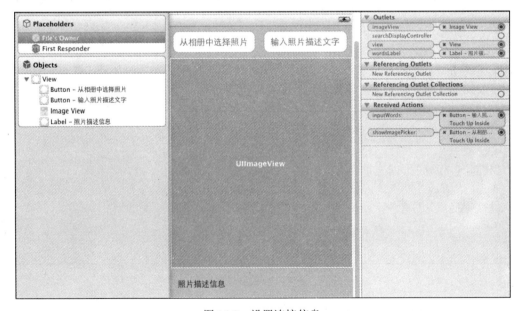

图 14-8 设置连接信息

10 编写 ViewController.m 代码如下：

```
#import "ViewController.h"
@implementation PickPhotoViewController
@synthesize imageView;
@synthesize wordsLabel;
//当单击"从相册中选择照片"按钮后调用
- (IBAction)showImagePicker:(id)sender{  //初试化图像选择控制器
    UIImagePickerController *imagePickerController =
[[UIImagePickerController alloc] init];
    imagePickerController.sourceType =
UIImagePickerControllerSourceTypePhotoLibrary;
    imagePickerController.delegate = self;//设置委托类为自己
    //弹出照片选择的页面
    [self presentModalViewController:imagePickerController animated:YES];
}
//回调方法：当选择一个照片后调用
- (void)imagePickerController:(UIImagePickerController *)picker
didFinishPickingImage:(UIImage *)image editingInfo:(NSDictionary *)editingInfo{
    imageView.image = image;//获取所选择的照片，并显示
    [self dismissModalViewControllerAnimated:YES];//关闭照片选择页面
}
//回调方法：当取消选择照片后调用
- (void)imagePickerControllerDidCancel:(UIImagePickerController *)picker{
    [self dismissModalViewControllerAnimated:YES];  //关闭照片选择页面
}
//当单击"输入照片描述文字"按钮后调用
- (IBAction)inputWords:(id)sender{
    InputWordsViewController *inputWordsViewController =
[[InputWordsViewController alloc] init];//初始化
    inputWordsViewController.delegate = self;
    //弹出文本输入的页面
    [self presentModalViewController:inputWordsViewController animated:YES];
}
//回调方法：当用户在输入文本后调用
- (void)inputWordsViewController:(InputWordsViewController *)controller
didInputWords:(NSString *)text{
    wordsLabel.text = text;//显示输入的文本
    [self dismissModalViewControllerAnimated:YES];  //关闭文本输入视图
}
```

11 执行代码。结果如图 14-9~图 14-11 所示。在图 14-9 中，单击"从照片中选择照片"按钮就弹出右图的视图（即相册）。用户单击相册中的一项，就显示图 14-10 所示的多个照片（左图），用户选择一个照片，该照片就显示在窗口上（右图）。用户单击"输入照片描述文字"按钮就弹出图 14-11 所示的左图，用户输入文字信息，单击"输入完毕"按钮，就通过回调方法把文字信息显示在照片下面（并关闭这个弹出窗口），结果如右图所示。

图 14-9　从相册中选择照片

图 14-10　从相册中选择照片

你也可以限制只操作手机照相机所拍摄的照片。例如：

```
if ([UIImagePickerController    isSourceTypeAvailable:
UIImagePickerControllerSourceTypeCamera])//如果有照相机的话
{
    UIImagePickerController* picker =[[UIImagePickerController alloc] init];
    //只显示照相机所拍摄的照片（传递给 UIImagePickerController 参数）
    picker.sourceType = UIImagePickerControllerSourceTypeCamera;
    picker.delegate = self;//告诉 UIImagePickerController 委托类就是自己
    //上面的设置的作用是，这个类实现了回调方法
    [self presentModalViewController:picker animated:YES];
```

```
}
```

图 14-11　输入照片描述信息

14.1.3　保存照片到相册

可 以 使 用 UIImageWriteToSavedPhotosAlbum 方法来保存照片到相册上，也可以使用 UISaveVideoAtPathToSavedPhotosAlbum 方法来保存视频到 iPhone/iPad 上。在保存视频之前，最好 使用 UIVideoAtPathIsCompatibleWithSavedPhotosAlbum 来判断 iPhone/iPad 能否兼容（播放）这个 视频。关于这部分的例子，读者可以参考苹果开发文档。

14.1.4　使用照相机

为 了 让 用 户 照 相 或 录 像， 实 例 化 UIImagePickerController 并 设 置 它 的 源 类 型 为 UIImagePickerControllerSourceTypeCamera。一定要预先检查 isSourceTypeAvailable:属性。如果用户 的 设 备 没 有 摄 像 头 或 者 摄 像 头 不 可 用， 该 属 性 将 为 NO。 如 果 它 为 YES， 调 用 availableMediaTypesForSourceType:方法来得知用户是否能够照相（kUTTypeImage），或录制一段视 频（kUTTypeMovie），或两者都可以。从而可以决定 mediaTypes 属性值。设置一个委托，并模态 显示视图控制器。对于视频，也可以指定 videoQuality 属性和 videoMaximumDuration 属性。下面 的这些属性和类方法允许你确定摄像头性能：

- isCameraDeviceAvailable
  使用下面这些参数之一，检查前向或后向摄像头是否可用：

  ➢ UIImagePickerControllerCameraDeviceFront
  ➢ UIImagePickerControllerCameraDeviceRear

- cameraDevice
  让你知道并设置哪个摄像头正在被使用。

- availableCaptureModesForCameraDevice
  检查给定的摄像头是否可以捕获静态图片、视频或者两者都能捕获。你指定前向或后向摄像头。它返回一个 NSNumbers 的 NSArray，这样你可以从中取出整数值。可能的模式是：

  > UIImagePickerControllerCameraCaptureModePhoto
  > UIImagePickerControllerCameraCaptureModeVideo

- cameraCaptureMode
  让你知道并设置捕获模式（静态或视频）。

- isFlashAvailableForCameraDevice:
  检查 flash 是否可用。

- cameraFlashMode
  让你知道并设置 flash 模式。你可以选择：

  > UIImagePickerControllerCameraFlashModeOff
  > UIImagePickerControllerCameraFlashModeAuto
  > UIImagePickerControllerCameraFlashModeOn

当视图控制器出现时，用户将看到照相的界面，类似 Camera 应用程序，该界面也许包含 flash 按钮、摄像头选择按钮、数码变焦（如果硬件支持的话）、still/video 开关、取消（Cancel）和快门（Shutter）按钮。

你也可以通过设置 showsCameraControls 属性为 NO 来隐藏标准的控件，使用你自己的覆盖视图（cameraOverlayView 的值）来替代它们。在这种情况下，你在覆盖视图中需要一个按钮来照相。你可以通过下面这些方法来实现：

- takePicture
- startVideoCapture
- stopVideoCapture

即使你不设置 showsCameraControls 为 NO，你可以提供一个 cameraOverlayView。通过设置 cameraViewTransform 属性，也可以对预览图片进行变焦或其他变换。如果设置 showsCameraControls 属性为 NO，你也许注意到屏幕底部的一个空白区域（工具栏的大小）。可以设置 cameraViewTransform 属性，这样该区域被填充。例如：

```
CGAffineTransform translate = CGAffineTransformMakeTranslation(0.0, 27.0);
CGAffineTransform scale = CGAffineTransformMakeScale(1.125, 1.125);
picker.cameraViewTransform = CGAffineTransformConcat(translate, scale);
```

在下面这个例子中，我们显示一个用户可以照相的界面，在界面中，将照片贴到界面上的一个 UIImageView 上：

```
- (void)imagePickerController:(UIImagePickerController *)picker
        didFinishPickingMediaWithInfo:(NSDictionary *)info {
    UIImage* im = [info objectForKey:UIImagePickerControllerOriginalImage];
    [self->iv setImage:im];
    [self dismissModalViewControllerAnimated:YES];
}
```

在传递给委托的字典中不会有任何 UIImagePickerControllerReferenceURL key，这是因为图片并不在照片库中。

也可以不使用 UIImagePickerController，而是使用 AV Foundation framework 来控制摄像头以及捕获图片。

14.1.5　Assets Library 框架

在 iOS4 中引入的 Assets Library 框架允许访问照片库（类似 Media Player 框架允许访问音乐库）。你需要链接到 AssetsLibrary.framework 并导入<AssetsLibrary/AssetsLibrary.h>。照片库中的一幅图片或一个视频是一个 ALAsset。类似一个媒体条目，一个 ALAsset 可以通过被称为 properties（属性）的键值对来描述它自己。例如，它可以报告它的类型（照片或视频）、它的创建时间、它的方向（如果它是照片），以及它的持续时间（如果它是一个视频）。使用 valueForProperty:方法来获取一个属性值。properties 有诸如 ALAssetPropertyType 的名字。

一幅照片可以提供多种表示法（类似图片文件格式）。一幅给定照片的 ALAsset 列出这些表示法（ALAssetPropertyRepresentations，一个 UTI 字符串的数组）。例如：一个 UTI 也许是@"public.jpeg"。一个表示法是一个 ALAssetRepresentation。你可以得到一幅照片的 defaultRepresentation，或通过将一个文件格式的 UTI 传递给 representationForUTI：方法来返回一个特定的表示法。

一旦有一个 ALAssetRepresentation，就可以获得实际图片。该图片要么是一个原始数据，要么是一个 CGImage。最简单的方法是要求返回它的 fullResolutionImage，然后使用 imageWithCGImage:scale:orientation:方法得到一个 UIImage。ALAssetRepresentation 的 scale 和 orientation 保存了图像的原始比例和方向。一个 ALAssetRepresentation 也有一个 url，它是 ALAsset 的唯一识别符（类似于音乐库中一首歌的 persistent ID）。

照片库本身是一个 ALAssetsLibrary 实例。它分成多组，有多种类型。例如，用户也许有多个相册；每个都是一组 ALAssetsGroupAlbum 类似。为了从库中获取 assets，要么通过提供它的 URL 获取特定的 assets，要么枚举某一类型的组。如果使用第二种方法，获得每组（一个 ALAssetsGroup），然后可以枚举组的 assets。在枚举之前，也许使用一个 ALAssetsFilter 来过滤该组。例如：只是照片、只是视频等。一个 ALAssetsGroup 也有属性，如一个名字（可以使用 valueForProperty:来获取）。Assets Library 框架使用 Objective-C 块来获取和枚举 assets 和组。

下面这个例子是在我的照片库中从名为"mattBestVertical"的相册中获取第一张照片，并且将它粘贴在界面中的一个 UIImageView 中。我在代码中分别建立各块。我使用 getGroups 块进行枚举（在代码的后面部分），该块本身使用 getPix 块枚举。

```
// 这是我对组的 assets 所做的处理
ALAssetsGroupEnumerationResultsBlock getPix =
^ (ALAsset *result, NSUInteger index, BOOL *stop) {
    if (!result)
```

```
                return;
        ALAssetRepresentation* rep = [result defaultRepresentation];
        CGImageRef im = [rep fullResolutionImage];
        UIImage* im2 = [UIImage imageWithCGImage:im];
        [self->iv setImage:im2]; // 将照片放入我们的 UIImageView 中
        *stop = YES; // 得到第一幅图片，大功告成
    };
    //这是我对来自库的组所做的处理
    ALAssetsLibraryGroupsEnumerationResultsBlock getGroups =
    ^ (ALAssetsGroup *group, BOOL *stop) {
        if (!group)
            return;
        NSString* title = [group valueForProperty:
ALAssetsGroupPropertyName];
        if ([title isEqualToString: @"mattBestVertical"]) {
            [group enumerateAssetsUsingBlock:getPix];
            *stop = YES; // 得到目标组，大功告成
        }
    };
    //也许根本不能访问库
    ALAssetsLibraryAccessFailureBlock oops = ^ (NSError *error) {
        NSLog(@"oops! %@", [error localizedDescription]);
        // e.g. "全局拒绝访问"
    };
    //枚举
    ALAssetsLibrary* library = [[ALAssetsLibrary alloc] init];
    [library enumerateGroupsWithTypes: ALAssetsGroupAlbum
        usingBlock: getGroups
        failureBlock: oops];
```

你可以将一个图片文件写进 Camera Roll /Saved Photos 相册，或者写入一个视频文件。这些方法都通过 ALAssetsLibrary 类的以下五种方法实现：

- writeImageToSavedPhotosAlbum:orientation:completionBlock:
  使用一个 CGImageRef 和方向。

- writeImageToSavedPhotosAlbum:metadata:completionBlock:
  使用一个 CGImageRef 和可选择的元数据字典。例如，当用户使用 UIImagePickerController 照相时，通过 UIImagePickerControllerMediaMetadata key 获得。

- writeImageDataToSavedPhotosAlbum:metadata:completionBlock:
  使用原始图片数据（NSData）和可选择的元数据。

- videoAtPathIsCompatibleWithSavedPhotosAlbum:
  使用一个文件路径字符串。返回一个布尔值。

- writeVideoAtPathToSavedPhotosAlbum:completionBlock:
  使用一个文件路径字符串。

保存一个文件需要时间，因此一个完成块允许你在它结束时收到通知。完成块提供两个参数：一个 NSURL 和一个 NSError。如果第一个参数不为 nil，就成功了，并且这是作为结果的 ALAsset 的 URL。如果第一个参数为 nil，就失败，并且第二个参数描述该错误。

14.2　网　络　编　程

一个最为简单的 HTTP 请求是通过 NSURLConnection 发送的。你给 NSURLConnection 发送一个 NSURLRequest（描述我们要请求的内容）和一个 delegate。下面我们就可以等着我们请求的数据传输过来了。这些网络的工作都是异步完成的，NSURLConnection 在后台完成所有的工作。当请求完成（或发生错误时），它就会给我们的代理类发送代理消息，然后代理类做出相应响应。

我们从网络上获得的数据是 NSData 类型。这些数据是一块一块传过来的，所以我们一般要定义一个 NSMutableData 类型的变量来一块一块地接纳这些数据，直到数据全部传输过来，或者是网络发生了异常而传输停止。这些工作都是在代理方法中完成的：

● connection:didReceiveResponse:
当我们请求的数据所在的服务器有响应的时候，就会接到这个消息，发送回来的响应是 NSURLResponse 类型，我们可以从中得知我们请求数据的大小和 MIME TYPE。在此之后，数据应该会发送过来了。
● connection: didReceiveData:
数据传输过来，存放到 NSMutableData 中（一个一个附加的方式）。
● connection: didFinishLoading:
数据传输结束，我们的 NSMutableData 对象应该包含了所有的数据，我们在这里也可以进行一些收尾的工作。
● connection: didFailWithError:
网络出现了一些异常。

下面给出一个下载 JPEG 图像的例子。我们把 NSURLConnection 作为我们自定义类 MyDownloader 中的一个成员变量，并可以把这个类作为 NSURLConnection 的代理类：

```
- (id) initWithRequest: (NSURLRequest*) req {
    self = [super init];
    if (self) {
        self->request = [req copy];
        self->connection = [[NSURLConnection alloc]
          initWithRequest:req delegate:self startImmediately:NO];
        self->receivedData = [[NSMutableData alloc] init];
    }
    return self;
}

- (void) connection:(NSURLConnection *)connection
didReceiveResponse:(NSURLResponse *)response {
    [receivedData setLength:0];
}
- (void) connection:(NSURLConnection *)connection didReceiveData:(NSData
*)data {
    [receivedData appendData:data];
}
- (void)connection:(NSURLConnection *)connection didFailWithError:(NSError
*)err {
```

```
    [[NSNotificationCenter defaultCenter]
    postNotificationName:@"connectionFinished" object:self
    userInfo:[NSDictionary dictionaryWithObject:err forKey:@"error"]];
}
- (void)connectionDidFinishLoading:(NSURLConnection *)connection {
    [[NSNotificationCenter defaultCenter]
      postNotificationName:@"connectionFinished" object:self];
}
```

在创建 NSURLConnection 的代码中，加入了一个参数叫做 startImmediately:，并且把它的参数值设置为 NO。这样的话，在下载工作开始之前我们的 myDownloader 这个变量就可以存在了。如果想开始下载的工作，我们就设置 myDownloader 的 connection 为 start:

```
[connection start];
```

如果我们有很多个对象要下载的时候，那该怎么办？这个时候我们可以创建一个储存 MyDownloader 对象的数组。为了初始化一个下载，我们创建一个 myDownloader 对象，并注册 connectionFinished 类型的通知（使得当我们的 myDownloader 完成它的下载任务的时候会给所在的类一个通知），然后加到数组中，并启动下载：

```
if (!self.connections)
self.connections = [NSMutableArray array];
NSString* s = @"http://www.someserver.com/somefolder/someimage.jpg";
NSURL* url = [NSURL URLWithString:s];
NSURLRequest* req = [NSURLRequest requestWithURL:url];
MyDownloader* d = [[MyDownloader alloc] initWithRequest:req];
[self.connections addObject:d];
[[NSNotificationCenter defaultCenter] addObserver:self
selector:@selector(finished:) name:@"connectionFinished" object:d];
[d.connection start];
```

当我们在下载的过程中遇到了什么错误或者是我们正常完成了下载的工作，我们都会收到通知。正常情况下，我们会收到我们需要的数据。不管是哪一种情况，我们都会把这个已经结束其工作的 MyDownloader 类从数组中移除。

```
- (void) finished: (NSNotification*) n {
    MyDownloader* d = [n object];
    NSData* data = nil;
    if ([n userInfo]) {
        // ... error of some kind! ...
    } else {
        data = [d receivedData];
        [data retain]; // about to go out of existence otherwise
        // ··· and do something with the data right now ...
    }
    [self.connections removeObject:d];
}
```

在实际情况中，根据需求动态地获得相应的数据。例如：我们有一个 tableView，tableView 的每一个 tableViewCell 中都会有一张图片，每一个 cell 内容由数据模型提供。数据模型是一个字典类型的数组。每一个字典中都包含了一段文字和一个 downloader，这个 downloader 的作用就是下载这个 cell 对应的图片。当我们的 table 向其 datasource 询问数据的时候，对应的 cell 的 downloader 提供需要显示的图片。如果我们的 downloader 已经有这个图片，并存在本地了，那么就直接提供给 table，如果没有存在本地的话，就会从网上下载。

按照这个想法，我们设计一个 MyDownloader 的子类，叫做 MyImageDownloader，在这个类中我们加入一个 image 的成员变量，为我们的 table 提供图片。这个子类的实现方式也十分直观：

```
- (UIImage*) image {
    if (image)
        return image;
    [self.connection start];
    return nil; // or a placeholder
}
- (void)connectionDidFinishLoading:(NSURLConnection *)connection {
    UIImage* im = [UIImage imageWithData:self->receivedData];
    if (im) {
        self.image = im;
        [[NSNotificationCenter defaultCenter]
        postNotificationName:@"imageDownloaded" object:self];
    }
}
```

Data source 方法为：

```
- (UITableViewCell *)tableView:(UITableView *)tableView
cellForRowAtIndexPath:(NSIndexPath *)indexPath {
    static NSString *CellIdentifier = @"Cell";
    UITableViewCell *cell =
    [tableView dequeueReusableCellWithIdentifier:CellIdentifier];
    if (cell == nil) {
        cell = [[UITableViewCell alloc]
initWithStyle:UITableViewCellStyleDefault
        reuseIdentifier:CellIdentifier];
    }
    NSDictionary* d = [self.model objectAtIndex: indexPath.row];
    cell.textLabel.text = [d objectForKey:@"text"];
    MyImageDownloader* imd = [d objectForKey:@"pic"];
    cell.imageView.image = imd.im
    age;
    return cell;
}
```

data source 注册了 @“imageDownloaded” 通知。当通知发出后，重新装载表单元数据。

```
- (void) imageDownloaded: (NSNotification*) n {
    MyImageDownloader* d = [n object];
    NSUInteger row = [self.model indexOfObjectPassingTest:
    ^BOOL(id obj, NSUInteger idx, BOOL *stop) {
        return ([(NSDictionary*)obj objectForKey:@"pic"] == d);
    }];
    if (row == NSNotFound) return; // shouldn't happen
    NSIndexPath* ip = [NSIndexPath indexPathForRow:row inSection:0];
    NSArray* ips = [self.tableView indexPathsForVisibleRows];
    if ([ips indexOfObject:ip] != NSNotFound) {
        [self.tableView reloadRowsAtIndexPaths:[NSArray arrayWithObject: ip]
        withRowAnimation:UITableViewRowAnimationFade];
```

```
        }
    }
```

一旦 NSURLConnection 下载失败，这个 NSURLConnection 就不能再工作了，在这种情况下，我们可以在其失败的时候，初始化另一个 NSURLConnection，再重新传递给这个实例变量。

```
- (void)connection:(NSURLConnection *)connection didFailWithError:(NSError *)
err {
    self.connection = [[[NSURLConnection alloc] initWithRequest:self.request
    delegate:self startImmediately:NO] autorelease];
}
```

有时我们设置一个定时器，如果图片下载失败，那么过一段时间（如 30s）就再次尝试下载。

第 15 章　GPS、地图、日历和通讯录编程

一个设备可能包含感知周围世界的硬件，从而设备自己知道它位于何处，面向何方，以及如何移动。我们可以使用设备的 WiFi 和手机网络、GPS 以及磁力来获得当前位置、方向和动作的信息。Core Location 框架提供了获得位置的类，你需要链接 CoreLocation.framework，并导入 CoreLocation/CoreLocation.h。

你可以通过 UIEvent 类和 UIAccelerometer 类来获得设备在速度和方向的变化信息。设备的陀螺仪也能补充这些信息。你可以通过 Core Motion 框架访问这些信息。你需要链接 CoreMotion.framework，并导入 CoreMotion/CoreMotion.h。要注意的是，不是所有的设备都有这些硬件。iPod touch 就没有磁力感应。只有 WiFi 的设备则无法检测到信号发射塔，还缺少一个内置的 GPS 等。

iPhone 中有 GPS 功能，所以，iPhone 可以获得用户的当前位置信息。例如，如果 iPhone 上的"定位服务"已打开，相机照片会标记上位置数据，包括由内置指南针提供的当前地理坐标。你可以在应用程序和照片共享网站上使用位置数据，以便记录和公布照片的拍摄位置。当然，用户可以选择关闭"定位服务"。

在 iPhone/iPad 上，"地图"应用提供了街道地图、卫星照片和混合视图。你可以获得详细的驾驶路线、公交路线或步行路线及交通信息。它找到并跟踪你当前的大致位置，并使用当前的位置获取到达另一个地点（或从另一个地点出发）的路线。内建数字指南针可让你看到你面朝的方向。在地图上（见图 15-1），你可以使用大头针图标来标示位置。轻按大头针图标以查看位置的名称或描述。你的当前位置用蓝色标记指示（右图）。如果系统不能准确确定你的位置，标记周围还会出现一个蓝色圆圈。圆圈的大小取决于可以确定的你的位置的准确度：圆圈越小，准确度越高。

图 15-1　地图

在 iPhone/iPad 上，你可以使用日历来记录备忘录信息。在 iPhone/iPad 上，你可以使用通讯录来保存朋友和同事的电话、电子邮件等信息。你可以直接在 iPhone 上添加联系人，或者与电脑上的应用程序同步通讯录，或者使用 Microsoft Exchange、Google 或 Yahoo!账户同步通讯录。在本章，我们讲解如何从应用程序中访问通讯录，并修改联系人信息。

15.1 位 置 类

Core Location 为设备提供设施以确定和报告其位置（location services）。即使一个没有 GPS 或蜂窝能力的设备也可能通过扫描附近的 WiFi 设备，并同网上的数据库比对来实现位置服务。Core Location 将自动地使用设备具有的任何工具。你所要做的是让 Core Location 为我们提供设备的位置。例如：要求一个地图视图显示设备的位置，那么，只需要设置它的 showsUserLocation 属性为 YES 就行。通过设置 showsUserLocation 属性为 YES，打开了位置服务。

iPhone/iPad SDK 提供了三个类来管理位置信息：CLLocation、CLLocationManager 和 CLHeading（不常用）。了使用 GPS 来获得当前位置信息，iPhone 也可以基于 WiFi 基站和无线发射塔来获得位置信息。GPS 的精度最高（精确到米级别），但是也最耗电。

15.1.1 CLLocation

CLLocation 类就是代表一个位置信息，其中还包括了方向和速度。例如：我在长安街 188 号以 5 km/h 的速度往西走。CLLocation 具有下面的属性和方法：

```
@property CLLocationCoordinate2D coordinate;//以经度和纬度表示的位置信息
@property CLLocationDistance altitude;// 海拔
@property CLLocationAccuracy horizontalAccuracy;//水平精度（如：精确到 m）
@property CLLocationAccuracy verticalAccuracy;//垂直精度
@property CLLocationDirection course;//方向
@property CLLocationSpeed speed;//速度
- (NSDate *)timeStamp;
//两个位置间距离
- (CLLocationDistance)distanceFromLocation:(CLLocation *)location;
```

Core Location 使用磁力以确定设备面临哪个方向（heading），使用 GPS 确定它是往哪个方向（course）移动。

15.1.2 CLLocationManager

CLLocationManager 类就是管理和提供位置服务。它的属性和方法有：

```
@property CLLocation *location;//位置
@property id <CLLocationManagerDelegate> delegate;
@property CLLocationDistance distanceFilter;//距离过滤，如 500m 之内
@property CLLocationAccuracy verticalAccuracy;//垂直精度
- (void)startUpdatingLocation//开始更新位置（如你在往某个地方走）
- (void)stopUpdatingLocation//停止更新位置
- (void)startUpdatingHeading//开始更新方向（如你改往东走）
- (void)stopUpdatingHeading//停止更新方向
```

例如：我们首先应该确认该位置服务是可用的。如果是，我们实例化 CLLocationManager，设置本身作为委托，并调用 startUpdatingLocation 来打开位置服务：

```
BOOL ok = [CLLocationManager locationServicesEnabled];
if (!ok) {
    …
    return;
}
CLLocationManager* lm = [[CLLocationManager alloc] init];
self.locman = lm;
self.locman.delegate = self;
[self.locman startUpdatingLocation];
```

CLLocationManagerDelegate 是一个委托类。你的应用程序需要使用这个委托类。当用户改变位置时，CLLocationManager 回调的方法是：

```
- (void)locationManager:(CLLocationManager *)manager
didUpdateToLocation:(CLLocation *)newLocation  fromLocation:(CLLocation
*)oldLocation;
```

例如：下面这个例子传递我们的位置。我们首先关闭位置服务并在地图上显示我们的位置：

```
- (void)locationManager:(CLLocationManager *)manager
        didUpdateToLocation:(CLLocation *)newLocation
        fromLocation:(CLLocation *)oldLocation {
    [manager stopUpdatingLocation];
    CLLocationCoordinate2D coordinate = newLocation.coordinate;
    MKCoordinateRegion reg =
        MKCoordinateRegionMakeWithDistance(coordinate, 600, 600);
    self->map.region = reg;
    MKPointAnnotation* ann = [[MKPointAnnotation alloc] init];
    ann.coordinate = coordinate;
    ann.title = @"You are here";
    [self->map addAnnotation:ann];
}
```

当用户改变行进的方向时，所回调的委托方法是：

```
- (void)locationManager:(CLLocationManager *)manager
didUpdateHeading:(CLHeading *)newHeading;
```

在下面这个例子中，我利用磁力感应实现指南针的功能。为了达到最好的结果，设备应该保持水平。我们并没有改变 headingOrientation 属性，所以报告的方向将是设备顶部指向的方向：

```
CLLocationManager* lm = [[CLLocationManager alloc] init];
self.locman = lm;
self.locman.delegate = self;
self.locman.headingFilter = 3;
[self.locman startUpdatingHeading];
…
- (void) locationManager:(CLLocationManager *)manager
    didUpdateHeading:(CLHeading *)newHeading {
    CGFloat h = newHeading.magneticHeading;
    NSString* dir = @"N";
    NSArray* cards = [NSArray arrayWithObjects: @"N", @"NE", @"E", @"SE",
```

```
                                        @"S", @"SW", @"W", @"NW", nil];
    for (int i = 0; i < 8; i++)
        if (h < 45.0/2.0 + 45*i) {
            dir = [cards objectAtIndex: i];
            break;
        }
    NSLog(@"%f %@", h, dir);
}
```

基于 GPS 的方向信息（如果有的话）是通过 speed 和 course 属性在 locationManager: didUpdateToLocation:fromLocation:方法里作为 CLLocation 对象的一部分自动返回的。

当 iPhone/iPad 无法获得当前位置信息时，所回调的委托方法是：

```
- (void)locationManager:(CLLocationManager *)manager
didFailLoadWithError:(NSError *)error;
```

在这种情况下，我们就将位置服务关闭。例如：

```
- (void)locationManager:(CLLocationManager *)manager
        didFailWithError:(NSError *)error {
    NSLog(@"error: %@", [error localizedDescription]);
    [manager stopUpdatingLocation];
}
```

下面我们来看一个位置类例子的基本操作。

01 启动定位服务：

```
CLLocationManager* locManager = [[CLLocationManager alloc] init];
locManager.delegate = self;
[locManager startUpdatingLocation];
```

02 获得位置信息：

```
- (void)locationManager:(CLLocationManager*)manager
didUpdateToLocation:(CLLocation*)newLocation
fromLocation:(CLLocation*)oldLocation
    {
        NSTimeInterval howRecent =[newLocation.timestamp timeIntervalSinceNow];
        if (howRecent < -10) return;//离上次的更新时间少于10s
        if (newLocation.horizontalAccuracy > 100) return;//精度>100m
        // 经度和纬度
        double lat = newLocation.coordinate.latitude;
        double lon = newLocation.coordinate.longitude;
    }
```

03 获得方向信息（如往南走）：

```
- (void)locationManager:(CLLocationManager *)manager
didUpdateHeading:(CLHeading *)newHeading{
    // 获得方向
    CLLocationDirection heading = newHeading.trueHeading;
}
```

04 停止定位：

```
[locManager stopUpdatingLocation];
```

你可以设置你想要的精度和距离过滤：

```
locManager.desiredAccuracy = kCLLocationAccuracyBest;
locManager.distanceFilter = 1000;
```

系统默认使用最好的精度。精度越高，就越消耗电池。如果你的应用程序对精度要求不高，那么，你应该使用精度较低的设置。例如：你的手机应用程序提供城市级的信息，那么，你就不需要精确到街道。从 iOS4.0 开始，在一个有蜂窝能力的设备上，你可以调用 startMonitoringSignificant LocationChanges 来代替 startUpdatingLocation。这项技术采用蜂窝塔定位，并因此需要的电量远远低于 GPS 方式。也是从 iOS4.0 开始，你可以提供一个 CLRegion 并打开区域监测（startMonitoringForRegion: desiredAccuracy:）。当设备进入或退出指定区域，你会得到一个通知。这项技术（区域监测）也采用蜂窝塔定位，因此只需一点电量。即使你的应用程序不是在前台，上面两个方式（重点位置监测和区域监测）都能自动地通知你的应用程序（你不需要设置 UIBackgroundModes 键）。当一个事件到达时，发生的事情是取决于你的应用程序的状态：

- 你的应用程序在后台暂停
  你的应用程序被唤醒，接收通知并做一些事情。
- 你的应用程序没有运行
  你的应用程序被重新启动(保持在后台)，并且你的应用程序委托将接到 application:did-FinishLaunchingWithOptions: 消息，伴随着一个 NSDictionary，这包含 UIApplicationLaunch OptionsLocationKey，从而允许你识别具体情况。

另外，当一个需要定位服务的手机应用程序第一次启动时，系统会询问用户是否允许定位该手机的位置。用户可能选择不允许。这时，系统会返回 kCLErrorDenied 错误。建议总是在应用程序中检测这个错误，不能总是假定用户是允许定位服务的。最后一点，iPhone 模拟器并没有定位服务，所以，你需要在手机上测试你的定位程序。iPhone 模拟器的定位服务总是指向苹果公司地址。

15.1.3　位置类例子

我们来看一个实际的例子。如图 15-2 所示，首先新建一个基于单视图的应用项目（名称：mapDemo），然后把 CoreLocation.framework 加到项目上。在 ViewController.h 上，导入 CoreLocation.h，使用 CLLocationManagerDelegate 协议，并添加一个 CLLocationManager 属性：

```
#import <UIKit/UIKit.h>
#import <CoreLocation/CoreLocation.h>
@interface ViewController : UIViewController < CLLocationManagerDelegate> {
    CLLocationManager    *locmgr;
}
@property (nonatomic, strong) CLLocationManager  *locmgr;
@end
```

图 15-2　CoreLocation 实例

在实现类 ViewController.m 的 viewDidLoad 方法上，初始化 CLLocationManager 变量，设置回调和精度，并开始获取位置信息：

```
#import "ViewController.h"
@implementation ViewController
@synthesize locmgr;
- (void)viewDidLoad {
    [super viewDidLoad];
    self.locmgr = [[CLLocationManager alloc] init];// 初始化
    locmgr.delegate = self;//设置回调
    locmgr.desiredAccuracy = kCLLocationAccuracyBest;//设置精度
    [locmgr startUpdatingLocation];//开始更新（获取）位置信息

}
```

在 didUpdateToLocation 方法上，打印出纬度和经度信息：

```
- (void)locationManager:(CLLocationManager *)manager
didUpdateToLocation:(CLLocation *)newLocation fromLocation:(CLLocation
*)oldLocation {
    NSLog([[NSString alloc] initWithFormat:@"%f°",
newLocation.coordinate.latitude]);
    NSLog([[NSString alloc] initWithFormat:@"%f°",
newLocation.coordinate.longitude]);
    [locmgr stopUpdatingLocation];
}
```

如果获取不到位置信息，就打印一些错误信息：

```
- (void)locationManager:(CLLocationManager *)manager
didFailWithError:(NSError *)error {
    NSLog([@"LocationManager didFailWithError"
stringByAppendingString:[error localizedDescription]]);
}
```

上述程序必须在 iPhone/iPad 的设备上运行，而不是在模拟器上。因为模拟器没有 GPS 功能。另外，应用程序会询问用户是否允许使用当前位置信息，如图 15-3 所示。

图 15-3　询问能否定位手机

15.2　地　图

15.1 节，描述了位置类，其实 iOS SDK 提供了比位置类更方便的工具来完成所有与位置和地图相关的操作，那就是地图工具（MapKit）框架。你的应用程序使用 Google Maps 来显示一个地图界面，并在地图上标注信息和位置。地图工具框架提供了用于显示地图的 UIView 子类和编程 API。你需要链接到 MapKit.framework，并导入<MapKit/MapKit.h>。如果你需要使用纬度和经度表达位置，那么你还需要 Core Location 框架。你将链接到 CoreLocation.framework，并导入 <CoreLocation/CoreLocation.h>。

15.2.1　MapKit 框架

MapKit 框架主要提供四个功能：显示地图、CLLocation 和地址之间的转化、支持在地图上做标记（如标记北京天安门广场）、把一个位置解析成地址（例如：我在水立方，想要知道确切的地址信息）。下面我们来看看 MapKit 框架中的一些类。

15.2.2　MKMapView

一幅地图是通过一个 MKMapView 来显示，它是 UIView 子类。地图可能是整个世界地图，但是地图视图通常被配置来显示一个特定区域。可以用代码创建一个 MKMapView 实例或通过 nib 编辑器创建它。一幅地图有一个类型（type 属性）是以下之一：

- MKMapTypeStandard
- MKMapTypeSatellite
- MKMapTypeHybrid

显示在地图上的区域是它的 region 属性，那是一个 MKCoordinateRegion。它包含了：

- 一个位置的结构（一个 CLLocationCoordinate2D），描述区域中心点的经度和纬度。
- 一个跨距（span，一个 MKCoordinateSpan），描述被区域包围的经纬度的数量。系统提供了函数来构建一个 MKCoordinateRegion。

下面是 MKMapView 类的属性的部分定义：

```
@property MKCoordinateRegion region;//地图所显示的区域
@property CLLocationCoordinate2D centerCoordinate;//经度和纬度确定的中心位置
@property MKMapType mapType;//地图的显示类型，如卫星地图
@property NSArray *annotations;//地图上的标记
@property MKUserLocation userLocation;//用户位置
@property id <MKMapViewDelegate> delegate;//委托类
```

例如，nib 编辑器上放置 MKMapView 到界面中并隐藏起来，然后设置地图视图的 region 属性并显示视图，如图 15-4 所示。

```
CLLocationCoordinate2D loc =
CLLocationCoordinate2DMake(34.923964,-120.219558);
  MKCoordinateRegion reg = MKCoordinateRegionMakeWithDistance(loc, 1000, 1000);
  self->map.region = reg;
  self->map.hidden = NO;
```

图 15-4　一个地图视图

在默认情况下，用户可以使用手势缩放和滚动地图。你可以通过设置地图视图的 zoomEnabled

和 scrollEnabled 属性为 NO 来关闭它们。你可以调用下面这些方法来改变区域（带有动画效果）：

- setRegion:animated:
- setCenterCoordinate:animated:
- setVisibleMapRect:animated:
- setVisibleMapRect:edgePadding:animated:

  在 setVisibleMapRect:animated: 中使用的 MKMapRect 是在 iOS4 中被引入的。与 MKMapPoint 和 MKMapSize 一起，它能将地图投射到一个平面矩形上。

如图 15-5 所示，MKMapView 类主要完成下述功能：

- 显示地图，如显示北京市的地图；
- 提供多种显示方式，如标准地图格式、卫星地图等；
- 支持地图的放大缩小；
- 支持在地图上做标记，如标记天安门广场；
- 在地图上显示手机所在的当前位置，如图 15-5 所示。

图 15-5　地图类功能

装载地图时的委托方法有：

```
- (void)mapViewWillStartLoadingMap:(MKMapView *)mapView;//开始装载地图
- (void)mapViewDidFinishLoadingMap:(MKMapView *)mapView;//结束装载地图
- (void)mapViewDidFailLoadingMap:(MKMapView *)mapView
withError:(NSError *)error; //装载失败
```

当手机位置发生更改时的委托方法：

```
- (void)mapView:(MKMapView *)mapView
regionWillChangeAnimated:(BOOL)animated;//将要更改（更改前）
```

```
- (void)mapView:(MKMapView *)mapView
regionDidChangeAnimated:(BOOL)animated;//已经更改（更改后）
```

15.2.3 MKPlacemark、MKUserLocation 和 MKReverseGeocoder

在地图上做标记是通过 MKPlacemark 类完成的。这个类使用（符合）MKAnnotation 协议。
MKAnnotation 包含了多个属性，如位置（经纬度，CLLocationCoordinate2D 类型）、文字标记信息
（NSString 类型）等。

MKPlacemark 保存了位置（经纬度）和地址（字典类）之间的映射。下面是它的初始化方法：

```
- (void)initWithCoordinate:(CLLocationCoordinate2D *)coordinate
addressDictionary:(NSDictionary *)dictionary;
```

MKUserLocation 就是指手机的当前位置，它是 MKAnnotation 的一个特别案例（因为
MKAnnotation 可以是地图上的任何标记，而 MKUserLocation 只是标记了地图上手机所在的当
前位置）。这个类包含了多个属性：手机的位置（类型为 CLLocation）、位置文字信息（类型为
NSString）等。

MKPlacemark 保存了位置（经纬度）和地址之间的映射。那么，有没有工具在这两者之间做
转换呢？这就是 MKReverseGeocoder。给定一个位置信息，这个类可以返回相应的地址信息。
MKReverseGeocoder 的初始化方法为：

```
- (void)initWithCoordinate:(CLLocationCoordinate2D)coordinate;
```

下面是 MKReverseGeocoder 常用的一些属性和方法：

```
@property id <MKReverseGeocoderDelegate> delegate;//委托
- (void)start;//开始转换
- (void)cancel;//取消转换
```

委托方法有：

```
- (void)reverseGeocoder:(MKReverseGeocoder *)geocoder
didFindPlacemark:(MKPlacemark *)placemark;//转换成功
- (void)reverseGeocoder:(MKReverseGeocoder *)geocoder
didFailWithError:(NSError *)error; //转换失败
```

15.2.4 显示地图

在这个例子中，我们显示一个全球地图。步骤如下：

01 创建一个基于单视图应用的项目，如图 15-6 所示，项目命名为 MapTest。

02 单击 ViewController.xib，如图 15-7 所示。

03 如图 15-8 所示，拖一个 Map View 到视图中。

图 15-6　创建基于单视图应用的项目

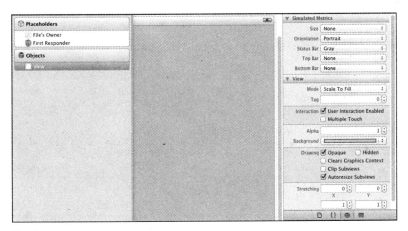

图 15-7　打开 View Controller.xib 文件

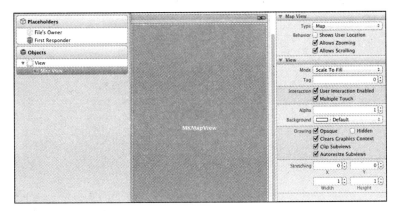

图 15-8　加一个地图视图

04 如图 15-9 所示，单击 MKMapView，按下 ctrl 键，拖动一个光标到 "File's Owner"，选择 delegate。

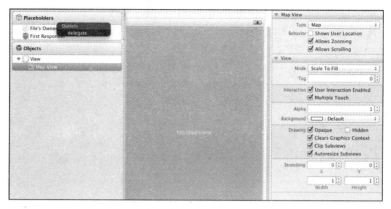

图 15-9 设置连接

05 如图 15-10 所示，回到 Xcode 下，单击项目名称。选择 Build Phases→Link Binary With Libraries。单击 "+" 按钮，在图 15-11 所示的窗口上，选择 MapKit 框架。

图 15-10 添加框架

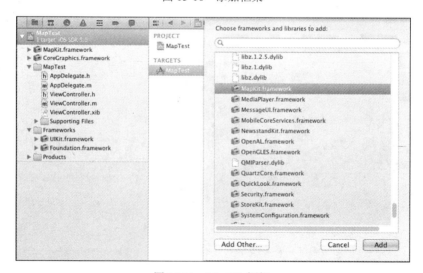

图 15-11 MapKit 框架

06 运行程序，就可以看到地图了，如图 15-12 所示。

图 15-12 运行结果

07 添加一个分段控件（segmented control），分别显示标准地图、卫星地图和前面两个的混合地图：从左边库中拖一个 Segmented Control 到视图上，在 Segments 文本框里输入 3，表明那是一个三段的控件，在 Title 文本框中分别输入各段的名称，如图 15-13 所示。

图 15-13 添加分段

08 在 ViewController.h 上，添加一个 IBOutlet，用于关联这个地图视图。另外，添加一个更改地图类型的方法 changeMapType。当用户选择不同的分段时，就触发该方法来更改地图的显示格式。

```
#import <UIKit/UIKit.h>
#import <MapKit/MapKit.h>
@interface ViewController : UIViewController <MKReverseGeocoderDelegate>{
    MKReverseGeocoder *geo; //下一节中使用，用于位置和地址的转换
    IBOutlet MKMapView *mv;//地图视图
}
-(IBAction)changeMapType:(id)segcontrol;//更改地图的显示格式
-(IBAction)addPin; //添加标记（下一节中使用）
@end
```

上面代码中的 addPin 方法用于在地图上标记两个位置。MKReverseGeocoder 变量是用于将一个位置信息（如{39.908605,116.398019}）转化为地址信息（如中国北京市东城区西长安街）。

09 如图 15-14 所示，关联 mv 到界面上的地图视图。如图 15-15 所示，关联分段控件的 Value Changed 事件到 changeMapType 方法。结果如图 15-16 所示。当用户在地图、卫星和混合之间切换时，这个方法被调用。

图 15-14 关联 mv 到地图视图

图 15-15 关联分段控件的事件到 changeMapType 方法

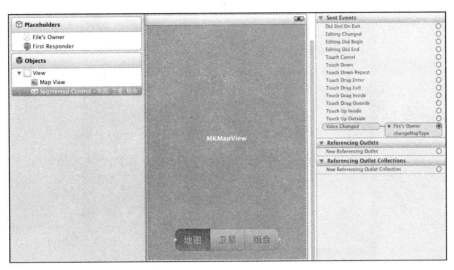

图 15-16　分段控件的事件方法的连接信息

10 总的连接信息如图 15-17 所示。

图 15-17　总的连接信息

11 在 ViewController.m 上，添加 changeMapType 方法的代码如下：

```
-(IBAction)changeMapType:(id)segcontrol {
    UISegmentedControl *ctrl = (UISegmentedControl*) segcontrol;
    NSInteger temp = ctrl.selectedSegmentIndex;//获取分段控件上的选择：0/1/2
    mv.mapType=temp;//设置地图的显示类型（也是使用 0/1/2 来代表 3 种显示）
}
```

地图类型 1 为 MKMapTypeStandard（标准），2 为 MKMapTypeSatellite（卫星），3 为 MKMapTypeHybrid（混合）。

12 执行代码，结果如图 15-18 所示。你可以在各个地图类型之间切换。

图 15-18　地图的不同显示风格

15.2.5　在地图上标记位置

下面在地图上标记两个位置。一个位置是北京，另一个位置是上海。如图 15-19 所示，在视图上添加一个按钮"标识北京和上海"（另外两个按钮是下一节的内容）。

图 15-19　添加几个按钮

在"标识北京和上海"按钮的事件上，从"Touch Down"那里拖动一个光标到"File's Owner"。选择 addPin 方法。编写 addPin 代码如下：

```
- (IBAction)addPin {
```

```
        CLLocationCoordinate2D coordinate1 = {31.240948,121.485958};//上海的纬经
度
        NSDictionary *address = [NSDictionary dictionaryWithObjectsAndKeys:@"中
国",
            @"Country",@"上海",@"Locality", nil];//上述位置的地址信息
        MKPlacemark *shanghai = [[MKPlacemark alloc]
initWithCoordinate:coordinate1
            addressDictionary:address]; //创建 MKPlacemark
        [mv addAnnotation:shanghai]; //在地图上标识

        //按照同样的方法，在地图上标记北京
        CLLocationCoordinate2D c = {39.908605,116.398019};
        address = [NSDictionary dictionaryWithObjectsAndKeys:@"中国",
@"Country",@"北京
            ",@"Locality", nil];
        MKPlacemark *mysteryspot = [[MKPlacemark alloc] initWithCoordinate:c
            addressDictionary:address];
        [mv addAnnotation:mysteryspot];
    }
```

执行程序，结果如图 15-20 所示。

图 15-20　在地图上标记北京和上海

15.2.6　根据位置找到地址信息

MKReverseGeocoder 类的作用是根据位置找到地址信息。例如：将一个位置信息（纬度和经度 {39.908605,116.398019}）转化为地址信息（中国北京市东城区西长安街）。在.h 文件中,我们定义了 MKReverseGeocoder 属性"MKReverseGeocoder *geo;"。另外，在.h 文件中添加如下方法：

```
-(IBAction)reverseGeoTest;//位置到地址信息的转换
-(IBAction)currentLocation;//获得当前位置信息
```

在界面上添加按钮"转换地名",连接按钮的 Touch Down 事件到 reverseGeoTest 方法。下面在.m

文件中实现上述的方法：

```
-(IBAction)reverseGeoTest{
    CLLocationCoordinate2D c = {39.908605,116.398019};//一个位置
    //调用MKReverseGeocoder来查询上述位置的地址名称
    geo=[[MKReverseGeocoder alloc] initWithCoordinate:c];
    geo.delegate=self; //设置委托（找到后的委托方法和找不到的委托方法）
    [geo start]; //开始转换
}

//找不到地址信息，就调用下述方法
-(void) reverseGeocoder:(MKReverseGeocoder*)geocoder
didFailwithError:(NSError*)error{
    NSLog(@"reverseGeoCoder error");
}

//找到了地址信息，就标识在地图上
-(void)reverseGeocoder:(MKReverseGeocoder*)geocoder
didFindPlacemark:(MKPlacemark*)placemark{
    MKPlacemark *mysteryspot = [[MKPlacemark alloc]
initWithCoordinate:placemark.coordinate
        addressDictionary:placemark.addressDictionary];
    [mv addAnnotation:mysteryspot];//标记在地图上
    [mysteryspot release];
    [mv setCenterCoordinate:placemark.coordinate animated:YES];
}
```

执行上述代码，结果如图 15-21 所示。

图 15-21　位置和地址的转换

15.2.7　获取当前位置

在手机应用程序中，我们有时需要获取用户所在的当前位置，从而为其提供在该位置附近的信息。下面我们演示如何获取当前位置。

在界面上添加 "当前位置" 按钮，连接按钮的 Touch Down 事件到 currentLocation 方法。下面在.m 中实现上述的方法：

```
- (IBAction)currentLocation{
    mv.showsUserLocation = YES;//允许显示用户当前位置（默认为否）
    MKUserLocation *userLocation = mv.userLocation;//获取当前位置
    CLLocationCoordinate2D coordinate = userLocation.location.coordinate;
//经纬度
    if (!geo){//使用 MKReverseGeocoder，获取当前位置的地址信息，并在地图上标记
        geo = [[MKReverseGeocoder alloc] initWithCoordinate:coordinate];
        geo.delegate = self;
        [geo start];
    }
}
```

执行代码，结果如图 15-22 所示。

图 15-22　标记当前位置

15.2.8　标注

标注（Annotations）是与地图上的位置关联的标记。为了使标注显示在一幅地图上，需要两个对象：

- 附加到 MKMapView 的对象
  标注本身被附加到 MKMapView。它由任何实例组成，该实例的类采用 MKAnnotation 协议，该协议为标注指定一个坐标系、一个标题和一个副标题。你可以定义自己的类，或者使用系统的 MKPointAnnotation 类。标注的 coordinate 是最重要的属性，它指定在哪里放标注。标题和副标题是可选属性。
- 绘制标注的对象
  一个标注由一个 MKAnnotationView 绘制，它是一个 UIView 子类。它绘制一个红色大头

针。如果红色不是你最喜欢的颜色，那么可以使用 MKPinAnnotationView，它是 MKAnnotationView 子类。MKPinAnnotationView 提供了红色、绿色或紫色来显示一个大头针。也可以为 MKAnnotationView 的 image 属性提供自己的 UIImage，还可以重载 drawRect: 方法来自己绘制。

下面这个例子添加一个标注：

```
    CLLocationCoordinate2D loc =
CLLocationCoordinate2DMake(34.923964,-120.219558);
    MKCoordinateRegion reg = MKCoordinateRegionMakeWithDistance(loc, 1000, 1000);
    self->map.region = reg;
    MKPointAnnotation* ann = [[MKPointAnnotation alloc] init];
    ann.coordinate = loc;
    ann.title = @"Park here";
    ann.subtitle = @"Fun awaits down the road!";
    [self->map addAnnotation:ann];
    self->map.hidden = NO;
```

该代码产生的结果如图 15-23 所示。没有实现任何 MKMapView 委托方法，因此 MKAnnotationView 为 nil。但一个 nil 的 MKAnnotationView 产生一个红色大头针。单击了标注后就显示它的标题和副标题。

图 15-23　一个简单的标注

该位置是一个出发点。按照惯例，该标注应该是绿色的。我们可以使用 MKPinAnnotationView 创建这样一个标注，MKPinAnnotationView 有一个 pinColor 属性。通过实现 MKPinAnnotationView: 方法在地图视图的委托（MKMapViewDelegate）中提供一个注释视图。mapView:viewForAnnotation: 的结构和 tableView:cellForRowAtIndexPath: 的结构相当类似，它们都做某种相同的事情。tableView:cellForRowAtIndexPath:的目标是允许表视图重用表单元（在任意给定时刻，只需要可见的表单元的数量）。这同样适用于一个地图和它的标注视图。该地图也许有大量的标注，但我们只需要显示在当前区域（region）中的标注的视图。任何被滚动到视图之外的标注视图就能被重复使用。地图视图保存它们在一个缓存中。因此，在 mapView:viewForAnnotation:方法中，我们由调用 dequeueReusableAnnotationViewWithIdentifier:方法开始，寻找是否有一个已经存在的但当前未被使用的标注视图。如果没有找到，我们就创建一个标注视图，并给它添加一个重用标识符。

下面是一个 mapView:viewForAnnotation:方法的使用例子。我们检查标注来确定绘制它的标注视图是否可重用：

```
- (MKAnnotationView *)mapView:(MKMapView *)mapView
      viewForAnnotation:(id <MKAnnotation>)annotation {
  MKAnnotationView* v = nil;
  if ([annotation.title isEqualToString:@"Park here"]) {①
      static NSString* ident = @"greenPin";②
      v = [mapView dequeueReusableAnnotationViewWithIdentifier:ident];
      if (v == nil) {
          v = [[MKPinAnnotationView alloc] initWithAnnotation:annotation
                                        reuseIdentifier:ident];
          ((MKPinAnnotationView*)v).pinColor = MKPinAnnotationColorGreen;
          v.canShowCallout = YES;
      } else {
          v.annotation = annotation; ③
      }
  }
  return v;
}
```

① 我们也许有不同类型的标注视图。因此，我们必须通过某种方式来区别不同类型的标注。

② 对于每个可重用类型，我们使用一个标识符来分类可重用视图。我们试着获得一个未使用的标注视图。如果不能获得，我们就创建一个，并配置它。

③ 即使获得一个未使用的标注视图，我们必须通过设置该标注为视图的 annotation 属性，这样就将标注视图和输入的标注联系起来。

下面我们不用一个绿色大头针，而是使用我们自己的一幅图片。我们不创建一个 MKPinAnnotationView，而是创建一个 MKAnnotationView，并且给它一幅定制的图片。因为图片太大了，所以我们缩小视图的边界。我也稍微向上移动了视图，这样图片的底部在地图的坐标上，如图 15-24 所示。

```
v = [[MKAnnotationView alloc] initWithAnnotation:annotation
                            reuseIdentifier:ident];
v.image = [UIImage imageNamed:@"clipartdirtbike.gif"];
CGRect f = v.bounds;
f.size.height /= 3.0;
f.size.width /= 3.0;
v.bounds = f;
v.centerOffset = CGPointMake(0,-20);
v.canShowCallout = YES;
```

图 15-24 一个定制注释图片

我们也可以创建自己的 MKAnnotationView 子类，并自己绘制。这个子类重载初始化程序并且给它自己设定一个框架，然后实现 drawRect:方法。例如：

```
- (id)initWithAnnotation:(id <MKAnnotation>)annotation
    reuseIdentifier:(NSString *)reuseIdentifier {
    self = [super initWithAnnotation:annotation
reuseIdentifier:reuseIdentifier];
    if (self) {
      UIImage* im = [UIImage imageNamed:@"clipartdirtbike.gif"];
      self.frame =
        CGRectMake(0, 0, im.size.width / 3.0 + 5, im.size.height / 3.0 + 5);
      self.centerOffset = CGPointMake(0,-20);
      self.opaque = NO;
    }
    return self;
  }
- (void) drawRect: (CGRect) rect {
    UIImage* im = [UIImage imageNamed:@"clipartdirtbike.gif"];
    [im drawInRect:CGRectInset(self.bounds, 5, 5)];
  }
```

相应地，mapView:viewForAnnotation:方法修改为：

```
- (MKAnnotationView *)mapView:(MKMapView *)mapView
    viewForAnnotation:(id <MKAnnotation>)annotation {
    MKAnnotationView* v = nil;
    if ([annotation.title isEqualToString:@"Park here"]) {
        static NSString* ident = @"bike";
        v = [mapView dequeueReusableAnnotationViewWithIdentifier:ident];
        if (v == nil) {
            v = [[[MyAnnotationView alloc] initWithAnnotation:annotation
                                          reuseIdentifier:ident]
                autorelease];
            v.canShowCallout = YES;
        } else {
```

```
            v.annotation = annotation;
        }
    }
    return v;
}
```

也可以提供自己的标注类。例如：

```
@interface MyAnnotation : NSObject <MKAnnotation> {
@property (nonatomic, readonly) CLLocationCoordinate2D coordinate;
@property (nonatomic, copy) NSString *title, *subtitle;
- (id)initWithLocation:(CLLocationCoordinate2D)coord;
@end
@implementation MyAnnotation
@synthesize coordinate, title, subtitle;
- (id)initWithLocation: (CLLocationCoordinate2D) coord {
    self = [super init];
    if (self) {
        self->coordinate = coord;
    }
    return self;
}
@end
```

现在我们创建自己的标注并将它添加到地图中，代码如下：

```
MyAnnotation* ann = [[MyAnnotation alloc] initWithLocation:loc];
ann.title = @"Park here";
ann.subtitle = @"Fun awaits down the road!";
[self->map addAnnotation:ann];
```

在 mapView:viewForAnnotation:方法上，我们修改了测试标注的类型。以前，我们使用标注的标题来检查类型：

```
if ([annotation.title isEqualToString:@"Park here"]) {}
```

现在，我们只要查看该类：

```
if ([annotation isKindOfClass:[MyAnnotation class]]) {}
```

使用自己的标注类的好处是可以添加更多属性。另外，当地图被放大或缩小时，一个标注视图不改变尺寸。因此，如果地图上有几个标注，并且由于用户缩小地图它们被聚集在一块儿，显示会非常拥挤。为了不让它显得那么拥挤，唯一的方法是动态地删除和增加标注来响应缩放。MKMapView 支持动态增添和删除标注。

15.2.9 覆盖图

覆盖图（Overlays）是从 iOS 4 开始被引进的。一个覆盖图与标注的区别是，当缩放时，一个标注的尺寸保持一样，但是一个覆盖图的大小与地图视图的缩放关联。覆盖图的实现很类似注释。你提供一个采用 MKOverlay 协议（它本身遵照 MKAnnotation 协议）的对象，并且将它添加到地图视图。当地图视图的委托方法 mapView:viewForOverlay:被调用时，你提供一个实际绘制覆盖图的 MKOverlayView。这就意味着，只有当覆盖图遮住的地图部分实际上要被显示时，覆盖视图才需要。

某些 MKShape 子类采用 MKOverlay 协议，如 MKCircle、MKPolygon 和 MKPolyline。MKOverlayView 有子类 MKCircleView、MKPolygonView 和 MKPolylineView，它们用来绘制相应的形状。因此，你可以将你的覆盖图完全建立在现存类的功能基础之上。

在下面这个例子中，将使用 MKPolygonView 来绘制一个覆盖三角形，它指向从停车场出发的那条路（见图 15-25）。我们将 MKPolygon 作为一个覆盖图添加到我们的地图视图中，并且在我们的 mapView:viewForOverlay:方法中从 MKPolygon 派生出 MKPolygonView。首先，MKPolygon 覆盖图：

```
CLLocationCoordinate2D loc = self->map.region.center;
CGFloat lat = loc.latitude;
CLLocationDistance metersPerPoint = MKMetersPerMapPointAtLatitude(lat);
MKMapPoint c = MKMapPointForCoordinate(loc);
c.x += 150/metersPerPoint;
c.y -= 50/metersPerPoint;
MKMapPoint p1 = MKMapPointMake(c.x, c.y);
p1.y -= 100/metersPerPoint;
MKMapPoint p2 = MKMapPointMake(c.x, c.y);
p2.x += 100/metersPerPoint;
MKMapPoint p3 = MKMapPointMake(c.x, c.y);
p3.x += 300/metersPerPoint;
p3.y -= 400/metersPerPoint;
MKMapPoint pts[3] = {
    p1, p2, p3
};
MKPolygon* tri = [MKPolygon polygonWithPoints:pts count:3];
[self->map addOverlay:tri];
```

图 15-25　一个覆盖图视图

然后在委托方法上提供 MKPolygonView：

```
- (MKOverlayView *)mapView:(MKMapView *)mapView
      viewForOverlay:(id <MKOverlay>)overlay {
   MKPolygonView* v = nil;
   if ([overlay isKindOfClass:[MKPolygon class]]) {
      v = [[MKPolygonView alloc] initWithPolygon:(MKPolygon*)overlay];
      v.fillColor = [[UIColor redColor] colorWithAlphaComponent:0.1];
      v.strokeColor = [[UIColor redColor] colorWithAlphaComponent:0.8];
      v.lineWidth = 2;
   }
   return v;
}
```

你也可以使用 CGPath 绘制一个好看的图形来替代三角形。你需要使用 MKOverlayView 子类 MKOverlayPathView。当你将覆盖图实例增加到地图视图中时，你将提供 CGPath。关于这个部分的详细内容，读者可参考苹果文档资料。

15.3 日 历

用户通过 Calendar 应用程序看到的日历信息，实际上是一个数据库。开始于 iOS4.0，该数据库可以通过 Event Kit 框架访问。你需要链接 EventKit.framework 框架，并导入<EventKit/EventKit.h>。Event Kit UI 框架提供了用户与日历交互的界面。该界面基本上复制 Calendar 应用程序的一部分。你需要链接到 EventKitUI.framework，并导入<EventKitUI/EventKitUI.h>。

15.3.1 日历数据库

通过 EKEventStore 实例来访问日历数据库。你可以得到两种对象：

- 日历
  日历是事件的集合，这通常按某种目的分类事件，如 Work 或 Home。它是 EKCalendar 的一个实例。你可以使用 calendars 属性获取所有日历，或者使用 defaultCalendarForNewEvents 属性获取默认日历。日历有多种类型（type）：用户可以本地创建和维护一个日历（EKCalendarTypeLocal），日历也可以在网络上（EKCalendarTypeCalDAV，EKCalendarTypeExchange），并通过订阅更新（EKCalendarTypeSubscription）。Birthday 日历（EKCalendarTypeBirthday）是根据通讯录中的信息自动地产生。
- 事件
  事件是描述某事何时发生的备忘录，它是 EKEvent 的一个实例。一个事件和一个日历联系在一起（它的 calendar 属性）。当你创建一个事件时，你必须指明一个日历。然而，不是所有日历允许事件的修改或创建。如有疑问，你可检查日历的 allowsContent Modifications 属性。给定一个日历，你可以获取一个事件（通过唯一识别符，或一个日期范围来实现）。

一个事件是 EKEvent 的一个实例。你从日历数据库中取出事件，可以修改一个现存的事件，或创建一个新事件。你可以使用 saveEvent:span:error:方法将一个事件保存到日历数据库，也可以使用 removeEvent:span:error:方法从数据库中删除它（你不能直接保存数据库）。

如果你使用过 Calendar 应用程序或 Mac 上的 iCal（见图 15-26），你大概知道 EKEvent 是怎么被配置的。它有一个 title（标题）和可选的 notes（注释）。它和一个 calendar（日历）有关。最重要的是，它有一个 startDate 和 endDate，这些是 NSDates，并同时包含日期和时间。如果事件的 allDay 属性为 YES，则时间部分被忽略。事件和一天或几天相关。

图 15-26　Mac 机器上的 iCal

一个事件可以是一个按照某种规则的循环事件。该规则是事件的 recurrenceRule，并且是一个 EKRecurrenceRule。一个简单的 EKRecurrenceRule 有三个属性来描述：

- Frequency
  频率，可以是按天、按周、按月或按年。

- Interval
  间隔，同频率一起使用。值为 1 表示 "每一"，值为 2 表示 "每隔一个"，等等。

- End
  可选项，事件可以一直循环下去。它是一个 EKRecurrenceEnd 实例，它描述了事件的循环限制，要么是一个终止日期，要么是一个最大的次数。

下面这个 EKRecurrenceRule 初始化程序描述了一个更多的选项：

```
- (id)initRecurrenceWithFrequency:(EKRecurrenceFrequency)type
        interval:(NSInteger)interval
    daysOfTheWeek:(NSArray *)days
    daysOfTheMonth:(NSArray *)monthDays
    monthsOfTheYear:(NSArray *)months
    weeksOfTheYear:(NSArray *)weeksOfTheYear
    daysOfTheYear:(NSArray *)daysOfTheYear
    setPositions:(NSArray *)setPositions
```

```
            end:(EKRecurrenceEnd *)end
```

所有这些参数的数组大部分是 NSNumber。daysOfTheWeek 除外，它是一个 EKRecurrenceDayOfWeek 数组，该类允许指明第几周或第几天，如"该月的第四个周四"。setPositions 是一个过滤参数。你可以使用上述参数的任意组合。如果是一个无效的组合，则返回 nil。下面是一个规则的例子：

```
RRULE:FREQ=YEARLY;INTERVAL=2;BYMONTH=1;BYDAY=SU
```

这是指"在一月的每个星期日，每隔一年"。例如，假设我需要在一月、四月、六月和九月的 15 日支付一个费用。这不是一个有规律的间隔（不是每三月的）。解决方法是将它描述为一个每年的循环事件，在 monthsOfTheYear 参数上列出相关的月，并且将月的 15 日作为 daysOfTheMonth 参数，结果如下：

```
EKRecurrenceRule* recur =
    [[EKRecurrenceRule alloc]
    initRecurrenceWithFrequency:EKRecurrenceFrequencyYearly
    interval:1
    daysOfTheWeek:nil
    daysOfTheMonth:[NSArray arrayWithObject:[NSNumber numberWithInt:15]]
    monthsOfTheYear:[NSArray arrayWithObjects:
                    [NSNumber numberWithInt: 1],
                    [NSNumber numberWithInt: 4],
                    [NSNumber numberWithInt: 6],
                    [NSNumber numberWithInt: 9],
                    nil]
    weeksOfTheYear:nil
    daysOfTheYear:nil
    setPositions: nil
    end:nil];
```

然后创建事件并将它保存到日历数据库：

```
EKEventStore* database = [[EKEventStore alloc] init];
EKEvent* taxes = [EKEvent eventWithEventStore:database];
taxes.title = @"Estimated tax payment due";
taxes.recurrenceRule = recur;
NSCalendar* greg =
    [[NSCalendar alloc] initWithCalendarIdentifier:NSGregorianCalendar];
NSDateComponents* comp = [[NSDateComponents alloc] init];
[comp setYear:2011];
[comp setMonth:4];
[comp setDay:15];
NSDate* date = [greg dateFromComponents:comp];
taxes.calendar = [database defaultCalendarForNewEvents];
taxes.startDate = date;
taxes.endDate = date;
taxes.allDay = YES;
NSError* err = nil;
BOOL ok = [database saveEvent:taxes span: EKSpanFutureEvents error:&err];
if (ok)
    NSLog(@"ok!");
else
    NSLog(@"error: %@", [err localizedDescription]);
```

在该代码中，我们保存到数据库中的事件是一个循环事件。当我们保存或删除一个循环事件时，我们必须指定它的 span（跨度）。它要么是 EKSpanThisEvent，要么是 EKSpanFutureEvents，并恰好对应（当用户保存或删除一个循环事件时）在 Calendar 界面中看到的两个按钮（在 Mac 上的 iCal 中有一个类似的选择）。这些按钮和 span 类型正确地反映了它们的意义：要么影响该事件，要么影响该事件和所有将来的事件。

EKEvent 可以有闹钟。一个闹钟是一个 EKAlarm，并且可以在一个日期或从事件时间开始的一个相对时间发出警报。在一个 iOS 设备上，一个闹钟是通过一个本地通知发出警报。一个 EKEvent 与出席者（attendees，EKParticipant）和一个组织者 organizer 一起组成一个会议对象。

现在，让我们回到数据库。一旦你已实例化 EKEventStore，应该保持该实例，只要你的应用程序需要访问日历数据库。这是因为访问数据库耗时，并且一个 EKEvent 只属于一个 EKEventStore 实例。通过调用 EKEventStore 的 eventWithIdentifier: 方法（参数是事件的唯一标识符（eventIdentifier）），你就可以检索到数据库中的一个事件。也可以通过一个谓语（NSPredicate）从数据库中提取事件。为了生成一个谓语，你指定一个开始和结束日期并调用 EKEventStore 的 predicateForEventsWithStartDate:endDate:calendars: 方法。在下面这个例子中，将查询标题为"insurance"的所有事件，日期范围是明年发生的事件：

```
EKEventStore* database = [[EKEventStore alloc] init];
NSDate* d1 = [NSDate date];
NSDate* d2 = [NSDate dateWithTimeInterval:60*60*24*365 sinceDate:d1];
NSPredicate* pred =
    [database predicateForEventsWithStartDate:d1 endDate:d2
                            calendars:database.calendars];
NSMutableArray* marr = [NSMutableArray array];
[database enumerateEventsMatchingPredicate:pred usingBlock:
^(EKEvent *event, BOOL *stop) {
    NSRange r = [event.title rangeOfString:@"insurance"
                            options:NSCaseInsensitiveSearch];
    if (r.location != NSNotFound)
        [marr addObject: event];
}];
```

返回的这些事件是不分先后的。在 EKEvent 上的 compareStartDateWithEvent:方法用于排序，例如：

```
[marr sortUsingSelector:@selector(compareStartDateWithEvent:)];
```

当你从数据库中提取事件时，循环的事件被看做分开的事件。例如，尽管我们创建某事件为一个单一的循环事件，我们也许检索到多达四个 EKEvent 实例。这些 EKEvents 将有不同的开始和结束日期，但有相同的 eventIdentifier。当你通过调用 eventWithIdentifier:方法获取一个事件时，你得到最早的事件。这是有道理的，因为，如果你将做的一个变化会影响该事件，你需要从最早的事件开始。

在你的应用程序运行时，一个日历可能改变。你可以注册一个 EKEventStore 通知（EKEventStoreChangedNotification）。如果你收到这个通知，你应该断定你持有的日历实例是无效的。你应该重新加载数据库以及所有事件和日历。图 15-27 是 iCal 上的日历事件。

图 15-27   日历上的事件信息

15.3.2   日历界面

图形界面由两个视图组成，该界面用来让用户处理一个事件：

- EKEventViewController
  显示单一事件的描述，有可能是可编辑的。
- EKEventEditViewController
  允许用户创建或编辑一个事件。

EKEventViewController 仅显示包含事件的标题、日期和时间的小圆角矩形（类似 Calendar 应用程序），有时还有一个描述闹钟和标注的圆角矩形。为了使用 EKEventViewController，你需要实例化它，给它一个事件，并将它压入一个存在的 UINavigationController 的栈中。用户退出的唯一方法将是使用 Back 按钮。例如：

```
EKEventViewController* evc = [[EKEventViewController alloc] init];
evc.event = [marr objectAtIndex:0];
evc.allowsEditing = NO;
[self.navigationController pushViewController:evc animated:YES];
```

如果 allowsEditing 为 YES，则一个 Edit 按钮出现在导航栏的右边。通过单击它，用户可以编辑一个事件的各方面。如果用户最后删除事件，或者编辑它并单击 Done 按钮，变化的内容被保存到数据库。从 iOS4.2 开始，为了得知用户做了什么，你可以为 EKEventViewController 设定一个委托。只有当用户删除一个事件或接受一个邀请时，委托方法 eventViewController:didCompleteWithAction:才被调用。

在 iPad 上，你将 EKEventViewController 设置为导航控制器的根视图，并将导航控制器用做一个 popover 的视图控制器。默认情况下，EKEventViewController 的 modalInPopover 为 YES 并且一个 Done 按钮作为右栏按钮出现。当用户单击 Done 按钮时，委托方法 eventViewController:didCompleteWithAction:被调用，你需要在这个方法上关闭 popover。然而，如果 allowsEditing 为 YES，你必须设置 modalInPopover 为 NO，这样才能让 Edit 按钮替换 Done 按钮。以下的代码可同时在 iPhone 和 iPad 上工作：

```
EKEventViewController* evc = [[EKEventViewController alloc] init];
evc.delegate = self;
evc.event = // 任何事件
evc.allowsEditing = NO;
// 在 iPhone 上，压入存在的导航界面
if (UI USER INTERFACE IDIOM() == UIUserInterfaceIdiomPhone)
    [self.navigationController pushViewController:evc animated:YES];
// 在 iPad 上，在 popover 中创建导航界面
else {
    UINavigationController* nc =
        [[UINavigationController alloc] initWithRootViewController:evc];
    evc.modalInPopover = NO;
    UIPopoverController* pop =
        [[UIPopoverController alloc] initWithContentViewController:nc];
    self.currentPop = pop;
    [pop presentPopoverFromRect:[sender bounds] inView:sender
        permittedArrowDirections:UIPopoverArrowDirectionAny animated:YES];
```

EKEventEditViewController（一个 UINavigationController）显示用来编辑一个事件的界面。为了使用它，设置它的 eventStore 和 editViewDelegate（不是 delegate）属性，以及有选择性地设置它的 event 属性，并模态显示它（在 iPad 上，使用一个 popover）。对于一个完全为空的新事件，event 可能为 nil。它可以是你刚创建的并没被保存在数据库中的一个事件，或者它可以是一个来自数据库的现存事件。

你实现一个委托方法 eventEditViewControllerDefaultCalendarForNewEvents:来指明一个新事件应该被设定的日历。如果你正在部分构建一个新事件，你可以稍后为它指定一个日历。你必须实现委托方法 eventEditViewController:didCompleteWithAction:，这样你可以关闭模态视图。可能的 action 是用户已经取消，保存了已被编辑的事件，或删除来自数据库的已经存在的事件。在 iPad 上，你可以将 EKEventEditViewController 作为一个 popover 显示。默认情况下，它的 modalInPopover 为 YES，这意味着你将使用 eventEditViewController:didCompleteWithAction:方法关闭 popover。

上面两个视图控制器自动地监听数据库中的变化。如果需要的话，在事件被编辑时将自动调用 refresh 来更新显示。如果该事件在数据库中并且当用户正查看它时已被删除，委托将得到就好像用户已删除它的相同的通知。

15.4　通　讯　录

图 15-28 所示的是一个 iPhone 上的通讯录。通讯录（Address Book）是一个数据库，可以由 Address Book 框架提供的 C API 直接访问数据库。你需要链接到 AddressBook.framework，并导入 <AddressBook/AddressBook.h>。Address Book UI 框架提供了一个用来与通讯录交互的界面（Objective-C 类）。你需要链接到 AddressBookUI.framework，并导入 <AddressBookUI/AddressBookUI.h>。总之，AddressBookUI.framework 和 AddressBook.framework 框架提供了操作通讯录的所有类。其中最主要的是四个控制器类，如：ABPeoplePickerNavigationController。在本节，我们按照不同的功能来讲解通讯录类。

图 15-28　通讯录

通过调用 ABAddressBookCreate 方法来获得通讯录，它是一个 ABAddressBookRef（当使用完时，你必须 CFRelease 该 ABAddressBookRef）。如果你对通讯录做了任何改变，它们不被写入用户真正的通讯录，直到你调用 ABAddressBookSave。通讯录数据库的主要记录是 ABPerson。你将通过以下方法从通讯录中提取出联系人：

- ABAddressBookGetPersonCount
- ABAddressBookGetPersonWithRecordID
- ABAddressBookCopyPeopleWithName
- ABAddressBookCopyArrayOfAllPeople

后两者的结果是一个 CFArrayRef。当你使用完时，你必须 CFRelease 该数组。ABPerson 实际上是一个 ABRecord（ABRecordRef），它有一个 ID、一个类型和属性值。为了获取一个属性的值，你将调用 ABRecordCopyValue 方法，参数是你感兴趣的属性 ID。ABPerson 属性包括姓名以及 email

地址等。有些属性值很简单，但某些不简单。例如：一个姓是一个字符串。但一个人可以有不止一个 email，因此一个 email 值是一个"多字符串"，它是一个 ABMultiValue（ABMultiValueRef）。这类似一个数组，该数组中每项除了一个值之外，还有一个标签和一个标识符。标签分了类（如一个 Home email、一个 Work email），而且这些值可能有多个，因为一个人也许有两个乃至更多个 Work email。一个人的地址不仅仅是一个 ABMultiValue（一个人可以有不止一个地址），一个特定的地址本身也是一个字典（一个 CFDictionary），每个字典可能包含关于街、城市、州、国家等的 key。

下面这个例子是从通讯录数据库中获取我自己的记录并发现我有两个 email 地址：

```
ABAddressBookRef adbk = ABAddressBookCreate();
ABRecordRef moi = NULL;
CFArrayRef sams = ABAddressBookCopyPeopleWithName(adbk, @"Sam");
// 也许是多个 Sam, 我们找一个姓 Yang 的
for (CFIndex ix = 0; ix < CFArrayGetCount(sams); ix++) {
    ABRecordRef sam = CFArrayGetValueAtIndex(sams, ix);
    CFStringRef last = ABRecordCopyValue(matt, kABPersonLastNameProperty);
    if (last && CFStringCompare(last, (CFStringRef)@"Yang", 0) == 0)
        moi = sam;
    if (last)
        CFRelease(last);
}
if (NULL == moi) {
    NSLog(@"Couldn't find myself");
    CFRelease(sams);
    CFRelease(adbk);
    return;
}
// 分析我的 email
ABMultiValueRef emails = ABRecordCopyValue(moi, kABPersonEmailProperty);
for (CFIndex ix = 0; ix < ABMultiValueGetCount(emails); ix++) {
    CFStringRef label = ABMultiValueCopyLabelAtIndex(emails, ix);
    CFStringRef value = ABMultiValueCopyValueAtIndex(emails, ix);
    NSLog(@"I have a %@ address: %@", (NSString*)label, (NSString*)value);
    CFRelease(label);
    CFRelease(value);
}
CFRelease(emails);
CFRelease(sams);
CFRelease(adbk);
```

你也能修改一个存在的记录，添加一条新记录（ABAddressBookAddRecord），并且删除一条记录（ABAddressBookRemoveRecord）。在下面这个例子中，我将新建一个人，将他添加到数据库，并保存数据库：

```
ABAddressBookRef adbk = ABAddressBookCreate();
ABRecordRef snidely = ABPersonCreate();
ABRecordSetValue(snidely, kABPersonFirstNameProperty, @"Snidely", NULL);
ABRecordSetValue(snidely, kABPersonLastNameProperty, @"Liu", NULL);
ABMutableMultiValueRef addr =
ABMultiValueCreateMutable(kABStringPropertyType);
ABMultiValueAddValueAndLabel(addr, @"snidely@villains.com", kABHomeLabel, NULL);
ABRecordSetValue(snidely, kABPersonEmailProperty, addr, NULL);
ABAddressBookAddRecord(adbk, snidely, NULL);
ABAddressBookSave(adbk, NULL);
CFRelease(addr);
```

```
CFRelease(snidely);
CFRelease(adbk);
```

如果你检查通讯录，你会发现新添加的联系人，如图 15-29 所示。

图 15-29　一个用程序创建的联系人

Address Book UI 框架提供四个 UIViewController 的子类：

● ABPeoplePickerNavigationController
显示一个导航界面，类似 Contacts 应用程序（但没有一个 Edit 按钮），它列出数据库中的
人并让用户选择一个人和查看详细内容。

● ABPersonViewController
显示一个界面，显示一个指定的人的属性（可编辑的）。

● ABNewPersonViewController
显示一个界面，显示一个新添加的人的可编辑的属性。

● ABUnknownPersonViewController

15.4.1　选择通讯录上的联系人

iOS 提供了简便的方法来访问手机上的通讯录。如果你只是想打开通讯录，选择某一个联系人，
那么你使用 ABPeoplePickerNavigationController（选择联系人导航控制器）类即可。这个类显示通
讯录视图。一个 ABPeoplePickerNavigationController 是一个 UINavigationController。你需要实例化
它，给它设置一个委托，并且模态显示它：

```
ABPeoplePickerNavigationController *peoplePickerController =
[[ABPeoplePickerNavigationController alloc] init];// 创建
peoplePickerController.peoplePickerDelegate = self; //指定委托
//类似弹出窗口的模式，显示通讯录（从而用户可以选择某个联系人）
```

```
[self presentModalViewController:peoplePickerController animated:YES];
```

当用户单击一个"选择联系人"按钮时，创建一个 ABPeoplePicker NavigationController 对象，并通过 presentModalViewController 显示通讯录信息。你需要提供一个委托（即 ABPeoplePickerNavigationControllerDelegate），因为没有它，模态视图将不会被关闭。该委托不是控制器的 delegate 属性，而是控制器的 peoplePickerDelegate 属性。另外，当用户取消了选择联系人操作或者选择一个联系人（也可以是联系人的某个具体属性）时，委托类中的方法要完成一些操作。你应该实现下面三个委托方法：

● peoplePickerNavigationController:shouldContinueAfterSelectingPerson:
  用户在联系人列表中单击了一个人，在一个 ABRecordRef 中返回。你有两种选择：

  ➢ 返回 NO。用户已经选择一个人，被选择的人保持选中状态（除非用户选择其他人）。在这个时候你可能关闭选择器。

  ➢ 返回 YES（并且不关闭选择器）。视图将导航到一个人的属性的视图。你可以限制用户将在此刻看到的属性，这是通过设置 ABPeoplePickerNavigationController 的 displayedItems 属性完成。它是一个 NSNumbers 数组，用来封装诸如 kABPersonEmailProperty 的属性标识符。

在这个方法中，你可以处理从通讯录获得的 ABRecordRef（联系人）。我们把该人员的信息显示在视图上。下面的代码只是返回姓名信息：

```
-(BOOL)peoplePickerNavigationController:(ABPeoplePickerNavigationControlle
r *)peoplePicker shouldContinueAfterSelectingPerson:(ABRecordRef)person{
    NSString *name = (NSString *)ABRecordCopyCompositeName(person);//组合姓名
    personField.text = name;//姓名显示在视图上
    [self dismissModalViewControllerAnimated:YES];      //关闭通讯录
    return NO;//return NO 表示不触发 iPhone/iPad 上的默认操作
}
```

● peoplePickerNavigationController:shouldContinueAfterSelectingPerson:property:identifier:
  与前一个相比，参数不同。用户正查看一个人的属性并且已单击了一个属性。委托方法上并没有传递过来该属性的值。你可以自己获取，因为你有该人的信息。此外，如果属性有多值，你会收到一个标识符，从而你可以从数组中选择正确的一个（通过调用 ABMultiValueGetIndexForIdentifier 以及在该索引位置获取该值）。你有两种选择：

  ➢ 返回 NO。该视图仍然在那里显示人的属性。此时你可能关闭选择器。

  ➢ 返回 YES。这意味着，如果该属性是其他程序可以显示的一个属性，我们将转到该程序。例如，如果用户单击一个地址，它将在 Maps 程序中被显示；如果用户单击一个 email，我们将转到 Mail 程序并且针对该 email 编写一条信息。

下面的代码返回人员的某个属性信息（ABMultiValueIdentifier）。这个方法返回某一个具体的属性值（如电话号码）。你可以在这个方法中特别处理某个属性：

```
-(BOOL)peoplePickerNavigationController:(ABPeoplePickerNavigationContolle
r *)peoplePicker shouldContinueAfterSelectingPerson:(ABRecordRef)person
property:(ABPropertyID)property identifier:(ABMultiValueIdentifier)identifier
{
    //return NO 表示不触发 iPhone 上的默认操作。当你返回 YES，而且你选择
    //的是电话号码，那么，iPhone 就拨打这个电话号码（这是 iPhone 的默认操作）
    return NO;
}
```

- peoplePickerNavigationControllerDidCancel:

用户已经取消了，你应该关闭选择器。这是当用户在通讯录视图上选择取消时，才被调用的委托方法。该方法通过 dismissModalViewControllerAnimated 来关闭通讯录：

```
-(void) peoplePickerNavigationControllerDidCancel :
(ABPeoplePickerNavigationController *)peoplePicker{
    [self dismissModalViewControllerAnimated:YES];//关闭通讯录
}
```

在下面这个例子中，我们希望用户选择一条 email。我们已经仅对 email 限制了属性的显示：

```
picker.displayedProperties =
    [NSArray arrayWithObject: [NSNumber numberWithInt:
kABPersonEmailProperty]];
```

我们从第一个委托方法中返回 YES。第二个委托方法获取点中的 email 的值并且关闭选择器：

```
- (BOOL)peoplePickerNavigationController:
        (ABPeoplePickerNavigationController *)peoplePicker
        shouldContinueAfterSelectingPerson:(ABRecordRef)person
        property:(ABPropertyID)property
        identifier:(ABMultiValueIdentifier)identifier {
    ABMultiValueRef emails = ABRecordCopyValue(person, property);
    CFIndex ix = ABMultiValueGetIndexForIdentifier(emails, identifier);
    CFStringRef email = ABMultiValueCopyValueAtIndex(emails, ix);
    NSLog(@"%@", email); // 对 emai 做些处理
    CFRelease(email);
    CFRelease(emails);
    [self dismissModalViewControllerAnimated:YES];
    return NO;
}
```

ABRecordRef 类用于表示一个人的信息，如图 15-30 所示。这个类包含了多个属性，如姓名、照片、电话号码、电子邮件等。有些属性有多个值，如电话号码包括家里的电话号码、单位的电话号码、手机号码等。在 shouldContinueAfterSelectingPerson 上，其中一个参数就是用户所选择的联系人（ABRecordRef 类）。这个 ABRecordRef 类提供了多个方法来读取和设置上述属性值：

- 对于单值（如姓名）属性：

```
//获取名的值
CFStringRef first =ABRecordCopyValue(person, kABPersonFirstNameProperty);
CFDateRef date = CFDateCreate(…)
//设置出生日期
ABRecordSetValue(person, kABPersonBirthdayProperty, date, &error);
```

```
//获取姓和名信息（相当于姓和名的组合）
NSString *name = (NSString *)ABRecordCopyCompositeName(person);
```

图 15-30　一个联系人的详细信息

● 对于多值（如多个电话号码）属性：

系统提供了 ABMultiValueRef 类来访问多值。图 15-31 所示的属性例子有两个家里电话号码和一个单位电话号码。

图 15-31　多值例子

ABMultiValueRef 类提供了多个方法来获取多值的个数、其中的各个值等：

```
CFIndex count = ABMultiValueGetCount(multiValue);//获取多值个数，返回 3
CFTypeRef value = ABMultiValueCopyValueAtIndex(mv, index);//获取其中一个值
CFStringRef label = ABMultiValueCopyLabelAtIndex(mv, index);//获取 label 名称
//获取某个值的标识器
CFIndex identifier = ABMultiValueGetIdentifierAtIndex(mv, index);
```

还有一点要说明的是，通讯录（AddressBook）framework 是基于 CoreFoundation。CoreFoundation

本身是用 C 写的，而不是 Objective-C。CoreFoundation 采用的数据类型的名称略有不同。例如：CFArrayRef 是数组，CFStringRef 是字符串，等等。对于开发人员而言，系统提供了在两个数据类型（C 和 Objctive-C）之间的无缝转化。你可以直接在 CFArrayRef 值前面使用 Objective-C 数据类型 NSArray 来转化。在编程时，开发人员只需要注意这些类的返回类型不同并进行相应转换即可。例如：

```
CFArrayRef array = ABAddressBookCopyPeopleWithName(...);
NSLog(@"%d", [(NSArray *)array count]);
```

另外，CoreFoundation 使用 CFRetain 和 CFRelease 来管理内存。例如：

```
if (array) {//CoreFoundation 需要判断是否 NULL。只有不是 NULL，才可释放
    CFRelease(array);
}
```

在判断是否 nil 上，CoreFoundation 使用 NULL（同 Java 类似）。例如：

```
CFStringRef string = …;
if (string != NULL) {
    …
}
```

在释放 CF 对象时，你需要判断是否为 NULL。如果不是，才释放它的内存。

15.4.2　ABPeoplePickerNavigationController 使用实例

如图 15-32 所示，本节中的实例就是让用户单击一个按钮，从而显示通讯录。在用户选择某一个人员信息后，应用程序将所选择的人员姓名放在文本框上。

图 15-32　选取通讯录上的联系人实例

下面是实现这个例子的步骤：

01　如图 15-33 所示，创建一个基于单视图的项目，命名为 SelectPerson。

02 如图 15-34 所示，添加一个文本框（Text Field）和一个按钮（Round Rect Button）。修改文本框的提示文字为"输入姓名"，按钮的名称为"选择联系人"。

图 15-33　创建基于视图的项目

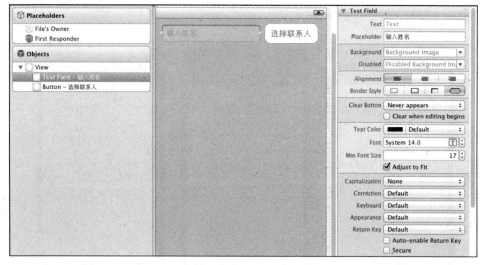

图 15-34　添加控件到窗口上

03 回到 Xcode，单击项目名称。选择 Build Phases→Link Binary With Libraries。单击"+"按钮，把 AddressBookUI.framework 和 AddressBook.framework 加到项目中。

04 修改 ViewController.h 代码如下：

```
#import <UIKit/UIKit.h>
#import <AddressBookUI/AddressBookUI.h>
```

```
@interface ViewController : UIViewController
<ABPeoplePickerNavigationControllerDelegate, UINavigationControllerDelegate>
{
}
@property (weak) IBOutlet UITextField *personField; //文本框
- (IBAction)selectPerson:(id)sender; //单击按钮后要触发的方法
@end
```

05 设置连接信息（personField 输出口属性与界面上的文本框的连接，按钮的事件与 selectPerson 方法的连接），结果如图 15-35 所示。

图 15-35　设置连接信息

06 编写类实现代码如下：

```
#import "ViewController.h"
@implementation ViewController
@synthesize personField;
- (IBAction)selectPerson:(id)sender{
    //创建选择联系人的导航控制器
    ABPeoplePickerNavigationController *peoplePickerController =
[[ABPeoplePickerNavigationController alloc] init];
    peoplePickerController.peoplePickerDelegate = self;//设置回调
    //显示通讯录
    [self presentModalViewController:peoplePickerController animated:YES];
}
//回调方法。当用户在通讯录上选择取消时调用
- (void)peoplePickerNavigationControllerDidCancel :
(ABPeoplePickerNavigationController *)peoplePicker{
    [self dismissModalViewControllerAnimated:YES];//关闭通讯录
}
//回调方法。当用户在通讯录上选择一个联系人时调用
-(BOOL)peoplePickerNavigationController:(ABPeoplePickerNavigationControlle
r *)peoplePicker shouldContinueAfterSelectingPerson:(ABRecordRef)person{
    NSString *name = (  bridge NSString *)ABRecordCopyCompositeName(person);//
姓名
    personField.text = name;//在文本框上显示
    [self dismissModalViewControllerAnimated:YES];    //关闭通讯录
    return NO;
```

```
    }
    //回调方法。当用户选择某个联系人的某个属性时调用
    //iPhone 有一些默认操作。例如：当选择某个电话时，就直接拨打出去。为了不
    //触发这些默认操作，返回 NO
    -(BOOL)peoplePickerNavigationController:(ABPeoplePickerNavigationControlle
r *)peoplePicker shouldContinueAfterSelectingPerson:(ABRecordRef)person
property:(ABPropertyID)property identifier:(ABMultiValueIdentifier)identifier
    {
        return NO;
    }
    …
```

07 执行程序，结果如图 15-32 所示。如果你的电话本上没有联系人信息，那么你可以先回到电话本上，输入一些联系人。然后，再执行该程序。

15.4.3 使用 presentModalViewController 弹出和关闭视图

在上一节的实例中，应用程序弹出通讯录视图。在选择一个用户后，自动关闭通讯录视图。这是使用 presentModalViewController 来完成新视图（通讯录视图）的弹出和使用 dismissModalViewController 来完成新视图的关闭功能。在 iPhone/iPad 上，很多应用程序都需要使用这个类完成类似功能。例如，某一个照片管理程序使用这个类来添加更多的新照片（弹出一个新视图来添加）。

正如上面的 SelectPersonViewController.m 代码中所使用的，一般是同一个对象来弹出和关闭新视图。例如：

```
    …
    //弹出新视图 peoplePickerController
    [self presentModalViewController:peoplePickerController  animated:YES];
    …
    //关闭新视图
    [self dismissModalViewController Animated:YES];
```

第一个视图（在例子中，那是有"选择联系人"按钮的视图）的控制器类上需要为新视图提供（和实现）委托方法。当新视图的功能完成后，这些委托方法就被调用。委托方法来完成实际的关闭新视图的任务。图 15-26 表示了调用关系。

图 15-36 调用关系

还有，可以设置弹出的风格。例如，下面的语句设置通讯录的某一个弹出方式：

```
    peoplePickerController.modalTransitonStyle=UIModalTransitionStyleFlipHoriz
ontal.
```

15.4.4 查询并更新通讯录上的联系人

在上两节，我们只是显示通讯录视图，让用户选择一个人名，从而进行某些操作。在下两节，

我们将查询通讯录上的人员信息，并在通讯录上更新或者创建新的联系人。ABAddressBookRef 类就是代表 iPhone/iPad 上的通讯录，通过这个类你就可以访问通讯录上的所有信息。首先创建通讯录实例，例如：

```
ABAddressBookRef ab = ABAddressBookCreate();//获取通讯录
```

然后，使用 ABAddressBookCopyPeopleWithName 来查询通讯录上的信息。例如：

```
//查询通讯录是否有指定姓名的联系人（可能有多个）。返回所有满足条件的
CFArrayRef matches = ABAddressBookCopyPeopleWithName(ab, name);
// 从数组上获得第一个满足条件的人员信息
ABRecordRef person = (id)CFArrayGetValueAtIndex(matches, 0);
//获取该联系人的详细属性，如姓名
NSString *name = (NSString*)ABRecordCopyCompositeName(person);
//...你还可以获取其他属性，如电子邮件地址和自定义的属性
```

你可以给联系人添加新值。例如，下面这个例子添加一个新值到 URL 属性（URL 属性是一个多值属性），新值中 Label 为"新老师"，值是另一个 URL：

```
//获取 URL 属性的多值（列表）
ABMultiValueRef urls = ABRecordCopyValue(person, kABPersonURLProperty);
ABMutableMultiValueRef mutableURLs = NULL;
if (urls) {//如果通讯录上已经有了该属性，就复制属性值到 mutableURLs
    mutableURLs = ABMultiValueCreateMutableCopy(urls);
    CFRelease(urls);//释放内存
} else {//如果没有，就创建一个
    mutableURLs = ABMultiValueCreateMutable(kABStringPropertyType);
}
//给 URL 属性值（多值）添加一个新值：Label 是"新老师"，值是另一个 URL
ABMultiValueAddValueAndLabel(mutableURLs, [webPerson urlString], CFSTR("新老
师"), NULL);
//把多值设置给 URL 属性
ABRecordSetValue(person, kABPersonURLProperty, mutableURLs, NULL);
//保存新值到通讯录上
ABAddressBookSave(ab, &err);
```

有时，你需要对联系人列表排序，这时就需要使用 ABPersonGetSortOrdering 和 ABPersonComparePeopleByName 方法。具体的排序规则由系统定义。例如：

```
[people sortUsingFunction:(NSInteger (*)(id, id, void
*))ABPersonComparePeopleByName context:(void*)ABPersonGetSortOrdering()];
```

15.4.5　显示和编辑一个联系人信息

如图 15-37 所示，ABPersonViewController 用于显示一个人的信息。你可以设置是否可以编辑这个人的信息（见导航栏上的 Edit 按钮）。一个 ABPersonViewController 是一个 UIViewController。为了使用它，你需要初始化它，设置它的 displayedPerson 属性和 personViewDelegate 属性（不是 delegate 属性），并且将它压入一个现有的导航控制器的栈中。用户通过 Back 按钮返回到前一个界面。你可以限制显示的属性，这通过设置 displayedProperties 完成。你也可以使用 setHighlightedItemForProperty:withIdentifier: 方法来高亮一个属性。

图 15-37　显示和编辑一个联系人信息

当用户单击一个属性时，委托就被通知（类似 ABPeoplePickerNavigationController 的第二个委托方法）。就 ABPeoplePickerNavigationController 的委托来说，返回 YES 就使用其他程序（如 Maps 或者 Mail）来打开单击的值；返回 NO 则不使用其他程序。如果 ABPersonViewController 的 allowsEditing 为 YES，则右栏按钮是一个 Edit 按钮。如果用户单击它，则界面被变换成同 ABNewPersonViewController 类似的编辑界面。用户可以单击 Done 或者 Cancel 按钮。如果是 Done，编辑的内容被自动保存到数据库中。无论哪种方式，用户返回到人的属性的初始显示。在 iPad 上，你可以使用相同的界面，也可以使用一个 popover。在这种情况下，你把 ABPersonViewController 作为 UINavigationController 的根视图，尤其当你想要设置 allowsEditing 为 YES 时（如果没有导航界面，则 Edit 按钮将不出现）。在 popover 下，则不会出现 Back 按钮，因为用户可以通过在 popover 外面单击来关闭 popover。

下面是典型的使用方法：

```
//创建 ABPersonViewController 对象
ABPersonViewController *personViewController = [[ABPersonViewController
alloc] init];
//创建导航器对象，并把 ABPersonViewController 的视图放到导航器下
navigationController = [[UINavigationController alloc]
initWithRootViewController:personViewController];
//创建一个联系人记录
ABRecordRef person = ABPersonCreate();
//设置属性（如姓名）
ABRecordSetValue(person, kABPersonFirstNameProperty, CFSTR("Jun"), NULL);
ABRecordSetValue(person, kABPersonLastNameProperty, CFSTR("Tang"), NULL);
…//设置其他属性，如电话号码、URL 等
//在 ABPersonViewController 上设置为指定人员
personViewController.displayedPerson = person;
CFRelease(person);
personViewController.allowsEditing = YES;
//把导航器的视图放到窗口下
[window addSubview:navigationController.view];
```

上述的代码的显示结果与图 15-37 略有不同。上述代码设置根视图控制器为 ABPersonViewController，所以没有"新老师-网上教育平台"返回按钮。

15.4.6 添加新联系人

如图 15-38 所示，手机用户有时需要添加一个或多个新联系人到手机通讯录上。例如：你在某网站上有一些新朋友，你想把他们加到你的通讯录上。通讯录框架提供了 ABUnknownPersonViewController 用于添加一个新联系人到通讯录上。你设置要添加的联系人，并设置 allowsAddingToAddressBook 来允许添加到通讯录上。在图 15-38 上，有一个链接 Create New Contact，当用户单击这个链接时，就执行下述代码，最后出现右图：

```
ABUnknownPersonViewController *unknownPersonViewController =
[[ABUnknownPersonViewController alloc] init];//创建陌生人视图控制器
unknownPersonViewController.displayedPerson = person;//联系人设置
unknownPersonViewController.allowsAddingToAddressBook = YES;//允许添加
[self.navigationController pushViewController:unknownPersonViewController
animated:YES];
```

图 15-38 添加一个新联系人

一个 ABUnknownPersonViewController 是一个 UIViewController。你可以设置控制器的 alternateName 属性（名和姓），并设置控制器的 message 属性（文本信息）。通过调用 ABPersonCreate 方法来创建一个 ABRecordRef（代表一个 ABPerson），你添加一些属性值，并设置它为 displayedPerson 属性。为了使用 ABUnknownPersonViewController，实例化它，设置属性，设置它的 unknownPersonViewDelegate（不是 delegate），并将它压入到导航控制器的栈中。用户单击 Back 按钮，就可以返回到前一个界面。在 iPad 上，设置 ABUnknownPersonViewController 为一个 UINavigationController 的根视图，并且以 popover 方式显示导航控制器，用户可以通过在 popover 外部单击来关闭 popover。

用户能做的事情取决于下面两种属性：

- allowsAddingToAddressBook

  如果为 YES，一个 Create New Contact 链接和一个 Add to Existing Contact 链接出现（见图 15-38）：

  > 如果用户单击 Create New Contact 链接，编辑界面出现（正如在 ABNew PersonViewController 中和一个可编辑的 ABPersonViewController 中一样）。使用 displayedPerson 的属性值填在界面上。如果用户单击 Done 按钮，该联系人将被保存到数据库。

  > 如果用户单击 Add to Existing Contact 链接，所有联系人都出现（正如在 ABPersonView Controller 的第一个屏幕中）。用户可以 Cancel 或单击一个人。如果用户点击一个人，来自 displayedPerson 的属性被并到这个人的记录中。

- allowsActions

  如果为 YES，一个 Share Contact 链接出现。用户可以单击它来编辑并且发送一个包含该联系人的.vcf 文件的邮件。

委托有两种方法，其中第一种是必需的：

- unknownPersonViewController:didResolveToPerson:

  如果 allowsAddingToAddressBook 属性为 YES，并且用户在一个模态编辑视图中完成工作，则该方法被调用。模态编辑视图已经被关闭，并且用户要么已经取消（第二个参数是 NULL），要么已经单击了 Done（第二个参数是已被保存到数据库的 ABPerson）。

- unknownPersonViewController:shouldPerformDefaultActionForPerson:property:identifier:

  正如 ABPeoplePickerNavigationController，返回 NO 来阻止导航到另一个应用程序。

一个 ABNewPersonViewController 是一个 UIViewController。为了使用它，就要实例化它，设置它的 newPersonViewDelegate（不是 delegate），实例化一个 UINavigationController，并把 ABNewPersonController 作为它的根视图，最后模态显示导航控制器：

```
ABNewPersonViewController* npvc = [[ABNewPersonViewController alloc] init];
npvc.newPersonViewDelegate = self;
UINavigationController* nc = [[UINavigationController alloc]
initWithRootViewController:npvc];
[self presentModalViewController:nc animated:YES];
```

该界面允许用户填入一个新联系人的所有属性。你不能限制显示的属性。你可以通过 ABPersonCreate 创建代表一个 ABPerson 的新的 ABRecordRef，设置属性值，并设置它为 displayedPerson 属性。

委托有一个方法（newPersonViewController:didCompleteWithNewPerson:），该方法负责关闭模态视图。如果用户单击 Cancel，则新联系人为 NULL；否则，用户单击 Done 按钮，新建的联系人是一个 ABRecordRef，并且已经被保存到数据库中。

如果你不想将新人保存到数据库,这将怎么做?那么,你只需要从数据库中移除新增加的人即可:

```
-(void)newPersonViewController:(ABNewPersonViewController*)newPersonViewController
    didCompleteWithNewPerson:(ABRecordRef)person {
    if (NULL != person) {
        ABAddressBookRef adbk = ABAddressBookCreate();
        ABAddressBookRemoveRecord(adbk, person, NULL);
        ABAddressBookSave(adbk, NULL);
        CFStringRef name = ABRecordCopyCompositeName(person);
        NSLog(@"I have a person named %@", name); // 对新增加的人做些处理
        CFRelease(name);
        CFRelease(adbk);
    }
    [self dismissModalViewControllerAnimated:YES];
}
```

在 iPad 上,你也可以在一个 popover 中显示 UINavigationController。你可以在
newPersonViewController:didCompleteWithNewPerson:方法上将它关闭。

15.4.7　查询和更新通讯录实例

我们来看一个实际例子。校园云(www.xiaoyuanyun.com)是一个云教育平台,提供各类基于
互联网的课程,包括 IT 课程、基础课程(小学、初中和高中)和网上 1-1 英语实时课程(在美国
的老师通过网上视频完成)。在这个平台上,学生可以注册课程并上课。学生进入虚拟课堂(网上
课堂),看到了各地的同学,并在网络上上课,如图 15-39 所示。

图 15-39　云教育平台

现在你想把这些同学的信息放到你的通讯录上,所以你可以与这些同学打电话讨论一些问题。
下面这个应用程序就是访问云教育平台,获取该用户的同学信息,然后访问 iPhone 通讯录,把网
上同学和通讯录上的联系人放在同一个列表上。然后,你可以逐个查看。如果这个同学尚未在你的
通讯录上,你可以选择把他/她放到通讯录上;如果这个同学已经在你的通讯录上,你可以把他/她
在校园云的链接放在你的通讯录上(从而可以快速地看到该同学的最新学习信息)。

如图 15-40 所示,我们创建了一个名叫 SocialBook 项目。AppDelegate.h 中声明了一个导航控

制器，其他都是默认的代码：

```
#import <UIKit/UIKit.h>
@class ViewController;
@interface AppDelegate : NSObject <UIApplicationDelegate> {
        UINavigationController *navigationController;
}
@property (nonatomic, strong) UIWindow *window;
@property (nonatomic, strong) UINavigationController *navigationController;
@end
```

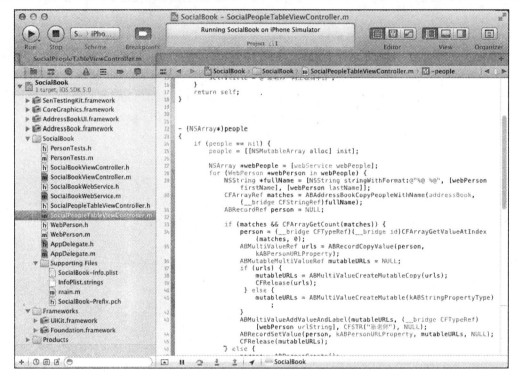

图 15-40　项目结构

在 AppDelegate.m 的实现代码上，也是一个经典操作：就是把表视图控制器放到导航控制器下，然后把导航控制器放到窗口下。在写了一些 iPhone 程序后，你会发现：整个应用程序就是一级一级的控制器。最上面是窗口。

```
#import "AppDelegate.h"
#import "SocialPeopleTableViewController.h"
@implementation AppDelegate
@synthesize window;
@synthesize navigationController;

- (void)applicationDidFinishLaunching:(UIApplication *)application {
    self.window = [[UIWindow alloc] initWithFrame:[[UIScreen mainScreen]
bounds]];
    self.window.backgroundColor = [UIColor whiteColor];

    SocialPeopleTableViewController *viewController =
```

```
[[SocialPeopleTableViewController alloc] init];
        navigationController = [[UINavigationController alloc]
initWithRootViewController:viewController];
        [self.window addSubview:navigationController.view];
        [self.window makeKeyAndVisible];
        return YES;
    }
    @end
```

SocialPeopleTableViewController.h 是表视图控制器的头文件，通过表视图方式显示人员：

```
#import <UIKit/UIKit.h>
#import <AddressBook/AddressBook.h>
@class SocialBookWebService;
@interface SocialPeopleTableViewController : UITableViewController {
    ABAddressBookRef addressBook; //通讯录
    SocialBookWebService *webService; //Web 服务的管理类
    NSMutableArray *people; //人员数组
}
@end
```

SocialPeopleTableViewController.m 是实现类，完成下述功能。

（1）从外部获得的人员集，与通讯录上的比较，并生成一个人员数组。

01 从 Web 服务那里获取外部人员，查询通讯录是否有指定姓名的联系人（可能有多个）。

02 如果在通讯录上存在该人的信息，获取第一个人员信息以及该人的 URL 属性值（一个多值列表）。

如果该人有 URL 属性，给多值引用添加一个新值（Label 是"新老师"，值是 URL）；如果该人没有 URL 属性，创建一个多值引用，给多值引用添加一个新值（Label 是"新老师"，值是 URL）。把多值引用设置回该人的 URL 属性。

03 如果在通讯录上不存在该人的信息，创建一个人员对象，设置姓名属性，创建一个多值引用，设置 URL 属性。

04 把人员放到数组中（以备表视图来显示这些人员信息）。

05 当处理完所有人员后，对在数组中的人员排序。

（2）根据上面的人员数组，生成表视图。

（3）单击表视图上的某一个人名时的处理：

● 如果是通讯录上的人员，就通过 ABPersonViewContoller 显示。

● 如果不是通讯录上的人员，就使用 ABUnknownPersonViewController 来显示。

代码如下：

```
#import "SocialPeopleTableViewController.h"
#import "SocialBookWebService.h"
#import "WebPerson.h"
#import <AddressBookUI/AddressBookUI.h>
@implementation SocialPeopleTableViewController
```

```
        //初始化表视图控制器
    - (id)initWithStyle:(UITableViewStyle)style {
        if (self = [super initWithStyle:style]) {
            addressBook = ABAddressBookCreate(); //创建通讯录
            webService = [[SocialBookWebService alloc] init];//初始化 Web 服务
            self.title = @"新老师—网上教育平台";
        }
        return self;
    }
        //people 方法获取外部人员信息，并与通讯录上的联系人作比较，生成人员数组
    - (NSArray*)people{
        if (people == nil) {
            people = [[NSMutableArray alloc] init];//初始化
            NSArray *webPeople = [webService webPeople];//从 Web 服务那里获取外部人员
            for (WebPerson *webPerson in webPeople) {//处理每个人员
                NSString *fullName = [NSString stringWithFormat:@"%@ %@", [webPerson
firstName], [webPerson lastName]];
                    //从 Web 上来的人员姓名
                //查询通讯录是否有指定姓名的联系人（可能有多个），返回所有的
                CFArrayRef matches = ABAddressBookCopyPeopleWithName(addressBook,
( bridge CFStringRef)fullName);
                ABRecordRef person = NULL;
                if (matches && CFArrayGetCount(matches)) {//如果在通讯录上存在的话
                    person = ( bridge CFTypeRef)( bridge
id)CFArrayGetValueAtIndex(matches, 0);//获取第一个人员信息
                    //获取该人的 URL 属性值（一个多值列表）
                    ABMultiValueRef urls = ABRecordCopyValue(person,
kABPersonURLProperty);
                    ABMutableMultiValueRef mutableURLs = NULL;
                    if (urls) {//如果通讯录上已经有了 URL 属性值
                        //mutable 复制属性值，使用 mutable 的目的是为了以后的修改
                        mutableURLs = ABMultiValueCreateMutableCopy(urls);
                        CFRelease(urls);
                    } else {//如果没有 URL 属性值，就创建一个多值引用
                        mutableURLs =
ABMultiValueCreateMutable(kABStringPropertyType);
                    }
                    //给多值引用添加一个新值：Label 是"新老师"，值是 URL
                    ABMultiValueAddValueAndLabel(mutableURLs, ( bridge
CFTypeRef)[webPerson urlString], CFSTR("新老师"), NULL);
                    //把多值应用赋值回 URL 属性
                    ABRecordSetValue(person, kABPersonURLProperty, mutableURLs,
NULL);

                    CFRelease(mutableURLs);
                } else {//如果该人在通讯录上不存在，就创建一个人员对象
                    person = ABPersonCreate();
                    ABRecordSetValue(person, kABPersonFirstNameProperty, ( bridge
CFTypeRef) [webPerson firstName], NULL);//设置姓名信息
                    ABRecordSetValue(person, kABPersonLastNameProperty, ( bridge
CFTypeRef) [webPerson lastName], NULL);
                    //设置 URL 属性和值
                    ABMutableMultiValueRef urls =
ABMultiValueCreateMutable(kABMultiStringPropertyType);
                    ABMultiValueAddValueAndLabel(urls, ( bridge CFTypeRef)
[webPerson urlString], CFSTR("新老师"), NULL);
                    ABRecordSetValue(person, kABPersonURLProperty, urls, NULL);
                    CFRelease(urls);//释放内存
                }
                if (person) {//最后把人员添加到数组中
```

```
                [people addObject:(id)person];
            }
            if (matches) CFRelease(matches);
        }
        //对联系人记录排序
        [people sortUsingFunction:(NSInteger (*)(id, id, void
*))ABPersonComparePeopleByName context:(void*)ABPersonGetSortOrdering()];
    }

    return people;
}
//返回块数
- (NSInteger)numberOfSectionsInTableView:(UITableView *)tableView {
    return 1;
}
//返回数组中的人员个数
- (NSInteger)tableView:(UITableView *)tableView
numberOfRowsInSection:(NSInteger)section {
    return [[self people] count];
}
//把每一个人名在列表视图上显示出来
- (UITableViewCell *)tableView:(UITableView *)tableView
cellForRowAtIndexPath:(NSIndexPath *)indexPath {
    static NSString *MyIdentifier = @"MyIdentifier";
    UITableViewCell *cell = [tableView
dequeueReusableCellWithIdentifier:MyIdentifier];//可重用表单元
    if (cell == nil) {//不存在的话
        cell = [[UITableViewCell alloc] initWithFrame:CGRectZero
reuseIdentifier:MyIdentifier];//创建一个表单元
    }
    // 获取联系人信息
    ABRecordRef person = ( bridge ABRecordRef)[[self people]
objectAtIndex:[indexPath row]];
    NSString *name = ( bridge  NSString*)ABRecordCopyCompositeName(person);
    cell.textLabel.text = name;// 设置表单元文本信息为人员姓名
    return cell;
}
//在表视图上显示用于查看详细信息的蓝色箭头图标
- (UITableViewCellAccessoryType)tableView:(UITableView *)tableView
accessoryTypeForRowWithIndexPath:(NSIndexPath *)indexPath{
    return UITableViewCellAccessoryDetailDisclosureButton;
}
//当单击某一个人名时,
//如果是通讯录上的人员,就通过 ABPersonViewController 显示
//如果不是通讯录上的人员,使用 ABUnknownPersonViewController 来显示
- (void)tableView:(UITableView *)tableView
accessoryButtonTappedForRowWithIndexPath:(NSIndexPath *)indexPath{
    ABRecordRef person = ( bridge  ABRecordRef)[[self people]
objectAtIndex:[indexPath row]];
    if (ABRecordGetRecordID(person)!=kABRecordInvalidID){//如果是通讯录上的人
        //通讯录上的人员都有一个 RecordID
        //使用 ABPersonViewController 显示该人信息
        ABPersonViewController *personViewController =
[[ABPersonViewController alloc] init];

        personViewController.displayedPerson = person;
        personViewController.allowsEditing = YES;
        [self.navigationController pushViewController:personViewController
animated:YES];//显示人员
```

```
        } else {//如果不是通讯录上的人员
            ABUnknownPersonViewController *unknownPersonViewController =
[[ABUnknownPersonViewController alloc] init];
            unknownPersonViewController.displayedPerson = person;
            //使用 unknownPersonViewController 显示该人
            unknownPersonViewController.allowsAddingToAddressBook = YES;
            [self.navigationController
pushViewController:unknownPersonViewController animated:YES];
        }
    }
    @end
```

执行程序，结果如图 15-41 所示。图 15-41（a）显示了从新老师-网上教育平台上获取的同学信息。如果有些同学已经在通讯录的话，就在该同学的联系信息后面添加一个新老师链接（见图 15-41（b））；如果有些同学未在通讯录的话，就显示该同学的联系信息，并有"Create New Contact"等链接（见图 15-42（a））。当用户单击这个链接时，显示该同学信息，并可以保存到通讯录上（见图 15-42（b））。

（a）　　　　　　　　　　（b）

图 15-41　选取一个在通讯录上存在的同学信息

（a）　　　　　　　　　（b）

图 15-42　选取一个未在通讯录上存在的同学信息

第 16 章　图　层

UIView 与图层（CALayer）相关。UIView 实际上不是将其自身绘制到屏幕，而是将自身绘制到图层，然后图层在屏幕上显示。正如前面提到过，系统不会频繁地重画视图，而是将绘图缓存起来了，这个缓存版本的绘图在需要时就被使用。缓存版本的绘图实际上就是图层。理解了图层就能更深入地理解了视图，图层使视图看起来更强大。尤其是：

- 图层有影响绘图效果的属性
  由于图层是视图绘画的接收者和呈现者，你可以通过访问图层属性来修改视图的屏幕显示。换言之，通过访问图层，你可以让视图达到仅仅通过 UIView 方法无法达到的效果。
- 图层可以在一个单独的视图中被组合起来
  视图的图层可以包含其他图层。由于图层是用来绘图的，在屏幕上显示。这使得 UIView 的绘图能够有多个不同板块。通过把一个绘图的组成元素看成对象，这将使绘图更简单。
- 图层是动画的基本部分
  动画给你的界面增添明晰感，着重感，以及简单的酷感。图层被赋有动感（CALayer 里面的 CA 代表 Core Animation）。

例如，在应用程序界面上添加一个指南针。图 16-1 描绘这个指南针的简单版本。利用我们前面绘制的箭头，该箭头在它自己的图层上。指南针上其他部分也分别是图层：圆圈是一个图层，每个基点字母是一个图层。用代码很容易组合绘图，各版块可以重定位以及各自动起来，因此很容易使箭头转动而不移动圆圈。

图 16-1　指南针

CALayer 不是 UIKit 的一部分，它是 Quartz Core 框架的一部分，该框架默认情况下不会链接到工程模板。因此，如果要使用 CALayer，我们应该导入<QuartzCore/QuartzCore.h>，并且你必须将 QuartzCore 框架链接到项目中。

16.1 视图和图层

UIView 实例有 CALayer 实例伴随，通过视图的图层（layer）属性即可访问它。图层没有对应的视图属性，但视图是图层的委托。默认情况下，当 UIView 被实例化，它的图层是 CALayer 的一个实例。如果你为 UIView 添加子类并且你想要你的子类的图层是 CALayer 子类的实例，那么，你需要实现 UIView 子类的 layerClass 类方法。

对于上面的指南针例子，我们有一个 UIView 的子类 CompassView 和一个 CALayer 的子类 CompassLayer。CompassView 包含这几行代码：

```
+ (Class) layerClass {
    return [CompassLayer class];
}
```

当 CompassView 被实例化，它的图层就是 CompassLayer 的实例。在 CompassView 中没有任何绘图，它的工作就是在可视界面中放置 CompassLayer 图层（因为没有视图，图层不能显示）。我们也没有直接在 CompassLayer 上绘图，它的工作就是组合其他图层，这些图层组成指南针界面。

由于每个视图有个图层，它们两者紧密联系。图层在屏幕上显示并且描绘所有界面。视图是图层的委托，并且当视图绘图时，它是通过让图层绘图来绘图。视图的属性通常仅仅为了便于访问图层绘图属性。例如，当你设置视图背景色，实际上是在设置图层的背景色，并且如果你直接设置图层背景色，视图的背景色自动匹配。类似地，视图框架实际上就是图层框架，反之亦然。

视图在图层中绘图，并且图层缓存绘图；然后我们可以修改图层来改变视图的外观，无须要求视图重新绘图。这是图形系统高效的一方面。它解释了前面遇到的现象：当视图边界尺寸改变时，图形系统仅仅伸展或重定位保存的图层图像。

16.2 图层和子图层

图层可以有子图层，并且一个图层最多只有一个超图层，形成一个图层树。这与前面提到过的视图树类似。实际上，视图和它的图层关系非常紧密，它们的层次结构几乎是一样的。对于一个视图和它的图层，图层的超图层就是超视图的图层；图层有子图层，即该视图的子视图的图层。确切地说，由于图层完成视图的具体绘图，也可以说视图层次结构实际上就是图层层次结构，如图 16-2 所示。

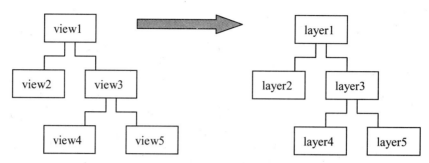

图 16-2　视图继承关系和图层继承关系

要提醒读者的是，图层层次结构可以超出视图层次结构。一个视图只有一个图层，但一个图层可以拥有不属于任何视图的子图层。在前面的章节中，我们通过视图层次结构画了 3 个重叠的矩形，如图 16-3 所示。下面的代码是使用图层实现同样的显示：

```
    CALayer* lay1 = [[CALayer alloc] init];
    lay1.frame = CGRectMake(113, 111, 132, 194);
    lay1.backgroundColor = [[UIColor colorWithRed:1 green:.4 blue:1 alpha:1]
CGColor];
    [self.window.layer addSublayer:lay1];
    CALayer* lay2 = [[CALayer alloc] init];
    lay2.backgroundColor = [[UIColor colorWithRed:.5 green:1 blue:0 alpha:1]
CGColor];
    lay2.frame = CGRectMake(41, 56, 132, 194);
    [lay1 addSublayer:lay2];
    CALayer* lay3 = [[CALayer alloc] init];
    lay3.backgroundColor = [[UIColor colorWithRed:1 green:0 blue:0 alpha:1]
CGColor];
    lay3.frame = CGRectMake(43, 197, 160, 230);
    [self.window.layer addSublayer:lay3];
    [self.window makeKeyAndVisible];
```

运行程序，结果如图 16-3 所示。

图 16-3　图层实现 3 个重叠的矩形

在现实编程中，一个界面既可以由视图层次结构组成，也可以由图层层次结构组成。从性能上而言，图层本身比视图的开销小，但视图是一个 UIResponder，因此可以对触摸操作做出反应，而且图层不会自动布局。

16.2.1　操纵图层层次结构

图层类提供了一整套读取和操纵图层层次结构的方法，与视图层次结构的读取和操作方法一样。图层有一个 superlayer（超图层）属性和一个 sublayer（子图层）属性，方法有 addSublayer：、insertSublayer:atIndex：、insertSublayer:below：、insertSublayer:above：、replaceSublayer:with： 及 removeFromSuperlayer。和视图的 subviews（子视图）属性不同的是，图层的 sublayers（子图层）属性是可改写的。因此，可以一次给一个图层添加多个子图层（给 sublayers 属性赋值）。为了删除图层的所有子图层，只需要设置 sublayers（子图层）属性值为 nil。

图层的多个子图层是有先后顺序的，这个顺序未必要和绘图前后顺序一致（默认情况下，是一致的）。图层有一个 zPosition 属性，是一个 CGFloat 结构，这同样决定绘图顺序。所有具有相同的 zPosition 属性值的子图层按它们插入到 sublayers 的先后顺序排序，但是较低 zPosition 值的图层在较高 zPosition 值的图层之前绘制（zPosition 的默认值为0）。

有时，用 zPosition 属性指定绘图次序比较方便。例如，如果在一个纸牌游戏中，不同图层表示各张纸牌，通过设置它们的 zPosition 来实现排序。

16.2.2　定位子图层

图层坐标系统和定位类似视图中的这些操作。图层自己的内部坐标系由边界表示（这同视图一样）。它的尺寸就是边界的尺寸，它的边界原点是内部坐标的左上角。超图层中的子图层位置不是用中心位置来描述（同视图一样），图层没有中心。超图层中的子图层位置是通过两个属性的结合来定义的：position（位置）和 anchorPoint（锚点）。把子图层想象为用别针在它的超图层上标志出来，那么，你必须同时说明针在子图层的点和超图层上的点。position（位置）是使用超图层坐标系统描述的点。anchorPoint（锚点）是在图层自己的边界内的位置点。它是一对浮点数（一个 CGPoint 结构类型数据），用来描述图层自己边界的宽和高。例如：(0,0)是图层的左上角，而(1,1)是图层的右下角。

如果锚点是(0.5,0.5)（默认值），那么，position（位置）属性就像视图的 center（中心）属性一样。因此，视图的 center 是图层 position 的一个特例。这是视图属性和图层属性之间非常典型的关系，视图属性通常是一个简单版本的图层属性。

图层的 position 和 anchorPoint 是互相独立的；改变一个而不会改变另一个。如图 16-1 所示，圆的最关键点是它的中心位置，所有其他对象需要参照该点放置。因此它们拥有相同的 position 属性：圆圈的中心，但是它们不同的是它们的锚点。例如：箭头的锚点是(0.5,0.8)，字母的锚点大约是(0.5,3.8)。

图层的 frame 属性是根据边界大小、position 和 anchorPoint 计算出来的。当设置 frame 时，设置了边界大小和 position。例如，为了把一个子图层正好放置在它的超图层之上，你可以把子图层 frame 设为超图层的边界。

16.2.3 CAScrollLayer

· 如果你要移动图层边界原点，从而重定位它的所有子图层，那么，你可以设置图层为一个 CAScrollLayer，它是 CALayer 的子类，该子类提供了一些方法来完成上述功能。虽然它的名字带有 scroll，但是，CAScrollLayer 并不提供一个滚动的界面。所以用户不能通过拖动来滚动界面。在默认情况下，CAScrollLayer 的 masksToBounds 属性为 YES。因此，CAScrollLayer 就像窗口一样，只能看到边界内的东西。为了移动 CAScrollLayer 的边界，可以操作图层或者子图层：

- 操作 CAScrollLayer
  scrollToPoint: 将 CAScrollLayer 的边界原点设置为该点。
  scrollToRect: 最低限度地改变边界原点以致所给边界矩形部分可以被看见。
- 操作子图层
  scrollPoint: 改变 CAScrollLayer 的边界原点，让所给子图层的点在 CAScrollLayer 的左上角。
  scrollRectToVisible: 改变 CAScrollLayer 的边界原点，让子图层边界矩形在 CAScrollLayer 边界区域内。也可以调用 visibleRect 方法来获得子图层的可见区域（即在 CAScrollLayer 边界内的子图层部分）。

16.2.4 子图层的布局

当一个图层需要布局（Layout）时（要么是因为它的边界改变了，要么因为调用了 setNeedsLayout 方法），layoutSublayers（布局子图层）方法就被调用。iOS 上只能手动布局子图层，所以在 CALayer 子类中重载上述方法。也可以实现图层委托的 layoutSublayersOfLayer: 方法来完成相同功能。通常情况下，图层是一个视图的底层，你在 UIView 的子类的 layoutSublayersOfLayer: 方法上实现。

有时需要标识子图层。可以设置实体变量来达到这个目的，也可以使用键-值的方法。对于熟悉 Mac 编程的读者来说，在 Mac OS X 上，图层有"springs and struts"约束和可定制的布局手段。但这些 iOS 都没有。

16.3 在一个图层中绘制

我们有各种方法让图层展现内容。图层有 contents（内容）属性，这与 UIImageView 的 image 类似。这是一个 CGImageRef 类型(或者为 nil，表示没有任何内容)。CGImageRef 不是一个对象类型，但 contents 属性是 id 类型。为了使编译器顺利编译，必须强制将 CGImageRef 类型转换为 id 或 void*类型，如 arrow.contents = (id)[im CGImage];。

要注意的是，不能设置图层 contents 为 UIImage。否则，内容不会出现，但也不会报错。

类似 UIView 的 drawRect:方法，系统有 4 种方法来实现图层内容的按需绘制。不能直接调用它们。如果图层的 needsDisplayOnBoundsChange 的属性值是 NO（默认值），只有调用 setNeedsDisplay 或者 setNeedsDisplayInRect:才会调用上述方法。有时还需要调用 displayIfNeeded，后一个方法确保系统立即调用系统的 4 个方法。如果图层的 needsDisplayOnBoundsChange 属性是 YES，那么，当图层边界改变时，上述 4 个方法同样被调用（很像 UIView 的 UIViewContentModeRedraw）。下面是 4 个方法的介绍：

- 子类的 display
  你的 CALayer 子类可以重载 display。在这里没有图形上下文，display 被限定为设置内容。
- 子类的 drawInContext:
  你的 CALayer 子类可以重载 drawInContext:。该参数是你可以直接绘图的图形上下文。
- 在委托中的 displayLayer: 或 drawLayer:inContext:
  可以设置 CALayer 的 delegate 属性，并且实现 displayLayer: 或者 drawLayer:inContext:。与 display 和 drawInContext:方法类似。前者不提供图形上下文，所以用来设置内容；而后者提供图形上下文，可以直接绘图。

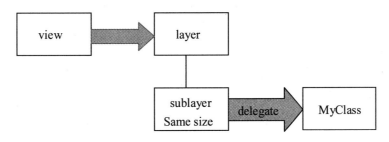

图 16-4 视图和视图中图层的委托

不能设置一个视图的图层的委托属性。例如，我的应用程序中有个覆盖（overlay）视图，该视图是透明的，通常没有绘画，并且该视图不响应触屏事件。总之，这个视图就好像不存在似的。但是有时我想要在覆盖视图上显示一些内容。我的应用程序有一个主控制器，知道要画什么内容。因此我想要用这个控制器作为图层的委托 delegate 来绘图。但是，它不能作为覆盖视图的图层的委托，因此我要给该图层添加一个子图层，并且将控制器作为子图层的委托 delegate。因此我们有一个视图并且它的图层不做任何事情，只是作为子图层的宿主，如图 16-4 所示。

当调用 setNeedsDisplay，或者当 needsDisplayOnBoundsChange 为 YES 时边界大小改变了，图层就需要重新显示。如果 display 方法没有提供内容（也许没有重载它们），那么，图层的内容将为空。所以，除非你需要，否则不要重新显示图层。还有，如果它的 opaque（不透明）属性为 YES，那么它将用黑色背景绘制；如果图层的 opacity 值为 1，图层的背景色将被忽略。这些功能是为了帮助你提高绘图效率。

设置视图 backgroundColor（背景色）为不透明（alpha 为 1）也是设置了图层的 opaque（不透明）属性为 YES，这就是 CGContextClearRect 所完成的功能。

16.3.1 内容的重设大小和重定位

不管图层内容是来自一幅图片（设置 contents 属性），或者直接来自绘图（drawInContext:或者drawLayer:inContext:），图层的多个属性规定了如何在图层边界内绘制这些内容。把这些缓存的内容看做一个图片，它们可以被放大缩小、重定位等。这些属性是：

- contentsGravity

  该属性与 UIView 的 contentMode 属性类似，规定了应该怎样根据边界放置以及伸展内容。例如，kCAGravityCenter 表示内容图像放在边界中心，不重设大小；kCAGravityResize 表示内容图像应该自动调整来适合边界的大小，即使该方法会扭曲图像的外形等。

- contentsRect

  CGRect 表示将要被绘制的图形的比例。默认的（0,0,1,1）表示整个内容图形。根据 contentsGravity 的设置值，图形的指定部分是根据边界来指定大小和位置。例如，可以移动一幅大点图片的某部分到一个图层，而无须重绘和改变内容。

- contentsCenter

  CGRect 表示了 contentsRect 区域中的 9 个矩形区域的中间区域。如果 contentsGravity 允许伸展，中间区域（contentsCenter）在两个方向上伸展。在其他 8 个区域中，4 个角区域不伸展，4 个边界区域沿一个方向伸展（UIView 有一个相似的属性 contentStretch）。

如果直接在图层上下文上绘图（即调用 drawLayer:inContext:），那么 contentsRect 是完整的内容。如果图层内容需要重绘（由于调用 setNeedsDisplay，或者当 needsDisplay OnBoundsChange 为 YES 时边界大小改变了），contentsGravity 将不起作用，因为上下文充满整个图层。但是当 needsDisplayOnBoundsChange 为 NO 时图层边界被调整大小，那么上一次缓存的内容将被看做一个图像。通过一些设置的组合，在不需要重绘内容的前提下，你将得到相当不错的动画效果。例如下面设置的结果，如图 16-5 所示。

```
arrow.needsDisplayOnBoundsChange = NO;
arrow.contentsCenter = CGRectMake(0.0, 0.4, 1.0, 0.6);
arrow.contentsGravity = kCAGravityResizeAspect;
```

图 16-5   重置指南针箭头的大小

箭头图层边界被重设大小了，在两个方向上增加 40。因为 needsDisplayOnBoundsChange 为 NO，所以内容没有重绘，而是使用了缓存的内容。contentsGravity 的设置是告诉系统按比例调整大小。因此，箭头变宽也变长了（相对于图 16-1 所示来说），而且这种方式不会扭曲它的比例。另外，尽管三角形箭头的头部变宽了，它没有变长；变长是由于柄的伸长。那是因为 contentsCenter 区域是限定为箭头的柄。

如果内容超出图层边界，并且 contentsGravity 和 contentsRect 没有调整内容的大小来适应边界，那么，默认情况下内容将画得比图层大，图层不会自动裁剪它的内容。为了裁剪它们，设置图层的 masksToBounds 属性为 YES。

16.3.2 自绘图的图层

一些系统的 CALayer 子类提供了一些基本的但是极其有用的自绘图能力：

● CATextLayer

CATextLayer 绘制字符串，它有一个 string（字符串）属性和其他文本格式属性，string 属性可以是 NSString 或 NSAttributedString。默认文本颜色（属性名为 foregroundColor）是白色。文本与内容（contents）不能一起使用：要么绘制内容，要么绘制文本，但是不能同时绘制。因此，通常不应该给 CATextLayer 设置任何内容。如图 16-1 所示，那几个字母是 CATextLayer 实例。

CATextLayer 字符串属性的 NSAttributedString 让你使用多种字体、尺寸和风格显示文本，这是 UILabel 所没有的功能。还有用 CATextLayer 可以在一些字下面加上下划线，而用 UILabel 则不能。

● CAShapeLayer

CAShapeLayer 有一个 path（路径）属性，这是一个 CGPath 结构。根据它的 fillColor 和 strokeColor 值，它填充路径或描边（或两者都做），并显示结果。默认是填充黑色和不描边。CAShapeLayer 也有 contents。可以将形状显示在内容的上面。在图 16-1 中，背景圆圈是 CAShapeLayer 的一个实例，灰色描边，并用浅灰色填充。

● CAGradientLayer

CAGradientLayer 用一个简单的线性渐变色来覆盖它的背景，这种方式很容易将渐变色融合到你的界面上。此处的渐变色的定义和 Core Graphics 渐变色类似，需要一个位置数组和与之相应的颜色数组（NSArray 数组，而不是 C 数组），以及一个起点和终点。

颜色数组要求是 CGColors 结构，而不是 UIColors。但是 CGColorRef 不是对象类型，然而 NSArray 需要对象类型，因此为了使编译器不报错，要将数组的第一个元素强制类型转换为 id 或者 void*。图 16-6 显示用 CAGradientLayer 绘画的指南针。

图 16-6 指南针后面的渐变色彩

16.4 变 换

图层在屏幕上的绘图方式可以通过变换（Transform）来修改。因为一个视图可以有变换，而视图是通过图层在屏幕上绘图。通过边界和其他属性，视图和它的图层紧密联系着，当你改变它们中的一个变换，你将看到另一个变换也改变了。还有，图层的变换比视图的变换更强大。因此，你可以使用图层的变换配合视图来完成仅仅通过视图变换无法完成的事情。

如果一个变换是二维的，那么你可以使用 setAffineTransform:和 affineTransform 方法。它的值是 CGAffineTransform 结构，变换是围绕着锚点进行的。这 4 个极点的字母是通过 CATextLayer 绘制，并通过变换放置。它们被画在相同的坐标中，但是它们有不同的旋转变换。另外，尽管 CATextLayer 很小（仅仅是 30×40），并且出现在圆圈周边，但是，它们被固定了，并且它们是绕圆心旋转的。在代码中，self 表示 CompassLayer，它不做任何绘制，仅仅收集和组合它的子图层。为了构建箭头，我们自己就是箭头图层的委托并调用 setNeedsDisplay，这就会使得在 CompassLayer 中的 drawLayer:inContext:被调用：

```
// the gradient
CAGradientLayer* g = [[CAGradientLayer alloc] init];
g.frame = self.bounds;
g.colors = [NSArray arrayWithObjects:(id)[[UIColor blackColor] CGColor],
[[UIColor redColor] CGColor],nil];
g.locations = [NSArray arrayWithObjects:[NSNumber numberWithFloat: 0.0],
[NSNumber numberWithFloat: 1.0],nil];
[self addSublayer:g];

// the circle
CAShapeLayer* circle = [[CAShapeLayer alloc] init];
circle.lineWidth = 2.0;
circle.fillColor =[[UIColor colorWithRed:0.9 green:0.95 blue:0.93 alpha:0.9]
CGColor];
```

```
circle.strokeColor = [[UIColor grayColor] CGColor];
CGMutablePathRef p = CGPathCreateMutable();
CGPathAddEllipseInRect(p, NULL, CGRectInset(self.bounds, 3, 3));
circle.path = p;
[self addSublayer:circle];
circle.bounds = self.bounds;
circle.position = CGPointMake(CGRectGetMidX(self.bounds),
CGRectGetMidY(self.bounds));

// the four cardinal points
NSArray* pts = [NSArray arrayWithObjects: @"N", @"E", @"S", @"W", nil];
for (int i = 0; i < 4; i++) {
CATextLayer* t = [[CATextLayer alloc] init];
t.string = [pts objectAtIndex: i];
t.bounds = CGRectMake(0,0,40,30);
t.position = CGPointMake(CGRectGetMidX(circle.bounds),
CGRectGetMidY(circle.bounds));
CGFloat vert = (CGRectGetMidY(circle.bounds) - 5) / CGRectGetHeight(t.bounds);
t.anchorPoint = CGPointMake(0.5, vert);
t.alignmentMode = kCAAlignmentCenter;
t.foregroundColor = [[UIColor blackColor] CGColor];
[t setAffineTransform:CGAffineTransformMakeRotation(i*M PI/2.0)];
[circle addSublayer:t];
}

// the arrow
CALayer* arrow = [[CALayer alloc] init];
arrow.bounds = CGRectMake(0, 0, 40, 100);
arrow.position = CGPointMake(CGRectGetMidX(self.bounds),
CGRectGetMidY(self.bounds));
arrow.anchorPoint = CGPointMake(0.5, 0.8);
arrow.delegate = self;
[arrow setAffineTransform:CGAffineTransformMakeRotation(M PI/5.0)];
[self addSublayer:arrow];
[arrow setNeedsDisplay];
```

　　完整的图层变换是发生在三维空间里，它包括一个 z 轴，垂直于 x 轴和 y 轴（默认情况下，z 轴正方向是从屏幕穿出，指向用户）。图层不会给你太真实的三维透视图。如果需要的话，你应该使用 OpenGL。图层是二维的对象，然而，它们确实在三维空间内操作，产生类似卡通的效果。例如：我们在屏幕上翻转一张纸来看看纸的背后是什么，那就是三维的旋转。anchorPoint 的 z 成分是由 anchorPointZ 属性提供。

　　我们使用 CATransform3D 结构来描述变换。下面是二维变换的函数声明：

```
CGAffineTransform CGAffineTransformMakeScale (
CGFloat sx,
CGFloat sy
);
```

下面是三维变换的函数声明：

```
CATransform3D CATransform3DMakeScale (
    CGFloat sx,
    CGFloat sy,
    CGFloat sz
);
```

3D 变换的旋转有点复杂。除了角度，你必须提供三坐标的矢量，旋转是围绕该矢量发生的。

假设锚点是原点（0,0,0），一个箭头由锚点发出，另一个端点是由你提供的三个坐标值来描述。假想一个平面交于锚点，垂直于箭头。这就是旋转发生的平面。正角是顺时针旋转，如图 16-6 所示。你给的三个坐标值定义了一个方向。如果三个值是（0,0,1），那就是 CGAffineTransform 变换，因为旋转面是屏幕。另外，如果三个值是（0,0,-1），那就是 CGAffineTransform 逆变换，这时正角度看起来就是逆时针的（因为我们正看着旋转平面的"背面"）。例如，接下来的旋转是围绕 y 轴倒转一个图层：

```
someLayer.transform = CATransform3DMakeRotation(M_PI, 0, 1, 0);
```

图 16-7　锚点加矢量定义一个旋转平面

默认情况下，图层被看成两面的，因此当它被倒转来显示它的"背面"，该绘图是图层内容的倒转版本。如果图层的 doubleSided 属性是 NO，那么当它颠倒过来显示"背面"时，图层不见了，它的"背面"是空的。

16.4.1　深度

有两种方式放置图层在不同的深度（Depth）上：一种是通过 zPosition 属性，另一种是应用变换，在 z 轴方向上平移图层。这两个方法是相通的。

在现实世界中，改变一个物体的 zPosition 可能会让它看起来变大或者变小，因为它的位置相对于视角变近或变远了。但是，在图层绘图世界里不会出现这种情况。各个图层面板以它们实际的尺寸绘画，并且平铺在另一个上面，没有距离感（这就是所谓的正交投影）。然而，你可以使用下面的方式来实现透视效果：图层的子图层具有 sublayerTransform 属性，将它的所有像素点映射到一个远的平面上，从而在绘图上实现了单点透视。例如，让我们在指南针上实现某种"页面翻转"的效果：在它的右边锚点，绕 y 轴旋转（所有其他图层被作为渐变图层的子图层）：

```
g.anchorPoint = CGPointMake(1,0.5);
g.position=CGPointMake(CGRectGetMaxX(self.bounds),
CGRectGetMidY(self.bounds));
g.transform = CATransform3DMakeRotation(M_PI/4.0, 0, 1, 0);
```

图 16-8 所示的结果不太满意，指南针看起来扁了。下面我将用 distance-mapping 变换（g 为 self 的子图层）：

```
g.anchorPoint = CGPointMake(1,0.5);
g.position = CGPointMake(CGRectGetMaxX(self.bounds),
CGRectGetMidY(self.bounds));
g.transform = CATransform3DMakeRotation(M_PI/4.0, 0, 1, 0);
CATransform3D transform = CATransform3DIdentity;
transform.m34 = -1.0/1000.0;
```

```
self.sublayerTransform = transform;
```

图 16-8　失败的页面旋转

图 16-9 显示的结果看起来好多了。

另一个用深度绘制图层的方法是使用 CATransformLayer。该 CALayer 子类不做任何绘图工作，只是拥有其他子图层。你可以对它进行变换，然后它将保持其子图层之间的深度关系。下面我们还是对 self 图层使用 sublayerTransform，但是 self 的唯一图层是 CATransformLayer。图 16-10 显示了结果。页面翻转所作用的 CATransformLayer 包含了渐变图层、圆圈图层和箭头图层。这三个图层在不同深度（通过使用不同的 zPosition 设置），你可以看到圆圈图层在渐变图层前面浮动。通过阴影，圆圈和箭头看上去是分开的。

图 16-9　令人满意的页面旋转　　　图 16-10　CATransformLayer 在页面旋转中的应用

在图 16-10 上，你注意到一个白色的定桩从箭头中穿出。它是一个 CAShapeLayer，垂直于

CATransformLayer 旋转（通常情况下，它笔直地从圆圈中穿出（指向我们），所以你就看到一个点）。

16.4.2 变换和键-值码

除了使用 CATransform3D 和 CGAffine 变换函数，还可以使用键-值码（Key-Value Coding）来改变或使用图层变换中某个特定成分。例如，替换下面代码：

```
g.transform = CATransform3DMakeRotation(M_PI/4.0, 0, 1, 0);
```

为

```
[g setValue:[NSNumber numberWithFloat:M_PI/4.0]
forKeyPath:@"transform.rotation.y"];
```

对于后一种形式，我们将 CGFloat 封装在 NSNumber 中（因为 setValue:forKeyPath:中的值必须是一个对象）。

你经常用到的变换 key path 是 rotation.x、rotation.y、rotation.z 和 rotation（与 rotation.z 相同）、scale.x、scale.y、scale.z、translation.x、translation.y、translation.z 和 translation（二维的 CGSize 结构类型）。Quartz Core 框架同样在 CGPoint、CGSize 及 CGRect 中兼容 KVC，从而允许你使用与结构成员名称相符的关键字和关键路径。

16.4.3 阴影、边界以及更多信息

CALayer 还有许多与绘图相关的属性。同样的，所有这些都可以应用到 UIView 上。改变 UIView 的图层的属性会改变绘图。图层可以有阴影，阴影由 shadowColor、shadowOpacity、shadowRadius 及 shadowOffset 属性定义。为了让图层绘出阴影，设置 shadowOpacity 属性为非零值。阴影通常基于图层非阴影区域的形状，但获得该形状可能需要复杂的计算。你可以自己定义形状，并且设定该形状为 shadowPath 属性的一种 CGPath 结构。

图层可以包含边界（borderWidth 和 borderColor）。borderWidth 朝着边界向内方向绘制，这很可能会挡住一些内容。图层可以被一个圆矩形包围，这通过给 cornerRadius 一个大于 0 的值来实现。如果图层有背景色，背景被裁减为圆矩形形状。如果图层包含边界，边界同样有圆角。

正如 UIView，CALayer 有一个主要的 opacity（不透明）属性，并且它有一个 hidden（隐藏）属性，该属性可以从可视界面上隐藏图层。另外，CALayer 可以根据边界裁减上下文中的图画和子图层（masksToBounds）。CALayer 可以有背景色。

CALayer 可以有遮掩（mask），它本身是一个图层，它的内容必须以某种方式被提供。例如，图 16-11 显示了我们的箭头图层，该图层后面是灰色的圆圈，并且一个 mask 被应用到该箭头图层。mask 是一个椭圆，该椭圆是不透明填充，并且有一个厚的半透明的描边。以下是产生该 mask 的代码：

```
CAShapeLayer* mask = [[CAShapeLayer alloc] init];
mask.frame = arrow.bounds;
CGMutablePathRef p2 = CGPathCreateMutable();
CGPathAddEllipseInRect(p2, NULL, CGRectInset(mask.bounds, 10, 10));
mask.strokeColor = [[UIColor colorWithWhite:0.0 alpha:0.5] CGColor];
mask.lineWidth = 20;
```

```
mask.path = p2;
arrow.mask = mask;
CGPathRelease(p2);
```

图 16-11　带有 mask 的图层

为了定位该 mask，我们假设它是一个图层。

如果图层比较复杂（如有阴影和子图层等），而且看上去性能不好（特别是当滚动图层时），你可以"冻结"图层的整个绘图为一个 bitmap（位图），这可以提高效率。你可以将在图层中绘制的所有东西保存在一个次缓存中，并且利用这个缓存绘到屏幕上。为了做到这点，设置图层的 shouldRasterize 为 YES，并且设置 rasterizationScale 为一些合理值（如[UIScreen mainScreen].scale）。

16.4.4　图层和键-值码

在前面，我们讲述了图层变换方面的功能是可以通过键-值码实现的。该功能源于 CALayer 是兼容@"transform"键的 KVC。所有的图层属性都是这样，它们都可以通过 KVC 来访问（属性名就是键值）。例如：

```
[arrow setValue: mask forKey: @"mask"];
```

另外，你可以把 CALayer 看成一种 NSDictionary，并且为任何 key 设置值。这是极其有用的，因为这意味着你可以把结构信息附加到任何图层实例并且稍后读取它。CALayer 类有一个类方法 defaultValueForKey:。为了实现这个方法，你需要创建子类并且对它重载，从而你可以给 keys 提供默认值。

第 17 章　动　画

动画就是随着时间的推移而改变界面上的显示。例如：视图的背景颜色从红逐步变为绿，而视图的不透明属性可以从不透明逐步变成透明。一个动画涉及很多内容，包括定时、屏幕刷新、线程化等。在 iOS 上，你不需要自己完成一个动画，而只需描述动画的各个步骤，让系统执行这些步骤，从而获得动画的效果。

17.1　动　画　概　述

当你只是改变一个视图的可见属性（而没有涉及动画），这个改变就不会立即发生。而是，系统会记录这个你想要做的改变，标志着这个视图需要被重绘。你还可以改变视图的其他可见属性，这些改变都积累起来。系统在空闲的时候就会绘制这些需要被重绘的视图。例如，假设视图的背景颜色是绿色的，你把它变成红色的，然后再变回绿色，代码如下：

```
// view starts out green
view.backgroundColor = [UIColor redColor];
// … time-consuming code goes here ...
view.backgroundColor = [UIColor greenColor];
// code ends, redraw moment arrives
```

系统累积各个改变，直到重绘的时刻到来。在你的代码没有完成的时候，重绘时刻是不会到来的。所以，当重绘时刻发生的时候，最后视图颜色的累积的变化就是变成绿色。一开始就是绿色的，然后累积在最后的变化就是要变成绿色，因此，不管花费多少代码在绿色变为红色，红色变回绿色上，用户看不到什么变化。setNeedsDisplay 方法只是告诉系统在下一个重绘时刻重绘指定的视图。

我们以电影为例来说明动画。在屏幕上，整个电影就是从第一帧放到最后一帧，每个帧看上去非常连贯。因此，当你用动画重新定位一个视图从位置 1 到位置 2 的时候，你可以设想系统执行了如下的事件：

01 设置视图到位置 2，但因为没到重绘时刻，所以它仍然在位置 1。

02 代码的其余部分完成了运行。

03 重绘时刻到来。如果这时没有动画，视图现在被描绘在位置 2。如果有动画的时候，动画从位置 1 开始，用户还看到视图在位置 1。

04 动画的效果出来了，在位置 1 和位置 2 之间绘制视图。有一个移动的感觉。

05 动画终止，视图最终在位置 2 上绘制。

06 动画的效果结束。

动画的播放需要一个独立的线程，这是一个多线程程序。正是因为多线程的特性，所以：

● 动画开始的时间有点不确定（因为你不知道重绘时刻什么时候发生）。动画结束的时间也是不确定的（因为动画在另一个线程发生，所以你的代码不能一直等待它结束）。那么，在动画开始和结束的时候，如果你的代码要做一些其他操作（如通知用户动画结束），那么应该怎么办呢？动画有委托消息（方法）。当动画开始和结束的时候，你可以处理相应的消息。

● 动画是在它自己的线程上执行的。在有些时候，你的代码和动画同时执行（即你的代码运行时，动画仍然在执行中）。如果这时你的代码改变一个当前正在变化着的属性会发生什么呢？或者，如果你的代码启动另一个动画会发生什么呢？

当动画正在发生时，如果你改变其中的一个属性，并且属性值与之前不同，它不会使系统紊乱，但最终的结果看起来可能会很奇怪。如果该属性值原本是从 1 变化到 2，但是你设置变化到 3，则该属性很可能会突然变为 3。

如果你启动另一个动画（前一个动画尚未结束），那么这两个动画同时进行。如果这两个动画是基于同一个属性，那么第一个动画会被迫立即结束。如果你想让动画一个连着另一个播放，那么，你可以等到前一个动画结束再执行下一个（使用委托方法）。或者，你可以组合多个变化为一个动画，这些变化不需要在同一时刻开始或是有相同长度，你只需要使用 setAnimationBeginsFromCurrentState:方法即可。

● 当动画在进行的时候，如果你的代码没有在运行，那么界面就会响应用户的操作。如果用户尝试去单击正在动画的那个视图，会发生什么呢？

这个视图可能正在动画中，因此当用户单击它的时候，系统可能没有反应。通常的做法是关闭应用程序界面的响应：当动画开始进行时，调用 UIApplication 实例方法 beginIgnoringInteractionEvents 方法；当动画结束的时候，你可以调用 endIgnoringInteractionEvents 来解决。这作用于整个界面。如果你觉得这样做涉及的范围太广了，可以只限制某个视图。例如，你可以关闭一个视图的 userInteractionEnabled（直到动画结束）。

● 在多任务系统中，用户可以暂停某个应用程序而不退出，这时，如果动画在进行中，那会发生什么呢？

如果应用程序在动画进行时暂停，那么这个动画会被关闭。任何动画，无论是进行中的或是将要进行的，只是通过视觉化的放慢动作来展现一个属性的改变。如果应用再重新运行，那么，该属性仍然被改变，只是没有动画而已。

17.2 UIImageView 动画

你可以使用 UIImageView 来实现动画。UIImageView 的 annimationImages 或 highlightedAnimationImages 属性是一个 UIImage 数组，这个数组代表一帧帧动画。当你发送 startAnimating 消息时，图像就被轮流显示，animationDuration 属性确定帧的速率（间隔时间），animationRepeatCount 属性（默认为 0，表示一直重复，直到收到 stopAnimating 消息）指定重复的次数。

例如，假设你希望火星的图形出现在屏幕并且闪现三次，你就可以使用 UIImageView 来完成动画：

```
UIImage* mars = [UIImage imageNamed: @"mars.png"];
UIGraphicsBeginImageContext(mars.size);
UIImage* empty = UIGraphicsGetImageFromCurrentImageContext();
UIGraphicsEndImageContext();
NSArray* arr = [NSArray arrayWithObjects: mars, empty, mars, empty, mars, nil];
iv.animationImages = arr;
iv.animationDuration = 2;
iv.animationRepeatCount = 1;
[iv startAnimating];
```

17.3 视图动画

你可以直接使用 UIView 来实现动画。这通过视图的 alpha、backgroundColor、bounds、center、frame 和 transform 完成。你可以使用上述的各种参数来实现多类动画效果。事实上，系统有两种方法来完成 UIView 动画：旧方法（iOS4.0 以前的版本，仍然有效），新方法（iOS4.0 以后的版本，它使用 Objective-C 块）。我们首先介绍旧方法。

17.3.1 动画块

用旧方法来实现动画效果。我们在 UIView 类方法 beginAnimations：context：和 commitAnimations 之间包含各个变化的代码，这两个方法之间的区域称为动画块。因此，动画改变一个视图的背景颜色的代码如下：

```
[UIView beginAnimations:nil context:NULL];
v.backgroundColor = [UIColor yellowColor];
[UIView commitAnimations];
```

下面我们同时动画地变化视图的颜色和它的位置：

```
[UIView beginAnimations:nil context:NULL];
v.backgroundColor = [UIColor yellowColor];
CGPoint p = v.center;
p.y -= 100;
v.center = p;
[UIView commitAnimations];
```

我们也可以动画地变化多个视图。例如，假设我们想将一个视图融入到另一个中。从视图的结构层次看，我们应该从第二个视图开始，但它的 alpha 属性值为 0，是不可见的。所以我们动画的变化第一个视图的 alpha 值为 0，第二个视图的 alpha 值为 1。

beginAnimation: context:方法的两个参数类型是 NSString 和 void 指针，你可以在这里提供值。一个动画可以有一个委托（这样你就可以在动画开始和结束时完成一些其他操作）。委托消息包含上述值，从而你可以确定是哪个动画。

17.3.2　修改动画块

在动画块中，你可以修改动画的各种属性。这是通过调用一些 UIView 类方法（类方法名以 setAnimation 开头）来实现。动画块可以嵌套。因此，在不同的动画块内调用以 setAnimation 开头的方法，你就可以给该部分动画不同的特性。在每一个动画块中，任何动画属性的变化都有默认的特性，除非你改变它们。

下面是一些以 setAnimation 开头的 UIView 类方法。

- setAnimationDuration:
  设置动画从开始到结束的时间（秒）。显然，如果两幅视图在相同的时间要移动不同的距离，移动更远的那一个就必须移动更快。
- setAnimationRepeatAutoreverses:
  如果设置为 YES，动画将从开始运行到结束（在给定的持续时间内），然后从结束点运行到开头（也是在给定的持续时间内）。
- setAnimationRepeatCount:
  设置动画重复多少次，除非动画是 autoreverses，否则动画将直接跳到开头来重复运行。该方法设置的属性值是浮点类型的，所以它有可能在动画的中间结束。
- setAnimationCurve:
  描述动画在进行过程中如何改变速度，你可以选择：

  > UIViewAnimationCurveEaseInOut　（默认）
  > UIViewAnimationCurveEaseIn
  > UIViewAnimationCurveEaseOut
  > UIViewAnimationCurveLinear

ease 的意思是在动画开始或结束的时候，有一个零速度到动画的速度之间的渐进的加速或减速的过程。

- setAnimationStartDate，setAnimationDelay
  这是推迟动画开始的两种方法。
- setAnimationDelegate
  当动画开始或结束时被调用的代码。在委托上被调用的方法是通过下述方法来指定的：

  > setAnimationWillStartSelector:
  > 启动方法必须有两个参数，一个是 NSString 类型，一个是 void 指针类型，这些值被传递到 beginAnimations:context:方法。这个方法不会被调用，除非动画块内的某些代码触发了实际的动画。
  > setAnimationDidStopSelector:
  > 停止方法必须有三个参数，第二个参数是一个 BOOL（封装为一个 NSNumber），表明动画是否成功完成（其他两个参数和启动方法的参数一样）。当第二个参数为 YES 时，这个方法就被调用（即使动画块内没有任何代码触发任何动画）。

- setAnimationsEnabled

  设置为 NO，表示在动画块内执行后续的属性变化，但是不产生动画效果。

- setAnimationBeginsFromCurrentState

  如果你启动另一个动画（前一个动画尚未结束），那么这两个动画同时进行。如果这两个动画是基于同一个属性，那么第一个动画会被迫立即结束。如果设置为 YES，那么不会立即结束前一个动画，系统尽可能混合这两个动画。

如果一个动画自动翻转（autoreverse），并且当动画结束时视图的当前属性仍停留在结束时的值，那么，当动画结束时，视图将从开始"跳到"终止。例如，假设我们希望一个视图从当前位置向右移动，然后返回到初始位置。下面的代码将导致视图向右移动，回到最左端，然后直接跳到最右端：

```
[UIView beginAnimations:nil context:NULL];
[UIView setAnimationRepeatAutoreverses:YES];
CGPoint p = v.center;
p.x += 100;
v.center = p;
[UIView commitAnimations];
```

怎样才能防止该事件发生？我们希望视图在反向移动后停留在开始的位置。如果我们在动画块的后面把视图的位置设置为它的开始点（见下面代码），这将没有任何动画（这是因为当重新绘制时，没有属性改变）。

```
[UIView beginAnimations:nil context:NULL];
[UIView setAnimationRepeatAutoreverses:YES];
CGPoint p = v.center;
p.x += 100;
v.center = p;
[UIView commitAnimations];
p = v.center;
p.x -= 100;
v.center = p;
```

正确的解决方法是用 stop 委托方法来设置视图的位置为初始点。该委托方法在动画结束时调用：

```
- (void) someMethod {
    [UIView beginAnimations:nil context:NULL];
    [UIView setAnimationRepeatAutoreverses:YES];
    [UIView setAnimationDelegate:self];
    [UIView setAnimationDidStopSelector:@selector(stopped:fin:context:)];
    CGPoint p = v.center;
    p.x += 100;
    v.center = p;
    [UIView commitAnimations];
}
- (void) stopped:(NSString *)anim fin:(NSNumber*)fin context:(void *)context
{
    CGPoint p = v.center;
    p.x -= 100;
    v.center = p;
}
```

在该例中，我们知道动画怎样改变视图的位置，因此我们可以写一些代码来做逆转变换。一个通用的做法是，我们可以在图层中存储视图的初始位置。例如：

```
- (void) someMethod {
    [UIView beginAnimations:nil context:NULL];
    [UIView setAnimationRepeatAutoreverses:YES];
    [UIView setAnimationDelegate:self];
    [UIView setAnimationDidStopSelector:@selector(stopped:fin:context:)];
    CGPoint p = v.center;
    [v.layer setValue:[NSValue valueWithCGPoint:p] forKey:@"origCenter"];
    p.x += 100;
    v.center = p;
    [UIView commitAnimations];
}
- (void) stopped:(NSString *)anim fin:(NSNumber*)fin context:(void *)context
{
    v.center = [[v.layer valueForKey:@"origCenter"] CGPointValue];
}
```

为了解释 setAnimationBeginsFromCurrentState:的功能，看下面的代码：

```
[UIView beginAnimations:nil context:NULL];
[UIView setAnimationDuration:1];
CGPoint p = v.center;
p.x += 100;
v.center = p;
[UIView commitAnimations];
[UIView beginAnimations:nil context:NULL];
// uncomment the next line to fix the problem
//[UIView setAnimationBeginsFromCurrentState:YES];
[UIView setAnimationDuration:1];
CGPoint p2 = v.center;
p2.x = 0;
v.center = p2;
[UIView commitAnimations];
```

结果是视图向右跳了 100 个像素点，然后向左动画展现。那是因为第二个动画导致第一个动画被丢弃，从而系统立即右移了 100 个像素点，而不是动画展现。在上述代码中，如果我们取消了调用 setAnimationBeginsFromCurrentState:的注释，那么就没有跳跃了。

当我们在第二个动画里将 x 改变为 y，结果会怎样？如果我们取消对 setAnimationBeginsFromCurrentState:的注释，视图在 x 轴和 y 轴上一起动画，这两个动画看上去就好像一个动画。

17.3.3 过渡动画

过渡（Transition）是使用动画的形式重画视图。使用过渡动画的通常原因是，通过视图动画来突出视图上的改变。为了使用一个动画块来实现过渡动画，需要调用 setAnimationTransition:forView:cache 方法。

● 第一个参数描述动画怎样表现，你可以选择：

  ➢ UIViewAnimationTransitionFlipFromLeft

  ➢ UIViewAnimationTransitionFlipFromRight

> ➢ UIViewAnimationTransitionCurlUp
>
> ➢ UIViewAnimationTransitionCurlDown

- 第二个参数是视图。
- 第三个参数是是否马上缓存视图内容，并且在整个过渡过程中使用缓存内容。另一种方法是反复重绘。你应该尽可能设置该参数值为 YES。

下面这个例子翻转 UIImageView，这就好像一张纸被翻转到背面——正面是火星，背面是土星：

```
[UIView beginAnimations:nil context:NULL];
[UIView setAnimationTransition:UIViewAnimationTransitionFlipFromLeft
forView:iv cache:YES];
// iv 是一个 UIImage 视图，它的图片是 Mars.png
iv.image = [UIImage imageNamed:@"Saturn.gif"];
[UIView commitAnimations];
```

在上面的例子中，图形的更改没有必要包含在动画块内。由 setAnimationTransition:...描述的动画和图形的改变都发生在重绘时刻，所以它们总是一起执行。因此，我们可以修改为：

```
iv.image = [UIImage imageNamed:@"Saturn.gif"];
[UIView beginAnimations:nil context:NULL];
[UIView setAnimationTransition:UIViewAnimationTransitionFlipFromLeft
forView:iv cache:YES];
[UIView commitAnimations];
```

通常情况下，我们是在动画块指定视图的改变。

你可以在任何内置的视图子类上实现相同的功能。下面这个例子是翻转一个按钮，它看上去像是一面标有 Start，另一面标有 Stop：

```
[UIView beginAnimations:nil context:NULL];
// "b" 是一个 UIButton; "stopped" 推测是一个 BOOL 变量或整型
[UIView setAnimationTransition:UIViewAnimationTransitionFlipFromLeft
forView:b cache:YES];
[b setTitle:(stopped ? @"Start" : @"Stop") forState:UIControlStateNormal];
[UIView commitAnimations];
```

你可以在你自己定义的 UIView 子类上实现相同功能。调用 setNeedsDisplay 方法来重绘。例如，假设 UIView 子类有一个 BOOL 属性 reverse，当 reverse 为 YES 时绘制一个椭圆，当 reverse 为 NO 时绘制一个正方形。然后我们能够动画地显示正方形翻转并且呈现出一个椭圆（反之亦然）：

```
v.reverse = !v.reverse;
[UIView beginAnimations:nil context:NULL];
[UIView setAnimationTransition:UIViewAnimationTransitionFlipFromLeft
forView:v cache:YES];
[v setNeedsDisplay];
[UIView commitAnimations];
```

17.3.4 基于块的视图动画

从 iOS4.0 开始，UIView 可以使用 Objective-C 块的语法来动画显示。新的语法体现在以下几个方面。

（1）当动画终止时运行的代码也是一个块。因此，不再需要分为两个部分（一个动画块和一个单独的委托方法）。

（2）描述动画的选项是动画方法调用的一部分，而不再是动画块内的单独调用。

（3）默认情况下，用户触屏交互功能在动画期间是禁止的（对于动画块而言，不是这种情况）。UIViewAnimationOptionAllowUserInteraction 选项允许你改变这种设置。

（4）过渡动画比动画块有更多选项。UIView 类方法 animateWithDuration:delay:options: animations:completion:是新语法的基础。这个方法有两种简化版本，第一种允许你省略 delay 和 options 参数，第二种允许你省略 completion 参数。下面是各个参数的完整说明。

- duration: 动画的持续时间。
- delay: 动画开始之前的延时。默认情况下，没有延时。
- options: 一种位掩码，用来描述额外选项。在简化版本上，默认情况是 UIViewAnimation OptionCurveEaseInOut 选项（它同样是动画块的默认动画曲线）。对一个普通的动画（不是过渡动画），主要的选项是：

  ➢ 动画曲线（Animation curve）。你的选择是 UIViewAnimationOptionCurveEaseInOut、UIViewAnimationOptionCurveEaseIn 、 UIViewAnimationOptionCurveEaseOut 或 UIViewAnimationOptionCurveLinear。

  ➢ 重复（Repetition）和自动倒转（autoreverse）。你的选择可以是 UIViewAnimationOptionRepeat 或 UIViewAnimationOptionAutoreverse。我们不能指定重复次数。你要么永远循环，要么不循环。

  ➢ 动画（animations）: 包含视图属性动态改变的块。

  ➢ 完成（completion）: 当动画终止后所执行的块。它有一个 BOOL 型参数，用来指定动画是否运行完结。该块也可以指定一个新的动画。当参数值为 YES 时，这个块就被调用。

下面这个例子使用 Objective-C 块，而不使用动画块来实现前面的一个功能。我们向右移动一个视图，然后再返回到原来位置。对于动画块，我们使用一个委托，让视图返回到初始位置（我们在图层中保存该位置，因此可以在委托方法中获取它）。对于 Objective-C 块，初始位置可以保存在一个变量中，因此更简单。

```
CGPoint p = v.center;
CGPoint pOrig = p;
p.x += 100;
void (^anim) (void) = ^{
    v.center = p;
};
void (^after) (BOOL) = ^(BOOL f) {
```

```
        v.center = pOrig;
    };
    NSUInteger opts = UIViewAnimationOptionAutoreverse;
    [UIView animateWithDuration:1 delay:0 options:opts
    animations:anim completion:after];
```

在上面的例子中，我们通过命名变量来表示块，这可以增加代码的可读性。另外，除了我们已经列出的选项，还有些选项表示：如果一个动画已经运行了，那将会发生什么。

- UIViewAnimationOptionBeginFromCurrentState
  类似 setAnimationBeginsFromCurrentState。
- UIViewAnimationOptionOverrideInheritedDuration
  阻止从正在执行的动画中继承（默认）持续时间。
- UIViewAnimationOptionOverrideInheritedCurve
  阻止从正在执行的动画中继承（默认）动画曲线。

对于 Transition，与动画块的 setAnimationTransition... 等价的方法是 transitionWithView: duration:options:animations:completion:。之前有一个例子，是我们将一个矩形翻转变为一个椭圆，下面我们使用新的方法来实现：

```
    v.reverse = !v.reverse;
    void (^anim) (void) = ^{
        [v setNeedsDisplay];
    };
    NSUInteger opts = UIViewAnimationOptionTransitionFlipFromLeft;
    [UIView transitionWithView:v duration:1 options:opts animations:anim
completion:nil];
```

还有一个过渡方法是 transitionFromView:toView:duration:options:completion:。该方法命名了两个视图。当它们的超视图正在执行过渡动画时，第一个视图被第二个视图替换。根据你提供的选项，实际上有以下两种可能的配置。

（1）删除一个子视图，再添加另一个。

如果 UIViewAnimationOptionShowHideTransitionViews 不是选项中的一个选项，那么第二个子视图在我们启动的时候不在视图层次结构中；第一个子视图从超视图中移除，第二个子视图被添加到相同的超视图下。

（2）隐藏一个子视图，显示另一个。

如果 UIViewAnimationOptionShowHideTransitionViews 是选项中的一个选项，那么，在我们启动时，这两个子视图就在该视图层次结构中；第一个视图的 hidden 为 NO，第二个视图的 hidden 为 YES，那么，它们的值被颠倒过来了。

例如，下面的代码的效果是：当 v1 被删除并且 v2 被添加时，v1 的超视图就像一张纸一样被翻转过来。

```
    NSUInteger opts = UIViewAnimationOptionTransitionFlipFromLeft;
```

```
  [UIView transitionFromView:v1 toView:v2 duration:1 options:opts
completion:nil];
```

你需要确保 v2 有一个正确的位置，从而它将出现在超视图的适当位置。

17.4 隐 式 动 画

如果一个图层不是一个视图的底图层，只要设置它的属性就可以实现动画。换言之，图层属性的动画改变是默认的属性。多个属性改变被看做同一个动画的不同部分。该机制称为隐式动画。

在前面，我们使用多个图层构建了一个指南针。指南针本身是一个 CompassView，该视图本身不做任何绘图工作；它的底图层是一个 CompassLayer，同样不做任何绘图工作，它只是那些实际绘图的图层的超图层。这些实际绘图的图层都不是一个视图的底图层，因此，它们的属性改变被自动地动画显示。

因此，假设 CompassLayer 的 theArrow 属性指向箭头图层，应用程序委托（self）的 compass 属性指向 CompassView。如果我们通过改变它的 transform 属性来旋转箭头，那么旋转动作是以动画显示的：

```
CompassLayer* c = (CompassLayer*)self.compass.layer;
// 下一行是一个隐式动画
c.theArrow.transform = CATransform3DRotate(c.theArrow.transform, M_PI/4.0, 0, 0, 1);
```

CALayer 的动画属性是 anchorPoint 和 anchorPointZ、backgroundColor、borderColor、borderWidth、bounds、contents、contentsCenter、contentsRect、cornerRadius、doubleSided、hidden、masksToBounds、Opacity、position 和 zPosition、rasterizationScale 和 shouldRasterize、shadowColor、shadowOffset、shadowOpacity、shadowRadius 以及 sublayerTransform 和 transform。

除此之外，还有 CAShapeLayer 的 path、fillColor、strokeColor、lineWidth、lineDashPhase 及 miterLimit 是可动画的属性，CATextLayer 的 fontSize 和 foregroundColor 也是可动画的属性。

17.4.1 动画事务

隐式动画是以事务 (CATransaction)的方式操作。事务将多个动画请求组合为一个单独的动画。每个动画请求在事务的上下文中发生。你也可以通过调用 CATransaction 类方法 begin 和 commit 来显式声明一个事务，这就是一个事务块(transaction block)。

修改隐式动画的事务来修改它的特性。下面是一些常用的类方法：

● setAnimationDuration:
   动画的持续时间

● setAnimationTimingFunction:
   是一个 CAMediaTimingFunction。时间函数将在后面讨论。

● setCompletionBlock:
   当动画结束时被调用的一个块。该块不带任何参数。即使在事务中没有触发动画，该块也会被调用。

通过嵌套事务块，你可以应用不同的动画特性到动画的不同元素中。你也可以在任何事务块之外使用事务指令来修改隐含事务。因此，在我们之前的例子中，你可以使用下面的代码来慢放箭头动画：

```
CompassLayer* c = (CompassLayer*)self.compass.layer;
[CATransaction setAnimationDuration:0.8];
c.theArrow.transform = CATransform3DRotate(c.theArrow.transform, M_PI/4.0, 0,
0, 1);
```

另一个有用的动画事务特征是关闭隐式动画。隐式动画是默认的，但是有时你不需要（动画影响性能）。为了做到这点，调用 CATransaction 类方法 setDisableActions:，并且设置值为 YES。

17.4.2　媒体定时函数

CATransaction 类方法 setAnimationTimingFunction:的参数是一个媒体定时函数（CAMediaTiming-Function）。该类是动画曲线的通式（ease-in-out, ease-in, ease-out, 以及 linear）。其实，你主要使用那些预先定义的曲线。这通过调用 CAMediaTimingFunction 类方法 functionWithName:和下面的参数来完成：

- kCAMediaTimingFunctionLinear
- kCAMediaTimingFunctionEaseIn
- kCAMediaTimingFunctionEaseOut
- kCAMediaTimingFunctionEaseInEaseOut
- kCAMediaTimingFunctionDefault

事实上，一个媒体定时函数是一个贝塞尔曲线，该曲线由两点定义。该曲线的 x 轴是动画的时间，y 轴是动画。它的两个端点是 （0,0）和（1,1）。在动画开始时，没有时间流逝以及没有动画改变；在动画结束后，所有时间流逝完了，所有改变都发生了。

由于曲线的决定点是它的端点，每个点只需要一个贝塞尔控制点来定义曲线的切线。并且因为曲线的端点是已知的，所以定义两个控制点就足够用来描述整条曲线。由于一个点是一对浮点数值，所以一个媒体定时函数可以用四个浮点型值来表示。例如，ease-in-out 定时函数是由 0.42、0.0、0.58 和 1.0 这 4 个浮点数表示。这定义一条贝塞尔曲线，其中一个端点在(0,0)处，它的控制点是(0.42,0)，并且另一个端点在（1,1）处，它的控制点是（0.58,1），如图 17-1 所示。

图 17-1　贝塞尔曲线

如果你想定义自己的媒体定时函数，可以通过调用 functionWithControlPoints:::: 或 initWithControlPoints::::来提供两个控制点的坐标系。例如，我们有个媒体定时函数，开始非常平缓，然后在大约过了 2/3 时间后发生大的变化。下面的代码就是对指南针箭头实现了如此的效果：

```
CAMediaTimingFunction* clunk =
[CAMediaTimingFunction functionWithControlPoints:.9 :.1 :.7 :.9];
[CATransaction setAnimationTimingFunction: clunk];
c.theArrow.transform = CATransform3DRotate(c.theArrow.transform, M PI/4.0, 0,
0, 1);
```

17.5 核 心 动 画

核心动画（Core Animation）是 iOS 动画技术的基础。视图动画和隐式层动画仅仅是核心动画的一个方面。核心动画是显式层动画，并且主要围绕 CAAnimation 类和它的子类，这允许你创建更复杂的动画。

你也许从不需要使用核心动画编程，但是，为了理解动画是怎样工作的，你应该理解核心动画。下面是核心动画的一些特征：

● 核心动画可以在视图底层上起作用。因此，核心动画是应用图层属性动画到视图的唯一方法。

● 核心动画提供针对动画中间值和动画时间的良好控制。

● 核心动画允许动画被归并到复杂的组合中。

● 核心动画增加了过渡动画效果，这些效果在其他地方不能得到。例如：新内容把之前的内容"挤"出图层。

17.5.1 CABasicAnimation 和它的继承

使用核心动画来设置动画属性的最简单的方式是通过一个 CABasicAnimation 对象。CABasicAnimation 从它的继承者中获得大部分功能。迄今为止遇到的所有属性的动画特征都在一个 CABasicAnimation 实例中体现出来。

1. CAAnimation

CAAnimation 是一个抽象类。CAAnimation 的部分能力来自对 CAMediaTiming 协议的实现。

● animation: 一个类方法，用于创建一个动画对象。

● delegate: 委托消息是 animationDidStart:消息和 animationDidStop:finished:消息（类似 UIView 的动画委托消息）。一个 CAAnimation 实例保留（retain）它的委托。从 iOS4 版本开始，你可以使用 CATransaction 类方法 setCompletionBlock:（而不是使用委托消息）来运行动画结束后的代码。

● duration、timingFunction: 动画的长度以及它的定时函数（CAMediaTimingFunction）。0（默认）表示 0.25s，除非事务重新设置了该值。

● autoreverses、repeatCount、repeatDuration、cumulative: 前两个和 UIView 动画类似。repeatDuration 属性指定循环持续的时间而不是次数；不要同时指定 repeatCount 和 repeatDuration。如果 cumulative 为 YES，每次重复的动画都开始于上次结束的地方（而不是跳回到开始值）。

- beginTime: 动画开始前的延时。为了延时一个动画，调用 CACurrentMediaTime 获得当前时间，然后添加所需要的延时秒数。延时不算入动画持续时间。
- timeOffset: 指定"动画"的开始帧。例如，一个持续时间为 8 并且时间偏移为 4 的动画，就会从动画后半部分开始进行。

2. CAPropertyAnimation

CAPropertyAnimation 是 CAAnimation 的子类，也是一个抽象类。它增加了如下内容：

- keyPath：指定将要动画显示的 CALayer 键（key）。通过 KVC 键可以访问 CALayer 属性。一个 CAPropertyAnimation 类方法 animationWithKeyPath:创建实例并且给它分配一个 keyPath。
- additive：如果为 YES，动画提供的值被增加到当前的描述层（presentation-layer）的值中。
- valueFunction：将一个简单标量值转化为一个变换（transform）。

3. CABasicAnimation

CABasicAnimation 是 CAPropertyAnimation 的一个子类（不是抽象类）。它增加以下内容：

- fromValue 和 toValue：动画的开始值和终止值。这些值必须是对象，因此数字和结构体必须被封装起来。如果 fromValue 和 toValue 都没有提供，之前的和当前属性值都被使用。如果只有一个（fromValue 或 toValue）被提供，另一个使用属性的当前值。
- byValue：与另一个端点值的差值，而不是绝对值。因此，你也许会提供 byValue 值而不是 fromValue 值或 toValue 值，实际的 fromValue 或 toValue 值将通过对另一个值做加法或减法计算出来。如果你只提供一个 byValue 值，fromValue 值是属性的当前值。

17.5.2 使用 CABasicAnimation

在构造 CABasicAnimation 之后，你把它添加到图层。这是通过 CALayer 实例方法 addAnimation:forKey:来完成的。然而， CAAnimation 仅仅是一个动画，它对图层自身没有任何影响。因此，如果你创建一个 CABasicAnimation 并且通过 addAnimation:forKey:将它添加到图层，那么，动画发生了，最后的结果是图层跟之前状态一模一样。你需要自己改变图层来匹配动画的状态。下面是你使用 CABasicAnimation 的基本步骤：

01 记录你将改变的图层属性的开始值和终止值，你在后面需要这些值。

02 改变图层属性为它的终止值，调用 setDisableActions:来避免隐式动画。

03 使用你先前记录的开始值和终止值，并且使用你刚改变的图层属性的 keyPath，来构造显式动画。

04 将显式动画添加到图层上。

下面我们使用上述方法来动画显示指南针箭头转动：

```
CompassLayer* c = (CompassLayer*)self.compass.layer;
// 获取开始和结束值
CATransform3D startValue = c.theArrow.transform;
```

```
CATransform3D endValue = CATransform3DRotate(startValue, M PI/4.0, 0, 0, 1);
// 改变 layer, 不用隐式动画
[CATransaction setDisableActions:YES];
c.theArrow.transform = endValue;
// construct the explicit animation
CABasicAnimation* anim = [CABasicAnimation
animationWithKeyPath:@"transform"];
anim.duration = 0.8;
CAMediaTimingFunction* clunk =
[CAMediaTimingFunction functionWithControlPoints:.9 :.1 :.7 :.9];
anim.timingFunction = clunk;
anim.fromValue = [NSValue valueWithCATransform3D:startValue];
anim.toValue = [NSValue valueWithCATransform3D:endValue];
// 请求显式动画
[c.theArrow addAnimation:anim forKey:nil];
```

当 fromValue 和 toValue 值没有被设置，属性的之前值和当前值将被自动使用（展示层仍然有之前的属性值，尽管图层本身有新值）。因此，我们没有必要设置它们，并且也没有必要预先记录开始值和终止值。这是简洁的版本：

```
CompassLayer* c = (CompassLayer*)self.compass.layer;
[CATransaction setDisableActions:YES];
c.theArrow.transform = CATransform3DRotate(c.theArrow.transform, M PI/4.0, 0,
0, 1);
CABasicAnimation* anim = [CABasicAnimation
animationWithKeyPath:@"transform"];
anim.duration = 0.8;
CAMediaTimingFunction* clunk =
[CAMediaTimingFunction functionWithControlPoints:.9 :.1 :.7 :.9];
anim.timingFunction = clunk;
[c.theArrow addAnimation:anim forKey:nil];
```

如果图层在动画过程中没有变化，那么你将省去改变图层的步骤。例如，我们让指南针的箭头出现快速地振动，当最终不改变它的当前方向。为做到这点，我们将前后摇动它：使用一个重复的动画（在当前位置的左右方向之间重复动画，即顺时针偏移当前位置和逆时针偏移当前位置，偏移量很小）。

```
CompassLayer* c = (CompassLayer*)self.compass.layer;
// 获取开始值和结束值
CATransform3D nowValue = c.theArrow.transform;
CATransform3D startValue = CATransform3DRotate(nowValue, M PI/40.0, 0, 0, 1);
CATransform3D endValue = CATransform3DRotate(nowValue, -M PI/40.0, 0, 0, 1);
// 构建明确的动画
CABasicAnimation* anim = [CABasicAnimation
animationWithKeyPath:@"transform"];
anim.duration = 0.05;
anim.timingFunction =
[CAMediaTimingFunction functionWithName:kCAMediaTimingFunctionLinear];
anim.repeatCount = 3;
anim.autoreverses = YES;
anim.fromValue = [NSValue valueWithCATransform3D:startValue];
anim.toValue = [NSValue valueWithCATransform3D:endValue];
// 请求动画
[c.theArrow addAnimation:anim forKey:nil];
```

在上述代码中，我们没必要去计算基于箭头当前变换（transform）的新旋转值。通过设置动画的 additive 属性为 YES 就可以避免上述的计算。这意味着动画的属性值加到已经存在的属性值上，因此它们是相对值，不是绝对值（对于一个变换，"相加"意味着"矩阵-乘（matrix-multiplied）"）。此外，由于我们的旋转是围绕一个基轴的简单操作，我们可以利用 CAPropertyAnimation 的 valueFunction 属性，这个属性指示动画绕 z 轴旋转：

```
CompassLayer* c = (CompassLayer*)self.compass.layer;
CABasicAnimation* anim = [CABasicAnimation
animationWithKeyPath:@"transform"];
anim.duration = 0.05;
anim.timingFunction =
[CAMediaTimingFunction functionWithName:kCAMediaTimingFunctionLinear];
anim.repeatCount = 3;
anim.autoreverses = YES;
anim.additive = YES;
anim.valueFunction = [CAValueFunction
functionWithName:kCAValueFunctionRotateZ];
anim.fromValue = [NSNumber numberWithFloat:M_PI/40];
anim.toValue = [NSNumber numberWithFloat:-M_PI/40];
[c.theArrow addAnimation:anim forKey:nil];
```

17.5.3　关键帧动画

关键帧动画（CAKeyframeAnimation）可以代替基本动画（CABasicAnimation）。它们都是 CAPropertyAnimation 的子类，并且它们以完全相同的方式使用。不同的是，对于关键帧动画，除了指定开始值和终止值以外，你还要指定动画进行过程中经过的多个值（即动画的各个阶段（帧））。这通过设置动画的 values 属性（NSArray）来完成。

下面我们修改那个振动指南针箭头动画的程序：动画包含开始和终止状态，并且振动程度逐渐减小：

```
CompassLayer* c = (CompassLayer*)self.compass.layer;
NSMutableArray* values = [NSMutableArray array];
[values addObject: [NSNumber numberWithFloat:0]];
int direction = 1;
for (int i = 20; i < 60; i += 5, direction *= -1) { // 每次反向
    [values addObject: [NSNumber numberWithFloat:
direction*M_PI/(float)i]];
}
[values addObject: [NSNumber numberWithFloat:0]];
CAKeyframeAnimation* anim = [CAKeyframeAnimation
animationWithKeyPath:@"transform"];
anim.values = values;
anim.additive = YES;
anim.valueFunction = [CAValueFunction functionWithName:
kCAValueFunctionRotateZ];
[c.theArrow addAnimation:anim forKey:nil];
```

下面是一些 CAKeyframeAnimation 属性。

● values：动画将要采用的值的数组，包括开始值和终止值。

- timingFunctions：定时函数的数组，每个元素对应动画的每个阶段（因此该数组的元素个数将比 values 数组的个数少 1 个）。

- keyTimes：伴随数值（values）数组的时间数组，指定每个数值的显示时间。时间开始于 0 并且以小数增长，终止于 1。

- calculationMode：动画过程中经过的所有值的产生方式。

  - 默认是 kCAAnimationLinear，一种简单的从一个值到另一个值的线性插值。

  - kCAAnimationCubic（在 iOS 4 版本之后才有）构造一个平滑曲线，该曲线经过所有值。其他的高级属性还有 tensionValues、continuityValues 及 biasValues。这些属性帮助你改善曲线。

  - kCAAnimationDiscrete 表示没有插值：我们在对应的关键时间直接地跳到每个值。

  - kCAAnimationPaced 和 kCAAnimationCubicPaced 表示定时函数和关键时间都被忽略，整个动画的速率是一个常数。

- path：当你设置一个动画属性时，也可以使用浮点数对（CGPoints）表示该属性值（而不是用一个数值数组 values 描述）。你通过 CGPathRef 来提供整个插值。用来绘制路径的点是关键帧值，因此你仍然可以运用定时函数和关键时间。如果你动画显示一个位置的改变，rotationMode 属性指定动画旋转的模式（如：垂直于路径）。

17.5.4 自定义属性的动画显示

到目前为止，我们探讨了可动画的内置属性。如果你在 CALayer 的子类中定义了你自己的属性，那么，你可以通过 CAPropertyAnimation（CABasicAnimation 或 CAKeyframeAnimation）来使该属性表现动画特征。你通过声明@dynamic 属性（因此核心动画可以创建它的存储器）并且从类方法 needsDisplayForKey:（key 是属性名称）中返回 YES，这些步骤就实现了一个属性的动画。

例如，以下是图层类 MyLayer 的代码，该图层有一个可动画的 thickness 属性：

```
//接口部分
@interface MyLayer : CALayer {
}
@property (nonatomic, assign) CGFloat thickness;
@end
//实现部分
@implementation MyLayer
@dynamic thickness;
+ (BOOL) needsDisplayForKey:(NSString *)key {
    if ([key isEqualToString: @"thickness"])
        return YES;
    return [super needsDisplayForKey:key];
}
@end
```

因为 needsDisplayForKey:返回 YES，所以，当 thickness 属性改变时，该图层被重复地显示。为了看到动画效果，该图层根据 thickness 属性来绘制。在下面的代码中，我将使用图层的 drawInContext:来使 thickness 表示矩形的厚度：

```
- (void) drawInContext:(CGContextRef)ctx {
    CGRect r = CGRectInset(self.bounds, 20, 20);
    CGContextFillRect(ctx, r);
    CGContextSetLineWidth(ctx, self.thickness);
    CGContextStrokeRect(ctx, r);
}
```

现在我们就可以使用显式动画（lay 是 MyLayer 的实例）来动画地显示矩形的厚度：

```
CABasicAnimation* ba = [CABasicAnimation animationWithKeyPath:@"thickness"];
ba.toValue = [NSNumber numberWithFloat: 10.0];
ba.autoreverses = YES;
[lay addAnimation:ba forKey:nil];
```

在动画的每一步中，drawLayer:inContext:被调用，并且由于厚度值在每一步不同，动画效果就显示出来了。

17.5.5 分组的动画

分组动画（CAAnimationGroup）将多个动画组合成一个动画，这是通过它的 animations 属性（是存储多个动画的 NSArray）来完成的。通过对各个动画的延时和定时设定，这就产生了复杂的效果。

CAAnimationGroup 本身是一个动画，它是 CAAnimation 的一个子类，因此它有 duration（持续时间）和其他动画特征。你可以把 CAAnimationGroup 看成"父亲"，其中的动画看成它的"孩子们"，那些"孩子"从它们的"父亲"那里继承默认值。例如，如果你不显式地设置一个"孩子"的持续时间，那么它将继承"父亲"的持续时间。另外，你要确保"父亲"的持续时间足够用来包含所有你想播放的"孩子"动画片段。

例如，下面我们将指南针旋转和指南针振动组合到一起。我们描述了第一个动画的完整形式（设置了 fromValue 和 toValue 值）。我们使用 beginTime 属性推迟播放第二个动画（注意：beginTime 采用的是相对值，不是基于 CACurrentMediaTime，而是基于"父亲"的持续时间的一个数）。最后，我们把"父亲"持续时间设为所有"孩子"持续时间的总和：

```
CompassLayer* c = (CompassLayer*)self.compass.layer;
// 获取当前值,设置终值
CGFloat rot = M_PI/4.0;
[CATransaction setDisableActions:YES];
CGFloat current = [[c.theArrow valueForKeyPath:@"transform.rotation.z"]
floatValue];
[c.theArrow setValue: [NSNumber numberWithFloat: current + rot]
forKeyPath:@"transform.rotation.z"];
// 第一次动画 (旋转和弹响)
CABasicAnimation* anim1 = [CABasicAnimation
animationWithKeyPath:@"transform"];
anim1.duration = 0.8;
CAMediaTimingFunction* clunk =
[CAMediaTimingFunction functionWithControlPoints:.9 :.1 :.7 :.9];
anim1.timingFunction = clunk;
anim1.fromValue = [NSNumber numberWithFloat: current];
anim1.toValue = [NSNumber numberWithFloat: current + rot];
anim1.valueFunction = [CAValueFunction
functionWithName:kCAValueFunctionRotateZ];
```

```
// 第二次动画（摇摆）
NSMutableArray* values = [NSMutableArray array];
[values addObject: [NSNumber numberWithFloat:0]];
int direction = 1;
for (int i = 20; i < 60; i += 5, direction *= -1) { // reverse direction each
time
    [values addObject: [NSNumber numberWithFloat: direction*M PI/(float)i]];
}
[values addObject: [NSNumber numberWithFloat:0]];
CAKeyframeAnimation* anim2 =
[CAKeyframeAnimation animationWithKeyPath:@"transform"];
anim2.values = values;
anim2.duration = 0.25;
anim2.beginTime = anim1.duration;
anim2.additive = YES;
anim2.valueFunction = [CAValueFunction
functionWithName:kCAValueFunctionRotateZ];
// 组
CAAnimationGroup* group = [CAAnimationGroup animation];
group.animations = [NSArray arrayWithObjects: anim1, anim2, nil];
group.duration = anim1.duration + anim2.duration;
[c.theArrow addAnimation:group forKey:nil];
```

此例中，我使两个动画归并为一组，使它们以相同属性按次序地播放。

下面我们组合一些动画，这些动画同时以不同属性播放。要实现的功能是帆船沿着它的曲线路径移动。我有一个小视图(56×38)，定位在靠近屏幕的右上角，它的图层内容是一个面朝左的帆船图片。我将以曲线路径来向下"行驶"帆船，如图 17-2 所示。每当帆船到达曲线的顶点，就要改变方向，这时，我将转动帆船图片，因此它所朝向的路径就是将要移动的方向。同时，我将不断地摇晃船，因此它看上去总是在水波中颠簸。

图 17-2　船和它的航线

这个例子解释了带有 CGPath 的 CAKeyframeAnimation 的使用，kCAAnimationPaced 的 calculationMode 确保了整个行进的恒速。我们不用设置显示的持续时间，这是因为我们采用组的持续时间。

```
CGFloat h = 200;
CGFloat v = 75;
CGMutablePathRef path = CGPathCreateMutable();
int leftright = 1;
CGPoint next = self.view.layer.position;
CGPoint pos;
CGPathMoveToPoint(path, NULL, next.x, next.y);
for (int i = 0; i < 4; i++) {
```

```
        pos = next;
        leftright *= -1;
        next = CGPointMake(pos.x+h*leftright, pos.y+v);
        CGPathAddCurveToPoint(path, NULL, pos.x, pos.y+30, next.x, next.y-30,
        next.x, next.y);
    }
    CAKeyframeAnimation* anim1 = [CAKeyframeAnimation
    animationWithKeyPath:@"position"];
    anim1.path = path;
    anim1.calculationMode = kCAAnimationPaced;
```

下面是第二个动画：逆转船面朝的方向。这是简单的绕 y 轴旋转。我们设置 calculationMode 为 kCAAnimationDiscrete（船的图片的逆转是一瞬间的改变，没有动画效果）。第一个动画是恒速，因此，逆转发生在曲线的每个顶点。我们也没有设置持续时间。

```
    NSArray* revs = [NSArray arrayWithObjects:[NSNumber numberWithFloat:0],
    [NSNumber numberWithFloat:M PI],
    [NSNumber numberWithFloat:0],
    [NSNumber numberWithFloat:M PI],nil];
    CAKeyframeAnimation* anim2 =
    [CAKeyframeAnimation animationWithKeyPath:@"transform"];
    anim2.values = revs;
    anim2.valueFunction = [CAValueFunction
functionWithName:kCAValueFunctionRotateY];
    anim2.calculationMode = kCAAnimationDiscrete;
```

下面是第三个动画：船的摇晃。它的持续时间很短，而且不停地重复 （通过给 repeatCount 赋一个巨大的值）。

```
    NSArray* pitches = [NSArray arrayWithObjects:[NSNumber numberWithFloat:0],
    [NSNumber numberWithFloat:M PI/60.0],
    [NSNumber numberWithFloat:0],
    [NSNumber numberWithFloat:-M PI/60.0],
    [NSNumber numberWithFloat:0],
    nil];
    CAKeyframeAnimation* anim3 =
    [CAKeyframeAnimation animationWithKeyPath:@"transform"];
    anim3.values = pitches;
    anim3.repeatCount = HUGE VALF;
    anim3.duration = 0.5;
    anim3.additive = YES;
    anim3.valueFunction = [CAValueFunction
functionWithName:kCAValueFunctionRotateZ];
```

最后，我们组合这三个动画，给组设置一个持续时间，该持续时间也会被前两个动画使用。当我们将动画交付给显示船的图层，我们也基于第一个动画的最终位置而改变了图层的位置，从而使它与最终位置相匹配，船才不会回到它的最初位置：

```
    CAAnimationGroup* group = [CAAnimationGroup animation];
    group.animations = [NSArray arrayWithObjects: anim1, anim2, anim3, nil];
    group.duration = 8;
    [view.layer addAnimation:group forKey:nil];
    [CATransaction setDisableActions:YES];
    view.layer.position = next;
```

下面是另外一些 CAAnimation 属性（来自 CAMediaTiming 协议）。当动画被组合的时候，你需要这些属性：

- speed：子时间标度和父时间标度之间的比例。例如，如果父动画和子动画有相同的持续时间，但是孩子的 speed 是 1.5，它的动画播放速度是父动画播放速度的 1.5 倍。
- fillMode：如果子动画播放开始于父动画播放之后，或者在父动画结束之前结束，或者同时满足这两者，那么，在子动画范围之外，动画的属性如何展现？这取决于子动画的 fillMode：

  - kCAFillModeRemoved：只要子动画停止播放，子动画就会被删除，图层属性值就是当前值。
  - kCAFillModeForwards：子动画的最后展示层的数值被保留下来。
  - kCAFillModeBackwards：出现子动画的最初展示层的数值。
  - kCAFillModeBoth：结合前两者。

CALayer 遵循 CAMediaTiming 协议，因而图层能够有 speed（速度）。这将对任何附在图层上的动画都有影响。一个速度为 2 的 CALayer 可以在 5 秒钟内播放持续 10 秒的动画。

17.5.6　过渡

图层的过渡是一个图层的两个"副本"的动画。看上去，第二个"副本"替换第一个。它由 CATransition（CAAnimation 的一个子类）的实例来描述。CATransition 有以下主要属性来描述动画：

- type（类型）
  你的选择是：
  - kCATransitionFade
  - kCATransitionMoveIn
  - kCATransitionPush
  - kCATransitionReveal
- subtype（子类型）
  如果 type 不是 kCATransitionFade，你的选择是：
  - kCATransitionFromRight
  - kCATransitionFromLeft
  - kCATransitionFromTop
  - kCATransitionFromBottom

理解过渡动画的最好途径是一个个地试。例如：

```
CATransition* t = [CATransition animation];
t.type = kCATransitionPush;
t.subtype = kCATransitionFromBottom;
[view.layer addAnimation: t forKey: nil];
```

你将看到整个图层从它最初位置向下移动，逐渐消失，并且另一个相同图层的"副本"从顶部向下移动，逐渐呈现。在图 17-3 中，绿色的图层（大的矩形）是红色图层（小的矩形，出现了两次）的超图层。正常的情况下，红色图层显示在绿色图层的中间，图 17-3 是红色图层在过渡的中间状态。

图 17-3　一个推送过渡

你可以使用图层的超图层来限制图层过渡的可视部分。如果超图层的 maksToBounds 为 NO，用户可以看到完整的过渡，移动过程会将整个屏幕当做它的可视边界。但是，如果超图层的 maksToBounds 为 YES，那么过渡移动过程的可视部分将会被限制在超图层的边界。例如，在图 17-3 中，如果绿色图层的 maksToBounds 为 YES，在它的边界外面，我们将看不见过渡动画的任何部分。通常的设计是将要过渡的图层限制在超图层中，它将可视的过渡限制到图层本身的边界之内。

上面的例子中，图层的"副本"是完全一样的。一个典型的做法是改变图层的内容。我们对上例做些改变，让土星图片替换火星图片（从上面把火星图片推出图层边界）。我们得到一个滑动的效果，就好像一个图层正被另一个图层替换。事实上，只有一个图层承载第一幅图片，然后承载另一幅图片。

```
CATransition* t = [CATransition animation];
t.type = kCATransitionPush;
t.subtype = kCATransitionFromBottom;
[CATransaction setDisableActions:YES];
layer.contents = (id)[[UIImage imageNamed: @"Saturn.gif"] CGImage];
[layer addAnimation: t forKey: nil];
```

17.5.7　动画列表

如果你需要触发一个显式动画，那么你可以调用 CALayer 的 addAnimation:forKey 方法。为了理解该方法是怎样工作的，并且理解 key 的含义，你首先需要了解图层的动画列表（The Animation List）。

一个动画是一个 CAAnimation 对象，该对象修改一个图层的绘制方式。一个图层包含一个当前有效的动画列表。为了添加一个动画到该列表，调用 addAnimation:forKey:。当要对它自身绘图时，图层遍历它的动画列表并且绘制动画。

动画列表是以一种奇怪的方式被保存着。该列表不完全是一个字典，但颇像字典。动画有一个键——addAnimation:forKey:的第二个参数。如果某一个键的动画被添加到列表上，但是该键的动画已经存在于列表中，那么已经存在于该列表中的那个动画会被删除。即对于一个给定键，只能有一个动画存在于列表中（排他性规则）。这也是为什么有时插入一个动画后，系统删除了一个正在运行中的动画：这两个动画有相同的键，因此第一个动画被删除了。你还可以添加一个不带键的动画(键为 nil)，这样就不受制于排他性法则（即在列表中可以存在多个不带键的动画）。动画被添加到列表的顺序就是它们运行的顺序。

因此，addAnimation:forKey:中的 Key 参数不一定是一个属性名。它可以是一个属性名，但也可以是任意值。它的用途是执行排他性法则。它并不确定 CAPropertyAnimation 所动画的属性。那是动画的 keyPath 所要做的工作。读者不要被 key 搞混了。

为了访问动画列表，使用 animationKeys 访问列表中动画的键名，然后可以使用 animationForKey:和 removeAnimationForKey:方法获得或删除一个动画（该键所对应的动画）。系统不允许你访问 nil 键所对应的动画。但是，可以使用 removeAllAnimations 删除所有动画，包括 nil 键的动画。每个动画都有一个 removedOnCompletion 属性，默认是 YES。它的意思是，当播放结束后，就从列表中删除。在有些情况下，设置 removedOnCompletion 为 NO 以及设置动画的 fillMode 为 kCAFillModeForwards 或 kCAFillModeBoth 是有意义的：即使动画结束了，图层保持动画的最后"一帧"。需要注意的是，初学者有时使用上述方法来避免动画在结束时跳回到它的初始值。这是不正确的使用方式。正确的方法是改变属性值来匹配动画的最后一帧。

17.6　操　作

下面我们将解释隐式动画是怎么工作的。隐式动画的基础是操作机制(action mechanism)。

17.6.1　操作的含义

操作（Action）是一个遵循 CAAction 协议的对象。它实现了 runActionForKey:object:arguments:。CAAnimation 是唯一遵循 CAAction 协议的类。因此，一个动画是一个 action 的特殊情况(也是唯一情况)。

当动画收到 runActionForKey:object:arguments:消息时，它就假定第二个参数 object 是一个图层，并且将它本身添加到该图层的动画列表中。因此，对于一个收到 runActionForKey:object:arguments:消息的动画而言，就好像被告知："放映你自己吧！"。你将永远不会将 runActionForKey:object:arguments:消息直接发送给一个动画。相反，作为隐式动画的基础，系统发送该消息到一个动画上。

17.6.2　操作搜索

当你设置图层的某个属性并且触发一个隐式动画，实际上是触发操作搜索（The Action Search）。图层搜索一个可以对其发送 runActionForKey:object:arguments:消息的对象。由于操作对象将会是一个动画，并且由于它将通过添加它自己到一个图层的动画列表中来对该消息作出响应，所以，图层搜索就是搜索一个可以自己播放的动画。

图层搜索该动画的过程是相当复杂的。搜索一个操作对象是因为你做了某事而导致 actionForKey:消息发送给图层。例如，改变一个动画属性值。操作机制把属性的名称看成一个键，图层收到 actionForKey:（和前面的键）。操作搜索这就开始了。在操作搜索的各个阶段，系统遵从以下规则来返回各个阶段的结果：

- 一个操作对象（An action object）：
  如果一个操作对象（动画）产生了，那就结束搜索。操作机制发送 runActionForKey: object:arguments:消息给动画，作为响应，动画将它添加到图层的动画列表中。
- 空值（nil）：
  如果产生了空值，继续下一阶段搜索。
- [NSNull null]:
  如果[NSNull null]产生了，那么，不做任何事情，立即停止搜索。搜索结束了，而且没有隐式动画。

操作搜索按照如下步骤进行：

01 图层也许会在还没开始之前终止搜索。例如，如果图层是一个视图的底图层，或者如果属性被设置为相同值，它将不会搜索。在这种情况下，就没有隐式动画。

02 如果图层有一个委托，该委托实现了 actionForLayer:forKey:，那么该消息发送给委托（该图层是图层值，属性名是 key 值）。如果返回了一个动画或者[NSNull null]，那么搜索结束。

03 图层有一个 actions 属性，这是一个字典。对于给定的键，如果该字典有相应值，那么该值将被使用，并且搜索结束。

04 图层有个 style（样式）属性，也是一个字典。如果该字典上有给定的键 actions 所对应的值，那么，对于给定的键，若该 actions 字典有相应值，则该值将被使用，并且搜索结束。否则，如果 style 字典上有 style 值，那么，执行相同的搜索。以此类推，直到带有给定键的 actions 值被找到（则搜索结束），或者 style 值都找过了（则搜索继续进行）。

05 发送 defaultActionForKey:消息给图层类(属性名是键)，如果返回一个动画或[NSNull null]，则搜索终止。

06 如果搜索到达该处，就返回一个默认的动画。对于一个属性动画，这就是一个 CABasicAnimation。

委托的 actionForLayer:forKey: 和子类的 defaultActionForKey: 值被声明为返回一个 id<CAAction>。对于返回值为[NSNull null]，将需要强制转换它为 id<CAAction>。

17.6.3 深入到操作搜索

当搜索被触发后，你可以在不同阶段影响操作搜索来产生不同结果。例如，你让搜索的某个阶段产生一个动画（该动画将稍后被用到）。通过设置一个可动画的层属性，触发了搜索，你就影响了隐式动画。

假设我们想要某个图层的隐式 position（位置）动画的持续时间为 5s，那么，我们可以使用下述的语句来实现它：

```
CABasicAnimation* ba = [CABasicAnimation animation];
ba.duration = 5;
```

为了让其在 position（位置）属性上动画，将它放入图层的 actions 字典：

```
layer.actions = [NSDictionary dictionaryWithObject: ba forKey: @"position"];
```

结果是，当我们设置了图层的 position（位置），如果一个隐式动画发生了，那么它的持续时间为 5s，CATransaction 不能改变它。

```
[CATransaction setAnimationDuration:1];
layer.position = CGPointMake(100,200); // animation takes 5 seconds
```

下面让我们使用该例来分析操作机制是怎样使隐式动画工作。

01 你设置了图层的 position（位置）属性值。

02 如果你没有改变位置值，或者该图层是视图的底图层，那就到此结束。这是因为没有隐式属性动画。

03 否则，操作搜索开始了。因为这个例子没有委托，所以搜索是根据 actions 字典进行。

04 在 actions 字典中，键@ "position" 有对应的值（因为我们将它放在那儿），并且它是一个动画。该动画就是操作，并且搜索终结。

05 动画发送 runActionForKey:object:arguments:消息。

06 通过调用[object addAnimation:self forKey:@ "position"]，动画作出响应。动画的 keyPath 为 nil，该调用也将 keyPath 设置为相同的键。因此，现在有一个动画存在于图层的动画列表中，动画播放它的位置，因为它的 keyPath 是@ "position"。此外，我们没有设置 fromValue 或 toValue，因此以前的属性值和新值被派上用场了。那么动画显示图层从它当前位置移动到(100,200)。

为了让隐式动画在一些属性上禁用，你可以设置键值为[NSNull null]。另外，如果你设置图层的委托是对 actionForLayer:forKey:消息作出响应的实例，你的代码在动画需要时运行，并且你可以访问将要被动画播放的图层。因此，你可以动态地创建动画（随着当前情况的变化而变化）。

我们知道，CATransaction 采用 KVC，允许你设置和获取任意键的值。我们从设置属性值并触发操作搜索的代码上发送一个附加的消息到提供操作的代码段。这是可行的，因为它们都在相同的事务中发生。

在该例中，我使用图层委托来改变默认 position 动画，因此路径不是一条直线，而是稍微有些晃动。为了做到这点，委托构造了一个关键帧动画。动画依赖于旧位置值和新位置值；委托可以直接从图层中得到前者（之前位置值），但后者（新值）必须以某种方式被传递到委托。在这里，一个 CATransaction 键@ "newP" 被用来传递该信息。当我们设置图层的 position（位置）时，必须记住把它的未来值放在委托可以获得的地方，例如：

```
CGPoint newP = CGPointMake(200,300);
[CATransaction setValue: [NSValue valueWithCGPoint: newP] forKey: @"newP"];
layer.position = newP; // the delegate will waggle the layer into place
```

操作搜索调用委托来构建动画：

```
- (id < CAAction >)actionForLayer:(CALayer *)lay forKey:(NSString *)key {
    if ([key isEqualToString: @"position"]) {
        CGPoint oldP = layer.position;
```

```
            CGPoint newP = [[CATransaction valueForKey: @"newP"] CGPointValue];
            CGFloat d = sqrt(pow(oldP.x - newP.x, 2) + pow(oldP.y - newP.y, 2));
            CGFloat r = d/3.0;
            CGFloat theta = atan2(newP.y - oldP.y, newP.x - oldP.x);
            CGFloat wag = 10*M_PI/180.0;
            CGPoint p1 = CGPointMake(oldP.x + r*cos(theta+wag), oldP.y +
r*sin(theta+wag));
            CGPoint p2 = CGPointMake(oldP.x + r*2*cos(theta-wag), oldP.y +
r*2*sin(theta-wag));
            CAKeyframeAnimation* anim = [CAKeyframeAnimation animation];
            anim.values = [NSArray arrayWithObjects:[NSValue
valueWithCGPoint:oldP],
            [NSValue valueWithCGPoint:p1],
            [NSValue valueWithCGPoint:p2],
            [NSValue valueWithCGPoint:newP],
             nil];
            anim.calculationMode = kCAAnimationCubic;
            return anim;
        }
    return nil;
    }
```

下面我们将重载 defaultActionForKey:。该代码将被封装到一个 CALayer 子类中，该部分代码设置它的 contents（内容），这会触发一个从左边开始的 push transition（过渡）。

```
+(id < CAAction >)defaultActionForKey:(NSString *)aKey {
    if ([aKey isEqualToString:@"contents"]) {
        CATransition* tr = [CATransition animation];
        tr.type = kCATransitionPush;
        tr.subtype = kCATransitionFromLeft;
        return tr;
    }
    return [super defaultActionForKey: aKey];
}
```

17.6.4　非属性操作

改变一个属性不是触发一个操作搜索的唯一方式。当一个图层被加入到一个超图层中（键为 kCAOnOrderIn）时，并且当一个图层的子图层通过增减子图层（键为@"sublayers"）操作改变时，操作搜索同样被触发。我们可以关注委托中的这些键并且返回一个动画。

在下面这个例子中，当我们的图层被添加到超图层中，我们使它从视图中“跃出”，这是通过从不透明度为 0 开始快速衰退，同时对它进行放缩变换（使它瞬间稍微放大一点）来完成。

```
- (id < CAAction >)actionForLayer:(CALayer *)lay forKey:(NSString *)key {
    if ([key isEqualToString:kCAOnOrderIn]) {
        CABasicAnimation* anim1 =[CABasicAnimation
animationWithKeyPath:@"opacity"];
        anim1.fromValue = [NSNumber numberWithFloat: 0.0];
        anim1.toValue = [NSNumber numberWithFloat: lay.opacity];
        CABasicAnimation* anim2 =[CABasicAnimation
animationWithKeyPath:@"transform"];
        anim2.toValue = [NSValue valueWithCATransform3D:
        CATransform3DScale(lay.transform, 1.1, 1.1, 1.0)];
        anim2.autoreverses = YES;
        anim2.duration = 0.1;
```

```
        CAAnimationGroup* group = [CAAnimationGroup animation];
        group.animations = [NSArray arrayWithObjects: anim1, anim2, nil];
        group.duration = 0.2;
        return group;
    }
}
```

第 18 章　触摸和手势编程

iPad 和 iPhone 无键盘的设计是为屏幕争取到更多的显示空间。用户不再是隔着键盘发出指令。在触摸屏上的典型操作有：轻按（tap）某个图标来启动一个应用程序，向上或向下（也可以左右）拖移来滚动屏幕，将手指合拢或张开（pinch）来进行放大和缩小，等等。在邮件应用中，如果你决定删除收件箱中的某个邮件，那么你只需轻扫（swipe）要删除的邮件的标题，邮件应用程序会弹出一个删除按钮，然后你轻击这个删除按钮，这样就删除了邮件。

UIView 能够响应多种触摸操作。例如，UIScrollView 就能响应手指合拢或张开来进行放大和缩小。在程序代码上，我们可以监听某一个具体的触摸操作，并作出响应。简单来说，我们需要创建一个 UIGestureRecognizer 类的对象，或者是它的子类的对象。

- UILongPressGestureRecognizer: 长时间点某个对象。
- UIPanGestureRecognizer: 拖移一个对象。
- UIPinchGestureRecognizer: 在视图上将手指合拢或张开。
- UISwipeGestureRecognizer: 轻扫。
- UITapGestureRecognizer: 轻按（轻击）。

上述的每个类都能准确地检测到某一个动作。在创建了上述的对象之后，你使用 addGestureRecognizer 方法把它传递给视图。当用户在这个视图上进行相应操作时，上述对象中的某一个方法就被调用。在本章，我们阐述如何编写代码来响应上述触摸操作。

本章从最基本的触摸开始讲解，然后讲述各个手势相关的编程。

18.1　触　摸

触摸就是用户把手指放到屏幕上。系统和硬件一起工作，知道手指什么时候触碰屏幕以及在屏幕中的触碰位置。UIView 是 UIResponder 的子类，触摸发生在 UIView 上。用户看到的和触摸到的是视图(用户也许看到图层，但图层不是一个 UIResponder，它不参与触摸)。

触摸是一个 UITouch 对象，该对象被放在一个 UIEvent 中，然后系统将 UIEvent 发送到应用程序上。最后，应用程序将 UIEvent 传递给一个适当的 UIView。你通常不需要关心 UIEvent 和 UITouch。大多数系统视图会处理这些低级别的触摸，并且通知高级别的代码。例如，当 UIButton 发送一个动作消息报告一个 Touch Up Inside 事件，它已经汇总了一系列复杂的触摸动作（"用户将手指放到按钮上，也许还移来移去，最后手指抬起来了"）。UITableView 报告用户选择了一个表单元；当滚动 UIScrollView 时，它报告滚动事件。还有，有些界面视图只是自己响应触摸动作，而不通知你的代码。例如，当拖动 UIWebView 时，它仅滚动而已。

然而，知道怎样直接响应触摸是有用的，这样你可以实现你自己的可触摸视图，并且充分理解 Cocoa 的视图在做些什么。

18.1.1 触摸事件和视图

假设在一个屏幕上用户没有触摸。现在，用户用一个或更多手指接触屏幕。从这一刻开始到屏幕上没有手指触摸为止，所有触摸以及手指移动一起组成 Apple 所谓的多点触控序列。

在一个多点触控序列期间，系统向你的应用程序报告每个手指的改变，从而你的应用程序知道用户在做什么。每个报告是一个 UIEvent。事实上，在一个多点触控序列上的报告是相同的 UIEvent 实例。每一次手指发生改变时，系统就发布这个报告。每一个 UIEvent 包含一个或更多个的 UITouch 对象。每个 UITouch 对象对应一个手指。一旦某个 UITouch 实例表示一个触摸屏幕的手指，那么，在一个多点触控序列上，这个 UITouch 实例就被一直用来表示该手指（直到该手指离开屏幕）。

在一个多点触控序列期间，系统只有在手指触摸形态改变时才需要报告。对于一个给定的 UITouch 对象（即一个具体的手指），只有四件事情会发生。它们被称为触摸阶段，它们通过一个 UITouch 实例的 phase（阶段）属性来描述。

- UITouchPhaseBegan
  手指首次触摸屏幕，该 UITouch 实例刚刚被构造。这通常是第一阶段，并且只有一次。
- UITouchPhaseMoved
  手指在屏幕上移动。
- UITouchPhaseStationary
  手指停留在屏幕上不动。为什么要报告这个？一旦一个 UITouch 实例被创建，它必须在每一次 UIEvent 中出现。因此，如果由于其他某事发生（例如，另一个手指触摸屏幕）而发出 UIEvent，我们必须报告该手指在干什么，即使它没有做任何事情。
- UITouchPhaseEnded：手指离开屏幕。和 UITouchPhaseBegan 一样，该阶段只有一次。该 UITouch 实例将被销毁，并且不再出现在多点触控序列的 UIEvents 中。

上述四个阶段足够用来描述手指能做的任何事情。实际上，还有一个可能的阶段：

- UITouchPhaseCancelled：系统已经摒弃了该多点触控序列，可能是由于某事打断了它。

那么，什么事情可能打断一个多点触控序列？这有很多可能性。也许用户在当中单击了 Home 按钮或者屏幕锁按钮。在 iPhone 上，一个电话进来了。所以，如果你自己正在处理触摸操作，那么你就不能忽略这个取消动作；当触摸序列被打断时，你可能需要完成一些操作。

当 UITouch 首次出现时(UITouchPhaseBegan)，你的应用程序定位与此相关的 UIView。该视图被设置为触摸的 view（视图）属性值。从那一刻起，该 UITouch 一直与该视图关联。一个 UIEvent 就被分发到 UITouch 的所有视图上。

18.1.2 接收触摸

作为一个 UIResponder 的 UIView，它继承与四个 UITouch 阶段对应的四种方法（各个阶段需要 UIEvent）。通过调用这四种方法中的一个或多个方法，一个 UIEvent 被发送给一个视图。

- touchesBegan:withEvent:

  一个手指触摸屏幕，创建一个 UITouch。

- touchesMoved:withEvent:

  手指移动了。

- touchesEnded:withEvent:

  手指已经离开了屏幕。

- touchesCancelled:withEvent:

  取消一个触摸操作。

这些方法的参数是：

- 相关的触摸

  这些是事件的触摸，它们存放在一个 NSSet 中。如果你知道这个集合中只有一个触摸，或者在集合中的任何一个触摸都可以，那么，你可以用 anyObject 来获得这个触摸。

- 事件

  它是一个 UIEvent 实例，它把所有触摸放在一个 NSSet 中，你可以通过 allTouches 消息来获得它们。这意味着所有的事件的触摸，包括但并不局限于在第一个参数中的那些触摸。它们可能是在不同阶段的触摸，或者用于其他视图的触摸。你可以调用 touchesForView: 或 touchesForWindow:来获得一个指定视图或窗口所对应的触摸的集合。

UITouch 有一些有用的方法和属性：

- locationInView:, previousLocationInView:

  在一个给定视图的坐标系上，该触摸的当前的或之前的位置。你感兴趣的视图通常是 self 或者 self.superview，如果是 nil，则得到相对于窗口的位置。仅当是 UITouchPhaseMoved 阶段时，你才会感兴趣之前的位置。

- timestamp

  最近触摸的时间。当它被创建（UITouchPhaseBegan）时，它有一个创建时间，当每次移动（UITouchPhaseMoved）时，也有一个时间。

- tapCount

  连续多个轻击的次数。如果在相同位置上连续两次轻击，那么，第二个被描述为第一个的重复，它们是不同的触摸对象，但第二个将被分配一个 tapCount，比前一个大 1。默认值为 1。因此，如果一个触摸的 tapCount 是 3，那么这是在相同位置上的第三次轻击（连续轻击三次）。

- View

  与该触摸相关联的视图。

这有一些 UIEvent 属性：

- Type

  主要是 UIEventTypeTouches。

- Timestamp

  当事件发生时的时间。

18.1.3 限制触摸

通过 UIApplication 的 beginIgnoringInteractionEvents，你可以在应用上关掉触摸事件。例如，在动画期间，你可能不希望应用响应触摸事件。endIgnoringInteractionEvents 重新开启触摸事件。还有，UIView 的许多高级属性同样限制触摸：

- userInteractionEnabled

  如果设为 NO，该视图（和它的子视图）不接收触摸事件。

- Hidden

  如果设为 YES，该视图（和它的子视图）不接收触摸事件。

- Opacity

  如果设为 0.0（或者接近该值），该视图（和它的子视图）不接收触摸事件。

- multipleTouchEnabled

  如果设为 NO，该视图不会同时接收多个触摸动作。一旦收到一个触摸，它不会接收后续的其他触摸，直到第一个触摸结束。

18.1.4 解释触摸

在 iOS 上，手势识别器来解释触摸，手势识别器做大部分工作。但是，为了帮助大家深刻地理解触摸，我们由一个可以被用户手指拖动的视图开始来解释触摸的原理。为了简单起见，我将假设该视图一次只接收一个单独的触摸（设置视图的 multipleTouchEnabled 为 NO 即可，该属性默认值也为 NO）。视图有一个中心（center 属性），是在超视图坐标系中的位置。用户的手指也许不在视图的中心。因此在拖动的每个阶段，我们必须使用实例变量同时记录视图的中心（在超视图坐标系中）以及用户的手指所在的位置（同样在超视图坐标系中）。然后，用户的手指移动多少，我们移动中心多少。因此，我们有两个状态变量 p 和 origC。

```
- (void) touchesBegan:(NSSet *)touches withEvent:(UIEvent *)event {
    self->p = [[touches anyObject] locationInView: self.superview];
    self->origC = self.center;
}
- (void) touchesMoved:(NSSet *)touches withEvent:(UIEvent *)event {
    CGPoint loc = [[touches anyObject] locationInView: self.superview];
    CGFloat deltaX = loc.x - self->p.x;
    CGFloat deltaY = loc.y - self->p.y;
    CGPoint c = self.center;
    c.x = self->origC.x + deltaX;
    c.y = self->origC.y + deltaY;
    self.center = c;
    self->p = [[touches anyObject] locationInView: self.superview];
    self->origC = self.center;
}
```

然后，我们添加一个限制：视图仅仅只能被垂直或水平拖动。我们所做的就是固定一边。哪一边呢？这取决于用户最初的动作。因此，在第一次收到 touchesMoved:withEvent:时，将做一个一次性的测试。现在，我们多了另外两个状态变量 decided 和 horiz。

```
- (void) touchesBegan:(NSSet *)touches withEvent:(UIEvent *)event {
    self->p = [[touches anyObject] locationInView: self.superview];
    self->origC = self.center;
    self->decided = NO;
}
- (void) touchesMoved:(NSSet *)touches withEvent:(UIEvent *)event {
    if (!self->decided) {
        self->decided = YES;
        CGPoint then = [[touches anyObject] previousLocationInView: self];
        CGPoint now = [[touches anyObject] locationInView: self];
        CGFloat deltaX = fabs(then.x - now.x);
        CGFloat deltaY = fabs(then.y - now.y);
        self->horiz = (deltaX >= deltaY);
    }
    CGPoint loc = [[touches anyObject] locationInView: self.superview];
    CGFloat deltaX = loc.x - self->p.x;
    CGFloat deltaY = loc.y - self->p.y;
    CGPoint c = self.center;
    if (self->horiz)
        c.x = self->origC.x + deltaX;
    else
        c.y = self->origC.y + deltaY;
    self.center = c;
    self->p = [[touches anyObject] locationInView: self.superview];
    self->origC = self.center;
}
```

最后，我们使其更具真实性，允许用户水平或垂直地"抛掷"视图。这就需要我们知道手指移动速度有多快。速度是一个位置改变和时间改变的函数。在上面的例子中，我们已经知道怎样获得位置；对于时间，我们可以从事件的 timestamp（时间戳）得到。使用最近两次的位置和时间戳，我们就可以获得最后的速度。因此，现在我们再记录两个状态变量：时间和速度。实际中我们将用到的速度是记录在 touchesMoved:withEvent:中的一个数据。然后，在 touchesMoved:withEvent:中，我们将动画播放该持续移动。

```
- (void) touchesBegan:(NSSet *)touches withEvent:(UIEvent *)event {
    self->p = [[touches anyObject] locationInView: self.superview];
    self->origC = self.center;
    self->decided = NO;
    self->time = event.timestamp;
}
- (void) touchesMoved:(NSSet *)touches withEvent:(UIEvent *)event {
    if (!self->decided) {
        self->decided = YES;
        CGPoint then = [[touches anyObject] previousLocationInView: self];
        CGPoint now = [[touches anyObject] locationInView: self];
        CGFloat deltaX = fabs(then.x - now.x);
        CGFloat deltaY = fabs(then.y - now.y);
        self->horiz = (deltaX >= deltaY);
    }
    CGPoint loc = [[touches anyObject] locationInView: self.superview];
    CGFloat deltaX = loc.x - self->p.x;
    CGFloat deltaY = loc.y - self->p.y;
    CGPoint c = self.center;
```

```
        if (self->horiz)
            c.x = self->origC.x + deltaX;
        else
            c.y = self->origC.y + deltaY;
        self.center = c;
        //
        CGFloat elapsed = event.timestamp - self->time;
        loc = [[touches anyObject] locationInView: self.superview];
        deltaX = loc.x - self->p.x;
        deltaY = loc.y - self->p.y;
        CGFloat delta = self->horiz ? deltaX : deltaY;
        self->speed = delta/elapsed;
        //
        self->p = [[touches anyObject] locationInView: self.superview];
        self->origC = self.center;
        self->time = event.timestamp;
    }
 - (void) touchesEnded:(NSSet *)touches withEvent:(UIEvent *)event {
        CGFloat sp = self->speed;
        NSString* property = self->horiz ? @"position.x" : @"position.y";
        CGFloat start = self->horiz ? self.layer.position.x :
self.layer.position.y;
        CGFloat dur = 0.1
        CGFloat end = start + sp * dur;
        CABasicAnimation* anim1 = [CABasicAnimation animationWithKeyPath:
property];
        anim1.duration = dur;
        anim1.fromValue = [NSNumber numberWithFloat: start];
        anim1.toValue = [NSNumber numberWithFloat: end];
        anim1.timingFunction =
            [CAMediaTimingFunction
functionWithName:kCAMediaTimingFunctionEaseOut];
        [CATransaction setDisableActions:YES];
        [self.layer setValue: [NSNumber numberWithFloat: end] forKeyPath:
property];
        [self.layer addAnimation: anim1 forKey: nil];
    }
```

该例子显示了不同触摸调用之间怎样相互作用以及我们怎样在调用之间保留状态。但是，到目前为止，我们还没有处理同时发生的多个触摸。下面我们修改这个程序，从而用户可以随意拖动屏幕上的视图。为了减少状态变量的数量，我们不记录调用间的两个值（在同一个坐标系上的视图中心和触摸位置），我们只记录它们之间的差值（也表示成一个点，尽管它实际上是一个 x 差分和一个 y 差分）：

```
 - (void) touchesBegan:(NSSet *)touches withEvent:(UIEvent *)event {
        // record delta between initial touch point and center, in a CGFloat ivar
        CGPoint initialTouch = [[touches anyObject] locationInView:
self.superview];
        self->p = CGPointMake(initialTouch.x - self.center.x,
        initialTouch.y - self.center.y);
    }
 - (void) touchesMoved:(NSSet *)touches withEvent:(UIEvent *)event {
        CGPoint where = [[touches anyObject] locationInView: self.superview];
        where.x -= self->p.x;
        where.y -= self->p.y;
        self.center = where;
```

```
    }
```

假设我们的视图的 multipleTouchEnabled 为 YES。用户开始是用一个手指拖动视图，但之后也许放下第二个手指，抬起初始的手指，并且继续用第二个手指拖动视图——该手指离中心的 delta 值是不同的。因此，我们将必须保存每个触摸手指离中心的 delta 值。我们使用一个字典对象来保存每个触摸的 delta 值。但是，我们不能使用 UITouch 对象作为 NSDictonary 中的一个键，因为一个 NSDictonary 复制它的键，所以我们想要的是标识 UITouch 对象的标志符。从一个 UITouch 对象，我们将得到一个唯一的标识，即表示它在内存中的位置的字符串，该字符串我们可以使用 stringWithFormat: 获得。因此，我们在 UITouch 上做一个 category，从而得到这个唯一的标识。

```objc
@interface UITouch (additions)
- (NSString*) uid;
@end
@implementation UITouch (additions)
- (NSString*) uid {
    return [NSString stringWithFormat: @"%p", self];
}
@end
```

下面我们在多个触摸期间维护我们的字典对象。在我们第一次触摸时创建它，并且在我们最后一次触摸消失时销毁它：

```objc
- (void) touchesBegan:(NSSet *)touches withEvent:(UIEvent *)event {
    // 如果它不存在就创建并且保留字典
    if (!self->d)
        self->d = [[NSMutableDictionary alloc] init];
    // 为字典中"每一个"新的触摸存储 delta
    for (UITouch* t in touches) {
        CGPoint initialTouch = [t locationInView: self.superview];
        CGPoint delta = CGPointMake(initialTouch.x - self.center.x,
        initialTouch.y - self.center.y);
        [d setObject: [NSValue valueWithCGPoint:delta] forKey:[t uid]];
    }
}
- (void) touchesMoved:(NSSet *)touches withEvent:(UIEvent *)event {
    // *任何*已经移动的触摸将要重定位我们自己
    UITouch* t = [touches anyObject];
    CGPoint where = [t locationInView: self.superview];
    CGPoint delta = [[self->d objectForKey: [t uid]] CGPointValue];
    where.x -= delta.x;
    where.y -= delta.y;
    self.center = where;
}
- (void) touchesEnded:(NSSet *)touches withEvent:(UIEvent *)event {
    // 移除 *每一个* 已经从我们字典中结束的触摸
    for (UITouch* t in touches)
        [self->d removeObjectForKey:[t uid]];
    // if *all* touches are gone, release dictionary, nilify pointer
    if (![self->d count]) {
        self->d = nil;
    }
}
- (void) touchesCancelled:(NSSet *)touches withEvent:(UIEvent *)event {
    self->d = nil;
```

```
    }
```

当视图移动时，如果是多个手指落下，那么它们也许移动了不同的距离。因此，我们应该在每次调用 touchesMoved:withEvent:时重新计算 delta 值。此外，如果用户放下两只手指并且移动一只，视图就会移动。如果我们决定不动的手指应该优先考虑，视图应该保持原位。那么，我们需要在 touchesMoved:withEvent:上添加一些新的代码，整个代码如下：

```
- (void) touchesMoved:(NSSet *)touches withEvent:(UIEvent *)event {
    BOOL move = YES;
    // 如果触摸是固定的，就不动
    for (UITouch* t in [event touchesForView:self])
        if (t.phase == UITouchPhaseStationary)
            move = NO;
    if (move) {
    // *任何*已经移动的触摸将要重定位我们自己
        UITouch* t = [touches anyObject];
        CGPoint where = [t locationInView: self.superview];
        CGPoint delta = [[self->d objectForKey: [t uid]] CGPointValue];
        where.x -= delta.x;
        where.y -= delta.y;
        self.center = where;
    }
    //为字典中所有的触摸重新计算 deltas 值
    for (UITouch* t in [event touchesForView:self]) {
        CGPoint tpos = [t locationInView: self.superview];
        CGPoint delta = CGPointMake(tpos.x - self.center.x, tpos.y -
self.center.y);
        if ([d objectForKey:[t uid]])
            [d setObject: [NSValue valueWithCGPoint:delta] forKey:[t uid]];
    }
}
```

在上面的代码中，我们使用字典来记录该视图的所有触摸。当字典为空的时候，我们知道所有触摸都消失了。如果你不使用一个字典对象，那么你可以比较 touchesEnded:withEvent:的第一个参数上的触摸的数量和视图上的触摸的数量。

```
if ([touches count] == [[event touchesForView:self] count])
```

如果数量是相等的，那么视图关联的所有触摸已经到达 UITouchPhaseEnded（该视图没有任何触摸了）。

18.2　手势识别器

不管你是单击、双击、轻扫或者使用更复杂的操作，你都在操作触摸屏。iPad/iPhone 屏幕还可以同时检测出多个触摸，并跟踪这些触摸。例如：通过两个手指的捏合控制图片的放大和缩小。所有这些功能都拉近了用户与界面的距离，这也使我们之前的习惯随之改变。

手势（gesture）是指从你用一个或多个手指开始触摸屏幕，直到你的手指离开屏幕为止所发生的全部事件。无论你触摸多长时间，只要仍在屏幕上，你仍然处于某个手势中。触摸（touch）是指手指放到屏幕上。手势中的触摸数量等于同时位于屏幕上的手指数量（一般情况下，2~3 个手指就够用）。轻击是指用一个手指触摸屏幕，然后立即离开屏幕（不是来回移动）。系统跟踪轻击的数量，从而获得用户轻击的次数。在调整图片大小时，我们可以进行放大或缩小（将手指合拢或张开来进行放大和缩小）。

在 Cocoa 中，代表触摸对象的类是 UITouch。当用户触摸屏幕，产生相应的事件。我们在处理触摸事件时，还需要关注触摸产生时所在的窗口和视图。UITouch 类中包含有 LocationInView、previousLocationInView 等方法：

- LocationInView：返回一个 CGPoint 类型的值，表示触摸（手指）在视图上的位置。
- previousLocationInView：和上面方法一样，但除了当前坐标，还能记录前一个坐标值。
- CGRect：一个结构，它包含了一个矩形的位置（CGPoint）和尺寸（CGSize）。
- CGPoint：一个结构，它包含了一个点的二维坐标（CGFloatX，CGFloatY）。
- CGSize：包含长和宽（width、height）。
- CGFloat：所有浮点值的基本类型。

我们先来看一个不使用手势识别器的例子。假设我们要区分两个动作：一个是手指快速地轻击，另一个是手指停留在屏幕上多一会儿时间。我们不知道一个敲击持续多久才结束，因此我们是等待到结束时才决定是哪个动作。

```
- (void) touchesBegan:(NSSet *)touches withEvent:(UIEvent *)event {
    self->time = [[touches anyObject] timestamp];
}
- (void) touchesEnded:(NSSet *)touches withEvent:(UIEvent *)event {
    NSTimeInterval diff = event.timestamp - self->time;
    if (diff < 0.4)
        NSLog(@"short");
    else
        NSLog(@"long");
}
```

另一方面，如果用户的手指放在屏幕上很长时间（超过例子上的 0.4 秒），因为我们知道它是后一个动作（long 动作），因此我们是否可以开始对它作出反应而不需要等它结束？有人就编写了如下的延迟代码：

```
- (void) touchesBegan:(NSSet *)touches withEvent:(UIEvent *)event {
    self->time = [[touches anyObject] timestamp];
    [self performSelector:@selector(touchWasLong) withObject:nil
afterDelay:0.4];
}
- (void) touchesEnded:(NSSet *)touches withEvent:(UIEvent *)event {
    NSTimeInterval diff = event.timestamp - self->time;
    if (diff < 0.4)
        NSLog(@"short");
}
- (void) touchWasLong {
    NSLog(@"long");
}
```

上述代码有一个问题：系统总是调用 touchWasLong。下面我们使用 NSObject 的一个类方法来取消延时操作的调用：

```
- (void) touchesBegan:(NSSet *)touches withEvent:(UIEvent *)event {
    self->time = [[touches anyObject] timestamp];
    [self performSelector:@selector(touchWasLong) withObject:nil
afterDelay:0.4];
}
- (void) touchesEnded:(NSSet *)touches withEvent:(UIEvent *)event {
    NSTimeInterval diff = event.timestamp - self->time;
    if (diff < 0.4) {
        NSLog(@"short");
        [NSObject cancelPreviousPerformRequestsWithTarget:self
          selector:@selector(touchWasLong)
          object:nil];
    }
}
- (void) touchWasLong {
    NSLog(@"long");
}
```

我们再看另一个例子：如何区别单击和双击。UITouch 的 tapCount 属性记录了轻击次数，但是，它本身不足以帮助我们对上述两个操作做出不同反应。在收到一个 tapCount 为 1 的轻击之后，我们应该做的是延时反应它，等待足够长时间来判断是否还有第二个轻击的到来。这里有一个潜在问题：如果用户只是单击一下，我们也需要浪费一些时间来等待是否有第二次轻击。

如果我们在 touchesBegan:withEvent:中判断出是一个双击，那么，我们应该取消对单击的延时反应。我们在 touchesEnded:withEvent:上对双击做出反应。也是在 touchesEnded:withEvent:上对一个单击做延时反应。我们关心的是两个轻击之间的时间。整个代码为：

```
- (void) touchesBegan:(NSSet *)touches withEvent:(UIEvent *)event {
    int ct = [[touches anyObject] tapCount];
    if (ct == 2) {
        [NSObject cancelPreviousPerformRequestsWithTarget:self
          selector:@selector(singleTap)
          object:nil];
    }
}
- (void) touchesEnded:(NSSet *)touches withEvent:(UIEvent *)event {
    int ct = [[touches anyObject] tapCount];
    if (ct == 1)
        [self performSelector:@selector(singleTap) withObject:nil
afterDelay:0.3];
    if (ct == 2)
        NSLog(@"double tap");
}
- (void) singleTap {
    NSLog(@"single tap");
}
```

现在，让我们把上面的代码合并成一个复杂的例子。它可以检测三种手势：单击、双击和拖动。我们必须考虑到所有可能性并确保它们互不干涉。我们添加了一个状态变量来跟踪是轻击手势还是拖动手势：

```
- (void) touchesBegan:(NSSet *)touches withEvent:(UIEvent *)event {
    // 无法决定的
    self->decidedTapOrDrag = NO;
    // 准备轻击
    int ct = [[touches anyObject] tapCount];
    if (ct == 2) {
        [NSObject cancelPreviousPerformRequestsWithTarget:self
          selector:@selector(singleTap)
          object:nil];
        self->decidedTapOrDrag = YES;
        self->drag = NO;
        return;
    }
    // 准备拖曳
    self->p = [[touches anyObject] locationInView: self.superview];
    self->origC = self.center;
    self->decidedDirection = NO;
    self->time = event.timestamp;
}
- (void) touchesMoved:(NSSet *)touches withEvent:(UIEvent *)event {
    if (self->decidedTapOrDrag && !self->drag)
        return;
    self->decidedTapOrDrag = YES;
    self->drag = YES;
    if (!self->decidedDirection) {
        self->decidedDirection = YES;
        CGPoint then = [[touches anyObject] previousLocationInView: self];
        CGPoint now = [[touches anyObject] locationInView: self];
        CGFloat deltaX = fabs(then.x - now.x);
        CGFloat deltaY = fabs(then.y - now.y);
        self->horiz = (deltaX >= deltaY);
    }
    CGPoint loc = [[touches anyObject] locationInView: self.superview];
    CGFloat deltaX = loc.x - self->p.x;
    CGFloat deltaY = loc.y - self->p.y;
    CGPoint c = self.center;
    if (self->horiz)
        c.x = self->origC.x + deltaX;
    else
        c.y = self->origC.y + deltaY;
    self.center = c;
    //
    CGFloat elapsed = event.timestamp - self->time;
    loc = [[touches anyObject] locationInView: self.superview];
    deltaX = loc.x - self->p.x;
    deltaY = loc.y - self->p.y;
    CGFloat delta = self->horiz ? deltaX : deltaY;
    self->speed = delta/elapsed;
    //
    self->p = [[touches anyObject] locationInView: self.superview];
    self->origC = self.center;
    self->time = event.timestamp;
}
- (void) touchesEnded:(NSSet *)touches withEvent:(UIEvent *)event {
    if (!self->decidedTapOrDrag || !self->drag) {
        // end for a tap
        int ct = [[touches anyObject] tapCount];
        if (ct == 1)
            [self performSelector:@selector(singleTap) withObject:nil
```

```
afterDelay:0.3];
        if (ct == 2)
            NSLog(@"double tap");
        return;
    }
    // 结束拖曳
    CGFloat sp = self->speed;
    NSString* property = self->horiz ? @"position.x" : @"position.y";
    CGFloat start = self->horiz ? self.layer.position.x :
self.layer.position.y;
    CGFloat dur = 0.1;
    CGFloat end = start + sp * dur;
    CABasicAnimation* anim1 = [CABasicAnimation animationWithKeyPath:
property];
    anim1.duration = dur;
    anim1.fromValue = [NSNumber numberWithFloat: start];
    anim1.toValue = [NSNumber numberWithFloat: end];
    anim1.timingFunction =
      [CAMediaTimingFunction
functionWithName:kCAMediaTimingFunctionEaseOut];
    [CATransaction setDisableActions:YES];
    [self.layer setValue: [NSNumber numberWithFloat: end] forKeyPath:
property];
    [self.layer addAnimation: anim1 forKey: nil];
}
- (void) singleTap {
    NSLog(@"single tap");
}
```

上述代码比较复杂，而且还很难说是否覆盖了所有的可能性。下面我们看看怎样使用手势识别器简单地完成相同功能。

18.2.1 手势识别器类

一个手势识别器是 UIGestureRecognizer 的子类。UIView 针对手势识别器有 addGestureRecognizer 与 removeGestureRecognizer 方法和一个 gestureRecognizers 属性。UIGestureRecognizer 不是一个响应器(UIResponder)，因此它不参与响应链。当一个新触摸发送给一个视图时，它同样被发送到视图的手势识别器和超视图的手势识别器，直到视图层次结构中的根视图。

UITouch 的 gestureRecognizers 列出了当前负责处理该触摸的手势识别器。UIEvent 的 touchesForGestureRecognizer 列出了当前被特定的手势识别器处理的所有触摸。

当触摸事件发生了，其中一个手势识别器确认了这是它自己的手势时，它发出一条(例如：用户轻击视图)或多条消息(例如：用户拖动视图)；这里的区别是一个离散的还是连续的手势。手势识别器发送什么消息，对什么对象发送，这是通过手势识别器上的一个"目标—操作"调度表来设置的。一个手势识别器在这一点上非常类似一个 UIControl(不同的是一个控制可能报告几种不同的控制事件，然而每个手势识别器只报告一种手势类型，不同手势由不同的手势识别器报告)。

UIGestureRecognizer 本身是一个抽象类，提供方法和属性给它的子类，包含以下这些。

● initWithTarget:action
    指定的初始化器。这确定了发送什么操作消息给什么目标对象。可由 addTarget:action:*添加更多的"目标—操作"，由* removeTarget:action:*删除不需要的"目标—操作"。选择器有两种*

形式：要么没有参数，要么有一个手势识别器参数。通常，你将使用第二种情形，因此目标可以识别和访问手势识别器。此外，使用第二种形式同样能获得视图信息，这是因为手势识别器的 view（视图）属性提供对它的视图的引用。

- locationOfTouch:inView

  一个触摸是由索引号指定。numberOfTouches 属性提供当前触摸的个数。

- enabled

  这可以关掉手势识别器，而不用从视图中删除它。

- state, view

  视图是手势识别器附属的视图。

系统的 UIGestureRecognizer 子类提供六种常见的手势类型：轻击、挤压、拖动、划动、旋转和长按，具体如下。

- UITapGestureRecognizer（离散的）

  配置：numberOfTapsRequired，numberOfTouchesRequired（"touches" 表示同时接触的手指）。

- UIPinchGestureRecognizer（连续的）

  状态：比例（scale），速度（velocity）。

- UIRotationGestureRecognizer（连续的）

  状态：旋转（rotation），速度（velocity）。

- UISwipeGestureRecognizer（离散的）

  配置：direction（表示允许的方向，位掩码表示），numberOfTouchesRequired。

- UIPanGestureRecognizer（连续的）

  配置：minimumNumberOfTouches，maximumNumber OfTouches。状态：translationInView:，setTranslation:inView:和 velocityInView:；使用指定视图的坐标系，因此为了跟踪手指，你将使用正被拖动的视图的超视图。

- UILongPressGestureRecognizer（连续的）

  配置：numberOfTapsRequired，numberOfTouchesRequired，minimumPressDuration 和 allowableMovement。numberOfTapsRequired 是轻击的次数。

UIGestureRecognizer 也提供了一个 locationInView:方法。例如，对 UIPanGestureRecognizer 来说，如果是一个触摸，这就是触摸所在的位置；如果是多点触摸，它就是一个中点（centroid）。使用一个识别器来响应单击或双击的代码如下。下面是对单击做出响应的代码：

```
UITapGestureRecognizer* t = [[UITapGestureRecognizer alloc]
    initWithTarget:self  action:@selector(singleTap)];
[view addGestureRecognizer:t];
// ...
- (void) singleTap {
    NSLog(@"single");
}
```

以下是对双击做出响应的代码:

```
UITapGestureRecognizer* t = [[UITapGestureRecognizer alloc]
  initWithTarget:self   action:@selector(doubleTap)];
 t.numberOfTapsRequired = 2;
[view addGestureRecognizer:t];
// ...
- (void) doubleTap {
    NSLog(@"double");
}
```

对一个类似拖动的连续手势来说,我们需要同时知道手势什么时候进行以及什么时候结束。这就需要知道手势识别器的状态。手势识别器采用状态的概念(state 属性)。它在一个确定的过程中遍历这些状态。下面列出了可能的过程。

- 错误手势

  Possible→Failed。没发送动作消息。

- 离散手势(如轻击),被识别

  Possible→Ended。当状态变为 Ended 时,发送了一个动作消息。

- 连续手势(如拖动),被识别

  Possible→Began→Changed(重复多次)→Ended。对于 Began,发送一次动作消息;对于 Changed,有必要发几次就发几次;对于 Ended,只发送一次。

- 连续手势,被识别但稍后被取消

  Possible→Began→Changed(重复多次)→Cancelled。对于 Began,发送一次动作消息;对于 Changed,有必要发几次就发几次;对于 Ended,只发送一次。

实际的阶段名称为 UIGestureRecognizerStatePossible 等。下面我们采用一个手势识别器来实现一个视图,该视图自身可以用一个手指朝任意方向被拖动。我们的状态维护非常简单,因为 UIPanGestureRecognizer 为我们维护一个 delta 值(变化值)。这个值是以触摸的初始位置估算出来的。我们使用 translationInView: 获得该 delta 值。代码如下:

```
UIPanGestureRecognizer* p = [[UIPanGestureRecognizer alloc]
  initWithTarget:self action:@selector(dragging:)];
[view addGestureRecognizer:p];
// ...
- (void) dragging: (UIPanGestureRecognizer*) p {
    UIView* v = p.view;
    if (p.state == UIGestureRecognizerStateBegan)
        self->origC = v.center;
    CGPoint delta = [p translationInView: v.superview];
    CGPoint c = self->origC;
    c.x += delta.x; c.y += delta.y;
    v.center = c;
}
```

实际上,你可能根本不用保存任何状态,因为我们可以使用 setTranslation:inView:方法重设 UIPanGestureRecognizer 的 delta。因此,代码修改为:

```
- (void) dragging: (UIPanGestureRecognizer*) p {
```

```
    UIView* v = p.view;
    if (p.state == UIGestureRecognizerStateBegan ||
      p.state == UIGestureRecognizerStateChanged) {
        CGPoint delta = [p translationInView: v.superview];
        CGPoint c = v.center;
        c.x += delta.x; c.y += delta.y;
        v.center = c;
        [p setTranslation: CGPointZero inView: v.superview];
    }
}
```

如果一个手势识别器放在视图的超视图（或层次结构的更高位置）上，手势识别器同样也有效。例如，一个轻击手势识别器被加到窗口上，用户可以轻击窗口中的任何视图，该轻击将被识别；视图的存在不会"阻挡"窗口去识别手势。

18.2.2　多手势识别器

当多手势识别器参与时，结果会怎么样呢？这不仅仅是将多个识别器加到一个视图的问题。如果一个视图被触摸，那么，不仅仅是它自身的手势识别器参与进来，同时，任何在视图层次结构中更高位置的视图的手势识别器也将参与进来。我倾向于把一个视图想象成被一群手势识别器围绕：它自带的以及它的超视图的等。在现实中，一个触摸的确有一群手势识别器。那就是为什么 UITouch 有一个 gestureRecognizers 属性，该属性名以复数形式。

通常，一旦一个手势识别器成功识别它的手势，任何其他的关联该触摸的手势识别器被强制设为 Failed 状态。识别该手势的第一个手势识别器从那一刻起拥有手势和那些触摸。系统通过这个方式来消除冲突。例如，我们可以同时给单击增加 UITapGestureRecognizer 以及给一个视图增加 UIPanGestureRecognizer。如果我们也将 UITapGestureRecognizer 添加给一个双击手势，这将发生什么？双击不能阻止单击发生。因此，对于双击，单击动作和双击动作都被调用，那不是我们所希望的。我们没必要使用前面所讲的延时操作。我们可以构建一个手势识别器与另一个手势识别器之间的依赖关系，告诉第一个手势识别器暂停判断直到第二个已经确定这是否是它的手势。这通过向第一个手势识别器发送 requireGestureRecognizerToFail:消息来实现。该消息不是 "强迫该识别器识别失败"；它表示"在第二个识别器失败之前你不能成功"。我们的视图代码如下：

```
UITapGestureRecognizer* t2 = [[UITapGestureRecognizer alloc]
    initWithTarget:self  action:@selector(doubleTap)];
t2.numberOfTapsRequired = 2;
[view addGestureRecognizer:t2];
UITapGestureRecognizer* t1 = [[UITapGestureRecognizer alloc]
    initWithTarget:self  action:@selector(singleTap)];
[t1 requireGestureRecognizerToFail:t2];
[view addGestureRecognizer:t1];
UIPanGestureRecognizer* p = [[UIPanGestureRecognizer alloc]
    initWithTarget:self  action:@selector(dragging:)];
[view addGestureRecognizer:p];
```

18.2.3 给手势识别器添加子类

为了创建一个手势识别器的子类，你必须做这些事情：

- 在实现文件的开始，导入<UIKit/UIGestureRecognizerSubclass.h>。该文件包含一个 UIGestureRecognizer 的 category，从而你就能够设置手势识别器的状态。这个文件还包含 你可能需要重载的方法的声明。
- 重载触摸方法（就好像手势识别器是一个 UIResponder）。你调用 super 来执行父类的方法， 从而手势识别器设置它的状态。

例如，我们给 UIPanGestureRecognizer 创建一个子类，从而水平或垂直移动一个视图。我们创 建两个 UIPanGestureRecognizer 的子类：一个只允许水平移动，并且另一个只允许垂直移动。它们 是互斥的。下面我们只列出水平方向拖动的手势识别器的代码（垂直识别器的代码类似）。我们只 维护一个实例变量，该实例变量用来记录用户的初始移动是否是水平的。我们重载 touchesBegan:withEvent:来设置实例变量为第一个触摸的位置。

```
- (void) touchesBegan:(NSSet *)touches withEvent:(UIEvent *)event {
    self->origLoc = [[touches anyObject] locationInView:self.view.superview];
    [super touchesBegan: touches withEvent: event];
}
```

然后我们重载 touchesMoved:withEvent:方法。所有的识别逻辑都在这个代码里。该方法第一次 被调用时，它的状态应该是 Possible。这时，我们关注的是用户的移动是垂直方向的，还是水平方 向的。如果都不是，我们设置状态为 Failed；如果是，我们就让超类做它的事情。代码如下：

```
- (void) touchesMoved:(NSSet *)touches withEvent:(UIEvent *)event {
    if (self.state == UIGestureRecognizerStatePossible) {
        CGPoint loc = [[touches anyObject] locationInView:self.view.superview];
        CGFloat deltaX = fabs(loc.x - origLoc.x);
        CGFloat deltaY = fabs(loc.y - origLoc.y);
        if (deltaY >= deltaX)
            self.state = UIGestureRecognizerStateFailed;
    }
    [super touchesMoved: touches withEvent:event];
}
```

我们现在有了一个视图：仅当用户的初始手势是水平方向时，视图才移动。我们还需要保证它 本身只是水平移动。重载 translationInView:方法如下：

```
- (CGPoint)translationInView:(UIView *)v {
    CGPoint proposedTranslation = [super translationInView:v];
    proposedTranslation.y = 0;
    return proposedTranslation;
}
```

上面的例子很简单，这是因为 UIGestureRecognizer 帮助我们实现了大多数功能。如果你从头 自己编写 UIGestureRecognizer 的功能，这将有很多的工作。

18.2.4 手势识别器委托

一个手势识别器可以有一个委托，该委托可以执行两种任务：

- 阻止一个手势识别器的操作

  在手势识别器发出 Possible 状态之前，gestureRecognizerShouldBegin 被发送给委托；返回 NO 来强制手势识别器转变为 Failed 状态。在一个触摸被发送给手势识别器的 touchesBegan:...方法之前，gestureRecognizer:shouldReceiveTouch 被发送给委托；返回 NO 来阻止该触摸被发送给手势识别器。

- 调解同时手势识别

  当一个手势识别器正要宣告它识别出了它的手势时，如果该宣告将强制另一个手势识别器失败，那么，系统发送 gestureRecognizer:shouldRecognizeSimultaneouslyWithGestureRecognizer: 给手势识别器的委托，并且也发送给被强制设为失败的手势识别器的委托。返回 YES 就可以阻止失败，从而允许两个手势识别器同时操作。例如，一个视图能够同时响应两手指的按压以及两手指拖动，一个是放大或者缩小，另一个是改变视图的中心（从而拖动视图）。

作为一个例子，我使用委托消息来将 UILongPressGestureRecognizer 和 UIPanGestureRecognizer 结合起来：用户必须轻击并按住手指来"得到视图的注意"（这时，在视图上出现一个动画），然后用户才可以拖动视图。当我们创建手势识别器时，我们将保持对 UILongPressGestureRecognizer 的引用，并且我们把我们自己设为手势识别器 UIPanGestureRecognizer 的委托：

```
UIPanGestureRecognizer* p = [[UIPanGestureRecognizer alloc]
    initWithTarget:self action:@selector(panning:)];
UILongPressGestureRecognizer* lp = [[UILongPressGestureRecognizer alloc]
    initWithTarget:self action:@selector(longPress:)];
lp.numberOfTapsRequired = 1;
[view addGestureRecognizer:p];
[view addGestureRecognizer:lp];
self.longPresser = lp;
p.delegate = self;
```

UILongPressGestureRecognizer 的处理程序将完成动画的开始和停止，UIPanGestureRecognizer 的处理程序将处理拖动行为：

```
- (void) longPress: (UILongPressGestureRecognizer*) lp {
    if (lp.state == UIGestureRecognizerStateBegan) {
        CABasicAnimation* anim =
          [CABasicAnimation animationWithKeyPath: @"transform"];
        anim.toValue =
          [NSValue valueWithCATransform3D:CATransform3DMakeScale(1.1, 1.1,
1)];
        anim.fromValue =
          [NSValue valueWithCATransform3D:CATransform3DIdentity];
        anim.repeatCount = HUGE VALF;
        anim.autoreverses = YES;
        [lp.view.layer addAnimation:anim forKey:nil];
    }
    if (lp.state == UIGestureRecognizerStateEnded) {
        [lp.view.layer removeAllAnimations];
    }
```

```
    }
  - (void) panning: (UIPanGestureRecognizer*) p {
      UIView* v = p.view;
      if (p.state == UIGestureRecognizerStateBegan)
          self->origC = v.center;
      CGPoint delta = [p translationInView: v.superview];
      CGPoint c = self->origC;
      c.x += delta.x; c.y += delta.y;
      v.center = c;
  }
```

对于 UIPanGestureRecognizer 的委托，当 UILongPressGestureRecognizer 的状态为 Failed 或仍然是 Possible 时，如果 UIPanGestureRecognizer 试图声明成功，那么我们将阻止它。如果 UILongPressGestureRecognizer 成功，我们允许 UIPanGestureRecognizer 操作。代码如下：

```
  - (BOOL) gestureRecognizerShouldBegin: (UIGestureRecognizer*) g {
      if (self.longPresser.state == UIGestureRecognizerStatePossible ||
          self.longPresser.state == UIGestureRecognizerStateFailed)
          return NO;
      return YES;
  }
  - (BOOL)gestureRecognizer: (UIGestureRecognizer*) g1
  shouldRecognizeSimultaneouslyWithGestureRecognizer: (UIGestureRecognizer*)
g2 {
      return YES;
  }
```

我们使用 UIPanGestureRecognizer 的 translationInView:方法来移动视图。如果你在创建一个手势识别器的子类，你可以通过重载 canPreventGestureRecognizer: 和 canBePreventedByGesture-Recognizer:在类级别上实现多个手势识别。系统的手势识别器已经实现了这个功能。例如，numberOfTapsRequired 为 1 的 UITapGestureRecognizer 不会导致 numberOfTapsRequired 为 2 的 UITapGestureRecognizer 失败。

在一个手势识别器子类中，你可以直接将 ignoreTouch:forEvent:发送给一个手势识别器。这和委托方法 gestureRecognizer:shouldReceiveTouch:返回 NO 的效果一样。这就阻止了将触摸交付给手势识别器。例如，如果你正在处理一个手势，这时候一个新的触摸到达，你也许选择忽略新的触摸。

18.3　触摸的发送

现在让我们返回到最开始的触摸报告过程：当系统发送给应用程序一个包含触摸的 UIEvent，并把触摸交付给视图和手势识别器的完整过程。当用户将手指触摸屏幕并且触摸事件到达应用程序，应用程序按照一个标准的过程交付触摸给视图和手势识别器。

01 应用程序调用窗口上的 UIView 的实例方法 hitTest:withEvent:，该方法返回将要与该触摸关联的视图（称为 hit-test 视图）。该方法递归调用 UIView 实例方法 pointInside:withEvent: 和 hitTest:withEvent:，朝着视图层次结构向下找到最底层的包含触摸的位置和能够收到触摸的视图。

02 在确定每个触摸的 hit-test 视图后，应用程序调用它自己的 sendEvent:，该应用程序依次调用窗口的 sendEvent:。窗口通过调用合适的触摸方法交付触摸，具体如下：

①当一个触摸首次出现，它被交付给 hit-test 视图的一群手势识别器。然后也被交付给视图。

②阻止触摸的逻辑被视图采用(但不被手势识别器采用)。例如，新的触摸不会交付给视图，如果该视图当前有一个触摸并且 multipleTouchEnabled 被设为 NO(但它们将会被交付给视图的手势识别器群)。

③如果一个手势被手势识别器识别，那么对任何与该手势识别器关联的触摸：

- touchesCancelled:forEvent:被发送到触摸的视图，并且该触摸不再发送给视图。
- 如果该触摸和任何其他手势识别器关联，该手势识别器强制失败。

④如果一个手势识别器失败了，要么因为它声明失败，要么因为它被强制失败，它的触摸将不再交付给它，但它们继续被交付给视图。

⑤如果一个触摸将被交付给视图，但该视图不对触摸方法作出响应，响应链上的更高层的对象被选出来响应，并且该触摸被交付到那里。

本章余下部分对上述标准过程的每个阶段作详细说明。

18.3.1 命中测试

命中测试（Hit-Testing）决定用户触摸了哪个视图。视图的命中测试使用 UIView 实例方法 hitTest:withEvent:，该方法返回一个视图（命中测试的视图）或者返回空。这是找到包含触摸点的最前面的视图。该方法使用递归算法，具体如下：

01 一个视图的 hitTest:withEvent:首先调用它的子视图的相同方法（如果它有子视图的话），因为一个子视图被认为在超视图的前面。子视图被倒序地访问。因此，如果两个兄弟视图重叠，前面的一个首先被击中。

02 当一个视图命中测试它的子视图，如果任何一个子视图通过返回一个视图作出响应，那么，它停止询问它的子视图，并且立即返回该视图。因此，这个声明自己是击中视图的第一个视图立即到达调用链的顶部，它就是命中测试的视图。

03 如果一个视图没有子视图，或者它的所有子视图返回空(即它们和它们的子视图都没有击中)，那么视图调用自己的 pointInside:withEvent:方法。如果该调用证明触摸是在本视图内，则视图返回它自己，声明它自己就是击中视图；否则它返回空。

如果一个视图的 userInteractionEnabled 为 NO，或者它的 hidden 为 YES，或它的透明度接近 0.0，那么，不需要命中测试它的任何子视图并且不需要调用 pointInside:withEvent:，它总是返回空。还有，命中测试根本不知道 multipleTouchEnabled（因为它包括多点触控）和 exclusiveTouch（因为它的行为包括多个视图）。

你可以自己重载 hitTest:withEvent:来定制触摸交付机制。在调用 hitTest:withEvent:时，提供（消息发送给的）视图的坐标系上的一个点。第二个参数可以为空（如果你没有事件的话）。例如，假设我们有一个自带两个 UIImageView 子视图的 UIView。我们想要在任何一个 UIImageView 上探测到轻击手势，但是我们想要在 UIView 上操作它。这时，我们可以将 UITapGestureRecognizer 附加

到 UIView 上。我们怎样得知轻击发生在哪个子视图上？我们第一步是对两个 UIImageViews 的
userInteractionEnabled 设 为 YES （该步很关键。UIImageView 的默认值 为 NO。一个
userInteractionEnabled 为 NO 的视图将不会是 hitTest:withEvent:的返回结果）。现在，当我们的手
势识别器的操作句柄被调用时，该视图可以使用命中测试来决定轻击的地方：

```
CGPoint p = [g locationOfTouch:0 inView:self]; // g is the gesture recognizer
UIView* v = [self hitTest:p withEvent:nil];
```

命中测试可以被用来在界面的某区域内开启或关闭交互的一种方法。通过该方法，我们可以产
生某些不常见的效果。例如：

● 如果一个超视图包含一个 UIButton，但 hitTest:withEvent:不返回 UIButtom，该按钮不会被
轻击。
● 你重载 hitTest:withEvent:来返回自己，从而使得所有子视图不可触摸。
● 一个 userInteractionEnabled 为 NO 的视图可以打破常规，从而命中测试返回它自己（它自
己成为命中测试视图）。

图层的命中测试

图层也有命中测试。它不自动发生，而是由你决定。通过命中测试，你可以发现哪个图层收到
一个触摸。为了命中测试图层，你可以在一个图层上调用 hitTest:（参数是超图层坐标系上的一个
点）。要记住的是，图层并不接收触摸，触摸发送给视图而不是图层。到此为止，除了因为它是视
图的底层并且由于它的视图收到触摸事件，图层完全是不可触摸的。无论图层会出现在哪里，触摸
是发生在图层的视图上。

这些你需要命中测试的图层，它们本身不是任何视图的底图层，从而你不能通过正常的视图命
中测试发现这些图层。所有图层（包括属于某个视图的底图层的图层）都是图层层次结构中的一部
分。因此，命中测试图层的方式可以是从最高层的图层着手（即窗口的图层）。在下面的例子中，
我们给 UIWindow 添加一个子类并且重载它的 hitTest:withEvent:方法，因此，每当视图有命中测试
的时候，我们也都可以对图层进行命中测试：

```
- (UIView*) hitTest:(CGPoint)point withEvent:(UIEvent *)event {
    CALayer* lay = [self.layer hitTest:point];
    //…可能对那个信息做一些事情 ...
    return [super hitTest:point withEvent:event];
}
```

因为这是窗口，视图的命中测试点被看做图层的命中测试点；窗口边界是屏幕边界。但是你得
经常转换为超图层的坐标系。我们回到前面开发的 CompassView 例子。在此例中，指南针的所有
部分都是图层；我们想知道用户是否轻击箭头图层。为了简单起见，我们给 CompassView 一个
UITapGestureRecognizer，并且这就是它的操作处理。我们转换到超视图的坐标系，因为这些也是
我们的图层的超图层的坐标系：

```
// self 是指南针视图
CGPoint p = [t locationOfTouch: 0 inView: self.superview];
CALayer* hit = [self.layer hitTest:p];
```

```
        if (hit == ((CompassLayer*)self.layer).theArrow) // ...
```

图层命中测试可以通过调用 containsPoint:完成。然而，containsPoint:需要在图层的坐标系中的一个点。因此你必须首先转为超图层的坐标系：

```
    BOOL hit = [lay containsPoint: [lay convertPoint:point
fromLayer:lay.superlayer]];
```

对绘图的命中测试

命中测试并不知道具体的绘图区域和透明区域，只要命中的区域在视图或图层之内，这就算被命中。对于上述的例子，用户也许并没有轻击在箭头的绘图上，但是，我们也算击中箭头（只要击中所在的图层即可）。如果你知道绘制的区域（使用 CGPath 记录），那么，你可以使用 CGPathContainsPoint 测试一个点是否在其中。因此，对一个图层，你可以重载 hitTest：

```
- (CALayer*) hitTest:(CGPoint)p {
    CGPoint pt = [self convertPoint:p fromLayer:self.superlayer];
    CGMutablePathRef path = CGPathCreateMutable();
    // ... 在这里绘制路径 ...
    CALayer* result = CGPathContainsPoint(path, NULL, pt, true) ? self : nil;
    CGPathRelease(path);
    return result;
}
```

动画中的命中测试

如果视图或图层的位置是可以以动画的形式变动的，并且你希望用户可以在上面轻击，那么，你将需要命中测试显式层（presentation layer）。在下面这个例子中，我们有一个包含子视图的超视图。为了允许让用户在子视图中轻击（即使当子视图在动画播放时），我们修改超视图的 hitTest 方法为：

```
- (UIView*) hitTest:(CGPoint)point withEvent:(UIEvent *)event {
    // v 是动画子视图
    CALayer* lay = [v.layer presentationLayer];
    CALayer* hitLayer = [lay hitTest: point];
    if (hitLayer == lay)
        return v;
    UIView* hitView = [super hitTest:point withEvent:event];
    if (hitView == v)
        return self;
    return hitView;
}
```

如果用户在显式图层的外部轻击，我们不能简单调用 super，因为用户敲击的位置也许是子视图实际上已经移到的位置，在这种情况下 super 将报告它轻击了子视图。因此，如果 super 报告了这点，那么，我们应该返回 self（我们就是正在动画子视图所到的新位置上的对象）。

18.3.2　初始的触摸事件发送

通过调用 sendEvent:把触摸事件传递给 UIApplication 实例，UIApplication 调用它的 sendEvent:将它传递给相关的 UIWindow。然后 UIWindow 执行复杂的逻辑，这些逻辑是检查命中测试的视图和它的超视图、它们的手势识别器，从而决定它们当中的谁应该接收这个触摸消息。最后发送该消息给对象。

18.3.3　手势识别器和视图

当一个触摸首次出现并且被发送给手势识别器，它同样被发送给它的命中测试视图，触摸方法同时被调用。如果一个视图的所有手势识别器不能识别出它们的手势，那么，视图的触摸处理就继续。然而，如果手势识别器识别出它的手势，视图就接到 touchesCancelled:withEvent:消息，视图也不再接收后续的触摸。如果一个手势识别器不处理一个触摸（如使用 ignoreTouch:forEvent:方法），那么，当手势识别器识别出了它的手势后，touchesCancelled:withEvent:也不会发送给它的视图。

默认情况下，手势识别器推迟发送一个触摸给视图。UIGestureRecognizer 的 delaysTouchesEnded 属性的默认值为 YES，这就意味着：当一个触摸到达 UITouchPhaseEnded 并且该手势识别器的 touchesEnded:withEvent:被调用，如果触摸的状态还是 Possible（即手势识别器允许触摸发送给视图），那么，手势识别器不立即发送触摸给视图，而是等到它识别了手势之后。如果它识别了该手势，视图就接到 touchesCancelled:withEvent:；如果它不能识别，则调用视图的 touchesEnded:withEvent:方法。我们来看一个双击的例子。当第一个轻击结束后，手势识别器无法声明失败或成功，因此它必须推迟发送该触摸给视图（手势识别器获得更高优先权来处理触摸）。如果有第二个轻击，手势识别器应该成功识别双击手势并且发送 touchesCancelled:withEvent:给视图（如果视图已经被发送 touchesEnded:withEvent:消息，则系统就不能发送 touchesCancelled:withEvent:给视图）。

当触摸延迟了一会然后被交付给视图，交付的是原始事件和初始时间戳。由于延时，这个时间戳也许和现在的时间不同了。苹果建议我们使用初始时间戳，而不是当前时钟的时间。

18.3.4　识别

如果多个手势识别器来识别（Recognition）一个触摸，那么，谁获得这个触摸呢？这里有一个挑选的算法：一个处在视图层次结构中的偏底层的手势识别器(更靠近命中测试视图)比较高层的手势识别器先获得，并且一个新加到视图上的手势识别器比老的手势识别器更优先。

我们也可以修改上面的挑选算法。通过手势识别器的 requireGestureRecognizerToFail:方法，我们指定：只有当其他手势识别器失败了，该手势识别器才被允许识别触摸。另外，你让 gestureRecognizerShouldBegin:委托方法返回 NO，从而将成功识别变为失败识别。

还有一些其他途径。例如：允许同时识别（一个手势识别器成功了，但有些手势识别器并没有被强制变为失败）。canPreventGestureRecognizer: 或 canBePreventedByGestureRecognizer:方法就可以实现类似功能。委托方法 gestureRecognizer:shouldRecognizeSimultaneouslyWithGestureRecognizer: 返回 YES 来允许手势识别器在不强迫其他识别器失败的情况下还能成功。

18.3.5　触摸和响应链

一个 UIView 是一个响应器，并且参与到响应链中。如果一个触摸被发送给 UIView(它是命中测试视图)，并且该视图没有实现相关的触摸方法，那么，沿着响应链寻找那个实现了触摸方法的响应器（对象）。如果该对象被找到了，则触摸被发送给该对象。这里有一个问题：如果 touchesBegan:withEvent:在一个超视图上而不是子视图上实现，那么在子视图上的触摸将导致超视图的 touchesBegan:withEvent:被调用。它的第一个参数包含一个触摸，该触摸的 view 属性值是那个子视图。但是，大多数 UIView 触摸方法都假定第一个参数（触摸）的 view 属性值是 self。还有，如果 touchesBegan:withEvent:同时在超视图和子视图上实现，那么，你在子视图上调用 super，相同的参数传递给超视图的 touchesBegan:withEvent:，超视图的 touchesBegan:withEvent:第一个参数包含一个触摸，该触摸的 view 属性值还是子视图。

上述问题的解决方法如下：

● 如果整个响应链都是你自己的 UIView 子类或 UIViewController 子类，那么，你在一个类中实现所有的触摸方法，并且不要调用 super。

● 如果你创建了一个系统的 UIView 的子类，并且你重载它的触摸处理，那么，你不必重载每个触摸事件，但你需要调用 super（触发系统的触摸处理）。

● 不要直接调用一个触摸方法（除了调用 super）。

18.4   手势识别器实例

在本节，我们通过一个开花的例子（Flowers 项目）来学习 gesture。这个项目完成一个画板的功能。在第一个项目中，我们完成两个功能：在视图的空白处轻击，让系统自动出现一个花蕾；在花蕾上轻击，让它开花。在后面的项目中，我们使用不同手势来操作画板和画板上的花，从而完成更加复杂的动作，如调整大小（"捏"和"开"），轻扫屏幕，甚至实现一个自定义的手势删除视图上的花等。在这章我们详细讨论手势。

18.4.1   轻击手势编程

在本节，你将创建自定义的画板，并完成下面的功能：当第一次轻击时，画板弹出你想要的花蕾，再轻击就可使花蕾变成一朵菊花。下面是我们的开发步骤。

01 创建一个基于单视图的应用程序，作为一个"显示鲜花的视图板"。

02 捕获"轻击"手势，在轻击的位置上显示花蕾图片，如图 18-1 所示。

03 当轻击手势单击花蕾时，让花蕾开放，在"鲜花视图板"上显示一个菊花图片。

图 18-1   轻击例子

理解手势的最好方法是关注与手势相关的操作。下面我们开始实施这个项目。新建的项目叫做
Flowers1。

01 创建 Single View application 项目 Flowers1，设备家族选择 iPad，如图 18-2 和图 18-3 所示。

图 18-2　基于视图的应用

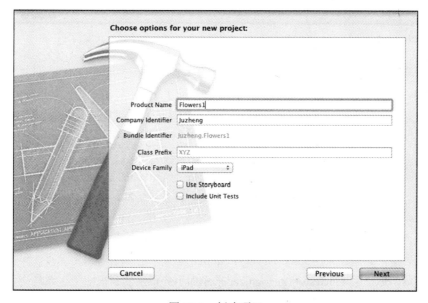

图 18-3　创建项目

02 添加两个图片（flower bud.png 和 flower.png）到 Supporting Files 文件夹下，如图 18-4 所
示。一个图片是花蕾，后一个图片是开的花。

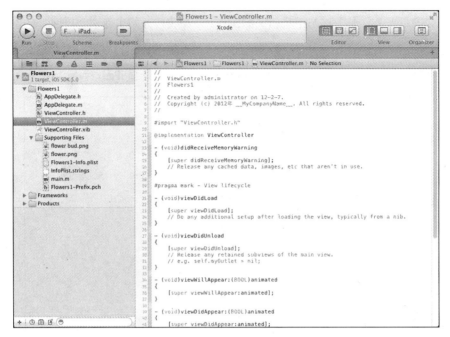

图 18-4　添加图片

03 创建轻击手势：当轻击手势被识别后，触发的 action 是在窗口上放置一个花蕾图（flower bud.png）。为了实现这一目标，我们重写 ViewController.m 中的 viewDidLoad 方法，并实例化这个轻击手势。代码如下：

```
- (void)viewDidLoad {
    [super viewDidLoad];
    UITapGestureRecognizer *tapRecognizer =
    [[UITapGestureRecognizer alloc]
      initWithTarget:self
      action:@selector(handleTapFrom:)];
    [tapRecognizer setNumberOfTapsRequired:1];
    [self.view addGestureRecognizer:tapRecognizer];
}
```

在上述代码中，我们调用 UITapGestureRecognizer 的 initWithTarget：action：方法来实例化一个轻击识别器。手势识别器采用"目标-操作"模式，自己是目标，handleTapFrom 是操作（即当轻击发生时，要调用的操作）。当轻击手势被识别出来，系统就向目标（即自己，ViewController）发送一个消息，ViewController 对象的 handleTapFrom 方法就被调用。

在上述代码中，你通过 setNumberOfTapsRequired 配置手势识别器识别多少次轻击。我们选用一次轻击。然后，你使用 addGestureRecognizer 来添加手势识别器到视图上。系统会监听在这个视图上的轻击事件。你最后释放识别器 tapRecognizer（视图已经拥有这个识别器了）。

04 实现操作代码。我们怎样才能添加一个花蕾图片到视图中呢？我们需要确定单击的位置，然后创建一个 image 代表花蕾图片，最后把它添加到 ViewController 的视图上。下面的 handleTapFrom 方法就是确定轻击位置并创建一个花蕾：

```
- (void)handleTapFrom:(UITapGestureRecognizer *)recognizer{
    CGPoint location = [recognizer locationInView:self.view];
    CGRect rect = CGRectMake(location.x - 40, location.y - 40, 80.0f, 80.0f);
    UIImageView *image = [[UIImageView alloc] initWithFrame:rect];
    [image setImage:[UIImage imageNamed:@"flower bud.png" ]];
    [self.view addSubview:image];
}
```

在上述代码中，我们使用 LocationInView 方法确定轻击所发生的（在这个视图上的）位置，并把位置信息保存在 location 里；再用 location 坐标确定一个中心位置为 location 的矩形，它的长宽各为 80；然后初始化一个图像视图，设置图像视图的 frame 为 rect（即上面的矩形位置），即长宽和 rect 一样。接着将 flowerbud.png 图片放入 image 视图中，并添加这个图像视图到当前视图上（即成为一个子视图），最后释放图像视图。

05 运行应用程序，并在空白处轻击。

18.4.2　多次触摸和响应者链

接下来我们要完成的功能是：单击花蕾使其开花。当我们单击一个花蕾时，怎样弹出一个菊花？这就涉及多次触摸与视图层次结构的内容。一个视图可以包含 1 个或多个子视图，子视图还可以包含属于它自己的视图。这些视图和子视图一起组成了视图层次结构。在本节，我们阐述如何让视图层次结构和多次触摸事件一起工作，并与手势关联起来。

为了正确地处理手势，我们还需了解响应者链（responder chain）的工作方式。如果你把视图层次结构理解为一个倒挂的树，并加上窗口和应用对象，那么，这个响应者链有点像如图 18-5 所示的倒挂树。手势是通过事件传递到系统，再由系统传递到响应者链。响应者链代表一系列响应者对象。事件先被交由第一响应者（最底层对象），如果第一响应者不处理，事件沿着响应者链继续传递，交给第二响应者，以此类推。如果传递到 UIApplication 还没有响应，则该事件就被放弃。

图 18-5　响应者链

我们具体地看一看响应者链。第一响应者是首先对事件进行响应的对象，一般是视图或控件。第一响应者不处理，事件就交给其视图控制器。如果此视图控制器不处理，则该事件将被传递给第一响应者的父视图。顺序是：第一响应者——视图控制器——父视图。如果父视图没有响应，则事件将传到父视图的控制器。事件将按照这个视图层次关系继续传递，直到传递给顶层视图，再到窗口，再到应用。对于触摸动作，其本身有一个触摸范围，所以，响应者链上的视图和子视图都是处于这个范围内。对于不在这个范围内的视图，触摸事件不会传递给它们。另外，第一响应者也称为 hit-tested 视图。hitTest:withEvent:方法返回这个 hit-tested 视图（后面有关于这个方法的更多说明）。

下面我们看看如何去编写代码来使花蕾开放为花朵。当单击花蕾时，触摸发生在花蕾所在的 UIImageView 上。这是第一个响应者。但是，在这个视图上，我们并没有编写手势代码来处理轻击事件，所以触摸事件将被传递到它的父视图，即 ViewController 所在的视图。在这个父视图上，轻击动作被识别出来，所以 handleTapFrom：方法被调用。在这个方法中，我们确定哪个视图被轻击，如果是 UIImageView 中的一个，我们则将 UIImageView 视图中的图片改为 "flower.png"，从而实现开花的效果。在这个例子中，我们利用了现有的轻击手势代码。

下面我们来新建第二个项目 Flowers2，如图 18-6 所示。

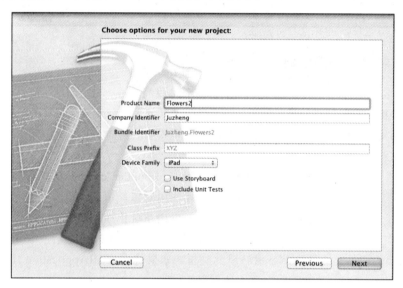

图 18-6　Flowers2 项目

创建步骤与第一个项目一样，viewDidLoad 里代码也相同。下面我们来重写 handleTapFrom 操作：

```
- (void)handleTapFrom:(UITapGestureRecognizer *)recognizer {
    CGPoint location = [recognizer locationInView:self.view];
    UIView *hitView = [self.view hitTest:location withEvent:nil];
    if ([hitView isKindOfClass:[UIImageView class]]){
        [(UIImageView *)hitView  setImage:[UIImage
imageNamed:@"flower.png" ]];
    }
    else
    {
        CGRect rect = CGRectMake(location.x - 40, location.y - 40, 80.0f, 80.0f);
        UIImageView *image =[[UIImageView alloc] initWithFrame:rect];
        [image setImage:[UIImage imageNamed:@"flower bud.png" ]];
        [image setUserInteractionEnabled: YES];
        [self.view addSubview:image];
    }
}
```

整个代码如图 18-7 所示。

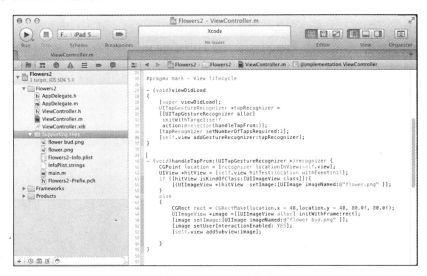

图 18-7　Flowers2 代码

在第一个应用里，我们使用识别器来获得轻击位置。在这个应用中，我们先定义了一个 hitView，通过位置和调用 hitView:withEvent 方法来获得被击中的视图，并把它放在 hitView 上。接下来是判断，如果击中的视图 hitView 是 UIImageView 视图，那么单击的是花蕾，要用 flower.png 图片代替 flower bud.png 图片，从而实现开花的效果。如果不是 UIImageView 视图，则单击位于 ViewController 的视图上（即空白处），我们放置另一个花蕾。

在默认情况下，UIImageView（图像视图）不响应触摸事件。也就是说，不能是被击中的视图。换句话说，用户不能和图像视图交互。在这种情况下，当你轻击图像视图时，图像视图不能成为 hit-tested 视图。图像视图的父视图成为第一响应者，成为了 hit-tested 视图。如果这样的话，if 语句部分永远不能被执行，从而也就无法弹出菊花了。在 else 语句中，[image setUserInteractionEnabled: YES]代码的作用是允许我们使用触摸事件和图像视图交互（这个交互是通过多点触摸事件完成）。

现在运行程序，单击视图的空白处，就可以创建花蕾，然后单击弹出的花蕾，看看有什么变化。如图 18-8 所示，开花了！

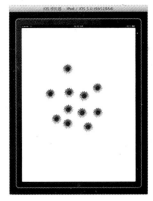

图 18-8　开花例子

18.4.3 轻扫手势编程

UIGestureRecognizer 是一个抽象类，它定义了所有手势识别器的基本功能和接口。在前几节中，用于识别轻击手势的 UITapGestureRecognizer 就是 UIGestureRecognizer 的子类。在本节，我们讲述另一个触摸动作——轻扫（从左到右或者从右到左划过屏幕）。轻扫手势识别器是 UISwipeGestureRecognizer，它也同样继承自 UIGestureRecognizer。

我们现在做一个项目 Flowers3，使用轻扫手势来清空鲜花视图板，留给我们一个空白的鲜花视图板来放置新的花蕾。换句话说，当你用手指在屏幕上一扫，所有花蕾和菊花都将被删除，留给你一个新的鲜花视图板。下面我们阐述创建步骤。

01 新建 Flowers3 项目，如图 18-9 所示。

02 我们先从轻扫识别器的实例化和配置开始。和前两个项目一样，重写 ViewController 的 viewDidLoad 方法如下（整个代码如图 18-10 所示）：

```
- (void)viewDidLoad {
    [super viewDidLoad];
    //...以前的轻击动作相关的代码，在这里省略
    UISwipeGestureRecognizer *swipeRecognizer =
      [[UISwipeGestureRecognizer alloc]
      initWithTarget:self
      action:@selector(handleSwipeFrom:)];
    swipeRecognizer.direction = UISwipeGestureRecognizerDirectionRight|
    UISwipeGestureRecognizerDirectionLeft;
    [self.view addGestureRecognizer:swipeRecognizer];
}
```

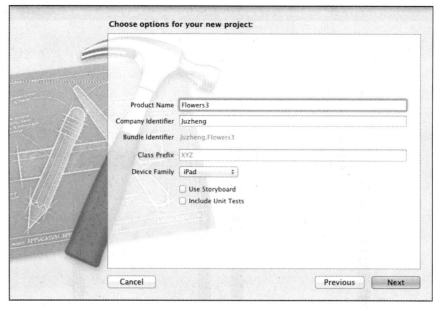

图 18-9　新建 Flowers3 项目

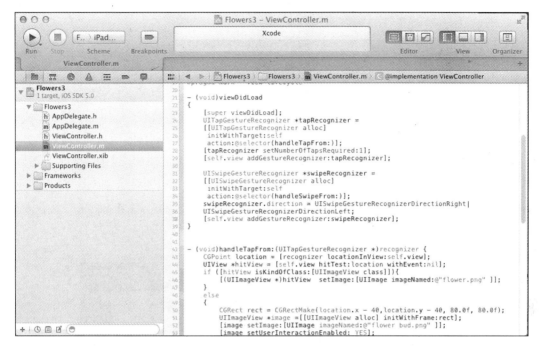

图 18-10　新旧代码

　　上述的代码有点类似前面的轻击手势识别器的代码。我们通过代码一步一步了解。首先，我们实例化 UISwipeGestureRecognizer 类，目标是自己，动作是 handleSwipeFrom，就像我们前面做过的轻击识别器。在这个例子里，我们写一个 handleSwipeFrom: 方法处理轻扫手势。

　　接下来我们指定轻扫手势的方向，这里有四个方向供我们选择：

- UISwipeGestureRecognizerDirectionLeft
- UISwipeGestureRecognizerDirectionRight
- UISwipeGestureRecognizerDirectionUp
- UISwipeGestureRecognizerDirectionDown

　　我们选用的是左右方向。在代码中，我们使用"|（或）"来指定左右方向。你可以随意选择方向组合。在配置轻扫手势后，我们添加轻扫识别器到视图控制器所在的视图上（就像我们前面做的轻击识别器一样）。

　　03 编写 handleSwipeFrom: 方法代码来清空画板。我们要做的是找到 ViewController 的子视图并删掉。UIView 的 subviews: 方法返回一个子视图数组，我们遍历这个数组中的各个子视图，在每个子视图上调用 removeFromSuperview。removeFromSuperview 方法从父视图（在本例中，那是 ViewController 的视图）中删除子视图。具体代码如下：

```
- (void)handleSwipeFrom:(UISwipeGestureRecognizer *)recognizer {
    for (UIView *subview in [self.view subviews]){
        [subview removeFromSuperview];
    }
    [UIView beginAnimations:nil context:nil];
    [UIView setAnimationDuration:.75];
```

```
    [UIView setAnimationBeginsFromCurrentState:YES];
    [UIView setAnimationTransition:UIViewAnimationTransitionFlipFromLeft
    forView:self.view
      cache:YES];
    [UIView commitAnimations];
}
```

我们决定用一个小动画来形象地表示轻扫手势发生后的结果。虽然本章的重点不是详细地介绍动画，但是我们还需简单说明一下。在这里我们只是简单地完成一个翻转的动画，持续时间为 0.75 秒，一旦子视图被删除，动画应该显示一个空白视图的左右翻转。整个效果类似翻转到画板的后面，而后面也是一个空白的画板。

04 运行程序。用一个手指向左或向右在屏幕上轻扫，观看鲜花视图板的变化。你应该看到如图 18-11 所示的效果。

图 18-11　轻扫例子

关于轻扫手势识别器，你还可以设置 numberOfTouchesRequired 属性来规定触摸（手指）的个数。例如，通过这个属性，你可以设置为 2，那么，只有当两个手指同时轻扫时，轻扫手势识别器才会识别这个轻扫手势。

18.4.4 离散和连续手势

到目前为止，我们学习了两种手势识别器：轻击和轻扫。当这两个手势被识别时（换句话说，当这两个手势发生时），系统就向目标发送"一个"操作（action）消息。在术语上，这样的手势称为离散手势。还有另外一种手势，这叫做连续手势。对于这种手势，识别器能基于一个手势而发送多个操作消息。例如：你在 iPhone（或者 iPad）上将两个手指（一般是大拇指和食指）放在一个图片上，并连续地合拢或张开。这时，随着合拢或张开，这个图片被放大或缩小，从而连续调整图片大小，直到你的手指离开屏幕。下面我们来看看怎样编写代码，完成用捏合（即合拢或张开）手势调整图片大小的功能。

在新的项目中，我们创建捏合（pinch）手势来调整花蕾大小。我们在每个 UIImageView 对象上中添加一个 pinch 手势。我们并没有把这些实例化捏合手势的代码放在 viewDidLoad 中，而是写入 handleTapFrom 方法中。这是因为花蕾是在 handleTapFrom 中创建的，所以我们在 handleTapFrom 方法中为每个图像视图添加一个 pinch 手势。下面是具体实施步骤。

01 新建 Flowers4，如图 18-12 所示。

图 18-12 捏合例子

02 在 handleTapFrom 方法中，我们创建了 UIPinchGestureRecognizer 对象，并同图像关联起来，具体代码如下：

```
- (void)handleTapFrom:(UITapGestureRecognizer *)recognizer {
    CGPoint location = [recognizer locationInView:self.view];
    UIView *hitView = [self.view hitTest:location withEvent:nil];
    if ([hitView isKindOfClass:[UIImageView class]]){
        [(UIImageView *)hitView setImage:[UIImage
```

```
imageNamed:@"flower.png" ]];
    }
    else
    {
        CGRect rect=CGRectMake(location.x - 40, location.y - 40, 80.0f, 80.0f);
        UIImageView *image = [[UIImageView alloc] initWithFrame:rect];
        [image setImage:[UIImage imageNamed:@"flower bud.png" ]];
        [image setUserInteractionEnabled: YES];
        UIPinchGestureRecognizer *pinchRecognizer =
          [[UIPinchGestureRecognizer alloc]
          initWithTarget:self
          action:@selector(handlePinchFrom:)];
        [image addGestureRecognizer:pinchRecognizer];
        [self.view addSubview:image];

    }
```

这段代码的前半段比较熟悉。在 else 语句中,我们实例化一个 UIPinchGestureRecognizer,设定目标为自己,操作为 handlePinchFrom。然后把捏合手势识别器添加到新创建的图像视图中。

03 编写 handlePinchFrom 代码来处理捏合动作。随着捏合手势的进行(即手指合拢或张开的范围的变化),在屏幕上的图片的显示比例系数随着捏合动作而改变。捏合手势识别器不断地传递消息给 handlePinchFrom 方法。一旦得到图片的比例系数,handlePinchFrom 方法要完成的操作就是根据比例系数调整图片大小。下来我们看看怎样做到:

```
- (void)handlePinchFrom:(UIPinchGestureRecognizer *)recognizer{
    CGFloat scale = [recognizer scale];
    CGAffineTransform transform= CGAffineTransformMakeScale(scale, scale);
    recognizer.view.transform = transform;
}
```

在上述代码中,首先我们使用捏合识别器获得比例(scale)属性,这个属性表明了手指合拢或张开的范围。然后我们使用比例属性来创建一个转换矩阵。接下来,视图将根据新的比例来重新绘制。

04 运行新的代码:创建一个花蕾,用两个手指按在花蕾上,实现“合拢”和“张开”动作,看看花蕾有什么变化。如果你是在模拟器上运行新的代码,那么你按下 Option 键(在虚拟机上按住 Alt 键),屏幕上出现两个圆点,这代表着两个手指。让两圆点置于图片上,移动鼠标来模拟拉开或者缩小动作(即调整花蕾或者花朵图片大小)。你应该看到类似图 18-13 所示的效果。

图 18-13　捏合例子

18.4.5　创建自定义手势

正如我们在前几节所看到的，苹果公司已经为我们提供了一些内置手势。如果这些内置手势不能满足需求，该怎么办呢？你可以创造你自己的触摸手势。苹果公司允许我们基于手势识别器基类创建子类来实现我们自己的手势。

我们通过一个自定义删除手势来了解自定义手势。我们模拟用橡皮擦东西的手势，即当用手指在花所在的图上画出一个锯齿形状，就会删除那个图片（无论是花蕾，还是盛开的花）。这就是我们要定义的手势。如何编写代码来检测这种手势？如图 18-14 所示，删除实际上是一个向上/向下运动的手势，这可以通过观察在 Y 轴上的运动来判断。如果 Y 值从逐步增加变成逐步减少，我们就知道运动方向发生变化，反之亦然。如果运动方向发生多次变化（即 Y 轴上经过两三个方向转变），那么，我们就确认这个手势是一个删除手势。

图 18-14　运动坐标

我们要定义一个删除识别器来识别这个删除动作，从而删除图片。接下来我们写这块代码。

01 我们新建 Flowers5 项目。

02 在这个项目中，我们创建一个 DeleteGestureRecognizer 类，用于识别删除手势。它是 UIGestureRecognizer 类的子类。代码如下：

```
#import <Foundation/Foundation.h>
#import <UIKit/UIGestureRecognizerSubclass.h>
@interface DeleteGestureRecognizer : UIGestureRecognizer {
    bool strokeMovingUp;
    int touchChangedDirection;
    UIView *viewToDelete;
}

@property (nonatomic, strong) UIView *viewToDelete;

- (void)touchesBegan:(NSSet *)touches  withEvent:(UIEvent *)event;
- (void)touchesMoved:(NSSet *)touches  withEvent:(UIEvent *)event;
- (void)touchesEnded:(NSSet *)touches  withEvent:(UIEvent *)event;
- (void)touchesCancelled:(NSSet *)touches  withEvent:(UIEvent *)event;
- (void)reset;
@end
```

我们首先导入 UIGestureRecognizerSubclass.h 头文件，这个头文件定义了基类 UIGestureRecognizer。然后声明一个新的接口 DeleteGestureRecognizer，它继承了 UIGestureRecognizer 类。接着添加三个属性：

● 第一个是布尔变量 strokeMovingUp，手势在 Y 轴正方向上移动时值为 YES，否则为 NO。
● 第二个是 int 类型变量 touchChangedDirection，记录手势方向改变的次数。
● 最后一个是 UIView 类型属性 viewToDelete，即将要被删除的视图（当删除手势被识别后）。

在接口文件的后面定义了多个方法。我们将在 DeleteGestureRecognizer 的实现文件中详细说明。下面是 DeleteGestureRecognizer 实现类的整个框架。我们逐步添加代码到这个类上。

```
@implementation DeleteGestureRecognizer
@synthesize viewToDelete;
@end
```

03 我们需要重写 viewController.m 里面 viewDidLoad，在里面加上 DeleteGestureRecognizer 的初始化：目标是自己，动作为 handleDeleteFrom。接下来添加 deleteRecognizer 为视图的手势识别器。当视图识别删除手势时，就会调用 handleDeleteFrom 方法。

```
- (void)viewDidLoad {
    [super viewDidLoad];
    //...前几节的代码，在这里省略
    DeleteGestureRecognizer *deleteRecognizer =
      [[DeleteGestureRecognizer alloc]
      initWithTarget:self
      action:@selector(handleDeleteFrom:)];
    [self.view addGestureRecognizer:deleteRecognizer];
}

- (void)handleDeleteFrom:(DeleteGestureRecognizer *)recognizer {
    if (recognizer.state == UIGestureRecognizerStateRecognized){
        UIView *viewToDelete = [recognizer viewToDelete];
        [viewToDelete removeFromSuperview];
    }
}
```

handleDeleteFrom 的代码比较好理解。我们从识别器获得要被删除的视图，然后调用 removeFromSuperview 方法从父视图上删除它。

04 下面我们在 DeleteGestureRecognizer.m 中重写从 UIGestureRecognizer 继承来的方法。首先是 reset 方法。当识别器完成一个手势识别后（无论是识别成功或是失败），这个方法就被调用来重新设置识别器。无论哪种情况（识别成功或失败），reset 方法都把属性置为它们的初始值（即为下一次识别做好了准备）。

```
- (void)reset {
    [super reset];
    strokeMovingUp = YES;
    touchChangedDirection = 0;
    self.viewToDelete = nil;
}
```

05 下面我们看看怎样重写各个触摸方法。我们首先把它们看成一个整体来理解它们的功能。

● touchesBegan: withEvent: 当一个或多个手指触摸到视图时，该方法将被调用。
● touchesMoved: withEvent: 当手指开始移动时（手指并没有离开触摸屏），该方法将被调用。
● touchesEnded: withEvent: 当一个或多个手指离开屏幕时，该方法将被调用。
● touchesCancelled: withEvent: 当系统决定取消一系列事件时（例如：有电话打进来时），该方法将被调用。

要注意的是，对于各个触摸事件，我们首先需要调用超类的相应方法。

首先，我们实现 touchsBegan:withEvent:方法。当你的手指第一次触摸到视图时，系统开始调用这个方法。如果有多个手指触摸视图（即触摸计数不为 1），则设置 state 属性为 UIGestureRecognizerStateFailed，表示本次手势失败。

```
- (void)touchesBegan:(NSSet *)touches withEvent:(UIEvent *)event {
    [super touchesBegan:touches withEvent:event];
    if ([touches count] != 1) {
        self.state = UIGestureRecognizerStateFailed;
        return;
    }
}
```

接下来是实现 touchesMoved:withEvent:方法。首先判断状态是否为 UIGestureRecognizerStateFailed，是则立即返回，不是则继续执行下面代码。然后定义两个点 nowPoint 和 prePoint，记录移动前位置与现在位置。接下来比较 nowPoint 和 prePoint 的 Y 坐标值，有变化就记方向改变一次，touchChangeDirection 属性值加一。

```
- (void)touchesMoved:(NSSet *)touches withEvent:(UIEvent *)event {
    [super touchesMoved:touches withEvent:event];
    if (self.state == UIGestureRecognizerStateFailed) return;
        CGPoint nowPoint = [[touches anyObject] locationInView:self.view];
        CGPoint prevPoint = [[touches anyObject]
previousLocationInView:self.view];
    if (strokeMovingUp == YES) {
      if (nowPoint.y < prevPoint.y ){
        strokeMovingUp = NO;
        touchChangedDirection++;
      }
    } else if (nowPoint.y > prevPoint.y ) {
      strokeMovingUp = YES;
      touchChangedDirection++;
    }
    if (viewToDelete == nil) {
      UIView *hit = [self.view hitTest:nowPoint withEvent:nil];
      if (hit != nil && hit != self.view){
          self.viewToDelete = hit;
      }
    }
  }
}
```

在上述代码中，我们还记录了待删除视图（即图片）。如果 viewToDelete 还没有确定，我们选取当前点（手指移动的当前点）这个位置，然后在控制器的视图上调用 hitTest 方法。hitTest 方法返回在这一个位置上的最底层的视图。如果这个视图不存在，或者这个视图就是控制器的视图，那么我们就没有找到（要删除的）图片。如果找到，就把这个待删除的视图赋值给 viewToDelete 属性。

接下来是实现 touchesEnd：withEvent：方法。当我们手指离开视图时，该方法被调用。若 touchChangedDirection 告诉我们已经改变了三次或者更多次方向，则我们将通过设置 UIGestureRecognizerStateRecoginzed 状态属性来识别这个手势；若方向改变次数小于 3 次，则我们设置状态为失败。

```
- (void)touchesEnded:(NSSet *)touches withEvent:(UIEvent *)event {
    [super touchesEnded:touches withEvent:event];
    if (self.state == UIGestureRecognizerStatePossible) {
      if (touchChangedDirection >= 3){
        self.state = UIGestureRecognizerStateRecognized;
      }
    else
```

```
        {
            self.state = UIGestureRecognizerStateFailed;
        }
    }
}
```

最后是touchesCancelled:withEvent:方法。当系统想取消触摸事件时，系统就调用这个方法。在这个方法中，我们调用reset方法，并设置状态属性为失败，即UIGestureRecognizerStateFailed。

```
- (void)touchesCancelled:(NSSet *)touches withEvent:(UIEvent *)event {
    [super touchesCancelled:touches withEvent:event];
    [self reset];
    self.state = UIGestureRecognizerStateFailed;
}
```

06 运行程序，单击空白区域出现花蕾，单击花蕾让它开花。然后，在一些花蕾和花上移动鼠标(上下移动)，观看花蕾和花变化。你应该看到这些蕾和花被删除了。结果类似图18-15所示。

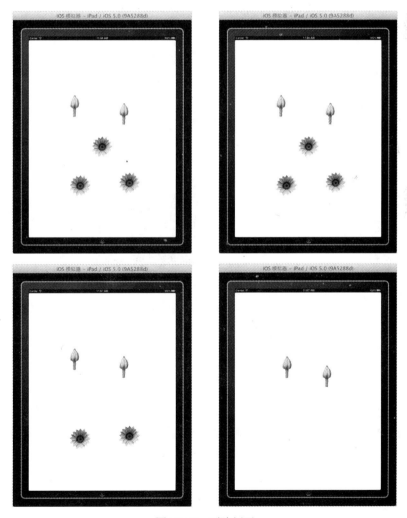

图18-15　删除例子

在本节，我们写了一个自定义识别器并把它融合到花蕾这个程序中。我们简单回顾一下整个过程：我们创建了一个识别器，用于跟踪用户的一根手指在 Y 轴上向下向上运动。如果两个或更多个手指触摸屏幕，那么系统进入一个失败状态，并调用 reset 方法准备识别下一组触摸事件。如果用户手指在抬起（即不触摸屏幕）之前的移动方向改变次数不够三次，则进入失败状态。如果用户按照我们预期的设计做，就进入识别状态（即删除手势被识别）。这时， UIGestureRecognizer 超类就会发送一个操作消息（handleDeleteFrom）给我们的目标。另外，touchesMoved 代码跟踪用户手指的移动，并记录在哪个图上移动手指。当用户的手指离开这个图（手指在其上划过锯齿状轨迹），我们删除这个图。

这个程序代码不是完美的。如果几个花蕾很接近，是否要删除全部花蕾？不，只删除第一个"用户手指划过锯齿状的图"。另外，如何让程序区分轻扫手势和删除手势呢？

18.4.6　添加声音

下面我们给应用程序添加一些声音功能。当用户轻击屏幕上的花蕾而开花时，我们同时播放一个声音。我们新建 Flowers6 项目来实现声音功能。

01 选择基于 iPad 的单视图应用程序，并创建 Flowers6 项目。

02 添加图片和 flower.mp3 声音文件到资源文件夹下（也可以添加.aif 文件），如图 18-16 所示。

图 18-16　添加声音.mp3 文件到项目上

03 为了单击花蕾时能播放音频文件，我们使用 AVAudioPlayer 类。为了使用 AVAudioPlayer 类，你需要添加 AVFoundation 框架到你的项目中，如图 18-17 和图 18-18 所示。单击项目名称，并从右边选择 Build Phases 和 Link Binary With Libraries，并在 ViewController.h 头文件中包含如下导入语句：

```
#import <AVFoundation/AVFoundation.h>
```

图 18-17　添加框架

图 18-18　选择 AVFoundation.framework

04 在 ViewController.h 的头文件中，你还需要声明如下的一个实例变量（声音播放器）：

```
AVAudioPlayer *player;
```

另外，还需要声明一个播放声音的方法：

```
-(void)makePopSound;
```

每当轻击一个花蕾时，我们就调用 makePopSound 方法来播放音频文件。

05 在 viewDidLoad 方法中，我们设置了声音播放器，相关代码如下：

```
NSURL *url = [NSURL fileURLWithPath:
   [NSString stringWithFormat:@"%@/flower.mp3" ,
   [[NSBundle mainBundle] resourcePath]]];
```

```
NSError *error;
player = [[AVAudioPlayer alloc] initWithContentsOfURL:url error:&error];
player.numberOfLoops = 0;
```

在上述代码中，我们先建立一个 NSURL 对象，它指向声音文件 flower.mp3。然后实例化一个声音播放器（AVAudioPlayer），该播放器用来播放 url 所指向的音频文件。我们还设置其循环次数为 0（这意味着它播放一次后不会再重复）。

06 编写 makePopSound: 方法代码。它比较简单，就是让播放器播放声音。

```
-(void)makePopSound {
    [player play];
}
```

07 在 handleTapFrom 中，我们添加了声音播放的功能，代码如下：

```
- (void)handleTapFrom:(UITapGestureRecognizer *)recognizer {
    CGPoint location = [recognizer locationInView:self.view];
    UIView *hitView = [self.view hitTest:location withEvent:nil];
    if ([hitView isKindOfClass:[UIImageView class]]){
        [(UIImageView *)hitView
          setImage:[UIImage imageNamed:@"flower.png" ]];
        [self makePopSound];
    }
    else
    {
        //其他代码
    }
}
```

在上述代码中，一旦我们确定轻击的视图是一个图像视图（即花蕾图片），我们就改变这个图片为 flower.png（完成开花动作），然后调用 makePopSound: 方法来播放声音。整个代码如图 18-19 所示。

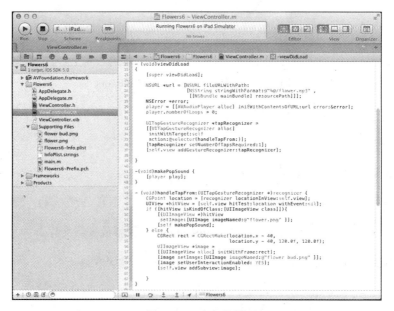

图 18-19　全部代码

08 运行程序，当单击花蕾图片时就播放 flower.mp3 文件，同时图片变为开花的图片（flower.png）。

18.4.7 手势识别的优先顺序

有时侯，你定义了多类手势。用户的操作可能让系统混淆在两个手势之间。这时，你可能希望设置手势识别的优先顺序。我们先看一个尝试用删除手势删掉图片的例子。当你运行上一节的应用程序时，如果你在花蕾上做的动作如下：先是一个手指滑动一段距离（看起来像是一个轻扫手势），然后再是删除手势。有时系统会看作是一个轻扫手势而导致整个鲜花视图板被删除，从而没有达到删除一个图片的目的。为了防止这个问题，我们将设置删除手势优先级别高于轻扫手势。

如图 18-20 所示，我们共定义了三个手势和其手势识别器：轻击识别器、轻扫识别器和我们自定义的删除手势识别器。当系统接收到触摸事件后，则送到 3 个识别器（有先后顺序），直到被其中一个识别。在我们这个例子中，轻扫识别器首先识别出轻扫手势，因此轻扫动作发生，应用程序已经删除了整个视图。在这个过程中，我们的删除手势还没被识别。

图 18-20　多类识别器

在下面的例子中，我们设置删除手势优先于轻扫手势。这是通过 UIGestureRecognizer 类的 requireGestureRecognizerToFail:方法完成的。它设置了：只有当一个识别器（如删除识别器）失败时，另一个识别器（轻扫识别器）才能去识别那些触摸事件（换句话说，删除识别器的优先级高于轻扫识别器）。因为 UIGestureRecognizer 是所有手势识别器的基类，所以，所有手势识别器（如轻扫识别器）都有一个 requireGestureRecognizerToFail:方法。该方法带有一个参数（即另一个识别器）。下面我们新建 Flowers7 项目来设置优先级别。

01 新建基于 iPad 的单视图项目 Flowers7，如图 18-21 所示。

02 在 Flowers5 的代码基础上修改代码如下：

```
- (void)viewDidLoad {
    [super viewDidLoad];
    //...前几节的代码，在这里省略
    DeleteGestureRecognizer *deleteRecognizer =
      [[DeleteGestureRecognizer alloc]
      initWithTarget:self
      action:@selector(handleDeleteFrom:)];
    [self.view addGestureRecognizer:deleteRecognizer];
    [swipeRecognizer requireGestureRecognizerToFail:deleteRecognizer];
}
```

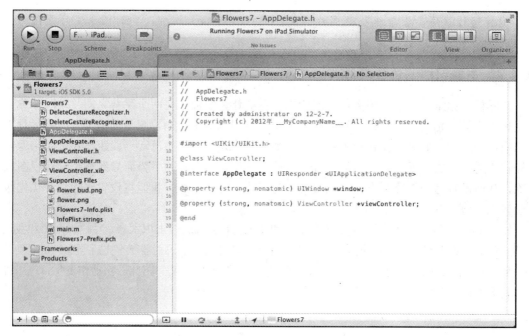

图 18-21　Flowers7 项目

上述代码中的关键语句是：

```
[swipeRecognizer requireGestureRecognizerToFail:deleteRecognizer];
```

上述代码完成如下功能：当 deleteRecognizer 的状态到达 UIGestureRecognizerStateFailed 之前，swipeRecognizer 的状态总是处于 UIGestureRecognizerStatePossible 状态。如果 deleteRecognizer 没有到达 UIGestureRecognizerStateFailed，而是到达 UIGestureRecognizerStateRecognizer 或者 UIGestureRecognizerStateBegan，这时 swipeRecognizer 改变它的状态为 UIGestureRecognizerStateFailed。当 deleteRecognizer 到达状态为 UIGestureRecognizerStateFailed 的情况下，swipeRecognizer 才得到识别触摸事件的机会。总之，上述的代码设置了：删除识别器的优先级高于轻扫识别器。

03 运行程序，先轻扫，手指不离开视图，在图片上继续做锯齿状删除移动，查看图片变化。

18.4.8　长按手势

长按手势识别器 UILongPressGestureRecognizer 是 UIGestureRecognizer 的子类。用户至少按住一个手指（numberOfTouchesRequired）在视图上，停留一段时间，这个手势就被识别（UIGestureRecognizerStateBegan）。手指可以在一个指定的范围（minimumPressDuration）内移动，如果超出这个范围，这个手势就不能被识别。长按手势是属于连续手势。

为了更好地理解长按手势，我们下面实现一个例子：当手指在屏幕上长时间触摸，在触摸点会弹出一个小菜单，这个菜单的箭头指向我们的触摸点；单击菜单项，就自动打开 108 方网站，如图 18-22 和图 18-23 所示。

图 18-22　长按手势

图 18-23　打开网站

下面是完成长按手势识别这个例子的步骤：

01 新建基于单视图的 iPad 项目 Flowers8。

02 复制图片到资源文件夹下。

03 修改 ViewController.h 文件代码如下，声明了 popover 控制器 currentPopover 和网页视图 webView。

```
#import <UIKit/UIKit.h>@interface ViewController : UIViewController {
UIPopoverController
*currentPopover;}@property(strong,nonatomic)UIPopoverController
*currentPopover;@property (nonatomic,weak) IBOutlet UIWebView *webView;@end
```

创建 Menu 类，类型是表视图，但不带 XIB 文件。这个表视图就是弹出的菜单。

04 修改 Menu.h 代码如下：

```
#import <UIKit/UIKit.h>
#define OpenWeb @"OpenWeb"//通知
@interface Menu : UITableViewController {
//UIPopoverController *container;//指向 popover 控制器
}
@property (assign, nonatomic) UIPopoverController *container;@end
```

05 修改 Menu.m 代码如下：

```
#import "Menu.h"@implementation Menu@synthesize container;
-BOOL)shouldAutorotateToInterfaceOrientation:(UIInterfaceOrientation)inter
faceOrientation {
    return YES;
}
//表视图的块数
- (NSInteger)numberOfSectionsInTableView:(UITableView *)tableView {
    return 1;
}
//表视图只有一行
- (NSInteger)tableView:(UITableView *)tableView
```

```
numberOfRowsInSection:(NSInteger)section {
    return 1;
}
- (UITableViewCell *)tableView:(UITableView *)tableView
cellForRowAtIndexPath:(NSIndexPath *)indexPath {
    static NSString *CellIdentifier = @"Cell";
    UITableViewCell *cell = [tableView
dequeueReusableCellWithIdentifier:CellIdentifier];
    if (cell == nil) {
        cell = [[UITableViewCell alloc]
initWithStyle:UITableViewCellStyleDefault
            reuseIdentifier:CellIdentifier];
    }
    cell.textLabel.text = @" 去108方手机平台"; //设置表视图显示的内容
    return cell;
}
- (void)tableView:(UITableView *)tableView
didSelectRowAtIndexPath:(NSIndexPath *)indexPath {
    //单击表视图上的菜单项后，发出通知，通知名称是OpenWeb
    [[NSNotificationCenter defaultCenter] postNotificationName:OpenWeb
object:self];
}
- (void)didReceiveMemoryWarning {
    [super didReceiveMemoryWarning];
}
- (void)viewDidUnload {}
@end
```

06 ViewController.m 文件代码如下：

```
#import "ViewController.h"
#import "Menu.h"

@implementation Flowers8ViewController
@synthesize currentPopover;
@synthesize webView;

- (void)viewDidLoad {
    [super viewDidLoad];

    //初始化轻击手势识别器
    UITapGestureRecognizer *tapRecognizer =[[UITapGestureRecognizer alloc]
    initWithTarget:self  action:@selector(handleTapFrom:)];
    [tapRecognizer setNumberOfTapsRequired:1];
    [self.view addGestureRecognizer:tapRecognizer];


    //初始化长按手势识别器，目标是自己，动作为handleLongPress方法
    UILongPressGestureRecognizer *longPress = [[UILongPressGestureRecogniz
er alloc]
    initWithTarget:self action:@selector(handleLongPress:)];
    [self.view addGestureRecognizer:longPress];//把长按手势识别器添加到视图上
}

-(void)handleDismissedPopoverController:(UIPopoverController *)popoverContr
oller{
    self.currentPopover = nil;//清空popover
}
//关闭popover时调用
```

```
    -(void)popoverControllerDidDismissPopover:(UIPopoverController *)popoverCon
troller{
        //调用 handleDismissedPopoverController:方法
        [self handleDismissedPopoverController:popoverController];
    }
    //一次弹出一个 popover
    -(void)setupNewPopoverControllerForViewController:(UIViewController *)vc{
        if (self.currentPopover) {
            [self.currentPopover dismissPopoverAnimated:YES];
            [self handleDismissedPopoverController:self.currentPopover];
        }
        //初始化一个 popover 视图控制器,赋给 currentPopover
        self.currentPopover = [[UIPopoverController alloc] initWithContentViewCo
ntroller:vc] ;
    }

    //处理长按手势
    - (void)handleLongPress:(UIGestureRecognizer *)gr {

        if (gr.state == UIGestureRecognizerStateBegan) {//长按手势开始

            //初始化 Menu(使用一个表视图来实现一个菜单)
            Menu  *c = [[Menu alloc] initWithStyle:UITableViewStylePlain] ;

            //将表视图添加到弹出的 popover 里
            [self setupNewPopoverControllerForViewController:c];
            //设置 popover 尺寸
            self.currentPopover.popoverContentSize = CGSizeMake(230, 44*1);
            c.container = self.currentPopover;//将表视图的尺寸和 popover 尺寸设为一样

            //设置 OpenWeb 通知,调用方法是 OpenMobilePhoneWeb
            [[NSNotificationCenter defaultCenter] addObserver:self selector:@se
lector(OpenMobilePhoneWeb:) name:OpenWeb object:c];
            CGRect popoverRect = CGRectZero;//类似于 CGRectMake(0,0,0,0)
            // popover 弹出的位置就是单击的位置
            popoverRect.origin = [gr locationInView:self.view];
            //设置弹出的 popover,尺寸为 popoverRect,所在视图为当前视图,箭头为任何方向
            [self.currentPopover presentPopoverFromRect:popoverRect inView:self
.view permittedArrowDirections:UIPopoverArrowDirectionAny animated:YES];
        }
    }
    //选择菜单项后,就发 OpenWeb 通知。这个通知就触发下面方法来打开一个新网页
    - (void)OpenMobilePhoneWeb:(NSNotification *)n {

        Menu *c = [n object];
        UIPopoverController *popoverController = c.container;
        [popoverController dismissPopoverAnimated:YES];//关闭菜单
        [self handleDismissedPopoverController:popoverController];
        self.currentPopover = nil;
        //设置网页地址 url
        NSURL *url = [NSURL URLWithString:@"http://www.108fang.com"];
        //打开地址为 url 的网页
        [[UIApplication sharedApplication] openURL:url];
    }

    //轻击手势的处理,与前面的例子相同
    - (void)handleTapFrom:(UITapGestureRecognizer *)recognizer {

        CGPoint location = [recognizer locationInView:self.view];
```

```
        UIView *hitView = [self.view hitTest:location withEvent:nil];
        if ([hitView isKindOfClass:[UIImageView class]]){
            [(UIImageView *)hitView
setImage:[UIImage imageNamed:@"flower.png" ]];
        }
        else {
            CGRect rect = CGRectMake(location.x - 40,
location.y - 40, 80.0f, 80.0f);
            UIImageView *image =[[UIImageView alloc] initWithFrame:rect];
            [image setImage:[UIImage imageNamed:@"flower bud.png" ]];
            [image setUserInteractionEnabled: YES];
            [self.view addSubview:image];
        }
    }

    - (BOOL)shouldAutorotateToInterfaceOrientation:(UIInterfaceOrientation)inte
rfaceOrientation {
        return YES;
    }

    - (void)didReceiveMemoryWarning {
        [super didReceiveMemoryWarning];
    }
    - (void)viewDidUnload {
    }
    @end
```

在上述的代码中，我们先初始化长按识别器。当用户在屏幕上长按时，就会弹出一个菜单（popover）。在 popover 以外的地方单击，popover 就消失。这个 popover 是由一个表视图组成，这个表视图只有一行，里面内容是"去 108 方手机平台"。单击这个 popover，就显示 108 方网站的页面，同时关闭 popover。

这段代码中仍然保留了前面的轻击手势，单击就出现花骨朵，单击花骨朵就变为花朵。

07 运行程序。体验一下长按手势。手指在屏幕的任何位置按住，直到出现一个 popover，单击它，界面转为 108 方手机开发平台网页，如图 18-22 和图 18-23 所示。

第 19 章　游戏和设备间通信

本章我们讲解与游戏相关的几个话题。

19.1　转动或晃动手机

使用过 iPhone/iPad 的读者可能发现了，随着转动 iPhone/iPad，某些软件的界面做相应变化（如浏览器）。对于开发人员来说，转动 iPhone/iPad 就是改变 iPhone/iPad 的方位。对于方位，其实有两种：物理的方位（Physical Orientation）和界面的方位（Interface Orientation）。前一个是指 iPhone/iPad 的物理位置（横着、竖着），后一个是状态栏的位置。当然，好的应用程序，它的状态栏是随着物理位置的变化而变化。

在内部，物理位置的变化是由 UIDevice 类的通知（Notification）来完成的。当你转动手机时，系统发出 UIDeviceOrientationDidChangeNotification。当停止转动时，发出 endGeneratingDevice OrientationNotifications。对于界面上的方位，你可以使用各个类的属性和方法来获得，如 UIApplication 类的 statusBarOrientation 属性和 UIViewController 类的方法：

```
- (BOOL)shouldAutorotateToInterfaceOrientation:
(UIInterfaceOrientation)interfaceOrientation
```

另外，当你晃动 iPhone/iPad 时，系统就产生事件（晃动是指上下、左右或前后快速移动）。事件是 UIEvent 类型。它包括下面的属性：

```
@property(readonly) UIEventType type;//事件类型
@property(readonly) UIEventSubtype subtype;//事件子类型
UIEventTypeMotion//移动类型
UIEventSubtypeMotionShake//移动子类型
```

当在三维空间晃动 iPhone/iPad 时，你还需要使用 Accelerometer（加速计）接口。它包括了 UIAccelerometer 和 UIAcceleration 类，还包括了 UIAccelerometerDelegate 协议。例如：

```
- (void)enableAccelerometerEvents//启用加速计事件
{
    UIAccelerometer* theAccel =[UIAccelerometer sharedAccelerometer];
    theAccel.updateInterval = 1/50; // 频率 50 Hz
    theAccel.delegate = self;
}
```

加速度（acceleration）信息可以通过以下三种方式到达。

- 一个 UIEvent

  你可以接收一个 UIEvent，它通知你一个加速手势发生了（即用户晃动了设备）。

- 从一个共享的 UIAccelerometer

  你可以设置自己为共享的 UIAccelerometer 的委托，从而在 accelerometer:didAccelerate:上接收加速度通知。例如：下面的代码在委托方法来处理上述的晃动。

```
- (void)accelerometer:(UIAccelerometer*)accelerometer
didAccelerate:(UIAcceleration*)acceleration
{
    // 获取晃动数据
    UIAccelerationValue x, y, z;
    x = acceleration.x;
    y = acceleration.y;
    z = acceleration.z;
    // ...处理数据
}
```

使用下述方法来停止晃动事件的发送：

```
- (void)disableAccelerometerEvents
{
    UIAccelerometer* theAccel =[UIAccelerometer sharedAccelerometer];
    theAccel.delegate = nil;
}
```

- 用 Core Motion 框架

  你实例化 CMMotionManager，然后获取期望的类型信息。你可以询问加速计信息、陀螺仪信息或设备运动信息；设备的运动信息是一个结合加速计和陀螺仪的信息，它准确地描述了设备在空间上的方向。

有时候，你还需要过滤这些晃动数据。还有，iPhone 模拟器没有这个功能，你需要在设备上测试。

19.1.1　晃动事件

一个晃动（shake）事件是一个 UIEvent，都涉及第一响应器的概念。为了接收晃动事件，你的应用程序必须包含一个 UIResponder。这个 UIResponder：

- 在 canBecomeFirstResponder 方法上返回 YES;
- 是真正的第一响应器。

这个响应器，或在响应器链上的更高级别 UIResponder，应该实现下面的方法：

- motionBegan:withEvent:

  有些手势开始发生，可能会也可能不会成为一个 shake。

- motionEnded:withEvent:

  在 motionBegan:withEvent:里面报告的动作已经结束，并证明是一个 shake。

- motionCancelled:withEvent:

  在 motionBegan:withEvent:里面报告的动作不是一个 shake。

有时，我们只需要实现 motionEnded:withEvent:方法，这是因为：只有用户执行一个晃动手势，才会到达这个方法。第一个参数是事件子类型（目前只是 UIEventSubtypeMotionShake）。当前视图的视图控制器一般接收晃动事件，例如：

```
- (BOOL) canBecomeFirstResponder {
  return YES;
}
- (void) viewDidAppear: (BOOL) animated {
  [super viewDidAppear: animated];
  [self becomeFirstResponder];
}
- (void)motionEnded:(UIEventSubtype)motion withEvent:(UIEvent *)event {
  NSLog(@"hey, you shook me!");
}
```

有时你的视图控制器可能不想抢夺视图上的任何响应器。为了防止这种情况，你可以测试视图控制器是否是第一响应器。如果不是，我们调用 super 传递事件到响应器链上。

```
- (void)motionEnded:(UIEventSubtype)motion withEvent:(UIEvent *)event {
  if ([self isFirstResponder])
      NSLog(@"hey, you shook me!");
  else
      [super motionEnded:motion withEvent:event];
}
```

19.1.2 UIAccelerometer

为了使用共享的 UIAccelerometer，你可以调用类方法 sharedAccelerometer 来得到全局共享实例。为了避免接收太多的通知，你可以利用它的 updateInterval 来设置间隔，并设置它的 delegate。该委托立刻开始接收 accelerometer:didAccelerate:。为了关闭这些，你可以设置共享加速计的委托为 nil。

accelerometer:didAccelerate:方法的第二个参数是 UIAcceleration。它是一个简单类，有一个时间戳和三个加速度值（UIAccelerationValue，设备的每个轴有一个）。X 轴正向指向设备的右边，正 Y 轴指向设备顶部（远离 Home 按钮的方向），正 Z 轴指向屏幕外边朝着用户。加速度是衡量速度改变快慢的物理量，这些值只是一个近似值。

在下面这个例子中，我们报告设备是否是平放（在它的后面）。两轴的重力正交，在这个位置是 X 轴和 Y 轴。我们的做法是首先询问 X 和 Y 值是否接近零，只有接近零，我们才可以使用 Z 值来了解设备是否在它的后面还是它的表面上。为了不断地更新界面，我们实现了一个粗略的状态机：状态（一个实例变量）开始于-1，然后为 0（设备在它的背面）到 1（设备不在背面）之间切换。当状态改变时，我们才更新界面：

```
- (void)accelerometer:(UIAccelerometer *)accelerometer
      didAccelerate:(UIAcceleration *)acceleration {
  CGFloat x = acceleration.x;
  CGFloat y = acceleration.y;
  CGFloat z = acceleration.z;
  CGFloat accu = 0.08;
  if (fabs(x) < accu && fabs(y) < accu && z < -0.5) {
      if (state == -1 || state == 1) {
```

```
            state = 0;
            self->label.text = @"I'm lying on my back... ahhh...";
        }
    } else {
        if (state == -1 || state == 0) {
            state = 1;
            self->label.text = @"Hey, put me back down on the table!";
        }
    }
}
```

上述的代码对设备的微小动作都很敏感。为了减低这种敏感性，你可以使用一个低通滤波器（low-pass filter）。例如：

```
-(void)addAcceleration:(UIAcceleration*)accel {
    double alpha = 0.1;
    self->oldX = accel.x * alpha + self->oldX * (1.0 - alpha);
    self->oldY = accel.y * alpha + self->oldY * (1.0 - alpha);
    self->oldZ = accel.z * alpha + self->oldZ * (1.0 - alpha);
}
- (void)accelerometer:(UIAccelerometer *)accelerometer
        didAccelerate:(UIAcceleration *)acceleration {
    [self addAcceleration: acceleration];
    CGFloat x = self->oldX;
    CGFloat y = self->oldY;
    CGFloat z = self->oldZ;
    CGFloat accu = 0.08;
    if (fabs(x) < accu && fabs(y) < accu && z < -0.5) {
        // ... and the rest is as before ...
    }
}
```

我们再来看一个不同的例子。我们允许用户拍击设备的侧边，从而触发不同的操作（例如：拍左侧是回到前一个照片）。我们通过一个高通滤波器来消除重力。我们寻找的是一个高的正或负 X 值。我们忽略时间上特别接近的两个数据。

```
-(void)addAcceleration:(UIAcceleration*)accel {
    double alpha = 0.1;
    self->oldX = accel.x - ((accel.x * alpha) + (self->oldX * (1.0 - alpha)));
    self->oldY = accel.y - ((accel.y * alpha) + (self->oldY * (1.0 - alpha)));
    self->oldZ = accel.z - ((accel.z * alpha) + (self->oldZ * (1.0 - alpha)));
}
- (void)accelerometer:(UIAccelerometer *)accelerometer
        didAccelerate:(UIAcceleration *)acceleration {
    [self addAcceleration: acceleration];
    CGFloat x = self->oldX;
    // CGFloat y = self->oldY;
    // CGFloat z = self->oldZ;
    CGFloat thresh = 1.0;
    if (acceleration.timestamp - self->oldTime < 0.5)
        return;
    if (x < -thresh) {
        NSLog(@"left");
        self->oldTime = acceleration.timestamp;
    }
    if (x > thresh) {
```

```
        NSLog(@"right");
        self->oldTime = acceleration.timestamp;
    }
}
```

19.1.3   Core Motion

在 iOS4.0 推出的 Core Motion 利用了设备的陀螺仪。你不再需要自己使用加速度计,并忍受过滤的麻烦和不准确性。通过 Core Motion,你可以让设备解释加速度计和陀螺仪所产生的数据。为了做到这一点,你需要一个 CMDeviceMotion 实例,它包括以下属性:

- gravity: 一个矢量(值为 1 即指向地心)。
- userAcceleration: 一个矢量来描述用户感应的加速度,没有重力部分。
- rotationRate: 一个矢量,描述设备如何围绕其中心旋转。
- attitude: 空间中设备瞬时方向的描述。

关于 Core Motion 进一步内容,请读者参考苹果文档资料。

19.2   设备之间通信

设备之间有时需要通信。例如,iPhone 上有一个流行的应用程序叫做 Bump。当两个手机启动这个应用程序时,这个应用程序就可以为这两个手机交换通讯录信息。这就涉及两个设备之间的通信。有两种常用的方式来完成设备之间通信;一种方式是 Bonjour,另一种方式是 GameKit。

在开始讨论这两种方式之前,我们首先来看看网络通信的模型。

1. 客户端-服务器模式

我们可能对客户端-服务器模式比较熟悉,因为互联网正是运用了这种模式。充当服务器的设备监听来自客户机的连接请求,然后服务器在根据客户端应用程序的请求作出响应。就 Web 来说,客户端应用程序一般就是一个网页浏览器,一个服务器能够和多个客户机连接。客户机之间不会直接交流,它们通过服务器来进行交流。例如:某些网上游戏就是应用了这样的一种模式。

就 iPhone/iPad 上的应用程序来说,如果应用了这样的模式,那么就会有一个 iPhone/iPad 充当服务器并建立一个游戏,然后其他充当客户机的 iPhone/iPad 就会加入这个游戏,在游戏运行的过程中,所有的数据都在服务器和客户机之间传输,然后由服务器决定数据的走向。

这种客户端-服务器的模式有一个弊端,那就是对于服务器的依赖性太强,一旦服务器崩溃,整个应用也就无法进行了。因为服务器是客户机之间交流的媒介,一旦失去了这个媒介,就意味着客户机之间没法交流了。

2. 点对点模式

在点对点的模式中,设备之间都是直接通信,当然可能会需要一个中间的媒介来帮助初始化它们之间的连接,但是一旦连接建立了以后,这个中间的媒介就没有什么作用了。点对点模式常常应用在一些文件共享的应用中，中间的媒介帮一台设备找寻有你需要的文件的设备，然后为这两台设备进行连接，之后文件数据互传就是设备之间的事情了。在点对点的模式中，每台设备既是服务器也是客户机。

3. 混合模式

这两种模式本身来说也不是互斥的，在有的应用程序中，有的情况下，允许两个设备之间进行数据的交互，有的时候，需要把数据先发送到服务器（例如：进行一定的过滤和加工的工作）再发送到另一个设备上去，那么这就是一种混搭的模式，具体在你的应用中应用什么样的模式是根据你所构建的具体的程序而定。

19.2.1 Bonjour

手机和手机之间通信，每个手机首先需要有一个不同的地址，否则很难通信。在一个网络内，计算机往往从 DHCP 那里获得一个 IP 地址。但是，在手机和手机之间进行通信时，并不存在什么 DHCP 服务器。那么，每个手机是怎样获得一个唯一的地址呢？这就是 Bonjour 的其中一个功能。Bonjour 随机挑选一个地址，然后查询周围，看看这个地址是否已经被使用。如果尚未使用，这个手机就使用这个地址。如果使用了，再随机选取另一个地址。以此类推，直到找到一个未用的地址为止。一般使用.local 作为最后的域名。

除了获得地址之外，Bonjour 的另一个功能是发布应用程序所提供的服务。应用程序一般提供服务名称和端口号。整个服务名称为：

服务名_服务类型_传输协议名.域名

其中服务类型就是 IANA 注册的协议名称，传输协议名就是 TCP 或 UDP。例如：ABC._ipp._tcp.local。你使用 NSNetService 来发布服务。

```
NSNetService * service;
 service = [[NSNetService alloc] initWithDomain:@""
type:@" ipp. tcp"
name:@"ABC"
port:4721];
```

如果名字为空，系统就使用设备上的 iTunes 名字。如果域名为空，就使用.local。另外，你需要设置回调方法（这是因为异步操作），例如：

```
 [_service setDelegate:self];
```

发布服务的代码比较简单：

```
[_service publish];
```

在发布服务之前，或者在服务发布失败后，你还可以通过回调方法做进一步处理：

```
- (void)netServiceWillPublish:(NSNetService *)sender
- (void)netService:(NSNetService *)sender didNotPublish:(NSDictionary
*)errorDict
```

上述的服务都注册在本地 daemon 那里。Bonjour 的另一个功能是查找服务（广播方式）。NSNetServiceBrowser 是用来查询这些服务的类。例如：

```
NSNetServiceBrowser * browser;
 browser = [[NSNetServiceBrowser alloc] init];
[ browser  setDelegate:self];
[_browser  searchForServicesOfType:@"_ipp._tcp. " .inDomain:@ ""];
```

一旦找到服务（NSNetServices），回调方法就被调用。从而，应用程序就可以使用地址进行通信了。NSNetService 会产生 NSStream 实例（感觉上，同 Java 的流通信类似）来处理数据的读写，例如：

```
NSInputStream *inputStream = nil;//读数据
NSOutputStream *outputStream = nil;//写数据
[netService getInputStream:&inputStream outputStream:&outputStream];
```

下面，你就可以打开流，读写数据（读和写是异步操作），最后关闭流。
打开流：

```
[stream setDelegate:self];
[stream scheduleInRunLoop:[NSRunLoop currentRunLoop]
forMode:NSRunLoopCommonModes];
[stream open];
```

关闭流：

```
[stream close];
[stream removeFromRunLoop:[NSRunLoop currentRunLoop]
forMode:NSRunLoopCommonModes];
[stream setDelegate:nil];
```

写数据：

```
const char *buff = "Hello Beijing! ";//写的数据
NSUInteger buffLen = strlen(buff);//数据大小
NSInteger writtenLength =[outputStream write:(const uint8 t *)buff
maxLength:strlen(buff)];//写数据，buff 是数据源
if (writtenLength != buffLen) {
    [NSException raise:@"WriteFailure" format:@""];//日志信息，用于调试
}
```

读数据：

```
unit8 t buff[1024];//装数据的缓冲区，设置了大小
bzero(buff, sizeof(buff));
NSInteger readLength =[inputStream read:buff maxLength:sizeof(buff)-1];//读
buff[readLength] = '\0';
NSLog(@"Read: %s", (char *)buff);
```

19.2.3 GameKit

GameKit 也提供了手机之间通信的功能。GameKit 让在 10m 范围之内的多台 iOS 设备通过蓝牙进行交流，虽然 GameKit 在游戏的程序里面应用得更为广泛一点，但是在非游戏类的 App 中也有广泛的应用，例如你可以开发一个通过蓝牙进行交流的社交的应用。我们可以通过蓝牙找到附近的人，并通过蓝牙进行交流（注意：本章的程序必须在 iOS 的实体设备上运行，模拟器不带蓝牙的功能）。

GameKit 提供了下面一些类来简化通信。

- GKPeerPickerController
  方便我们找到其他的开启了蓝牙的设备，它提供了 UI（类似其他语言中的消息框）来连接到其他用户手机。这些手机可以是附近（Nearby）的手机，也可以是网上（Online）的手机。附近的手机使用蓝牙连接，而网上的手机可以是使用 WiFi 连接的手机。
- GKSession
  方便让不同的装有 iOS 的设备通过蓝牙传递信息，而省去了很多的网络编程的代码。它管理手机之间的数据流，并允许广播到所有连接的手机。创建 GKSession 的方法为：

```
- (id)initWithSessionID:(NSString *)sessionID
displayName:(NSString *)name//在对方手机上显示的你的名字
sessionMode:(GKSessionMode)mode//3 个类型：服务器、客户端和 peer（对方）
```

在建立一个会话之后，你就可以使用回调方法来发送或接收数据。下面是发送数据的方法（分为可靠传输和不可靠传输两个模式）：

```
//到指定手机
- (BOOL)sendData:(NSData *)data toPeers:(NSArray *)peers
withDataMode:(GKSendDataMode)mode error:(NSError **)error;
//到所有连接的手机
- (BOOL)sendDataToAllPeers:(NSData *)data withDataMode: (GKSendDataMode)mode
error:(NSError **)error;
```

下面是接收数据的回调方法：

```
- (void)receiveData:(NSData *)data fromPeer:(NSString *)peer
inSession:(GKSession *)session context:(void *)context;
```

下面我们来看一个实际的例子。假设手机 A 和手机 B 同时运行了我们的 GameKit 例子程序。

01 A：初始化一个连接（寻找周围的手机）。

```
// 初始化 GKPeerPickerController
GKPeerPickerController *peerPicker;
peerPicker = [[GKPeerPickerController alloc] init];
// 设置回调
peerPicker.delegate = self;
peerPicker.connectionMask = GKPeerPickerConnectionTypeOnline |
GKPeerPickerConnectionTypeNearby;//设置连接类型：附近或网上
// 弹出窗口
```

```
[peerPicker show];
```

02 A: 弹出的窗口上，系统让用户选择附近或者网上。用户选择后，回调 sessionForConnectionType 方法。在该方法下，创建一个 GKSession（一个符合请求类型的会话）并返回。

```
- (GKSession *)peerPickerController:
 (GKPeerPickerController *)picker sessionForConnectionType:
 (GKPeerPickerConnectionType)streamEvent {
    return [[GKSession alloc] initWithSessionID:nil
      displayName:localName sessionMode:GKSessionModePeer];
}
```

假设我们选择附近。这时，界面上出现寻找其他手机的标志。

03 在 B 上，也完成上述步骤 1 和 2。在这之后，A 和 B 都在寻找对方。稍后，A 和 B 应该都发现了对方。

04 用户在手机 A 上选择了 B。稍后，在 B 的手机上，就出现一个询问窗口：是否接纳 A 的连接。B 接收对方的请求之后，系统回调 didReceiveConnectionRequestFromPeer 方法：

```
- (GKSession *)session:(GKSession *)session
 didReceiveConnectionRequestFromPeer:(NSString *)peerID {
    [session acceptConnectionFromPeer:peerID error:nil];
}
```

05 在 B 接收之后，A 上的 didConnectPeer 方法就被调用。

06 A 就可以发送数据给 B 了。B 也可以给 A 发送数据了。

我们建议你使用 GameKit 来交换少量数据，而不是一堆大文件，如照片。另外，GameKit 的 In-game voice 可以让设备通过 session 或者是 Internet 传递声音的信息。

还有，我们有时需要关掉空闲时间计时器。这个计时器的作用就是如果当用户和设备有一段时间没有进行交互的话，就使程序进入睡眠的状态，我们在和网络相关的应用里面一般都会关掉这个计时器，因为应用进入睡眠的状态同样会断开网络，这会给我们带来很多的麻烦，所以我们将其关掉。你可以在 appDidFinishLaunching 方法中输入关闭这个计时器的代码：

```
- (void)applicationDidFinishLaunching:(UIApplication *)application {
    // Override point for customization after app launch
    [window addSubview:viewController.view];
    [window makeKeyAndVisible];
    [[UIApplication sharedApplication] setIdleTimerDisabled:YES];
}
```

19.2.4 GKSession

GKSession 这个类描述了一个 iOS 设备和另一个或者另几个 iOS 设备的连接，不管这个设备充当的是一个服务器还是客户机。不管你是用 peer picker 还是自己写的代码来找寻其他的设备，你都会用到 session。我们在设备之间传输数据的时候同样也会用到 session。当 session 发生变化的时候，你会通过 session 发送的代理消息得知，从而在代理方法中做出响应。例如，当和某一个设备连接上或者失去连接的时候，又或者是收到另一个设备发送的消息的时候。

下面我们按照各个步骤来阐述 GKSession。

1. 创建一个 session

为了能够使用 session，我们首先要创建一个 session，还是用 alloc+init 的方式：

```
GKSession *theSession = [[GKSession alloc] initWithSessionID:@"com.jzhb.GC"
displayName:nil sessionMode:GKSessionModePeer];
```

下面解释一下这里的三个参数。

第一个参数是 session identifier。这个参数是你的应用程序所唯一拥有的，这样就防止了你的设备连接到了其他的 session，因为这个唯一的标识符是一个字符串，它可以使用任何的值。但是比较常规的做法还是写成一种反 DNS 的模式，如 com.jzhb.GC，这样你的 session identifier 就基本不会和其他的 session identifier 冲突了。

第二个参数是 display name。这个参数是唯一标识你的设备的，如果你在这个地方传入一个 nil，那么设备的名字就是你在 iTunes 里面设置的名字。这样在选择设备的时候，我们就可以根据其他设备的这个名字来选择我们想要连接的设备。

最后一个参数是 session mode。这个参数决定了我们建立的 session 在它连接的过程中扮演了一个什么样的角色，这里有三个选项：

- GKSessionModeServer: 你的 session 就能够在网上对其他的 session 可见，其他的设备就可以搜索到它，并且连接到这个 session 上，它不能搜索其他的 session。
- GKSessionModeClient: 你的 session 在网上只能够充当客户机的模式，只能够搜索其他的 session 进行连接，而不对其他的设备可见。
- GKSessionModePeer: 你的 session 既对其他的 session 可见，同时也可以搜索其他的 session。

不管你选择的是哪种模式，如果你没有让你的 session 在网上可见或者是找寻其他的 session，它是不会自发完成这些工作的。启动这个工作，我们只用将其成员属性 available 设置为 YES，当然我们也可以通过将其设置为 NO 来停止其工作。

2. 找到并连接到其他的 session

如果我们创建的 session 为 GKSessionModeClient 或者是 GKSessionModePeer，为了找到其他的 available 设置为 YES 的 session，就会调用方法 session：peer：didChangeState：，并且传入 GKPeerStateAvailable 这个状态。同样的方法在 peer 的 available 参数变为 YES 或者 NO 的时候都会被调用。第二个参数会告诉你是哪个 peer 的状态发生了变化，而第三个参数，按照之前所说的，就是传入变成的新的状态。

如果我们找到了我们想要连接的设备，我们就可以通过 connectToPeer：withTimeout：方法和其进行连接。下面给出的代码就是通过这个方法和第一个找寻到的 peer 进行连接：

```
- (void)session:(GKSession *)session peer:(NSString *)peerID
didChangeState:(GKPeerConnectionState)inState {
    if (inState == GKPeerStateAvailable) {
        [session connectToPeer:peerID withTimeout:60];
        session.available = NO;
```

```
        }
    }
```

一般来说，我们可以让用户选择设备来进行连接。我们在连接上以后，就把 available 设置为 NO，这样设备就会停止搜索其他的设备了。

3. 监听其他的 session

当 session 是 GKSessionModeServer 模式或者是 GKSessionModePeer 模式的时候，若其他的设备要连接它，它就会得到一个通知的消息，并触发方法 session：didReceiveConnectionRequestFromPeer。我们可以在这个方法中选择通过 acceptConnectionFromPeer 方法来选择接受请求从而建立连接，也可以通过 denyConnectionFromPeer 方法来拒绝请求。

```
- (void)session:(GKSession *)session
didReceiveConnectionRequestFromPeer:(NSString *)peerID
{
    if (amAcceptingConnections) {
        NSError *error;
        if (![session acceptConnectionFromPeer:peerID error:&error])
        // Handle error
    }
    else {
        [session denyConnectionFromPeer:peerID];
    }
}
```

我们通过一个 anAcceptingConnections 的 BOOL 类型的变量来判断是否应该接受这个请求，如果为 YES，就接受请求，建立连接，如果建立连接失败，就对错误进行处理；如果为 NO，就拒绝请求。

4. 向其他的设备发送数据

一旦设备的 session 跟另一个设备连接上了，就要和其进行数据交换了，发送数据就简单了。我们要做的无非也就是调用两个方法，具体调用哪个方法就看你是要发送数据给所有你已经连接上的设备还是发给你指定的设备。若发送给指定的设备就调用 sendData：toPeers：withDataMode：error 方法；如果要发送数据给所有的设备，就调用 sendDataToAllPeers：withDataMode：error 方法。

在两种模式下，我们都需要指明 dataMode，dataMode 会告知 session 以什么样的方式来发送数据，有以下两个选择：

- GKSendDataReliable：选择这种模式会保证数据能够发送到另一个 session 上，它会按块来发送数据，对方顺利收到数据以后会回送一个通知。
- GKSendDataUnreliable：这种模式会立即发送数据，且对方收到数据以后不用发送回送通知，这个数据发送的速率比前一种要快，但是也可能出现数据不能顺利送达的情况。

通常情况下，如果我们对数据的精准性要求比较高，我们就会选择 GKSendDataReliable 的方式；如果我们对数据的传输速率要求比较高，我们就选择 GKSendDataUnreliable 的模式。下面是向一个 peer 发送数据的代码：

```
NSError *error = nil;
```

```
if (![session sendData:theData toPeers:[NSArray arrayWithObject:thePeerID]
   withDataMode:GKSendDataReliable error:&error]) {
    // 错误处理
}
```

这是向所有的 peers 发送数据的代码：

```
NSError *error = nil;
if (![session sendDataToAllPeers:data withDataMode:GKSendDataReliable
   error:&error]) {
    // 错误处理
}
```

5. 数据打包

我们传输给其他的 session 的数据都是 NSData 格式的，为了能够将我们的对象打包成 NSData 格式，我们可以使用编码解码的方式（archiving 和 unarchiving），在程序中定义一种数据传输的数据类型，也就是一个包裹的类，然后当我们要传输数据的时候，我们就把要传输的数据封装在这个包裹中，然后利用 NSKeyedArchiver 将其压缩成 NSData，然后再传输给另一个 session。

虽然压缩数据是一个很好的方式，但是当我们需要快速传输数据的时候，可能用静态数组是一个更好的选择（旧风格的 C 数组而不是 NSArray）。我们可以把要传输的数据复制到我们的静态数组中，然后把静态数组打包成一个 NSData。下面给出一段示例代码：

```
NSUInteger packetData[2];
packet[0] = foo;
packet[1] = bar;
NSData *packet = [NSData dataWithBytes:packetData length:2 *
sizeof(packetData)];
NSError *error = nil;
if (![session sendDataToAllPeers:packet withDataMode:GKSendDataReliable
   error:&error]) {
    // Handle error
}
```

6. 接收数据

当一个 session 从另一个 peer 接收到数据的时候，我们就会把这些数据交付给一个数据处理的方法 receiveData：fromPeer：inSession：context，默认的负责数据处理的工作就是 session 的代理，但是你也可以通过 setDataReceiveHandler：withContext 让其他的对象来处理这些数据。

所有的被指明为通过 session 接收到的数据的处理的类都必须实现一个方法 receiveData:fromPeer:inSession:context，当任何新的数据被接收的时候，这个方法就会被调用。下面给出一段接收数据的代码：

```
inSession: (GKSession *)theSession context:(void *)context {
    NSUInteger *packet = [data bytes];
    NSUInteger foo = packet[0];
    NSUInteger bar = packet[1];
    // Do something with foo and bar
}
```

这样一来我们就可以对传输过来的数据 foo 和 bar 进行操作了。

7. 关闭连接

当我们使用完 session 以后，我们就要释放掉这个对象，虽然 ARC 帮我们省去了 release 的工作，但是我们还是要做一些最后的工作，我们需要将其 available 设置为 NO，然后和其他所有的 session 断开连接，之后将其代理和负责处理数据的对象设置为 nil。当然，我们也可以让其中某一个设备和其他设备断开连接，使用方法 disconnectPeerFromAllPeers。

19.2.5　GKPeerPickerController 和设备选择器

尽管 GameKit 不是单独给游戏开发使用的，但是网络游戏肯定是这个库被开发出来的主要原因。一般在 iPhone 上的网络游戏都是 1 对 1 的对战模式，所以这个库里面包含了一个 peer picker 使得选择其他设备变得更为方便。

1. 创建 peer picker

peer picker 专门是为设备之间通过蓝牙互联而设计的。我们只需创建一个 GKPeerPickerController，指定它的代理类，再调用 show 方法，这个 peer picker 就呈现在我们的面前了。

```
GKPeerPickerController *picker;
picker = [[GKPeerPickerController alloc] init];
picker.delegate = self;
[picker show];
```

2. 建立连接

当我们选择好 peer 要和另一台设备进行连接的时候，peerPickerController: didConnectToPeer: toSession 方法就会被调用，在实现这个方法的时候，一般要做以下几件事情。首先我们要存储对方的 peer identifier，我们同样要保存一个指向 session 的指针，因为我们需要这个 session 来发送数据，并且之后要和这个 session 断开连接。当然选择好了之后记得把这个 peer picker 取消掉。

```
- (void)peerPickerController:(GKPeerPickerController *)picker
didConnectPeer:(NSString *)thePeerID
 toSession:(GKSession *)theSession {
    self.peerID = thePeerID;
    self.session = theSession;
    self.session.delegate = self;
    [self.session setDataReceiveHandler:self withContext:NULL];
    [picker dismiss];
    picker.delegate = nil;
    [picker autorelease];
}
```

3. 创建一个 session

最后要在代理方法中做的一件事就是当请求一个 session 的时候，我们要创建一个 session，其他寻找和连接方面的工作就不用我们担心了。在方法中创建 session 的代码如下：

```
- (GKSession *)peerPickerController:(GKPeerPickerController *)picker
 sessionForConnectionType:(GKPeerPickerConnectionType)type{
    GKSession *theSession = [[GKSession alloc] initWithSessionID:@"a session
id"
```

```
        displayName:nil sessionMode:GKSessionModePeer];
    return [theSession autorelease];
}
```

19.2.6　GameKit 实例

在本节中，我们来看一个设备之间通信的实例，这个应用程序需要在两个设备上同时运行。整个项目如图 19-1 所示。你需要在项目中引入 GameKit，这个工作很简单，单击左上方的项目一栏，然后进入 summary 标签下。下方有一个 Linked Frameworks and Libraries，单击下方的 "+"，在 framework 库中选择 GameKit，单击 Add 按钮，就完成了加入 GameKit 这个 framework 的工作。

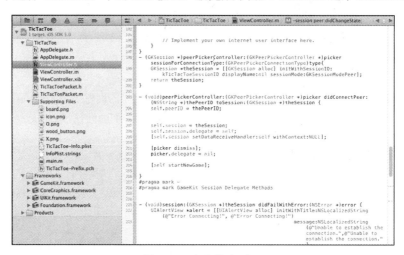

图 19-1　多人游戏项目

在应用程序启动后，didFinishLaunchingWithOptions 方法就显示 CommunalTouchBoard 视图控制器上的视图，如图 19-2 所示。

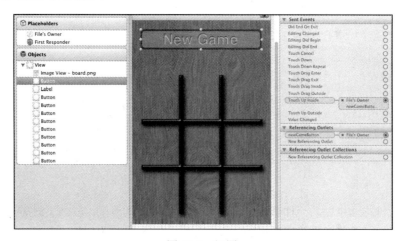

图 19-2　视图

```
- (BOOL)application:(UIApplication *)application
didFinishLaunchingWithOptions:(NSDictionary *)launchOptions{
```

```
    self.window = [[UIWindow alloc] initWithFrame:[[UIScreen mainScreen]
bounds]];
    self.viewController=[[ViewController
alloc]initWithNibName:@"ViewController" bundle:nil];
    self.window.rootViewController=self.viewController;
    [self.window makeKeyAndVisible];
    return YES;
}
```

当应用程序启动后，界面如图 19-3 所示。

图 19-3　游戏界面

在 图 19-3 所示界面的上方有一个按钮。当用户单击这个按钮时，系统调用
newGameButtonPressed 方法：

```
- (IBAction)newGameButtonPressed {

    dieRollReceived = NO;
    dieRollAcknowledged = NO;
    newGameButton.hidden = YES;
    GKPeerPickerController* picker;
    picker = [[GKPeerPickerController alloc] init]; // note: picker is released
in various picker
                                        delegate methods when picker use is done.
    picker.delegate = self;
    [picker show];
}
```

这个方法就是初始化一个 GKPeerPickerController，并显示出来。

当用户单击 New Game 后，下述方法（委托方法）被调用，如图 19-4 所示。

```
  - (GKSession *)peerPickerController:(GKPeerPickerController *)picker
sessionForConnectionType:(GKPeerPickerConnectionType)type{
      GKSession *theSession = [[GKSession alloc]
initWithSessionID:kTicTacToeSessionID displayName:nil
sessionMode:GKSessionModePeer];
      return theSession;
  }
```

在这个方法内，GKSession 被创建。GKSession 用于数据的传输。如图 19-4 所示，系统开始寻找附近的 iPhone 或者 iTouch。

图 19-4　寻找附近设备

在另一个 iPhone/iTouch 上，启动相同的应用。选择第一个设备，并在第一个设备那里，选择同意。在第二个设备上，应用就调用下述方法来设置自己为接收方：

```
  - (void)peerPickerController:(GKPeerPickerController *)picker
didConnectPeer:(NSString *)thePeerID toSession:(GKSession *)theSession {
  self.peerID = thePeerID;
  self.session = theSession;
  self.session.delegate = self;
  [self.session setDataReceiveHandler:self withContext:NULL];
  [picker dismiss];
  picker.delegate = nil;
    [self startNewGame];
  }
```

之后，两个设备之间就可以传输数据了。发送数据的方法如下：

```
- (void)sendPacket:(TicTacToePacket *)packet {

    NSMutableData *data = [[NSMutableData alloc] init];
    NSKeyedArchiver *archiver = [[NSKeyedArchiver alloc]
initForWritingWithMutableData:data];
    [archiver encodeObject:packet forKey:kTicTacToeArchiveKey];
    [archiver finishEncoding];
    NSError *error = nil;
    if (![session sendDataToAllPeers:data withDataMode:GKSendDataReliable
error:&error]) {
        // You will do real error handling
        NSLog(@"Error sending data: %@", [error localizedDescription]);
    }
}
```

接收数据的方法如下：

```
- (void) receiveData:(NSData *)data fromPeer:(NSString *)peer inSession:
(GKSession *)theSession context:(void *)context
    {
    NSKeyedUnarchiver *unarchiver = [[NSKeyedUnarchiver alloc]
initForReadingWithData:data];
    TicTacToePacket *packet = [unarchiver
decodeObjectForKey:kTicTacToeArchiveKey];
    switch (packet.type) {
        case kPacketTypeDieRoll:
        {
            opponentDieRoll = packet.dieRoll;
            TicTacToePacket *ack = [[TicTacToePacket alloc]
initAckPacketWithDieRoll:opponentDieRoll];
            [self sendPacket:ack];
            dieRollReceived = YES;
            break;
        }
        case kPacketTypeAck:
        {
            if (packet.dieRoll != myDieRoll) {
                NSLog(@"Ack packet doesn't match opponentDieRoll (mine: %d,
send: %d",
                                              packet.dieRoll, myDieRoll);
            }
            dieRollAcknowledged = YES;
            break;
        }
        case kPacketTypeMove:
        {
            UIButton *theButton = (UIButton *)[self.view
viewWithTag:packet.space];
            [theButton setImage:(piece == kPlayerPieceO) ? xPieceImage :
```

```
oPieceImage forState:UIControlStateNormal];
            state = kGameStateMyTurn;
            feedbackLabel.text = NSLocalizedString(@"Your Turn", @"Your Turn");
            [self checkForGameEnd];
            break;
        }
        case kPacketTypeReset:
        {
            if (state == kGameStateDone)
                [self resetDieState];
        }
        default:
        {
            break;
        }
    if (dieRollReceived == YES && dieRollAcknowledged == YES)
        [self startGame];
    }
}
```

这时，如果你在第一个设备上操作，第二个设备也接收到操作信息，并同步移动在第二个设备上。要注意的是，GameKit 无法在一个模拟器和设备之间通信，你要么在两个设备上运行这个应用程序，要么在两个模拟器上运行这个应用程序。

在 ViewController.h 上，首先我们引入 GameKit 的头文件：

```
#import <GameKit/GameKit.h>
```

在这个头文件里有我们用到的 GameKit 中的对象和方法的声明，接着我们通过宏定义定义两个常量：

```
#define kTicTacToeSessionID @"com.apress.TicTacToe.session"
#define kTicTacToeArchiveKey @"com.apress.TicTacToe"
```

这两个变量一个是我们之后要用到的 session 的 ID，后面一个是我们压缩数据的时候用到的 key。在网络上，我们很难确定我们发送的数据的状态，所以这里我们定义了一些状态来跟踪程序到底进行到哪一步了，这些状态都是枚举类型的：

```
typedef enum GameStates {
    kGameStateBeginning,
    kGameStateRollingDice,
    kGameStateMyTurn,
    kGameStateOpponentTurn,
    kGameStateInterrupted,
    kGameStateDone
} GameState;
```

当游戏还没开始的时候，状态就是 kGameStateBeginning；在设备建立了连接以后，或者是当游戏刚刚开始的时候，两个设备首先会通过随机数来决定谁先走，在决定谁先走的时候，状态就会变为 kGameStateRollingDice；当该你走的时候，你的状态就是 kGameStateMyTurn；当该你的对手走的时候，状态就变成了 kGameStateOpponentTurn；如果连接中断了，状态就会变为 kGameStateInterrupted；最后当一方游戏胜利的时候，状态就会变为 kGameStateDone。

第 20 章　iOS 数据的存储和读取

iPhone/iPad 设备上包含闪存（flash memory），它的功能和一个硬盘功能等价。当设备断电后数据还能被保存下来。应用程序可以将文件保存到闪存上，并能从闪存中读取它们。

你的应用程序不能访问整个闪存。闪存上的一部分专门给你的应用程序，这就是你的应用程序的沙箱（sandbox）。每个应用程序只看到自己的 sandbox，这就防止对其他应用程序的文件进行读取活动。你的应用程序也能看见一些系统拥有的高级别目录，但不能对它们进行写操作。

你可以在 sandbox 中创建目录（文件夹）。此外，sandbox 包含一些标准目录。例如，访问 Documents 目录：

```
NSFileManager* fm = [[NSFileManager alloc] init];
//…
NSError* err = nil;
NSURL* docsurl = [fm URLForDirectory:NSDocumentDirectory
inDomain:NSUserDomainMask appropriateForURL:nil create:YES error:&err];
// 错误检查省略
//…
```

我们可以在 Documents 目录下存放文件，也可以在 Application Support 目录下存放。在配置你的应用程序后，用户可通过 iTunes 看见和修改你的应用程序 Documents 目录。因此，我们推荐使用 Application Support 目录。在 iOS 上，每个应用程序在它自己的 sandbox 中有其自己私有的 Application Support 目录，因此，你可以安全地直接将文件放入其中。该目录也许还不存在，因此你可以同时创建并得到它：

```
NSURL* suppurl = [fm URLForDirectory:NSApplicationSupportDirectory
    inDomain:NSUserDomainMask appropriateForURL:nil create:YES error:&err];
```

在那之后，如果你需要一个文件路径引用（一个 NSString），只要调用[suppurl path]就可得到。

20.1　文 件 操 作

例如，我们在 Documents 目录中创建文件夹 MyFolder：

```
NSString* docs = [NSSearchPathForDirectoriesInDomains(
    NSDocumentDirectory, NSUserDomainMask, YES) lastObject];
NSString* myfolder = [docs stringByAppendingPathComponent:@"MyFolder"];
BOOL exists = [fm fileExistsAtPath:myfolder];
if (!exists) {
  NSError* err = nil;
  [fm createDirectoryAtPath:myfolder withIntermediateDirectories:NO
                attributes:nil error:&err];
```

```
    // 错误检查省略
}
```

在上面这个例子中，docs 字符串指向 Documents 目录，我们产生一个 MyFolder 的路径，然后使用一个 NSFileManager 实例（fm）来判断我们的目标文件夹是否存在。如果该文件夹不存在，则创建它。

为了获得一个目录中存在的文件和文件夹信息，你可以获得一个目录的内容（数组）：

```
NSError* err = nil;
NSArray* arr = [fm contentsOfDirectoryAtPath:docs error:&err];
```

上述方法读取的目录内容不包含子目录的内容。为了获得目录的子路径：

```
NSError* err = nil;
NSArray* arr = [fm subpathsOfDirectoryAtPath:docs error:&err];
```

如果子目录很多，那么你可以枚举目录：

```
NSDirectoryEnumerator* dir = [fm enumeratorAtPath:docs];
for (NSString* file in dir) {
    // 为每个字符串做些事情
}
```

上述例子都在使用一个相对路径名。为了访问文件，你要么生成绝对路径（将文件名放到原始目录路径后面），要么将原始目录作为当前目录：

```
NSDirectoryEnumerator* dir = [fm enumeratorAtPath:docs];
[fm changeCurrentDirectoryPath: docs];
for (NSString* f in dir)
    if ([[f pathExtension] isEqualToString: @"txt"])
```

在该例中，f 是一个有效路径名，尽管它是一个相对路径名。你也可以将 f 转变为一个 URL（使用 fileURLWithPath），结果是一个 NSURL。

20.1.1　保存和读取文件

NSString、NSData、NSArray 及 NSDictionary 都提供了 writeToFile...和 initWithContentsOfFile...方法（除此之外还有 writeToURL...和 initWithContentsOfURL...方法）来写和读文件内容。NSArray 和 NSDictionary 实际上是属性列表，并且只有当数组或字典的所有内容是属性列表类型（NSString、NSData、NSDate、NSNumber、NSArray 和 NSDictionary）时才能写和读文件。

如果一个对象的类采用 NSCoding 协议，那么，你可以使用 NSKeyedArchiver 和 NSKeyedUnarchiver 方法将它转变为一个 NSData 或转换回去。一个 NSData 可以保存为一个文件（或保存到一个属性列表中）。因此，NSCoding 协议提供了一种用来保存一个对象到磁盘的方法。

你可以让你自己的类采用 NSCoding 协议。例如，我们有一个拥有一个 firstName 属性和一个 lastName 属性的 Person 类。我们将声明它采用 NSCoding 协议：

```
@interface Person : NSObject <NSCoding> {
```

为了让该类实际符合 NSCoding,我们必须实现 encodeWithCoder(归档该对象)和 initWithCoder（反归档对象）方法。在 encodeWithCoder 方法中，如果超类采用 NSCoding 协议，那么我们必须首先调用 super，然后为每个我们要保存的实变量调用适当的 encode...方法。例如：

```
- (void)encodeWithCoder:(NSCoder *)encoder {
    //[super encodeWithCoder: encoder];
    [encoder encodeObject:self->lastName forKey:@"last"];
    [encoder encodeObject:self->firstName forKey:@"first"];
}
```

在 initWithCoder 中，当超类采用 NSCoding 协议时，我们就必须调用 super（使用 initWithCoder 方法），然后为每个之前保存的实例变量调用合适的 decode...方法，最后返回 self。

```
- (id) initWithCoder:(NSCoder *)decoder {
    //self = [super initWithCoder: decoder];
    self = [super init];
    self->lastName = [decoder decodeObjectForKey:@"last"];
    self->firstName = [decoder decodeObjectForKey:@"first"];
    return self;
}
```

下面我们创建和配置一个 Person 实例，然后保存这个 Person 实例到文件上：

```
Person* moi = [[Person alloc] init];
moi.firstName = @"Sam";
moi.lastName = @"Yang";
NSData* moidata = [NSKeyedArchiver archivedDataWithRootObject:moi];
NSString* moifile = [myfolder stringByAppendingPathComponent:@"moi.txt"];
[moidata writeToFile:moifile atomically:NO];
```

最后我们读取所保存的 Person：

```
NSData* persondata = [[NSData alloc] initWithContentsOfFile:moifile];
Person* person = [NSKeyedUnarchiver unarchiveObjectWithData:persondata];
NSLog(@"%@ %@", person.firstName, person.lastName);
```

如果NSData 对象本身是文件的全部内容(如上例)，那么你不需要使用archivedData WithRootObject 和 unarchiveObjectWithData 方法，你可以完全跳过中间的 NSData 对象，直接使用 archiveRootObject:toFile 和 unarchiveObjectWithFile 方法。

20.1.2 文件共享和文件类型

如果你的应用程序支持文件共享，其 Documents 目录通过 iTunes（见图 20-1）可被用户使用。用户可以添加文件到你的应用程序 Documents 目录中，并且可以将文件和文件夹从你的应用程序 Documents 目录保存到计算机，也可重命名和删除其中的文件和文件夹。例如，你的应用程序的目的是显示公共文件（PDFs 或 JPEGs）。

图 20-1　iTunes 文件共享界面

为了支持文件共享，设置 Info.plist 的 key " Application supports iTunes file sharing "（UIFileSharingEnabled）。一旦你的 Documents 目录通过这种方式完全暴露给用户，你很可能就不想使用 Documents 目录来保存私密文件。你可以使用 Application Support 目录。

你的应用程序可以声明它自己能够打开某一类型的文档。当另一个应用程序得到一个这种类型的文档，它可以将该文档传递给你的应用程序。例如，用户也许在 Mail 应用程序的一个邮件消息中接收该文档，那么我们需要一个从 Mail 到你的应用程序的一种方式。

为了让系统知道你的应用程序能打开某一种类型的文档，在你的 Info.plist 中配置 CFBundleDocumentTypes。它是一个数组，其中每个元素将是一个字典，该字典使用诸如 LSItemContentTypes、CFBundleTypeName、CFBundleTypeIconFiles 和 LSHandlerRank 等 key 来指明一个文档类型。例如，假设声明我的应用程序能够打开 PDF 文档。我的 Info.plist 包含如下数据（你可在标准编辑器中看到）：

```
Document types                              (1 item)
    Item 0                                  (1 item)
        Document Content Type UTIs          (1 item)
            Item 0                          com.adobe.pdf
```

在 Xcode 4 中，你也可以通过编辑 target（目标）来指定文档类型（切换到 Info 选项卡）。Types 域上出现 com.adobe.pdf。

现在，假设用户在一封电子邮件消息中收到一个 PDF。Mail 应用程序可以显示该 PDF，但是用户也能单击 Action 按钮，从而出现一个包含两个 Open In 按钮的操作列表。单击第二个按钮将产生第二个操作列表，我的应用程序应该会作为一个按钮出现，如图 20-2 所示。

图 20-2　文档 Options 操作列表和 Open In 操作列表

现在我们假设用户单击了标志我们应用的按钮，将 PDF 传递给我的应用程序。我的应用程序委托必须实现 application:handleOpenURL 方法。此刻，我的应用程序就应该被放到最前端（要么系统启动了它，要么系统把它从后台恢复到前台）。应用程序的工作是打开该文档，该文档的 URL 已经作为第二个参数传给我们。系统也已将文档复制到我的 sandbox 的 Inbox 目录中（该目录就是为了该目的而创建的）。

假设我的应用程序只有一个视图控制器，它有一个 UIWebView 的输出口，在 UIWebView 上显示 PDF 文档。应用程序委托包含如下代码：

```
- (BOOL)application:(UIApplication *)application handleOpenURL:(NSURL *)url
{
    [viewController displayPDF:url];
    return YES;
}
```

在 application:handleOpenURL:方法中，你也可以检查它是否真的是一个 PDF。如果它不是，则返回 NO。而且，我的应用程序也许正在运行，所以你需要放下正在做的任何事情，并显示到来的文档。

我的视图控制器包含了如下代码：

```
- (void) displayPDF: (NSURL*) url {
    NSURLRequest* req = [NSURLRequest requestWithURL:url];
    [self->wv loadRequest:req];
}
```

如果你的应用程序是由于打开文档而启动的，application:didFinishLaunchingWithOptions:就会发送给我们的应用程序委托。第二个参数是选择项字典，它包含 UIApplicationLaunchOptions URLKey（通常的做法是忽略该 key 并按正常方式执行）。

从 iOS4.2 开始，为了得到关于输入的 URL 的更多信息，你的应用程序委托可以实现 application:openURL:sourceApplication:annotation 方法。如果实现了，它将优先于 application: handleOpenURL 方法被调用。

20.1.3　传递一个文档

假设你的应用程序已经得到了一个文档，它想将它传递给任何可以处理该文档的应用程序。这是通过 UIDocumentInteractionController 类实现的。例如，我们的应用程序有一个 PDF 文件（在它的 Documents 目录）中。假设我们有一个指向该文档的 NSURL，在界面上有一个 sender 按钮，用户单击该按钮，就通过下面的代码将该文档传递给其他应用程序：

```
    self.dic = [UIDocumentInteractionController
interactionControllerWithURL:url];
    BOOL y =[dic presentOptionsMenuFromRect:[sender bounds] inView:sender
animated:YES];
```

因为你的应用程序不知道哪个应用程序能处理该文档。如果 UIDocumentInteractionController
不能显示你要求的界面，则返回的 BOOL 值将是 NO。

通过 UIDocumentInteractionController，你可以获得文档类型的更多信息。在下面这个例子中，
我们将一个按钮放置在我们的界面中，该界面的图像是文档类型的图标（用户能单击该按钮来对该
文档进行某些操作）：

```
    self.dic = [UIDocumentInteractionController
interactionControllerWithURL:url];
    UIImage* icon = [[self.dic icons] lastObject];
    UIButton* b = [UIButton buttonWithType:UIButtonTypeRoundedRect];
    [b setImage:icon forState:UIControlStateNormal];
    [b sizeToFit];
    [self.view addSubview: b];
```

一个UIDocumentInteractionController 也可以显示文档的预览。你必须给 UIDocumentInteractionController
一个委托，该委托必须实现 documentInteractionControllerViewControllerForPreview 方法，该方法返
回一个现存的视图控制器，该控制器将包含预览的视图控制器。因此，我们首先请求预览：

```
    self.dic = [UIDocumentInteractionController
interactionControllerWithURL:url];
    self.dic.delegate = self;
    [self.dic presentPreviewAnimated:YES];
```

并提供了视图控制器：

```
    - (UIViewController *)
documentInteractionControllerViewControllerForPreview:
    (UIDocumentInteractionController *) controller {
        return self;
    }
```

如果视图控制器返回的是一个 UINavigationController，则预览视图控制器将被压入其中。在该
例中，返回的不是 UINavigationController，因此预览视图控制器以模态方式显示。预览界面也包含
一个 Action 按钮，允许用户看到 Options 操作列表。实际上，上面的预览界面与 Mail 应用程序上
的相同。

委托方法允许你跟踪由 UIDocumentInteractionController 显示的界面中发生了什么。也许最重
要的是某些关键阶段：

● documentInteractionControllerDidDismissOptionsMenu:

● documentInteractionControllerDidDismissOpenInMenu:

● documentInteractionControllerDidEndPreview:

● documentInteractionController:didEndSendingToApplication:

预览实际上是由 Quick Look 框架提供，并且你可以完全跳过 UIDocumentInteractionController，而只是通过一个 QLPreviewController 显示该预览视图。你需要链接到 QuickLook.framework，并导入<QuickLook/QuickLook.h>。它是一个视图控制器，因此为了显示该预览，模态显示它或将它压入一个导航控制器的栈中（正如 UIDocumentInteractionController 所做的）。QLPreviewController 的一个优点是它可以不只预览一个文档，用户可以在它们中移动（使用在预览界面底部的箭头按钮）。此外，如果一个文档可以在另一个应用程序中被打开，则该界面包含 action 按钮。

在下面这个例子中，在我的 Documents 目录中有几个 PDF 文档。我获得它们各自的 URL（一个列表）并且为它们显示一个模态预览。

```
// 在一个数组中存放各个 PDF 的 URL
NSString* docsdir = [NSSearchPathForDirectoriesInDomains(
    NSDocumentDirectory, NSUserDomainMask, YES) lastObject];
NSFileManager* fm = [[NSFileManager alloc] init];
NSDirectoryEnumerator* direnum = [fm enumeratorAtPath:docsdir];
[fm changeCurrentDirectoryPath: docsdir];
NSMutableArray* marr = [NSMutableArray array];
for (NSString* file in direnum) {
    [direnum skipDescendants];
    if ([[file pathExtension] isEqualToString: @"pdf"]) {
        NSURL* url = [NSURL fileURLWithPathComponents:
            [NSArray arrayWithObjects: docsdir, file, nil]];
        [marr addObject: url];
    }
}
self.pdfs = marr;
// 显示预览界面
QLPreviewController* preview = [[QLPreviewController alloc] init];
preview.dataSource = self;
[self presentModalViewController:preview animated:YES];
```

在上面的代码中，我并没有告诉 QLPreviewController 预览什么文档。这是 QLPreviewController 数据源的工作。在数据源中，我从 URL 列表中获取要求的信息：

```
- (NSInteger) numberOfPreviewItemsInPreviewController:
(QLPreviewController *) controller {
    return [self.pdfs count];
}
- (id <QLPreviewItem>) previewController: (QLPreviewController *) controller
previewItemAtIndex: (NSInteger) index {
    return [self.pdfs objectAtIndex:index];
}
```

第二种数据源方法需要返回一个采用 QLPreviewItem 协议的对象。NSURL 采用该协议，因此上面的例子有效。

20.2　用 户 默 认

　　用户默认（User Defaults）是被拿来作为用户参数的永久存储地方，当你的应用程序退出时，当前状态可以放在 User Defaults 那里，这样的话，你可以在应用程序下次运行时回到同一个状态。NSUserDefaults 的 standardUserDefaults 看上去就好像是一个字典，它有 keys 和值。和 NSDictionary 不同，NSUserDefaults 支持简单数据类型（如一个 float 和 BOOL 类型，方法有 setFloat:forKey、floatForKey 等）。

　　当存放的数据量很少时，你使用 NSUserDefaults（属性列表，即多行的键-值对）来保存和读取数据。NSUserDefaults 是基于属性列表的范畴。NSUserDefaults 类是一个 singleton，使用类方法 standardUserDefaults 来访问。[NSUserDefaults standardUserDefaults]返回 NSUserDefaults 对象。基于这个对象，开发人员可以保存和读取数据。setObject 就是保存数据的方法，第一个参数就是要保存的数据，该数据类型必须是 NSData、NSString、NSNumber、NSDate、NSArray 或 NSDictionary；第二个参数是一个键，如 kNumberLocationKey，可以是各类数据类型。下面这个例子就是保存了一个键为 "NumberLocation"、值为 "88888888" 的数据：

```
NSString *kNumberLocationKey = @"NumberLocation";
NSString *savedNumber = @"88888888";
[[NSUserDefaults standardUserDefaults]    setObject:savedNumber
forKey:kNumberLocationKey];
```

objectForKey 方法用于读取数据，参数就是键-值对中的键。下面这个例子读取上面保存的数据：

```
savedNumber = [[NSUserDefaults
standardUserDefaults]objectForKey:kNumberLocationKey];
    if (savedNumber == nil) {
        .../无法读到数据，做一些处理
    }
```

　　根据具体的数据类型，你可以替代 objectForKey 中的 object，如 stringForKey。同样的道理，你可以替代 setObject 中的 object，如 setInteger。在设置和读取数据之前（不是必须的），你可以在 NSUserDefaults 数据库中添加（注册）一行。那一行是 NSDictionary 数据。例如：

```
NSDictionary *savedNumberDict = [NSDictionary
dictionaryWithObject:savedNumber  forKey:kNumberLocationKey];
    [[NSUserDefaults standardUserDefaults]    registerDefaults:savedNumberDict];
```

20.3　XML

　　Mac OS X Cocoa 提供了一套类（如 NSXMLDocument 等），用来读、解析、维护、搜索和修改 XML 数据，但 iOS 并不包含这些。iOS 提供 NSXMLParser。它是一个更简单的类，用来遍历一个 XML 文档，当它遇到元素时就发送委托消息。使用它，你可以解析一个 XML 文档，但对于元素的处理，完全由你做主。这里的假设是你预先知道你想要读的 XML 数据的结构，并且你已经提供了类来表示这些数据。

为了说明以上表述，让我们回到那个拥有一个 firstName 和 lastName 属性的 Person 类的例子。假设当我们的应用程序启动时，我们想要给 Person 对象赋值。在我们的应用程序包中的 XML 文件就存放着这些数据，例如：

```xml
<?xml version="1.0" encoding="utf-8"?>
<people>
    <person>
        <firstName>Sam</firstName>
        <lastName>Yang</lastName>
    </person>
    <person>
        <firstName>Snidely</firstName>
        <lastName>Liu</lastName>
    </person>
    <person>
        <firstName>Dudley</firstName>
        <lastName>Zheng</lastName>
    </person>
</people>
```

下面我们将该数据映射到一个 Person 对象的数组中。首先创建 NSXMLParser，传给它一个本地 XML 文件的 URL（或者一个 NSData，如果是从 Internet 上下载的话），设置它的委托，并告知它解析。这时候，委托开始接收委托消息。对于上面的简单的 XML，我们只对三种委托消息感兴趣：

- parser:didStartElement:namespaceURI:qualifiedName:attributes:
  解析程序遇到一个开始元素标记。在我们的文档中，它将是<people>、<person>、<firstName>或<lastName>。

- parser:didEndElement:namespaceURI:qualifiedName:
  解析程序遇到相应的关闭元素标记。在我们的文档中，它将是</people>、</person>、</firstName>或</lastName>。

- parser:foundCharacters:
  解析程序遇到一些介于开始和关闭标记之间的文本（针对当前元素）。在我们的文档中，它将是 Sam 或 Yang 等。

上述方法需要我们自己来维护状态。我们必须记住当前正遇到什么元素。在解析进程的不同阶段，我们需要重设 NSXMLParser 的委托为不同对象。我们让每个委托负责解析一个元素。当遇到该元素的一个子元素时，我们创建一个新对象并将它作为委托。子元素委托在它完成解析自己的元素时，将我们（父元素）再次作为委托。例如，我们的<people>解析程序的工作如下所述。

01 当 parser:didStartElement...到达时，<people>解析程序查看它是否是一个<person>。如果是，它创建一个对象（该对象知道怎样处理一个<person>），传递该对象一个对它自身（<people>解析程序）的引用，并将它作为委托。

02 委托消息现在到达新创建的 <person> 解析程序。如果遇到任何文本，

parser:foundCharacters 方法将被调用，并且该文本必须被累积成一个实例变量。

03 最终 parser:didEndElement...到达。现在<person>解析程序使用它的引用来使<people>解析程序再次成为委托。因此，<people>解析程序再次负责。

下面我们设计一个简单的通用基础类，它用于解析一个元素（我们不考虑命名空间、属性以及其他复杂东西）：

```
@interface MyXMLParserDelegate : NSObject <NSXMLParserDelegate> {
}
@property (nonatomic, copy) NSString* name;
@property (nonatomic, strong) NSMutableString* text;
@property (nonatomic, assign) MyXMLParserDelegate* parent;
@property (nonatomic, strong) MyXMLParserDelegate* child;
- (void) start: (NSString*) elementName parent: (id) parent;
- (void) makeChild: (Class) class
        elementName: (NSString*) elementName
            parser: (NSXMLParser*) parser;
(void) finishedChild: (NSString*) s;

@end
```

以下是这些属性和方法的说明：

- name: 我们正解析的元素的名字。
- text: 当我们解析元素时，用于累积字符的地方。
- parent: 创建我们的 MyXMLParserDelegate。
- child: 如果我们遇到一个子元素，则创建一个 MyXMLParserDelegate 并使它成为委托。
- start:parent:

  当我们创建一个子解析程序，我们在子元素上调用该方法，这样它知道它的父元素是谁。第一个参数是子元素将解析的元素的名称。我们（而不是子元素）收到了 parser:didStartElement...消息。
- makeChild:elementName:parser:

  如果我们遇到一个子元素，那么，我们初始化 MyXMLParserDelegate 的某些子类，将它作为我们的 child，并作为解析程序的委托，发送给它 start:parent:。
- finishedChild:

  当一个子元素收到 parser:didEndElement...时，在将它的父元素作为委托之前，它将该消息发送给它的父元素。该参数是 text，但它的父元素可以在子元素消失之前使用该信号来得到它期望从子元素得到的任何信息。

现在我们可以草拟 MyXMLParserDelegate 的默认实现：

```
- (void) start: (NSString*) el parent: (id) p {
    self.name = el;
    self.parent = p;
    self.text = [NSMutableString string];
}
- (void) makeChild: (Class) class
    elementName: (NSString*) elementName
```

```
            parser: (NSXMLParser*) parser {
        MyXMLParserDelegate* del = [[class alloc] init];
        self.child = del;
        parser.delegate = del;
        [del start: elementName parent: self];
    }
- (void) finishedChild: (NSString*) s { // subclass implements as desired
    }
        - (void)parser:(NSXMLParser *)parser foundCharacters:(NSString *)string
{
        [self.text appendString:string];
    }
- (void)parser:(NSXMLParser *)parser didEndElement:(NSString *)elementName
        namespaceURI:(NSString *)namespaceURI qualifiedName:(NSString *)qName {
        if (parent) {
            [parent finishedChild: [self.text copy]];
            parser.delegate = self.parent;
        }
    }
```

现在我们为想要解析的每种元素创建一个 MyXMLParserDelegate 子类。这样一个子类的主要
责任（如果它在 parser:didStartElement...中遇到一个子元素）是创建 MyXMLParserDelegate 子类的
一个实例，发送它 start:parent 并将它作为委托。我们已经在 makeChild:elementName:parser 方法中
实现了上述功能。相反过程是在 parser:didEndElement...中实现：我们调用父的 finishedChild:并将父
作为委托。

我们现在可以非常简单地将我们的 XML 数据解析为一个 Person 数组。我们从得到 XML 文件
的 URL 开始，将它传递给一个 NSXMLParser，创建我们的第一个委托解析程序并将它作为委托，
告知 NSXMLParser 开始执行：

```
NSURL* url = [[NSBundle mainBundle] URLForResource:@"folks"
withExtension:@"xml"];
NSXMLParser* parser = [[NSXMLParser alloc] initWithContentsOfURL:url];
MyPeopleParser* people = [[MyPeopleParser alloc] init];
[parser setDelegate: people];
[parser parse];
// ... 对 people.people 做些事情 ...
```

这是 MyPeopleParser。它是顶层解析程序，因此它有一些额外的工作要做：当它遇到<people>
元素（这是首先该发生的事情），它创建将保存 Person 对象的 people 数组；该数组将是整个解析操
作的最终结果。如果它遇到一个<person>元素，它创建一个<person>解析器（MyPersonParser）作
为它的 child 并设置它为委托；当<person>解析程序回调来告知我们它完成时，MyPeopleParser 期
望<person>解析程序通过它的 person 属性提供一个 Person。

```
- (void)parser:(NSXMLParser *)parser didStartElement:(NSString *)elementName
    namespaceURI:(NSString *)namespaceURI
    qualifiedName:(NSString *)qualifiedName
    attributes:(NSDictionary *)attributeDict
{
    if ([elementName isEqualToString: @"people"])
        self.people = [NSMutableArray array];
    if ([elementName isEqualToString: @"person"])
        [self makeChild:[MyPersonParser class] elementName:elementName
```

```
            parser:parser];
}
- (void) finishedChild: (NSString*) s {
    [people addObject: [self.child person]];
}
```

当 MyPersonParser 遇到一个<firstName>或<lastName>元素，它使用一个 MyXMLParserDelegate 来解析这些子元素。在 finishedChild 方法中，它确保有一个准备通过它的 person 属性传回它的父元素的 Person 对象：

```
- (void)parser:(NSXMLParser *)parser didStartElement:(NSString *)elementName
      namespaceURI:(NSString *)namespaceURI
      qualifiedName:(NSString *)qualifiedName
      attributes:(NSDictionary *)attributeDict {
    [self makeChild:[MyXMLParserDelegate class] elementName:elementName
            parser:parser];
}
- (void) finishedChild:(NSString *)s {
    if (!self.person) {
        Person* p = [[Person alloc] init];
        self.person = p;
    }
    [self.person setValue: s forKey: self.child.name];
}
```

如果你想使用 XPath 等方式来解析 XML 数据，那么你也可以使用在 SDK 中的 libxml2 库。它是一个 C 的动态库（扩展名为.dylib）。下面是一些基本步骤来使用这个库。

01 在 Xcode 中的目标下，添加 libxml2.dylib 到 Link Binary With Libraries（就像你处理一个框架一样）。

02 尽管 Xcode 构建过程自动在 iphoneos/usr/include/中查找头文件，但它不会自动向下递归进入文件夹，因此它不会进入 libxml2 文件夹（除非你告诉它这样做）。编辑目标的 build 设置，并且设置 Header Search Paths 为$SDKROOT/usr/include/libxml2。当你关闭添加一个搜索路径的对话框时，它将把它自己变换成 iphoneos/usr/include/libxml2。

03 在你的代码中，导入<libxml/tree.h>。

你现在必须使用 C 来与 libxml2 一起使用。下面这个例子是读 XML 文件，将它解析为一个树，并遍历它的所有元素：

```
NSURL* url = [[NSBundle mainBundle] URLForResource:@"folks"
withExtension:@"xml"];
NSString* path = [url absoluteString];
const char* filename = [path UTF8String];
xmlDocPtr doc = NULL;
xmlNode *root_element = NULL;
doc = xmlReadFile(filename, NULL, 0);
root_element = xmlDocGetRootElement(doc);
traverse_elements(root_element); // 必须预先被定义
xmlFreeDoc(doc);
```

```
xmlCleanupParser();
```

这是 traverse_elements 的定义，它记录每个人及其名和姓：

```
void traverse_elements(xmlNode * a_node) {
    xmlNode *cur_node = NULL;
    for (cur_node = a_node; cur_node; cur_node = cur_node->next) {
        if (cur_node->type == XML_ELEMENT_NODE) {
            if (strcmp(cur_node->name, "person") == 0)
                NSLog(@"found a person");
            if (strcmp(cur_node->name, "firstName") == 0)
                NSLog(@"First name: %s", cur_node->children->content);
            if (strcmp(cur_node->name, "lastName") == 0)
                NSLog(@"Last name: %s", cur_node->children->content);
        }
        traverse_elements(cur_node->children);
    }
}
```

20.4 SQLite

SQLite（http://www.sqlite.org/docs.html）是轻量级的，你可以使用 SQL 与之对话的全功能的关系数据库，SQL 是数据库的通用语言。当你的数据是以行和列操作的，并需要快速搜索，则 SQLite 是个好的选择。

和你连接到 libxml2.dylib 的方式相同，你可以连接到 libsqlite3.dylib（并导入<sqlite3.h>）来访问 SQLite。使用 C 语言操作 sqlite3 可能比较烦琐。现在有许多轻量级的 Objective-C 前端。在下面这个例子中，我使用 fmdb （https://github.com/ccgus/fmdb）从一个之前创建的数据库中读出人名。

```
NSString* docsdir = [NSSearchPathForDirectoriesInDomains
(NSDocumentDirectory, NSUserDomainMask, YES) lastObject];
NSString* dbpath = [docsdir stringByAppendingPathComponent:@"people.db"];
FMDatabase* db = [FMDatabase databaseWithPath:dbpath];
if (![db open]) {
    NSLog(@"Ooops");
    return;
}
FMResultSet *rs = [db executeQuery:@"select * from people"];
while ([rs next]) {
    NSLog(@"%@ %@",
        [rs stringForColumn:@"firstname"],
        [rs stringForColumn:@"lastname"]);
}
[db close];
```

20.5 核 心 数 据

核心数据（Core Data）框架也使用 SQLite 作为一种存储格式。你可以把应用程序数据放在手机的核心数据库上。然后，你可以使用 NSFetchedResultsController 来访问核心数据库，并在表视图上显示。下面是它的常用方法。

- [fetchedResultsController objectAtIndexPath]: 返回指定位置的数据。
- [fetchedResultsController sections]: 获取 section 数据，返回的是 NSFetchedResultsSectionInfo 数据。
- NSFetchedResultsSectionInfo 是一个协议，定义了下述方法：

  - numberOfSectionsInTableView: 返回表视图上的 section 数目。
  - tableView:numberOfRowsInSection: 返回一个 section 的行数目。
  - tableView:cellForRowAtIndexPath: 返回 cell 信息。
  - NSEntityDescription 类用于往核心数据库上存放数据：

```
-[NSEntityDescription
insertNewObjectForEntityForName:inManagedObjectContext:]
```

我们通过一个实例来看看怎样使用 Core Data。

01 创建一个基于单视图的应用，如图 20-3 所示，命名为 coreData。

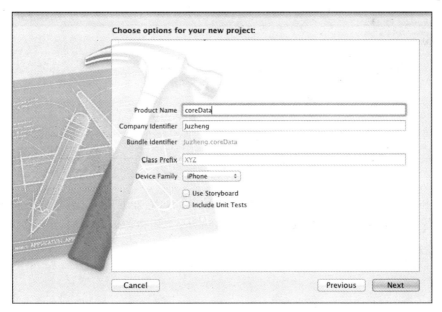

图 20-3 创建一个新项目

02 把 CoreData.framework 加到项目上，如图 20-4 和图 20-5 所示，从弹出窗口上选择 CoreData.framework。

图 20-4　添加框架

图 20-5　选择 CoreData 框架

03 在 Supporting Files 文件夹下，添加一个新文件。如图 20-6 所示，在快捷菜单中选择 New File 命令，在弹出的窗口中选择 Core Data→Data Model，如图 20-7 所示。

图 20-6　添加新文件

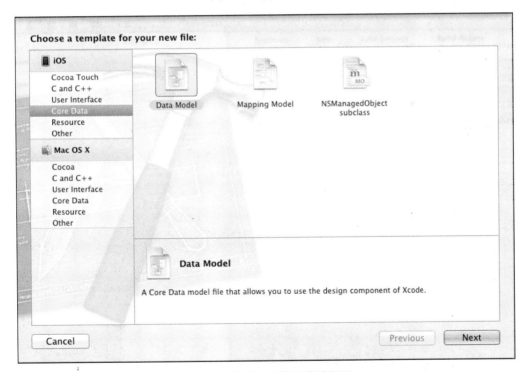

图 20-7　创建一个数据模型资源

04 出现如图 20-8 所示的窗口，输入数据模型文件的名称。

图 20-8　数据模型文件

05 我们使用一个书和作者的数据模型来演示核心数据。在如图 20-9 所示的窗口上，在 Entity 窗格的右下方，单击"+"按钮来添加一个作者（Author）实体（entity）。使用同样的方法，添加书本（Book）实体。结果如图 20-10 所示。

图 20-9　添加实体

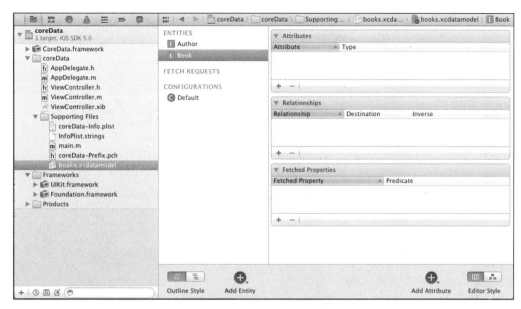

图 20-10　添加更多实体

06 如图 20-11 所示，先给 Author 实体添加一些属性。选中 Author 实体，单击 Attributes 窗口左下方的 "+" 按钮。在图 20-11 所示的窗口上，添加一个名叫 Name，类型为 String 的属性。

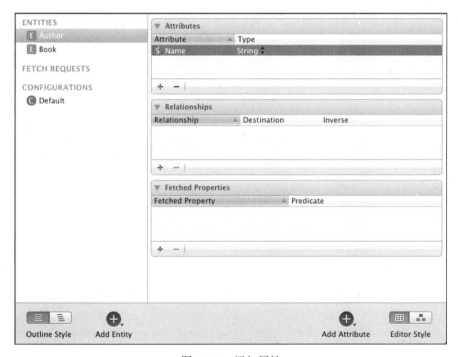

图 20-11　添加属性

07 如图 20-12 所示，按照类似的方法，给 Book 实体添加一些属性，如 Title。它的数据类型也是 String。

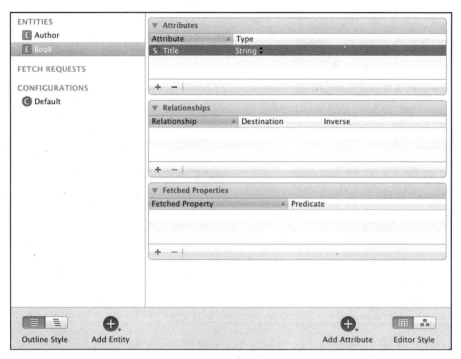

图 20-12　添加更多属性

08 为两个实体建立关系：在窗口的下面，选中一个实体，单击 Relationships 下的 "+" 按钮，命名关系为 wrote，Destination 为 Book，如图 20-13 所示。

图 20-13　Author 到 Book 的关系

09 按照类似的方法，从 Book 那里建立到 Author 的关系，关系命名为 writtenBy。如图 20-14

所示，这个关系是 wrote 的关系的反关系，所以，从 Inverse 下选择 wrote。

图 20-14　Book 到 Author 的关系

10 确保两个实体都被选中了，如图 20-15 所示。

图 20-15　选中实体和连接

11 从 File 菜单中选择 New File，如图 20-15 所示。

12 选择 Core Data 下的 NSManagedObject subclass，如图 20-16 所示。单击 Next 按钮，选择位置信息，如图 20-17 所示。最后，单击 Create 按钮。

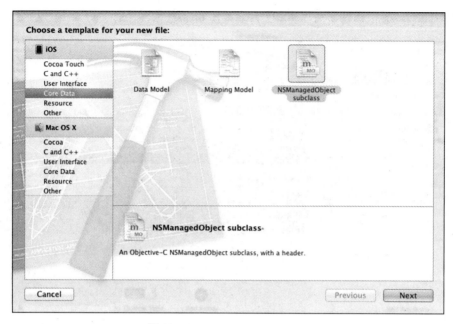

图 20-16　Managed Object Class

图 20-17　位置

13 在 Xcode 下，你就看到了所生成的类文件 book.h、book.m、author.h 和 author.m，如图 20-18 所示。你可以查看它们的属性和方法。

图 20-18　新生成的类

14 下面编写应用代码：首先存放数据到 Core Data 那里，然后从 Core Data 那里读取数据，并通过 NSLog 显示出来。如图 20-19 所示，在 AppDelegate.h 上，你需要导入 CoreData.h: #import <CoreData/CoreData.h>。你还需要添加一个 NSManagedObjectContext 属性来管理核心数据。代码如下：

```
#import <UIKit/UIKit.h>
#import <CoreData/CoreData.h>
@class ViewController;
@interface AppDelegate : UIResponder <UIApplicationDelegate>{
    NSManagedObjectContext *managedObjectContenxt;
}
@property (strong, nonatomic) UIWindow *window;
@property (strong, nonatomic) ViewController *viewController;
@property (nonatomic, strong) NSManagedObjectContext *managedObjectContext;
@end
```

图 20-19　AppDelegate.h

15 编写 AppDelegate.m 代码如下（参见代码的注释）：

```objc
#import "AppDelegate.h"
#import "ViewController.h"
#import "Book.h"
#import "Author.h"

@implementation AppDelegate
@synthesize window;
@synthesize viewController;
@synthesize managedObjectContext;
//重载 getter 方法
-(NSManagedObjectContext*) managedObjectContext {
    if (managedObjectContext==nil) {
        //获取 Documents 目录
        NSArray *paths= NSSearchPathForDirectoriesInDomains
(NSDocumentDirectory,NSUserDomainMask,YES);
        NSString *basePath=([paths count]>0) ? [paths objectAtIndex:0] :nil;
        //得到 books.sqlite 文件路径信息
        NSURL *url = [NSURL fileURLWithPath: [basePath
stringByAppendingPathComponent:@"books.sqlite"]];
        NSError *err;
        //持久数据
        NSPersistentStoreCoordinator * persistentStoreCoordinator =
[[NSPersistentStoreCoordinator alloc] initWithManagedObjectModel:
[NSManagedObjectModel mergedModelFromBundles:nil]];
        if (![persistentStoreCoordinator
addPersistentStoreWithType:NSSQLiteStoreType configuration:nil URL:url
options:nil error:&err]) {
            NSLog(@"failed to add persistent store with type to persistent store
coordinator");
        }
        managedObjectContext = [[NSManagedObjectContext alloc] init];
        [managedObjectContext
setPersistentStoreCoordinator:persistentStoreCoordinator];
    }
    return managedObjectContext;
}
//演示数据保存和读取的方法
-(void)demo{
    //往 Core Data 上存放两本书，两个作者
    Book* b1= (Book*) [NSEntityDescription
insertNewObjectForEntityForName:@"Book"
    inManagedObjectContext:self.managedObjectContext];
    Book* b2= (Book*) [NSEntityDescription
insertNewObjectForEntityForName:@"Book"
    inManagedObjectContext:self.managedObjectContext];
    Author* a1 = (Author*) [NSEntityDescription
insertNewObjectForEntityForName:@"Author"
    inManagedObjectContext:self.managedObjectContext];
    Author* a2 = (Author*) [NSEntityDescription
insertNewObjectForEntityForName:@"Author"
    inManagedObjectContext:self.managedObjectContext];
    //设置书和作者的详细信息
    b1.Title=@"iPhone Development Book";
    a1.Name=@"SuWeiJi";
    b2.Title=@"Cloud Computing Concepts";
    a2.Name=@"Zhenghong Yang";
    //设置关系信息
```

```
    [a2 addWroteObject:b1];
    [a2 addWroteObject:b2];
    [a1 addWroteObject:b1];
    //读取数据
    NSArray* booksAuthor2Wrote=[a2.wrote allObjects];
    for(int i=0; i<[booksAuthor2Wrote count]; i++) {
        Book* tempBook = (Book*) [booksAuthor2Wrote objectAtIndex:i];
        NSLog(@"Book %@ wrote include: %@", a2.Name, tempBook.Title);
    }
    NSArray* authorOfBook1=[b1.writtenBy allObjects];
    for(int i=0; i<[authorOfBook1 count]; i++) {
        Author* tempAuthor = (Author*) [authorOfBook1 objectAtIndex:i];
        NSLog(@"The book %@ was written by: %@", b1.Title, tempAuthor.Name);
    }
}

- (BOOL)application:(UIApplication *)application
didFinishLaunchingWithOptions:(NSDictionary *)launchOptions {
    [window addSubview:viewController.view];
    [window makeKeyAndVisible];
    [self managedObjectContext];
    [self demo];//调用演示方法
    return YES;
}
```

16 执行应用程序。你会在控制台看到类似图 20-20 所示的结果。

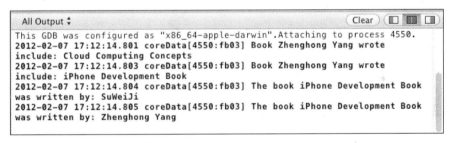

图 20-20　执行结果

20.6　图　形　文　件

从 iOS4 开始，Image I/O 框架提供一种简单的、统一的方式打开图形文件，保存图形文件，在图形文件格式间转化，并从标准格式的图形文件中读取元数据（这包括一个数码相机的 EXIF 和 GPS 信息）。这些文件来自磁盘或网上下载的图片文件。你将需要链接到 ImageIO.framework，并导入<ImageIO/ImageIO.h>。

虽然 UIImage 可以从最标准格式的图形中读取数据，并且你可以使用如 UIImageJPEG Representation 和 UIImagePNGRepresentation 方法转变格式。但你不能保存一幅图片为 TIFF。

Image I/O 框架包含一个图像源（image source）的概念（CGImageSourceRef）。它可以基于磁盘文件或 NSData 的 URL 来创建。你可以使用它来得到源图片的 CGImage（如果源格式包含多图片，一幅特殊的图片）。你也可以从中获得元数据，例如：

```
NSURL* url = [[NSBundle mainBundle] URLForResource:@"colson"
  withExtension:@"jpg"];
CGImageSourceRef src = CGImageSourceCreateWithURL((CFURLRef)url, NULL);
NSDictionary* result = (id)CGImageSourceCopyPropertiesAtIndex(src, 0, NULL);
```

上面的字典对象包含了它的所有信息，包括它的像素大小（kCGImagePropertyPixelWidth，kCGImagePropertyPixelHeight）、它的分辨率、它的颜色模式、它的颜色深度以及它的方向。如果该图片是来自一个数码相机，则包含的信息还有它拍照时的光圈和曝光的 EXIF 数据以及相机的制造商和型号。

我们可以使用 CGImageSourceCreateImageAtIndex 获得作为 CGImage 的图片；也可以获得图片的一个缩略图版本。为了产生一幅给定大小的缩略图，将大小和图像源传给 CGImageSourceCreateThumbnailAtIndex。例如：

```
NSURL* url = [[NSBundle mainBundle] URLForResource:@"colson"
withExtension:@"jpg"];
CGImageSourceRef src = CGImageSourceCreateWithURL((CFURLRef)url, NULL);
CGFloat scale = [UIScreen mainScreen].scale;
NSDictionary* d =
    [NSDictionary dictionaryWithObjectsAndKeys:
        (id)kCFBooleanTrue, kCGImageSourceShouldAllowFloat,
        (id)kCFBooleanTrue, kCGImageSourceCreateThumbnailWithTransform,
        (id)kCFBooleanTrue, kCGImageSourceCreateThumbnailFromImageAlways,
        [NSNumber numberWithInt:100*scale],
        kCGImageSourceThumbnailMaxPixelSize, nil];
CGImageRef imref = CGImageSourceCreateThumbnailAtIndex(src, 0,
(CFDictionaryRef)d);
UIImage* im =
        [UIImage imageWithCGImage:imref scale:scale
orientation:UIImageOrientationUp];
self->iv.image = im; //制定图片为 UIImageView
CFRelease(imref);
CFRelease(src);
```

Image I/O 框架也提出了一个图形目标（image destination）概念，用来将一幅图片保存到一种指定的文件格式。下面这个例子展示了怎样将我们的图片保存为 TIFF 文件。注意，下面的代码直接从图片源保存到图片目标。

```
NSURL* url = [[NSBundle mainBundle] URLForResource:@"colson"
withExtension:@"jpg"];
CGImageSourceRef src = CGImageSourceCreateWithURL((CFURLRef)url, NULL);
NSFileManager* fm = [[NSFileManager alloc] init];
NSURL* suppurl = [fm URLForDirectory:NSApplicationSupportDirectory
                inDomain:NSUserDomainMask
                appropriateForURL:nil
                create:YES error:NULL];
NSURL* tiff = [suppurl URLByAppendingPathComponent:@"mytiff.tiff"];
CGImageDestinationRef dest =
    CGImageDestinationCreateWithURL((CFURLRef)tiff,
    (CFStringRef)@"public.tiff", 1, NULL);
CGImageDestinationAddImageFromSource(dest, src, 0, NULL);
bool ok = CGImageDestinationFinalize(dest);
// 错误检查忽略
CFRelease(src);
```

```
CFRelease(dest);
```

20.7 互联网数据

我们认为，"手机+云计算"是未来软件的大方向。手机作为数据的输入终端和显示终端，而云计算作为数据存储和处理的后台。云计算平台提供了众多的 Web 服务，这些 Web 服务首先为手机应用提供了很多远程数据，其次手机应用也往往调用 Web 服务来保存数据。云计算平台可以是谷歌所提供的地图服务，也可以是其他公司所提供的云文件服务（如 www.yunwenjian.com）。另外，要注意的是，通过 Mashup，你的手机应用程序可以综合多个云计算平台所提供的数据，从而为用户提供一个全新的视角。例如，一个做房地产中介的朋友准备开发一个手机应用，他想把他们公司所代理的房子，通过地图服务，给购房者在手机上提供关于某一个房子的周边信息。

20.7.1 XML 和 JSON

在手机和云计算平台之间传递的数据格式主要分为两种：XML 和 JSON。在程序中发送和接收信息时，你可以选择以纯文本或 XML 作为交换数据的格式。例如，在 HTML 请求中，使用如下格式：

```
name=yangzhenhgong &age=36&email=yangzhenghong@yunwenjian.com
```

上述数据的 XML 格式是：

```
<request>
  <name>yangzhenghong</name>
 <age>36</age>
 <email>yangzhenghong@yunwenjian.com</email>
</request>
```

上述数据与 HTML 格式的纯文本数据相同，只是采用 XML 格式而已。有两种方法来操作 XML 数据，一种是使用 libxml2，另一种是使用 NSXMLParser。我们在前面章节中已经讲解了 XML。

XML 格式采用名称/值的格式。同 XML 类似，JSON（JavaScript Object Notation 的缩写）也是使用名称/值的格式。JSON 数据颇像字典数据。例如：{ "name": "yangzhenghong" }。前一个是名称（键），后一个是值。等效的纯文本名称/值对为 name=yangzhenghong。

当把多对名称/值组合在一起时，JSON 就创建了包含多对名称/值的记录，例如：

```
{ "name": "yanghenghong",
  "age":"36",
  "email": "yangzhenghong@yunwenjian.com" }
```

当需要表示一组值时，JSON 不但能够提高可读性，而且可以减少复杂性。例如，假设你想表示一个人名列表。在 XML 中，需要许多开始标记和结束标记。如果使用 JSON，则只需将多个带花括号的记录组合在一起。

```
{ "authors": [
  { "name": "yanghenghong", "age":"36", "email":
```

```
"yangzhenghong@yunwenjian.com" },
    { "name": "suweiji", "age":"29", "email": "suweiji@yunwenjian.com" },
    { "name": "zhengqixin", "age":"42", "email": "zhengqixin@yunwenjian.com" }
]}
```

在上面这个例子中，只有一个名为 authors 的变量，值是包含三个条目的数组，每个条目是一个人的记录，其中包含姓名、年龄和电子邮件地址。下面的例子表示多个值，每个值又包含多个值。后面的多个值使用中括号将记录组合成一个值。

```
{ "editor": [
    { "name": "xiayuyan", "age":"27", "email": "xiayuyan@yunwenjian.com" },
    { "name": "xiahuang", "age":"25", "email": "xiahuang@yunwenjian.com" },
    { "name": "wenge", "age":"21", "email": "wenge@yunwenjian.com" }
    ],
    "authors": [
    { "name": "yanghenghong", "age":"36", "email":
"yangzhenghong@yunwenjian.com" },
    { "name": "suweiji", "age":"29", "email": "suweiji@yunwenjian.com" },
    { "name": "zhengqixin", "age":"42", "email": "zhengqixin@yunwenjian.com" }
    ]}
```

简单地说，JSON 可以将一组数据转换为字符串，然后就可以在函数之间轻松地传递这个字符串，或者在异步应用程序中将字符串从 Web 服务器传递给客户端程序。JSON 可以表示比名称/值对更复杂的结构。例如，可以表示数组和复杂的对象，而不仅仅是键和值的简单列表。下面我们总结 JSON 的语法格式：

● 对象: { 属性 : 值 , 属性 : 值 , 属性 : 值 }。
● 数组是有顺序的值的集合：一个数组开始于 "["，结束于 "]"，值之间用 ","分隔。
● 可以是字符串、数字、true、false、null，也可以是对象或数组。这些结构都能嵌套。

在 iPhone/iPad 手机应用程序中，你可以直接读取 JSON 数据，并放入 NSDictionary 或 NSArray 中。你也可以将 NSDictionary 转化为 JSON 数据，并上载到云计算平台。json-framework 提供了相关的类和方法来完成 JSON 数据的解析。

```
//读 JSON 数据
#import <JSON/JSON.h>
// 从云计算平台获得 JSON 数据
NSString *jsonString = ...;
// 解析 JSON 数据，可能是一个 NSDictionary 或 NSArray 数据
id object = [jsonString JSONValue];

//写数据
NSDictionary *dictionary = ...;
// 把字典类数据转化为 JSON 数据
jsonString = [dictionary JSONRepresentation];
```

下面这个实例是从 flickr 网站上读取关于杭州的照片，并使用表视图显示出来。结果如图 20-21 所示。

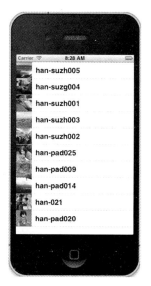

图 20-21　flickr 网站上关于杭州的照片

01 创建一个 Empty Application 项目，如图 20-22 所示。

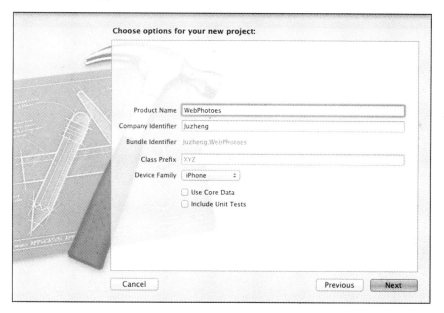

图 20-22　创建一个新项目

02 如图 20-23 所示，创建一个表视图控制器：从 File 菜单下选择 New File，选择 UIViewController subclass、UITableViewController subclass 和 with XIB for user interface。

图 20-23　创建一个表视图控制器

03 输入视图控制器的名称。如图 20-24 所示。

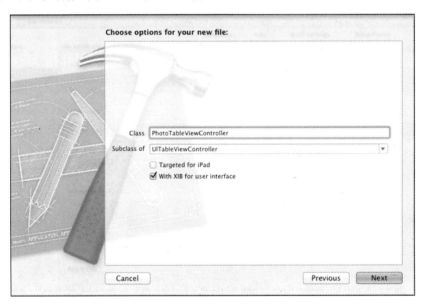

图 20-24　视图控制器名称

04 如图 20-25 所示，修改 AppDelegate.h 为（添加了一个表视图控制器属性）：

```
#import <UIKit/UIKit.h>
#import "PhotoTableViewController.h"
@interface AppDelegate : NSObject <UIApplicationDelegate> {
    PhotoTableViewController *photoTableViewController;
}
@property (nonatomic, strong) UIWindow *window;
@end
```

图 20-25　AppDelegate.h

05 如图 20-26 所示，修改 didFinishLaunchingWithOptions 方法为：

```
- (BOOL)application:(UIApplication *)application
didFinishLaunchingWithOptions:(NSDictionary *)launchOptions{

    self.window = [[UIWindow alloc] initWithFrame:[[UIScreen mainScreen]
bounds]];
    self.window.backgroundColor = [UIColor whiteColor];
    photoTableViewController = [[PhotoTableViewController alloc]
initWithStyle:UITableViewStylePlain];
    //把表视图控制器的视图放到窗口上
    [self.window addSubview:photoTableViewController.view];
    [self.window makeKeyAndVisible];
    return YES;
}
```

图 20-26　didFinishLaunchingWithOptions 方法

06 如图 20-27 所示，在表视图控制器类上添加两个属性：

```
@interface PhotoTableViewController : UITableViewController {
NSMutableArray *photoNames;//照片的名字
//照片的 URL（当用户选中某一行时，使用 URL 获取照片）
    NSMutableArray *photoURLs;
}
```

@end

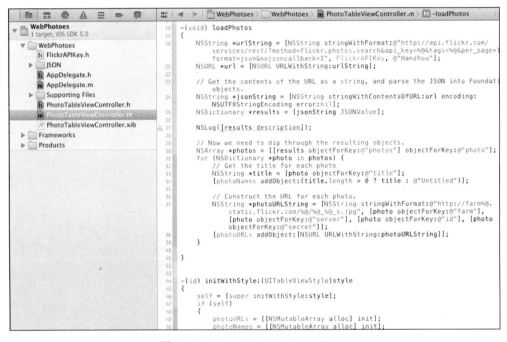

图 20-27　表视图控制器类

07 如图 20-28 所示，首先复制整个 JSON 文件夹（包含支持 JSON API 的头文件和实现文件，即 json-framework）和 FlickrAPIKey.h 到项目下，然后编写表视图控制器类的实现代码。为了便于理解这个程序，我们首先看看 Flickr 网站所返回的 JSON 数据。我在代码上加入了 NSLog 来打印出 Flickr 所返回的 JSON 数据，如图 20-29 所示。

图 20-28　PhotoTableViewController.m

图 20-29　Flickr 所返回的 JSON 数据

　　Flickr 所返回的数据不难理解。photo 就是各个照片的数组。每个元素是一个类似字典类的数据，包括了照片的 ID、标题、属主、是否可以公开等信息。下面是 Flickr 所返回的部分数据：

```
{
  photos =    {
      page = 1;
      pages = 164;
      perpage = 10;
      photo =         (
                  {
            farm = 5;
            id = 4855441441;
            isfamily = 0;
            isfriend = 0;
            ispublic = 1;
            owner = "44703196@N04";
            secret = e93e06640a;
            server = 4073;
            title = "peeping West Lake";
        },
                  {
            farm = 5;
            id = 4825023792;
            isfamily = 0;
            isfriend = 0;
            ispublic = 1;
```

```
                    owner = "51720907@N07";
                    secret = 6305c636ff;
                    server = 4094;
                    title = "Photo 29 - 2010-07-24";
                },
…
        );
        total = 1638;
    };
    stat = ok;
}
```

下面是分析 JSON 数据的视图控制器类上的代码（见代码上的注释）：

```objc
#import "PhotoTableViewController.h"
#import "JSON.h"
#import "FlickrAPIKey.h"
@implementation PhotoTableViewController
-(void) loadPhotos{

    NSString *urlString = [NSString
stringWithFormat:@"http://api.flickr.com/services/rest/?method=flickr.photos.s
earch&api_key=%@&tags=%@&per_page=10&format=json&nojsoncallback=1",
FlickrAPIKey, @"Hanzhou"];
    NSURL *url = [NSURL URLWithString:urlString];//获取 Flickr 照片的 URL

    // Flicrk 返回的 JSON 数据（一个大字符串）
    NSString *jsonString = [NSString stringWithContentsOfURL:url
encoding:NSUTF8StringEncoding error:nil];
    // 解析 JSON 数据，保存在字典类变量上
    NSDictionary *results = [jsonString JSONValue];
    NSLog([results description]);//打印在控制台上

    // 获取各个照片信息（存放在数组中）
    NSArray *photos = [[results objectForKey:@"photos"]
objectForKey:@"photo"];
    for (NSDictionary *photo in photos) {//分析每个照片
        // 获取照片的标题
        NSString *title = [photo objectForKey:@"title"];
        //放到存放照片名字的数组中
        [photoNames addObject:(title.length > 0 ? title : @"Untitled")];
        //基于一个照片的 JSON 数据组合成一个 URL，该 URL 用来获取真正的照片
        NSString *photoURLString = [NSString
stringWithFormat:@"http://farm%@.static.flickr.com/%@/%@_%@_s.jpg", [photo
objectForKey:@"farm"], [photo objectForKey:@"server"], [photo
objectForKey:@"id"], [photo objectForKey:@"secret"]];
        //放到存放照片 URL 的数组中
        [photoURLs addObject:[NSURL URLWithString:photoURLString]];
    }
```

```
    }
    //初始化属性
    -(id) initWithStyle:(UITableViewStyle)style{

        self = [super initWithStyle:style];
        if (self){

            photoURLs = [[NSMutableArray alloc] init];
            photoNames = [[NSMutableArray alloc] init];
            [self loadPhotos];
        }
        return self;
    }
    //返回块数
    - (NSInteger)numberOfSectionsInTableView:(UITableView *)tableView {
        return 1;
    }


    //返回行数（即照片的个数）
    - (NSInteger)tableView:(UITableView *)tableView
numberOfRowsInSection:(NSInteger)section {
        return [photoNames count];
    }
    //生成表单元
    - (UITableViewCell *)tableView:(UITableView *)tableView
cellForRowAtIndexPath:(NSIndexPath *)indexPath {
        static NSString *CellIdentifier = @"Cell";
        UITableViewCell *cell = [tableView
dequeueReusableCellWithIdentifier:CellIdentifier];//重用
        if (cell == nil) {//不存在的话
            //创建一个新的表单元
            cell = [[UITableViewCell alloc]
initWithStyle:UITableViewCellStyleDefault reuseIdentifier:CellIdentifier];
        }
        // 表单元的文本信息就是照片名字
        cell.textLabel.text = [photoNames objectAtIndex:indexPath.row];
        //使用照片 URL 获取照片，放在表单元上
        NSData *imageData = [NSData dataWithContentsOfURL:[photoURLs
objectAtIndex:indexPath.row]];
        cell.imageView.image = [UIImage imageWithData:imageData];//照片放在表单元上

        return cell;
    }
```

08 执行应用程序。结果如图 20-21 所示。

在上述应用程序中，我们访问了 Flickr 网站来获取了大量的杭州照片。在你调用 Flickr 网站的 Web 服务之前，Flickr 要求你申请一个 Flickr API Key。如图 20-30 所示，你可以访问

http://www.flickr.com/services/apps/create/apply 来获得这个 key。在获得之后，你应该把你的 key 放在 FlickrAPIKey.h 文件里（在 Products 目录下）。

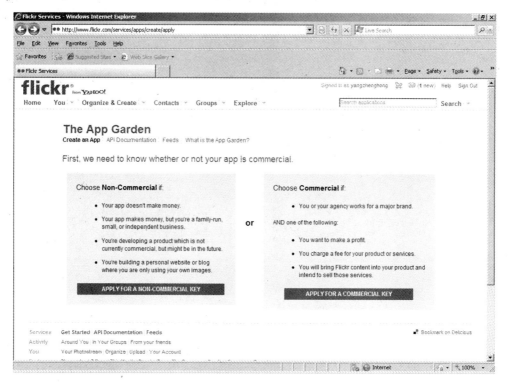

图 20-30　Flickr API 网站

20.7.2　调用云服务的手机应用的架构

一般而言，你从云计算平台上获得某些对象值（如一些照片）。在你的代码里，你往往有该对象的类。例如，我们有一个手机应用程序，该程序从一个外部网站上获得该用户的所有同学信息，然后把这些同学信息添加到手机的通讯录上。从外面获得的同学就是一个对象，你需要定义这个对象类（WebPerson）：

WebPerson.h：

```objc
#import <UIKit/UIKit.h>
@interface WebPerson : NSObject {
    NSString *firstName; //名字
    NSString *lastName;
    NSString *urlString; //该人的 URL
}
@property (nonatomic, copy) NSString *firstName;
@property (nonatomic, copy) NSString *lastName;
@property (nonatomic, copy) NSString *urlString;
@end
```

实现文件 WebPerson.m：

```
#import "WebPerson.h"
@implementation WebPerson
@synthesize firstName;
@synthesize lastName;
@synthesize urlString;
@end
```

然后，你需要定义一个服务类（也叫管理类，在我们的例子中，这个服务类是 SocialBook-WebService），用于从外部网站上获取对象值。

SocialBookWebService.h：

```
#import <UIKit/UIKit.h>
@interface SocialBookWebService : NSObject {
    NSMutableArray *people; //使用数组保存从网站上获取的同学信息
}
- (NSArray*)webPeople; // 返回同学信息
@end
```

服务的实现类 SocialBookWebService.m：

```
#import "SocialBookWebService.h"
#import "WebPerson.h"
@implementation SocialBookWebService
//添加一个同学信息到数组中
+ (void)addPersonWithFirst:(NSString*)first last:(NSString*)last
url:(NSString*)url toArray:(NSMutableArray*)array{

    WebPerson *person = [[WebPerson alloc] init];
    person.firstName = first;
    person.lastName = last;
    person.urlString = url;
    [array addObject:person];
}

//从外部网站上获取同学信息
- (id)init{

    if ((self = [super init])) {
        people = [[NSMutableArray alloc] init];
        //…省略代码：访问外部网站，获取对象值
        //下面的代码是你手工设置一些对象值，主要是为了在编程时的测试
        [SocialBookWebService addPersonWithFirst:@"曹操" last:@""
url:@"http://www.xinlaoshi.com/caocao" toArray:people];
        [SocialBookWebService addPersonWithFirst:@"刘邦" last:@""
url:@"http://www.xinlaoshi.com/liubang" toArray:people];
        [SocialBookWebService addPersonWithFirst:@"Jun" last:@"Tang"
url:@"http://www.xinlaoshi.com/tangjun" toArray:people];
```

```
        [SocialBookWebService addPersonWithFirst:@"朱元璋" last:@""
url:@"http://www.xinlaoshi.com/zhuyanzhang" toArray:people];
        [SocialBookWebService addPersonWithFirst:@"李世民" last:@""
url:@"http://www.xinlaoshi.com/lisimin" toArray:people];
    }
    return self;
}
//返回同学数组
- (NSArray*)webPeople {

    return [people copy];
}
@end
```

然后，在视图控制器等代码中就可以调用上述的服务类来处理 Web 服务所返回的对象值。例如：

```
- (id)initWithStyle:(UITableViewStyle)style {
    if (self = [super initWithStyle:style]) {
        webService = [[SocialBookWebService alloc] init];//初始化 Web 服务
    }
    return self;
}


- (NSArray*)people{
    if (people == nil) {
        people = [[NSMutableArray alloc] init];
        NSArray *webPeople = [webService webPeople];//调用 Web 服务来获取同学信息
        for (WebPerson *webPerson in webPeople) {//处理每个同学
            …
        }
    }
}
```

总之，对于从云计算平台上获取数据的应用程序来说，首先按照获取的对象创建一些对象类，然后创建一个服务类来同云计算交互。所有云计算的数据的存和取都通过服务类完成。应用程序的其他部分同一般应用程序没有任何区别。

第 21 章　高级内容

本章阐述有关 iOS5 开发的一些高级内容。

21.1　电子邮件和短消息

你的应用程序可以显示允许用户编辑和发送一封邮件消息的界面。从 iOS4 开始，还可以发送一条 SMS 消息。Message UI 框架提供两个视图控制器类。你的应用程序需要链接到 MessageUI.framework，并导入<MessageUI/MessageUI.h>。这两个类是：

- MFMailComposeViewController：允许一条邮件消息的编写和发送。
- MFMessageComposeViewController：允许一条 SMS 消息的编写和发送。

MFMailComposeViewController 类是一个 UINavigationController，它允许用户编辑一条邮件消息。用户可以在那里尝试发送邮件，并稍后保存草稿，或完全取消邮件。在使用该类显示一个视图之前，你需要调用 canSendMail。如果结果为 NO，则不发邮件了。一个 NO 结果意味着该设备的配置不支持发送邮件。一个 YES 结果并不意味着该设备联网并能立刻发送邮件，只是说明该设备可以发送邮件。

为了使用 MFMailComposeViewController，你实例化它，提供一个 mailComposeDelegate（不是一个 delegate），并配置邮件消息。用户可以改变先前的配置。配置方法如下：

- setSubject:
- setToRecipients:
- setCcRecipients:
- setBccRecipients:
- setMessageBody:isHTML:
- addAttachmentData:mimeType:fileName:

根据用户的最后操作，委托方法 mailComposeController:didFinishWithResult:error 被调用，这些操作有：

- MFMailComposeResultCancelled
- MFMailComposeResultSaved
- MFMailComposeResultSent
- MFMailComposeResultFailed

你将模态显示 MFMailComposeViewController。在委托方法中关闭模态视图。在 iPad 上也能很好地工作（你也可以使用 UIModalPresentationFormSheet）。

MFMessageComposeViewController 类是一个 UINavigationController。你实例化该类，给它一个 messageComposeDelegate，配置它，并模态显示它。配置是通过 recipients 和 body 属性完成的。委托方法 messageComposeViewController:didFinishWithResult:被调用，结果与一条邮件消息相同。在委托方法中，由你决定关闭模态视图。

21.2 苹果推服务

我们先看一个股票应用程序。在 iPhone/iPad 上，在不启动股票应用程序的情况下，当你的股票上涨 10%时，你可能希望这些应用程序能够通知你。所以你可以决定是否卖出。通知的方式多样，如振动手机，在应用程序的图标上出现提示信息（类似 iPhone/iPad 的邮件应用图标的右上角的数字）。苹果推服务（Push Notification Service）就可以实现这个功能：你的股票应用程序所访问的股票网站推信息给你的股票应用程序。在具体实现上，如图 21-1 所示，苹果提供了中间的推服务，从而在 iPhone/iPad 的应用程序和股票网站（相当于应用程序的服务器）之间提供了通知的传递。

图 21-1 苹果推服务

如果没有这个推服务的话，那么用户必须要启动 iPhone/iPad 上的应用程序，经常查看自己的股票信息（如图 12-1 的虚线所示）。这既浪费了用户的时间，又增加了网络流量。苹果推服务传递的是 JSON 数据。所以，应用服务器（如股票网站）发送 JSON 格式的通知，最大为 256 字节。正如我们在第 20 章中讲到的，JSON 数据就是一些键-值对。苹果推服务的通知可以是：

● 一个声音或者振动手机。sound（声音）键所对应的值是一个字符串。这个字符串可以是一个本地声音文件的名字，如"sound"："ZhangLe.aiff"。

● 弹出一个提示窗口。alert（提示）键所对应的值可以是一个字符串，也可以是一个字典数据，如"alert"："股票涨了 10%"。

● 应用图标右上角的徽章（badge）。它是一个整数，如"badge":10。

这些键-值对包含在 aps（aps 是苹果保留的关键字）下。下面是一个通知例子：

```
{
"aps" : {
"alert" : "股票涨了10%",
"badge" : 10,
"sound" : "ZhangLe.aiff"
},
…
```

```
}
```

那么，怎么设置和使用苹果的推服务呢？下面是四个主要步骤。

01 应用服务器（如股票网站）需要从苹果获得数字证书，并把数字证书放在应用服务器上。从而应用服务器和苹果推服务平台就可以通信。

02 应用程序向苹果注册服务。下面的方法设置应用程序接收的通知类型：

```
-(void)application:(UIApplication *)application
didFinishLaunchingWithOptions:(NSDictionary *)options{
    UIRemoteNotificationType myTypes = UIRemoteNotificationTypeSounds |
    UIRemoteNotificationTypeBadges;//通知类型：声音和 Badge
    [application registerForRemoteNotificationTypes:myTypes]; // 注册
}
```

03 从 iPhone 操作系统获取 Token，并发送给应用服务器（如股票网站）:

```
- (void)application:(UIApplication *)application
didRegisterForRemoteNotificationsWithDeviceToken:(NSData *)token{
    //...获得 Token，发送 Token 给应用服务器
}
//注册失败的处理
- (void)application:(UIApplication *)application
 didFailToRegisterForRemoteNotificationsWithError:(NSError *)error{
    //...无法获得 Token，做一些处理
}
```

Token 就是一个标识这个特定手机的字符和数字的组合串。应用服务器使用这个 Token 来给这个手机发送通知。当然，应用服务器是把通知和 Token 发送给苹果推服务平台，然后苹果推服务到手机。

04 使用 UIApplicationDelegate 的 didReceiveRemoteNotification 来接收远程通知并做一些处理。所接收的通知是 JSON 数据。

```
- (void)application:(UIApplication *)application
didReceiveRemoteNotification:(NSDictionary *)userInfo
```

如果你想知道手机应用正在接收什么通知，你可以调用：

```
-(UIRemoteNotificationType)enabledRemoteNotificationTypes
```

21.3 多 线 程

iOS SDK 支持多线程编程，并且提供了 NSOperation 和 NSOperationQueue 类来方便多线程编程。在应用程序中使用多个线程，这也就意味着两个线程可以在同一时刻修改同一个对象，这就有可能在程序中导致严重的错误。我们先看一下线程同步中会出现的一个问题，例如我们现在定义一个 Person 类。这个类有两个变量，一个是 givenName，另一个是 familyName。

```
@implementation Person : NSObject {
    NSString *givenName;
    NSString *familyName;
}
@property (nonatomic, strong) NSString *givenName;
@property (nonatomic, strong) NSString *familyName;
@end
```

如果这个 Person 类的一个实例能够被不同的线程访问，我们就有问题了。例如，现在这个 Person 的实例正被一个线程更新，然后被另一个线程读取，假设这个 Person 类的实例叫 firstPerson，它的 givenName 是 Chen，familyName 是 Guo，我们在第一个线程中执行下面的代码：

```
firstPerson.givenName = @"Zhenghong";
firstPerson.familyName = @"Yang";
```

然后我们在第二个线程中执行下面一段代码：

```
NSLog(@"Now processing %@ %@.", firstPerson.givenName,
firstPerson.familyName);
```

如果第二个线程在第一个线程执行到一半的时候被触发，第二个线程显示出来的结果就是"Now processing Zhenghong，Guo"，这明显不是我们想要看到的结果。

Mutex lock 就保证了当一段代码被触发了以后，其他的线程不能执行同样的一段代码或是相关的代码。那么这段代码就用@synchronize 包裹住。

当用@synchronize 包裹住以后，这段代码就只能一次被一个线程执行，那么在之前的例子中，代码就会被这样重写：

```
@synchronized(self) {
    firstPerson.givenName = @"Samantha";
    firstPerson.familyName = @"Stephens";
}
```

这个地方 self 被称为信号量或者 mutex，@synchronize 工作的方式就是当一个线程要执行这段代码的时候，它就会检查是否有别的线程在使用这个信号量（mutex），如果有的话，这段代码会被阻止执行，直到另一个线程没有使用这个 mutex，这样也就保证了我们的线程安全。因此，Objective-C 提供了@synchronized()指令用于确保同一时刻只有一个线程可以访问程序中的特定代码段。@synchronized()指令使得单一线程可以锁住一个程序段，只有当这个线程退出这个保护的代码段的时候（也就是说，程序执行到保护代码段以外的时候），其他的线程才能访问这个被保护的代码段。

@synchronized()指令只有一个参数可以设置，这个参数可以是任何的 Objective-C 对象，当然也可以是它本身。这个参数对象通常被理解为互斥量（mutex 或者 mutual exclusion semaphore），它允许一个线程锁住代码段从而阻止其他线程使用和修改这个代码段。通过这样的方式，系统就可以使得多线程程序避免线程之间相互竞争同一个资源。你应该使用多个不同的互斥量，从而保护程序中的不同代码块。

上面我们演示一个例子，使用 self 作为互斥量来同步访问一个对象的实例方法，你可以使用 Class 来代替下例中的 self，从而同步访问一个类方法。

下面我们演示一下@synchronized()的经典用法，在执行一个关键操作之前（即多个线程在同一时刻不能同时执行这个操作），程序从 Account 类那里获得了一个互斥量。通过这个互斥量，我们就能锁住关键操作所在的代码段。Account 类是在初始化方法中创建的这个互斥量。

```
Account *account = [Account accountFromString:[accountFiled stringValue]];
id accountSemaphore = [Account semaphore];
@synchronized(accountSemaphore){
    …//关键操作
}
```

一个线程能够在递归方式中多次使用同一个互斥量，而其他的线程在这个线程释放所有锁之后才能获得对这个代码段的使用权，在这种情况下，每一个@synchronized()指令不是正常退出就是抛出一个异常。当在@synchronized()中的代码段抛出一个异常的时候，系统会捕获这个异常，然后释放这个互斥量（所以，其他的线程就能访问这个被保护的代码段了）。系统最后将这个异常重新抛给下一个异常处理器。

在实际开发中，我们使用 NSOperation 来完成多线程的功能。NSOperation 会帮助我们创建和管理线程，比直接使用 NSThread 简单。在本节，我们将详细讲解 NSOperation。

21.3.1 NSThread

在单个程序中同时运行多个线程完成不同的工作，称为多线程。使用线程可以把占据长时间的程序中的任务放到后台去处理。例如：在从互联网上下载数据的同时可以弹出一个进度条来显示处理的进度。在一个单线程应用中，某个费时的操作可能让用户感觉整个应用不动了。例如，某个应用程序首先需要获得互联网上的一些数据。但是由于网络速度比较慢，数据的下载花费了很多时间。一个经典的做法是使用多线程。在 iOS SDK 上，NSThread 类实现多线程。例如，下面的代码定义了一个获取照片的方法，该方法产生一个线程来下载照片。

```
- (void)getPhotos:(id)sender{
    // 产生一个线程
    [NSThread detachNewThreadSelector:@selector(getWebPhotos:)
withTarget:self object:someData];
}
//下载照片
- (void)getWebPhotos:(id)someData{
    NSAutoreleasePool *pool = [[NSAutoreleasePool alloc] init];
    //…具体下载照片的代码
    // 下载完成后，给主线程发送一些信息
    [self performSelectorOnMainThread:@selector(allDone:)
withObject:result waitUntilDone:NO];
}
```

异步操作也能实现多线程所提供的功能（即让某一个长操作在后台运行）。例如，在 iOS SDK 上，NSURLConnection 可以是一个异步调用。当你使用它来获取网上数据时，你可以通过定义委托方法来返回控制。当系统得到网上数据后，系统会调用这个回调方法。

如果你有太多的线程在执行的话，你的系统可能就会瘫痪。一个解决办法就是创建少一点的线程，这个 NSOperationQueue 能够帮助你达到目的。另一个办法就是 sleep，你可以让一个线程 sleep 一段设定时间或者是让它在某一个时间点被唤醒。在 sleep 的这段时间内，该线程就把系统的时间片交给了其他的线程。如果你想让线程休眠特定的一段时间你就用 NSThread 的类方法

sleepForTimeInterval：

```
[NSThread sleepForTimeInterval:2.5];
```

如果你想让线程在某个特定的时刻被唤醒就用方法 sleepUntilDate：

```
[NSThread sleepUntilDate:[NSDate dateWithTimeIntervalSinceNow:2.5]];
```

21.3.2 NSOperation 和 NSOperationQueue

我们在研究 operation queue 之前首先来讲一讲 operation。operation 就是一些指令的集合，然后由 operation queue 来管理。这里每一个 operation 基本都是 NSOperation 子类的实例。iOS 提供了 NSOperation 的一个子类叫做 NSInvocationOperation，在这个类中你可以指定一个对象和一个 selector。

当你把一个 operation 加入到 operation queue 的时候，你要遵循几个步骤，首先你创建一个 NSOperation 的子类，然后在这个类中声明几个成员变量，包含这个 operation 的输入和输出。接下来就是要重写 main 这个函数，在 main 中具体就是这个 operation 要执行的代码，最好是把这些代码全部包裹在@try 中，这样我们就可以捕捉到一些异常。

operation 的相互依赖性

任何一个 operation 都能够选择性地和另一个或几个 operation 存在一定的依赖性。例如，一个 operation 要在另一个 operation 之前完成。因此 operation queue 就会知道先完成哪一个 operation。你可以通过 addDependency 方法来添加依赖关系，例如：

```
MyOperation *firstOperation = [[MyOperation alloc] init];
MyOperation *secondOperation = [[MyOperation alloc] init];
[secondOperation addDependency: firstOperation];
…
```

在这个例子中，如果 firstOperation 和 secondOperation 都被加入到同一个 operation queue 中，那么就算这个 queue 有足够的线程能够执行这两个 operation，这两个 operation 也不会同时执行，因为 secondOperation 是依赖于 firstOperation 的，在 firstOperation 执行完毕之前，secondOperation 是不会执行的。

你可以通过 dependencies 这个方法以 NSArray 的形式返回一个 operation 所有的依赖关系：

```
NSArray *dependencies = [secondOperation dependencies];
```

你也可以利用 removeDependency 方法移除一个 operation 的某一个依赖关系：

```
[secondOperation removeDependency: firstOperation];
```

operation 的优先级

我们可以用 setQueuePriority 方法来设置每个 operation 的优先级，有以下几种优先级可以选择：

- NSOperationQueuePriorityVeryLow
- NSOperationQueuePriorityLow

- NSOperationQueuePriorityNormal
- NSOperationQueuePriorityHigh
- NSOperationQueuePriorityVeryHigh

你所创建的 operation 的默认的优先级是 NSOperationQueuePriorityNormal。你可以通过下面的方法来设置其优先级：

```
[firstOperation setQueuePriority: NSOperationQueuePriorityVeryHigh];
```

虽然优先级高的 operation 会比优先级低的 operation 先执行，但是任何一个 operation 在没有准备好的时候都不会执行。例如，一个有很高优先级的 operation 在它所依赖的 operation 完成之前是不会执行的，即使所依赖的 operation 的优先级很低。

你可以通过 queuePriority 获得一个 operation 的优先级。

operation 的状态

operation 类的一些成员变量能够反映其状态。例如，isCancelled 可以反映一个 operation 是否被取消，在一个 operation 的 main 方法执行之前首先会检查 isCancelled 属性，如果为 YES，那么 operation 就不会执行。

如果一个 operation 的 main 方法正在被实行，那么 isExecuting 属性就会被设置为 YES，如果返回值是 NO 的话，就说明这个 operation 可能刚刚被创建或者是它所依赖的 operation 还没有执行完毕，也有可能是现在的线程数已经达到了上限，没有多余的线程来执行这个 operation。

当一个 operation 的 main 方法返回之后，其 isFinished 属性就会被设置为 YES，然后这个 operation 就从这个 operation queue 中被移除。

取消一个 operation

你可以用 cancel 方法来取消一个 operation，例如：

```
[firstOperation cancel];
```

这样做会把一个 operation 的 isCancelled 属性设置为 YES。我们调用了这个函数以后，这个 operation 也不是说马上就被 cancelled 掉了。什么时候取消这个 operation 是由这个 operation 的 main 方法决定的，当这个 main 方法检测到 isCancelled 属性为 YES 的时候，就会返回，那么这个 operation 就才被 cancelled 掉了。

这个 cancel 的操作是在 operation 级别的，而不是在 operation queue 级别的。所以这里看似有些奇怪的情况要说明一下，如果一个 operation 在还没开始执行的时候就被 cancel 掉，那么这个 operation 还是会留在这个 queue 里面。如果对一个正处于挂起状态的 operation 调用 cancel 方法，那么这个 operation 也不会马上从这个队列中移除，它要等到它下次执行的时候，main 方法检测到它被 cancel 的时候才会返回，继而从 queue 中移除。

operation queue

现在我们已经知道怎样创建一个 operation 了，那么我们现在看看 operation queue，创建一个

operation queue 就跟创建其他的对象一样的操作：

```
NSOperationQueue *queue = [[NSOperationQueue alloc] init];
```

现在我们已经创建了一个可用的 operation queue。那么我们现在就可以用 addOperation 方法向其中添加 operation 了：

```
[queue addOperation: newOperation];
```

当这个operation被添加到了queue以后，一旦有多余的线程来执行这个operation，这个operation就会马上被执行，甚至在你继续添加 operation 的时候，前面的 operation 就已经开始执行了。具体能够创建多少个线程就根据你的硬件来定了。

一般的情况下我们都是让 operation queue 来决定并发多少个线程，这样可以让你的硬件资源得到充分的利用。但是在有些情况下，你想对这个线程的数量进行一个控制，例如你的很多 operation 会由于某些原因很长时间都没有运行完毕，这个时候你就希望每个 operation 一次性获得多一点的时间，从而能够尽量完成，我们可以创建一个 serial queue，也就是每次只能执行一个 operation 的queue：

```
[queue setMaxConcurrentOperationCount:1];
```

如果想把 queue 的 operation 的数目恢复成默认的最大的值，你可以：

```
[queue setMaxConcurrentOperationCount:
  NSOperationQueueDefaultMaxConcurrentOperationCount];
```

一个 operation 的队列可以被暂停或是挂起。当被暂停或挂起了以后，目前正在被执行的operation 会继续执行，那么没有执行的新的 operation 就不会被执行了。要挂起一个 queue，我们把YES 传递给 setSuspended 方法，当我们要继续一个 queue，就传递 NO。

21.3.3 NSOperation 实例

正如我们在上一节提到的，NSOperation 会帮助我们创建和管理线程。我们来看一个实际的例子（项目结构见图 21-2）。从网上下载大量照片很费时间。一个比较好的做法是使用多线程来同时下载照片，每个线程完成一个操作（即下载照片）。NSOperation 类就是描述这个操作（换句话说，NSOperation 封装操作，而不是线程）。还有，我们并不直接执行 NSOperation，而是将这些NSOperation 放到一个队列上（叫做"NSOperationQueue"）。根据操作的优先级，这个队列调度要执行的操作。你还可以在队列上设置并发操作的个数。在操作结束后，系统会通知你。

我们需要初始化操作队列（NSOperationQueue）并指定其属性（如并发操作的个数），并把操作加到队列上。

图 21-2　装载 Flickr 照片的项目结构

我们定义了一个下载照片类 ImageLoadingOperation，它本身是 NSOperation 的子类。在这个类上，定义了图像的 URL 等属性信息。

```
#import <UIKit/UIKit.h>
extern NSString *const ImageResultKey;
extern NSString *const URLResultKey;
@interface ImageLoadingOperation : NSOperation {
    NSURL *imageURL;
    id target;
    SEL action;
}
- (id)initWithImageURL:(NSURL *)imageURL target:(id)target
action:(SEL)action;
@end
```

在实现类上，首先要有一个初始化操作的方法：

```
- (id)initWithImageURL:(NSURL *)theImageURL  target:(id)theTarget
action:(SEL)theAction {
    self = [super init];
    if (self) {
        imageURL = [theImageURL retain];
        target = theTarget;
        action = theAction;
    }
    return self;
}
```

线程（NSOperation）自动调用 main 方法。下面的 main 方法就是线程要执行的具体操作：

```
- (void)main{
    // 从指定的 URL 那里异步下载照片
    NSData *data = [[NSData alloc] initWithContentsOfURL:imageURL];
    UIImage *image = [[UIImage alloc] initWithData:data];

    // 回调主线程来返回照片数据
    NSDictionary *result = [NSDictionary dictionaryWithObjectsAndKeys:image,
ImageResultKey, imageURL, URLResultKey, nil];
    [target performSelectorOnMainThread:action withObject:result
waitUntilDone:NO];
}
```

在我们的例子程序中，我们使用表视图来显示这些照片。在表视图控制器的实现代码上，初始化操作队列（NSOperationQueue）并指定其属性（如并发操作的个数）：

```
- (id)initWithStyle:(UITableViewStyle)style{
    self = [super initWithStyle:style];
    if (self) {
        photoURLs = [[NSMutableArray alloc] init];
        photoNames = [[NSMutableArray alloc] init];
        photoIDs = [[NSMutableArray alloc] init];

        //初始化操作队列
        operationQueue = [[NSOperationQueue alloc] init];
        //指定并发操作的个数，1 意味着只允许一个操作进行
        [operationQueue setMaxConcurrentOperationCount:1];
        //缓存照片的字典变量
        cachedImages = [[NSMutableDictionary alloc] init];
    }
    return self;
}
```

在运行时，showLoadingIndicators 方法是显示一个正在装载的图。装载照片的方法是 beginLoadingFlickrData。

```
- (void)viewWillAppear:(BOOL)animated{
    [super viewWillAppear:animated];
    [self showLoadingIndicators];//显示一个"装载中"的图
    [self beginLoadingFlickrData];//从 Flickr 上获取照片数据
}
```

在 beginLoadingFlickrData 方法上，使用了 NSInvocationOperation 方法来调用一个获取照片目录信息的方法。这个方法返回满足查询条件的照片的 URL 信息。

```
- (void)beginLoadingFlickrData{
    //创建一个操作
    NSInvocationOperation *operation = [[NSInvocationOperation alloc]
initWithTarget:self selector:@selector(synchronousLoadFlickrData) object:nil];
    [operationQueue addOperation:operation];//添加到队列中
}
```

在 synchronousLoadFlickrData 方法上，从 Flickr 网站上获取满足查询条件的照片的 URL 等信息（不是照片本身）。在获得后，就回调 didFinishLoadingFlickrDataWithResults 方法。

```
//查询照片
```

```
    - (void)synchronousLoadFlickrData {
        NSString *urlString = [NSString
stringWithFormat:@"http://api.flickr.com/services/rest/?method=flickr.photos.
search&api key=%@&tags=%@&per page=%d&format=json&nojsoncallback=1",
FlickrAPIKey, @"Hanzhou", NumberOfImages];
        //获取 Flickr 照片的 URL（查询关于杭州的照片）
        NSURL *url = [NSURL URLWithString:urlString];
        // Flicrk 返回的 JSON 数据（一个大字符串）
        NSString *jsonString = [NSString stringWithContentsOfURL:url
encoding:NSUTF8StringEncoding error:nil];
        // 解析 JSON 数据，保存在字典类变量上
        NSDictionary *results = [jsonString JSONValue];
        //回调主线程的 didFinishLoadingFlickrDataWithResults 方法
        [self
performSelectorOnMainThread:@selector(didFinishLoadingFlickrDataWithResults:)
withObject:results waitUntilDone:NO];
    }
```

在 didFinishLoadingFlickrDataWithResults 方法上，调用 reloadData 方法，从而在表视图上显示照片的信息。

```
    - (void)didFinishLoadingFlickrDataWithResults:(NSDictionary *)results{
        …
        [self.tableView reloadData];
        …
    }
```

在生成表视图时，通过 NSOperation 来获得各个照片：

```
    - (void)tableView:(UITableView *)tableView
didSelectRowAtIndexPath:(NSIndexPath *)indexPath {
        …
        cell.imageView.image = [self cachedImageForURL:[photoURLs
objectAtIndex:indexPath.row]];
        …
    }
```

上述方法调用了 cachedImageForURL 方法，该方法首先从缓存数组中获取照片信息。如果不存在的话，就直接从 Flickr 上获得。

```
    - (UIImage *)cachedImageForURL:(NSURL *)url{
        id cachedObject = [cachedImages objectForKey:url];//在缓存数组中查找
        if (cachedObject == nil) {//如果不存在的话
            [cachedImages setObject:LoadingPlaceholder forKey:url];
            // 创建一个装载照片的操作
            ImageLoadingOperation *operation = [[ImageLoadingOperation alloc]
initWithImageURL:url target:self
action:@selector(didFinishLoadingImageWithResult:)];
            [operationQueue addOperation:operation];//把操作放到队列中
        } else if (![cachedObject isKindOfClass:[UIImage class]]) {
            cachedObject = nil;
        }
        return cachedObject;
    }
```

有兴趣的读者可以仔细阅读该程序的其他代码。执行应用程序后，你就能看到如图 21-3 和图

21-4 所示的结果。在图 21-3 上，首先显示一个正在装载的图。当从 Flickr 网站上获得照片数据后，就显示照片。在图 21-4 上，你可以滚动照片，并轻按照片来浏览照片的详细信息（如照片的标题、描述信息和作者）。

图 21-3　执行结果（开始装载照片）

图 21-4　滚动照片列表和查看具体照片

21.3.4　GCD

　　GCD（Grand Central Dispatch）提供了一种很简单的操作方式来实现并行处理。你可以把你要并发执行的代码放在一个 block 中，然后把这个 block 加入到一个 queue 当中。

我们在之前讨论过 operation queue，在 GCD 中为我们需要执行的 block 提供了 3 种队列：

- Main：这个队列顺序执行我们的 block，并保证这些 block 都在主线程中执行。
- Concurrent：这个队列会遵循 FIFO（first-in-first-out）的原则来执行其中的 block，自动为你管理线程。
- Serial：这个类型的队列每次执行一个 block，也遵循 FIFO 的规则。

如果想要获得一个 concurrent 队列，我们使用 dispatch_get_global_queue()方法，这个方法是这样声明的：

```
dispatch queue t dispatch get global queue(long priority, unsigned long
flags);
```

第一个参数是这个队列的优先级，第二个参数是为以后做准备的，第一个参数你可以设为 0 来获得一个默认优先级的队列，设为 2 得到一个高优先级的队列，设为-2 获得一个低优先级的队列。系统在执行的时候，会先把高优先级的队列执行完以后再执行低优先级的队列。

为了获得一个 main 队列，我们使用方法 dispatch_get_main_queue()。你也可以创建一个队列，dispatch_queue_create()，原型如下：

```
dispatch queue t dispatch queue create( const char *label
dispatch_queue_attr_t attr);
```

使用完了以后记得使用 dispatch_release()释放。

如果想在后台完成一些任务，就把指令包裹在一个 block 中，然后把 block 加入到指定的队列中，我们使用方法：

```
dispatch async(dispatch get global queue(0, 0),
^{ // perform long running task in background});
```

dispatch_async 方法接受两个参数，第一个是我们要请求加入的队列，第二个就是我们要加入的 block。读者要注意的是，回到主线程也是 dispatch_async 方法，只是指定主队列而已。

我们现在用一个简单的例子，把我们所讲到的 GCD 的知识串连起来，这个例子很简单，我们在一个 TextField 中输入一个数值，模拟我们需要执行的指令的个数，然后单击 Go 按钮，在下面的 Label 中就会逐条显示进行到哪一条指令了，同时在把执行的过程在控制台（console）下进行输出。执行结果如图 21-5 所示。

我们创建一个 Single View Application，将项目名称命名为 GCD，然后在类声明 ViewController.h 中加入如下代码：

```
@property (weak) IBOutlet UITextField* numOfInstructions;
@property (weak) IBOutlet UILabel* currentCount;
-(IBAction)Go;
```

其中第一个 numOfInstructions 是一个 UITextField，用于输入我们要执行的指令的个数，第二个 currentCount 是一个 UILabel，用于显示我们现在所执行的指令的计数。-（IBAction）Go 是我们按钮的响应函数。我们在 ViewController_iPhone.xib 中布局相应的控件，如图 21-6 所示。注意的是这里的 TextField 我们需要输入数字，所以我们可以在 attribute inspector 中将 keyboard 的类型指定为 Number Pad，然后把按钮上的文字设置为 Go，label 上的文字设置为 "instruction：0" 作为初始的字符，为了更形象我们在 currentCount label 前面加上一个文字为 "now we are processing" 的静态 label。在布局完毕以后，连接相关的输出口，并指定 Go 按钮的响应方法为 Go。

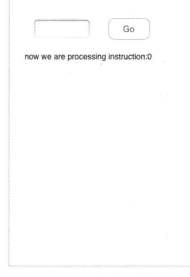

图 21-5　模拟指令执行　　　　　　图 21-6　编辑 nib 文件

在这里，我还想介绍另外一个小技巧。在 app 执行的过程中，如果我们单击 TextField，会从下面弹出一个 keyboard，输入完了个数以后，我们想单击背景让这个 keyboard 消失，这个操作不是程序默认的，需要我们手动实现，其实实现的过程很简单，UIView 本身是无法对你单击背景做出反应的，所以 Identity Inspector 再把它的 customer class 改成 UIControl。在 ViewController.m 中加入方法 backgroundClick 作为单击背景的响应方法：

```
-(IBAction)backgroundClick{
    [numOfInstructions resignFirstResponder];
}
```

最后在 connection inspector 中把这个方法和 Touch Down 事件联系起来。

回到 ViewController.m，我们来实行按钮响应方法 Go，按照原来的基本思路，我们会写出如下的代码：

```
Go{
    NSInteger count = [numOfInstructions.text intValue];
    for (int i = 1 ; i <= count; i++) {
        NSLog(@"current count: %d",i);
        currentCount.text = [NSString stringWithFormat:@"instruction %d",i];
    }
}
```

现在我们执行这个程序，我们在 numOfInstruction 中把值设大一点，例如在执行 10000 这段代码的时候，我们会发现，Go 按钮在被单击了以后，会长时间处于高亮的状态，同时 currentCount label 的字符也不会变化，直到整个程序结束以后，label 才会显示出最后一条指令"instruction：10000"。这明显不是我们想要的结果。这是因为在执行按钮响应方法的过程中，所有的控件都不能得到刷新，为了能够让控件能够及时更新，我们需要把这段代码转到后台去执行。

根据我们之前所学到的知识，我们先利用 dispatch_get_global_queue() 方法得到一个 concurrent 队列，然后把这段代码包裹到 block 中，接着利用 dispatch_async 方法把这个 block 加到之前的 concurrent 队列中，代码如下：

```
-(IBAction)Go{
    dispatch_async(dispatch_get_global_queue(0, 0), ^{
        NSInteger count = [numOfInstructions.text intValue];
        for (int i = 1 ; i <= count; i++) {
            NSLog(@"current count: %d",i);
            currentCount.text = [NSString
stringWithFormat:@"instruction %d",i];
        }
    });
}
```

再次执行程序，我们发现控件还是得不到刷新，为什么呢？因为 UI 的更新是在主线程中，在后台是无法更新，所以我们在 block 中把更新 UI 的代码加入到 main 线程中就可以了。最终代码如下：

```
-(IBAction)Go{
    dispatch_async(dispatch_get_global_queue(0, 0), ^{
        NSInteger count = [numOfInstructions.text intValue];
        for (int i = 1 ; i <= count; i++) {
            NSLog(@"current count: %d",i);
            dispatch_async(dispatch_get_main_queue(), ^{
             currentCount.text = [NSString
stringWithFormat:@"instruction %d",i];
            });
        }
    });
}
```

再次运行程序，就可以得到我们要想的结果了。

21.4　本　地　化

用户能够在设备上设置语言（如简体中文）。所以，你的程序需要为界面上的文本提供本地化语言。在项目上有本地化文件夹（如英文和中文），从而在本地化文件夹中保存符合指定语言的资源。当你的程序运行时，系统会自动载入符合设备上的语言设置的资源，如 nib 文件、图像文件、声音文件等。但是，上述的方法不能处理从代码中生成的字符串，如报警消息。这个问题要通过使用字符串文件来解决。字符串文件是一种特殊格式的文本文件，文件的扩展名是.strings，如果没有特别指定，默认的文件名是 Lacalizable.strings（你可以将其修改为其他的名字）。和其他资源一样，字符串文件也有多个复制，一个对应一种语言。字符串文件组成了 keys-value 对，这些 keys 在所有的复制中是相同的，但是 value 是不同的，取决于目标语言。我们可以告诉代码从适当的字符串文件取来正确的值（基于 key）：

```
NSString* myAlertText = NSLocalizedString(@"alertTextKey", nil);
```

21.5 Xcode 调试器

当你在 Xcode 中构建和运行应用时，你能在调试器中中止并且使用 Xcode 的调试工具。在 Xcode 4 中运行和调试一个应用并没有明显的不同，主要的区别在于是否有激活的断点。为了创建一个断点，选择你想让程序暂停的那一行，然后选择 Product → Debug → Add Breakpoint at Current Line（Command-Backslash）。你也可通过在左边空白的地方单击来增加一个断点或者移除一个断点。

你可以让一个断点失效，所以，你可以在一个地方留一个断点，通过让它失效，使它不用每一次都在这个地方暂停。为了让一个断点失效，按住 control 键并在断点上单击，并且在弹出的菜单中选择 Disable Breakpoint，如图 21-7 所示。深色的断点是有效的，浅色的是无效的。

```
1  //
2  //   ImageLoadingOperation.m
3  //   MyTableView
4
5
6  #import "ImageLoadingOperation.h"
7
8  NSString *const ImageResultKey = @"image";
9  NSString *const URLResultKey = @"url";
10
11 @implementation ImageLoadingOperation
12
13 - (id)initWithImageURL:(NSURL *)theImageURL target:(id)theTarget action:(SEL)
       theAction
14 {
15     self = [super init];
16     if (self) {
17         imageURL = [theImageURL retain];
18         target = theTarget;
19         action = theAction;
```

Edit Breakpoint
Disable Breakpoint

Delete Breakpoint

Reveal in Breakpoint Navigator

图 21-7 断点的添加、删除

一旦你的代码中有一些断点，你可以在断点导航器上统一管理它们。在断点导航器上，你可启用或者禁用一个断点（通过在导航器上单击它的箭头完成），并且你也可以删除断点。你也可以编辑一个断点的行为。在一个断点导航器上或者在左边的空白地方上按住 control 键并单击一个断点，选择 Edit Breakpoint，这是一个非常有用的功能：你可以只在某些特定的条件下或者在执行完特定的次数后才执行这个断点，你也可以让断点执行某些动作（如记录日志）。

在断点导航器中，你能创建两种特别的断点：exception 断点和 symbolic 断点。在导航器的底部单击"+"按钮，然后从弹出的菜单中选择它们。

- exception 断点

  一个 exception 断点在一个异常抛出或捕获时暂停。我们建议你创建一个异常断点来捕获所有抛出的异常。这样的话，当异常被抛出时，你就能观察调用栈和变量的值，你也知道在哪里出了问题，这些都能帮你分析引起错误的原因。

- symbolic 断点

  在有些时候，你想跟踪：当一个特定的方法被调用时，你的程序就暂停在那里。这就是 symbolic 断点。设置的方式是，实例方法或类方法的符号（-或者+）后面跟着包含类名和方法名的方括号。例如，为了知道 beginReceivingRemoteControlEvents 消息被发送到哪里了，可以设置如下所示的一个断点：

```
-[UIApplication beginReceivingRemoteControlEvents]
```

在某一断点处暂停时，你可以完成以下操作：

- 查看自己运行到哪；
- 研究变量的值；
- 设一个观察点；
- 管理表达式；
- 和调试器交互；
- 修改断点；
- 单步或连续执行；
- 重新开始或中止。

下面我们举一个断点调试的例子。

你可以在程序上的某一行设置断点，从而，当你调试程序时，系统会暂停在这一行。这时，你可以检查很多内容，如变量值是否符合你的预期。一般而言，你总是设置断点在你怀疑的代码行上。当然，如果你在程序的第一行设置一个断点，然后选择逐行执行，那么，你可以逐行执行你的整个代码。下面我们来演示如何使用断点调试功能。

01 设置断点。在代码的左边，单击需要设置断点的行，你就会看到一个蓝色的小条块被添加上去。这就成功设置了断点，如图 21-8 所示。

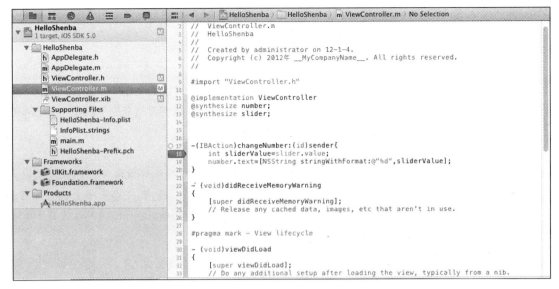

图 21-8　设置断点

02 单击 Build and Run 按钮来调试程序。因为你所设置的断点是在 changeNumber 方法内。只有当滑动滑动条时，该方法才被调用。所以，首先显示的是正常的 iPhone 应用窗口，如图 21-9 所示。滑动滑动条，系统就跳到那个设置的断点，如图 21-10 所示。

图 21-9　应用程序启动

```
 9  #import "ViewController.h"
10
11  @implementation ViewController
12  @synthesize number;
13  @synthesize slider;
14
15
16
17  -(IBAction)changeNumber:(id)sender{
18      int sliderValue=slider.value;                    Thread 1: Stopped at breakpoint 1
19      number.text=[NSString stringWithFormat:@"%d",sliderValue];
20  }
21
22  - (void)didReceiveMemoryWarning
23  {
24      [super didReceiveMemoryWarning];
25      // Release any cached data, images, etc that aren't in use.
26  }
27
28  #pragma mark - View lifecycle
29
30  - (void)viewDidLoad
31  {
32      [super viewDidLoad];
33      // Do any additional setup after loading the view, typically from a nib.
34  }
```

图 21-10　执行到断点

在 Xcode 4.2 中，当程序有问题或调试过程中设置了断点，会自动出现调试窗口，如图 21-11 所示。我们先看看调试窗口的结构。在左上方，是整个调用栈（call stack），类似 Java 的调用栈，列出了一步一步的调用过程，最近的在最上面。你可以单击下面的各个调用。如图 21-12 所示，单击了第一个调用 main。在右上方，是各个变量和值。你可以展开各个变量，如 self。你可以看到你所定义的各个属性信息，如图 21-13 所示。

图 21-11　调试窗口

图 21-12　调用栈

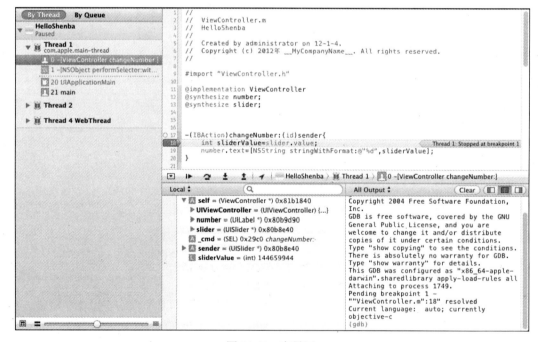

图 21-13　变量区

　　调试窗口的下方是代码信息。当你把光标移动到各个变量时，代码下面就会显示当前的值，如图 21-14 所示。在 Build and Debug 按钮一栏，你会看到各个调试的按钮，与大多数调试工具类似：

● Step Over：执行下一行代码。如果当前行是方法调用，则不会进入方法内部。

- Step Into：进入方法里面。
- Step Out：跳过当前方法，即执行到当前方法的末尾。
- Continue：继续执行当前代码。如果有下一个断点，就停在下一个断点。

图 21-14　显示当前的变量值

03 你单击 Step Over 按钮，程序执行到下一行，如图 21-15 所示。如果把光标放到 sliderValue 的位置，就能看到新设置的值，如图 21-16 所示。

```
 7   //
 8   //
 9   #import "ViewController.h"
10
11   @implementation ViewController
12   @synthesize number;
13   @synthesize slider;
14
15
16
17   -(IBAction)changeNumber:(id)sender{
18       int sliderValue    ider.value;
19       number.text=[NSSt       int        sliderValue        0 Value];
20   }                                                          Thread 1: Stopped after step
21
22   - (void)didReceiveMemoryWarning
23   {
24       [super didReceiveMemoryWarning];
25       // Release any cached data, images, etc that aren't in use.
26   }
27
```

图 21-15　单步执行代码

图 21-16　显示新设置的值

　　如果设置了多个断点，想查看各个断点的信息，那么，可以从 Run 菜单下选择 Show→Breakpoints。在左边的断点导航窗口中，可以启用或者禁用某个断点，如图 21-17 所示。

图 21-17　断点窗口

　　04 最后，单击 Continue 按钮来继续执行该应用程序。如果要去掉断点的话，可以右击这个断点，从弹出的菜单上选择 Delete Breakpoint 即可。

21.6　静态分析器

　　静态分析器是用于在代码中寻找可能的错误。选择 Product →Analyze （Shift-Command-B），这时代码将被编译，静态分析器能研究它并在问题导航器和代码中报告可能的问题。静态分析器是静态的，它分析你的代码，而不能实时调试，但是它会智能提醒你那些潜在的问题。当然，静态分析器并不是完美的，可能会导致误报，也需要注意这一点。

21.7 版本控制

Xcode 提供各种各样的版本控制工具。从 Xcode 4 开始，主要集中在 git 和 Subversion。但这并不意味着你不能使用其他的版本控制系统。你只是不能在 Xcode 内部使用其他的版本控制系统。Xcode 4 中的版本控制功能有了很大的提高：

- 自动创建 git 版本库
  当你在 Xcode 4 中创建一个新项目，保存对话框包含了一个选项，即是否把 git 存储在项目文件夹下。
- 自动检测版本库
  当你打开一个已经存在的项目，如果你的项目已经在用 Subversion 或 git 管理，那么 Xcode 能够检测出来，并立刻显示版本控制信息。
- 版本对照
  版本编辑器（View→Editor→Version）以图形化显示一个文件的版本之间的不同。

在 Xcode 中，版本控制存在于下面几个地方：

- File 菜单（File→Source Control）。
- 版本编辑器（View→Editor→Version）。
- Organizer。在 Organizer 窗口的 Repository 页面上列出了已知的版本库，如图 21-18 所示。

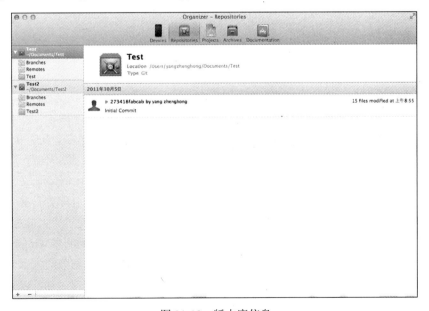

图 21-18　版本库信息

还有，Xcode 可以对整个项目产生一个快照（备份）。从 File 菜单下选择 Create Snapshot 即可。在 Organizer 的 Projects 页面下，可以看到所有的快照，如图 21-19 所示。

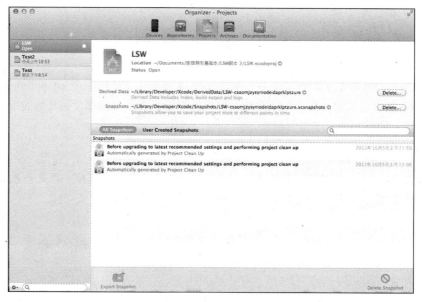

图 21-19　快照信息

21.8　Instruments

当你开发完程序后，你可能希望优化程序，如内存的使用。Xcode 提供了一个强大的工具——Instruments。Instruments 可以让你在程序运行时收集数据。通过 Instruments 提供的图形化界面显示这些数据，从而帮助你来优化程序。

你可以在模拟器或设备上使用 Instruments。设备是你最终要测试的地方，有些特定的 Instrument 只能用在设备上。

从菜单上选择 Product→Profile，就启动了 Instruments。随着 Instrument 运行，你按照平常的方式执行你的程序，Instruments 会记录数据。

在 Instruments 上，你看到一些内容（见图 21-20），如 Allocations（对象分配）和 Leaks（内存泄漏）。在它们的右边是 Instruments 所收集到的性能数据的图形化表示。选择运行 "Leak"，如图 21-21 所示。在运行一段时间后，你可以停止运行。在对象分配部分，Instruments 记录了应用程序使用内存的情况。右下方（蓝色部分）显示了当前的活动对象数和总对象（即到目前为止总共创建的对象数目）之间的比率。蓝色表示正常。如果你看到红色，这表明你使用了大量的临时（动态）分配。这不一定说明你代码有问题，但是你要检查代码是否合理。第一列叫做 Graph（图形）。默认情况下，"All Allocations（所有分配）" 被选中。如果你只想查看某一部分的内存分配情况，你可以不选择 "All Allocations"，而选择其他内容。通过查看对象的分配情况，你可以验证内存分配是否按照你想的方式进行，另外，你也可以发现应用程序在什么时候使用了最多的内存。

图 21-20　打开 Profile

图 21-21　运行 Instruments

　　我们主要是监控内存泄漏。所谓内存泄漏是指存在一块已分配的内存，但是应用程序中没有任何对象在使用（引用）它（等于说，这块内存被白白浪费了）。如果应用程序有大量的内存泄漏，这可能会让应用程序被异常中止。Instruments 是这样来寻找内存泄漏的对象：它记录应用程序中的所有分配操作，然后扫描应用程序所使用的内存、注册表和堆栈来找出内存泄漏部分。如图 21-22 所示，在 Leaks 部分，如果你看到有红色的部分，就表示有一些内存泄漏。选择 Leaks 区域，在下面，就能看到了各个内存泄漏的对象。选择其中一行，如 NSCFString。

图 21-22   内存泄漏监测

从 View 菜单下选择"Extended Detail",你就能看到整个调用栈。另外,单击其边上的右向箭头(见图 21-22),你可以看到更多的历史数据(见图 21-23)。基于这些数据,你基本可以找到泄漏的原因。

最后,我们要强调两点:第一,除了在模拟器上测试应用的性能,你还需要在设备上测试应用的性能;第二,对于一些使用 autorelease 的对象,在没有被自动释放前,有时也被 Instruments 算做泄漏的内存。关于 Instruments 的更多内容,可以访问苹果开发中心的文档:https://developer.apple.com/iphone/library/documentation/Performance/Conceptual/ManagingMemory/。

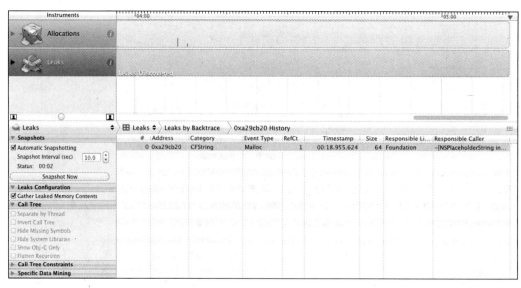

图 21-23   调用信息

21.9　发布应用程序

应用程序有以下两种形式的发布：

- Ad Hoc（随机）发布：提供程序的复制给你认识的一些用户，在他们的设备上测试并报告 bugs 和给出建议等。
- App Store（应用商店）发布：把你的程序上传到 App Store，从而每个人都能下载并运行它（可以设置免费使用，也可以设置付费）。

当你准备上传应用到 App Store 时，你要确认你的应用符合苹果的要求，如 icons（图标）、launch images（启动图）等。在 Xcode 上，单击 target 上的 Summary 页，你需要设置：

- App 图标：这个图标文件必须是 PNG 格式的文件。需要两个图标：一个是 57×57，另一个是 114×114。
- 其他的图标：在你提交之前，你还需要提供一个 512×512 的 PNG、JPEG 或者 TIFF 格式的图标，这将显示在 App Store 上。这个图标上的图案必须与上面的 app 图标上的图案相同。
- 启动图像：当用户单击自己的程序时，系统需要一些时间来真正启动这个程序（如初始化你的程序）。在程序启动的时间间隔内，你需要提供一个启动图像来显示给用户。对一个 iPhone 应用，启动图像是 320×480 像素的 PNG 图像，并且命名为 Default.png。另外，你还需要提供一个 640×960 像素的图像，命名为 Default@2x.png。对一个 iPad 应用，landscape 的启动图像是 748×1024 像素的 PNG 图像，并且命名为 Default-Landscape.png。portrait 的启动图像是 1024×768 像素的图像，命名为 Default-Portrait.png。
- 屏幕截图：当你上传应用时，你会被要求提供一张或多张屏幕截图，用来在 App Store 上显示。你应该提前准备好这些。获得截图最好的方式是 Xcode 中的 Organizer 窗口，连接你的设备到电脑，运行你的应用。在 Organizer 窗口的 Devices 下，单击 "New Screenshot" 就可以抓取图像，然后导出（Export）这些图像文件到 Finder 即可。你也可以选择 "Save as Launch Image" 来保存为启动图像。

在 Info.plist 中还有许多设置，如版本号码、支持的界面、要求的设备配置等。

真正的发布是通过 iTunes Connect 站点完成的。你可以直接访问 http://itunesconnect.apple.com，使用你的 iOS 开发者用户名和密码登录站点。

21.10　iCloud 编程

iCloud 的作用就是能够让你存储的图片、文件、日程安排、通讯录等能够在连接到同一个账号的机器之间进行同步，而且这些并不需要你手动去同步，机器自己就会完成所有的同步工作。对于开发者来说，iCloud 也是十分有用的，你也可以将程序中的一些数据存储在 iCloud 上，我们在本节中就会学习 UIDocument 类，在 iCloud 中访问文件、自动保存以及其他的一些特性。我们需要运行 iOS5 的设备来完成测试（如一个 iPhone 和一个 iPad），现在在模拟器上还没有加入 iCloud 的支持。

那么，iCloud 是如何工作的呢？在 iOS 中，所有的数据都存放在本地的一个目录中，然后每个程序都只能访问这个目录下的数据，这个也能够保证这个程序不改变其他程序的数据。iCloud 会把文件分块，分成几个 chunk，这样的好处就是当你在不同的设备上修改同一个文件的时候，如果你修改的是不同的块，那么就不会发生任何问题。但是，如果你修改的是相同的部分，那么这就是开发者要考虑的问题了。分块还有一个好处就是，当你第一次创建一个文件的时候，所有的块都会上传到服务器上，当你再做改动时，就会检测你哪些块做过改动，然后只把改过的块进行上传，这样就能够节省带宽。

当我们第一次把 iOS5 安装在设备上的时候，我们会需要提供一个 Apple ID，通过这个 ID，就可以把我们的设备都加入到 iCloud 中。为了检查你的设备是否能够正常支持 iCloud，你可以通过登录 www.iCloud.com，在你的日历中加入一些条目，然后看这个设备是否能够对这些条目进行更新，如果能的话，就表示设备可用，这样我们就可以构建我们的 App 了。

21.10.1 让你的应用支持 iCloud

在本节中，我们会创建通过 iCloud 管理一个共享文档的简单应用 myCloud。这个应用在所有类型的设备上都是可运行的，所以我们可以看到在一个设备上做的改变能够推送到另一个设备中。为了让你的程序支持 iCloud，这里有三个步骤要执行。

01 创建一个支持 iCloud 的 App ID。

我们登录到 iOS 开发者中心，再进入到 iOS Provisioning Portal，我们单击 App IDs 一栏，单击右上方的 New App ID，然后会出现如图 21-24 所示的界面。

图 21-24　创建 APP ID

我们在 Description 一栏中加入一些对这个 App 的描述，如 iCloud Example，然后在 Bundle Identifier 中填入我们要创建的 App 的 Bundle Identifier，注意这里一定要和你的 App 的 Bundle Identifier 一致，否则程序就不能够在设备上正常运行。因为我们的工程名叫 myCloud，所以我们在这一栏填上 com.yourcompany.myCloud。

填好以后，我们单击 Submit 按钮提交 App ID，然后就可以看到你的 App ID 中多了如图 21-25 所示的一项。

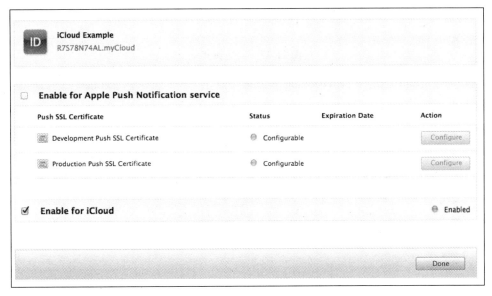

图 21-25　App ID

我们单击 Configure 按钮以继续，然后在下一个界面中，选中 Enable for iCloud 复选框，并单击 Done 按钮。

图 21-26　启动 iCloud 功能

02 为你的 App ID 创建 provisioning profile。

我们单击页面上的 Provisioning 一栏，再单击右上方的 New Profile 按钮，输入一个 profile 的名称，命名为 myCloud，选中我们的 certificate，在 App ID 一栏中选择我们这个例子的 App ID，这里我的是 iCloud Example，在 Devices 选项组中选中两个支持 iCloud 的设备，再单击 Submit 按钮，那么 provisioning profile 就算生成了，如图 21-27 所示。

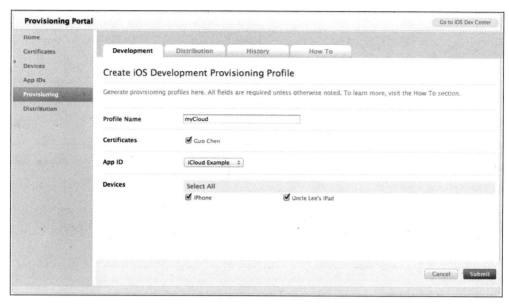

图 21-27　创建 profile

然后我们在页面中把这个 provisioning profile 下载下来，将其放入 Xcode 的 Organizer 中，如图 21-28 所示。

图 21-28　Organizer 中的 profile

03 创建项目，并配置 iCloud。

现在我们启动 Xcode，然后创建一个新的项目，我们用的是 Single View 这个模板，我们在 Product Name 文本框中填入 myCloud，设置 Device Family 为 Universal。选中 Include Unit Tests。然后单击 Next 按钮，完成我们项目的创建，如图 21-29 所示。

图 21-29　创建项目

之后我们单击 TARGETS 中的 myCloud，选择"Summary"条目，然后拖到下方的位置，选中 Enable Entitlements，其他的就会自动填充，如图 21-30 所示。

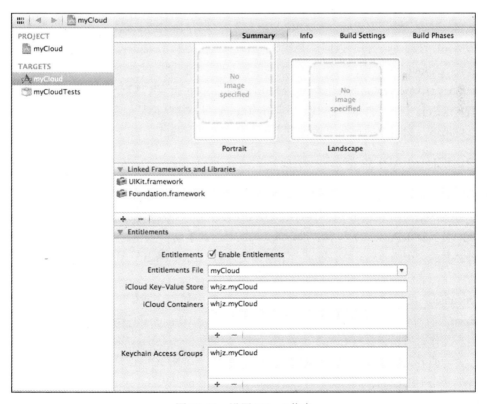

图 21-30　设置 iCloud 信息

下面解释一下这几块的意义：

- Entitlement File: 指向一个属性列表的清单，就好比一个 info.plist 文件。
- iCloud Key-Value Store: 指明了一个 iCloud 中符合 key-value 模式的存储空间。
- iCloud Containers: 指明了一个在 iCloud 中的目录，在这个目录下你可以读取或者写入一些文件。
- Keychain Access Groups: 包含了一些程序在共享 keychain data 的时候会用到的 key。

当我们创建一个支持 iCloud 的程序的时候，我们最好是在程序刚刚创建的时候检查一下程序是否能够操作 iCloud。现在我们来看看具体的检查方法：打开 AppDelegate.m 文件，然后在 application:didFinishLaunchingWithOptions 方法中添加如下代码（添加在 return YES 前面）：

```
NSURL* ubiq = [[NSFileManager defaultManager]
URLForUbiquityContainerIdentifier:nil];
    if(ubiq) {
        NSLog(@"iCloud access at %@",ubiq);
    }
    else
    {
        NSLog(@"No iCloud access");
    }
```

这里有一个新的方法叫做 URLForUbiquityContainerIndentifier。在这个方法中，我们传递一个 container identifier，然后它返回一个 URL，指向你可以访问的 iCloud 中的存储空间。如果我们在参数中传递 nil，那么它就自动返回这个程序的第一个 iCloud Container。我们编译执行这个程序，如果程序 iCloud 可用的话，就会返回一个地址，在本程序中返回的是：file://localhost/private/var/mobile/Library/Mobile%20Documents/R7S78N74AL~whjz~myCloud/。

我们发现这其实是一个本地的 URL。其实 iCloud 服务器是都是把需要同步或者更新的文件存放在这个目录下，然后你的程序再对这个目录下的文件进行操作。

21.10.2　iCloud API 总览

我们先花一点时间来总览 iCloud 相关的 API。为了能够在 iCloud 中存储文件，我们可以选择手动操作将文件拖动到 iCloud 的存储目录下，我们会用到 NSFileManager 类中的一些新方法，或者是用新的类 NSFilePresenter 和 NSFileCoordinator。但是手动的工作是很麻烦的，而且在很多情况下是没有必要的，因为 iOS5 中引进了一个新的类叫做 UIDocument，这个类让 iCloud 操作起来更为方便。

UIDocument 就好比是文件和其数据内容的一个中间体。在我们的应用中，我们会创建一个 UIDocument 的一个子类，然后在子类中重载一些方法。UIDocument 类遵循 NSFilePresenter 协议，并且在后台工作，所以当你打开一个文件的时候，你的程序不会卡（多线程的原理）。我们在主线程打开、关闭或者编辑文件。例如，我们现在想要打开一个在 iCloud 中已经创建的文件，假设我们已经有了一个 UIDocument 的实例对象，那么我们就用 openWithCompletionHandler 方法：

```
[doc openWithCompletionHandler:^(BOOL success) {
    // Code to run when the open has completed
```

```
}];
```

这个方法触发后台的一个 read 操作，你是不会直接调用这个方法的，这个方法在 openWithCompletionHandler 方法调用以后才会触发（这个 read 操作其实是一个 readFromURL:error 方法）。这个操作可能要执行很长时间，因为这个文件可能会很大，或者说这个文件还没有被下载到本地。在文件的读取期间，我们会更新 UI，这样整个应用程序就不会被阻塞。当 read 操作完成了以后，我们就可以加载这些读取的数据了。

我们可以重载 loadFromContents：ofType：error 方法，这里给出我们例子程序中对这个方法重载的一个简单的例子。

```
- (BOOL)loadFromContents:(id)contents ofType:(NSString *)typeName
error:(NSError **)outError {
    self.myNote = [[NSString alloc]
    initWithBytes:[contents bytes] length:[contents length]
encoding:NSUTF8StringEncoding];
    return YES;
}
```

当 read 操作执行完毕以后，这个方法就会被自动调用。这里最重要的一个参数就是 contents，通常情况下它是一个 NSData*类型，指向加载的数据，我们可以通过它解析 NSData 中包含的信息，并把这些信息存储在我们定义的 UIDocument 的子类的变量中。

当 loadFromContents：ofType：error 方法执行完毕以后，我们传递给 openWithCompletionHandler 的 block 就会被执行。所以你在整个过程中会经历两次回调，一次是所有的数据被读入了以后，另一次是 open 文件的操作整个结束的时候。写操作也是类似的，不同的是当我们在打开文件的时候我们要解析一个 NSData，存储的时候我们可以手动进行操作，也可以利用 UIDocument 的自动存储的特征。如果我们要手动操作，我们可以调用如下方法：

```
[doc saveToURL: [doc fileURL]
forSaveOperation:UIDocumentSaveForCreating completionHandler:^(BOOL
success) {
    // code to run when the save has completed
}];
```

就和读操作一样，这里我们也传递一个 block 在写操作执行完毕的时候进行调用。在写操作要执行时候，会请求我们需要写入的数据，通常也是一个 NSData*类型。在这里，我们会把一个字符串转化成一个 NSData 类型，然后传递给写操作：

```
(id)contentsForType:(NSString *)typeName error:(NSError **)outError {
    return [NSData dataWithBytes:[self.noteContent UTF8String]
        length:[self.myNote length]];
}
```

那么剩下的工作就交给后台去处理了，它会来存储我们的数据。存储结束以后，传递给 doc-saveToURL: forSaveOperation: completionHandler:方法的 block 就会执行。

我们之前提到过，写操作可以手动执行，也可以自动执行，UIDocument 提供了一种无须存储的模式，当过了一段时间或者一些特定的事件的时候，这样我们就不用手动单击 Save 按钮来存储文件了。

21.10.3　写 UIDocument 的子类

在总览了 UIDocument 的 API 之后，我们现在来构建一个 UIDocument 的子类，然后来看看它们具体是怎样工作的。我们在 Xcode 中选择 New File，然后创建一个 iOS\Cocoa Touch\Objective-C 的类模板，我们把它的名字设为 Note，创建完毕之后，再把它的父类改成 UIDocument。

为了让工作更简单，我们就只在 Note 中定义一个成员 myNote，关于读写的操作，在前面的代码中也已经给出，这里给出头文件和源文件的完整代码：

```objc
#import <Foundation/Foundation.h>
@interface Note : UIDocument
@property (strong) NSString* myNote;
@end


#import "Note.h"
@implementation Note
@synthesize myNote;
- (BOOL)loadFromContents:(id)contents ofType:(NSString *)typeName
                error:(NSError **)outError {
    if ([contents length] > 0) {
        self.myNote = [[NSString alloc] initWithBytes:[contents bytes]
length:[contents length] encoding:NSUTF8StringEncoding];
     }
     else
     {
        // When the note is first created, assign some default content
        self.myNote = @"Empty";
     }
     return YES;
}
// Called whenever the application (auto)saves the content of a note
- (id)contentsForType:(NSString *)typeName error:(NSError **)outError {
    if ([self.myNote length] == 0) {
        self.myNote = @"Empty"; }
    return [NSData dataWithBytes:[self.myNote UTF8String] length:[self.myNote
length]];
    }
@end
```

我们用于创建 UIDocument 模型的代码就到此为止了。接下来就是在适当的时候调用这些代码了。

21.10.4　打开一个 iCloud 文件

首先，为我们的文件确定一个名字。在这里我们用#define 语句将其定义为 "document.myCloud"，我们把这行语句加在 AppDelegate.m 的最前端：

```objc
#define kFileName @"document.myCloud"
```

接下来我们就在 application delegate 中追踪我们的文件，metadata query 帮助我们查找在 iCloud 中的文件。我们将 AppDelegate.h 改成如下：

```
#import <UIKit/UIKit.h> #import "Note.h"
@class ViewController;

@interface AppDelegate : UIResponder <UIApplicationDelegate>
@property (strong, nonatomic) UIWindow *window;
@property (strong, nonatomic) ViewController *viewController;
@property (strong) Note * doc;
@property (strong) NSMetadataQuery *query;

- (void)loadDocument;
@end
```

然后我们在 AppDelegate.m 中添加这两个新成员的 synthesize：

```
@synthesize doc = _doc;
@synthesize query = _query;
```

我们之前检验过程序中 iCloud 是可用的，我们在 application:didFinishLaunchingWithOptions 方法中加入如下代码用来加载文件：

```
[self loadDocument];
```

接下来我们就来写 loadDocument 方法，这个方法有点复杂，现在就让我们来一点一点地完成这个方法。

```
- (void)loadDocument {
    NSMetadataQuery *query = [[NSMetadataQuery alloc] init];
    _query = query;
}
```

注意到，当我们从 iCloud 中加载文件的时候，我们首先要知道在 iCloud 中都有些什么样的文件，我们这个地方不能直接罗列通过 URLForUbiquityContainerIdentifier 方法获得的目录下的文件，因为有的文件可能还没有从 iCloud 中下载下来。

为了更好地定义这个查找队列，我们需要给它提供一些特定的参数和范围，这样才能够更好地搜索我们要查找的内容。在 iCloud 中，我们的范围始终都是 NSMetadataQueryUbiquitous-DocumentsScope。你可以用不同的范围，所以我们可以罗列一个范围参数的数组，但是这个地方我们只需要一个，那么新的 loadDocument 如下：

```
- (void)loadDocument {
    NSMetadataQuery *query = [[NSMetadataQuery alloc] init];
    _query = query;
    [query setSearchScopes:[NSArray arrayWithObject:
    NSMetadataQueryUbiquitousDocumentsScope]];
}
```

现在我们为 query 提供一些其他的参数。这里我们提供一个 predicate。在这个例子中,我们是根据一个文件的名字来找到它,所以我们使用的 predicate 的关键词为 MetadataItemFSNameKey,然后文件名字就是我们之前通过宏定义的文件的名字 kFileName:

```
-(void)loadDocument{
    NSMetadataQuery *query = [[NSMetadataQuery alloc] init];
    _query = query;
    [query setSearchScopes:[NSArray arrayWithObject:
    NSMetadataQueryUbiquitousDocumentsScope]];
    NSPredicate *pred = [NSPredicate predicateWithFormat:
    @"%K == %@", NSMetadataItemFSNameKey, kFileName];
    [query setPredicate:pred];
}
```

现在,搜索工作就可以执行了,但是它是一个异步的过程,所以我们需要添加一个 Observer 从而在它完成的时候能够获得一个通知。这里通知的类型有一个很长的名字 NSMetadataQueryDidFinishGatheringNotification。当 iCloud 上的搜索工作完成了以后,就会推送这个通知。

所以这个方法的最终版本就是:

```
-(void)loadDocument {
    NSMetadataQuery *query = [[NSMetadataQuery alloc] init];
    _query = query;
    [query setSearchScopes:[NSArray arrayWithObject:
    NSMetadataQueryUbiquitousDocumentsScope]];
    NSPredicate *pred = [NSPredicate predicateWithFormat:
    @"%K == %@", NSMetadataItemFSNameKey, kFILENAME];
    [query setPredicate:pred];
    [[NSNotificationCenter defaultCenter]
    addObserver:self
    selector:@selector(queryDidFinishGathering:)
name:NSMetadataQueryDidFinishGatheringNotification
    object:query];
        [query startQuery];
}
```

之前我们在 NSNotificationCenter 注册的时候,指明了通知推送后执行的方法名称为 queryDidFinishGathering,所以在这里我们要在方法中添加代码:

```
-(void)queryDidFinishGathering:(NSNotification *)notification {
    NSMetadataQuery *query = [notification object];
    [query disableUpdates];
    [query stopQuery];
    [[NSNotificationCenter defaultCenter]
      removeObserver:self
      name:NSMetadataQueryDidFinishGatheringNotification
      object:query];
```

```
    _query = nil;
    [self loadData:query];
}
```

要注意的是，我们一旦启动一个查询，如果不手动停止它的话，它就会在你退出程序之前一直运行，所以这里我们调用 disableUpdates 和 stopQuery 来停止搜索。然后我们在通知中心解除注册，然后传递这个 query 给 loadData 方法。

然后我们在 queryDidFinishGathering 方法之前写 loadData 方法：

```
-(void)loadData:(NSMetadataQuery *)query {
    if ([query resultCount] == 1) {
        NSMetadataItem *item = [query resultAtIndex:0];
    }
}
```

每一个 NSMetadataItem 就好比一个字典，里面存储了 key 和 value。这里有如下一些常用的 key：

- NSMetadataItemURLKey
- NSMetadataItemFSNameKey
- NSMetadataItemDisplayNameKey
- NSMetadataItemIsUbiquitousKey
- NSMetadataUbiquitousItemHasUnresolvedConflictsKey
- NSMetadataUbiquitousItemIsDownloadedKey
- NSMetadataUbiquitousItemIsDownloadingKey
- NSMetadataUbiquitousItemIsUploadedKey
- NSMetadataUbiquitousItemIsUploadingKey
- NSMetadataUbiquitousItemPercentDownloadedKey
- NSMetadataUbiquitousItemPercentUploadedKey

在我们的程序中，我们对文件的 URL 感兴趣，因为我们需要通过 URL 来初始化我们的 UIDocument 对象（readFromURL：error 方法会直接利用类中的 URL 属性来读取文件），所以我们的 loadData 方法如下：

```
-(void)loadData:(NSMetadataQuery *)query {
    if ([query resultCount] == 1) {
        NSMetadataItem *item = [query resultAtIndex:0];
        NSURL *url = [item valueForAttribute:NSMetadataItemURLKey]; Note *doc
= [[Note alloc] initWithFileURL:url];
        self.doc = doc;
    }
}
```

然后我们调用 openWithCompletionHandler 方法来读取文件：

```
- (void)loadData:(NSMetadataQuery *)query {
```

```
     if ([query resultCount] == 1) {
         NSMetadataItem *item = [query resultAtIndex:0]; NSURL *url = [item
valueForAttribute:NSMetadataItemURLKey];
         Note *doc = [[Note alloc] initWithFileURL:url];
         self.doc = doc;
         [self.doc openWithCompletionHandler:^(BOOL success) {
         if (success) {
             NSLog(@"iCloud document opened");
         }
         else {
             NSLog(@"failed opening document from iCloud"); }
         }];
     }
 }
```

现在我们的程序虽然能够运行了，但是我们看不到任何效果，因为在 iCloud 中还没有任何文件，也就是说当 resultCount 为 0 的时候需要我们在程序中使用代码创建一个文件。

```
 else {
     NSURL *ubiq = [[NSFileManager defaultManager]
URLForUbiquityContainerIdentifier:nil];
     NSURL *ubiquitousPackage =
     [[ubiq URLByAppendingPathComponent: @"Documents"]
URLByAppendingPathComponent:kFileName];
     Note *doc = [[Note alloc] initWithFileURL:ubiquitousPackage];
     self.doc = doc;
     [doc saveToURL:
     [doc fileURL]
     forSaveOperation:UIDocumentSaveForCreating completionHandler:^(BOOL
success) {
         if (success) {
             [doc openWithCompletionHandler:^(BOOL success) {NSLog(@"new
document opened from iCloud"); }];
         }
         }];
 }
```

现在再次编译和运行程序，我们就会发现在第一次运行的时候我们会收到 "new document opened from iCloud" 消息，之后再次运行就会收到 "iCloud document opened" 消息。我们同样也应该在第二个设备下进行测试，因为这个文件已经存在于 iCloud 中了。

在前面的工作都做好了之后，我们来用一个 UITextView 来显示我们 Note 中的内容。我们在 ViewController.h 中添加如下代码：

```
#import <UIKit/UIKit.h>
#import "Note.h"
@interface ViewController : UIViewController <UITextViewDelegate>
@property (strong) Note * doc;
@property (weak) IBOutlet UITextView * noteView;
```

@end

记住这里我们要在 ViewController 中实现 UITextViewDelegate，这样就可以在 text view 有改变的时候做出相应的响应。

接下来，我们在 ViewController_iPhone.xib 中做出如下改变。

01 拖一个 Text View 到 View 中，让它占据 View 整个空间。

02 把这个 Text View 和 File's Owner 中 noteView 这个 outlet 联系起来。

03 Text View 的代理和 File's Owner 联系起来，如图 21-31 所示。

图 21-31　界面

然后再@synthesize 刚刚定义的两个成员变量。接下来在 viewDidLoad 中把类本身在注册中心对 noteModified 通知进行注册，这个消息在文档有改变的时候会加载，后面我们会添加这个通知的种类。

修改后的 viewDidLoad 函数如下：

```
- (void)viewDidLoad{
    [super viewDidLoad];
    [[NSNotificationCenter defaultCenter]
    addObserver:self
    selector:@selector(dataReloaded:)
    name:@"noteModified" object:nil];
}
```

对通知的响应函数是 dataDidReloaded。我们把发出通知的对象（Note 类型）传递给类的 doc

变量，然后把这个对象中的 noteContent 呈现在 Text View 中：

```
- (void)dataReloaded:(NSNotification *)notification {
    self.doc = notification.object;
    self.noteView.text = self.doc.myNote;
}
```

总体来说，这样直接把文本替换掉不是一个很好的做法，更好的做法是当有这种变化的时候，我们可以把选择权留给用户，让用户来决定是不是应该融合这些变化，这里我们更着重的是演示 iCloud 的特性，所以这个地方就选择了直接替换这种比较方便的做法。

接下来，我们实现一个代理函数，也就是当 TextView 文本发生变化的时候我们将文本的内容上传到 iCloud 中，然后在 viewWillAppear 中也把 Text View 中的文档刷新一次。

```
-(void)textViewDidChange:(UITextView *)textView {
    self.doc.myNote = textView.text;
    [self.doc updateChangeCount:UIDocumentChangeDone];
}
-(void)viewWillAppear:(BOOL)animated {
    [super viewWillAppear:animated];
    self.noteView.text = self.doc.myNote;
}
```

这样也有一点不好，就是我们每做一次小的改动，都会更新 iCloud，更好的做法是当用户做出的改动积累到一定量的时候再在 iCloud 中更新，这个用户可以自行实现。

接下来就是要决定在什么时候推送"noteModified"的通知了，最好的位置就是在 Note 的类方法 loadFromContents：ofType：error 中，当我们从 iCloud 读取文件的时候，这个方法就会被调用。所以我们打开 Note.m 文件，在方法实现代码的最底部加上：

```
[[NSNotificationCenter defaultCenter]
postNotificationName:@"noteModified" object:self];
```

现在我们的程序就大功告成了，最好的测试方法就是把程序安装在两个机器上面，这样你在一个机器上面对文档的改变也会显示在另一个机器上。

21.11 ARC 应用实例

为了能够更好地描述如何使用 ARC，下面我们举一个实际的例子来看看如何把之前用手动管理内存的一个程序变换到用 ARC 机制管理的一个程序。这个应用的界面是由一个 table view 和一个 search bar 构成。当你在 search bar 里面输入字符串的时候，这个程序就会完成对匹配字符串的一个搜索。整个应用的效果如图 21-32 所示。

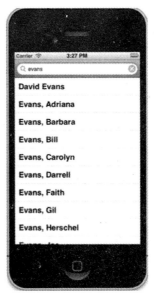

图 21-32　ARC 转换例子

要注意的是，本例子用到了后面的很多内容，读者只需要掌握 ARC 的精髓，对于其他内容，可以参考后面的章节。

这个项目有如下几个文件：

● AppDelegate.h/.m：这是整个应用程序的代理类。它装载了一个 view controller，然后把这个 view 装载在 window 中。

● MainViewController.h/.m/.xib：这个就是前面提到的 view controller，有一个 table view 和一个 search bar，在这个类中完成了这个程序大部分的工作。

● SoundEffect.h/.m：这是一个简单的播放声效的类，整个程序完成搜索工作的时候，会播放一个蜂鸣声。

● main.m：程序的入口点。

这个程序还使用了两个第三方的开源库：

➢ AFHTTPRequestOperatio.h/.m：这个是 AFNetworking 库的一个部分，这个类帮助我们简单地发送 web service 请求。你可以在 http://github/gowalla/AFNetworking 中找到完整的版本。

➢ SVProgressHUD.h/.m/.bundle：这是一个进度指示条，我们将其安置在搜索条附近的位置。这是一个很特别的包含着图片文件的文件夹。在这个文件夹上右击，用 Finder 打开，你就看到了这些图片。关于这个类的更多信息，你可以访问网站 http://github.com/samvermette/ SVProgressHUD。

下面我们来看一下整个代码。MainViewController 是 UIViewController 的子类。在 nib 文件中包含一个 UITableView 和一个 UISearchBar。这个 table view 展示的是一个叫 searchResults 数组中的数据，刚开始的时候这个指针所指的就是一个 nil。然后我们访问 MusicBrainz 网站，将获得的数据填充到这个数组。如果没有任何结果的话，这个 table view 就会显示"（Nothing found）"，这个会在 UITableViewDataSource 的 两 个 方 法 中 得 到 实 现 ， 分 别 是 numberOfRowsInSection 和 cellForRowAtIndexPath。真正的 search 是在 searchBarSearchButtonClicked 方法中开始的，这个方法 是 UISearchBarDelegate 协议里面的一个方法：

```
- (void)searchBarSearchButtonClicked:(UISearchBar *)theSearchBar{
[SVProgressHUD showInView:self.view status:nil networkIndicator:YES
posY:-1 maskType:SVProgressHUDMaskTypeGradient];
```

首先我们创建了一个新的 HUD，然后将它显示在 table view 和 search bar 的上方。直到网络请求完成，不允许用户继续输入。然后我们为 HTTP 请求创建一个 URL。我们使用 MusicBrainz 的 API 来完成对 artists 的搜索：

```
NSString *urlString = [NSString stringWithFormat:
@"http://musicbrainz.org/ws/2/artist?query=artist:%@&limit=20",
[self escape:self.searchBar.text]];
NSMutableURLRequest *request = [NSMutableURLRequest
requestWithURL:[NSURL URLWithString:urlString]];
```

为了保证我们在搜索栏里面的内容映射到 URL 中也是 URL 编码格式的，所以，我们使用了一个 escape 方法。

```
NSDictionary *headers = [NSDictionary dictionaryWithObject:
[self userAgent] forKey:@"Use00r-Agent"];
[request setAllHTTPHeaderFields:headers];
```

然后我们给这个请求加上一个用户头部，这个是 MusicBrainz 的 API 所需要的，所有的请求都必须有一个 User-Agent 头部来标明这个应用程序及其版本，所以我们构建了如下头部：

```
com.yourcomany.Artists/1.0 (unknow, iPhone OS 5.0,
iPhone Simulator, Scale/1.000000)
```

然后把它放在 userAgent 这个方法中。一旦我们构造了一个 NSMutableURLRequest，我们就通过 AFHTTPRequestOperation 来执行：

```
AFHTTPRequestOperation *operation = [AFHTTPRequestOperation
operationWithRequest:request completion:^(NSURLRequest *request,
NSHTTPURLResponse *response, NSData *data, NSError *error)
{
// ···
}];
[queue addOperation:operation];
```

AFHTTPRequestOperation 是 NSOperation 的一个子类。在把它加入到 NSOperationQueue 之后，它会异步执行。当请求发生的时候，我们规定用户不能输入任何数据。当 AFHTTPRequestOperation 完成了以后，就会执行一个 block。在这个 block 中，我们会首先检查这个请求是不是成功完成。在请求失败的时候，我们让 HUD 完成一个特别的"Error"动画效果。我们把 SVProgressHUD 方法在 dispatch_async()中调用。

```
if (response.statusCode == 200 && data != nil){
```

```
        ...
    }
    else  // something went wrong
    {
        dispatch async(dispatch get main queue(), ^
        {
            [SVProgressHUD dismissWithError:@"Error"];
        });
    }
```

如果这个请求成功了，我们就分配一个 searchResults 数组，然后对返回的结果进行一个解析。返回的数据是 XML，所以我们用 XML 解析器来完成这个功能。

```
self.searchResults = [NSMutableArray arrayWithCapacity:10];
NSXMLParser *parser = [[NSXMLParser alloc] initWithData:data];
[parser setDelegate:self];
[parser parse];
[parser release];
[self.searchResults
sortUsingSelector:@selector(localizedCaseInsensitiveCompare:)];
```

当 XML 解析结束以后，主线程中更新 UI。

```
dispatch async(dispatch get main queue(), ^
{
    [self.soundEffect play];
    [self.tableView reloadData];
    [SVProgressHUD dismiss];
});
```

上面的程序用的是原来的手动管理内存的风格，现在我们把它转换成 ARC。也就是说，我们不再使用 retain、release 及 autorelease。这里有三个方式来把你的程序转换成 ARC 兼容的模式：

● Xcode 有一个转换的工具可以转换你的源文件。
● 手动转换。
● 指定一些你不想转换的源文件，如第三方的库文件。

下面我们对这三个方式逐一进行介绍。

21.11.1 使用 Xcode 自带的转换器

除了 MainViewController 和 AFHTTPRequestOpration 以外，我们使用 Xcode 自带的转换器来转换。在我们转换之前，我们需要对原项目进行复制，因为这个工具会自动覆盖源文件。

ARC 是编译器 LLVM3.0 的新特征。你现在的项目可能用的是旧的 GCC4.2 或者 LLVM-GCC 编译器。首先我们把这个程序在新的编译器中非 ARC 模式下编译一次，看是否有问题。然后我们把屏幕切换到 Project Setting 这个选项卡中，选择 Artists target，在 Build Setting 先输入 compiler。这样的话，我们就可以选择有关编译器的选项了，如图 21-33 所示。

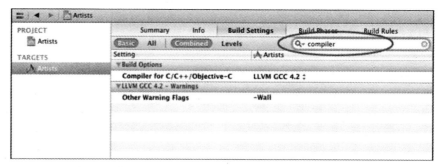

图 21-33　编译器设置

然后我们单击选项卡，把编译器切换为 LLVM compiler3.0，如图 21-34 所示。

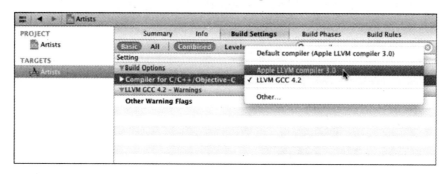

图 21-34　选择 LLVM compiler 3.0

在 Warnings 下面，我们把 Other Warning Flags 设置为-wall。编译器会检查所有可能的会导致程序崩溃的原因。同样的原因，你也可以把 Run Static Analyzer 这个选项设置为 YES，如图 21-35 所示。

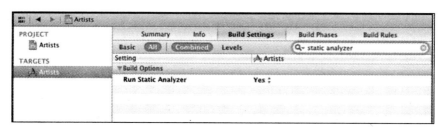

图 21-35　设置 Run Static Analyzer

现在 Xcode 在我们每一次运行这个程序的时候都会进行一次静态编译（这会让编译的过程变得有点慢）。下面让我们来编译一下这个程序，看是否在新的编译器下会编译出问题来。首先我们做一做清理的工作。我们选择 roduct→Clean 选项。然后我们按 cmd-B 键来编译这个程序。Xcode 应该不会给出任何错误或者警告的提示。

那么如何转换到 ARC 模式呢？还是在 Build Settings 的界面中，我们切换到 "All" 来看到所有的选项。我们搜索 "automatic" 就可以得到 Objective-C Automatic Reference Counting 这个选项，然后将其设置为 YES，如图 21-36 所示。

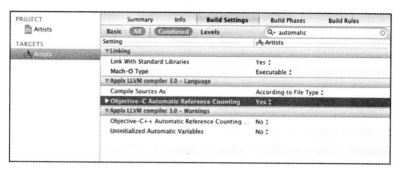

图 21-36　设置 ARC 为 Yes

我们这个时候再来编译，就会得到一大堆的错误提示了，如图 21-37 所示。

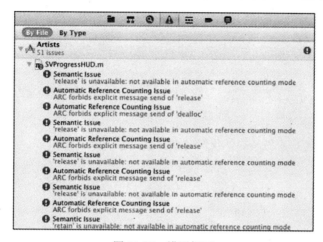

图 21-37　错误提示

很明显，我们有一大堆的转换的工作要做。这里面有些错误是很明显的，如你使用了 retain、release 和 autorelease。我们可以手动来转换，当然也可以用我们之前所提到的自动转换的工具。在 Xcode 的菜单中，我们选择 Edit→Refactor→Convert to Objective-C ARC，如图 21-38 所示。

图 21-38　使用工具转换

这个时候就会弹出一个对话框让你选择你想转换的部分，如图 21-39 所示。

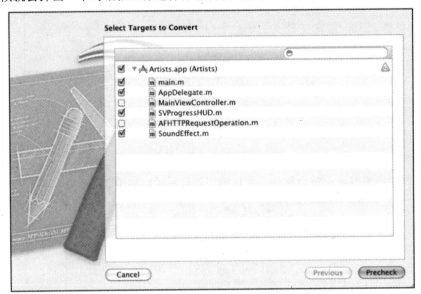

图 21-39　选择转换目标

我们并不想将整个程序都做转换，我们只想转换下面的几个文件：

- main.m
- AppDelegate.m
- SVProgressHUD.m
- SoundEffect.m

有时候，你看不到图 21-39 所示的对话框。而是出现如图 21-40 所示的结果，表明无法转换。

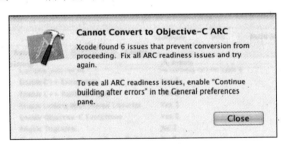

图 21-40　无法转换提示

这时，你可以进入到如图 21-41 所示的地方，来达到图 21-39 所示对话框所想达到的目的。

图 21-41　选择想要编译的文件

对于暂时不想转换的文件，执行下面的操作：双击 AFHTTPRequestOperation.m 文件，给它加上"-fno-objc-arc"这个标记，对 MainViewController.m 执行同样的操作，结果如图 21-42 所示。

图 21-42　加上暂不转换的标记

到这一步，再去执行 Edit→Refactor→Convert to Objective-C ARC 操作，提示还有四个错误阻止了转换，其中 VProgressHUD.m 文件中有三个错误，如图 21-43 所示。

```
358  #pragma mark - MemoryWarning
359
360  - (void)memoryWarning:(NSNotification *)notification {
361
362      if (sharedView.superview == nil) {
363          [sharedView release];              ARC forbids explicit message send of 'release'
364          sharedView = nil;
365      }
366  }
```

图 21-43　阻止转换的错误提示

我们将这个 release 语句注释掉，错误变成了一个，如图 21-44 所示。

图 21-44   错误提示

错误的详细描述如下：

```
Cast of Objective-C pointer type 'NSURL *' to C pointer type 'CFURLRef'
(aka 'const struct __CFURL *') requires a bridge cast
```

定位到代码中，如图 21-45 所示。

图 21-45   错误定位

在这个地方，我们试图把一个 NSURL 强制转换为一个 CFURLRef。在 AudioServiceCreate-SystemSoundID（）方法中的 CFURLRef 类型的参数是描述音频文件所在的位置。我们在这里给的是一个 URL 类型的文件。以 C 为基础的 API 总是会用一些 Core Foundation 中的对象，而以 Objective-C 为基础的 API 就会用一个继承于 NSObject 的对象，有的时候你要在这两种对象之间做转换。这就是 toll-free bridge 技术存在的原因。但是，ARC 的机制却要知道什么时候该释放内存，所以在这个地方会有几个新的关键词出现：_bridge、_bridge_transfer 和 _bridge_retained。例如：

```
OSStatus error=AudioServicesCreateSystemSoundID((_brige CFURLRef)fileURL ,
 &theSoundID)
```

我们在这个 NSURL 类型的参数前面加上"_bridge CFURLRef"，将其强制转换为一个 CFURLRef 类型的参数。修正了这个错误后，我们再次执行转换操作，Xcode 会给出下面一个警告，如图 21-46 所示。

图 21-46　警告信息

这个地方提到的是关于 "ARC readiness issues"，这就需要我们事先选中 Continue building after errors 复选框。打开 Xcode Preference 窗口（从菜单栏里面进入），再单击 General 标签。然后选中 Continue building after errors 复选框。

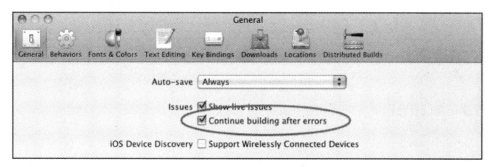

图 21-47　设置 Xcode Preference

那让我们再试一次，再次选择 Edit→Refactor→Convert to Objective-C ARC，这一次就不会有什么问题了，单击转换后会弹出如图 21-48 所示的对话框。

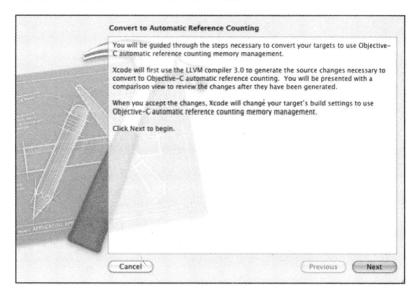

图 21-48　可以进行转换提示框

单击 Next 按钮。在几秒钟后，Xcode 会显示出在不同的文件中都做了哪些改变。左边的窗格显示的是改动后的文件，右边的窗格显示的是原始的文件，如图 21-49 所示。

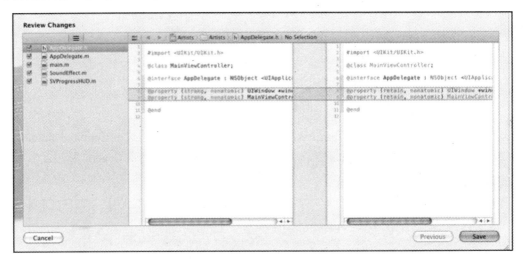

图 21-49　转换后的对比

现在就让我们看看在这一个例子中所做的一些改变。

● AppDelegate.h

```
@property (retain, nonatomic) UIWindow *window;
@property (retain, nonatomic) MainViewController *viewController;
```

变成了：

```
@property (strong, nonatomic) UIWindow *window;
@property (strong, nonatomic) MainViewController *viewController;
```

它是把@property（retain，nonatomic）改为了@property（strong，nonatomic），它们表达的都是一个意思，都表明指针是所指对象的拥有者。

● AppDelegate.m

```
self.window = [[[UIWindow alloc] initWithFrame:[[UIScreen mainScreen] bounds]]
autorelease]
```

变为了：

```
self.window = [[UIWindow alloc] initWithFrame:[[UIScreen mainScreen] bounds]]
```

在 ARC 的模式下，autorelease 也不需要了，在 ARC 之前如果我们把一个成员的属性设置为 retain 的话，那么下面的一段代码就会导致内存的泄漏：

```
self.someProperty=[[SomeClass  alloc] init ]
```

当 init 方法返回一个对象的时候，这个对象已经被 retain 过了，然后我们将其赋予一个"retain"

类型的成员，那么这个对象又会被 retain 一次。这就是为什么我们要加上 autorelease。但是在 ARC 的模式下，上面的写法就没什么问题，编译器会知道这个地方不需要 retain 两次。在 ARC 中，你基本不用写 dealloc 方法，当一个对象被释放的时候，它的成员也会自动被释放。下面这段代码也就完全没有必要了：

```
- (void)dealloc{
    [_window release];
    [_viewController release];
    [super dealloc];
}
```

● Main.m

熟悉旧版本的 iOS 编程的读者知道，在手动内存管理中，[autorelease]这个方法经常和"autorelease pool"联系在一起，那么也就是一个 NSAutoreleasePool 类型的对象。每一个主函数都会有一个这样的对象，如果你直接跟线程打交道的话，那么每一个线程都会有一个。有的时候，我们也会把它放到循环中以保证我们的内存能够及时被释放。

在ARC中也不是完全就没有autorelease了。有一个很大的不同就是我们不再使用NSAutoreleasePool，我们用了一个新的表示方法@autoreleasePool。

```
NSAutoreleasePool* pool = [[NSAutoreleasePool alloc] init];
int retVal = UIApplicationMain(argc, argv, nil, NSStringFromClass([AppDelegate
class]));
    [pool release];
    return retVal;
```

变为了：

```
@autoreleasepool {
    int retVal = UIApplicationMain(argc, argv, nil,
NSStringFromClass([AppDelegate class]));
    return retVal;
}
```

如果你对这个转换满意的话，你就单击 Save 按钮让这些改变发生。Xcode 首先会问你是否要对现有的项目进行一个快照（snapshot）。这个地方最好单击 Enable 按钮。这样你就可以在 Organizer 里面找到你最初的工程。在 ARC 转换工具结束转换工作以后，我们还是按 cmb-B 键来重新编译工程。这回编译肯定没有什么问题了，但是在 SVProgressHUD.m 中还是会报一些警告，如图 21-50 所示。

图 21-50 转换后产生的一些警告

在这个地方用到了 dealloc 的方法。我们停止一个 timer，然后将这个类从 NSNotification 中取消掉。在这里，我们需要采用的操作是：去掉第二个变量 fadeOutTimer，再编译就没有任何错误或者警告了（同样的问题有可能在不止一个地方出现，都要修改），也就是意味着我们的转换成功了。

在转换的时候，转换工具没有转换 MainViewController 和 AFHTTPRequestOperation 这两个文件。开发人员不需要一次性就把整个工程转换为 ARC 模式，把 ARC 风格的代码和非 ARC 模式的代码放在 起还是可行的，这样你就可以转换你想转换的文件。

在转换的过程中，你可能会遇到其他的一些问题，这里针对这些问题给一些建议和提示。

- Cast…requires a bridged cast
  当编译器不知道怎样做这个强制的转换的时候，就需要你手动加上一个 _bridge 前缀。还有其他的两个转换前缀：_bridge_transfer 和 _bridge_retained。

- Receiver type 'X' for instance message is a forward declaration
  如果你有一个类，如 MyView，这个类是 UIView 的一个子类，你调用了这个类的一个方法或者用这个类的一个成员变量，那么你就需要#import 这个类的定义，而之前我们只用 @class 进来就可以了。

- Switch case is in protected scope
  如果你写了如下的代码，那就会引起这个错误：

```
switch(X){
    case: Y
        NSString* s = …;
        break;
}
```

这样写在 ARC 下就不允许了，如果你在一个 case 中定义了一个新的指针的话，你就必须将其用括号包含进去：

```
switch (X){
    case Y:
    {
        NSString* s = …;
        break;
```

```
    }
}
```

这样写有助于 ARC 在正确的时候释放内存。

● A name is referenced outside the NSAutoreleasePool scope that it was declared in

你可能在某些代码段中定义了自己的 autorelease pool：

```
NSAutoreleasePool *pool=[[NSAutoreleasePool alloc] init];
//… do calculations
NSArray* sortedResult=[[filteredResults
sortedArrayUsingSelector(compare:)]retain];
[pool release];
return [sortedResult autorelease];
```

转换以后的代码如下：

```
@autoreleasepool{
//… do calculations
NSArray* sortedResults=[filteredResults
sortedArrayUsingSelector:@selector(compare:)];
return sortedResults;
```

很明显下面这段代码就不正确了，sortedResults 这个变量是在@autoreleasepool 这个片段中定义的，那么在这个范围之外就不能够被访问了，为了解决这个问题，你可以在定义 autorelease pool 之前定义这个 sortedResults。

```
NSArray* sortedResults;
NSAutoreleasePool *pool=[[NSAutoreleasePool alloc] init];
…
```

那么这样一来，转换工具就可以正确地重写你的代码了。

● ARC forbids Objective-C objects in structs or unions

另一个 ARC 的局限就在于你不能把一个 Objective-C 的对象放在结构体中，所以像下面的这种代码就不正确了：

```
typedef struct{
UIImage * selectedImage;
UIImage* disabledImage;
}
ButtonImages;
```

为了解决这个问题，你可以用一个 Objective-C 的对象来代替结构体。

21.11.2 ARC 手动转换

我们基本上把整个项目都转换成了 ARC，除了 MainViewController 和 AFHTTPRequest Operation。在这一节中我们会手动转换 MainViewController，从而让你更好地了解到底发生了什么。我们来看看 MainViewController.h 文件，发现其中定义了两个成员变量：

```
NSOperationQueue *queue;
NSMutableString *currentStringValue;
```

通常来说，成员变量是你的类的内部的一个部分，不应该暴露在公共的接口中。用户不应该知道一个类的成员变量是什么。从隐藏数据的角度来说，把这个部分放在@implementation 中是很好的一个选择。修改后的结果如下所示：

```
@interface MainViewController : UIViewController <UITableViewDataSource,
UITableViewDelegate, UISearchBarDelegate, NSXMLParserDelegate>

@property (nonatomic, weak) IBOutlet UITableView *tableView;
@property (nonatomic, weak) IBOutlet UISearchBar *searchBar;

@implementation MainViewController {
NSOperationQueue *queue;
NSMutableString *currentStringValue;
}
```

现在我们想要手工转换 MainViewController.m 文件了，所以我们需要去掉标记（只去掉 MainViewController.m 的标记）。去掉标记后再编译，还是得到一些错误，我们一个一个纠正它们，先从 dealloc 开始，如图 21-51 所示。

```
- (void)dealloc
{
    [tableView release];        ● ARC forbids explicit message send of 'release'
    [searchBar release];        ● 'release' is unavailable: not available in automatic reference counting mode
    [queue release];            ● ARC forbids explicit message send of 'release'
    [searchResults release];    ● 'release' is unavailable: not available in automatic reference counting mode
    [soundEffect release];      ● 'release' is unavailable: not available in automatic reference counting mode
    [super dealloc];            ● ARC forbids explicit message send of 'dealloc'
}

- (BOOL)shouldAutorotateToInterfaceOrientation:(UIInterfaceOrientation)interfaceOrientati
{
    return (interfaceOrientation == UIInterfaceOrientationPortrait);
}
```

图 21-51 错误提示

dealloc 函数的每一行都会报错，因为我们不能再用[release]了，也不能调用[super dealloc]。如果我们什么都不需要做的话，我们就可以整个去掉这个方法。我们留着这个方法的原因就是我们需要在这个方法中进行一些 ARC 不能完成的工作。例如，对于 Core Foundation 对象所调用的 CFRelease()方法，以及你用 malloc()方法创建的对象所进行的 free()操作，解除在 notification center 中的注册以及停掉一个计时器等。

在 MainViewController.m 这个文件的顶部，你会发现在 class extension 中定义了两个变量：searchResults 和 soundEffect：

```
@interface MainViewController ()
@property (nonatomic, retain) NSMutableArray *searchResults;
@property (nonatomic, retain) SoundEffect *soundEffect;
@end
```

这样做是为了让手动内存管理变得更简单，这也是为什么大部分的程序员都喜欢用 property。当你写如下代码的时候：

```
self.searchResults=[NSMutableArray  arrayWithCapacity:10];
```

setter 会释放掉旧的值然后 retain 新的值，开发者使用 property 就不用太操心什么时候该 retain，什么时候该 release 了。但是在 ARC 下，你完全就不用关心这类问题了。我们只要声明成员变量就好了，我们就去掉 property 的声明。经过修改后的代码如下：

```
@implementation MainViewController {
    NSOperationQueue *queue;
 NSMutableString *currentStringValue;
    NSMutableArray *searchResults;
    SoundEffect *soundEffect;
}
```

我们把 viewDidUnload 改成下面的形式：

```
- (void)viewDidUnload {
    [super viewDidUnload];
    self.tableView = nil;
    self.searchBar = nil;
    soundEffect = nil;
}
```

这里把 soundEffect 这个指针设置为 nil，也就表明这个指针所指的 soundEffect 的对象就没有拥有者了，那么这个对象所占用的空间就会自动释放。相应的 soundEffect 方法就会变为：

```
-(SoundEffect*)soundEffect{
    if(soundEffect == nil){
      soundEffect = [[SoundEffect alloc] initWithSoundNamed:@"Sound.caf"];
    }
    return soundEffect;
}
```

这里用到的就是 Objective-C 的延时加载的原理，在后面的文件中，把所有的 self.searchResults 改为 searchResults（在程序中其他地方还有一些，以及一些 release 语句也要去掉），这个时候我们再编译一次，那么唯一的错误就应该是 escape 方法。

如果我们用 property 定义一个成员变量，那么我们就应该尽可能用 property 来使用它。在这个例子中我们定义了两个 property，一个是 tableView，另一个是 searchBar，我们建议在声明 property 的时候将其设置为 weak 类型：

```
@property (nonatomic, weak) IBOutlet UITableView *tableView;
@property (nonatomic, weak) IBOutlet UISearchBar *searchBar;
```

任何"outlet"类型的变量都应该设置为 weak 类型，因为它们在被加入到 view 的层级结构的时候已经被 retain 过一次了，那么在别的地方就不需要被 retain 了，而且这样也可以节省你在 viewDidUnload 中的代码：

```
- (void)viewDidUnload {
    [super viewDidUnload];
   soundEffect = nil;
}
```

总结一下，对 property 有如下一些要注意的地方：

● strong：这基本就跟原来的 retain 表达的是一个意思。

● weak：当所指向的对象被释放以后，就自动赋值为 nil，outlet 类型的成员最好使用这个属性。

● unsafe_unretained：这个就跟原来的 assign 是一个意思。

● copy：和原来一个意思。

● assign：这个就不再支持了，但是对于一些原始类型的成员，如 int、BOOL、float，还是可以用的。

在引入 ARC 机制之前，你可以这样写：

```
@property (nonatomic, readonly) NSString *result;
```

这样默认的就是构造一个 assign 类型的成员，但是这个在 ARC 的模式下是不允许的，你必须明确地指明这个成员的类型：

```
@property (nonatomic, strong, readonly) NSString *result;
```

为了让这个程序正常运行，现在我们修正最后一个错误（本程序中可能显示不止一个，但是是同样的错误），如图 21-52 所示。

```
108
109   - (NSString *)escape:(NSString *)text
110   {
111       return [(NSString *)CFURLCreateStringByAddingPercentEscapes(      ● Cast of C pointer type 'CFStringRef'
112           NULL,
113           (CFStringRef)text,                         ● Cast of Objective-C pointer type 'NSString *' to C pointer type 'CFStringRef'
114           NULL,
115           (CFStringRef)@"!*'();::@&=+$,/?%#[]",
116           CFStringConvertNSStringEncodingToEncoding(NSUTF8StringEncoding))
117           autorelease];
118   }
119
```

图 21-52　错误代码定位

这个方法用 CFURLCreateStringByAddingPercentEscapes（）使得一个字符串成为一个 URL 编码的格式。我们要保证用户在搜索框中所输入的任何内容都可以转换成一个 HTTP GET 请求。

编译器会给出以下几个错误：

- Cast of C pointer type 'CFStringRef' to Objective-C pointer type 'NSString *' requires a bridged cast
- Cast of Objective-C pointer type 'NSString *' to C pointer type 'CFStringRef' requires a bridged cast
- Semantic Issue: 'autorelease' is unavailable: not available in automatic reference counting mode
- Automatic Reference Counting Issue: ARC forbids explicit message send of 'autorelease'

最后的两个问题主要就是不能使用 autorelease 的问题，这个我们在之前讨论过，就仅仅将其去掉就可以了。另外的两个错误就表明基础强制转换应该被"bridged"，在这个方法中总共有三处强制转换：

- （NSString *）CFURLCreateStringByAddingPercentEscapes（...）
- （CFStringRef）text
- （CFStringRef）@"!*'（）;:@&=+$,/?%#[]"

编译器只对前面的两个转换报错，最后一个是对一个常字符串的转换，所以不涉及内存管理方面的内容。bridged cast 就好比在 Objective-C 和 Core Foundation 两个世界当中做转换。对于一些低层次的 API，如 Core Graphics 和 Core Text，就会用到 Core Foundation 中的内容，因为它们是比较低级别的，所以它们也不会有 Objective-C 的版本。NSString 和 CFStringRef 这两者就目的而言可以看做是一样的。在之前我们可以轻易地用一个强制转换就能够转换它们：

```
CFStringRef s1=[[NSString allo] initWithFormat:@"Hello, %@!", name];
```

当然，当这个对象完成了它的使命以后，我们就要释放它：

```
CFRelease(s1);
```

从 Core Foundation 到 Objective-C 的转换也很简单：

```
CFStringRef s1=CFStringCreatWithCString(KCFAllocatorDefault, bytes,
KCFStringEncodingMacRoman);
NSString *s3=(NSString *)s2;
// release the object when you're done
[s3 release];
```

但是，在引入了 ARC 机制以后，编译器需要知道谁对这些对象的内存负责。如果你把一个 Objective-C 的对象看成是一个 Core Foundation 的对象的话，那么 ARC 就不会释放它。我们希望 ARC 是这个参数的拥有者，负责它内存的管理，但是我们又希望把它看做是一个 CFStringRef。在这种情况下，_bridge 参数就会被使用，它告诉 ARC 还是保持对这个参数的拥有关系并且用常规的方式来释放其内存。我们之前在 SoundEffect.m 中已经使用了这个关键字：

```
    OSStatus  error=AudioServicesCreateSystemSoundID((__bridge
CFURLRef)fileURL , &theSoundID)
```

escape 方法转换以后的结果如下:

```
- (NSString *)escape:(NSString *)text {
    return (NSString *)CFURLCreateStringByAddingPercentEscapes(
        NULL,
        (__bridge CFStringRef)text,
        NULL,
        (CFStringRef)@"!*'();:@&=+$,/?%#[]",
        CFStringConvertNSStringEncodingToEncoding(NSUTF8StringEncoding));
}
```

大多数时候,如果你想把 Objective-C 的对象转换为 Core Foundation 对象或者是反过来转换,你都会想用_bridge。但是有的时候你想给予或者释放 ARC 对于对象的所有权。在这种情况下,你有如下关键字可以使用:

● _bridge_transfer: 赋予 ARC 所有权。

● _bridge_retained: 解除 ARC 的所有权。

但是现在还是有一个错误在下面这一行:

```
return (NSString *)CFURLCreateStringByAddingPercentEscapes(
```

这个地方有两个解决的方法: _bridge 和_bridge_transfer。比较正确的方法应该是加上_bridge_transfer。CFURLCreateStringByAddingPercentEscapes()方法构建了一个新的 CFStringRef 变量。当然,我们需要一个 NSString 类型的对象,所以我们要进行一个转换。

```
CFStringRef result= CFURLCreateStringByAddingPercentEscapes (…);
NSString *s=(NSString *)result;
return s;
```

因为在这个方法中有个 Create,它返回的就是一个被 retain 过的对象。所以就必须有另一个对象来负责释放它的内存。如果我们把它转成一个 NSString,那么我们的代码看起来就会是这样:

```
-(void)someMethod {
    CFStringRef  result=CFURLCreateStringByAddingPercentEscapes (…);
    //…
    CFRelease(result);
}
```

记住,ARC 只对 Objective-C 的对象有效,对用 Core Foundation 方法构建出来的对象无效。所以我们还是要自己通过 CFRelease()方法来是释放其内存。我们在前面加上_bridge_transfer 关键字以后,这个对象就交给 ARC 来处理了。

```
- (NSString *)escape:(NSString *)text {
```

```
        return (__bridge_transfer NSString
*)CFURLCreateStringByAddingPercentEscapes(
        NULL,
        (__bridge CFStringRef)text,
        NULL,
        (CFStringRef)@"!*'();:@&=+$,/?%#[]",
        CFStringConvertNSStringEncodingToEncoding(NSUTF8StringEncoding));
}
```

如果你还是不太清楚使用哪一种 bridge，这里有一个方法可以帮助你。那就是 CFBridgingRelease()。它的功能基本上是和_bridge_transfer 是一样的。

```
- (NSString *)escape:(NSString *)text {
    return CFBridgingRelease(CFURLCreateStringByAddingPercentEscapes(
        NULL,
        (__bridge CFStringRef)text,
        NULL,
        CFSTR("!*'();:@&=+$,/?%#[]"),
        CFStringConvertNSStringEncodingToEncoding(NSUTF8StringEncoding)));
}
```

这是一个内联函数，所以从速度上来说，跟直接强制转换是类似的。走到这一步，我们的转换就好了。手工转换 MainViewController.m/.h 确实需要改掉许多错误。

AddressBook 框架中经常会用到这样的转换，例如：

```
-(NSString *)firstName {
    return CFBridgingRelease(ABRecordCopyCompositeName(...));
}
```

只要你用带 Create、Copy、Retain 这些关键字的方法返回一个对象，你最好都用 CFBridgingRelease()方法将其转换给 ARC。

那么，另外一个关键字_bridge_retained 呢？例如，有的时候，你有一个 Objective-C 的对象，那么这个对象就由 ARC 来管理内存，但是你又要把它转换成一个 Core Foundation 中的对象，并且也有这个对象的拥有权。这种情况下，可能你的这个对象就会被释放两次。用_bridge_retained 关键字就是告诉 ARC 它不用再对这个对象的内存管理负责了。例如：

```
NSString *s1=[[NSString alloc] initWithFormat:@"Hello, %@!", name];
CFStringRef s2=(_bridge_retained CFStringRef)s1;
//do something with s2
//…
CFRelease(s2);
```

当然这里也有另外一个函数 CFBridgingRetain()帮助我们完成这项工作，所以上面的一个例子也可以这样写：

```
CFStringRef s2=CFBridgingRetain(s1);
//…
```

```
CFRelease(s2);
```

这样一来，这段代码就更清楚了。在你的应用中可能不会有很多 Core Foundation 代码。大多数情况下你打交道的还是 Objective-C。在你需要转换的时候，编译器也会提示你。

当然也不是所有的 Core Foundation 的对象都可以和相应的 Objective-C 的对象互转，如 CGImage 和 UIImage 以及 CGColor 和 UIColor 之间。_bridge 关键字也不是仅限于和 Core Foundation 中对象的互转，在有的 API 中，void*类型指针可以指向各种对象，不管是一个 Objective-C 的对象还是 Core Foundation 的对象，或者是用 malloc()分配的一块缓冲区。void*表达的意思就是"这是一个指针"，但是它所指的对象可以是任意类型。为了把一个 Objective-C 的对象转换为 void*类型的对象，你就要在这个对象之前加上_bridge。例如：

```
MyClass *myObject=[[MyClass alloc ]init];
[UIView beginAnimations:nil context: (_bridge void *)myObject];
```

然后在 animation 的代理方法中，你又想将其再转换为 Objective-C 的对象，那么你还是加上 _bridge：

```
-(void)animationDidStart: (NSString *)animationID context: (void *)context {
    MyClass *myObject=(_bridge MyClass *)context;
    ...
}
```

现在我们总结一下：

- 如果我们是把对象的拥有权从 Core Foundation 转移到 Objective-C 的话，我们就用 CFBridgingRelease（）。
- 如果我们是把对象的拥有权从 Objective-C 转移到 Core Foundation 的话，我们就用 CFBridgingRetain（）。
- 如果你只是暂时想将其转换成另一个类型，而不是转交拥有权的话，那么你就用_bridge。

21.11.3 委托和弱指针属性

下面我们在应用中加入一个新的视图。我们加入一个自带 xib 的 UIViewController 子类，把它命名为 DetailViewController。然后我们在 DetailViewController 中加入两个方法：

```
@interface DetailViewController : UIViewController

-(IBAction)coolAction;
-(IBAction)coolAction;
@end
```

接着我们设计如下的 nib 文件，加入一个导航栏和两个按钮，然后将按钮分别与之前的两个方法关联起来，如图 21-53 所示。

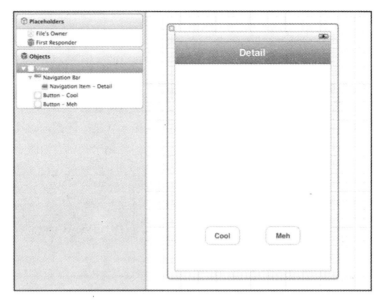

图 21-53 nib 文件设计

然后我们对 MainViewController.m 进行一点改动，使得当我们单击行的时候，会切换到 DetailView：

```
-(void)tableView: (UITableView*)theTableView didSelectRowAtIndexPath:
(NSIndexPath *)indexPath {
    [theTableView deselectRowAtIndexPath:indexPath animated:YES];

    DetailViewController *controller=[[DetailViewController alloc]
    initWithNibName:@"DetailViewController" bundle:nil];
    [self presentViewController:controller animated:YES completion:nil];
}
```

完成了上述的工作以后，单击按钮还是不会有什么效果，我们给予 DetailView 一个 delegate。通常情况下，如果视图 A 触发了视图 B，那么视图 B 就需要告诉视图 A 一些信息。例如，它要关闭了，也就是让 A 成为 B 的一个代理。这个地方我们要让 MainViewController 成为 DetailViewController 的代理。我们先规定以下协议，并在 DetailViewController 中加入一个成员变量，让它成为这个类的代理，并且遵从 DetailViewControllerDelegate 协议。

```
#import<UIKit/UIKit.h>
@class DetailViewController;
@protocol DetailViewControllerDelegate<NSObject>
-(void)detailViewController: (DetailViewController *)controller
 didPickButtonWithIndex: (NSInteger)buttonIndex;
@end

@interface DetailViewController :UIViewController

@property (nonatomic, weak)id < DetailViewControllerDelegate >delegate
```

```
-(IBAction)coolAction;
-(IBAction)coolAction;
@end
```

如果两个对象之间相互 retain，则会造成两个对象都不能被释放的恶性循环，这也是内存泄漏的主要原因之一。弱指针就是消除这种恶性循环的一个很好的方法。我们在 MainViewController 中构造了 DetailViewController，并将其在屏幕上显示出来。它用一个强指针指向这个对象，那么这个 DetailViewController 也应该对它的 delegate 有一个回指。所以这两个类就有如图 21-54 所示的关系。

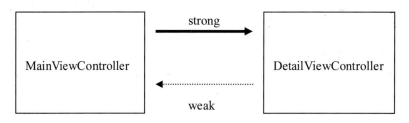

图 21-54　对应关系图

然后在 DetailViewController.m 中我们把两个按钮响应的方法改成如下的内容：

```
-(IBAction)coolAction {
    [self.delegate detailViewController:self didPickButtonWithIndex:0];
}
-(IBAction)coolAction {
    [self.delegate detailViewController:self didPickButtonWithIndex:1];
}
```